本书为国家社会科学基金西部项目"古代晚期地中海地区自然灾害研究"（13XSS004）项目成果

On the Natural Disasters of
the Mediterranean Area in Late Antiquity

古代晚期
地中海地区自然灾害研究

刘榕榕　著

中国社会科学出版社

图书在版编目（CIP）数据

古代晚期地中海地区自然灾害研究／刘榕榕著 . —北京：中国社会科学
出版社，2018.3

ISBN 978 – 7 – 5203 – 2054 – 2

Ⅰ.①古…　Ⅱ.①刘…　Ⅲ.①地中海区—自然灾害—研究—古代

Ⅳ.①X43

中国版本图书馆 CIP 数据核字（2018）第 024183 号

出 版 人	赵剑英	
责任编辑	安　芳	
责任校对	张爱华	
责任印制	李寡寡	

出　　版	中国社会科学出版社	
社　　址	北京鼓楼西大街甲 158 号	
邮　　编	100720	
网　　址	http://www.csspw.cn	
发 行 部	010 – 84083685	
门 市 部	010 – 84029450	
经　　销	新华书店及其他书店	

印刷装订	北京明恒达印务有限公司
版　　次	2018 年 3 月第 1 版
印　　次	2018 年 3 月第 1 次印刷

开　　本	710 × 1000　1/16
印　　张	26.75
字　　数	428 千字
定　　价	98.00 元

凡购买中国社会科学出版社图书，如有质量问题请与本社营销中心联系调换
电话：010 – 84083683

序

　　本书作者刘榕榕博士是我的学生，应邀为学生的新书作序是情理之中的事情，除了本人对该作品比较了解且能够点评一二外，作为她的导师我也熟知其人，愿意与读者分享。作者非常勤奋，做事专一投入，其诚恳热情的性格对她的治学也大有裨益，做学问的严谨需要似火的兴趣滋养。

　　本书的几大关注点值得一提。

　　首先是对自然灾害的关注。半个世纪以来，生态环境史在国际史学界渐成热门。我国学界弯道超车，无论在学科理论还是研究方法，乃至具体案例方面，都取得了令人惊讶的成果。不得不承认的是，与中国史同仁相比，我国世界史工作者在这方面的成果还有待加强，特别是在具体的个案研究上亟待推进。本书作者在这方面迈出了扎扎实实的一大步，对一个特定时段和特定空间的自然灾害进行有根有据的考察。她确定的"自然灾害"不仅包括地震、海啸、天气异常（尘幕）、水灾，而且包括瘟疫、旱灾、虫灾等直接关乎人类生存的历史事件。这样就把生态环境史的理论探索落实到了人类发展进程的具体表现上来。作品关注的"古代晚期"地中海世界尽管在时空上有其局限性，但对于我国学者合力完成全球生态环境史大拼图却有重要意义，是对该领域研究的一个贡献。

　　其次是对古代晚期地中海地区自然灾害影响的关注。毫无疑问，自启蒙时代崇尚人类理性以来，真正将各类自然灾害纳入人类发展进程加以考虑的研究还比较晚近，如果不是当下人类陷入全球性的生态环境危机，我们自以为傲的理性能不能关照这个问题还不一定。认真读一读以往的史书，自然灾害的篇章充其量不过是美味佳肴的一点调味作料而已。当我们身受天灾之苦时，才知道原来"天力"胜过"人力"，而以往仅仅关注"人力"对历史发展影响的观念也逐渐调整，对"天力"在人类发展进程中的决定性作用也有了初步的认识。本书认为，"自然灾害的频繁发生是古代晚期地中海地区社会转型的重要影响因素之一，对地中海东西部地区的经济、政治、军事和民众心理等方面都产生了深远影响。"这样的看法是成立的，书中提出的案例也表明，拜占廷帝国良好的发展趋势几度被大规模瘟疫所扰乱，地震、海啸、水灾、"尘幕事件"与该地区出现的人口下降、经济萧条、城市衰落、政局混乱、军事失利和民众精神状态颓废等同时发生也非偶然巧合。作者进而从自然灾害影响的角度对全球进行了大尺度的观察，发现了东亚、中亚、地中海地区发生巨变动荡的"共时性"，非常有趣。这大概也是读者在阅读本书时需要注意的。

再者是对东西史料的全方位关注。近现代以来的史家直到最近才注意到自然灾害的威力，而古代的作家更没有这种超前的认识，因此有关历史上的自然灾害，古人记载必然是零散而不系统的，堪称"天下第一"的史料大国中国，相关史料也非常简要和分散，而号称"天下第二"的史料大国拜占廷帝国也是如此。这就给本书作者造成了研究中的难点。好在作者勤奋专一，历经长期的调查梳理，将所涉时段的文献资料，包括埃及纸草文书、拜占廷帝国官方文献以及时人著述都进行了整理研读。特别可贵的是，她还注意到了中国史书如《魏书·天象志》《隋书·天文志》中关于日食、哈雷彗星等天象的记载，并以此与拜占廷史家的记载互相印证，其采用的《北史》《梁书》《南史》也非"拉郎配"。可以认为，这种中外史料的互证对于生态环境史中气候、天象等大尺度观察是必要的。

作为刘榕榕副教授学生时代的导师，我一直关注着她的每一步发展，为她取得任何新成果深感喜悦，在祝贺之余，希望她在学术之路上稳步前行，做出更大的学术贡献。

陈志强 教授
2017 年夏于南开园

目　　录

第一编　古代晚期自然灾害概况

第四编　自然灾害与古代晚期地中海地区社会转型

绪　　论

一　选题缘起与目的

20 世纪 70 年代，普林斯顿大学历史系教授彼得·布朗（Peter Brown）提出了"古代晚期"（Late Antiquity）的概念，从而开始了对 2—7 世纪地中海地区社会变迁史的研究，以"转型说"挑战统治学界长达 200 余年的"衰亡论"。彼得·布朗认为："古代晚期关注的主题是古典世界的边界在这一阶段中的转变和重新定义。传统的有关'罗马帝国衰亡'的问题与古代晚期的议题没有太大关系，衰亡指的是帝国西部省份的政治结构。而古代晚期的文化核心——东地中海世界和近东地区则没有受到影响。甚至在 6—7 世纪，以君士坦丁堡为中心而存活下来的帝国仍然是当时世界上最伟大的文明之一。"[①]

随着"古代晚期"逐渐成为一个专门的学术研究领域，研究晚期罗马、早期拜占廷[②]、早期基督教会史等学科领域的众多学者找到了契合点。"古代晚期"研究与注重政治与军事问题的传统研究模式不同，将研究的侧重点放到了长时期内的社会和文化领域[③]，认为在古典时期与中世纪之间存在着一个过渡时期，这个时期对日后地中海周边地区，包括西亚、北非、东欧以及西欧的历史发展产生了重大影响。"古代晚期"的关注点不在于短时段的

[①]　Peter Brown, *The World of Late Antiquity*, *AD 150 – 750*, London：Thames and Hudson, 1971, p. 19.

[②]　对拜占廷的名称，目前国内有两种通行的译法："拜占廷""拜占庭"。这两种译名均可，本书中采取"拜占廷"这一译名。

[③]　对"古代晚期"领域进行研究的学者在论著中几乎都提到了这一点。如彼得·布朗在其专著的序言中就提到，"这本书侧重于社会和文化转型的研究"（Peter Brown, *The World of Late Antiquity*, *AD 150 – 750*, London：Thames and Hudson, 1971, p. 7）。艾弗里尔·卡梅伦也提到，"古代晚期是一个非常不同的研究视角，以宗教和文化的发展为据，同时也可延伸到经济和行政领域"（Averil Cameron, *The Mediterranean World in Late Antiquity AD 395—600*, London and New York：Routledge, 2003, p. 6.）。

政治与军事变化，而在于长期的文化和经济变迁。罗马帝国在地中海世界西部的统治虽然在5世纪末为诸多蛮族继承国家（the succession states）所替代，但古罗马文化遗产却从未消失，而是为包括东罗马帝国（拜占廷帝国）、蛮族所建立的各个继承国家在内的地中海区域各个民族所建立的政权与构成的社会所继承，并在继承中根据实际情况有所发展与变化所继承并发展。

关于"古代晚期"的起始与结束，学界中有多种不同的看法，彼得·布朗认为这一时期从150年一直持续到了750年。[①] 此外，对"古代晚期"研究做出重要贡献的另一位学者艾弗里尔·卡梅伦（Averil Cameron）在其著作中将"古代晚期"的时间界定为395—600年。[②] 除以上两位学者外，关于"古代晚期"的起止时间，学界中有多种观点，甚至有观点认为"古代晚期"这一历史阶段一直延续到查理曼（Charlemagne）加冕。[③]

本书认为，"古代晚期"作为地中海世界各地区、各民族发展的重要阶段，开始于皇帝戴克里先（Diocletian，284—305年在位）上台，结束于皇帝莫里斯（Maurice，582—602年在位）为兵变所推翻（602年）。在"古代晚期"，我们见到周边蛮族[④]对拜占廷帝国治下的地中海世界施加的不断增大的压力以及帝国内部经济、政治等方面的重重困境，见到拜占廷帝国东部

---

① Peter Brown, *The World of Late Antiquity, AD 150 – 750*, London: Thames and Hudson, 1971.

② Averil Cameron, *The Mediterranean World in Late Antiquity AD 395—600*, London and New York: Routledge, 2003. 随后不久，艾弗里尔·卡梅伦对这部作品进行了补充，并于2012年再次出版，将古代晚期时间定为395—700年（Averil Cameron, *The Mediterranean World in Late Antiquity AD 395 – 700*, London and New York: Routledge, 2012.）。

③ 如A. D. 李在其著作《古代晚期的异教徒和基督徒》一书中将"古代晚期"的起止时间界定为3世纪早期至6世纪晚期（A. D. Lee, *Pagans and Christians in Late Antiquity: A Sourcebook*, New York: Routledge, 2000, Introduction, p. 1.）；提摩西·维宁在其著作《拜占廷帝国编年史》中将古代晚期的时间概念定为330—610年，即从君士坦丁堡落成并成为帝国新都，至福卡斯统治结束（Timothy Venning, *A Chronology of the Byzantine Empire*, with an Introduction by Jonathan Harris, New York: Palgrave Macmillan, 2006, Introduction p. xv.）；迪奥尼修斯·Ch. 斯塔萨科普洛斯在其著作中认为古代晚期的时间应从戴克里先上台到"查士丁尼瘟疫"最后出现的年份750年，即284—750年（Dionysios Ch. Stathakopoulos, *Famine and Pestilence in the Late Roman and Early Byzantine Empire: A Systematic Survey of Subsistence Crises and Epidemics*, Aldershot, Hants, England; Burlington, VT: Ashgate, 2004, p. 7.）；A. H. 梅里尔斯认为古代晚期是从5世纪延续到8世纪（A. H. Merrills, *History and Geography in Late Antiquity*, New York: Cambridge University Press, 2005, pp. 1 – 4.）。

④ "蛮族"一词系约定俗成，无关任何本人观点，特此说明，后同。

地区与西部地区政府面对压力与困境所进行的政策调整，见到了这些政策调整所带来的后续影响，见到地中海地区城市的发展与变迁，也见到了基督教在地中海世界及其周边地区的传布与发展，以及其与 7 世纪前期在西亚地区迅速崛起的伊斯兰教在地中海地区的对峙。在这一历史阶段，地中海世界及其周边地区在经济、政治、军事、宗教与文化等各方面发生了与之前历史紧密联系的变迁。

"3 世纪危机"之后，在经历了戴克里先、君士坦丁一世（Constantine I，307—337 年在位）、君士坦提乌斯二世（Constantius II，337—361 年在位）、塞奥多西一世（Theodosius I，379—395 年在位）等皇帝的内外政策调整之后，一度暂时稳定了帝国内外局势。但好景不长，自 5 世纪初，帝国西部政府陷入内外交困之中，西部政府在重压之下失去了自我调节能力，不仅失去了治理能力，甚至政府自身的存续都成为问题。罗慕路斯·奥古斯都努斯（Romulus Augustulus，475—476 年在位）最终于 476 年被废黜，罗马帝国西部地区各地——高卢、不列颠、西班牙、意大利、北非——在此前后陆续出现了由蛮族建立的众多国家。

相比于帝国西部，以君士坦丁堡为中心的东部政权在蛮族威胁之下幸存了下来，并且从 5 世纪初期之后相对稳定。经过利奥一世（Leo I，457—474 年在位）、泽诺（Zeno，474—491 年在位）、阿纳斯塔修斯一世（Anastasius I，491—518 年在位）等皇帝的发展与积累，拜占廷帝国于查士丁尼一世（Justinian I，527—565 年在位）统治时期步入"黄金时代"①。以阿纳斯塔修斯一世留下的大笔财富作为基础②，查士丁尼一世进行了以强化皇权和加强中央集权为目的的政治改革和以发展商业的经济改革为中心的内政改革，取得了较好的效果。在对外政策上，查士丁尼一世与波斯帝国缔结和约以稳定东部局势，集中力量推行征服地中海西部地区以恢复旧日罗马帝国版图的计划，帝国的疆域也因此一度扩大到几乎整个地中海沿岸地带。

①　查士丁尼一世于 527 年正式上台标志着拜占廷帝国进入其发展史中的第一个黄金时代，查士丁尼一世于 565 年去世标志着拜占廷帝国的第一个黄金时代结束。
②　阿纳斯塔修斯一世统治时期所进行的经济改革为拜占廷帝国留下了一大笔可观的财富，可达 2300 万金币，是马尔西安时期的 3 倍之多（Warren Treadgold, *A History of the Byzantine State and Society*, California: Stanford University Press, 1997, p. 172.）。

　　但强盛的表象之下隐藏着深刻的危机。就战略形势而言，波斯帝国在帝国东部虎视眈眈，为重新征服意大利而进行的哥特战争耗时长达二十年，耗费了帝国大量的人力与财力，而来到多瑙河流域的斯拉夫人和阿瓦尔人对巴尔干半岛的滋扰令帝国的局势变得更加紧张。就财政状况而言，长期战争所需的庞大军费本已对帝国财政造成了沉重压力，而查士丁尼一世统治后期帝国在对外战争中的不利局面则给帝国财政造成了更重的负担，战争之后数额庞大的赔款导致帝国财政不堪重负。哥特战争耗尽了国库储备，帝国却没有足够的税收来填补亏空，从而令帝国的财政形势进一步恶化。就宗教问题而言，包括利奥、泽诺、阿纳斯塔修斯一世、查士丁尼一世等在内的历任君主似乎都没有找到妥善解决宗教争端的方法。① 不仅如此，这些统治者根据其政治需要而施行的宗教政策，往往会引起被定为"异端"教派的强烈不满，由此引起社会动荡。在查士丁尼一世统治后期及其后继者查士丁二世（Justin Ⅱ，565—578 年在位）、提比略二世（Tiberios Ⅱ，578—582 年在位）、莫里斯等统治期间，皇帝的权威受到民众质疑。正是从这一"黄金时代"中后期开始，拜占廷帝国开始出现动荡。帝国过度扩张所带来的恶果从 6 世纪中期开始逐渐显现。

　　"古代晚期"的地中海地区自然灾害频繁发生。因受到地理位置和气候因素的影响，地中海地区向来是自然灾害较多的地区之一，而在"古代晚期"，该地区自然灾害出现次数多、规模大、影响范围广②，地中海世界东

---

　　① 阿纳斯塔修斯一世本人是一位虔诚的基督教"一性论"派信徒，虽然在其统治时期内，他尽量在宗教问题上不采取强制手段，但帝国境内仍出现了因宗教争端所引起的暴乱。直到其统治结束，他仍然没有找到一个有效解决宗教争端的方法（F. K. Haarer, *Anastasius I: Politics and Empire in the Late Roman World*, London: Francis Cairns Ltd, 2006, p. 183.）。查士丁一世登上皇位之后便开始推行扶持卡尔西顿派的宗教政策。查士丁尼一世上台后，为了进一步加强中央集权和维护皇帝的绝对权威，他继承并强化了这一宗教政策。533 年，他向帝国境内众多地区的主教传达了一道赦令以巩固卡尔西顿正统教派的地位（Michael Whitby and Mary Whitby translated, *Chronicon Paschale, 284 – 628 AD*, Liverpool: Liverpool University Press, 1989, Olympiad 328, p. 128.），但其宗教政策缺乏连贯性，对"一性论"派等异端教派的怀柔政策不仅没有达到预期的效果，反而引起了正统教派的不满。

　　② 从 3 世纪开始，欧洲气候开始恶化，变得更加寒冷且潮湿。6 世纪这一地区的气温很可能达到了最低点，冬季平均气温最低达到 1.5℃（Rosamond McKitterick, *The Early Middle Ages* [*Europe 400 – 1000*], Oxford: Oxford University Press, 2001, p. 100.）。气温的变化会直接或间接引起气候灾害的发生。

西部不仅屡次出现大范围瘟疫①事件，还多次发生大规模地震②、海啸③、水灾、旱灾、虫灾，甚至受到了波及范围遍及全球的"尘幕事件"④ 等气候灾害的影响。

　　拜占廷帝国西部与东部的经济衰退、政治混乱以及军事失利与这一时期频繁出现的自然灾害不无联系。首先，瘟疫、地震、水灾、旱灾等灾害的发生不仅会造成直接的人员以及经济损失，同时，频发的自然灾害增加了对受灾地区进行救助的需要，往往进一步加重了中央政府的财政困境。反之，如果对受灾地区听之任之，那么不仅会令受灾地区民众雪上加霜，对于帝国财政也将造成严重后果，因为拜占廷帝国政府的财政收入完全依赖于各个行省和地区的贡献。这一时期出现了多个因为中央政府在灾后未进行救助或救助不利而衰落甚至消失的城市及地区，这又加剧了中央政府无法获得充足财政支持的窘境。根据当时史家的记载，瘟疫、地震等自然灾害对于在帝国经济中占有重要地位的城市的破坏尤其严重，帝国境内的城市，自西向东先后出现了不同程度的衰落趋势。与城市发展几乎同步，地中海周边的农村地区也因多次水灾、旱灾以及"尘幕事件"等气候灾难的发生而陷入徘徊于生存

---

　　① 瘟疫（plague，希腊语为 vóσ-os），由老鼠身上的跳蚤所携带的鼠疫杆菌引发，常伴随发烧，具有传染性。一旦当跳蚤原有的宿主老鼠大量死亡，这种疫病就会跟随跳蚤开始感染人类。感染形式分为三种类型：腺鼠疫、肺部感染型鼠疫和败血病型鼠疫。（Britannica Concise Encyclopedia，Enbyclopaedia Britannica，INC，2006，p. 1507.）

　　② 地震（earthquakes，希腊语为 seismós，σεισμóξ），一般说是引起地表动荡的地球内部的突然震动。地震常接连发生，称为震群，其结果是连续不断的扰动。大地震带来的海啸也在沿海一带造成伤亡和损失（《简明不列颠百科全书》卷2，中国大百科全书出版社1985年版，第596页）。

　　③ 海啸（tsunami）是一种灾难性的海浪，通常由震源在海底下50千米以内、里氏震级6.5以上的海底地震所引起。水下或沿岸山崩或火山爆发也可能引起海啸。近现代以来，地震学家已经可以通过对由震动造成的震荡波的波长进行测算，在海啸到达前数小时，即地震爆发后立即向可能受到危害的沿岸地区发出警报。海啸与其他海浪一样，也受近岸海底地形和海岸轮廓的反射和折射。因此海啸的影响在各地大不相同（《不列颠百科全书》国际中文版，第17册，中国大百科全书出版社1999年版，第231页）。

　　④ "尘幕事件"（Dust-veil Event）是指6世纪30年代中后期发生的一次大范围、长时间的太阳辐射受阻事件，由于国外学者在提及这一事件时，大多用了"dust-veil"一词，所以笔者也用该词来代表这次气候灾难。这次事件在地中海周边地区持续了一年半到两年之久，被地中海世界的众多史家，如普罗柯比、叙利亚人迈克尔、阿加皮奥斯等记载下来。除地中海地区外，美洲、亚洲等地区均有类似的记载出现。这次事件对地中海及世界大部地区的影响时间也不仅仅局限于一两年，而是长达十数年甚至数十年。有关这次事件的详细论述见后。

边缘的困境之中。

其次，频发的自然灾害不仅扰乱了帝国经济正常发展的节奏，也在一定程度上导致政治危机。一旦作为帝国统治阶层核心人物的皇帝在瘟疫中染病，就为统治阶层内部上演权力斗争的戏码搭建好了舞台。再者，自然灾害所引发的财政困境，也导致帝国政府为汲取足够的财政资源而不择手段，乃至放任贪腐。同时，由于自然灾害所引发的社会乱象，会直接引起政局不稳。

再次，频发的自然灾害还令帝国的战略形势极度恶化。由于自然灾害所加剧的人力与物力短缺使帝国西部与东部在应付外来威胁之时显得力不从心，不仅无人力可征，而且也无钱可用。自皇帝瓦伦斯（Valens，364—378 年在位）于 378 年同哥特人进行的亚得里亚堡（Adrianople）之役中战败身亡后，到 5 世纪后期，帝国在地中海世界西部的统治最终崩溃，原西部帝国所辖如不列颠、高卢、西班牙、意大利等地区陆续为各个蛮族王国所占据；而以君士坦丁堡为都的东部帝国，虽然避过了为蛮族王国所代替的命运，并在查士丁尼一世时期西征汪达尔王国、东哥特王国等蛮族国家，但是从查士丁尼一世统治后期开始，东部帝国在包括自然灾害的打击等多种因素的作用下，逐渐由进攻转为防御，到其后的查士丁二世、提比略二世与莫里斯在位时期，统治者最终放弃了查士丁尼一世对外征服以重新统一帝国西部的战略。[①]

最后，自然灾害不仅是引起地中海世界经济、政治、军事等物质领域的危机与变迁的重要原因之一，也成为社会文化转型的重要影响因素。面对自

---

① 查士丁二世上台后，曾一度放弃了查士丁尼一世推行的安抚东部波斯帝国的政策，转而采取强硬态度，但却因东部战局的失利而丧失心智（Evagrius Scholasticus, *The Ecclesiastical History of Evagrius Scholasticus*, translated by Michael Whitby, Liverpool: Liverpool University Press, 2000, Book 5, Chapter 11, p. 270. 关于这一点，亦可参见 Menander, *The History of Menander the Guardsman*, translated by R. C. Blockley, Liverpool: Fancis Cairns Ltd., 1985, Notes 191, p. 272.）。提比略二世上台之后不久，便首先通过支付贡金的方式换取了多瑙河边境的安全，随后开始进行与波斯人的战争（Jonathan Shepard, *The Cambridge History of the Byzantine Empire*, 500 – 1492, New York: Cambridge University Press, 2008, p. 125.）。578 年，因提比略二世成功地将军事重心转换到东部地区，当时仍是将军的莫里斯在对波斯的战争中取得了大捷（Evagrius Scholasticus, *The Ecclesiastical History of Evagrius Scholasticus*, Book 5, Chapter 19, p. 281.）。之后他便将精力转向意大利和巴尔干地区的防御工作中，599 年，拜占廷派兵攻入阿瓦尔人在多瑙河以北的聚居地，取得了巨大胜利，并使拜占廷帝国在巴尔干地区的形势渐趋好转（Warren Treadgold, *A History of the Byzantine State and Society*, p. 234.）。

然灾害而心生恐惧的民众亟待寻找具有说服力的信仰与精神寄托。而正是在古代晚期这一历史阶段，基督教迅速发展并被地中海地区民众普遍接受。与此同时，为了更好地控制民众，皇帝纷纷主动介入宗教争端并根据是否有利于自己的统治而选择支持某一教派或是某个教派中的某个派别，在此过程中，皇帝与基督教会建立了紧密联系，并利用基督教巩固帝国统治，从而推动了帝国的基督教化。但是，当瘟疫、地震频繁发生、对外战争不断失利、官员贪污腐化导致民众民不聊生时，作为帝国统治者并且控制教会的皇帝便会受到民众质疑，而自然灾害则被视为是皇帝的不当行为而引发的"上帝惩罚"。

由此可知，自然灾害的频繁发生是古代晚期地中海地区社会转型的重要影响因素之一，对地中海东西部地区的经济、政治、军事和民众心理等方面都产生了深远影响。拜占廷帝国良好的发展趋势被大规模瘟疫的多次爆发所扰乱，而地震、海啸、水灾、"尘幕事件"等自然灾害也是帝国西部（3世纪末至5世纪后期）与东部（6世纪中期开始）出现人口下降、经济萧条、城市衰落、政局混乱、军事失利和民众精神状态颓废等现象的重要原因之一。同时，帝国政府、基督教会以及普通民众灾后采取的应对举措及其效果也进一步影响到地中海地区的发展趋势。"古代晚期"阶段过后，地中海世界的面貌与古典时期相比已经发生了巨大的变化。

令人遗憾的是，国内史学界的相关研究起步较晚，目前对这一专题的研究还较为薄弱。仅有少数论著和论文涉及该问题，且集中于"查士丁尼瘟疫"以及东地中海地区的地震等个案研究。

国外学者对该专题的研究成果较多，但其研究大多是对古代晚期的某一自然灾害进行个案分析，或将生态环境问题视为次要因素略加提及，虽已形成了一些基本认识与研究理路，但却未真正厘清自然灾害与古代晚期地中海地区社会转型之间的关系。

有鉴于此，本书认为有必要以自然灾害为切入点，从环境史的角度，对古代晚期地中海地区的社会转型进行研究。对于"古代晚期"的研究，不仅要关注该时期地中海周边地区的社会文化变迁，同时也要重视国家的经济、政治与军事等方面的发展与变化。在这一领域内，欧美学者在理论和方法上占主导地位，新材料、新观点层出不穷，国内史学界的相关研究亟待深入。

本书试图从该时期地中海世界发生的自然灾害入手，分析自然灾害在古代晚期地中海世界历史发展中的影响，从人与自然灾害之间关系的角度诠释这一变迁的发生机制。

本研究的目的是通过探讨古代晚期地中海地区自然灾害的相关情况，以回答如下三个问题：其一，古代晚期频发的自然灾害对这一时期地中海地区的经济、政治、军事和文化等方面造成了何种不利影响；其二，拜占廷帝国政府、基督教会及普通民众采取了何种措施应对自然灾害；其三，古代晚期地中海地区的居民与生态环境之间的互动关系对地中海地区社会发展产生了何种影响。

二 文献资料与前人研究综述

（一）文献资料

本书探讨的问题所涉及的时间范围为公元 3 世纪末至 7 世纪初，有关这一时期的文献资料，大致可分为埃及纸草文书、拜占廷帝国官方文献以及时人著述三类。

纸草学（papyrology）是对埃及纸草文献①进行研究的一门学科，最早的纸草书卷均是带有宗教性质的文献，后来才逐渐开始记录当时的政治、经济和文化等相关内容。现代学者在进行历史研究的过程中利用了大量的纸草文献，并把这些纸草翻译并汇编成书。埃德加（C. C. Edgar）与亨特（A. S. Hunt）对公元前 311 年至公元 7 世纪的埃及纸草文书进行了英文翻译，其成果《纸草文书选本》（Select Papyri）收录于在"罗叶布古典丛书"（Loeb Classical Library）之中。②

拜占廷帝国官方文献中，最为重要的是塞奥多西二世（Theodosios Ⅱ,

---

① 古埃及人大约在公元前 3000 年就用盛产于尼罗河三角洲的纸莎草的茎制成纸张，书写在这种纸张上的文献称为纸草文献。

② A. S. Hunt and C. C. Edgar translated, *Select Papyri*: *Non-Literary Papyri Private Affairs*, Cambridge Mass.: Harvard University Press, 1932; A. S. Hunt and C. C. Edgar translated, *Select Papyri*: *Official Documents*, Cambridge Mass.: Harvard University Press, 1934; D. L. Page translated, *Select Papyri*: *Literary Papyri Poetry*, Cambridge Mass.: Harvard University Press, 1941. （关于现存纸草文书收集情况和研究现状更详细的介绍，参见 Aikaterina Christophilopoulou, *Byzantine History* (*324 – 610*), Vol. I, translated by W. W. Phelps, Amsterdam, 1986, pp. 33 – 36. ）

408—450 年在位）时期颁布的《塞奥多西法典》以及查士丁尼一世时期成书的《查士丁尼法典》。《塞奥多西法典》于 438 年开始在帝国东部生效，439 年在帝国西部生效。其内容包括了从君士坦丁一世到塞奥多西二世时代（至法典编纂完毕时）晚期罗马帝国皇帝颁布的所有法律。① 《查士丁尼法典》完成于 530 年前后，审定了从哈德良皇帝（Hadrianus，117—138 年在位）直到查士丁尼一世共 400 多年中的皇帝诏令和罗马元老院的决议，涉及当时政治和社会生活等方方面面的内容。② 这两部法典是研究古代晚期地中海地区社会变迁所不可缺少的重要官方文献。

　　本书主要参考的是最后一类资料来源，即当时人的著述，并以前述材料为参照。教会史家、年代记作者、编年史家、传记作家等为后世留下了数量众多的珍贵文献，为我们了解古代晚期地中海周边地区社会经济、政治、军事等方面的发展状况提供了史料来源。同时，部分史家在其著作中关注到这一时期瘟疫、地震、海啸等灾害的发生情况并对其进行了较为详细的记载，这些存世的史著为本研究提供了可能性和可行性。

　　作为最后一位古典史家，阿米安努斯·马塞林努斯的《历史》是后世了解早期拜占廷帝国于君士坦提乌斯二世（Flavius Iulius Constantius，337—361 年在位）、朱利安（Flavius Claudius Julianus，361—363 年在位）以及瓦伦斯（Flavius Ivlivs Valens，364—378 年在位）统治时期最为重要的史料之一。在《历史》中，阿米安努斯·马塞林努斯详细且生动地记载了 358 年尼科美地亚（Nicomedia）的地震、359 年阿米达（Amida）的瘟疫以及 365 年君士坦丁堡（Constantinople）的地震等自然灾害的发生情况。③ 难能可贵的是，作者在记载地震和瘟疫发生情况的同时，对其成因进行了理性分析。④

---

　　① Clyde Pharr translated, *The Theodosian Code and Novels and the Sirmondian Constitutions*, Princeton: Princeton University Press, 1952.

　　② S. P. Scott translated, *The Civil Law Including the Twelve Tables*, *the Institutes of Gaius*, *the Rules of Ulpian*, *the Opinions of Paulus*, *the Enactments of Justinian*, *and the Constitutions of Leo*, Cincinnati: The Central Trust Company, 1932.

　　③ Ammianus Marcellinus, *The Surviving Book of the History of Ammianus Marcellinus*, with an English translation by John C. Rolfe, MA: Harvard University Press, 1935, V. 1, 17, 7, 1 – 8, pp. 341 – 345; V. 1, 19, 4, 1 – 8, pp. 487 – 489; Book 26, 10, 15 – 19, pp. 649 – 651.

　　④ Ammianus Marcellinus, *The Surviving Book of the History of Ammianus Marcellinus*, V. 1, 17, 7, 10 – 13, pp. 345 – 347; V. 1, 19, 4, 1 – 8, pp. 487 – 489.

作为"教会史之父"，凯撒利亚的尤西比乌斯（Eusebius Caesariensis，约260—339年）在其最为重要的历史著作之一——《教会史》中十分重视对自然灾害的记载。尤西比乌斯的《教会史》不仅对发生于250年并持续了十数年的"西普里安瘟疫"的发生情况及其对帝国人口的毁灭性影响详加记载①，还关注到312年发生于帝国东部大部分地区的饥荒和瘟疫，作品着重于刻画民众感染瘟疫之后的惨状和非理性行为以及基督徒的善行。②

苏克拉底斯（Socrates Scholasticus，4世纪后期至5世纪前期教会史家）《教会史》的相关记载涉及从戴克里先退位和君士坦丁一世上台直到439年共130余年的历史，包含着这一时期的军事、政治、宗教等事务。在其作品中，苏克拉底斯记载了341年、358年、365年等地震的发生情况③，以及冰雹、饥荒等灾害④。苏克拉底斯的《教会史》中关于自然灾害的丰富记载，对本书的写作具有重要参考价值。

索佐门（Sozomen，约400—450年）的《教会史》涉及4世纪前期至5世纪前期地中海世界（323年至443年）的军事、政治和宗教史，其中，对于341年、358年地震的记载较为详细⑤，可供本书参考。

传统认为，《诸帝列传》（Historiae Augustae）的作者共有六位，生活于3世纪后期至4世纪前期⑥，书中包括从哈德良直至努梅里安（Numerian）在内的历任罗马皇帝的传记，在各个皇帝传记中，也包括对他们的同僚助手以及与其争夺皇位的对手的记载。⑦该著作中有大约150份所谓的文件，包括演讲、信件、元老院法令等⑧，然而，学者已经证明其中存在着大量出于

① Eusebius, *The Church History*: *A New Translation with Commentary*, translated by Paul L. Maier, Grand Rapids, Michigan: Kregel Publications, 1999, Book 7, pp. 267 – 269.

② Eusebius, *The Church History*: *A New Translation with Commentary*, Book 9, pp. 327 – 328.

③ Socrates, *The Ecclesiastical History*, translated by A. C. Zenos, Grand Rapids, Michigan: WM. B. Eerdmans Publishing Company, 1957, Book 2, Chapter 10, p. 40; Book 2, Chapter 39, p. 67; Book 4, Chapter 3, p. 97.

④ Socrates, *The Ecclesiastical History*, Book 6, Chapter 19, p. 151; Book 4, Chapter 16, p. 104.

⑤ Sozomen, *The Ecclesiastical History*, translated by Chester D. Hartranft, Grand Rapids, Michigan: WM. B. Eerdmans Publishing Company, 1957, Book 3, Chapter 6, p. 286; Book 4, Chapter 16, p. 310.

⑥ David Magie translated, *The Scriptores Historiae Augustae*, *Vol. I*, Cambridge, Mass: Harvard University Press, 1991, Introduction, pp. xii – xv.

⑦ David Magie translated, *The Scriptores Historiae Augustae*, *Vol. I*, p. xv.

⑧ Ibid., pp. ix – xx.

作者的个人倾向与写作目的而伪造、创作或是篡改的文件①，因此在使用时
必须格外小心。但是，它是关于公元2—3世纪罗马历史的重要资料②，因此
也是本研究不能回避的文献。

《晚期罗马古典史家残卷》③中包括尤纳比乌斯（Eunapius，4世纪希腊
诡辩家和历史学家）、奥林匹奥多鲁斯（Olympiodorus，5世纪接受古典教育
的历史学家）、普利斯库斯（Priscus，5世纪拜占廷外交家、历史学家）、马
尔库斯（Malchus，拜占廷历史学家，修辞学者）等史家作品的残卷，不仅
涉及4—6世纪的早期拜占廷历史，而且还有大量这一时期自然灾害发生情
况的记载④，为本研究提供了很好的参照。

作为生活于5世纪后半期的拜占廷史家，左西莫斯（Zosimus）的生平
不详，其著作《新历史》主要关注的是3世纪后期至5世纪初期的罗马—拜
占廷历史，作者十分关注自然灾害的发生情况，不仅记载了始于251年前后
的"西普里安瘟疫"的流行情况及其对帝国东部前线战争形势的不利影
响⑤，还注意到375年发生于帝国东部的地震以及408年末发生于罗马城的
饥荒与瘟疫⑥。

作为6世纪拜占廷最著名的史家，普罗柯比（Procopius）的作品是我们
研究6世纪上半期拜占廷帝国相关历史的最重要文献。普罗柯比出身于贵族
家庭并接受过严格的教育，作为拜占廷帝国名将贝利撒留的幕僚，普罗柯比
曾跟随贝利撒留参加汪达尔战争与哥特战争。当贝利撒留被召回君士坦丁堡
时，普罗柯比也随之一同回到首都。在之后的大部分时间里，普罗柯比除偶
尔跟随贝利撒留出访或征战之外，基本未离开过君士坦丁堡。他的经历为日

① David Magie translated, *The Scriptores Historiae Augustae*, *Vol. I*, pp. xx – xxiii.
② Ibid. , p. xxiv.
③ R. C. Blockley, *The Fragmentary Classicizing Historians of the Late Roman Empire*: *Eunapius*, *Olympiodorus*, *Priscus and Malchus*, *II* (*Text*, *Translation and Historiographical Notes*), Liverpool: Francis Cairns, 1983.
④ 如普利斯库斯就记载了一次发生于467年，影响色雷斯、达达尼尔海峡、爱奥尼亚等地的地震，以及同一时间一次袭击了君士坦丁堡和比提尼亚的暴雨（R. C. Blockley, *The Fragmentary Classicizing Historians of the Late Roman Empire*: *Eunapius*, *Olympiodorus*, *Priscus and Malchus*, *II*, p. 355.）。
⑤ Zosimus, *New History*, translated by Ronald T. Ridley, Canberra: University of Sydney, 1982, Book 1, pp. 8 – 12.
⑥ Zosimus, *New History*, Book 4, p. 103; Book 5, p. 120.

后撰史提供了丰富的素材。普罗柯比最著名的作品是《战史》，其内容主要
涉及查士丁尼一世在位时期所进行的波斯战争、汪达尔战争和哥特战争，为
我们了解查士丁尼一世重建旧日罗马帝国的宏伟计划提供了最直接的参考。
普罗柯比在其名著《战史》中不仅详细记载了其亲身经历的爆发于542年并
震撼拜占廷帝国的"查士丁尼瘟疫"①，还对"查士丁尼瘟疫"的传播路线
进行了分析和判断②，并对病症做了细致描述③。他对"查士丁尼瘟疫"的
叙述是后世学者将这次瘟疫定性为鼠疫的基础。除此之外，普罗柯比记载了
这一时期的重大地震④、"尘幕事件"⑤等灾害的发生情况，为本书提供了极
为珍贵的资料。本书所使用的《战史》版本是"罗叶布古典丛书"收录的
杜威英译本。

　　普罗柯比的另一部作品《秘史》在对待皇帝查士丁尼一世与皇后塞奥
多拉的态度上发生了极大改变，以致有学者质疑这部作品究竟是在何种环境
和心境之下所作⑥。该书中不仅有不少关于自然灾害的记载⑦，还有因皇帝
感染瘟疫而导致拜占廷帝国"外朝"与"内廷"之间的矛盾激化的记载可
供参考⑧。本书所使用的《秘史》也是"罗叶布古典丛书"中的杜威英
译本。

　　除了《战史》和《秘史》之外，普罗柯比另一部作品的《建筑史》⑨
是关于查士丁尼一世建筑工程的颂词。普罗柯比在《建筑》中对于查士丁

---

①　Procopius, *History of the Wars*, translated by H. B. Dewing, Cambridge, Mass：Harvard University Press, 1996, Book 2, 22, pp. 453 – 457.

②　Procopius, *History of the Wars*, Book 2, 22, p. 453.

③　Ibid. , pp. 455 – 457.

④　如526年的安条克地震、547年及551年的君士坦丁堡及东地中海大部地区地震的发生情况。(Procopius, *History of the Wars*, Book 2, 14, 6, p. 383; Book 6, 29, 4 – 5, p. 401; Book 8, 25, 16 – 18, p. 323.)

⑤　Procopius, *History of the Wars*, Book 4, 14, 5 – 6, p. 329.

⑥　在 H. B. 杜威英译本《秘史》中，译者明确提到，普罗柯比并非完全夸大其词，《秘史》在很大程度上是有价值的，其价值被同时代的很多其他作家，如埃瓦格里乌斯所证实（Procopius, *The Anecdota or Secret History*, Introduction p. xiii. ）。

⑦　Procopius, *The Anecdota or Secret History*, translated by H. B. Dewing, Cambridge, Mass. : Harvard University Press, 1998, Book 18, Chapter 41 – 42, p. 225.

⑧　Procopius, *The Anecdota or Secret History*, Book 4, Chapter 1 – 13, pp. 43 – 45.

⑨　Procopius, *De Aedificiis or Buildings*, translated by H. B. Dewing, Cambridge, Mass. : Harvard University Press, 1996.

尼一世与塞奥多拉皇后的谄媚与《秘史》中表现出的态度截然相反，常为人所诟病，但《建筑》中对查士丁尼一世在帝国各地大兴土木的记载为本研究探求查士丁尼一世时期的财政支出状况提供了相关资料。

6世纪史家阿伽塞阿斯（Agathias）出生在小亚细亚地区，他的《历史》主要涉及查士丁尼一世统治后期社会政治生活等方面的相关内容，在一定程度上是对普罗柯比著作的续写。阿伽塞阿斯在《历史》中对551年东地中海地区的地震、557年君士坦丁堡的地震以及558年"查士丁尼瘟疫"在帝国境内的流行情况着墨颇多[1]，对本书的写作具有参考价值。

以弗所的约翰（John of Ephesus）是拜占廷历史上使用叙利亚语写作的最重要作家。约翰出生在叙利亚北部地区，由于其宗教观点与当地正统教派不和，受到排挤并流亡至君士坦丁堡。此后，约翰凭借其出众的办事能力受到查士丁尼一世的重用，曾担任以弗所主教一职，但在查士丁二世即位之后遭受迫害。正是在遭受迫害期间，约翰完成了其最重要作品《教会史》[2]的写作。该书涉及了罗马帝国建国以来约600年的历史，其中论及查士丁一世至查士丁二世时期历史的部分对本研究具有重要的意义。该书中与查士丁一世统治第七年之后情况相关部分曾经散佚，但在学者们的努力下，在《叙利亚编年史》中重新发现了这一部分，这为本书对这一时期相关历史进行研究提供了重要参考。约翰对基督教会的发展及皇帝的日常事务较为关注，同时也留意到安条克及君士坦丁堡多次地震的发生情况。[3]

作为拜占廷历史上重要的教会史作家，埃瓦格里乌斯（Evagrius Scholasticus）出身于叙利亚贵族家庭，在安条克接受过完整的教育，并因此受到安条克大主教的赏识，从此平步青云。他传世的作品是六卷本《教会史》，主要记载431—594年的教会历史，其中涉及大量社会经济等方面内容。《教会史》对这一时期帝国境内的包括442年、526年、551年、588年等在内的

[1]　Agathias, *The Histories*, translated with an introduction and short explanatory notes by Joseph D. Frendo, Berlin: Walter de Gruyter & Co. , 1975, pp. 47-49, 137, 145.

[2]　John of Ephesus, *Ecclesiastical History*, translated by R. Payne Smith, M. A. , Oxford University Press, 1860.

[3]　John of Ephesus, *Ecclesiastical History*, Part 3, Book 1, p. 79; Part 3, Book 3, p. 213; Part 3, Book 5, p. 363.

11 次大规模地震①、6 世纪下半期作者在安条克亲身经历 4 次瘟疫爆发的情况②进行了详细记载，实为不可多得之史料。

约翰·马拉拉斯（John Malalas）的《编年史》不仅涉及古代晚期的政治、军事和宗教事件，还包括大量古代晚期地中海地区的地震、瘟疫、水灾、海啸和火灾等自然灾害的记载。其中，约翰·马拉拉斯着重记载了 4 世纪初至 6 世纪中期的 26 次地震③，尤其是查士丁尼时代共 15 次地震的发生情况④。较之同时代作家，他更注重描述地震之后普通民众的悲惨境况⑤，对从细节方面来了解古代晚期自然灾害的发生情况而言大有裨益。但是，约翰·马拉拉斯的著作中关于各种自然灾害发生的时间记载不够准确⑥，模糊不清之处也不在少⑦，所以需要与其他同时期的文献资料进行对照和分析。

《复活节编年史（284—628AD）》（该书作者无考）对地震、冰雹、瘟疫等自然灾害表现出较为浓厚的兴趣，书中记载了从 4 世纪中期到 6 世纪中期，发生于 447 年、528 年、554 年等 16 次地震的情况。⑧ 来自米提尼的扎

---

① Evagrius Scholasticus, *The Ecclesiastical History of Evagrius Scholasticus*, translated by Michael Whitby, Liverpool：Liverpool University Press, 2000, Book 2, Chapter 12, pp. 94 – 96；Book 4, Chapter 5, pp. 203 – 204；Book 4, Chapter 34, p. 239；Book 6, Chapter 8, pp. 298 – 299.

② Evagrius Scholasticus, *The Ecclesiastical History of Evagrius Scholasticus*, Book 4, Chapter 29, pp. 229 – 232.

③ John Malalas, *The Chronicle of John Malalas*, a translation by E. Jeffreys, M. Jeffreys & R. Scott, Sydney：Sydney University Press, 2006, pp. 170 – 305.

④ John Malalas, *The Chronicle of John Malalas*, pp. 236 – 305.

⑤ 马拉拉斯在记载 526 年 5 月安条克地震时，就详细刻画了民众在地震过后的惨状，在记载 528 年冬季安条克地震时，马拉拉斯也同样关注普通民众的境况。（John Malalas, *The Chronicle of John Malalas*, Book 17, pp. 238 – 240；Book 18, p. 257. ）

⑥ 如对于在君士坦提乌斯一世时期萨拉米斯所发生的地震，马拉拉斯就没有提到具体的发生时间（John Malalas, *The Chronicle of John Malalas*, Book 12, p. 170. ），因君士坦提乌斯一世在 293—305 年是罗马凯撒，305—306 年是罗马皇帝，其统治期跨越 10 余年，所以根据其记载难以推断这次地震的确切时间。其译者也难以确定地震发生的确切时间。同样的问题也出现在其记载君士坦丁一世时期奥斯赫内的一次地震，同样难以判断这次地震的发生时间（John Malalas, *The Chronicle of John Malalas*, Book 13, p. 176. ）。

⑦ 如马拉拉斯提到 520 年迪拉休姆（Dyrrachium）等地遭到了"上帝的惩罚"；521 年，阿纳扎尔博斯遭到了上帝的第四次惩罚（John Malalas, *The Chronicle of John Malalas*, Book 17, p. 237；Book 17, p. 237. ），目前无法完全确定所谓"上帝的惩罚"究竟指的是哪种灾害，是瘟疫抑或地震。但根据文献中的内容来看，马拉拉斯似乎更喜欢用"上帝的惩罚"来表示地震灾害。

⑧ Michael Whitby and Mary Whitby translated, *Chronicon Paschale*, *284 – 628 AD*, Liverpool：Liverpool University Press, 1989, pp. 76, 195, 196.

卡里亚（Zachariah of Mitylene）对自然灾害十分关注，在其著作《叙利亚编年史》中记载了4世纪末期至6世纪的数次自然灾害的发生情况。其中，尤其以对525年埃德萨水灾、526年安条克地震、"尘幕事件"和"查士丁尼瘟疫"等灾害的记载较为详尽。① 马塞林努斯（Marcellinus）《编年史》的相关记载涉及4世纪后期到6世纪中期的拜占廷历史，其中有多次自然灾害，尤其是有关地震的记载为本书提供了重要资料。②

《507年柱顶修士约书亚以叙利亚文编撰的编年史》的内容主要涉及6世纪世纪之交包括埃德萨、阿米达和整个美索不达米亚地区在内的地中海东部的历史，其中详细叙述了500—501年帝国东部埃德萨等地遭遇虫灾打击及继而发生的饥荒和瘟疫的情况。③ 在公元2000年出现了新的翻译版本，新的翻译者将其定名为《伪柱顶修士约书亚的编年史》，翻译者认为这部作品的作者未知，但因为书中所提供的日期十分准确因此可以确定，作者熟悉自己所叙述之事，因此很可能生活于埃德萨、阿米达等地。④ 除了对于自然灾害的描述更为细致之外，新译本在内容上与旧译本在内容上没有太大的区别。

图尔的格雷戈里（Gregory of Tours）所著的《法兰克人史》详细记载了6世纪后半期"查士丁尼瘟疫"在地中海世界西部的流行情况，包括意大利和高卢于571年爆发瘟疫、582年瘟疫影响到纳尔榜（Narbonne）地区，并于589—591年在罗马等地蔓延的情况。⑤ 副主祭保罗（Paul the Deacon）的《伦巴第人史》有大量关于6世纪后期到7世纪初的自然灾害的记载。其中，

---

① Zachariah of Mitylene, *Syriac Chronicle*, translated by F. J. Hamilton and E. W. Brooks, in J. B. Bury, ed. , *Byzantine Texts*, London, 1899, Book 8, p. 204; Book 8, p. 205; Book 9, p. 267; Book 10, p. 313.

② 马塞林努斯在《编年史》中记载了4世纪下半期到6世纪上半期共16次地震的发生情况。其中尤其以447年、518年和526年地震的记载最为详细。（Marcellinus, *The Chronicle of Marcellinus*, a translation and commentary with a reproduction of Mommsen's edition of the text by Brian Croke, Sydney: Australian Association for Byzantine Studies, 1995, pp. 19, 39, 42. ）

③ Joshua the Stylite, *Chronicle Composed in Syriac in AD 507: A History of the Time of Affliction at Edessa and Amida and Throughout all Mesopotamia*, translated by William Wright, Ipswich: Roger Pearse, 1882, Chapter 38, pp. 27–29; Chapter 39–43, pp. 30–33.

④ Frank R. Trombley and John W. Watt translated, *The Chronicle of Pseudo-Joshua the Stylite*, Liverpool: Liverpool University Press, 2000, Introduction, p. 1.

⑤ Gregory of Tours, *History of the Francs*, edited by B. Krusch and W. Levison（MGH SS Rerum Merovingarum I. Hannover, 1884, Book 4, Chapter 31; Book 6, Chapter 14; Book 9, Chapter 21–22.

作者较为详细地记述了 565 年利古里亚（Liguria）以及 590—592 年、罗马拉文纳（Ravenna）和伊斯特里亚（Istria）地区发生瘟疫的情况。①

9 世纪拜占廷史家塞奥发尼斯（Theophanes）的《编年史》② 以编年体例记述了 284—813 年罗马与拜占廷帝国的各种事件，其中记载了 3 世纪末到 6 世纪共 32 次地震的发生情况③，同时还注意到不同自然灾害之间的联系④，但其《编年史》中所记载的众多事件的发生时间和约翰·马拉拉斯等史家记载的时间略有出入⑤，需要对其进行对比甄别。

尼基乌主教约翰（John of Nikiu）在其《编年史》中记载了从君士坦丁一世至莫里斯统治时期的多次大规模地震⑥、水灾⑦等自然灾害，但不足的是，相关叙述未标注自然灾害发生的具体时间，需要对照其他文献资料来进行分析与核对。阿加皮奥斯（Agapius）的《世界史》记载了古代晚期地中海世界的地震、虫灾、饥荒、瘟疫、"尘幕事件"等自然灾害的发生情况，其中，对"尘幕事件"的详细描述⑧尤其珍贵，对本书具有重要的参考价值。

美南德（Menander）是 6 世纪晚期莫里斯皇帝的宫廷卫士，其著作《历史》从时间上承接阿伽塞阿斯的《历史》，记载了从 557/558 年直至 582 年

① Paul the Deacon, *History of Lombards*, translated by William Dudley Foulke, Philadelphia: University of Pennsylvania Press, 1974, Book 2, Chapter 4, pp. 56 – 57; Book 3, Chapter 25, p. 129; Book 4, Chapter 2 – 4, pp. 151 – 152.

② Theophanes, *The Chronicle of Theophanes Confessor: Byzantine and Near Eastern History*, AD 284 – 813, translated by Cyril Mango and Roger Scott, Oxford: Clarendon Press, 1997.

③ Ibid. , pp. 29 – 374.

④ 塞奥发尼斯提到 366 年亚历山大里亚附近的地震所引起的海啸事件；526 年安条克地震之后长达 6 个月的大火。（Theophanes, *The Chronicle of Theophanes Confessor: Byzantine and Near Eastern History*, AD 284 – 813, pp. 87, 263）

⑤ 如对于密西亚发生的一次强烈地震的时间，塞奥发尼斯认为是 535 年，马拉拉斯认为是 528 年，以弗所的约翰则认为是 538—539 年。（Theophanes, *The Chronicle of Theophanes Confessor: Byzantine and Near Eastern History*, AD 284 – 813, p. 314.）

⑥ 如瓦伦提尼安一世统治时期尼西亚的地震、利奥一世统治时期安条克的地震、526 年安条克地震和火灾。（John of Nikiu, *Chronicle*, translated with an introduction by R. H. Charles, London: Williams & Norgate, 1916, Chapter 82, p. 84; Chapter 88, p. 109; Chapter 90, p. 135.）

⑦ John of Nikiu, *Chronicle*, Chapter 100, p. 163.

⑧ Agapius, *Universal History*, translated by Alexander Vasiliev, 1909, Part 2, p. 169. (http://www.ccel.org/ccel/pearse/morefathers/files/agapius_ history_ 02_ part2. htm)

提比略去世以及莫里斯上台时的拜占廷帝国历史。① 美南德的《历史》较为关注拜占廷帝国的军事和外交史，对内政事务涉及较少，著作中只提到了一次发生在美索不达米亚的瘟疫及植物受灾的情况。② 叙利亚人迈克尔（Michael the Syrian）在其《编年史》中着重记载了541 年、573 年和599 年瘟疫在帝国境内流行的情况。③ 6 世纪东哥特王国的重臣卡西奥多鲁斯（Cassiodorus）在其《信札》中对"尘幕事件"进行了详细记载。④

尤特罗庇乌斯（Eutropius）的《罗马史纲要》⑤、圣瓦西里（Saint Basil）的《信件集》⑥ 以及《埃德萨编年史》⑦ 均包含有古代晚期地中海世界发生自然灾害的记载。《四大师的爱尔兰年代记》是中世纪的爱尔兰编年史，其中所记载的"查士丁尼瘟疫"于 543 年在爱尔兰地区的蔓延情况⑧对本研究具有参考价值。

《时人眼中的拜占廷教会、社会与文明》是一部拜占廷史文献资料的汇编，作品分为"帝国概况""帝国防御""教会""社会和经济生活"等六大部分。⑨ 在每部分中，作者均列举并介绍了大量与主题相关的文献资料节选。《罗马东部前线和波斯战争（公元 363—630 年）：叙事资料汇编》⑩ 也列举和介绍了大量与这一时期历史相关的文献资料。同样，在《古代晚期的

---

① Menander, *The History of Menander the Guardsman*, translated by R. C. Blockley, Liverpool: Fancis Cairns Ltd. , 1985, Introduction, p. 4.

② Ibid. , p. 211.

③ Michael the Syrian, *Chronicle*, edited by J. B. Chabot, Paris, 1910, Book 2, pp. 235 – 238; p. 309; pp. 373 – 374.

④ Cassiodorus, *Variae*, translated with notes and introduction by S. J. B. Barnish, Liverpool: Liverpool University Press, 1992, pp. 179 – 180.

⑤ Eutropius, *Abridgment of Roman History*, London: George Bell and Sons, 1886.

⑥ Saint Basil, *The Letters 1*, translated by Roy J. Deferrari, Cambridge, Massachusetts: Harvard University Press, 1926, reprinted 1950, 1961, 1972.

⑦ Roger Pearse transcribed, *Chronicle of Edessa*, The Journal of Sacred Literature, New Series [= Series 4], V. 5 (Ipswich, UK, 2003.), 1864.

⑧ John O' Donovan translated, *Annals of the Kingdom of Ireland by the Four Masters*, Distributed by CELT online at University College, Cork, Ireland, 2002, p. 183.

⑨ Deno John Geanakoplos, *Byzantium: Church, Society, and Civilization Seen through Contemporary Eyes*, Chicago and London: University of Chicago Press, 1984.

⑩ Geoffrey Greatrex and Samuel N. C. Lieu ed. , *The Roman Eastern Frontier and the Persian Wars*, *Part II*, *AD 363 – 630*, *A Narrative Sourcebook*, London and New York: Routledge, 2002.

异教徒和基督徒》① 中，作者选取并使用了大量涉及这一时期教俗事件的文献资料。以上三部文献资料汇编对本书的写作均有参考价值。

作为拉丁教会四博士之一，杰罗姆（Jerome）的《书信集》② 为我们了解这一时期的教俗事务提供了宝贵资料。作为5世纪高卢最重要的存世作品的作者，西顿尼乌斯（Sidonius）在其《诗歌与信件集》③ 中记录了5世纪许多重要的政治事件。安娜·科穆宁娜（Anna Comnena）的《阿莱克修斯传》④ 虽然主要记载的是第一次十字军东征期间的拜占廷历史，但其中涉及古代晚期自然灾害的内容，是本书的重要参照。

迪奥·卡西乌斯（Dio Cassius）的《罗马史》⑤、赫罗蒂安（Herodian）的《罗马史》⑥、《阿贝拉编年史》⑦ 等文献中对2世纪后半期"安东尼瘟疫"的发生情况及其对当时政局的影响进行了记载。尼基弗鲁斯（Nikephoros）的《简史》⑧《7世纪西叙利亚编年史》⑨ 等文献涉及7、8世纪的拜占廷帝国史，其中有关自然灾害的记载，如尼基弗鲁斯《简史》中关于747—748年"查士丁尼瘟疫"最后一次爆发情况的记载⑩，为本书提供了重要参考。

此外，中国史书《魏书·天象志》《隋书·天文志》中关于日食、哈雷

---

①　A. D. Lee, *Pagans and Christians in Late Antiquity*: *A Sourcebook*, New York: Routledge, 2000.

②　Jerome, *Jerome*: *Select Letters*, translated by F. A. Wright, Cambridge, Mass. : Harvard University Press, 1933.

③　Sidonius, *Sidonius*: *Poems and Letters*, translated by W. B. Anderson, Cambridge, Mass. : Harvard University Press, 1936.

④　Anna Comnena, *The Alexiad*, translated by Elizabeth A. Dawes, London: K. Paul, Trench, Trubner & Co. , Ltd. , 1928.

⑤　Dio's, *Roman History*, with an English translation by Earnest Cary, Cambridge Mass. : Harvard University Press, 1927, V. 9, Book 71, pp. 3 – 5.

⑥　Herodian, *History of the Roman Empire*, with an English translation by C. R. Whittaker, Cambridge, Massachusetts: Harvard University Press, 1969, Book 1, Chapter 12, pp. 73 – 77.

⑦　A. Mingana translated, *The Chronicle of Arbela*, Mosul: The Dominican Fathers, 1907, p. 88.

⑧　Nikephoros, *Short History*, translated by Cyril Mango, Washington: Dumbarton Oaks, Research Library and Collection, 1990.

⑨　Andrew Palmer translated and introduced, *The Seventh Century in the West-Syrian Chronicles*, Liverpool University Press, 1993.

⑩　Nikephoros, *Short History*, translated by Cyril Mango, Washington: Dumbarton Oaks, Research Library and Collection, 1990, pp. 139 – 141.

彗星等天象的记载，也有部分可以与拜占廷史家的记载互相印证。① 《北史》《梁书》《南史》中有疑似"尘幕事件"及其影响的记载②，也可与拜占廷史书中有关该事件的记载对观。

（二）国外学界研究概况

学界一般认为，古代晚期地中海世界的西部与东部均是在经历了一段稳定发展期之后出现了衰落的趋势。③ 半个世纪以来，随着生态环境史研究的兴起，众多学者投入到古代疾病及灾害史研究领域。通过对教会史家、传记作家和编年史家等作品的重新研读，研究者们开始关注到古代晚期频发的自然灾害对地中海地区社会变迁的影响。关于这一问题的研究成果，部分是对自然灾害与古代晚期社会发展之间的总体关系进行论述的专著，部分是以该时期地中海世界某一地区或城市的地震、瘟疫等灾害为单位进行的个案研究，还有一部分是概括性的论述，另有相当一部分是为我们提供了解这一时期历史背景、相关医学常识、自然科学知识的介绍性论著和专题论文。

1. 专题研究

迪奥尼修斯·Ch. 斯塔萨科普洛斯的《晚期罗马和早期拜占廷帝国的饥荒和瘟疫》以大量原始文献为依据，较为系统地整理了晚期罗马与早期拜占廷帝国境内的瘟疫和饥荒的相关记载，对古代晚期地中海地区自然灾害研究具有十分重要的参考价值。作者在著作中不仅以专题的形式对"查士丁尼瘟

---

① 如 530 年 9 月前后出现的哈雷彗星回归事件就被拜占廷史家和中国史书记载了下来。（John Malalas, *The Chronicle of John Malalas*, Book 18, p. 295；魏收：《魏书·天象志四》，中华书局 1982 年版，第 2443 页。）

② 如《南史》中有这样的记载："大同元年（即公元 535 年），冬十月，雨黄尘如雪"；"大同二年（即公元 536 年），十一月，雨黄尘，如雪，揽之盈掬。"〔（唐）李延寿：《南史·卷七·梁本纪中第七》，中华书局 1975 年版，第 211，212 页〕《梁书》中也有类似记载："梁武帝大同三年（即公元 537 年）春正月，天无云，雨灰，黄色。"〔（唐）姚思廉：《梁书·本纪第三·武帝下》，中华书局 1974 年版，第 81 页〕在《北史》中则有同一时期大雪、霜冻等异常天气，"天平三年（即公元 536 年），八月，并、肆、涿、建四州霜霣，大饥。"〔（唐）李延寿：《北史·卷五·魏本纪第五》，中华书局 1974 年版，第 186 页〕

③ 艾弗里尔·卡梅伦指出，从长远的角度来看，帝国东部和西部经历着相似的发展过程，只不过发生时间不尽相同，帝国东部与西部的变化速度也由于当地因素的不同而存在着差异（Averil Cameron, *The Mediterranean World in Late Antiquity AD 395—600*, p. 85.）。沃伦·特里高德认为，7 世纪初，拜占廷帝国过度膨胀，帝国面临着与 3 世纪时几乎将帝国打垮时相同程度的危机（Warren Treadgold, *A Concise History of Byzantium*, New York：PALGRSVE, 2001, p. 86.）。详细论证见文后。

疫"的特点、影响等进行了详细论述①，还分析了古代晚期地中海世界瘟疫
与饥荒这两大灾害间的关系②。

　　莱斯特·K. 利特主编的《瘟疫和古代社会的终结：541—750 年的流行
病》一书中运用历史学、考古学、流行病学等方法对"查士丁尼瘟疫"的
起源、传播及其对社会、经济、政治和宗教等方面产生的影响进行了较为全
面的分析。③

　　威廉·罗森的《查士丁尼的跳蚤：瘟疫、帝国和欧洲的诞生》对"查
士丁尼瘟疫"的起源、在地中海地区的传播路线、传播途径及社会影响等进
行了分析④。作者认为，帝国人口由于此次瘟疫而大幅减少，进而对帝国经
济与军事造成影响。⑤

　　威廉·H. 麦克尼尔的《瘟疫与人》中有专门章节对古代晚期地中海地
区的包括"安东尼瘟疫""西普里安瘟疫"和"查士丁尼瘟疫"在内的三次
大规模瘟疫进行论述。作者分析了瘟疫发源地、传播途径与条件，论述了瘟
疫所造成的诸多影响。⑥

　　丹尼尔·T. 瑞夫的《瘟疫、祭司与恶魔：神圣化叙事和基督教在旧、新
世界的兴起》中分析了古代晚期地中海地区遭遇数次瘟疫肆虐的客观条件⑦，
论述了"安东尼瘟疫""西普里安瘟疫"和"查士丁尼瘟疫"所造成的人
口、社会文化影响，并进一步探讨了瘟疫与基督教兴起之间的密切联系。⑧

　　萨格里·L. 索伦威等在《公元前 2000 年至公元 2000 年地中海的海啸》
一书中详细梳理了地中海地区在这一时期中海啸事件的发生情况、原因以及

---

　　① Dionysios Ch. Stathakopoulos, *Famine and Pestilence in the Late Roman and Early Byzantine Empire: A Systematic Survey of Subsistence Crises and Epidemics*, pp. 110 – 115.

　　② Ibid. , p. 24.

　　③ Lester K. Little, *Plague and the End of Antiquity: The Pandemic of 541 – 750*, New York: Cambridge University Press, 2007.

　　④ William Rosen, *Justinian's Flea: Plague, Empire, and The Birth of Europe*, New York: Penguin Group, 2007, p. 195.

　　⑤ Ibid. , p. 309.

　　⑥ ［美］威廉·H. 麦克尼尔：《瘟疫与人》，余新忠、毕会成译，中国环境科学出版社 2010 年版，第 70—74 页。

　　⑦ Daniel T. Reff, *Plagues, Priests, Demons: Sacred Narratives and the Rise of Christianity in the Old World and the New*, New York: Cambridge University Press, 2005, pp. 43 – 45.

　　⑧ Ibid. , pp. 47 – 63.

规模。① 以上专著对本书的写作均具有不可或缺的参考价值。

　　除上述专著外，以个案研究的方式探讨古代晚期地中海地区自然灾害的论文也为本书写作提供了重要参考。拉塞尔在其论文《早期瘟疫》中整理了普罗柯比、约翰·马拉拉斯和塞奥发尼斯等史家有关"查士丁尼瘟疫"的记载②，并着重分析了"查士丁尼瘟疫"对拜占廷帝国的人口、城市及防御所带来的不利影响。③ 同时，拉塞尔还关注到瘟疫传播过程中的季节性特征。④ 克里斯汀·A. 史密斯的《古代世界的瘟疫：从修昔底德到查士丁尼的研究》比较了"雅典瘟疫""安东尼瘟疫"和"查士丁尼瘟疫"⑤，并全面探讨了"查士丁尼瘟疫"的传播途径、性质及其影响。⑥ P. 艾伦在《查士丁尼瘟疫》中着重论述了"查士丁尼瘟疫"所造成的破坏，并推算了君士坦丁堡在"查士丁尼瘟疫"首次爆发过程中的死亡率。⑦ 迈克尔·W. 杜尔斯在《早期伊斯兰教历史中的瘟疫》一文中注意到"查士丁尼瘟疫"对中世纪早期及其后历史发展的影响。作者认为"查士丁尼瘟疫"在中世纪早期人口减少的趋势中扮演着至关重要的角色，同时破坏了查士丁尼一世重建帝国的计划，并降低了帝国抵御外族入侵的军事能力。⑧ J. R. 麦迪科特的

---

① Sergey L. Soloviev, Olga N. Solovieva, Chan N. Go, Khen S. Kim and Nikolay A. Shchetnikov, *Tsunamis in the Mediterranean Sea 2000B. C. —2000A. D.*, Dordrecht: Kluwer Academic Publishers, 2000.

② Josiah C. Russell, "That Earlier Plague", *Demography*, V. 5, N. 1, 1968, pp. 179 – 180.

③ 拉塞尔认为"查士丁尼瘟疫"使帝国的人口在公元6世纪末下降了40% —50%。因为经济的萧条和人口的减少，拜占廷帝国不得不压缩其军队。帝国不仅在565年之后放弃了对西部的进攻，南部地区防御也遭到削弱，以致伊斯兰国家在7世纪占领了埃及和叙利亚。(Josiah C. Russell, "That Earlier plague", pp. 174 – 178.)

④ Josiah C. Russell, "That Earlier Plague", p. 179.

⑤ Christine A. Smith, "Plague in the Ancient World: a study from Thucydides to Justinian", *The Student Historical Journal*, Loyola University, New Orleans, V. 28, 1996 – 1997. (十分遗憾的是，克里斯汀·A. 史密斯的这篇文章目前并没有找到原文。这篇文章的来源是：http://www.loyno.edu/~history/journal/1996 –7/1996 – 7. htm，查询时间为2016年3月1日。)

⑥ Christine A. Smith, "Plague in the Ancient World: a study from Thucydides to Justinian", V. 28, 1996 – 1997.

⑦ 根据P. 艾伦的推算，公元542年查士丁尼瘟疫爆发之时，君士坦丁堡常住人口有40余万，另外还有大约10万的流动人口，死亡人数在244000人以上，死亡率高达57%。(P. Allen, "The 'Justinianic' Plague", *Byzantion*, V. 49, 1979, pp. 10 – 11.)

⑧ Michael W. Dols, "Plague in Early Islamic History", *Journal of the American Oriental Society*, V. 94, 1974, p. 372.

《7 世纪英格兰地区的瘟疫》认为 544/545 年间首度流行于大不列颠的瘟疫是从地中海周边地区传入，并对瘟疫流行于不列颠地区的情况进行了梳理和分析。① 迈克尔·麦考米克的《老鼠、交往与瘟疫：生态史的趋向》一文分析了老鼠在瘟疫传播中的媒介作用。② R. J. 利特曼与 M. L. 利特曼的《加伦与"安东尼瘟疫"》一文分析了"安东尼瘟疫"的病原及其对罗马帝国人口造成的影响。③

从 20 世纪 90 年代开始，影响范围广泛的"尘幕事件"也引起了学者们的较多关注。戴维·凯斯在其著作《大灾难：一项现代社会起源的研究》中探讨 6 世纪 30 年代中后期发生的一次重大气候灾害——"尘幕事件"的成因、影响程度及范围等。作者认为"尘幕事件"的发生令全球的气候开始恶化④，并讨论了突发性的气候变化与瘟疫、疾病爆发之间的密切关系，认为"尘幕事件"是"查士丁尼瘟疫"等灾害发生的重要诱因。⑤ M. 巴利列在其《由树木年代学提出的有关 536 年"尘幕事件"的疑问》一文中对"尘幕事件"的成因及影响进行了分析，是学界中较早对这一事件进行专题讨论的成果。⑥ 理查德·B. 斯托塞斯在其论文《欧洲和中东地区的火山云、气候变冷和瘟疫》中分析了 536 年前后发生的"尘幕事件"的原因，并将这次事件与地中海地区的农业生产的发展和气候变化相联系。⑦ 安提·阿尔伽瓦的《地中海原始资料中关于公元 536 年神秘浮云的记载》一文将气候的转变看成是影响古文明发展趋势的一个重要因素⑧，认为公元 540 年地中海

---

① J. R. Maddicott, "Plague in Seventh-Century England", *Past & Present*, N. 156, 1997, pp. 9 – 13.

② Michael McCormick, "Rats, Communication, and Plague: Toward an Ecological History", *Journal of Interdisciplinary History*, V. 34, N. 1, 2003, pp. 1 – 25.

③ R. J. Littman, M. L. Littman, "Galen and the Antonine Plague", *The American Journal of Philology*, V. 94, N. 3, 1973, pp. 252 – 254.

④ David Keys, *Catastrophe: An Investigation into the Origins of the Modern World*, New York: Ballantine Book, 1999, pp. 3 – 5.

⑤ Ibid., pp. 20 – 24.

⑥ M. Baillie, "Dendrochronology Raises Questions about the Nature of the AD 536 Dust-Veil Event", *The Holocene*, V. 4, 1994, pp. 212 – 217.

⑦ Richard B. Stothers, "Volcanic Dry Fogs, Climate Cooling, and Plague Pandemics in Europe and the Middle East", *Climatic Change*, 1999, pp. 715 – 720.

⑧ Antti Arjava, "The Mystery Cloud of 536 CE in the Mediterranean Sources", *Dumbarton Oaks Papers*, V. 59, 2005, p. 75.

沿岸爆发的瘟疫是经济出现衰退趋势的重要原因。① 作者指出在 536 年的时候出现了气候的骤变，而这一气候异常同 541 年瘟疫的发生具有极为密切的关系。②

从 2000 年前后开始，随着自然科学研究领域中，南极冰核及树轮等新证据的出现，有关"尘幕事件"的研究又出现了新的进展。伯·格拉斯伦德等在《上帝的黄昏？批判视角下的 536 年"尘幕事件"》一文中对"尘幕事件"进行了详细的分析，作者认为这次事件的发生很可能是由数座火山同时爆发所引起。③ 戴夫·G. 费瑞思等的《2000 年来南极冰核中有关火山喷发的记录和 535 年前后赤道地区大型火山喷发的证据》一文根据南极冰核中硝酸盐含量的最新数据，对 535 年前后"尘幕事件"的成因进行了探讨，作者认为 535 年前后的"尘幕事件"极有可能是赤道地区一次大型火山喷发所致。④ L. B. 拉森等的《有关 536 年"尘幕事件"火山喷发成因的新冰核证据》一文通过对最新的南极和格陵兰岛冰核数据进行分析，认为 533—534 ± 2 年间确实存在着范围广阔的大气酸雾，表明这一时期持续性的天空昏暗是由一次赤道附近地区的火山喷发所引起。⑤ 史蒂芬·E. 纳什在《千年的考古树轮证据》一文中认为分析树轮可以有助于重构历史上生态环境所发生的变化，世界范围内的树轮证据显示，536 年很可能由于火山喷发引发了一次大规模的气候变化事件。⑥ 马修·W. 索泽等在论文《过去 5000 年中来自于高纬度树轮宽度及霜轮的火山喷发》中通过对最新的树轮和霜轮数据进行分析，认为 536 年、537 年发生的火山喷发很可能造成这一时期的气候变

① Antti Arjava, "The Mystery Cloud of 536CE in the Mediterranean Sources", *Dumbarton Oaks Papers*, V. 59, 2005, p. 76.

② Ibid., p. 85.

③ Bo Gräslund & Neil Price, "Twilight of the Gods? The 'Dust Veil Event' of AD 536 in critical perspective", *Antiquity*, 2012, p. 431.

④ Dave G. Ferris, Jihong Cole-Dai, Angelica R. Reyes, and Drew M. Budner, "South Pole Ice Core Record of Explosive Volcanic Eruptions in the First and Second Millennia A. D. and Evidence of a Large Eruption in the Tropics around 535 A. D. ", *Journal of Geophysical Research*, V. 116, D17308, 2011, p. 4.

⑤ L. B. Larsen, B. M. Vinther and K. R. Briffa, "New Ice Core Evidence for a Volcanic Cause of the A. D. 536 Dust Veil", *Geophysical Research Letters*, V. 35, 2008, L04708, p. 1.

⑥ Stephen E. Nash, "Archaeological Tree-Ring Dating at the Millennium", *Journal of Archaeological Research*, Vol. 10, N. 3, 2002, p. 265.

冷而令树木的年轮宽度达到最小值。① 罗森尼·阿瑞戈等的《对发生于 536 年、934 年、1258 年主要火山喷发事件的空间反应：源于蒙古及西伯利亚北部的霜环和其他树木年代学证据》一文同样是依据气候学及树轮等数据对"尘幕事件"进行分析的成果。②

部分论文针对东地中海地区的地震进行了分析和论述。格兰维尔·唐尼的《君士坦丁堡及附近地区的地震（342—1454 年）》一文中对从 4 世纪中期至 15 世纪中期，君士坦丁堡发生的 50 多次地震进行了详细整理，并提供了这些地震发生情况所依据的原始资料的出处。③ 肯尼思·W. 拉塞尔的《公元 2 世纪至 8 世纪中叶巴勒斯坦与阿拉伯西北部地区的地震年代表》详细介绍了古代晚期巴勒斯坦和阿拉伯西北部地震的发生时间和详情。④ 安娜·福克菲斯等的《东地中海地区的海啸灾难：塞浦路斯和黎凡特海岸的大型地震与海啸》一文对古代晚期多次海啸的发生原因及地震进行了分析，同时对数次海啸的级别进行了估算。⑤ 这三篇涉及君士坦丁堡及巴勒斯坦等地区地震的文章对本研究的写作十分有参考价值。

还有涉及拜占廷帝国医院、医疗体系发展以及拜占廷史家记载自然灾害的特点等专题研究。提摩西·S. 米勒在其论文《拜占廷的医院》中对早期拜占廷医院的发展及医护人员的工作状态进行了梳理和分析。⑥ 皮瑞格林·霍德的《拜占廷、西欧和伊斯兰的早期医院》一文对早期拜占廷帝国医院

---

① Matthew W. Salzer and Malcolm K. Hughes, "Volcanic Eruptions over the Last 5000 Years from High Elevation Tree-Ring Widths and Frost Rings", *Springer Science & Business Media*, 2010, p. 475.

② Rosanne D'Arrigo, David Frank, Gordon Jacoby and Neil Pederson, "Spatial Response to Major Volcanic Events in or about AD 536, 934 and 1258: Frost Rings and other Dendrochronological Evidence from Mongolia and northern Siberia: Comment on R. B. Stothers, 'Volcanic Dry Fogs, Climate Cooling, and Plague Pandemics in Europe and the Middle East'", *Climatic Change*, V. 42, 1999, p. 239.

③ Glanville Downey, "Earthquakes at Constantinople and Vicinity, A. D. 342 - 1454", *Speculum*, V. 30, N. 4, 1955, pp. 596 - 600.

④ Kenneth W. Russell, "The Earthquake Chronology of Palestine and Northwest Arabia from the 2nd Through the Mid—8th Century A. D. ", *Bulletin of the American Schools of Oriental Research*, N. 260, 1985, p. 39.

⑤ Anna Fokaefs, Gerassimos A. Papadopoulos, "Tsunami Hazard in the Eastern Mediterranean: Strong Earthquakes and Tsunamis in Cyprus and the Levantine Sea", *Nat Hazards*, V. 40, 2007, pp. 503 - 512.

⑥ Timothy S. Miller, "Byzantine Hospitals", *Dumbarton Oaks Papers*, V. 38, Symposium on Byzantine Medicine, 1984, pp. 56 - 59.

及医疗事业的发展进行了分析。① 米思卡·梅尔的《从东罗马到拜占廷帝国转型过程中自然灾害的感知与解释》一文中提到很多史家作品中之所以更多地出现猜测神明在自然灾害中所扮演的角色和上帝所要传达的特殊信息等内容，而不是记载现代社会十分关注的问题，如毁坏的程度、受害者的人数等，是因为自然灾害在古代社会中被看作一个预兆，甚至不祥之兆，而基督教影响的逐渐扩大使自然灾害作为一种不祥之兆的色彩进一步加深。②

2. 概括性论述

部分论著和论文将地震、瘟疫、水灾等自然灾害作为影响地中海地区发展趋势的因素加以分析和论述，对本研究的写作具有重要的借鉴意义。

一些通史性的著作往往在分析和论述古代晚期地中海地区发展脉络的同时，注意到瘟疫、地震等自然灾害所产生的影响。A. H. M. 琼斯在《晚期罗马帝国史（284—602 年）：社会、经济和行政研究》一书中对罗马帝国后期东部与西部不同的发展趋势进行了详细的论述，同时认为自然灾害，尤其是大瘟疫的爆发是影响人口数量的一个重要因素。③ A. A. 瓦西里耶夫的《拜占廷帝国史（324—1453 年）》是一部重要的拜占廷通史著作，作者注意到3—6 世纪拜占廷帝国的部分饥荒、瘟疫和地震的发生情况。④ 但除"查士丁尼瘟疫"外，瓦西里耶夫并没有详细论述并分析这一时期拜占廷帝国境内的其他自然灾害及其影响，并且在论著中只是简要论及部分地区的受灾情况。⑤

艾弗里尔·卡梅伦的《古代晚期的地中海世界（395—600 年）》（2012年出版了该书第二版，将古代晚期的下限进一步推至 700 年⑥）是有关古代

---

① Peregrine Horden, "The Earliest Hospitals in Byzantium, Western Europe, and Islam", *Journal of Interdisciplinary History*, V. 35, N. 3, 2005, pp. 361 – 389.

② Mischa Meier, "Perceptions and Interpretations of Natural Disasters during the Transition from the East Roman to the Byzantine Empire", *The Medieval History Journal*, V. 4, N. 2, 2001, p. 180.

③ A. H. M. Jones, *The Later Roman Empire 284 – 602: A Social, Economic, and Administrative Survey*, Oxford: Basil Blackwell Ltd, 1964, V. 2, p. 1043.

④ A. A. Vasiliev, *History of the Byzantine Empire (324 – 1453)*, Vol. 1, Wisconsin: The University of Wisconsin Press, 1952, p. 147.

⑤ Ibid., p. 162.

⑥ Averil Cameron, *The Mediterranean World in Late Antiquity AD 395 – 700*, London and New York: Routledge, 2012.

晚期研究的重要专著。作者不仅介绍了古代晚期相关研究可依据的大量文献资料，而且较为全面地从政治、经济以及宗教文化方面来探寻古代晚期地中海世界社会变迁的相关重要问题。作者将大规模的瘟疫和地震作为东地中海地区城市与社会发展的重要影响因素加以论述。① 此外，艾弗里尔·卡梅伦和彼得·格纳斯主编的《剑桥古代史（第 13 卷）》一书中不仅对公元337—425 年的晚期罗马帝国历史发展脉络进行了梳理，分专题对 4 世纪前期至 5世纪前期罗马帝国的政府机构、经济社会发展、外交事务及宗教文化等内容进行了详细论述，还分析了地震、瘟疫和饥荒对政治局势和战争形势的重要影响。② 艾弗里尔·卡梅伦、拜伦·沃德·皮尔金和迈克尔·怀特比主编的《剑桥古代史（第 14 卷）》中梳理了 425 年到 600 年地中海世界及其周边地区的历史发展，同时，分专题对该时期的政治、经济、宗教文化的内容进行了论述。作者在书中对 6 世纪的"查士丁尼瘟疫"及东地中海地区的地震等灾害给予了高度关注。③

汤姆斯·F. X. 诺布尔的《古代晚期的危机与转型》提到鼠疫对社会经济和民众心理均造成巨大伤害，并认为 554 年和 557 年的君士坦丁堡地震等灾害导致了查士丁尼一世统治晚期帝国的衰落。④ 由 G. W. 博尔索克、彼得·布朗等人主编的《古代晚期：后古典世界指南》一书也指出自然灾害对于帝国人口的影响，认为 6 世纪 40 年代的瘟疫加深了帝国军队蛮族化的程度。⑤

J. B. 布瑞的《晚期罗马帝国史（从塞奥多西一世去世至查士丁尼一世去世）》一书的第二卷中，作者对比了"查士丁尼瘟疫"与黑死病，分析并

---

① Averil Cameron, *The Mediterranean World in Late Antiquity AD 395 – 600*, London and New York：Routledge, 2003, pp. 111 – 113, 124, 164.

② Averil Cameron, Peter Garnsey edited, *The Cambridge Ancient History* (*V. 13*, *The Late Empire*, *A. D. 337 – 425*), New York：Cambridge University Press, 1998, p. 36；p. 125.

③ Averil Cameron, Bryan Ward Perkins, Michael Whitby edited, *The Cambridge Ancient History* (*V. 14*, *Late Antiquity*：*Empire and Successors*, *A. D. 425 – 600*), Cambridge：Cambridge University Press, 2000, pp. 41, 71, 83.

④ Thomas F. X. Noble, *Late Antiquity Crisis and Transformation* (*Parts I – III*), Virginia：The Teaching Company, 2008, p. 33.

⑤ G. W. Bowersock, Peter Brown, Oleg Gravar, *Late Antiquity*：*A Guide to The Postclassical World*, Cambridge：The Belknap Press of Harvard University Press, 1999, p. 135.

论述了"查士丁尼瘟疫"对帝国人口及军队战斗力所造成的影响。① 费迪南·洛特的《古代世界的终结和中世纪的开端》一书对3—6世纪地中海地区的社会发展与转型进行了详细论述，作者简单地提及了地震对安条克所造成的不利影响。② 索罗门·卡特兹在其著作《罗马帝国的衰亡与中世纪欧洲的兴起》中对罗马帝国衰亡的原因进行了详细分析，作者认为瘟疫所带来的人力资源短缺的后果是帝国衰亡过程中的一个影响要素。③

沃伦·特里高德在其《拜占廷国家与社会史》一书中详细地论述了从3世纪后期到6世纪末的拜占廷帝国发展史，而且关注到2世纪后期以及3世纪中后期两次破坏性的瘟疫对地中海地区造成的巨大影响。④ 同时，作者详细地分析了"查士丁尼瘟疫"首次爆发及其后数度复发的症状、传播方式，以及对拜占廷帝国政治、军事的不利影响。⑤ 沃伦·特里高德的另一部专著《拜占廷简史》中论述了2世纪后期、3世纪中后期和6世纪中期爆发的三次重大瘟疫的影响。⑥

西瑞尔·曼戈的《拜占廷：新罗马帝国》一书大量运用当时的文献资料，分专题对拜占廷历史发展展开论述。作者将瘟疫、地震等自然灾害看成帝国变迁的重要影响因素，并重点分析了500年前后发生于包括埃德萨在内的东地中海地区的虫灾和饥荒、542年前后开始发挥威力的"查士丁尼瘟疫"等灾害对帝国人口及经济方面的不利影响。⑦ 在其《牛津拜占廷史》中，曼戈注意到"查士丁尼瘟疫"的爆发对帝国物质层面的不利影响。⑧

提摩西·维宁的《拜占廷帝国编年史》以编年方式较为简洁地记载了

---

① J. B. Bury, *History of the Later Roman Empire：From the Death of Theodosius I. to the Death of Justinian*, V. 2, New York：Dover Publications, Inc. , 1958, pp. 64, 107.

② Ferdinand Lot, *The End of the Ancient World and the Beginnings of the Middle Ages*, London：Routledge & Kegan Paul Ltd, 1966, p. 270.

③ Solomon Katz, *The Decline of Rome and the Rise of Mediaeval Europe*, New York：Cornell University Press, 1955, pp. 21, 48.

④ Warren Treadgold, *A History of the Byzantine State and Society*, California：Stanford University Press, 1997, pp. 136 – 137.

⑤ Warren Treadgold, *A History of the Byzantine State and Society*, pp. 196 – 216.

⑥ Warren Treadgold, *A Concise History of Byzantium*, New York：PALGRSVE, 2001, p. 7；pp. 62 – 63.

⑦ Cyril Mango, *Byzantium：The Empire of New Rome*, New York：Charles Scribner's Sons, 1980, pp. 66 – 69.

⑧ Cyril Mango, *The Oxford History of Byzantium*, New York：Oxford University Press, 2002, p. 49.

早、中、晚期拜占廷帝国的重大事件，同时注意到古代晚期地中海世界中造成较大影响的地震、瘟疫、饥荒等自然灾害。① 迈克尔·安戈尔德在其《拜占廷：从古代到中世纪的桥梁》一书中将"查士丁尼瘟疫"的爆发作为 6 世纪中期开始帝国形势急转直下的重要影响因素详加论述，作者尤其关注到瘟疫的爆发对民众精神方面所产生的影响。② 提摩西·E. 格里高利的《拜占廷史》认为"查士丁尼瘟疫"的爆发对君士坦丁堡及地中海地区几乎所有周边城市均造成了物质及精神方面的打击，对查士丁尼一世的统治产生了不良影响。③

在迈克尔·马斯主编的《剑桥查士丁尼时代指南》一书中，作者对"查士丁尼瘟疫"从 6 世纪中期到 8 世纪中期的发生情况及影响进行了简述，同时，作者分析了"尘幕事件"这类气候灾害与瘟疫之间的关系以及 557 年地震对帝国发展的影响。④ 在乔治·赫尔墨斯主编的《牛津插图欧洲中世纪史》一书中，瘟疫、饥荒等灾害被认为是地中海周边城市以及拜占廷帝国人口和经济衰落的重要原因。⑤ 由罗伯特·福赛尔主编的《剑桥插图中世纪史：350—950 年》一书中，帝国境内周期性爆发的瘟疫及频发的饥荒同样被认为是帝国人口大量减少的重要诱因。⑥ J. R. 马丁戴尔的《晚期罗马帝国人物志（第三卷，527—641 年）》中总结并列举了这一时期帝国的重要人物的生平事迹及其史料来源⑦，对于本书的写作具有重要借鉴意义。

部分论著对 2—3 世纪爆发于地中海地区的瘟疫进行分析，认为瘟疫的爆发对 3 世纪前后地中海地区的发展趋势造成了重大影响。特奥多尔·蒙森

① Timothy Venning, *A Chronology of the Byzantine Empire*, with an introduction by Jonathan Harris, New York: Palgrave Macmillan, 2006, pp. 13 – 148.

② Michael Angold, *Byzantium: The Bridge from Antiquity to the Middle Ages*, London: Weidenfeld & Nicolson, 2001, pp. 25 – 26.

③ Timothy E. Gregory, *A History of Byzantium*, Blackwell Publishing Ltd, 2005, pp. 137 – 140.

④ Michael Maas, *The Cambridge Companion to the Age of Justinian*, New York: Cambridge University Press, 2006, pp. 138 – 139, 153, 71.

⑤ George Holmes edited, *The Oxford Illustrated History of Medieval Europe*, New York: Oxford University Press, 1988, pp. 8 – 9.

⑥ Robert Fossier, *The Cambridge Illustrated History of the Middle Ages: 350 – 950*, translated by Janet Sondheimer, New York: Cambridge University Press, 1982, pp. 160 – 161.

⑦ J. R. Martindale, *The Prosopography of The Later Roman Empire* (Vol. III, A. D. 527 – 641), New York: Cambridge University Press, 1992.

的《皇帝统治下的罗马史》将 3 世纪中期爆发的瘟疫作为这一时期罗马帝国发展的重要影响因素加以论述，同时，作者提到了战争与瘟疫流行之间的紧密关系。[①] 威廉·G. 希尼根与亚瑟·E. R. 伯克所著的《直至 565 年的罗马史》一书中涉及罗马帝国大量政治、经济和军事方面的政策，并且介绍了这一时期研究所依据的相关史料，同时将瘟疫作为 "3 世纪危机" 的一个重要影响因素进行论述。[②] 威廉·G. 希尼根和查尔斯·亚历山大的《古代史（从史前时代到查士丁尼一世去世）》对 "安东尼瘟疫" 和 "西普里安瘟疫" 的发生情况及影响进行了论述[③]。F. W. 沃尔巴克在其《令人敬畏的变革：罗马帝国在西部地区的衰败》一书中认为 2—3 世纪大瘟疫的爆发对地中海周边地区产生了较大影响，造成人力资源短缺。[④] E. A. 汤普森的《罗马人与蛮族人：西部帝国的衰亡》一书认为瘟疫的爆发减少了罗马帝国潜在兵源，对国家的军事局势不利。[⑤] 由唐·纳尔多主编的《古代罗马的终结》一书中不仅系统梳理了从戴克里先统治时期开始的晚期罗马历史，同时，将瘟疫、饥荒等视为影响晚期罗马帝国发展的重要因素。[⑥] 彼得·海瑟的《罗马帝国的衰亡》一书探讨了罗马帝国后期的历史发展趋势及影响要素，并关注到地震对帝国局势的影响。[⑦] 布莱恩·蒂尔尼与西德尼·佩因特的《西欧中世纪史》一书指出，2、3 世纪多发的传染病加重了帝国劳动力短缺的压力，成为帝国经济衰落的重要影响因素。[⑧]

　　部分论著以拜占廷帝国发展趋势作为研究对象，试图找到自然灾害与国家发展之间的密切关系。诺尔·伦斯基的《帝国的失败：4 世纪的瓦伦斯和

① Theodor Mommsen, *A History of Rome under the Emperors*, New York: Routledge, 1996, pp. 342 – 348.

② William G. Sinnigen, Arthur E. R. Boak, *A History of Rome to A. D. 565*, New York: Macmillan Publishing Co., Inc, 1977, p. 387.

③ William G. Sinnigen, Charles Alexander, *Ancient History from Prehistoric Times to the Death of Justinian*, New York: Macmillan, 1981, pp. 444, 473.

④ F. W. Walbank, *The Awful Revolution*: *The Decline of the Roman Empire in the West*, Liverpool: Liverpool University Press, 1969, pp. 36 – 37.

⑤ E. A. Thompson, *Romans and Barbarians*: *The Decline of the Western Empire*, Wisconsin: The University of Wisconsin Press, 1982, pp. 88 – 89.

⑥ Don Nardo edited, *The End of Ancient Rome*, California: Greenhaven Press, 2001, p. 31.

⑦ Peter Heather, *The Fall of the Roman Empire*, London: Macmillan, 2005, p. 309.

⑧ ［美］布莱恩·蒂尔尼、西德尼·佩因特：《西欧中世纪史》，袁传伟译，北京大学出版社 2011 年版，第 21 页。

罗马国家》一书中较为详细地分析了瓦伦斯统治时期内地震、海啸、饥荒等
自然灾害的发生情况。作者认为，瓦伦斯统治期间自然灾害的频繁发生不仅
影响了治理帝国的方式，且影响到了政府的财政收入。① 罗伯特·布朗宁在
《查士丁尼和塞奥多拉》中对安条克地震、旱灾②和"查士丁尼瘟疫"③ 的
发生情况及不利影响进行了分析。约翰·莫尔黑德在《查士丁尼一世》一
书中较详细地论述了"查士丁尼瘟疫"的发生情况及破坏性影响，并试图
分析瘟疫造成的精神恐慌。④ 约翰 W. 巴克在《查士丁尼一世与晚期罗马帝
国》一书中将"查士丁尼瘟疫"、地震等自然灾害作为查士丁尼一世时期帝
国发展的重要影响因素加以分析和论述。⑤ 威廉·加顿·赫尔姆斯的《查士
丁尼与塞奥多拉时代：6 世纪的历史》（卷一）中关注到查士丁一世和查士
丁尼一世统治期间发生的数次大规模地震及其对帝国财政的不利影响。⑥
J. A. S. 埃文斯在《查士丁尼时代：帝国权力的状况》一书中分析了"查士
丁尼瘟疫"及多次地震的爆发对拜占廷帝国财政、城市、乡村、军事等方面
造成的不利影响，作者还注意到自然灾害之间的相互联系。⑦ 埃文斯在《查
士丁尼一世与拜占廷帝国》中也分析了"查士丁尼瘟疫"对帝国人口、军
事、政局等方面的影响。⑧ 埃文斯在《皇后塞奥多拉：查士丁尼一世的搭
档》一书中对查士丁尼一世与塞奥多拉统治拜占廷帝国的方式进行了细致的
分析，并且多次提及自然灾害的发生对其统治所造成的影响。⑨

① Noel Lenski, *Failure of Empire: Valens and the Roman State in the Fourth Century A. D.*, California: U-
niversity of California Press, 2002, p. 386.

② Robert Browning, *Justinian and Theodora*, New York: Thames and Hudson, 1987, p. 68.

③ Ibid. , p. 120.

④ John Moorhead, *Justinian*, New York: Longman Publishing, 1994, pp. 99 – 100.

⑤ John W. Barker, *Justinian and the Later Roman Empire*, Wisconsin: The University of Wisconsin Press,
1966, pp. 191 – 192.

⑥ William Gordon Holmes, *The Age of Justinian and Theodora: A History of the Sixth Century A. D.*
(*Vol. 1*), London: George Bell And Sons, 1905, pp. 317 – 319.

⑦ J. A. S. Evans, *The Age of Justinian: The Circumstances of Imperial Power*, New York: Routledge,
2001, pp. 161 – 163, 229 – 230.

⑧ James Allan Evans, *The Emperor Justinian and the Byzantine Empire*, London: Greenwood Press, 2005,
pp. 65 – 66.

⑨ James Allan Evans, *The Empress Theodora: Partner of Justinian*, Austin: University of Texas Press,
2002, pp. 21 – 23.

　　部分论著对古代晚期地中海地区的人口、贸易和经济发展趋势进行了分析和论述，并将瘟疫、地震和"尘幕事件"等灾害作为人口、贸易及经济发展的重要影响因素加以考虑。安奇利其·E. 拉奥和斯席勒·莫里森的《拜占廷经济》一书认为，早期拜占廷帝国从 6 世纪中期开始出现经济衰落的信号，"查士丁尼瘟疫"的周期性爆发连同一系列破坏性的地震、"尘幕事件"等不仅令帝国人口下降、生产和需求减少，而且最终导致"逆城市化"现象出现，直到 100 年后还未能恢复。① 安奇利其·E. 拉奥在另一部作品《拜占廷经济史（从 7 世纪延续至 15 世纪）》一书中将"查士丁尼瘟疫"和地震的频发作为导致地中海东部地区的人口、城市和经济转变的重要因素加以论述。② 迈克尔·麦考米克的《欧洲经济的起源：公元 300—900 年的交流与贸易》一书探讨了"查士丁尼瘟疫"的传播路线及其与同一时期拜占廷帝国海上贸易航线之间的紧密联系。③ 彼得·萨里斯的《查士丁尼时代的经济与社会》着重探讨了瘟疫对帝国经济、政治与社会产生的不利影响④，认为瘟疫使纳税人大量减少，并以金币和铜币兑换率下降的情况为据，说明帝国东部居民生活水平持续下降。⑤ A. H. M. 琼斯在其著作《罗马经济：古代经济与行政史研究》中谈到古代晚期的 3 次大瘟疫以及饥荒等灾害令地中海地区的人口数量始终未能得到恢复，是影响经济水平的重要因素。⑥

　　此外，拉塞尔的《古代晚期和中世纪的人口控制》对比了"查士丁尼瘟疫"发生前后帝国境内东西部的人口情况（包括死亡率和男女比例）⑦，作者认为帝国在"查士丁尼瘟疫"爆发之后出现了人口短缺的现象，指出

---

①　Angeliki E. Laiou and Cecile Morrisson, *The Byzantine Economy*, New York：Cambridge University Press, 2007, pp. 38 – 42.

②　Angeliki E. Laiou, *The Economic History of Byzantium*：*From the Seventh through the Fifteenth Century*, Washington D. C. : Dumbarton Oaks Trustees, 2002, pp. 190 – 195.

③　Michael McCormick, *Origins of The European Economy*：*Communications and Commerce*, A. D. 300 – 900, Cambridge：Cambridge University Press, 2001, pp. 104 – 112.

④　Peter Sarris, *Economy and Society in the Age of Justinian*, New York：Cambridge University Press, 2006, pp. 217 – 219.

⑤　Ibid. , pp. 218, 227.

⑥　A. H. M. Jones, *The Roman Economy*：*Studies in Ancient Economic and Administrative History*, Oxford：Basil Blackwell, 1974, p. 87.

⑦　Josiah Cox Russell, *The Control of Late Ancient and Medieval Population*, Philadelphia：The American Philosophical Society Independence Square, 1985, p. 169.

帝国人口的性别比例发生变化。① 彼得·卡纳里斯所著的《拜占廷帝国人口研究》中详细分析了3—7世纪帝国人口的变动和迁移，作者认为帝国境内部分城市的人口受到地震的影响较大②，同时，6世纪40年代瘟疫的发生是拜占廷帝国人口发展进入新阶段的标志③，并对7—9世纪中期帝国迁移人口的政策构成了影响。④

部分专著对古代晚期地中海周边地区城市的发展与转型进行了专题研究，并且将地震、瘟疫等灾害作为影响该地区城市变迁的重要因素加以分析。J. H. W. G. 里贝舒尔茨的著作《罗马城市的衰亡》主要涉及400—650年罗马城市的变迁历史及影响城市变迁的重要因素等内容。作者认为，瘟疫、地震等自然灾害的频发加速了帝国西部与东部城市的衰落进程。⑤ J. H. W. G. 里贝舒尔茨在《安条克：晚期罗马帝国时期的城市与帝国行政》中详细地分析了安条克的人口构成、行政体系等内容，并论述了自然灾害对安条克所产生的重要影响。⑥ 约翰·瑞奇的《古代晚期的城市》一书以安条克城为例，论述了古代晚期城市在经受多次瘟疫、地震等自然灾害打击之后的转型过程。⑦ 格兰维尔·唐尼的《古代安条克城》论述了安条克城从3世纪到6世纪数次被瘟疫、饥荒、地震等自然灾害所扰的详细情况以及皇帝在灾后所实施的救助措施。其中，458年地震、525年火灾、526年地震、528年地震等灾害的相关记载尤其详细。⑧ 迈克尔·麦克拉根在《君士坦丁堡城》一书中对君士坦丁堡的城市建设和历史沿革进行了详细论述，他提到数次地震对君士坦丁堡建筑的破坏性影响，同时也注意到6世纪40年代的鼠

① Josiah Cox Russell, *The Control of Late Ancient and Medieval Population*, Philadelphia: The American Philosophical Society Independence Square, 1985, p. 170.
② Peter Charanis, *Studies on the Demography of the Byzantine Empire*, London: Variorum Reprints, 1972, p. 6.
③ Ibid., p. 10.
④ Ibid., pp. 11 – 13.
⑤ J. H. W. G Liebeschuetz, *Decline and Fall of the Roman City*, New York: Oxford University Press, 2001, pp. 52 – 56, 390 – 410.
⑥ 如作者提到588年安条克大地震中的死亡人数就达到6万人。（J. H. W. G. Liebeschuetz, *Antioch: City and Imperial Administration in the Later Roman Empire*, New York: Oxford University Press, 1972, p. 129.）
⑦ John Rich, *The City in Late Antiquity*, New York: Routledge, 1992, pp. 182 – 195.
⑧ Glanville Downey, *Ancient Antioch*, Princeton: Princeton University Press, 1963, pp. 221 – 223, 243, 243 – 244, 245 – 246.

疫是帝国人口数量变动的重要影响因素。① 乔纳森·哈里斯在其著作《君士坦丁堡：拜占廷帝国的首都》中将一系列自然灾害和瘟疫的发生作为影响 6世纪拜占廷帝国战争局势的重要因素详加论述。② 西瑞尔·曼戈的《君士坦丁堡研究》中提到自然灾害对帝国的发展产生一定的破坏性影响，但没有对此观点进行详细论述。③

　　部分论著对古代晚期地中海周边地区的发展趋势进行了分析，并将自然灾害的因素考虑其中。在菲利普·K. 希提所著的《叙利亚史（包含黎巴嫩和巴勒斯坦地区）》中，作者在介绍君士坦丁堡城的建设历程时，提到了551—555 年腓尼基沿岸地震对当地的影响。④ 罗格·S. 博格纳的《拜占廷帝国的埃及地区（300—700 年）》中提及瘟疫对埃及经济与人口所产生的影响。⑤

　　部分论著注意到自然灾害与拜占廷民众生活状况间的关系。马库斯·劳特曼在著作《拜占廷帝国的日常生活》中认为，地震、瘟疫时常扰乱包括君士坦丁堡在内的帝国城市的正常生活，并着重分析了"查士丁尼瘟疫"对葬礼习俗所产生的影响。⑥ 彼得·D. 阿诺特在专著《拜占廷人及他们的世界》中认为频繁发生的地震和瘟疫影响了君士坦丁堡城市发展，查士丁尼一世也因此加快了君士坦丁堡的医院等医疗机构的建设。⑦

　　部分论著认为拜占廷帝国的农业发展、教育事业以及基督教化在一定程度上受到了自然灾害的影响。保罗·莱蒙勒在《拜占廷帝国农业史（从帝国建立至 12 世纪）》一书中梳理了拜占廷帝国长达约 9 个世纪的农业发展历程，并且认为在自然灾害的影响下，尤其是鼠疫的打击之下出现的人

---

① Michael Maclagan, *The City of Constantinople*, New York: Frederick A. Praeger, Inc., Publishers, 1968, pp. 30 – 35, 103.

② Jonathan Harris, *Constantinople: Capital of Byzantium*, Wiltshire: Cromwell Press, 2007, p. 38.

③ Cyril Mango, *Studies on Constantinople*, Brookfield: Ashgate Publishing Company, 1993, pp. X1 – 20.

④ Philip K. Hitti, *History of Syria: Including Lebanon and Palestine*, London: Macmillan Co. LTD, 1951, pp. 361 – 362.

⑤ Roger S. Bagnall, *Egypt in the Byzantine World, 300 – 700*, New York: Cambridge University Press, 2007, p. 291.

⑥ Marcus Rautman, *Daily Life in the Byzantine Empire*, Westport: The Greenwood Press, 2006, pp. 67 – 68, 78.

⑦ Peter D. Arnott, *The Byzantines and their World*, London: Macmillan Limited, 1973, p. 90.

口减少的窘境是帝国政府调整土地政策的重要影响因素，同时也令帝国的农业发展面临危机。① N. G. 威尔森的著作《拜占廷帝国的学校》中将地震、海啸等自然灾害看作影响东地中海地区重要教育中心发展趋势的原因之一。② 彼得·布朗在著作《权威与神圣：罗马世界基督教化的各个方面》中注意到瘟疫等自然灾害对基督教在帝国境内发展所产生的影响。③ 乔治·艾维瑞在《拜占廷的教区（451—1204 年）》中分析了神职人员在自然灾害发生时所担负的社会职能。④ 彼得·哈特利在《君士坦丁堡的修道士和修道院（350—850 年）》一书中系统梳理了 4 世纪中期至 9 世纪中期君士坦丁堡的基督教发展状况，作者在书中多次提到瘟疫、地震等灾害对民众信仰所产生的影响。⑤ 约瑟夫·谢里斯黑维斯基在《拜占廷帝国境内内格夫沙漠地区的城市定居点》一书中指出，在 6 世纪发生的地震、瘟疫等自然灾害的打击下，北非地区的拜占廷城市逐渐衰落，由此影响到了帝国的粮食供应。⑥

以上论著涉及了 3 世纪后期至 6 世纪末期地中海地区的经济、政治、军事和文化发展的内容，在一定程度上，从不同的角度探讨了瘟疫、地震等灾害对这一时期地中海地区发展趋势所产生的影响。虽然这些论著在有关自然灾害与古代晚期地中海地区社会变迁之间关系的整体分析和论述上还有进一步提升的空间，但仍然对本研究具有重要的借鉴意义。

除了以上论著外，还有部分论文以自然灾害与地中海周边重要地区的社会转型之间的关系作为研究的突破口。迈克尔·戴克的《拜占廷帝国东部地区的定居与经济》将帝国东部的安条克、阿帕米亚等城市从 6 世纪中期开始

---

① Paul Lemerle, *The Agrarian History of Byzantium: From the Origins to the Twelfth Century*, Galway University Press, 1979, p. 25.

② N. G. Wilson, *Scholars of Byzantium*, London: Gerald Duckworth & Co. Ltd, 1983, p. 28.

③ Peter Brown, *Authority and the Sacred: Aspects of the Christianisation of the Roman World*, New York: Cambridge University Press, 1995, p. 72.

④ George Every, S. S. M., *The Byzantine Patriarchate, 451 – 1204*, London: S. P. C. K, 1962, p. 15.

⑤ Peter Hatlie, *The Monks and Monasteries of Constantinople, CA. 350 – 850*, New York: Cambridge University Press, 2007, p. 135, 170.

⑥ Joseph Shereshevski, *Byzantine Urban Settlements in the Negev Desert*, Israel: Ben-Curion University of the Negev Press, 1991, p. 8.

衰落的原因部分归结于瘟疫、地震的发生和波斯人的入侵。① 克里夫·福斯的《从考古资料来看公元550—750年转型时期的叙利亚》一文以叙利亚地区首府安条克在多次地震及瘟疫的打击之下所出现的城市人口及经济的衰落为例，揭示了在自然灾害及社会政治因素的影响之下，叙利亚地区于550—750年间的社会转型历程。② 克里夫·福斯在《拜占廷时代的吕西亚海岸》一文中以拜占廷帝国位于小亚细亚地区的米拉在6—7世纪的发展趋势为例，说明瘟疫、地震等自然灾害的发生对这一地区所产生的影响。③ 作者还谈到这一地区农村与城市的繁荣及衰落是同步发生的。④ 阿兰·沃姆斯利的《公元565—800年间叙利亚地区城镇及农村的经济发展和定居性质》一文中认为从6世纪后半期开始，尤其是在7—8世纪，叙利亚的城市及农村开始衰落，其定居人口的急剧下降是由地震、疾病和气候变化在内的众多因素共同造成的。⑤ 多伦·巴尔的《晚期罗马和早期拜占廷时期巴勒斯坦地区的人口、定居与经济情况》一文中，作者认为，6世纪中期爆发的瘟疫对于巴勒斯坦地区的人口结构与经济发展产生了重要影响。⑥ 托马斯·M.琼斯在《东部非洲对早期拜占廷帝国的影响》一文中认为，拜占廷帝国活跃的商人在将可怕的鼠疫于542年从埃塞俄比亚地区传播到君士坦丁堡的过程中扮演着重要角色，因为帝国同东部非洲之间的贸易相当频繁。⑦ 在保罗·马格达里诺的《君士坦丁堡的海上邻居：6—12世纪的商业和住宅功能》一文中，作者对"查士丁尼瘟疫"复发所产生的影响以及致命疾病易发的环境特征

---

① Michael Decker, "Frontier Settlement and Economy in the Byzantine East", *Dumbarton Oaks Papers*, V. 61, 2007, pp. 235 – 237.

② Clive Foss, "Syria in Transition, A. D. 550 – 750: An Archaeological Approach", *Dumbarton Oaks Papers*, V. 51, 1997, pp. 189 – 197.

③ Clive Foss, "The Lycian Coast in the Byzantine Age", *Dumbarton Oaks Papers*, V. 48, 1994, pp. 23 – 26.

④ Ibid., p. 29.

⑤ Alan Walmsley, "Economic Developments and the Nature of Settlement in the Towns and Countryside of Syria-Palestine, CA. 565 – 800", *Dumbarton Oaks Papers*, V. 61, 2007, p. 319.

⑥ Doron Bar, "Population, Settlement and Economy in Late Roman and Byzantine Palestine (70 – 641AD)", *Bulletin of the School of Oriental and African Studies*, University of London, V. 67, N. 3, 2004, p. 315.

⑦ Thomas M. Jones, "East African Influences upon the Early Byzantine Empire", *The Journal of Negro History*, V. 43, N. 1, 1958, pp. 59 – 61.

进行分析，并认为瘟疫对拜占廷发展的长期影响还有待进一步深入研究。①

部分论文分析和论述了自然灾害与地中海周边地区城市的人口、贸易发展之间的关系，同样对本研究的写作起到了重要的借鉴意义。J. C. 拉塞尔的论文《古代晚期和中世纪的人口》中，作者关注到"安东尼瘟疫""西普里安瘟疫"和"查士丁尼瘟疫"的爆发与人口减少之间的关系。② 彼得·卡纳里斯的《拜占廷帝国的人口迁移政策》分析了拜占廷帝国自 6 世纪后期开始推行并延续数个世纪的人口迁移政策。③

部分论文以文献资料作为依据来分析自然灾害在古代晚期重要历史时期中所发挥的作用。罗格·D. 斯科特在其论文《马拉拉斯、秘史与查士丁尼的宣传活动》中，作者注意到瘟疫和地震等自然灾害对帝国人口、城市及政治秩序所造成的不利影响④，并对比了普罗柯比《秘史》与约翰·马拉拉斯《编年史》中关于皇帝赈灾情况的记载。⑤ G. 唐尼的《普罗柯比的作品：建筑》介绍了普罗柯比三大重要作品之一的《建筑》的主要内容，同时，提及 553 年和 557 年的地震给圣索菲亚大教堂造成的破坏。⑥

还有部分论文或探讨瘟疫蔓延与古代晚期地中海地区一体化之间的关系，或分析瘟疫造成的人口减少与 6 世纪后期军队中蛮族士兵增多之间的联系。杰里·H. 本特利在《公元 500—1500 年的半球一体化》一文中分析了"查士丁尼瘟疫"的发源地、传播路线及人口影响，并对"查士丁尼瘟疫"于 7—8 世纪传播到亚洲西南部及东部地区的相关情况进行论述。⑦ 约翰·L. 蒂埃尔在其论文《查士丁尼一世军队中的蛮族》中认为从查士丁尼一世统

① Paul Magdalino, "The Maritime Neighborhoods of Constantinople: Commercial and Residential Functions, Sixth to Twelfth Centuries", *Dumbarton Oaks Papers*, V. 54, 2000, pp. 217 – 218.

② J. C. Russell, "Late Ancient and Medieval Population", *Transactions of the American Philosophical Society*, V. 48, N. 3, 1958, pp. 37 –41.

③ Peter Charanis, "The Transfer of Population as a Policy in the Byzantine Empire", *Comparative Studies in Society and History*, V. 3, N. 2, 1961, pp. 140 – 154.

④ Roger D. Scott, "Malalas, The Secret History and Justinian's Propaganda", *Dumbarton Oaks Papers*, V. 39, 1985, p. 108.

⑤ Ibid., p. 101.

⑥ G. Downey, "The Composition of Procopius, De Aedificiis", *Transactions and Proceedings of the American Philological Association*, V. 78, 1947, p. 182.

⑦ Jerry H. Bentley, "Hemispheric Integration, 500 – 1500", *Journal of World History*, V. 9, N. 2, 1998, p. 249.

治时期，尤其是其统治后期开始，帝国军队中蛮族士兵人数的增多与"查士丁尼瘟疫"所带来的人口减少及前线的人力资源需求有关。①

3. 历史背景、医学常识、自然科学知识资料

除了专题研究和概括性论述外，一部分有关历史背景、医学常识和自然科学知识方面的成果为本书提供了历史背景以及环境史、生态学、医学等方面理论的支撑。

彼得·布朗的名著《古代晚期的世界：150—750 年》是古代晚期研究的代表性作品。作者侧重于对地中海地区社会与文化的转型进行研究，探究古典世界的边界在 200 年后是如何转变和重新划定的。② A. H. M. 琼斯的《直至 5 世纪的罗马史（第二卷：帝国）》分专题对罗马帝国的军队、城市、税收、宗教等事务进行了论述。③ 切斯特 G. 斯塔尔的《古代史》中对晚期罗马帝国的医疗体系进行了分析。④ 格兰维尔·唐尼的《晚期罗马帝国》不仅对帝国西部与东部在查士丁尼一世统治后期的衰落趋势进行了详细分析，还将气候变化看成帝国衰落的重要影响因素。⑤ 亚瑟·费瑞尔的著作《罗马帝国的衰亡：一种军事解释》将帝国军队的发展状况及地中海世界的变革相联系，认为士兵人数不足是影响军队及帝国发展状况的重要原因。⑥ 马克·W. 格林汉在《晚期罗马帝国的信息和边疆意识》一书中认为城市内部疾病的传播模式是一种人类间接触的形式。⑦ 迈克尔·格兰特的《从罗马到拜占廷（5 世纪）》分专题对 5 世纪地中海世界的政权中心从以罗马过渡到君士坦丁堡的政治、宗教、城市的发展情况进行了论述。⑧ 查尔斯·戴尔的《拜占廷：伟大与衰亡》一书对古代晚期政治、经济中心由地中海西部转向东部

① John L. Teall, "The Barbarians in Justinian's Armies", *Speculum*, V. 40, N. 2, 1965, p. 296.

② Peter Brown, *The World of Late Antiquity*, AD 150 – 750, London: Thames and Hudson, 1971, p. 19.

③ A. H. M. Jones, *A History of Rome Through the Fifth Century: Volume II: The Empire*, New York: Harper & Row, Publishers, 1970.

④ Chester G. Starr, *A History of the Ancient World*, New York: Oxford University Press, 1983, p. 427.

⑤ Glanville Downey, *The Late Roman Empire*, New York: Holt, Rinehart and Winston, Inc. , 1969, p. 96.

⑥ Arther Ferrill, *The Fall of the Roman Empire: The Military Explanation*, London: Thames And Hudson Ltd, 1986, pp. 165 – 168.

⑦ Mark W. Graham, *News and Frontier Consciousness in the Late Roman Empire*, The University of Michigan Press, 2006, p. 115.

⑧ Michael Grant, *From Rome to Byzantium*, the Fifth Century AD, New York: Routledge, 1998.

地区的过程进行了论述。① 塔玛拉·泰尔波特·瑞斯的《拜占廷的日常生活》分专题分析了拜占廷帝国的军队、行政机构、商人、城镇、学校等生活状况。② F. K. 哈雷尔的《阿纳斯塔修斯一世：晚期罗马世界的政治和帝国》探讨了阿纳斯塔修斯一世时期的外交和内政政策。③ 杰里·本特利等的《简明新全球史》认为从公元 3 世纪开始，古典社会逐渐衰落，而"疾病"是导致衰落的一个重要因素。④ 以上专著为了解古代晚期，即从古典时代过渡到中世纪这一重要历史阶段中地中海地区的发展情况提供了参考。

　　J. 唐纳德·休斯的《什么是环境史》《地中海地区：一部环境史》等著作论述了环境史的研究范围、研究意义等，为本书的写作提供了重要的理论基础。⑤ 田家康的《气候文明史：改变世界的 8 万年气候变迁》论述了气候变化与古代晚期地中海世界政局、文化变迁等问题间的关系，作者不仅关注到 6 世纪 30 年代中期的"谜之云"事件（即"尘幕事件"），还对 6 世纪 40 年代腺鼠疫在地中海世界的爆发进行了论述。⑥ 迈克尔·拉皮诺的《历史上的 1815 年坦博拉、1883 年喀拉喀托、1963 年阿贡火山喷发所产生平流层悬浮颗粒及气候影响》一文对近现代的三次大型火山喷发进行了分析。⑦ 在克里夫·欧培德米尔的《历史中已知的最严重的火山喷发——1815 年坦博拉火山喷发对气候、环境和人类的影响》一文对坦博拉火山喷发进行了详尽分析。⑧ 这些专著及论文为了解环境史和生态学的相关知识提供了

① Charles Diehl, *Byzantium: Greatness and Decline*, translated from the French by Naomi Walford, New Brunswick: Rutgers University Press, 1957.

② Tamara Talbot Rice, *Everyday Life in Byzantium*, New York: Dorset Press, 1987.

③ F. K. Haarer, *Anastasius I: Politics and Empire in the Late Roman World*, London: Francis Cairns Ltd, 2006.

④ ［美］杰里·本特利、赫伯特·齐格勒、希瑟·斯特里兹：《简明新全球史》，魏凤莲译，北京大学出版社 2009 年版，第 202 页。

⑤ J. Donald Hughes, *The Mediterranean: An Environmental History*, Santa Barbara, CA: ABC-CLIO, 2005; J. Donald Hughes, *What is Environmental History?* London: Plity Press, 2006.

⑥ ［日］田家康：《气候文明史：改变世界的 8 万年气候变迁》，范春飈译，东方出版社 2012 年版，第 115—121 页。

⑦ Michael R. Rampino, Stephen Self, "Historic eruptions of Tambora (1815), Krakatau (1883), and Agung (1963), their stratospheric aerosols, and climatic impact", Quaternary Research, V. 18, 1985, pp. 127 – 143.

⑧ Clive Oppendeimer, "Climatic, Environment and Human Consequences of the Largest Known Historic Eruption: Tambora volcano (indonesia) 1815", *Progress in Physical Geography*, V. 27, 2003, pp. 230 – 259.

帮助。

罗伊·波特的《剑桥插图医学史（修订版）》认为人员密集的城市和军队是瘟疫爆发和传播的重要场所，并探讨了鼠疫的成因。① 肯尼思·F. 基普尔主编的《剑桥世界人类疾病史》对古代晚期地中海地区的疾病进行了归类和分析。② 提摩西·S. 米勒的《拜占廷帝国医院的诞生》对拜占廷帝国医院兴起的条件以及不同时期医院提供的治疗类型进行了较为详细的分析③，作者论述了 3 世纪中期开始频繁发生的疾病与帝国医护设施建设发展间的关系。④ 贾雷德·戴蒙德的《枪炮、病菌与钢铁：人类社会的命运》认为瘟疫是影响人类社会发展的重要因素，并对瘟疫的特征进行了概括。⑤ 唐纳德·霍普金斯的《天花之国：瘟疫的文化史》较为详尽地分析了公元 2 世纪中后期爆发的“安东尼瘟疫”，作者认为这次瘟疫的性质为天花，而“查士丁尼瘟疫”爆发时也并发了天花病毒。⑥ 克莱夫·庞廷在其所著的《绿色世界史》中认为环境退化是帝国衰落的过程中的一个重要的影响因素⑦，作者分析了 6 世纪前后拜占廷帝国人口数量波动的原因。⑧ 以上专著为本研究提供了医学和瘟疫知识的参考。

罗德尼·斯塔克的《基督教的兴起：一个社会学家对历史的再思》认为 2 世纪中期至 3 世纪后期广泛流行于罗马帝国的瘟疫是基督教发展的重要促进因素。⑨ 威利斯顿·沃尔克的《基督教会史》详尽地论述了早期拜占廷

---

① ［英］罗伊·波特：《剑桥插图医学史》（修订版），张大庆主译，山东画报出版社 2007 年版，第 13—15 页。

② ［美］肯尼思·F. 基普尔主编：《剑桥世界人类疾病史》，张大庆主译，上海科技教育出版社 2007 年版，第 31—32 页。

③ Timothy S. Miller, *The Birth of The Hospital In The Byzantine Empire*, Baltimore and London：The Johns Hopkins University Press, 1997, pp. 10, 18.

④ Ibid. , p. 21.

⑤ ［美］贾雷德·戴蒙德：《枪炮、病菌与钢铁：人类社会的命运》，谢廷光译，上海译文出版社 2008 年版，第 208 页。

⑥ ［美］唐纳德·霍普金斯：《天花之国：瘟疫的文化史》，沈跃明、蒋广宁译，上海人民出版社 2005 年版，第 27—29 页。

⑦ ［英］克莱夫·庞廷：《绿色世界史》，王毅、张学广译，上海人民出版社 2002 年版，第 88 页。

⑧ 同上书，第 102 页。

⑨ ［美］罗德尼·斯塔克：《基督教的兴起：一个社会学家对历史的再思》，黄剑波、高民贵译，上海古籍出版社 2005 年版，第 87—91 页。

帝国皇帝的基督教政策以及基督教对帝国发展的影响。① 这两部专著为笔者结合文献资料与其他学者的研究成果探讨自然灾害对基督教发展的影响提供了帮助。

此外,《大不列颠简明百科全书》②《拜占廷历史词典》③《牛津拜占廷词典》④ 等工具书为本书的写作提供了便利。

(三) 国内学界研究动态

相比于国际学界对古代晚期地中海地区自然灾害与社会变迁关系较为丰富的研究成果。国内学界相关研究起步较晚,目前,国内尚未有与古代晚期或古代晚期环境史研究有关的专著问世,相关研究大多集中于一些零散的论文。

从 2010 年前后开始,陈志强、李隆国、侯树栋、刘林海等国内学者逐渐关注到古代晚期研究的重要性,他们或从古代晚期的概念、研究综述入手,或是从社会、文化史的角度分析古代晚期地中海区域的发展趋势。陈志强教授的《古代晚期研究:早期拜占庭研究的超越》系统梳理了国内外古代晚期研究的发展历程⑤,为本书提供了重要参考。李隆国的《从"罗马帝国衰亡"到"罗马世界转型"——晚期罗马史研究范式的转变》⑥ 是国内较早关注"古代晚期"研究领域的代表性文章之一,属于研究综述类论文。作者系统回顾了 18 世纪末至 21 世纪初有关罗马帝国发展的研究模式从"衰亡"到"转型"的变化,同时梳理了国外"古代晚期"研究的大量成果,并对研究模式转变的影响因素进行了细致分析。侯树栋的《断裂,还是连续:中世纪早期文明与罗马文明之关系研究的新动向》对国外学界有关罗马

　　① ［美］威利斯顿·沃尔克:《基督教会史》,孙善玲、段琦、朱代强译,中国社会科学出版社1991 年版。

　　② *Britannica Concise Encyclopedia*, Enbyclopaedia Britannica, Inc., 2006.

　　③ 约翰·H. 罗瑟的《拜占廷历史词典》不仅列举和介绍了拜占廷帝国各个城市的地理位置和重要事件,还提到贝鲁特、以弗所、尼科美地亚等城市在经受地震打击之后战略或商业地位所受到的影响(John H. Rosser, *Historical Dictionary of Byzantium*, The Scarecrow Press, Inc., 2001, pp. 55, 136, 296.)。

　　④ A. P. Kazhdan edited, *The Oxford Dictionary of Byzantium*, New York: Oxford University Press, 1991.

　　⑤ 陈志强:《古代晚期研究:早期拜占庭研究的超越》,《世界历史》2014 年第 4 期,第 15—19 页。

　　⑥ 李隆国:《从"罗马帝国衰亡"到"罗马世界转型"——晚期罗马史研究范式的转变》,《世界历史》2012 年第 3 期,第 113—126 页。

至中世纪这一过渡时期的研究进行了综述。① 刘林海的《"永恒的罗马"：观念的变化与调整》也对永恒的罗马这一观念随历史进程演变而变化的过程进行了阐述。② 刘林海的《史学界关于西罗马帝国衰亡问题研究的述评》对国内外史学界有关西罗马帝国命运的不同看法以及应该从哪些方面来探讨这一重要问题进行了阐述。③

　　从 2000 年后开始，国内出现了数篇从文献资料入手，以古代晚期中的某次瘟疫或地震的发生及其影响作为个案进行分析与研究的论文。陈志强教授的《地中海首次鼠疫研究》对"查士丁尼瘟疫"的首次爆发情况及可依据的史料进行了细致分析。④ 陈志强教授另一篇文章《现代拜占廷史学家的失忆现象——以"查士丁尼瘟疫"研究为例》则分析了"查士丁尼瘟疫"长期以来未能引起学界足够关注的原因。⑤ 崔艳红在论文《查士丁尼大瘟疫述论》中详细论述了"查士丁尼瘟疫"对于帝国财政状况等的不利影响。⑥ 武鹏的《拜占庭史料中公元 6 世纪安条克的地震灾害述论》是以埃瓦格里乌斯等史家有关安条克地震的记载为基础，对安条克地震的发生情况及影响进行了分析。⑦ 刘榕榕的《浅议"查士丁尼瘟疫"复发的特征及其影响》⑧《试论"查士丁尼瘟疫"对拜占廷帝国人口的影响》⑨ 等论文是从"查士丁尼瘟疫"复发的特征及其影响的角度来分析 6 世纪拜占廷帝国在灾害打击及政府救助之下所出现的社会转型。姬庆红的《古罗马帝国中后期的瘟疫与基

---

　　① 侯树栋：《断裂，还是连续：中世纪早期文明与罗马文明之关系研究的新动向》，《史学月刊》2011 年第 1 期，第 131—133 页。

　　② 刘林海：《"永恒的罗马"：观念的变化与调整》，《河北学刊》2010 年第 4 期，第 70—73 页。

　　③ 刘林海：《史学史关于西罗马帝国衰亡问题研究的述评》，《史学史研究》2010 年第 4 期，第 83—94 页。

　　④ 陈志强：《地中海世界首次鼠疫研究》，《历史研究》2008 年第 1 期，第 159—175 页。

　　⑤ 陈志强、武鹏：《现代拜占廷史学家的失忆现象——以"查士丁尼瘟疫"研究为例》，《历史研究》2010 年第 3 期，第 30—32 页。

　　⑥ 崔艳红：《查士丁尼大瘟疫述论》，《史学集刊》2003 年第 3 期，第 53—54 页。

　　⑦ 武鹏：《拜占庭史料中公元 6 世纪安条克的地震灾害述论》，《世界历史》2009 年第 6 期，第 116—123 页。

　　⑧ 刘榕榕、董晓佳：《浅议"查士丁尼瘟疫"复发的特征及其影响》，《世界历史》2012 年第 2 期，第 87—95 页。

　　⑨ 刘榕榕、董晓佳：《试论"查士丁尼瘟疫"对拜占廷帝国人口的影响》，《广西师范大学学报》（哲学社会科学版）2013 年第 2 期，第 158—161 页。

督教的兴起》分析了古罗马时期几次大瘟疫的发生与这一时期基督教迅速发展之间的关系。① 李长林、杜平的《生态环境的恶化与西罗马帝国的衰亡》关注罗马帝国生态环境的变化与帝国发展趋势之间的密切关系。② 以上论文为本书提供了重要参考。

　　除此之外，陈遵妫在《中国天文学史》中对中国及其他地区日食、月食、彗星、流星等天象进行了全面的梳理和归类，为研究提供了参考。③ 袁祖亮主编的《中国灾害通史·魏晋南北朝卷》记载并分析了536年前后建康（现江苏南京）的"雨土""雨黄尘"的发生情况④，可与地中海地区相对照。王旭东、孟庆龙在《世界瘟疫史（疾病流行、应对措施及其对人类社会的影响）》一书中简述了人类历史上数次大规模传染病的发生情况及其影响，并分析了"雅典瘟疫"和"黑死病"的传播路线。⑤ 费杰、周杰、侯甬坚在论文《约626年火山喷发、气候变冷与东突厥帝国的灭亡》中对626年前后东突厥帝国的火山喷发及其造成的气候变冷（大雪与霜冻），继而出现大规模的饥荒和瘟疫进行了详细分析，认为这是造成东突厥帝国衰亡的重要原因。⑥ 吕晓健等的论文《东亚大陆、西亚大陆和东地中海地区地震活动性异同的初步综述》对东地中海地震区的现代地震活动、地震震源机制以及板块碰撞边界等内容进行了分析。⑦ 这些成果为本书提供了天文、瘟疫、地震及火山喷发等相关背景知识。

　　国内有关古代晚期阶段的一些通史著作涉及了部分这一阶段自然灾害发生及影响的内容。陈志强教授在《巴尔干古代史》一书中对爆发于公元6世

---

① 姬庆红：《古罗马帝国中后期的瘟疫与基督教的兴起》，《北京理工大学学报》（社会科学版）2012年第6期，第144—147页。

② 李长林、杜平：《生态环境的恶化与西罗马帝国的衰亡》，《湖南师范大学》（社会科学学报）2004年第1期，第91—94页。

③ 陈遵妫：《中国天文学史》（第一册），上海人民出版社1980年版。

④ 袁祖亮主编，张美莉、刘继宪、焦培民著：《中国灾害通史·魏晋南北朝卷》，郑州大学出版社2009年版，第220—221页。

⑤ 王旭东、孟庆龙：《世界瘟疫史（疾病流行、应对措施及其对人类社会的影响）》，中国社会科学出版社2005年版，第11—12、119—120页。

⑥ Jie Fei, Jie Zhou, Yongjian Hou, "Circa A. D. 626 Volcanic Eruption, Climatic Cooling, and the Collapse of the Eastern Turkic Empire", *Climatic Change*, 2007, p. 469.

⑦ 吕晓健、邵志刚、赫平等：《东亚大陆、西亚大陆和东地中海地区地震活动性异同的初步综述》，《地震》2011年第3期，第77—89页。

纪 40 年代的"查士丁尼瘟疫"进行了专题论述，他认为"查士丁尼瘟疫"导致了晚期罗马帝国时代巴尔干半岛人力资源短缺的问题。① 此外，陈志强教授于 2013 年出版的《拜占庭帝国通史》较之于 10 年前出版的《拜占廷帝国史》，更动之一是增加了"查士丁尼瘟疫"这一重要的内容。② 徐家玲教授在《拜占庭文明》中认为查士丁尼一世统治时期发生的腺鼠疫令帝国境内城乡经济凋敝、农田无人耕种、城市生活受到沉重打击；民众精神状态普遍欠佳。③ 在国内颇具代表性的拜占廷帝国通史类著作中都已关注到"查士丁尼瘟疫"这类自然灾害，可见自然灾害已经成为国内拜占廷学界学者们关注的重要论题。

此外，国内学界的数篇论文涉及古代晚期地中海地区的经济、政治、军事及文化等领域的内容。陈志强的《拜占廷皇帝继承制特点研究》④、徐家玲的《论早期拜占庭的宗教争论问题》⑤、晏绍祥的《古典历史的基础：从国之大事到普通百姓的生活》⑥、王亚平的《论基督教从罗马帝国至中世纪的延续》⑦、董晓佳的《反日耳曼人情绪与早期拜占廷帝国政治危机》⑧ 和《浅析拜占廷帝国早期阶段皇位继承制度的发展》⑨、康凯的《"476 年西罗马帝国灭亡"观念的形成》⑩、张日元的《四至九世纪拜占廷帝国的教俗关系》⑪、王延庆的《瘟疫与西罗马帝国的衰亡》⑫、王晓朝的《论罗马帝国文

① 陈志强：《巴尔干古代史》，中华书局 2007 年版，第 183 页。
② 陈志强：《拜占庭帝国通史》，上海社会科学院出版社 2013 年版，第 117—123 页。
③ 徐家玲：《拜占庭文明》，人民出版社 2006 年版，第 63—64 页。
④ 陈志强：《拜占廷皇帝继承制特点研究》，《中国社会科学》1999 年第 1 期，第 180—194 页。
⑤ 徐家玲：《论早期拜占庭的宗教争论问题》，《史学集刊》2000 年第 3 期，第 56—63 页。
⑥ 晏绍祥：《古典历史的基础：从国之大事到普通百姓的生活》，《历史研究》2012 年第 2 期，第 147—162 页。
⑦ 王亚平：《论基督教从罗马帝国至中世纪的延续》，《东北师大学报》（哲学社会科学版）1992 年第 6 期，第 60—63 页。
⑧ 董晓佳、刘榕榕：《反日耳曼人情绪与早期拜占廷帝国政治危机》，《历史研究》2014 年第 2 期，第 108—125 页。
⑨ 董晓佳：《浅析拜占廷帝国早期阶段皇位继承制度的发展》，《世界历史》2011 年第 2 期，第 88—95 页。
⑩ 康凯：《"476 年西罗马帝国灭亡"观念的形成》，《世界历史》2014 年第 4 期，第 36—46 页。
⑪ 张日元：《四至九世纪拜占廷帝国的教俗关系》，《西南大学学报》（社会科学版）2014 年第 6 期，第 169—175 页。
⑫ 王延庆：《瘟疫与西罗马帝国的衰亡》，《齐鲁学刊》2005 年第 6 期，第 60—63 页。

化的转型》① 等。这些文章为本书提供了参考。

综上所述，论者一般认为古代晚期频发的自然灾害在这一时期地中海地区的社会转型过程中起到了重要的作用。自然灾害的频发导致这一时期统治地中海地区的拜占廷帝国的东西部地区的经济、政治等领域在稳定时期过后出现动荡乃至衰落，同时也造成了帝国战争局势以及民众心理状况等发展变化。

国外学界有关"古代晚期"的研究从 20 世纪 70 年代前后开始兴起，直至目前已经经历了近半个世纪的发展，欧美学者无论是从理论和研究方法上，还是从具体的专题研究领域来看，均处于领先位置。国内学界"古代晚期"相关研究直到近十年来才开始发展，并且研究内容大多集中于"古代晚期"的理论或单一灾害对"古代晚期"某时段的影响等内容，或是在著作中将自然灾害作为一个补充内容加以提及。直至目前，并无关于"古代晚期"的专题性论著，遑论从自然灾害的视角出发来探寻地中海地区在古代晚期阶段中的社会变迁。有鉴于此，笔者不揣谫陋，希望通过对相关文献资料的研读与整理，结合前人研究成果，对自然灾害与古代晚期地中海地区发展趋势之间的关系进行分析与讨论，希望能收到引玉之功。

笔者认为，"古代晚期"研究除关注宗教、文化等方面的问题之外，也应对地中海周边地区的发展形势进行整体把握。既应注意自然灾害与地中海周边地区人口变化、城市发展、乡村状况以及帝国财政状况间的关系，也应关注自然灾害对于帝国政治局势与对外战争的影响，还需深入到地中海地区普通民众的精神世界，分析古代晚期地中海地区的自然灾害对当地民众的日常生活与精神状态的影响，分析普通人在自然灾害频发时代中的自我认知以及对统治者的观感。就此，艾弗里尔·卡梅伦认为，"古代晚期"是一个非常不同的研究视角，既应注意宗教和文化的发展变迁，同时也可延伸到经济和政治领域。② 同时，"古代晚期"研究的一个重要特点是不再强调传统的罗马帝国衰亡与转型问题，而着重关注地中海地区在古代晚期阶段中的长期

---

① 王晓朝：《论罗马帝国文化的转型》，《浙江社会科学》1998 年第 5 期，第 64—67 页。

② Averil Cameron, *The Mediterranean World in Late Antiquity AD 395—600*, p. 6.

延续性的问题。① "古代晚期"继承了原罗马帝国令人惊异的遗产，在这一阶段中，古代晚期阶段最为重要的问题是维系疆域广阔的帝国的生活方式和基于漫长的海岸线并由古代城市所点缀的文化。②

　　本书除关注自然灾害与 3 世纪末至 6 世纪的地中海世界的宗教与文化变迁间的关系之外，也将分析以地中海为中心的罗马—拜占廷帝国的经济发展、政治局势以及战略局面所受到的自然灾害的影响。本书以自然灾害为研究的切入点，以探寻古代晚期地中海地区的发展趋势，认为自然灾害是影响古代晚期地中海地区经济、政治、军事和宗教文化发展的重要因素之一。同时，在论及古代晚期地中海地区的发展趋势时，既要避免对瘟疫、地震等自然灾害只字不提，也要注意不要将自然灾害作为历史发展唯一的影响因素。迪奥尼修斯·Ch. 斯塔萨科普洛斯认为："将历史著作关注的焦点从单一的政治、外交和军事事件转移到探讨疾病是十分必要的，同时，我们也面临着截然相反的极端，如一些史家认为自然现象和灾害是人类历史发展的推动力。我们应该在这两个极端中寻找平衡，将疾病和饥荒等灾害置于古代晚期政治史中考虑，并讨论瘟疫和饥荒在多大程度上，与其他现象一起影响着这一时期的社会转型。"③ 布莱恩·蒂尔尼、西德尼·佩因特也指出："历史学家常常涉及罗马衰落的问题，力图确定一个唯一、简单的原因，这个原因将解释崩溃的全部过程，而真正的问题将显示出扎根于罗马社会的无数有关衰亡的原因是怎样相互作用的，从而导致古典文明的最终垮台。"④

三　研究方法、研究中的难点与可能的创新之处

　　在研究方法上，本书以马克思历史唯物主义、辩证唯物主义和唯物辩证法为指导，立足史料，采用文献分析法，以客观为原则，力求将宏观研究与微观研究相结合。

　　关于研究难点，首先在资料的收集和使用方面。由于相关文献资料、论

① Averil Cameron, *The Mediterranean World in Late Antiquity AD 395—600*, p. 200.

② Peter Brown, *The World of Late Antiquity*, *AD 150 – 750*, p. 11.

③ Dionysios Ch. Stathakopoulos, *Famine and Pestilence in the Late Roman and Early Byzantine Empire*：*A Systematic Survey of Subsistence Crises and Epidemics*, Introduction, pp. 1 – 2.

④ ［美］布莱恩·蒂尔尼、西德尼·佩因特：《西欧中世纪史》，第 19 页。

著和论文除英文之外，还涉及希腊文、拉丁文、德文、法文等多种文字，笔者目前收集并能够流畅使用的只有英文资料。同时，由于收集和查阅资料的条件所限，目前能够收集到的英文版文献、论著和论文很可能也只是其中的一部分，难以掌握全部的相关资料，这是对研究的一大限制。

此外，由于本书涉及内容的涵盖范围跨度很大，从 284 年戴克里先上台开始，直到 602 年莫里斯统治结束，历经君士坦丁王朝、塞奥多西王朝、利奥王朝、查士丁尼王朝等朝代，关系到 20 多位皇帝统治时期拜占廷帝国的经济、政治、军事和文化等领域，把握全部内容具有相当的难度。除了史学领域外，本书还涉及医学、地理学、气候学、地质学、社会学等多学科的知识，由于笔者的理论水平有限，对这些领域的相关内容所知甚少，对于进一步深入探讨结构性问题造成了一定限制。

关于研究中可能的创新点，由于目前国内尚未出现从自然灾害的角度来探寻古代晚期地中海世界发展路径的专题研究，对这一问题探讨过的学者大都以"古代晚期"的理论或个别自然灾害现象为研究对象。虽然国外相关研究的成果较丰富，但是大多是以部分灾害作为个案进行研究。因此，本书的创新之处可能首先在于结合前人微观研究和宏观研究成果，以自然灾害作为突破口，分析和阐述古典文明从 3 世纪末至 6 世纪在地中海世界的传承和变迁及向中世纪社会过渡的过程。

除此之外，笔者试图分析各种自然灾害间的相互联系及其对罗马—拜占廷帝国社会经济、政治等方面发展所产生的叠加效应；与此同时，探寻帝国灾后救助能力与效果对于帝国发展的影响。笔者认为厘清这些复杂的关系是了解古代晚期地中海地区社会发展趋势的重要前提。

四　概念界定

众所周知，人类既是环境的创造物，又是环境的塑造者。人类与环境的关系主要通过生产和生活表现出来。人类活动与环境是相互影响的，其影响的深度和广度随着历史条件的变化而不同。在生产力欠发达的古代社会，环境对人类活动产生了巨大的影响，人类为了生存，不断以各种方式改变生活居住的环境。所谓环境问题，是指由自然因素和人为因素引发的环境结构和功能的变化，最后直接或间接影响人类的生存和发展的问题。从环境问题的起因来看，由自然因素引发的环境问题称为原生环境问题，如地震、火山活动、海啸、洪涝、干旱、泥石流等自然灾害等。由人类因素引发的环境问题称为次生环境问题或人为环境问题，如人类活动造成的环境污染、生态失衡和资源损耗。学界对将瘟疫定性为自然灾害或人为灾害的问题看法不一，有学者认为应该将瘟疫定性为人为的灾害；有学者认为瘟疫应属自然灾害，还有学者认为自然和人为的因素兼而有之。

　　本书认为，虽然在古代晚期这一历史阶段，"查士丁尼瘟疫"、天花以及其他疫病的传播、扩散与防治不力确实不能排除人为因素的影响，但是，归根结底，"查士丁尼瘟疫"的源头所在乃是自然界中的动物，鼠类身上所携带的跳蚤是病菌的宿主，而病菌也是首先通过鼠类与跳蚤同人的接触而闯入人类世界的。天花的发生也是由于定居生活出现之后，人类与动物接触过密而感染天花病毒造成的，因此将这些疫病归因于自然灾害似无太大不妥。且现代医学一般认为，鼠疫等疫病的爆发大部分是突如其来的严重气候变化所引起，降水过多是造成鼠疫等疫病蔓延的最大原因。同时，如果没有人类的存在，那么任何自然界的活动（地震、火山、海啸、瘟疫等）也不会被冠以"灾害"之名，正是因为这些自然界的活动影响到了人类的生活乃至生存，人类才将它们称为灾害，因此，自然灾害的命名正是由于自然界的活动与人类产生了交集的结果，称之"自然灾害"本就是从它们对人类的影响而言，因此在自然灾害的研究中，本身就是无法排除人类这个因素的。经再三思量，本书认为由于目前尚没有"查士丁尼瘟疫"、天花等传染病在地中海世界的爆发是由人为因素引起的充分证据，所以暂将其归为自然灾害。本书所研究的对象是古代晚期地中海地区①自然灾害的相关内容，所以以由自然因素引起的原生环境问题的研究为主。

---

　　①　地中海从直布罗陀海峡一直延伸到黎巴嫩，全长 3600 千米。地中海成为地中海地区的核心，并极大地影响了沿岸地区的气候。因为地中海沿岸地区的海岸线既长又很不规则，所以这个地区海上及陆地间的联系十分紧密，并且形成了一个宽阔的海滨地带。从地理学上看，地中海是由特提斯海（Tethys Ocean）形成的。当大陆板块在中生代时开始相互碰撞，一系列小的板块分裂开来。于是，地中海沿岸很多山脉相互叠加，在这种交叠的过程中，火山活动十分频繁，且至今仍有或多或少的包括埃特纳火山、维苏威火山和瑟拉岛（现称桑托里尼岛）在间歇性地活动着。（J. Donald Hughes, *The Mediterranean: An Environmental History*, Santa Barbara, CA: ABC-CLIO, 2005, pp. 2 – 3. ）

五　全书结构

文稿的结构为"总—分—总"式，以"绪论"为全文总起，正文部分分为四编，分章节论述，在章节内部对论题进行分析和论述时基本按照论题的时间和空间顺序进行布局，最后以"结语"概括全书。

绪论是全书的总纲。绪论的基本内容是：介绍本书的选题缘起与目的；梳理和分析文献资料与前人研究综述；厘清研究方法和研究中的难点、研究中可能的创新之处；对论文中涉及的概念进行界定。

第一编概括并分析古代晚期地中海地区自然灾害的发生情况及特点。首先，对发生于"古代晚期"的瘟疫概况进行梳理，并着重分析对地中海世界产生重大影响的"查士丁尼瘟疫"的传播情况、性质和特征。其次，以时间为序，归纳和整理地中海地区地震的影响范围和强度。再次，梳理古代晚期地中海地区的其他自然灾害，包括火山喷发、水灾、虫灾、动物疫病、极端天气现象、奇特的自然和天文现象等的情况。最后，以"地震与火灾、海啸、瘟疫""瘟疫与水灾、虫灾、食物短缺及饥荒"之间的关系为例，着重探讨古代晚期地中海地区自然灾害的叠加效应。

第二编探讨自然灾害对古代晚期地中海地区发展趋势的影响。首先，探讨瘟疫、地震、水灾等自然灾害对帝国人口、城市与商业性活动、农村与农业以及财政收入等社会经济领域造成的不利影响。其次，分析帝国政治局势在自然灾害发生后出现的上层内斗、行政腐败以及政治体系中的失序现象，并进一步分析上述问题所引发的危机。再次，分析自然灾害对帝国军事能力与防御体系的影响，认为自然灾害导致了兵源不足、军费缩减，进而导致防御体系不稳。最后，研究与古代晚期地中海地区民众由于自然灾害而出现的恐惧、疑虑以及非理性行为有关的记载，分析普通民众的生活状况与精神状态由于自然灾害而发生的变化。

第三编着重探讨古代晚期地中海地区自然灾害发生后，包括中央政府、地方教会以及普通民众在内的社会各个阶层的应对举措。首先，研究在古代晚期的不同阶段，以皇帝为首的中央政府在瘟疫、地震及其他自然灾害发生之后所实行的不同救助措施及其特点，并分析导致出现灾后救助不足情况的原因。其次，探讨地方教会中的主教及神职人员在灾难发生后的态度和救助行为，同时，分析普通民众在不同灾难发生后的不同态度和自救行为。最后，分析在瘟疫、地震等自然灾害频发的压力下，拜占廷帝国医疗救助体系取得的进展。

第四编着重探讨自然灾害与古代晚期地中海地区社会转型之间的关系。一方面，分析在自然灾害影响之下地中海地区城市发展的转变趋势。另一方面，试图厘清自然灾害对于统治者、基督教会与普通民众之间关系的复杂影响。同时，探讨自然灾害与古代晚期地中海地区基督教化之间的紧密联系。

结语是对文稿的总结。

第一编

古代晚期自然灾害概况

在本书所论及的古代晚期这一历史阶段，地中海世界是人类文明发展的中心地区之一，在罗马帝国治下，古典文明的影响遍及西至不列颠岛、东至两河流域的整个地中海周边地区，当今世界三大宗教之中的基督教与伊斯兰教也均是在这一历史阶段前后出现与成长的。彼得·布朗认为："在古代晚期，地中海地区是转型的主要发生地。苏格拉底曾告诉他的雅典朋友：'我们居住在一个海洋的周围'，就像青蛙围绕着一个池塘一样。700年之后，约公元200年前后，古典世界仍然聚集在这个池塘周围：它仍然围绕在地中海的海岸边。对于生活于这一时期的人们来说，前往莱茵河地区的旅行就如同自己无意间踏足蛮荒之境。一位来自小亚细亚的希腊元老被派往多瑙河附近任职，他十分难过地说：'这里的居民过着世界上最悲惨的生活，因为他们既不种植橄榄，也不喝酒。'"①

在古代晚期，作为人类文明的中心地区之一以及地中海世界民众活动的主要地点，地中海周边地区的气候条件、地理状况等自然环境因素对当地居民的日常生活具有重要影响，并进一步成为影响该地区经济、政治、军事与民众精神状态等问题的重要构成因素。地中海地区②因受到其所处地理位置

---

① Peter Brown, *The World of Late Antiquity*, *AD 150 – 750*, pp. 9 – 11.
② 著名环境史家 J. 唐纳德·休斯认为，所谓地中海地区，并不是仅与陆地区域相关的概念，而是对一个与海洋有紧密联系的地区所下的定义（J. Donald Hughes, *The Mediterranean*: *An Environmental History*, p. 1. ）。这一地区是一个独特的生态区域，中心环海是它的一致特征（［美］J. 唐纳德·休斯：《什么是环境史》，梅雪芹译，北京大学出版社 2008 年版，第 64 页）。他同时指出，地中海地区的居住环境是由这一地区的居民塑造的，而地中海地区的人们也伴随着他们周围的环境成长起来，并受到环境的极大影响（J. Donald Hughes, *The Mediterranean*: *An Environmental History*, p. 2. ）。

与气候特点①的影响，极易发生瘟疫、地震、水灾等自然灾害。历史上，这一地区就曾发生过多次瘟疫②、地震、火山喷发，但就现有资料来看，古代晚期自然灾害③的发生频率较之历史上其他时期更高。在这一时期中，帝国东西部不仅多次出现影响范围广大的天花和鼠疫，同时，还时常发生大规模的地震、海啸、旱灾、水灾等灾害。这些经常相互关联的自然灾害给该地区造成了巨大的人口、经济等方面的损失。为深入探究自然灾害的影响，首先必须对自然灾害的发生情况与特点进行概括与分析。

---

① 拜占廷帝国的绝大部分疆域位于地中海至喜马拉雅火山地震带上，发生地震的可能性极大。根据《世界百科全书》的释义，地中海面积约为251万平方千米，包括亚得里亚海、爱琴海、伊奥尼亚海和第勒尼安海。整个地中海地区，尤其是希腊和土耳其西部，经常发生地震。地中海的很多岛屿是火山活动形成的。该地区的一些火山仍不断喷发。这些火山包括埃特纳火山、斯特龙博利火山和维苏威火山。地球科学家用板块构造学说来解释地震和火山活动。负载欧洲大陆和非洲大陆的两个板块在向对方漂移。两个板块的运动挤压和拉伸了地中海地区的地壳，造成了地震和火山活动。（袁大川主编：《世界百科全书》（国际中文版），第4册，海南出版社2006年版，第76页。）同时，因为这一地区常年被副热带高压和西风带交替控制，属于典型的地中海式气候。冬雨夏干的气候特点益于油橄榄等作物的种植，而不利于谷物的生长，所以在气候异常的年份极易出现因食物短缺而引发的饥荒。根据《世界百科全书》的释义，巨大的温暖水域为周围的陆地提供了温暖的亚热带气候。大多数的地中海国家夏季炎热干燥，冬季温和多雨，这种情形被称为"地中海式气候"。（袁大川主编：《世界百科全书》（国际中文版），第4册，第76页。）安奇利其·E. 拉奥提到，拜占廷帝国的核心区域位于欧亚非板块交界地带，由于在非洲板块和阿拉伯板块交界处存在大裂缝，因此在约旦和死海地区容易出现地震、山崩和火山爆发（Angeliki E. Laiou and Cecile Morrisson, *The Byzantine Economy*, p. 12.）。

② 曾对伯罗奔尼撒战争产生巨大影响的雅典瘟疫就发生在当时希腊世界最重要的城邦之一——雅典。（Thucydides, *History of the Peloponnesian War*, trans. by C. F. Smith, Cambridge, Mass.：Harvard University Press, 1999, Book 2, p. 343.）

③ 米思卡·梅尔认为，自然灾害的概念在古代晚期社会中比现代更为广泛，不仅包含着地震、洪水、蝗灾的威胁等，还有如日食、彗星等奇特的自然现象以及传染性疾病。（Mischa Meier, "Perceptions and Interpretations of Natural Disasters during the Transition from the East Roman to the Byzantine Empire", p. 180.）

第一章

不期而至的"瘟神"

  流行性传染病与人类发展相伴而行，直至今日，人类历史上爆发过多次传染病，鼠疫、天花、疟疾、流感、"非典"、中东呼吸综合征等在不同时代、不同环境中成为对人类健康的巨大威胁。美国著名历史学家威廉·H.麦克尼尔指出："先于初民就业已存在的传染病，将会与人类始终同在，并一如既往，仍将是影响人类历史的基本参数和决定因素之一。"①

  瘟疫是古代社会中对于导致大量居民死亡但又无法确知病因的疾病——可能包括鼠疫、天花、斑疹伤害等——的统称。瘟疫的爆发与流行具有突发性、急促性和广泛性等特点，常常让人们猝不及防。由于瘟疫传染率高、传播速度快，其爆发往往会给疫区居民带来严重灾难。尤其是在古代信息、科技相对封闭落后的条件下，人们对瘟疫的流行缺乏科学认识，瘟疫爆发后又受到当时医疗技术的限制往往束手无策，其破坏性就显得尤为明显。

  事实上，瘟疫的爆发与流行需要具备特殊的环境和特定的客观条件，并非所有的烈性传染病都能导致瘟疫流行。除了烈性的传染源体之外，稠密的易感人群和广泛的扩散路径也是爆发瘟疫的重要条件。史家阿米安努斯·马塞林努斯就曾提到，闷热的空气和城市居民虚弱的身体状态很容易导致瘟疫爆发。② 对此，保罗·马格达里诺指出，腐臭浑浊的空气经常会导致致命疾

---

  ① ［美］威廉·H. 麦克尼尔：《瘟疫与人》，余新忠、毕会成译，中国环境科学出版社2010年版，第175页。

  ② Ammianus Marcellinus, *The Surviving Book of the History of Ammianus Marcellinus*, with an English translation by John C. Rolfe, Cambridge, Mass: Harvard University Press, 1982 - 1986, Book 1, Chapter 19, 4, 1 - 4, p. 487.

病的出现、尸臭、夏季大雨以及海洋和陆地的各种蒸发物都是疾病爆发的重要媒介。① 而地中海地区的地理位置和气候条件十分有利于疾病的爆发和传播。早在2世纪中期至3世纪中期，"安东尼瘟疫"和"西普里安瘟疫"就曾在这一地区爆发并对该地区发展造成重大影响。3个世纪后，"查士丁尼瘟疫"又在地中海地区爆发，对当时统治地中海周边广大地区的拜占廷帝国造成重大影响。得益于当时史家的记载，我们得以了解这些瘟疫的发生情况。首先，我们对曾在2世纪中期至3世纪中期对地中海地区造成重大影响的"安东尼瘟疫"和"西普里安瘟疫"概况进行简单回顾。

第一节   "安东尼瘟疫""西普里安瘟疫"、天花

一   "安东尼瘟疫""西普里安瘟疫"概况

在皇帝马可·奥里略（Marcus Aurelius，公元161—180年在位）统治时期，地中海世界爆发了一次大规模瘟疫。据记载，瘟疫的最初传播与罗马帝国东部前线正在进行的战争有关。公元162年，安息国王沃洛盖苏斯（Vologaesus）向罗马帝国发起战争，进攻叙利亚。随后，马可·奥里略的共治皇帝卢修斯（Lucius）前往安条克集结部队②、调配战争物资并进行战略部署，并令将领卡西乌斯（Cassius）率军迎战。次年，沃洛盖苏斯撤退，卡西乌斯挥师东进，追击至塞琉西亚（Seleucia，两河流域著名古城，与泰西封隔岸相望）和泰西封（Ctesiphon，两河流域著名古城），火烧塞琉西亚，夷平沃洛盖苏斯在泰西封的宫殿。在卡西乌斯率军返回叙利亚途中，大量士兵由于饥荒和疾病死亡。③ 正是在这次战争结束后，瘟疫随着卡西乌斯的军队传至罗马帝国。④

除迪奥·卡西乌斯之外，《阿贝拉编年史》中也提及这次瘟疫："在帕

---

① Paul Magdalino，"The Maritime Neighborhoods of Constantinople: Commercial and Residential Functions, Sixth to Twelfth Centuries"，p. 218.

② Dio's，*Roman History*，with an English translation by Earnest Cary，Cambridge Mass. : Harvard University Press，1927，V. 9，Book 71，p. 3.

③ Ibid.，V. 9，Book 71，p. 5.

④ William G. Sinnigen，Charles Alexander，*Ancient History from Prehistoric Times to the Death of Justinian*，p. 444.

提亚（安息）人被罗马军队打败后，上帝似乎想惩罚双方，于是散播了一次可怕的瘟疫，造成大量人员死亡。罗马军队在返回的途中遭遇挫折，因为瘟疫一路尾随他们，他们难以保证自己的安全，士兵人数大幅度下降。他们因为担心没有足够的时间搬运东西，所以将所有的财富留在了帕提亚。这次瘟疫肆虐了 3 个月，让无数人死亡。"①

　　结合上述史料，我们可以推测"安东尼瘟疫"是随远征安息继而返回叙利亚的罗马军队传入帝国境内的。由于军队中人员密集、长途跋涉，士兵是易感人群，一旦出现疫情，就会迅速在军中蔓延。跟随卡西乌斯回到叙利亚的士兵中可能就存在着处于潜伏期的病患。能够证明此次瘟疫与卡西乌斯所部有关的另一个证据是叙利亚首府安条克是瘟疫最初爆发的地点，大量当地居民染病去世，而安条克正是卡西乌斯的部下所到达的第一个中心城市。②

　　不久后，瘟疫在康茂德的统治时期大规模爆发，尤其对首都罗马造成了严重影响。根据其爆发的时间，我们可以将之看成是"安东尼瘟疫"的复发。根据赫罗蒂安的记载，"因为聚集了世界各地的居民，城内十分拥挤，罗马受到瘟疫的打击程度尤为严重。瘟疫继续在罗马城内蔓延了很长一段时间，大量居民和各种家畜因瘟疫而死亡，甚至于在医生的建议下，继任皇帝康茂德（Commodus，180—192 年在位）离开罗马前往洛兰图姆（Laurentum）避疫"③。尤特罗庇乌斯和尤西比乌斯都论述了瘟疫在帝国境内的流行情况。④ 迪奥·卡西乌斯补充道，"一场瘟疫发生了，这是目前为止我所知道的最大的一次。在罗马帝国，每天都有 2000 人死于瘟疫的感染，受到瘟疫感染的不仅仅是城市中的人，帝国所有的区域范围都受到了这次瘟疫的影响"⑤。

---

① 　A. Mingana translated, *The Chronicle of Arbela*, p. 88.

② 　Glanville Downey, *Ancient Antioch*, p. 102.

③ 　Herodian, *History of the Roman Empire*, Book 1, Chapter 12, pp. 73 – 75.

④ 　尤特罗庇乌斯提到瘟疫发生在一次东部前线战争结束后，罗马及几乎全部意大利地区和国内的其他地区都受到瘟疫的影响，这些地区的居民和几乎所有的士兵都因瘟疫而十分虚弱（Eutropius, *Abridgment of Roman History*, Book 8, p. 512. ）。尤西比乌斯指出，马可·奥里略需要关注流行于罗马帝国全境的瘟疫（Eusebius, *The Church History：A New Translation with Commentary*, Book 5, p. 204. ）。

⑤ 　Dio's, *Roman History*, V. 9, Book 73, p. 101.

　　由于年代久远，有关此次瘟疫症状的记载较少，因此至今对于"安东尼瘟疫"所对应的传染性疾病并无定论，以 R. J. 利特曼和 M. L. 利特曼为代表的一部分学者认为这次瘟疫是天花。① 虽然这次瘟疫的病原未能确定，但从史家的记载可以看到，瘟疫影响的范围几乎遍及整个地中海地区，给这一地区造成了巨大的人员损失。

　　"安东尼瘟疫"爆发之后不到 100 年，地中海世界又爆发了一次严重瘟疫。这次瘟疫大约持续了 15 年，对地中海周边地区造成了严重影响。根据尤西比乌斯的记载，这次瘟疫最先爆发于埃及，随后扩散到帝国境内。前后延续时间长达 15 年之久。② 左西莫斯也记载了这次瘟疫的发生情况，他提到："251 年前后，在伽里恩鲁斯（Gallienus，253—268 年在位）统治期间，帝国境内的很多城市和村庄发生瘟疫，居民遭遇了灭顶之灾。瘟疫造成了前所未有的毁灭性影响。"③ 当帝国境内的伊利里库姆地区（位于巴尔干半岛西部，亚得里亚海东部）正在遭受斯基泰人（Scythian）的入侵时，罗马帝国的几乎所有地区都遭遇了一次突发瘟疫的打击。先前被蛮族占领的城市现在都成了一座座空城。④ 根据史家的记载，如果瘟疫确实从埃及传入，那么这一时期地中海地区繁荣的海上交通应该为瘟疫的扩散创造了绝佳条件。特奥多尔·蒙森就此指出，这次瘟疫在 252 年爆发，首先出现在埃塞俄比亚，然后传到埃及，并从这里传播到整个东部地区，随后蔓延至地中海西部。⑤

---

　　① R. J. 利特曼和 M. L. 利特曼认为，有足够的理由相信这次疾病是天花，因为在史料中曾提及染病者出现水痘现象（R. J. Littman, M. L. Littman, "Galen and the Antonine Plague", *The American Journal of Philology*, V. 94, N. 3, 1973, pp. 249 – 252.）；格兰维尔·唐尼也指出，发生于 165 年的瘟疫是天花（Glanville Downey, *Ancient Antioch*, p. 102.）；唐纳德·霍普金斯认为"安东尼瘟疫"的病因就是天花（［美］唐纳德·霍普金斯：《天花之国：瘟疫的文化史》，第 27 页）；丹尼尔·T. 瑞夫也认为，"安东尼瘟疫"至少部分是天花（Daniel T. Reff, *Plagues*, *Priests*, *Demons*: *Sacred Narratives and the Rise of Christianity in the Old World and the New*, p. 46.）；罗德尼·斯塔克也提到，根据研究医药历史的学者猜测，出现于马可·奥里略统治时期的毁灭性瘟疫是西方世界里出现的第一次天花（［美］罗德尼·斯塔克：《基督教的兴起：一个社会学家对历史的再思》，第 87 页）；此外，威廉·H. 麦克尼尔和沃伦·特里高德均认为这次流行于帝国境内的瘟疫是天花（［美］威廉·H. 麦克尼尔：《瘟疫与人》，第 70 页；Warren Treadgold, *A Concise History of Byzantium*, p. 6.）。

　　② Eusebius, *The Church History*: *A New Translation with Commentary*, Book 7, p. 286.

　　③ Zosimus, *New History*, Book 1, p. 8.

　　④ Ibid. , p. 12.

　　⑤ Theodor Mommsen, *A History of Rome under the Emperors*, p. 348.

"西普里安瘟疫"一旦在地中海世界扩散开来，就必然对该地区造成严重影响[1]，其程度之严重往往令史家不禁猜想这次瘟疫大规模爆发的原因。尤西比乌斯指出，当时的人们对这次瘟疫十分不解，无论用何种办法都无法摆脱瘟疫。[2] 爱德华·吉本提到："饥荒之后，一般总会继之以瘟疫，这是由于食物短缺和饮食不洁所致。但从250年延续到265年的那次无比猖獗的瘟疫的形成，想必也还有其他一些特殊原因。"[3]

由于对"西普里安瘟疫"进行记载的史家几乎都没有详细提及患者感染瘟疫之后的症状，所以这次瘟疫的病因未能确定。其中，部分学者认为这次瘟疫很可能是麻疹。如果被传染的人群在此前从来没有接触过此类传染病的话，无论是天花还是麻疹，都能够在大范围内造成大量人员死亡。[4] 沃伦·特里高德认为，165—180年以及251—266年，地中海地区爆发的两次瘟疫，有证据显示它们是此前在古代社会中未曾出现过的天花和麻疹。[5] 从史家关于瘟疫发生情况的描述可知，"安东尼瘟疫"和"西普里安瘟疫"的接连发生，成为正处于内外交困中的罗马帝国所面临的另一个不利因素。

二 天花概况

在"西普里安瘟疫"发生半个世纪之后，地中海地区于312—313年冬季、451—454年再次发生大规模瘟疫，这两次瘟疫的爆发尤其对帝国东部地区产生了较大影响。对这两次瘟疫发生情况进行记载的史家主要是尤西比乌斯和埃瓦格里乌斯。

312—313年冬季于帝国东部爆发的瘟疫，其诱因是当时该地区发生的饥荒。缺乏食物导致人们营养不良，对疾病的抵抗力也随之下降，从而使当地居民成为易感人群。尤西比乌斯描述了瘟疫发生前民众挣扎于饥荒中的景象："一些人用他们最值钱的物品向那些食物供应较充足的人换取少许食物，

---

① 尤西比乌斯提到，很多大城市人口出现锐减的趋势（Eusebius, *The Church History: A New Translation with Commentary*, Book 7, p. 267.）。爱德华·吉本提到，瘟疫不间断地在罗马的每一行省，每一座城市，甚至每一个家庭肆虐（［英］爱德华·吉本：《罗马帝国衰亡史》，第184页）。

② Eusebius, *The Church History: A New Translation with Commentary*, Book 7, p. 267.

③ ［英］爱德华·吉本：《罗马帝国衰亡史》，第184页。

④ ［美］罗德尼·斯塔克：《基督教的兴起：一个社会学家对历史的再思》，第87页。

⑤ Warren Treadgold, *A History of the Byzantine State and Society*, p. 136.

另一些人则一点点地变卖自己的财产，直至身外无物。还有一些人因为食用了干草和不健康的食物而生病甚至死亡。城内的妇女们，其中的一些贵族妇女被迫到大街上乞讨，这对于她们来说是十分羞耻的行为，而她们在乞讨时所表现出的尴尬和着装仍然能够显示出她们的贵族身份。"① 饥荒所导致的瘟疫是极为可怕的。尤西比乌斯提到，当民众无法获得充足的食物时，他们便如同游魂般在街道上漫无目的地蹒跚而行，直至力竭倒地。甚至趴在街道的中间乞讨，用尽最后的力气喊道"太饿啦"。城市中心很快就遍布裸尸，随后便爆发了瘟疫，无数家庭受到影响。② 瘟疫爆发之后，劳动力也随着人口大量减少而减少，导致农业生产和粮食运输大受影响，从而令饥荒程度进一步加深，饥荒和瘟疫间的交错关系使灾区的情况变得更为严重。

　　了解这次流行于地中海东部大部地区瘟疫的影响，首先需要对这次瘟疫的性质进行分析。史家尤西比乌斯的记载是我们了解此次瘟疫的主要文献资料。他提到："瘟疫的特征之一是皮肤呈现红色，并且突起形成了痈（carbuncle，是一种感染性的脓包）。这种疾病非常可怕，一旦被感染，它会扩散到病人的全身，眼睛受损尤为严重，众多男女与孩童因此失明。"③ 根据尤西比乌斯所记载的瘟疫症状，我们发现，患者会由于感染而导致失明，且全身出现脓包，由此判断，这次流行于帝国东部的瘟疫极有可能是天花④，因为天花最显著的症状就是发烧、出现水痘和失明。对此，迪奥尼修斯·Ch. 斯塔萨科普洛斯指出，根据尤西比乌斯所描述的患者在染病后出现的失明和身上留疤等症状来判断，这次瘟疫很可能是天花。⑤ 丹尼尔·T. 瑞夫在

　　① Eusebius, *The Church History: A New Translation with Commentary*, Book 9, p. 328.

　　② Ibid.

　　③ Ibid. , p. 327.

　　④ 根据《不列颠简明百科全书》的释义，天花是 20 世纪 80 年代被根除之前，世界上最致命的瘟疫之一。天花广泛发生于古代中国、印度和埃及。公元 16 世纪，天花被欧洲人带入西半球，杀死了大量当地毫无抵抗力的土著居民。作为一个唯独感染人类的烈性传染病，天花引起发烧并随之发生程度不同的皮疹，病人会起水痘并结痂，留下疤痕。天花并不容易传播，但天花病毒会在体外存活很长时间。（*Britannica Concise Encyclopedia*, Enbyclopaedia Britannica, INC, 2006, pp. 1768 – 1769）

　　⑤ Dionysios Ch. Stathakopoulos, *Famine and Pestilence in the Late Roman and Early Byzantine Empire: A Systematic Survey of Subsistence Crises and Epidemics*, p. 180.

论及这次瘟疫时，也认为其很可能就是天花。①

在 100 多年后，451—454 年，根据史家埃瓦格里乌斯的记载，在地中海东部地区再次发生疑似天花的瘟疫，"这次瘟疫的发生是由于包括弗里吉亚（Phrygia）、加拉提亚（Galatia）、卡帕多西亚（Cappadocia）和西里西亚（Cilicia）在内的帝国东部地区遭遇干旱的恶劣天气，为了维持生命，这些城市的居民在不得已的情况下食用了一些有害身体健康的食物。随后，瘟疫开始在城内蔓延"②。由于古代晚期地中海地区的农业生产条件较为脆弱，干旱等恶劣天气极易对农业生产造成不利影响，导致城市与农村的粮食供应断裂，进而引发食物短缺甚至饥荒。我们可从当时史家记载的瘟疫症状来探寻这次瘟疫的病因。埃瓦格里乌斯对这次瘟疫的症状作了如下记载："食物的改变导致疾病的发生，炎症令身体发胀，双目失明，同时伴随着咳嗽，这些症状发生之后，死亡往往在第三天降临。一段时间内，没有任何可行的对症治疗方法。"③ 根据埃瓦格里乌斯的描述，尤其是失明这一症状，我们判断这次瘟疫的病因与 4 世纪初瘟疫的病因相同，属于天花。

312—313 年、451—454 年的"天花"过后，有记载称，496—497 年间，奥斯若恩地区出现了疑似天花的瘟疫，据史料记载，导致长瘤的疾病令很多城内和边远村庄的人们失明。④ 迪奥尼修斯·Ch. 斯塔萨科普洛斯认为这次发生于奥斯若恩地区的瘟疫很可能是天花。⑤

第二节 鼠疫

地中海地区在 2—3 世纪两度爆发大瘟疫后，从 3 世纪末至 6 世纪初，

---

① Daniel T. Reff, *Plagues, Priests, Demons: Sacred Narratives and the Rise of Christianity in the Old World and the New*, p. 47.

② Evagrius Scholasticus, *The Ecclesiastical History of Evagrius Scholasticus*, Book 2, Chapter 6, pp. 81 – 82.

③ Ibid.

④ Frank R. Trombley and John W. Watt translated, *The Chronicle of Pseudo-Joshua the Stylite*, Liverpool: Liverpool University Press, 2000, p. 26. 根据注释，最初看起来，这个疾病似乎是腺鼠疫的初期阶段，较不致命的腺鼠疫变体。而失明这一症状则不是腺鼠疫的反应，因为腺鼠疫所导致的是眼睛的充血和肿胀。

⑤ Dionysios Ch. Stathakopoulos, *Famine and Pestilence in the Late Roman and Early Byzantine Empire: A Systematic Survey of Subsistence Crises and Epidemics*, pp. 248 – 249.

虽然也出现了若干次天花以及病因不明的瘟疫，但其规模、持续时间和影响程度都远不及2—3世纪的"安东尼瘟疫"和"西普里安瘟疫"。于是，从4世纪初开始，地中海地区，尤其是东部地中海地区的人口逐渐进入到一个稳定的恢复期之中。这种稳定的人口发展趋势一直持续到6世纪上半期。然而，好景不长，正当地中海地区似乎已经摆脱了瘟疫的阴霾之时，这一地区却于6世纪40年代开始进入瘟疫高发期，并持续了2个多世纪。根据迪奥尼修斯·Ch. 斯塔萨科普洛斯的图表，6世纪拜占廷帝国境内发生瘟疫和饥荒的次数在4—7世纪居于首位，尤其是瘟疫的发生次数几乎占到了4个世纪总数的一半。① 这些瘟疫当中影响强度最大、范围最广的便是6世纪帝国境内曾5次爆发的鼠疫。

一　"查士丁尼瘟疫"的首次爆发

6世纪40年代初，地中海地区爆发了有史以来的第一次大规模鼠疫。因鼠疫的影响范围绝大部分位于拜占廷帝国疆域内，鼠疫相关记载也几乎来源于拜占廷帝国的史家笔下，而这一时期拜占廷帝国处于查士丁尼一世统治期间，故名为"查士丁尼瘟疫"②。相比于"安东尼瘟疫""西普里安瘟疫"

---

① Dionysios Ch. Stathakopoulos, *Famine and Pestilence in the Late Roman and Early Byzantine Empire*: *A Systematic Survey of Subsistence Crises and Epidemics*, p. 23.

② 在中世纪早期，古典史家对鼠疫、天花等疾病进行记载时，将其统称为瘟疫，所以这一名称沿用至今。近代以来，通过对"查士丁尼瘟疫"相关记载的重新研读，根据当时古典史家普罗柯比、阿伽塞阿斯、埃瓦格里乌斯等人的相关记载，并结合医学病理的相关知识，学界一致将之定性为鼠疫：英国著名历史学家A. H. M. 琼斯在其论著《晚期罗马帝国史（284—602年）：社会、经济和行政研究》中认为这一时期对帝国影响最为严重的灾难很可能就是鼠疫（A. H. M. Jones, *The Later Roman Empire 284—602*: *a Social, Economic, and Administrative Survey*, Oxford: Basil Blackwell, V. 1, 1964, p. 288. ）；爱德华·N. 鲁特瓦克在《拜占廷帝国的大战略》一书中提到，来自DNA数据证明，"查士丁尼瘟疫"是由鼠疫杆菌引起，其性质为鼠疫（Edward N. Luttwak, *The Grand Strategy of The Byzantine Empire*, Cambridge, Massachusetts, and London, England: The Belknap Press of Harvard University Press, 2009, p. 90. ）。《晚期古代：后古典世界指南》一书在论及"查士丁尼瘟疫"时，也认为是鼠疫（G. W. Bowersock, Peter Brown, Oleg Gravar, *Late Antiquity*: *A Guide to the Postclassical World*, Cambridge: The Belknap Press of Harvard University Press, 1999, p. 135. ）；西瑞尔·曼戈在其《牛津拜占廷史》一书中论及"查士丁尼瘟疫"的部分也将其称为鼠疫（Cyril Mango, *The Oxford History of Byzantium*, p. 49. ）；我国著名拜占廷学者陈志强先生和徐家玲女士分别在其各自的论著和论文中认为这次瘟疫是鼠疫（陈志强：《地中海世界首次鼠疫研究》，《历史研究》2008年第1期；徐家玲：《早期拜占廷和查士丁尼时代研究》，东北师范大学出版社1998年版，第261—263页）。根据史家的记载，并结合近现代学者们的研究，笔者亦持此观点。

以及病因不明的瘟疫等，有关于"查士丁尼瘟疫"的史料记载更为丰富。这次鼠疫对地中海世界造成了巨大影响，因此受到普罗柯比、阿伽塞阿斯、约翰·马拉拉斯、埃瓦格里乌斯等当时史家的广泛关注，他们在著作中详细记载了这次鼠疫的发生情况，为我们了解鼠疫的发源地、性质及特征提供了条件。

（一）"查士丁尼瘟疫"的发源地及向周边地区的传播

541年10月，一次瘟疫在地中海世界爆发。[①] 此时正值查士丁尼一世登基的第14年，他刚刚顺利完成了征服北非的计划，并正在为西征意大利的军事行动做准备。这次瘟疫的影响范围之广、破坏力之大使目睹其发生过程的6世纪著名史家普罗柯比这样形容这一灾难的发生："我们很难用言语来描述这次瘟疫的发生情况，更难以解释其发生的原因，因为几乎不能确定其来源及确切的发生时间，所以只能将这一灾难的发生归结为上帝惩罚的结果。"[②]

对于这样一场影响范围广大的瘟疫，其起源问题向来为近现代的学者们关注，而对于这一问题最直接证据便是当时史家的记载。关于这次瘟疫究竟源自何地的问题，据普罗柯比记载，"查士丁尼瘟疫"最先出现于埃及的培琉喜阿姆（Pelusium），随后便向亚历山大里亚和埃及其他地区及巴勒斯坦地区传播，并蔓延至整个地中海世界。[③] 居住于安条克的教会史家埃瓦格里乌斯对瘟疫的发源地则有着不同的看法，他认为这次瘟疫发源于埃塞俄比亚，并在接下来的时间里在整个世界范围内蔓延。[④] 来自米提尼的扎卡里亚也对"查士丁尼瘟疫"的发源地及传播路线进行了记载，他提到，这次瘟疫开始出现于埃及、埃塞俄比亚、亚历山大里亚、努比亚（Nubia）、巴勒斯坦、腓尼基、阿拉伯半岛、拜占廷帝国等地区。[⑤]

结合普罗柯比、埃瓦格里乌斯和米提尼的扎卡里亚的相关记载，似乎埃

---

① Theophanes, *The Chronicle of Theophanes Confessor: Byzantine and Near Eastern History, AD 284–813*, p. 322.

② Procopius, *History of the Wars*, Book 2, 22, 2, p. 453.

③ Procopius, *History of the Wars*, Book 2, 22, 6, p. 453.

④ Evagrius Scholasticus, *The Ecclesiastical History of Evagrius Scholasticus*, Book 4, Chapter 29, p. 229.

⑤ Zachariah of Mitylene, *Syriac Chronicle*, Book 10, p. 313.

瓦格里乌斯关于瘟疫起源地的看法更加切合实际，即这次瘟疫最先发源于埃塞俄比亚地区。克里斯汀·A. 史密斯指出，埃瓦格里乌斯是对"查士丁尼瘟疫"最有发言权的人，因为他曾患过此病并康复，同时其家人则先后因为感染瘟疫死亡。[①]陈志强先生也认为埃瓦格里乌斯对瘟疫发源地的推断似乎更为可靠。[②]当然，普罗柯比和扎卡里亚的记载并不与埃瓦格里乌斯完全矛盾。因为普罗柯比所提到的瘟疫发源地培琉喜阿姆是埃及北部尼罗河三角洲最东端的城市，其交通和贸易地位十分重要，这里很可能是出现于埃塞俄比亚的瘟疫最先影响到的埃及城市。而扎卡里亚虽然没有提到城市出现瘟疫的先后次序，但按照他的记载可知，瘟疫最早出现的地点均位于非洲境内或邻近非洲地区。近现代大多数学者也认为这次瘟疫是通过横穿撒哈拉沙漠的商路从东非大湖地区传至地中海沿岸，也可能是通过来往于印度洋与红海的印度商船传到地中海地区。[③]

　　埃塞俄比亚地区向来是世界上的几大鼠疫疫源地之一。威廉·H. 麦克尼尔就此指出："世界上有三个形成较早的鼠疫疫源地：一是印度和中国之间的喜马拉雅山麓；二是中非的大湖地区；第三则是从蒙古到乌拉尔的整个亚欧大草原。"[④]戴维·凯斯也持相似观点，"古代晚期世界中有数个野生动物聚集地，而这些区域都是恶性疾病在野生动物之间高度传播的地区，包括喜马拉雅山脉、中/东非和亚洲大草原"[⑤]。拜占廷帝国四通八达的道路网络和海

---

①　Christine A. Smith, "Plague in the Ancient World: A Study from Thucydides to Justinian", V. 28, 1996 – 1997.

②　陈志强：《地中海世界首次鼠疫研究》，《历史研究》2008 年第 1 期，第 168 页。

③　持类似观点的学者不在少数，沃伦·特里高德认为，这场瘟疫很可能发源于印度或东非，当埃塞俄比亚人（Ethiopians）于公元 525 年夺取也门（Yemen）之后，经由红海贸易通道逐步传播到帝国境内（Warren Treadgold, *A History of Byzantine State and Society*, p. 196.）。戴维·凯斯指出，这次瘟疫最初发源于东非高原，很可能是通过非洲东部的港口城市哈帕塔（Rhapta）或伊斯提纳（Essina）经由曼德海峡达到红海，然后通过红海向北传到地中海东岸，并且开始影响到东地中海地区的培琉喜阿姆、亚历山大里亚、安条克和君士坦丁堡（David Keys, *Catastrophe-An Investigation into the Origins of the Modern World*, p. 19.）。托马斯·M. 琼斯认为，这次可怕的疾病就是通过贸易活动从埃塞俄比亚传至帝国境内的（Thomas M. Jones, "East African Influences upon the Early Byzantine Empire", p. 59.）。杰里·H. 本特利认为这次瘟疫很可能通过横穿撒哈拉沙漠的商路从东非的大湖地区传入到地中海沿岸，或是从印度的商船通过印度洋和红海到达地中海地区（Jerry H. Bentley, "Hemispheric Integration, 500 – 1500", p. 249.）。

④　［美］威廉·H. 麦克尼尔：《瘟疫与人》，余新忠、毕会成译，中国环境科学出版社 2010 年版，第 75 页。

⑤　David Keys, *Catastrophe-An Investigation into the Origins of the Modern World*, p. 18.

上路线也令其与古代世界的疾病中心——印度和中非地区——联系方便而密切。① 在大约 1000 年前,地中海地区的重要城市雅典曾经爆发过一次具有重大影响的瘟疫,在谈到"雅典瘟疫"的发源地时,古希腊著名史家修昔底德认为:"瘟疫起源于上埃及的爱西屋比亚(埃塞俄比亚),由那里传布到埃及本土和利比亚,以及波斯国王的大部分领土内,随后在雅典城出现。"②

如果埃瓦格里乌斯关于瘟疫起源地的记载较为准确的话,"查士丁尼瘟疫"的发源地就与发生于 1000 年的"雅典瘟疫"惊人地相似。由于缺乏充分的考古证据与文献记载,我们很难断定"查士丁尼瘟疫"是如何从位于东非的埃塞俄比亚传播到地中海沿岸地区。但可以确定的是,埃及地区必定是地中海周边区域中最早出现瘟疫疫情的地点。沃伦·特里高德提到,尼罗河谷环境潮湿、人口稠密,极为适合来自埃塞俄比亚地区的瘟疫。同时,由于众多的船只和游艇在尼罗河上游弋,令老鼠和疾病在这条河流上来回移动。埃及地区在 6 世纪鼠疫和 14 世纪的黑死病中的损失都十分惨重。③ 结合普罗柯比的记载,从瘟疫最初的传播路线来看,在到达君士坦丁堡之前,"查士丁尼瘟疫"已经出现在北非城市培琉喜阿姆,此地位于尼罗河三角洲东部,亚历山大里亚城的东侧,地处埃及与外界联系的交通要道。培琉喜阿姆这个城市近千年来都是传统敌人入侵埃及的地点,波斯人、叙利亚人、希腊人、亚历山大大帝、罗马人都是通过这个地点进入埃及的,而这次瘟疫则是伴随着老鼠悄无声息地进入地中海地区。④ 由此可见,培琉喜阿姆是具有重要战略地位的地中海沿岸城市。鉴于培琉喜阿姆作为商业中转地和交通要道的这一特殊地理位置,不论瘟疫最初的发源地位于非洲何处,它极有可能是经由红海或尼罗河上进行的商贸活动传至拜占廷帝国境内的北非沿岸。迈克尔·马斯提道:"拜占廷帝国红海区域的贸易,尤其是象牙贸易带来了水手和可疑的老鼠。在船只返程过程中,老鼠将疾病带到了培琉喜阿姆的北部

① Josiah Cox Russell, *The Control of Late Ancient and Medieval Population*, p. 47.

② Thucydides, *History of the Peloponnesian War*, trans. by C. F. Smith, Cambridge, Mass.: Harvard University Press, 1999, Book 2, p. 343. [译文参见修昔底德《伯罗奔尼撒战争史》(上册),谢德风译,商务印书馆 1985 年版,第 137—138 页。]

③ Warren Treadgold, *A History of the Byzantine State and Society*, p. 251.

④ David Keys, *Catastrophe: An Investigation into the Origins of the Modern World*, p. 9.

区域。"① 陈志强教授也认为查士丁尼一世推行的红海商业贸易政策以及由此导致的频繁的海上谷物贸易与"查士丁尼瘟疫"的爆发有直接关系。②

　　瘟疫这种传染性极高的疫病一旦在人群中爆发，便会以极快的速度向周边地区扩散。普罗柯比认为，瘟疫通常会以近乎固定的方式，于特定的时间在不同地区进行传播。③ 面对"查士丁尼瘟疫"巨大的破坏力，这位拜占廷帝国最著名的史家心有余悸地宣称，虽然人们的居住环境、生活规律、兴趣爱好、活动等特征均不相同，但瘟疫对所有人均一视同仁。④ 普罗柯比还声称，瘟疫不会轻易放过任何一个有人居住的地方，若有居民区在一次瘟疫爆发中幸免于难，或人口损失较小，那么这一地区一定难以逃过瘟疫下一次爆发的打击，而其居民死亡数也必然相当可观。⑤ 普罗柯比的上述论断不乏夸张之处，但也充分体现出当时人对瘟疫的真实感受。普罗柯比所提到的"查士丁尼瘟疫"的传播具有广泛性的特点也在其后的历史发展中得到了验证。

　　发源于非洲地区的"查士丁尼瘟疫"出现于埃及沿海城市培琉喜阿姆之后，在不到半年的时间里横扫地中海东部众多的沿海城市及地区。通过东地中海地区发达的海路和陆路交通，"查士丁尼瘟疫"迅速传播到与之相邻的巴勒斯坦、叙利亚、利比亚，继而传播到地中海北岸的色雷斯、巴尔干半岛等地区。安条克、亚历山大里亚、君士坦丁堡等地中海东部地区的重要城市先后出现了瘟疫疫情。由于亚历山大里亚⑥距离培琉喜阿姆较近，且两个

---

① Michael Maas, *The Cambridge Companion to the Age of Justinian*, p. 153.
② 陈志强：《拜占庭帝国通史》，第 120 页。
③ Procopius, *History of the Wars*, Book 2，22，7，p. 455.
④ Procopius, *History of the Wars*, Book 2，22，4，p. 453.
⑤ Procopius, *History of the Wars*, Book 2，22，8，p. 455.
⑥ 从公元 330—640 年，北非在相当长的一段时期内是拜占廷帝国的属地。但事实上，北非居民的民族构成及宗教信仰均同拜占廷人有着很大的差别。拜占廷帝国在北非地区的统治区域仅限于北非地中海沿岸的狭长地带，并以埃及的亚历山大里亚和今突尼斯地区的迦太基为中心。长期以来，拜占廷帝国在这一地区的统治形势，尤其是北非西部的统治较不稳定。7 世纪 30 年代开始，刚刚兴起的阿拉伯人凭借其强大的骑兵，对拜占廷帝国东部及南部的领土发动了进攻。634 年，阿拉伯大军夺取博斯特拉城，635 年占领大马士革，636 年横扫叙利亚全境，637 年攻克耶路撒冷，639 年洗劫美索不达米亚，639 年12 月至 642 年 7 月，数千阿拉伯骑兵击败拜占廷军队，控制了埃及大部，包围亚历山大里亚，迫使拜占廷守军投降。此后，阿拉伯人快速向西进军，将拜占廷帝国势力永久地驱逐出北非。北非地区从拜占廷帝国的分离对拜占廷帝国的影响，尤其是经济方面的影响十分巨大。（陈志强：《拜占廷学研究》，第294—299 页。）

城市均是地中海沿岸重要的港口。威廉·罗森认为亚历山大里亚和培琉喜阿姆之间存在着密切的联系，"亚历山大里亚离培琉喜阿姆只有160里的距离，每天都有各种船只在这里进出"①。由此，亚历山大里亚就成为瘟疫早期蔓延的地点之一。541年秋，瘟疫传播到北非的港口城市亚历山大里亚，叙利亚人迈克尔记载下瘟疫在亚历山大里亚的传播情况。根据他的记载，首先受到瘟疫感染的是城内的贫民，此后，埃及其他地区也受到瘟疫影响，人员伤亡较大，导致埋葬死者的工作变得十分困难。②

在埃及地区爆发疫情后不久，瘟疫很快就传到了巴勒斯坦地区。③ 根据普罗柯比和以弗所的约翰的记载，在北非出现瘟疫之后，耶路撒冷很可能在542年早春爆发了瘟疫。④ 根据"查士丁尼瘟疫"从培琉喜阿姆到亚历山大里亚及耶路撒冷等地的这一早期传播路线，我们推断瘟疫很可能是从培琉喜阿姆通过海路和陆路向东和向西沿地中海海岸线进行传播。由于地中海地区的航运业在冬季受到气候的影响一度停业，直到次年3月前后，当春季来临之时，地中海周边地区航运业才再度兴起。当542年春季，地中海周边航运业逐渐复苏之际，瘟疫便迅速从埃及地区传播到周边区域。罗伯特·布朗宁指出："当船运业在春季重新兴起之际，鼠疫迅速从埃及传播到了叙利亚和小亚细亚等地区，并于542年夏季在君士坦丁堡大爆发。"⑤

随后，瘟疫从巴勒斯坦地区进一步传至叙利亚。在安条克被波斯占领两年之后，当时还在安条克初级学校求学的埃瓦格里乌斯感染上了瘟疫。⑥ 按照普罗柯比的记载，波斯人在540年夏初大举进犯拜占廷的东部边境，随后以重兵攻占安条克，并将安条克付诸一炬。⑦ 身为安条克人的埃瓦格里乌斯则明确指出安条克是在540年夏初被波斯人占领。⑧ 按照上述史家所记载的

① William Rosen, *Justinian's Flea*: *Plague*, *Empire*, *and the Birth of Europe*, p. 10. 威廉·罗森的著作中有鼠疫的发源地及传播路线图，可参见文后图表"图9"：鼠疫的发源地及传播路径。
② Michael the Syrian, *Chronicle*, edited by J.-B. Chabot, Paris, 1910, Book 2, pp. 235 – 238.
③ Procopius, *History of the Wars*, Book 2, 22, 6, p. 453.
④ Dionysios Ch. Stathakopoulos, *Famine and Pestilence in the Late Roman and Early Byzantine Empire*: *A Systematic Survey of Subsistence Crises and Epidemics*, p. 281.
⑤ Robert Browning, *Justinian and Theodora*, p. 120.
⑥ Evagrius Scholasticus, *The Ecclesiastical History of Evagrius Scholasticus*, Book 4, Chapter 29, p. 231.
⑦ Procopius, *History of the Wars*, Book 2, 8, 1 – 35 pp. 325 – 335.
⑧ Evagrius Scholasticus, *The Ecclesiastical History of Evagrius Scholasticus*, Book 4, Chapter 26, p. 224.

时间推算，瘟疫大概最早于 542 年春季、最迟于 542 年夏季袭击的安条克城。由于安条克是叙利亚地区的首府，也是最重要的商业中心，瘟疫可能是首先通过水路到达安条克，然后再经过陆路蔓延至邻近地区与城市。[①] 安条克周围的其他城市及其郊区大都是在安条克爆发瘟疫之后才出现瘟疫爆发记录的。

在安条克爆发瘟疫的几乎同时，安条克附近的港口城市米拉（Myra，位于小亚细亚西南部）也出现了疫情。疫情在米拉城持续了约 40 天，造成大量居民的死亡。由于瘟疫发病快、致死率高，米拉的很多居民往往在染病后的一天之内便去世。在这种情况下，居住在城外的农民们都因害怕染上瘟疫而不敢进城，由此导致城内出现了严重的食物短缺。[②] 米拉所处的地理位置极为重要，该城及其安德里亚克港（Andriake）是从亚历山大里亚到君士坦丁堡海上联系通道的最主要中转站，这次瘟疫极有可能是通过亚历山大里亚的谷物运输船只传到米拉或是与米拉类似的亚历山大里亚—君士坦丁堡航线上的中转站，再从这些中转站传到君士坦丁堡。根据现代学者的研究，君士坦丁堡出现瘟疫病例的时间是 542 年春，米拉很可能是在此前一个月爆发瘟疫。[③] 根据普罗柯比的记载，从埃及开往首都的船只一般需要 22—26 天的时间。[④] 时间上的这种吻合似乎不能仅用巧合加以解释。

（二）"查士丁尼瘟疫"与君士坦丁堡

米拉发生瘟疫后不久，拜占廷帝国的首都与最大城市——君士坦丁堡城内便爆发了大规模疫情。普罗柯比和以弗所的约翰详细记载了君士坦丁堡在瘟疫中的死亡人数及症状等相关信息，约翰·马拉拉斯和塞奥发尼斯的记载则大多因袭前人，虽可供参考，但价值不及普罗柯比等人所提供的信息。[⑤] 据记载，瘟疫一经传入君士坦丁堡便迅速在城内蔓延，疫情持续时间长达 4

---

① Dionysios Ch. Stathakopoulos, *Famine and Pestilence in the Late Roman and Early Byzantine Empire*: *A Systematic Survey of Subsistence Crises and Epidemics*, p. 283.

② Ibid., p. 285.

③ Ibid., p. 286.

④ Procopius, *De Aedificiis or Buildings*, translated by H. B. Dewing, Cambridge, Mass.: Harvard University Press, 1996, V. 1, 10 – 11（4 151）.

⑤ Dionysios Ch. Stathakopoulos, *Famine and Pestilence in the Late Roman and Early Byzantine Empire*: *A Systematic Survey of Subsistence Crises and Epidemics*, p. 287.

个月之久，君士坦丁堡俨然成为一座人间地狱。

在瘟疫流行期间，君士坦丁堡的人口死亡率严重超出了正常的范围。受到死亡人数过多及大量居民从疫区逃离的影响，君士坦丁堡城内的很多建筑物和居民房屋空无一人。同时，由于君士坦丁堡爆发瘟疫时正值春夏之交，城内的气温较高，如对死者尸体处理不当或不及时，必然会造成城内的卫生状况进一步恶化。马库斯·劳特曼指出，在夏季与爆发瘟疫时，必须及时妥善地处理遗体。① 根据普罗柯比的记载，由于死亡人数过多，君士坦丁堡确实出现了因尸体处理不及时而发生的腐臭满城的景象。"虽然大臣塞奥多鲁斯（Theodorus）奉命负责尸体的掩埋工作，但由于死亡人数过多，城内仍有大量尸体未能及时予以掩埋，加上尸体的处理方式不当，从而导致许多尸体长期暴露于露天之下直至腐烂，致使君士坦丁堡城内卫生环境恶化，幸存居民则在这种生活环境下饱受痛苦。"② 保罗·马格达里诺指出，卫生环境的恶化会造成疫情的进一步恶化与扩散。③ 如此之多的尸体对丧葬工作构成了极大的挑战，同时也加重了瘟疫所造成的危机。

君士坦丁堡城内本就因瘟疫的爆发而出现尸横遍野的恐怖景象。与此同时，君士坦丁堡城内的商贸活动也因此大受影响，几乎陷入了停滞状态，由此导致幸存市民最基本的生活必需品得不到保障。迪奥尼修斯·Ch. 斯塔萨科普洛斯指出，因为瘟疫造成的死亡人数过多，令君士坦丁堡城内的很多商业活动被迫停止，不久便发生了十分严重的饥荒。④ 不仅城内幸存者最基本的生活得不到保障，同时，由于东地中海地区在 541 年下半期至 542 年上半期中普遍受到了瘟疫的影响，令这一地区正常的海上交通，尤其是粮食运输陷入停滞状态。瘟疫所造成的危机又因食物供应被切断而加剧。对于君士坦丁堡这座几乎完全依靠外来粮食供应的城市而言，正常的粮食供应受到影响会直接造成严重的食物短缺甚至饥荒。迈克尔·麦考米克认为："瘟疫在君

---

① Marcus Rautman, *Daily Life in the Byzantine Empire*, p. 78.

② Procopius, *History of the Wars*, Book 2, 23, 11, p. 469.

③ Paul Magdalino, "The Maritime Neighborhoods of Constantinople: Commercial and Residential Functions, Sixth to Twelfth Centuries", p. 218.

④ Dionysios Ch. Stathakopoulos, *Famine and Pestilence in the Late Roman and Early Byzantine Empire: A Systematic Survey of Subsistence Crises and Epidemics*, p. 287.

士坦丁堡的流行不仅令城市内部的商业等活动大受影响，也对地中海东部地区的航运业造成了巨大破坏。同时，由于船员减员导致船员薪酬上涨，所以从亚历山大里亚运往君士坦丁堡的谷物和物资都大幅减少。"① 由此，普罗柯比感叹，当瘟疫在君士坦丁堡大爆发时，拥有充足的面包或其他食物是极其艰难而幸福之事。② 当君士坦丁堡不仅被遍布各处的尸体及其散发出的恶臭包围，而且陷入粮食短缺危机之中时，城内病患和幸存民众的处境将会更加艰难。在君士坦丁堡高峰期每天数千人的死亡数字③中，直接因为感染瘟疫致死的居民当然很多，但由于食物短缺和饥荒所造成的人员损失也必不在少。"查士丁尼瘟疫"导致繁荣兴盛的拜占廷首都与最大城市君士坦丁堡在短短 4 个月左右的时间当中变成了一座尸体遍布、房屋空置、人情淡漠、生活失常的"鬼城"。

4 个月之后，当君士坦丁堡的人口数量剧降后，瘟疫的影响逐渐变小。虽然疫情在君士坦丁堡的影响逐渐减小，但它从未真正地在帝国境内消失，而是向东西两个方向传播：向东传到了东地中海沿岸的叙利亚乃至美索不达米亚；向西则传到地中海西部的意大利、高卢，甚至大西洋沿岸的爱尔兰等地区。④

二　"查士丁尼瘟疫"在地中海世界的扩散

"查士丁尼瘟疫"于 542 年春夏之交在帝国首都君士坦丁堡逞威后，沿着贸易路线和军事通道向整个地中海世界蔓延，地中海沿岸的港口城市和地区首当其冲。

"查士丁尼瘟疫"在地中海沿岸各地区爆发时间大体为：541 年 7 月，培琉喜阿姆；541 年 8 月，加沙（Gaza）；541 年 9 月，亚历山大里亚；542 年早春，耶路撒冷；542 年春、夏，安条克；542 年春、夏，米拉；542 年 3/4 至 8 月，君士坦丁堡；542 年夏，斯科隆（Sykeon）；542 年秋，美迪亚

---

①　Michael McCormick, *Origins of the European Economy*: *Communications and Commerce*, A. D. 300 – 900, pp. 109 – 110.

②　Procopius, *History of the Wars*, Book 2, 23, 19, p. 471.

③　Procopius, *History of the Wars*, Book 2, 22 – 23, pp. 453 – 471.

④　Josiah C. Russell, "That Earlier Plague", p. 179.

（Media）、阿特罗帕特纳（Atropatene）；542 年 12 月，西西里；543 年 1/2 月，突尼斯（Tunisia）；543—544 年，意大利；543 年，伊利里库姆、罗马、高卢和西班牙。此后，瘟疫很可能于 543 年或 544 年蔓延到爱尔兰[1]，547 年到达威尔士（Wales），同时可能在芬兰和也门（Yemen）也有零散的爆发。[2] 迪奥尼修斯·Ch. 斯塔萨科普洛斯在其著作中所提到的瘟疫在地中海世界的传播时间与此大致相同。[3]

　　从地中海世界各个城市及地区爆发"查士丁尼瘟疫"的时间顺序来看，瘟疫似乎优先发生于东地中海地区的城市，而在一年之后才相继出现在西地中海地区。这种现象出现的原因除了前文所提到的瘟疫发源地位于地中海世界东部的东非地区以外，也跟整个地中海地区的经济发展特征有关。地中海世界东部地区的人口与经济发展在历史上就较西部为优，不仅农业和商业较为发达，而且这一地区的人口更为密集，并聚集了一个庞大的城市网络。G. W. 博尔索克、彼得·布朗等认为，东部地中海世界的人口较之于西部地区更加城镇化，这一点在君士坦丁堡于公元 324 年建立之后得到了进一步的加强。[4] 佩里·安德森则指出，"在东地中海地区，由于希腊城邦和希腊化国家在罗马征服之前已经奠定了该地区基本的农业生产结构，小农经济与城镇商业互相配合，因此罗马的奴隶制大地产制度在帝国的东部诸行省未能如同在帝国西部地区那样得到普遍发展"[5]。正是由于地中海东部地区所实行的不同于西部地区的农业生产制度令其在"3 世纪危机"中所受到的影响较西部地区为小。除农业发展外，东地中海地区发达的商贸活动也令这一地区的城市迅速发展，由此形成了一个良性循环的发展模式。董晓佳认为："正是因为小农经济在东部地区的农业生产中仍然保有相当的活力，所以东部地区农业在'3 世纪危机'的大破坏后仍然保有一定活力。在古代社会，农业

　　[1]　根据《四大师的爱尔兰年代记》中的记载，一次有着广泛影响的瘟疫于 543 年发生，蔓延到社会上层之中。（John O'Donovan translated, *Annals of the Kingdom of Ireland by the Four Masters*, p. 138.）
　　[2]　Michael Maas, *The Cambridge Companion to the Age of Justinian*, pp. 136–138.
　　[3]　Dionysios Ch. Stathakopoulos, *Famine and Pestilence in the Late Roman and Early Byzantine Empire: A Systematic Survey of Subsistence Crises and Epidemics*, pp. 288–299.
　　[4]　G. W. Bowersock, Peter Brown, Oleg Gravar, *Late Antiquity: A Guide to the Postclassical World*, p. 647.
　　[5]　［英］佩里·安德森：《从古代到封建主义的过渡》，郭方、刘健译，上海人民出版社 2001 年版，第 291—292 页。

是最主要的社会生产部门，是国家财政收入的主要来源，农业的相对稳定和繁荣为东部地区的相对稳定和繁荣提供了经济基础。以该地区相对繁荣的农业为基础，东部地区的城市凭借其扼东西方贸易通道的地缘优势，在西部地区城市衰落、商业萧条之际，以当地的手工业生产部门为辅，从事各种境内外贸易。"①

正所谓"成也萧何，败也萧何"，东地中海地区密集的人口分布和繁荣的农业、手工业及商贸活动不仅是这一地区经济持续性发展与繁荣的重要影响因素，也是导致这一地区成为瘟疫重灾区的关键因素之一。在东地中海地区，首先受到"查士丁尼瘟疫"影响的埃及的亚历山大里亚、叙利亚的安条克及首都君士坦丁堡等都是重要的行政和商贸中心。这些城市间所进行的国内贸易及与外部世界的外向型贸易令这一地区的人员和物资往来较之其他地区更为频繁。威廉·H. 麦克尼尔认为："城市的健康风险实在太大了，除了存在像儿童病那样在人与人之间传播的、藉由吸入空气中由喷嚏或咳嗽喷出的传染性的飞沫所致的疾病外，古代城市还经受着因水质污染而强化的传染循环，以及许多昆虫媒介传播的传染病。而且，任何长途运送粮食的交通的中断，都可能让城市立即陷入饥馑的危机，而当地的收成往往很难给予充足的补充。"② 由于受到以上这些因素的影响，瘟疫在东地中海地区扩散的速度与范围较之于西部地区更为迅速与广泛。

事实上，以上所谈到的东地中海地区人员和物资交往更为频繁只是相对的，较之于古代晚期的其他地区，包括东部与西部在内的整个地中海地区的商贸和交往都相当频繁。彼得·布朗提到，直到 6 世纪末，地中海周边的城镇较为紧密地联系着彼此，20 天的海上航行就可以从地中海的一端到达另一端。③ 在古代晚期，东部地区与西部地区并非处于完全隔绝的状态，于是，瘟疫在不久后便到达了西地中海地区。543 年，伊利里库姆（Illyricum）地区和意大利相继出现瘟疫病例。马塞林努斯记载了这次瘟疫在意大利和伊

---

① 董晓佳：《浅析晚期罗马帝国经济重心转移的原因及其影响》，《商丘师范学院学报》2011 年第 5 期，第 64 页。

② ［美］威廉·H. 麦克尼尔：《瘟疫与人》，第 39 页。

③ Peter Brown, *The World of Late Antiquity, AD 150－750*, p. 13.

利里库姆的流行情况，他提到这场大瘟疫是从伊利里库姆传入意大利的。[①]
因为缺少更充分的材料，关于瘟疫是经由水陆还是陆路蔓延至伊利里库姆，
目前学者们认为尚难以断言。[②]

　　543 年年末至 544 年年初，地中海西部重要城市罗马爆发瘟疫。一般情
况下，瘟疫会在较为温暖的季节爆发，但这次瘟疫略有不同，它的爆发时间
是冬末春初。迪奥尼修斯·Ch. 斯塔萨科普洛斯认为："罗马爆发的这次瘟
疫正是'查士丁尼瘟疫'在地中海世界西部扩散的结果，虽然罗马与埃及
的商贸往来与联系不如君士坦丁堡与埃及的联系紧密，但毕竟并非毫无往
来，罗马的这次瘟疫很可能是从埃及和北非传入的，这一推断基于罗马依赖
北非的谷物及彼此间的商业联系而得出。"[③] 在罗马爆发瘟疫后不久，545 年
夏，奥特朗托[④]（Otranto）发生了饥荒以及大范围的疫病。[⑤] 关于奥特朗托
发生的大范围疫病，虽然缺乏与疫病症状有关的记载而很难确定其真正的性
质，但从其爆发时间与地点来看，瘟疫极有可能通过罗马城沿商路或军事路
线传到了奥特朗托，奥特朗托居民也属于"查士丁尼瘟疫"扩散中的受害
者。其后，瘟疫继续在西地中海世界传播，瘟疫越过地中海到达高卢与大西
洋沿岸的不列颠地区，甚至于 547 年使爱尔兰的一位当地首领染病身亡。[⑥]
通过对瘟疫向西的传播路线进行分析，我们可以推测瘟疫很可能是通过海路
从帝国的埃及地区传到了高卢的南部，然后再通过陆路或海路经高卢通过英
吉利海峡传到了不列颠岛。因为瘟疫进入不列颠有着便利的条件，地中海地
区与不列颠地区的贸易在 6 世纪前半期十分繁荣。[⑦]

　　"查士丁尼瘟疫"不仅在拜占廷帝国的众多城市及地区引起了一系列灾
难，它还传到了帝国周边的国家和民族中。J. 唐纳德·休斯提到，即便在

　　① Marcellinus, *The Chronicle of Marcellinus*, pp. 135 – 136.
　　② Dionysios Ch. Stathakopoulos, *Famine and Pestilence in the Late Roman and Early Byzantine Empire: A Systematic Survey of Subsistence Crises and Epidemics*, p. 291.
　　③ Ibid. , p. 294.
　　④ 奥特朗托城名的原希腊语形式是 Hydruntum（水城），位于现今的奥特朗托海峡的西侧，即意大利东南部地区，奥特朗托城在拜占廷统治之下成为帝国西部的重要边塞。
　　⑤ Procopius, *History of the Wars*, Book 7, 10, 5 – 6, p. 231.
　　⑥ Josiah C. Russell, "That Earlier Plague", p. 181. （*Annals of the Kingdom of Ireland by the Four Masters*, Dublin, V. 1, 1867, pp. 183, 187. ）
　　⑦ David Keys, *Catastrophe: An Investigation into the Origins of the Modern World*, p. 109.

古代社会，由于传染病的传播，环境因素也不只在个别的文化和地区内起作用。[1] 由于"查士丁尼瘟疫"的发源地位于帝国东部地区，所以帝国的东方宿敌波斯首当其冲地受到瘟疫的打击。根据史家记载，"查士丁尼瘟疫"在君士坦丁堡爆发之时，波斯正在进攻拜占廷帝国东部边境。543 年，当拜占廷与波斯的战争正如火如荼地进行时，波斯军队在行军过程中爆发瘟疫[2]，由于出现这种突发情况，加上波斯王之子叛变，波斯国王库萨和一世（Khosrow Ⅰ，531—579 年在位）被迫与拜占廷停战并进行和谈。[3]

综上所述，从 541—544 年，"查士丁尼瘟疫"在短短 3 年间几乎传遍了地中海沿岸的所有地区及绝大多数城市[4]，对这些地区的经济、贸易和居民的日常生活等均造成了巨大的破坏性影响。544 年之后，各地疫情逐渐减弱，但地中海周边地区普遍在这次流行性疾病的打击下疮痍满目，统治地中海周边大部地区的拜占廷帝国此时已元气大伤。

三　"查士丁尼瘟疫"在帝国境内的四次复发

"查士丁尼瘟疫"于 6 世纪 40 年代首次在地中海周边地区爆发并在此后数年内给拜占廷帝国造成了一系列的破坏性影响，但这仅仅是 6 世纪瘟疫灾难的开始。[5] 如前所述，从 541 年年底开始，"查士丁尼瘟疫"曾在帝国境内逞凶达 3 年之久，此后疫情逐渐减弱。从 6 世纪 40 年代后期开始，当拜占廷帝国的人口和财政状况逐渐从"查士丁尼瘟疫"首度爆发的阴霾中复苏，并在对外战争中重新占据优势地位之时[6]，"查士丁尼瘟疫"于 558 年春初又一次在君士坦丁堡爆发，并在之后的数年内传播到帝国的其他城市及地区，令拜占廷社会再次陷入混乱状态，帝国的人口、经济等方面再次受到

---

① ［美］ J. 唐纳德·休斯：《什么是环境史》，梅雪芹译，北京大学出版社 2008 年版，第 93 页。

② Procopius，*History of the Wars*，Book 2，24，6 – 7，p. 475.

③ Procopius，*History of the Wars*，Book 2，24，8 – 12，pp. 475 – 477.

④ 根据史家的记载，"查士丁尼瘟疫"首次爆发的传播路线见文后图表"图 1"："541—544 年鼠疫首次传播路线图"。

⑤ Michael Maas，*The Cambridge Companion to the Age of Justinian*，p. 138.

⑥ 公元 550 年前后，拜占廷向北非地区派遣的将军约翰大获全胜，将摩尔人的统治者一举击败（Procopius，*History of the Wars*，Book 8，17，21 – 22，pp. 233 – 235. ）；几乎在同一时期，拜占廷人在意大利的军事局势也渐趋好转，552 年，纳尔塞斯在一次关键性的战役中歼灭 6000 哥特人，获得了巨大胜利（Procopius，*History of the Wars*，Book 8，32，19 – 20，pp. 381 – 383. ）。

沉重打击。拉塞尔指出："在'查士丁尼瘟疫'首次爆发之后的80余年时间中，瘟疫在帝国各地不断复发：君士坦丁堡在公元556—558年、561年、567—568年、573年、577年、586年、618年和622年复发；高卢地区于公元552—554年、571年、583—584年和588年复发。"① 根据这一时期史家的记载可知，在6世纪后半期，"查士丁尼瘟疫"曾在地中海周边地区4次大规模复发。②

第一次大规模复发开始于558年，受瘟疫影响的地区主要包括君士坦丁堡及其周边地区以及叙利亚等地。阿伽塞阿斯、约翰·马拉拉斯、塞奥发尼斯、图尔的格雷戈里和副主祭保罗等史家在其各自著作中对当时的情况有所记录。③

根据阿伽塞阿斯的记载，558年春，"查士丁尼瘟疫"首次复发，复发的主要地点位于君士坦丁堡。阿伽塞阿斯详细记载了这次瘟疫爆发的情况："在那年春初，瘟疫开始对君士坦丁堡进行第二轮侵袭，并杀死大量的居民。从查士丁尼一世统治的第十五年瘟疫首次爆发以来，它就没有真正停止过，只是不断地从一个地区传播到另一个地区。对于那些在瘟疫之中幸存下来的人，它就像是一个无法终结的噩梦。如今，它又重新回到君士坦丁堡。一些人在肿块和无间歇高烧的折磨下死亡；另一些人则在没有任何疼痛症状的情况下，在正常工作时、在家里或者大街上突然暴病身亡。"④ 阿伽塞阿斯对558年瘟疫首次于君士坦丁堡复发的记载十分详尽，他在其中传达了几个关键信息，分别是：这次瘟疫爆发于558年春初；瘟疫流行的脚步从未停止，

---

① Josiah C. Russell, "That Earlier Plague", p. 179.

② 具体影响城市及地区请参见文后图表"图2"："6世纪后期鼠疫四次复发影响城市及地区"。

③ 对普罗柯比《战史》进行续写的阿伽塞阿斯在其《编年史》中较详细地记载了558年"查士丁尼瘟疫"在君士坦丁堡的复发情况（Agathias, *The Histories*, p. 145.）；长期居住在安条克城的埃瓦格里乌斯在其《教会史》中记载了安条克四次爆发瘟疫的情况（Evagrius Scholasticus, *The Ecclesiastical History of Evagrius Scholasticus*, Book 4, Chapter 29, pp. 229 – 231.）；约翰·马拉拉斯在其《编年史》中记载了"查士丁尼瘟疫"的复发（John Malalas, *The Chronicle of John Malalas*, Book 18, p. 296.）；塞奥发尼斯也记载了558年瘟疫的复发情况（Theophanes, *The Chronicle of Theophanes Confessor: Byzantine and Near Eastern History, AD 284 – 813*, p. 340）；副主祭保罗和图尔的格雷戈里则侧重于对该次瘟疫的后期情况进行记录（Paul the Deacon, *History of Lombards*, Book 4, Chapter 4, p. 144; Gregory of Tours, *History of the Franks*, Book 10, I, pp. 476 – 478.）。

④ Agathias, *The Histories*, p. 145.

这次再度踏入君士坦丁堡；除了高烧和肿块这种症状外，患者还可能突发性死亡。此外，约翰·马拉拉斯在其《编年史》中也提到瘟疫在君士坦丁堡的再次爆发，他写道："这年 2 月，腺鼠疫袭击君士坦丁堡，并造成了巨大的人员伤亡，这次来自上帝的威胁一共持续了 6 个月。"① 塞奥发尼斯在其著作中简短地提到这次瘟疫："一场腺鼠疫从 2 月开始肆虐，其影响一直持续到这年的 8 月。"②

根据上述史家的记载，在距"查士丁尼瘟疫"首次爆发仅仅 16 年后，君士坦丁堡再次经历了长达数月的瘟疫流行，此时作为地中海东部最大城市的君士坦丁堡很可能还未真正从上次瘟疫中恢复过来。正如沃伦·特里高德在其论著中所提及的："帝国境内相对平静的状态被瘟疫在公元 558 年年初的复发所破坏。这一疫病一直都没有被完全根除，如今又一次在帝国东部爆发并迅速蔓延至西部地区。"③ 君士坦丁堡于 558 年爆发瘟疫后，阿米达、西里西亚、安条克和阿纳扎尔博斯（Anazarbus）等城市和地区于 559—561 年也相继发生疫情。④ 瘟疫对这几个地区的再次侵袭造成了当地人员的大量死亡。⑤

571—573 年，瘟疫再次袭击意大利、高卢及君士坦丁堡。据图尔的格雷戈里和马利乌斯的记载，一次可怕的腺鼠疫在 571 年袭击意大利和高卢地

① John Malalas, *The Chronicle of John Malalas*, Book 18, p. 296.（"腺鼠疫"一词直到近代才出现，之所以会出现当时的史家直接将疫病的发生称为腺鼠疫，很可能是因为近现代国外学者在翻译原始文献的过程中受到了医学发展的影响，将当时史家所记载的腹股沟和腋下出现脓包及肿块的疫病定名为腺鼠疫。后同。）

② Theophanes, *The Chronicle of Theophanes Confessor: Byzantine and Near Eastern History, AD 284 – 813*, p. 340.

③ Warren Treadgold, *A History of the Byzantine State and Society*, p. 212.

④ 塞奥发尼斯在其《编年史》中提及西里西亚在 560 年年底发生瘟疫（Theophanes, *The Chronicle of Theophanes Confessor: Byzantine and Near Eastern History, AD 284 – 813*, p. 345）；《西叙利亚编年史》则提到 561 年夏季安条克爆发了瘟疫，并在随后的几个月中传播到整个美索不达米亚地区（West Syrian Chronicles, Text 2 ［15］）。对此，马拉拉斯在其《编年史》中也有相关记载：559 年 12 月后，阿纳扎尔波斯、西里西亚和安条克都发生了瘟疫（John Malalas, *The Chronicle of John Malalas*, Book 18, p. 299.）。

⑤ 565 年，这一瘟疫似乎已经传至利古里亚地区（Liguria），这里发生了一次严重的瘟疫，并传遍了整个意大利地区（Paul the Deacon, *History of Lombards*, Book 2, Chapter 4, pp. 56 – 57.）；而 569 年，意大利地区再次因为战争而爆发瘟疫，令利古里亚和威尼西亚（Venetia）的很多民众死去（Paul the Deacon, *History of Lombards*, Book 2, Chapter 26, p. 80.）。

区并导致当地众多居民的死亡。① 随后，鼠疫继续向东传播，于573年到达君士坦丁堡，这引起了众多史家的关注。阿加皮奥斯对这一时期帝国的大多数地区遭到瘟疫侵袭的情况进行了记载，并认为君士坦丁堡的情况尤为严重，他还提到在这次瘟疫中很多患者有失明的症状。② 叙利亚人迈克尔则直接指出，君士坦丁堡当时每天大概有3000人因瘟疫去世。③ 在《中世纪早期西班牙的征服者和编年史》中，作者记述了瘟疫的流行情况，并提到成千上万人在瘟疫中死去。④

588—592年，瘟疫在帝国境内第三次复发，在此过程中，地中海西部沿海城市马赛（Marseilles）首当其冲。据图尔的格雷戈里的记载，588—589年，高卢南部的马赛由于一艘船只入港而爆发了瘟疫，疾病迅速传播到了里昂（Lyon）附近一个名叫奥克塔维斯（Octavus）的村庄。⑤ 随后，在台伯河（Tiber）水灾的影响下，590年1月，有"腹股沟出现脓包"症状的瘟疫出现在罗马城内。⑥ 几乎同时，维维尔（Viviers）和阿维尼翁（Avignon）相继

① 关于这次瘟疫的发生情况，图尔的格雷戈里也有相关记载，患者的腹沟处有类似于被毒蛇咬过的脓包，并且在两三天时间之内就会死亡（Gregory of Tours, *History of the Francs*, Book 4, Chapter 31.）；马利乌斯记载，一次可怕的瘟疫袭击了意大利和高卢，这次瘟疫的症状之一就是腺体上长脓包，由此推断此次瘟疫很可能是腺鼠疫（Marius of Avenches, *Chronica*, edited by T. Mommsen, MGH, AA, Berlin, 1894, 571, p. 238）。

② Agapius, *Universal History*, Part 2, p. 177.

③ Michael the Syrian, Book 2, p. 309.（根据以上史家的记载，君士坦丁堡在542年、558年后，再度于573—574年爆发瘟疫，但瘟疫极少会在一个城市内部持续如此之长的时间，从这一点来看，573—574年的这一爆发时间可能存在着一些误差。关于这一点，斯塔萨科普洛斯也认为资料中所提到的持续时间可能有夸张之处，参见 Dionysios Ch. Stathakopoulos, *Famine and Pestilence in the Late Roman and Early Byzantine Empire: A Systematic Survey of Subsistence Crises and Epidemics*, p. 118.）

④ Kenneth Baxter Wolf translated, *Conquerors and Chronicles of Early Medieval Spain*, Liverpool: Liverpool University Press, 1999, p. 63.

⑤ Gregory of Tours, *History of the Franks*, Book 9, Chapter 21–22.

⑥ Gregory of Tours, *History of the Franks*, Book 10, Chapter 1. 有关罗马城于590年爆发瘟疫的情况在副主祭保罗的《伦巴第人史》中也有记载（Paul the Deacon, *History of Lombards*, Book 3, Chapter 25, p. 129.）。在罗马城于590年再次爆发瘟疫之前，图尔的格雷戈里记载了一次发生于582年的瘟疫，他提到，感染瘟疫的患者会出现长脓包的症状。瘟疫在纳尔榜（Narbonne）地区表现得尤为严重，如有人不幸感染，几乎没有生还的可能（Gregory of Tours, *History of the Franks*, Book 6, Chapter 14.）；而阿加皮奥斯则记载了一次发生于586年的君士坦丁堡瘟疫，提到有40万民众死于这次瘟疫之中（Agapius, *Universal History*, Part 2, p. 179.）。

出现了鼠疫病症。① 591 年 4 月，图尔（Tours）和南特（Nantes）受到瘟疫的影响。② 之后，瘟疫又于 591—592 年传播到了拉文纳（Ravenna）和伊斯特里亚（Istria）地区。③ 拉文纳和维罗纳（Verona）随之于 592 年再次出现瘟疫疫情。④ 安条克在这次瘟疫复发的过程中也未能幸免，居住在安条克的教会史家埃瓦格里乌斯亲身经历了"查士丁尼瘟疫"在境内从 541 年到 592 年的肆虐过程，并对其发生情况进行了翔实的记载："瘟疫自初次爆发之后一直在整个世界扩展并肆虐了 52 年的时间。它发端于埃塞俄比亚，接下来在整个世界范围内蔓延，可能没有任何人能逃过这次瘟疫的打击。在我写作这部书的两年前，我已经 58 岁了，而瘟疫已经第四次在安条克爆发。在这次疫情中，我又失去了一个女儿和外孙。"⑤ 从埃瓦格里乌斯的记载推算，他所提到的瘟疫在安条克的第四次爆发，其时间应该是 591—592 年。由此看来，542 年、558 年、571—573 年以及 590—592 年瘟疫的四次爆发，均对安条克造成严重影响。

此后，"查士丁尼瘟疫"于 597 年在塞萨洛尼卡（Thessaloniki）地区第四次复发，并在两年之后传播到君士坦丁堡。叙利亚人迈克尔记载了这次瘟疫的发生情况："在君士坦丁堡爆发腺鼠疫之前的 3 月 10 号和 4 月 2 号分别发生了一次日食和地震，瘟疫造成了 3180000 人的死亡，君士坦丁堡的主教约翰也在瘟疫中丧生，这次瘟疫后来传播到比提尼亚（Bithynia）和整个亚洲辖区。"⑥ 对于这次鼠疫在君士坦丁堡复发的情况，只有叙利亚人迈克尔和一部《编年史》中有所提及。⑦《编年史》中记载，在莫里斯统治的第十七年，君士坦丁堡受到一次瘟疫的侵袭，损失了 38 万名城市居民。⑧ 虽然以上两部文献中所提到的死亡数字不乏夸张的成分，但至少可以说明君士坦丁

---

①　Gregory of Tours, *History of the Franks*, Book 10, Chapter 23.

②　Ibid. , Chapter 30.

③　Paul the Deacon, *History of Lombards*, Book 4, Chapter 4, p. 152.

④　Ibid. , Chapter 14, p. 160.

⑤　Evagrius Scholasticus, *The Ecclesiastical History of Evagrius Scholasticus*, Book 4, Chapter 29, p. 231.

⑥　Michael the Syrian, Book 2, pp. 373 – 374.

⑦　Dionysios Ch. Stathakopoulos, *Famine and Pestilence in the Late Roman and Early Byzantine Empire: A Systematic Survey of Subsistence Crises and Epidemics*, p. 331.

⑧　Chronicon ad a. 1234, ed. and trans. I. – B. Chabot, V. 1, Louvain, 1937, p. 171.

堡在599年瘟疫复发过程中的死亡人数的确骇人听闻。

瘟疫在599年侵袭君士坦丁堡之后的一年多时间里，叙利亚、东地中海地区、北非和意大利都有瘟疫发生的相关记载。① 由于其记载中无任何相关症状和性质的描述，更无人员伤亡的数据，故本书在分析"查士丁尼瘟疫"复发情况时对其暂不加考虑。

综上所述，从558年开始，"查士丁尼瘟疫"在不到半个世纪的时间内曾4度在地中海周边地区大规模流行，瘟疫复发的周期是10—15年。"查士丁尼瘟疫"4度大规模复发的传播路线和影响范围如下：558年首度复发过程中，瘟疫从君士坦丁堡开始流行，主要影响地区集中于东地中海地区；571—573年第二次复发过程中，瘟疫从意大利、高卢辖区开始向东蔓延至君士坦丁堡；590—592年第三次复发过程中，瘟疫从高卢、意大利地区向东传播到安条克、君士坦丁堡等地；597—599年第四次复发过程中，瘟疫从塞萨洛尼卡向东传播至君士坦丁堡及小亚细亚等地。瘟疫在地中海地区如此频繁地复发必定会给拜占廷帝国造成极大的损失，加之受到541年瘟疫在帝国境内首轮爆发的影响，拜占廷帝国处于被瘟疫不断打击的状态之中，每一次从前次瘟疫打击中逐渐恢复的趋势会被瘟疫新一轮的爆发所打断。这种高强度的打击和伤害与瘟疫的性质及特征是密切相关的。

四 "查士丁尼瘟疫"的症状及性质

（一）"查士丁尼瘟疫"首次爆发的症状与性质

如前所述，"查士丁尼瘟疫"在君士坦丁堡的首次爆发给帝国首都造成了每天数千人死亡的可怕纪录。在探寻"查士丁尼瘟疫"何以造成如此巨大的人员伤亡的原因时，首先要从人们感染这种疾病之后所表现出的奇特症状来探寻这次瘟疫的病原。在瘟疫首度流行之时，身居君士坦丁堡的普罗柯比不遗余力地对瘟疫的症状进行了详尽记载，他的记载是我们了解患者症状的第一手材料。

普罗柯比逼真地描述了患者感染瘟疫后身体状态的变化及痛苦的感受，甚至于比古希腊史家修昔底德描述"雅典瘟疫"的手法更加生动、细腻和

① Elias of Nisibis ad a. 911 AG（60）. Bibliography：Conrad, *Plague*, 156 – 157.

逼真。据普罗柯比在其《战史》中的记载，瘟疫患者通常会在睡眠状态中、在大街上行走或在劳作时突然发烧。起初，患者皮肤的颜色同患病前没有差别，体温也没有迅速升高，无论是病患自己还是医生都认为这种症状类似于发烧的疾病不会致命。① 但在随后的一两天或者几天时间内，病患必定会出现腹股沟淋巴结的肿胀（bubonic swelling），肿胀的现象不仅会发生在腹股沟附近，也会在腋下出现，甚至还有一些病例出现在耳朵边和大腿上。② 人们在感染瘟疫之后，通常会产生幻觉，并看到各种奇怪的幻象，接触过病患的人如果也见到了同样的幻象，即可以被确定为瘟疫的感染者。③ 起初，瘟疫患者试图通过呼喊等方式消除脑中的幻象，但这种方法似乎毫无效果。④ 在尝试过各种办法之后，他们不再相信别人，而将自己关在房间里假装听不见任何声音。⑤ 有些人是在睡梦中或在清醒时看到了某种幻象并感染了疾病，也有许多患者在并没有看到或梦到幻象的情况下就已感染上瘟疫。⑥

在腹股沟淋巴结出现肿胀之后，病患们的症状差别极为明显。一些病患陷入深度昏迷，而另一些则极度亢奋：那些昏迷的病患逐渐丧失记忆并保持持续的昏睡状态；而状态极度亢奋的病患则要忍受失眠症的痛苦，并成为头脑中幻象的牺牲品，同时会出现十分荒唐的行为。⑦ 病患饮食不能自理，其中的很多人因缺少照料饥饿难耐，便从高处纵身跳下。一些病患因为完全丧失知觉而无法感到疼痛，另一些没有出现昏睡和极度亢奋症状的患者则会因为无法忍受腹股沟的肿胀变成坏疽过程中的痛苦而丧命。⑧ 当病患身上的肿块长到了非同寻常的大小，并且脓从其中释放了出来，一般认为病患此时即将恢复健康。⑨ 但如果肿胀状态保持不变，病患的情况则会十分危险。

不仅病患表现出来的症状千差万别，对其治疗的效果也因人而异。根据

---

① Procopius, *History of the Wars*, Book 2, 22, 14 – 16, p. 457.

② Procopius, *History of the Wars*, Book 2, 22, 17, pp. 457 – 459.

③ Procopius, *History of the Wars*, Book 2, 22, 10, p. 455.

④ Procopius, *History of the Wars*, Book 2, 22, 11, p. 455.

⑤ Procopius, *History of the Wars*, Book 2, 22, 12, p. 457.

⑥ Procopius, *History of the Wars*, Book 2, 22, 13 – 14, p. 457.

⑦ Procopius, *History of the Wars*, Book 2, 22, 21, p. 459.

⑧ Procopius, *History of the Wars*, Book 2, 22, 27 – 28, p. 461.

⑨ Procopius, *History of the Wars*, Book 2, 22, 37, p. 465.

普罗柯比的记载，在患者中有些人通过沐浴可以缓解病情，但另一部分病患则恰好相反；大部分病患会因无人照顾而死去，但另一小部分病患则会在无人照顾的情况下奇迹般地康复。[①] 在疾病的折磨之下，一些病患的大腿逐渐萎缩，在这种情况下，虽然肿块依然存在，但不会化脓。而另一些在瘟疫中苟且存活下来的病患却丧失了语言能力，待他们康复之后，说话时往往口齿不清或语无伦次。[②] "查士丁尼瘟疫"的大部分感染者都不可避免地要面对死亡。但不同病患的死亡时间不尽相同，有些病患在感染瘟疫之后迅即离世，有些则要经过很长一段时间，还有部分病患在没有明显症状的情况下吐血而亡。[③] 普罗柯比不仅对患者感染瘟疫之后的身体状态、精神状态进行了细致的描述，同时还对治疗病患的效果、患者死亡的方式及幸存者的后遗症进行了记载，为后世学者了解这次大规模瘟疫的详细情况提供了宝贵资料。

除了亲身经历"查士丁尼瘟疫"蔓延于君士坦丁堡的普罗柯比所留下的有关瘟疫的记载外，来自叙利亚的埃瓦格里乌斯也关注到瘟疫在叙利亚地区传播过程中患者所表现出的症状：从头部开始感染，造成眼睛充血、脸部肿胀，随后肿胀开始向喉咙转移，最终导致病患死亡。[④] 阿加皮奥斯也提到，在地中海世界持续了 3 年的瘟疫，病患的显著症状是腋窝出现了溃烂。[⑤] 米提尼的扎卡里亚的《叙利亚编年史》中也有患者身体出现脓包和肿块的记载。[⑥]

根据史家所记载的瘟疫患者的症状可知，541—544 年，"查士丁尼瘟疫"对地中海沿岸的城市及地区造成了破坏性的影响，同时在病患发病过程中出现了前所未见的奇怪症状，当时的人们对瘟疫发生的原因十分疑惑，迫切希望找到病因以阻止其蔓延。但在当时的医护及科技条件下，想要找到病因无疑十分困难。在瘟疫发生后不久，毫无头绪的医生们怀疑病原隐藏在脓包之中，便决心验尸，在切开脓包之后，他们发现脓包中长有一种奇怪的

---

① Procopius, *History of the Wars*, Book 2, 22, 30, p. 463.
② Procopius, *History of the Wars*, Book 2, 22, 38 – 39, p. 465.
③ Procopius, *History of the Wars*, Book 2, 22, 30 – 31, p. 463.
④ Evagrius Scholasticus, *The Ecclesiastical History of Evagrius Scholasticus*, Book 4, Chapter 29, p. 231.
⑤ Agapius, *Universal History*, Part 2, p. 171.
⑥ Zachariah of Mitylene, *Syriac Chronicle*, Book 10, p. 313.

痈。① 然而，由于医疗和科技条件的限制，当时的医生无法判定瘟疫的性质。在谈到瘟疫发生的病原时，普罗柯比承认要找到瘟疫发生的确切原因十分困难，他同时指出瘟疫的发生范围几乎涵盖了整个世界（普罗柯比所指的世界应是当时他所知道的世界，即地中海世界），且不分性别和年龄地吞噬人类的生命。②

直到近代，随着科学技术和医疗事业的进步，近现代国内外学者结合普罗柯比等史家的记载，根据"腺股沟处出现肿块"这一症状判定这次横扫地中海沿岸的"查士丁尼瘟疫"的性质为"腺鼠疫"。鼠疫③是一种由野生啮齿目动物身上所携带的跳蚤将病菌传播给新受害人的疾病，人类在被跳蚤叮咬后进入到鼠疫杆菌（Yersinia pestis）④ 的感染链中。根据史家们对瘟疫患者的症状所进行的记载，笔者也赞同近现代学者们的观点，即认为6世纪40年代初，发生于地中海地区的大规模瘟疫的性质为腺鼠疫。

由于史料的限制，我们很难找到"查士丁尼瘟疫"在地中海地区首度爆发时各受灾地区及城市染病民众所表现出的所有病征。但通过普罗柯比及埃瓦格里乌斯等史家的详细记载，我们对君士坦丁堡及叙利亚等地中海东部地区居民在感染瘟疫之后所表现出的症状有了大致了解。如前所述，普罗柯比、埃瓦格里乌斯、阿加皮奥斯和米提尼的扎卡里亚都提到了腹股沟出现肿胀或脓包的症状。彼得·D. 阿诺特认为，虽然普罗柯比和埃瓦格里乌斯等目击者对瘟疫的某些表现症状有不同的说法，但他们几乎一致同意：疾病最初的症状是人们身上的某些部位出现问题。⑤ 史家们所记载的腹股沟出现脓

---

①　Procopius, *History of the Wars*, Book 2, 22, 29, p. 461.

②　Procopius, *History of the Wars*, Book 2, 22, 3, p. 453.

③　根据大英百科全书的释义，鼠疫是由老鼠身上的跳蚤所携带的鼠疫杆菌进行传播并引起感染性发烧的烈性疾病。它起初是啮齿目动物的一种疾病。鼠疫杆菌在从鼠类传播到人之后，会有三种形式的临床症状：第一种是淋巴结上出现肿块的腹股沟腺炎；第二种是肺部受到感染的肺炎；第三种是在前两种形式出现之前，血液被感染的败血病（The New Encyclopaedia Britannica, Chicago: Encyclopaedia Britannica, c1982, V9, pp. 492 – 493.）。根据现代医学知识，腺鼠疫是由鼠疫杆菌引起的，人类对于这种疾病的抵抗力很弱，在感染之后的6天时间内，大部分患者都会长出很大的脓包。一般情况下，大概60% — 70%的患者将会在染病出现脓包的一周时间内死亡（Michael Maas, *The Cambridge Companion to the Age of Justinian*, p. 144.）。

④　鼠疫杆菌直到19世纪末才被当时的细菌学家发现。为了纪念首名发现这一细菌的科学家法国人亚历山大·叶赫森（Alexandre Yersin），鼠疫杆菌的学名于1967年被定为"Yersinia pestis"。

⑤　Peter D. Arnott, *The Byzantines and their World*, London: Macmillan Limited, 1973, p. 90.

包或肿胀正是腺鼠疫的典型症状。J. A. S. 埃文斯指出，"腺鼠疫是由于跳蚤的叮咬而使病菌侵入受害人的体内。因为人的大腿是跳蚤叮咬的首要目标，所以多半是腹股沟中的淋巴结变得肿胀"①。威廉·H. 麦克尼尔认为："根据普罗柯比的记载，'查士丁尼瘟疫'可以被确定为腺鼠疫。普罗柯比对君士坦丁堡的居民在感染鼠疫之后症状的描述与鼠疫在人类中的现代传播模式极为吻合。9—10 世纪的医学研究表明，在某些情况下，当病人通过咳嗽或打喷嚏扩散到空气中的小颗粒进入另一人的肺部时，疾病可以直接从前者传到后者。在缺少现代抗生素的情况下，这种类似肺炎形式的瘟疫总是致命的；它的极端后果也意味着它的暴发是短暂的。更普遍的传染途径是被感染了的跳蚤的叮咬，它们从患病的老鼠（或别的啮齿动物）那里遭遇病原体，然后在老鼠或啮齿动物死时，离开这些自然的宿体，来到人类身上。在缺少大量受感染的老鼠作储备（疫源地）的情况下，这种瘟疫不能长期维持，因此人类对鼠疫的感染，只限于有大量老鼠或啮齿动物充当病菌携带者的情况下。最方便的旅行方式就是乘船，人鼠皆然。"②

除了腹股沟脓包或肿胀这一症状外，普罗柯比提到少数病患吐血而亡的症状很可能是鼠疫杆菌进入体内后，融合进血液之中诱发了败血性型鼠疫。约翰·莫尔黑德指出："在瘟疫迅速传播的过程中，有些病例并非是通过直接接触病患而感染上瘟疫。"③ 沃伦·特里高德也认为："同 13、14 世纪发生的黑死病的传染源相似，'查士丁尼瘟疫'通过老鼠身上被感染的跳蚤进行传播，也可以通过感染鼠疫杆菌的病人咳嗽来传播。"④ 至于不同的患者感染瘟疫之后的死亡时间不尽相同，这种现象的发生很可能是因为患者的身体素质和对疾病的抵抗力不同所决定的，或是因病菌侵入身体后发生了变化，有些发展成肺部感染型和败血病型鼠疫，所以加快了患者死亡的速度。但是，肺部感染型和败血病型这两种鼠疫传播类型在 6 世纪 40 年代首次鼠疫爆发过程中并不多见。

学者们不仅将"查士丁尼瘟疫"定性为腺鼠疫，同时也对"查士丁尼

①　J. A. S. Evans, *The Age of Justinian*: *The Circumstances of Imperial Power*, p. 162.

②　［美］威廉·H. 麦克尼尔：《瘟疫与人》，第 74 页。

③　John Moorhead, *Justinian*, New York: Longman Publishing, 1994, p. 99.

④　Warren Treadgold , *A History of Byzantine State and Society*, p. 196.

瘟疫"与黑死病这两次对欧洲地区产生严重影响的鼠疫的传染媒介进行了比较研究，认为"查士丁尼瘟疫"首次爆发过程中，主要的传染媒介是黑鼠。J. A. S. 埃文斯指出，黑死病的传染媒介为黑鼠，因此推断发生在6世纪40年代的"查士丁尼瘟疫"的病菌宿主很可能也是黑鼠。与此同时，虽然无法确定黑鼠在欧洲地区出现的具体时间，也无法断定黑鼠是否是瘟疫唯一的传染媒介，因为根据当时史家的记载，在君士坦丁堡发生瘟疫之时，大街上出现的很多死狗可能是受感染跳蚤的宿主。但是，黑鼠仍然是主要的病毒携带者。① 克里斯汀·A. 史密斯也注意到："黑鼠带来了黑死病，但也有理由相信它可能也是公元6世纪一个活跃的病毒携带者。黑鼠可能并不是瘟疫中唯一的病毒携带者，在君士坦丁堡处于瘟疫肆虐期之时，也有狗因为携带跳蚤而致死的例子。同样，人类并不是瘟疫中唯一的受害者，动物中包括狗、老鼠甚至是蛇都会被感染。"② 这种病毒携带者与感染者十分混乱的状况导致瘟疫传播过程中的复杂局面。

很可能是因为跳蚤的宿主鼠类的大量死亡，数量众多的人类便成为这些携带鼠疫病菌的跳蚤的新宿主。迈克尔·马斯指出，在携带跳蚤的啮齿类动物死亡后，便出现了人类感染腺鼠疫的病例。③ 戴维·凯斯认为："跳蚤不具备啮齿类动物对鼠疫杆菌的免疫力，跳蚤会因为感染鼠疫而死亡，而正是在这个过程中将疾病扩散开来。当一只跳蚤生病时，它的部分内脏被鼠疫杆菌和凝结血块的复合体阻塞。然后跳蚤开始忍不住要往一切活动的生命体上附着，不管这个生命体是否还是原来的宿主老鼠。而由于内脏被阻塞，跳蚤的饥饿感不会得到满足，所以它快速地从一个宿主身上转移到另一个宿主身上，通过叮咬传播了鼠疫。"④ 威廉·H. 麦克尼尔提到，"一个病原体如果很快杀死其宿主，也会使自己陷入生存危机，因为这样一来，它就必须非常迅速和频繁地找到新的宿主，才能确保自身的存活与延续。只有当疾病侵入

---

① J. A. S. Evans, *The Age of Justinian: The Circumstances of Imperial Power*, p. 162.

② Christine A. Smith, "Plague in the Ancient World: A Study from Thucydides to Justinian", 1996 – 1997.

③ Michael Maas, *The Cambridge Companion to the Age of Justinian*, p. 145.

④ David Keys, *Catastrophe: An Investigation into the Origins of the Modern World*, p. 21.

到从未感染过该病菌的啮齿类动物和人群时，才会酿成惨剧"①。迈克尔·麦考米克也持相似观点，认为当老鼠由于疫病死亡后，附着在身上的跳蚤被迫寻找新的猎物，包括人类在内的其他宿主的血就会成为跳蚤的目标，跳蚤便将老鼠身上已经携带着鼠疫杆菌的血液注入它们新的宿主身上。② 罗伊·波特指出："鼠疫感染人类的原因在于大量被感染的跳蚤在被其感染的宿主死后，为寻找另一只活鼠而暂时搭靠另一不称心的宿主。"③

当人类和动物因跳蚤叮咬而感染鼠疫后，在无抗体及抗生素的条件下出现大量死亡现象之时，鼠疫杆菌的传播速度便会减慢。尤其在特定范围内——如一个城市中——当因瘟疫致死的人数达到一个极高的数值时，病菌的宿主就会大为减少，瘟疫在人群中的传播也会因此而有所缓和。因为城市内部的人口是有限的，所以瘟疫在城市中流行的时间一般不会太长，很少会超过半年的时间，如"查士丁尼瘟疫"首次爆发时，君士坦丁堡的疫情前后共持续了 4 个月左右。对此，威廉·罗森认为："在第一次瘟疫爆发的高峰期过后，老鼠和人的数量直线下降，所以鼠疫杆菌就不再传播了。"④

除了对"查士丁尼瘟疫"的性质及传播媒介进行分析外，我们也可通过对比鼠疫的另两种传染类型来确定"查士丁尼瘟疫"的性质。鼠疫中最致命的肺部感染型鼠疫通常是从淋巴结腺鼠疫发展而来，肺部感染型鼠疫不需要其他生物充当传播的中间媒介，因为它通过呼吸便可直接快速地实现人与人之间的传播。⑤ 而败血病型鼠疫因为血液受到鼠疫杆菌的侵入，所以致死速度极为迅速。如前所述，6 世纪 40 年代，"查士丁尼瘟疫"首次爆发过程中，瘟疫患者中只有小部分会立刻死亡，由此可以推断在鼠疫首轮爆发过程中，败血病型鼠疫的发病率较低。此外，根据普罗柯比的观察，不是所有照顾病患或处理死者的人都会感染上瘟疫，由此判定肺部感染型鼠疫的比例应该也非常低，因为如果大部分病患身染肺部感染型鼠疫的话，可以直接通

---

①　［美］威廉·H. 麦克尼尔：《瘟疫与人》，第 7 页。

②　Michael McCormick, "Rats, Communication, and Plague: Toward an Ecological History", p. 2.

③　［英］罗伊·波特：《剑桥插图医学史》（修订版），张大庆主译，山东画报出版社 2007 年版，第 15 页。

④　William Rosen, *Justinian's Flea : Plague, Empire, and the Birth of Europe*, p. 210.

⑤　［英］罗伊·波特：《剑桥插图医学史》（修订版），第 15 页。

过空气中的唾沫进行传播，其传染率一定非常之高。从以上两点我们可以判定"查士丁尼瘟疫"的病原主要是腺鼠疫，在"查士丁尼瘟疫"首次爆发过程中大部分的病例仍应归于腺鼠疫，肺部感染型鼠疫及败血病型鼠疫很可能只占"查士丁尼瘟疫"中的极小部分。

除此之外，上述鼠疫类型的不同致死率也可以证明这一点：在没有现代医疗条件的情况下，腺鼠疫所造成的死亡率是40%—70%，而肺部感染型鼠疫所造成的死亡率是100%。① 埃文斯补充道，"街道上出现已死或垂死的啃咬类动物是疾病出现的最初信号。导致这次瘟疫发生的病毒名称为鼠疫杆菌，它是由被感染啮齿类动物身上的跳蚤所携带，跳蚤染上瘟疫后叮咬人类并传播病菌。如果没有跳蚤的存在，一个护工在照顾病患的时候可以毫不畏惧感染的危险，这一点可以在普罗柯比的观察中做出解释：在照料病患的时候不是所有人都被鼠疫感染。腺鼠疫在没有得到任何治疗的情况下，其死亡率是60%"②。

通过以上的推断可知，虽然腺鼠疫、肺部感染型鼠疫和败血病型鼠疫这三种形式的鼠疫类型在"查士丁尼瘟疫"首轮爆发过程中可能同时存在，但腺鼠疫很明显在其中占据主导地位。8个世纪之后，在整个欧洲及部分亚洲地区肆虐的黑死病的症状同普罗柯比等史家所描述的"查士丁尼瘟疫"症状十分相似，只是黑死病中的病患往往会出现肺部发炎及吐血的症状，而普罗柯比等拜占廷史家则没有提到这种症状。③ 通过比较可以看出，黑死病中的鼠疫病菌更多地通过肺部感染型及败血病型的形式发作，与"查士丁尼瘟疫"的首次爆发虽然在传染源及传染媒介上一致，但在性质和类型上略有差别。

（二）6世纪后期"查士丁尼瘟疫"复发的症状和性质

"查士丁尼瘟疫"于6世纪40年代在地中海世界首次爆发之时，根据普

---

① J. A. S. Evans, *The Age of Justinian：The Circumstances of Imperial Power*, p. 162. 克里斯汀·A. 史密斯则指出腺鼠疫的死亡率是70%，而肺部感染型鼠疫的死亡率是90%，败血病型鼠疫的死亡率则高达100%（Christine A. Smith, "Plague in the Ancient World：A Study from Thucydides to Justinian", 1996 – 1997.）。

② James Allan Evans, *The Emperor Justinian and the Byzantine Empire*, p. 122.

③ J. B. Bury, *History of the Later Roman Empire*, New York：Dover Publication, 1958, p. 64.

罗柯比、埃瓦格里乌斯等史家的记载，我们基本能够判定这次瘟疫的性质为鼠疫，国内外大部分学者根据当时病患普遍在"腹股沟处出现肿块"的这一症状进一步将这次横扫地中海沿岸的大瘟疫定性为"腺鼠疫"。

　　当瘟疫于公元558年又一次在君士坦丁堡爆发，并在帝国境内各地再度发挥其强大威力时，众多同一时代的史家对其发生情况表现出浓厚的兴趣并详加记载。要探寻6世纪后期数次发生的瘟疫性质，首先要对瘟疫患者的具体症状进行分析。由于目前没有出现与该时期瘟疫相关的考古资料，同时代史家的记载是我们了解瘟疫症状的第一手材料。

　　一方面，根据史家的记载，肿块、脓包和高烧是6世纪后半期瘟疫最为显著的症状。阿伽塞阿斯在记载558年瘟疫在君士坦丁堡的发生情况时，提到患者身上出现高烧和肿块的症状。[1] 根据副主祭保罗的记载，565年意大利发生瘟疫之后，被感染者身上出现类似坚果和椰枣大小的脓包，并伴随着高烧，一般患者只能坚持到高烧出现之后3天左右的时间。[2] 马利留斯对于571—573年出现在意大利和高卢地区的可怕瘟疫进行了记载，瘟疫反映在身体上的症状之一就是腺体上长脓包。[3] 对此，图尔的格雷戈里也有相关记载，患者的腹沟处有类似于被毒蛇咬过的脓包，并且会在两三天之内死亡。[4] 图尔的格雷戈里关于590年罗马遭遇瘟疫侵袭的记载中，也提到"腹股沟出现脓包"的症状。[5] 根据前述可知，"腹股沟处出现脓包"以及"人体高烧"正是患者感染了腺鼠疫之后最典型的症状。综上所述，腺鼠疫是6世纪后期瘟疫4度爆发过程中最先出现的鼠疫类型。

　　另一方面，除了上述与腺鼠疫有关的症状外，6世纪后期地中海地区不断复发的瘟疫中也存在着其他无法归因于腺鼠疫的症状。

　　其一，咽喉发炎与失明。阿加皮奥斯在记载573年瘟疫侵袭君士坦丁堡时，提到一些患者失明的症状。[6] 埃瓦格里乌斯记载了瘟疫在叙利亚地区的

　　[1]　Agathias, *The Histories*, p. 145.

　　[2]　Paul the Deacon, *History of Lombards*, Book 3, pp. 86 – 87.

　　[3]　Marius of Avenches, *Chronica*, pp. 571, 238.

　　[4]　Gregory of Tours, *History of the Francs*, Book 4, 31.

　　[5]　Gregory of Tours, *History of the Franks*, Book 4, 31; Paul the Deacon, *History of Lombards*, Book 3, Chapter 25, p. 129.

　　[6]　Agapius, *Universal History*, Part 2, p. 177.

4 次传播过程中所表现出的症状："首先从头部开始感染，造成眼睛充血、脸部肿胀，随后肿胀开始向喉咙转移，病患最终被病菌杀死；还有一些病患首先出现腹泻症状，随后喉咙肿胀，患者开始发高烧，两三天后就会死亡。"①

其二，猝死现象。阿伽塞阿斯在记载 558 年瘟疫复发时曾提到，这次瘟疫的传播形式较之于瘟疫首次爆发时有所区别。一些人并未出现不适症状，就突然暴毙。②

上述均为较少出现的鼠疫症状。病患腹泻很可能是因为细菌在传播过程中侵入到了患者的肠胃或是病人食用了不洁的水或者食物以致出现了肠炎型的鼠疫症状；而眼型和咽喉型鼠疫则是病菌由外部侵入眼部和口腔而引起结膜充血及急性咽炎等症状，属于原发性肺鼠疫的典型症状。③ 鼠疫中最致命的肺鼠疫通常是从淋巴结鼠疫发展而来，肺鼠疫不需要昆虫充当传播的中间媒介，因为它通过呼吸便可直接快速地实现人与人之间的传播。④ 根据前文对"查士丁尼瘟疫"中可能存在的三种鼠疫形式进行的讨论可知，如果鼠疫杆菌进一步侵入到血液和呼吸系统，患者感染和死亡的速度就会加快。这种现象的出现很可能是因为鼠疫通过跳蚤的叮咬而进入到人体血液之中引起的败血病型鼠疫。威廉·罗森就提到："那些感染了败血病型鼠疫的人可能还是幸运的，虽然他们无一幸免，但至少他们的死亡速度很快，不必忍受一个星期甚至更长时间的痛苦。"⑤

由此可知，6 世纪后期爆发的瘟疫在初期以腺鼠疫的形式为主，在瘟疫的高发期，部分患者则很可能感染了败血病型和肺部感染型鼠疫，后两种鼠疫的威力较之于腺鼠疫更大。J. A. S. 埃文斯指出："鼠疫的发生分为两种形式：一种是由跳蚤叮咬而使病菌侵入到受害人体内的腺鼠疫或败血症型的淋

---

① Evagrius Scholasticus, *The Ecclesiastical History of Evagrius Scholasticus*, Book 4, Chapter 29, p. 231.

② Agathias, *The Histories*, p. 145.

③ 此处可参照《家庭医学全书》中对于鼠疫分类的介绍（上海第一医院《家庭医学全书》编委会：《家庭医学全书》，上海科学技术出版社 1982 年版，第 473 页）；而《世界瘟疫史》中也提到，鼠疫可细分为腺鼠疫、肺鼠疫、败血病型鼠疫、眼鼠疫、脑膜鼠疫和肠鼠疫等病型（王旭东、孟庆龙：《世界瘟疫史：疾病流行、应对措施及其对人类社会的影响》，中国社会科学出版社 2005 年版，第 209 页）。

④ ［英］罗伊·波特：《剑桥插图医学史》（修订版），第 15 页。

⑤ William Rosen, *Justinian's Flea: Plague, Empire, and the Birth of Europe*, p. 211.

巴腺肿。当鼠疫杆菌进入血液之后，就会导致出现败血症状，之后患者会迅速死亡，这种鼠疫在发现肿块之前就已经病入膏肓。鼠疫的另一种形式是肺部感染，在出现败血症状之后，细菌侵入到肺部导致肺炎。这种形式的鼠疫能实现人—人的传播。"①

由于腺鼠疫和败血病型鼠疫主要是由跳蚤的叮咬所致，而肺部感染型鼠疫主要是通过空气中的唾沫来传播，这就可以解释6世纪后期瘟疫传播过程中的一些奇怪现象。埃瓦格里乌斯曾提到："疾病的传播方式是复杂多样并难以解释的：有些是因为和病患生活在一起而染病死亡；有一些是因为接触病患；有一些因为进入了他们的房间；另一些则是因为经常出入公共场所而染病。"② 从埃瓦格里乌斯的记载可知，很多患者是通过接触病患或出入存在病患的场所时被感染的，且城市内各地区受到瘟疫感染的程度轻重有别。这种传染方式必定与鼠疫的传染源及传播形式有着密切联系。

基于对6世纪后期4次瘟疫症状的分析，我们基本可以确定，其中同时存在着三种鼠疫类型，分别是腺鼠疫、肺部感染型鼠疫与败血病型鼠疫。

五　"查士丁尼瘟疫"的特征

通过研读当时史家的相关记载，并结合近现代学者的最近研究成果，我们发现，6世纪多次爆发的瘟疫，其性质是鼠疫。这次鼠疫是地中海地区的首例，其于6世纪中后期在地中海地区的传播过程中具有不同于其他瘟疫的特征。这些特征与鼠疫的病原、传播媒介和途径等因素密切相关。

（一）季节性

在经历"查士丁尼瘟疫"在帝国境内各地的肆虐之后，普罗柯比和埃瓦格里乌斯等史家在对瘟疫进行记载的过程中都试图对瘟疫的发生时间进行分析。普罗柯比提到，瘟疫会在夏季、冬季或其他季节突然在人群中爆发。③ 埃瓦格里乌斯一生曾4度遭遇瘟疫，也注意到瘟疫不会有固定爆发和

① J. A. S. Evans, *The Age of Justinian: The Circumstances of Imperial Power*, p. 162.
② Evagrius Scholasticus, *The Ecclesiastical History of Evagrius Scholasticus*, Book 4, Chapter 29, p. 232.
③ Procopius, *History of the Wars*, Book 2, 22, 5, p. 453.

戛然而止的时间：瘟疫有时会在冬季或春季爆发；也会在夏季或秋季发生。[1]

　　根据对 6 世纪"查士丁尼瘟疫"首轮爆发及 4 度复发过程中，在地中海地区各地的传播时间所进行的分析来看，相对温暖的季节更加有利于鼠疫的传播。如前所述，普罗柯比所记载的"查士丁尼瘟疫"的发源地培琉喜阿姆大致是在 541 年 7 月前后爆发大规模鼠疫的。在 541—542 年冬季中，几乎没有相关鼠疫爆发的记载，而从 542 年春季开始，当东地中海地区的航运业从冬日的萧条中复苏后，鼠疫便迅速传播到耶路撒冷、安条克、君士坦丁堡等地。东地中海的绝大部分城市和地区均是在 541 年及 542 年的春、夏季节爆发鼠疫。[2] 在鼠疫随后向地中海西部地区进行传播的过程中，不列颠爆发大范围疫情的时间正是在夏末。[3] 位于意大利地区的奥特朗托是在 545 年夏季爆发鼠疫的。[4] 在鼠疫第二轮爆发过程中，安条克于 561 年夏季受到鼠疫影响，并且传播到了美索不达米亚等地区。[5] 在鼠疫第三轮爆发过程中，马赛、图尔、南特等城市均是在春夏季节中遭遇瘟疫侵袭。[6] 在 6 世纪最后一次鼠疫爆发过程中，君士坦丁堡也是在夏季发生鼠疫。[7]

　　与此同时，根据史料记载，寒冷的冬季也并不能完全阻止疫情的发生。在鼠疫首次爆发过程中，西西里及突尼斯就是在 542 年冬季出现瘟疫疫情的。[8] 在鼠疫第二轮爆发过程中，君士坦丁堡最早于 558 年春初出现瘟疫疫情。[9] 在鼠疫第四轮爆发过程中，罗马城于 590 年 1 月出现瘟疫疫情[10]；与罗马几乎同时，维维尔（Viviers）和阿维尼翁（Avignon）相继出现了鼠疫病症。[11] 对此，迈克尔·马斯提道，"我们看到普罗柯比所记载的 542 年瘟疫

---

[1]　Evagrius Scholasticus, *The Ecclesiastical History of Evagrius Scholasticus*, Book 4, Chapter 29, pp. 229 – 230.

[2]　Michael Maas, *The Cambridge Companion to the Age of Justinian*, pp. 136 – 137.

[3]　Josiah C. Russell, "That Earlier Plague", p. 179.

[4]　Procopius, *History of the Wars*, Book 7, 10, 5 – 6, p. 231.

[5]　West Syrian Chronicles, Text 2 [15].

[6]　Gregory of Tours, *History of the Franks*, Book 10, Chapter 30.

[7]　Michael the Syrian, Book 2, pp. 373 – 374.

[8]　Michael Maas, *The Cambridge Companion to the Age of Justinian*, p. 137.

[9]　Agathias, *The Histories*, p. 145. 约翰·马拉拉斯记载这次瘟疫的爆发始于 2 月（John Malalas, *The Chronicle of John Malalas*, Book 18, p. 296.）。

[10]　Gregory of Tours, *History of the Franks*, Book 10, Chapter 1.

[11]　Ibid., Chapter 23.

的首次爆发在全年中对各地的影响都很大，这种不规则的记录在瘟疫侵袭的第一波和第二波中都出现过。其后，瘟疫扩散到不列颠岛，甚至斯堪的纳维亚和冰岛"①。迪奥尼修斯·Ch. 斯塔萨科普洛斯也认为，一般情况下是较为温暖的季节中易爆发瘟疫，但在 543—544 年，鼠疫在罗马的爆发时间就略有不同，是较为寒冷的季节。同时，558 年鼠疫再次于君士坦丁堡爆发的时间是 2 月，这时是地中海周边地区较为寒冷的时期。②

　　综上所述，在"查士丁尼瘟疫"首度流行过程中，更加倾向于在较为温暖的季节中爆发和传播。而在鼠疫 4 度复发过程中，除了温暖的季节中易出现鼠疫疫情外，寒冷的冬季也无法阻碍瘟疫的发生。实际上，"查士丁尼瘟疫"于 6 世纪在帝国境内流行过程中所表现出的季节性特征与其性质及传染源密切相关。

　　鼠疫是一种将跳蚤身上所携带的鼠疫杆菌传染给人类的疾病，所以老鼠及跳蚤数量的多少同感染鼠疫几率的高低是成正比的。只要具备携带鼠疫杆菌的老鼠及稠密的易感人群，鼠疫便可以在一年当中的任何季节爆发。由于"查士丁尼瘟疫"的性质为鼠疫，所以在对之进行分析的过程中不能离开动物学的基础。春季和夏季是老鼠和跳蚤繁殖最为旺盛的季节。③ 根据一般的医学常识，春、夏两季是较易滋生细菌的时期，也是人较易患病的季节。在经历了温度较低的漫长冬季之后，春、夏季节是一年中食物最为丰富的季节，同时也是动植物迅速增长的季节，由此更易引发瘟疫。就此，拉塞尔认为鼠疫在夏末最为猖獗的原因在于这一时段的温度与湿度对跳蚤的繁殖极为有利。④ 他指出，20℃—25℃之间的温度最适宜于跳蚤的繁殖。⑤ 在温暖季节中十分活跃的跳蚤正是"查士丁尼瘟疫"的传染源，这是鼠疫在相对温暖的季节更易爆发的重要原因。与此同时，春季、夏季具有适宜老鼠繁殖与活动的食物与温度环境，自然也就加大了鼠疫爆发的风险。威廉·罗森指

---

①　Michael Maas, *The Cambridge Companion to the Age of Justinian*, p. 149.

②　Dionysios Ch. Stathakopoulos, *Famine and Pestilence in the Late Roman and Early Byzantine Empire*: *A Systematic Survey of Subsistence Crises and Epidemics*, p. 294.

③　Michael Maas, *The Cambridge Companion to the Age of Justinian*, p. 149.

④　Josiah C. Russell, "That Earlier Plague", p. 179.

⑤　Ibid.

出："对于人类来说……老鼠越多，危险越大。老鼠的数量直接根据两个因素上下波动：可利用的食物和干燥高温。"[1] 戴维·凯斯也提到，"携带着鼠疫杆菌的啮齿类动物会因为食物充足，外加对这种病菌有免疫力，所以生育能力更加强大。而同时以啮齿类动物为食的动物的繁殖力显然没有那么强，所以，啮齿类动物的活动范围便进一步扩大，很可能就是在这个时间段中接触到了人类，然后将疾病传染给人类"[2]。

因此，能够为老鼠和跳蚤爆发提供了更便利环境及条件的春、夏季节也就成为"查士丁尼瘟疫"在地中海地区更易爆发的季节。迈克尔·马斯也提到："腺鼠疫首先是老鼠及其身上跳蚤所携带的疾病，春夏两季是跳蚤繁殖最为旺盛的季节。老鼠身上的跳蚤是腺鼠疫从啮齿类动物传播到人类身上最关键的媒介。跳蚤的繁殖需要一个恒定的温度（20℃—25℃）。"[3] 迪奥尼修斯·Ch. 斯塔萨科普洛斯也注意到鼠疫的季节性特征：春季、夏季爆发瘟疫的可能性较大，秋季发生瘟疫的可能性则相对较小；在死亡率上，3—7月的死亡率会显著上升，最高死亡率则出现在4—6月。[4]

由此可知，由于受到鼠疫本身的病原、传染媒介和传播方式的影响，6世纪地中海地区首次鼠疫的爆发时间倾向于较为温暖的季节，如春、夏两季。同时，由于只要具备鼠疫爆发的基本要素：传染源体、易感人群和传播路径，鼠疫便可以在一年中的任何季节中发生。相信在6世纪40年代鼠疫首次爆发之后，传染源体就一直存在于地中海周边世界之中，虽然在受到首次鼠疫爆发的影响下，这一地区的人口和商贸活动受到了严重影响，但地中海地区向来是人口稠密、商贸往来频繁之地，所以一旦传染源发挥作用，仍然会在任何季节引起鼠疫的大规模爆发。于是，我们可以看到，6世纪鼠疫流行过程中也会出现寒冷季节爆发鼠疫的现象。

（二）对患者的选择性

除了在温暖的季节中更易爆发鼠疫疫情外，根据史家的记载，鼠疫爆发

---

[1]　William Rosen, *Justinian's Flea*: *Plague*, *Empire*, *and the Birth of Europe*, p. 189.

[2]　David Keys, *Catastrophe*: *An Investigation into the Origins of the Modern World*, p. 20.

[3]　Michael Maas, *The Cambridge Companion to the Age of Justinian*, p. 149.

[4]　Dionysios Ch. Stathakopoulos, *Famine and Pestilence in the Late Roman and Early Byzantine Empire*: *A Systematic Survey of Subsistence Crises and Epidemics*, p. 90.

过程中对不同人的影响程度似乎并不完全相同。根据埃瓦格里乌斯的说法，在瘟疫发生时，一些人为避开瘟疫而逃离发生疫情的城市，但还是染病而亡；另一些人虽然从病患生病直至死亡期间经常与病患接触，但却完全没有受到感染；还有一部分因为失去孩子和朋友而对生活毫无希望的人，为求速死而通过多接触病人以便受到感染，但他们反倒健康地活了下来。① 排除这位6世纪教会史家笔下流露出的宿命论观念，他的记载其实指出了鼠疫的另一个特征，那就是对感染者的选择性。

根据亲身经历"查士丁尼瘟疫"首次爆发的两位史家的记载，我们发现处于育龄期的年轻妇女及青年男性较易罹患或死于瘟疫。普罗柯比在论及6世纪40年代鼠疫首次爆发时，提到孕妇在瘟疫中的危险性最大：如果孕妇感染上了这种病就很难活下来，其中的一部分可能会死于流产，另一部分则会死于分娩的过程之中；而顺利生下孩子的妇女，则可能失去自己或初生婴儿的生命。② 而埃瓦格里乌斯本人也曾在学生时代感染过瘟疫并康复。③

从瘟疫在帝国境内4次复发的具体感染情况来看，与瘟疫首度爆发时相比，"查士丁尼瘟疫"复发过程中在感染人体时具有更加明显的选择性特征。据这些史家记载，鼠疫复发时，年轻人更易染病身亡。阿伽塞阿斯在谈到558年君士坦丁堡复发瘟疫时，就曾明确指出："各个年龄段的人无一例外地受到感染并且死亡，在这个过程当中，我们找不到任何规律可循。但最易被感染的人群是青壮年，尤其是青年男性。"④ 塞奥发尼斯也提到瘟疫在年轻人之中传播尤为广泛。⑤ 对这种现象的较合理解释是，由于鼠疫5度爆发过程中以10—15年为一个周期。距离第一次鼠疫的爆发已经有15年左右的时间，一些在当时还未出生的人如今已经成长为青年人，他们很可能对鼠疫不具备任何免疫力。于是，当鼠疫再度爆发时，这些毫无免疫力的人群便会成为易感者。对此，埃文斯认为："很多曾在541年开始的瘟疫中染病并生还的人，其体内产生了抗体，并且难以再次染病。但是那些在541年瘟疫

①　Evagrius Scholasticus, *The Ecclesiastical History of Evagrius Scholasticus*, Book 4, Chapter 29, p. 232.

②　Procopius, *History of the Wars*, Book 2, 22, 35 – 36, pp. 463 – 465.

③　Evagrius Scholasticus, *The Ecclesiastical History of Evagrius Scholasticus*, Book 4, Chapter 29, p. 231.

④　Agathias, *The Histories*, p. 145.

⑤　Theophanes, *The Chronicle of Theophanes Confessor*, p. 340.

发生时尚未出生的人则成为新一轮瘟疫感染的对象。"①

　　史家埃瓦格里乌斯的家庭经历也十分符合这一特征，据埃瓦格里乌斯本人的记载，他在孩童时期曾感染过鼠疫，而当鼠疫在安条克三次复发时，也许正是因为他体内产生了抗体，埃瓦格里乌斯安然无恙。但在家庭中，他先后失去了他的妻子、若干孩子和很多孙子。② 由此可知，在安条克多次爆发鼠疫的过程中，埃瓦格里乌斯家庭中死于鼠疫的大部分成员是其子孙辈的年轻人。埃文斯就此指出，各个年龄段的人均可能感染瘟疫，但死亡率最高的是年轻人和男子，妇女总体来说感染瘟疫的几率较小。③

　　由此看来，不论是鼠疫首次爆发过程中的有孕妇女，还是复发过程中的年轻男子，在鼠疫发生之时都成为鼠疫杆菌的首要打击目标，且在感染鼠疫之后的致死率也较之于其他年龄段的患者更高。造成这种现象出现的原因，除了这类人群的体内缺乏抗体外，也可能与其身体机能和社交活动有关。根据现代医学常识，造成这种现象发生的原因很可能是青年人较有活力，新陈代谢④较之老人更快，所以一旦感染上鼠疫，鼠疫杆菌便会在其体内迅速扩散。现代社会当中的一些疾病，例如胃癌对于中青年的致死率就比老年人更高。⑤ 同时，青年男性的社交活动相对于老年人要更多，于是，其接触到鼠疫杆菌并被感染的概率要远高于老年人。至于孕妇感染瘟疫后死亡率更高的原因，或许与其怀孕时的身体状况的改变有关；而处于正常状态下的妇女感染瘟疫几率较小的原因可能是由于她们与外界接触的机会与男子相比相对较少的缘故。当然，年轻人感染鼠疫的几率及感染之后的致死率为何如此之高这一问题还有进一步探讨的空间。

　　（三）传播过程中的地区选择性

　　除了爆发时间的季节性特征和在传播过程中对患者有选择性之外，鼠疫

---

　　①　James Allan Evans, *The Emperor Justinian and the Byzantine Empire*, p. 128.

　　②　Evagrius Scholasticus, *The Ecclesiastical History of Evagrius Scholasticus*, Book 4, Chapter 29, p. 231.

　　③　James Allan Evans, *The Emperor Justinian and the Byzantine Empire*, pp. 128 – 129.

　　④　新陈代谢（Metabolism）是指生物体从环境中摄取营养物转变为自身组成成分，同时自身原有组成成分消耗转变为废物排泄到环境中去的不断更新的过程。简称代谢（《中国大百科全书》总编委会主编：《中国大百科全书》第 25 册，中国大百科全书出版社 2009 年版，第 45 页）。

　　⑤　关于这个问题可参见余志扬《中青年胃癌与老年胃癌的临床特征及预后对比》，山东大学硕士学位论文，2011 年。

对不同地区的影响程度也不尽相同。这种地区选择性的特征与鼠疫的传染源及传播途径密不可分。古代晚期地中海地区的人员分布较为密集，相比于农村地区，地中海地区城市的人口分布更加稠密①，城市内部及城市之间的贸易交往较为频繁。相较而言，沿海城市及地区的商贸活动和人员流动较之于内陆地区更为频繁。于是，地中海地区的城市，尤其是沿海分布的城市及地区极易最先受到鼠疫的威胁。

1. 鼠疫对城市的影响

根据前述可知，君士坦丁堡、安条克、亚历山大里亚、罗马等拜占廷境内的大城市均多次受到鼠疫的严重影响。虽然当时的史家们很可能因为对首都及重要城市的关注度较之于一般地区，尤其是农村地区为高，所以才着重记载下这些城市鼠疫的发生情况。同时，由于当时史家所详细记载的大多为具有重要影响的历史事件，所以我们也不能排除史家所提到城市的疫情确实更为严重的可能性。如首都君士坦丁堡在542年、558年、573年、599年遭到鼠疫打击的记录就被众多当时的史家较为详细地记载下来，但590年罗马爆发鼠疫时，目前没有君士坦丁堡发生疫情的相关记载，我们由此可以推断君士坦丁堡此次幸免于难。

之所以会出现城市受到鼠疫影响尤为严重这一现象，与鼠疫的性质和传播途径有着密切联系。老鼠的活动范围通常是以人及其聚居地为中心，因为老鼠可以从这里寻找到充足的食物来维持生命。一般而言，人类越集中的地区，老鼠的数量越多。而一旦出现了鼠疫杆菌的威胁，老鼠数量越多的地区，也就意味着人类感染鼠疫的危险性越大。地中海地区的城市向来是这一地区人员高度密集的区域，于是，这一地区的民众极易成为易感鼠疫的高危人群。拉塞尔认为老鼠的活动范围决定了鼠疫更易于在人口稠密的居住地爆发。② J. A. S. 埃文斯认为，城市周围不仅是人类，同时也是老鼠最为舒适的生活环境，所以城市很可能会成为瘟疫感染最为严重的地区。③ 沃伦·特里高德指出，随着人和老鼠、船只和军队的移动进行传播的瘟疫，会在人和老

① 关于古代晚期地中海地区城市人口的数量及分布将会在第二章中详述。
② Josiah Cox Russell, *The Control of Late Ancient and Medieval Population*, p. 123.
③ J. A. S. Evans, *The Age of Justinian: the Circumstances of Imperial Power*, p. 162.

鼠较多的地方，尤其是城市和军营中进行快速传播。① J. H. W. G 里贝舒尔茨指出，人口稠密的居住环境更易于疾病的滋生。② 正是出于这一原因，人口相对稠密的城市便首先成为鼠疫爆发的地点。

历史上早已多次出现过因城市内部拥挤的环境而引发瘟疫的记录。众所周知，伯罗奔尼撒战争对古希腊世界产生了深远的影响，正因如此，在战争初期发生的"雅典瘟疫"越来越受到学界的关注，并被认为是雅典战败的重要原因之一。③ 早在公元前430年"雅典瘟疫"爆发之前，雅典城内因为居民众多，神庙林立，城市空间狭窄，卫生、医疗条件十分恶劣，加上伯罗奔尼撒战争中伯里克利的坚壁清野、迁民入城的战略使雅典城市人口骤然剧增，以上这些因素的存在，加速了雅典瘟疫的流行。④

除了人员密集外，地中海地区城市的卫生状况也并不理想。自"雅典瘟疫"之后直到"查士丁尼瘟疫"爆发之前，地中海沿岸的城市虽历经了约1000年的发展，但城市中的卫生状况并没有得到显著改善。相反，随着城市内部人口不断增加和商业活动更为频繁，城市的垃圾处理、下水道等基础设施仍旧不完善，城市居民难以生活在较为健康的居住环境之中，这种现象在贫民区中尤为显著。上述因素令城市成为鼠疫爆发的温床。马克·W. 格林汉认为，"当城市中人类接触的次数越频繁，疾病传播的范围就越大"⑤。沃伦·特里高德提道："鼠疫的影响随着地方的不同而有明显的变化：一些潮湿的、经常有外来人员往来的人口众多的城市比起气候干燥、人口较少和相对隔绝的地区，受到的瘟疫破坏力更大。"⑥ 如此一来，一旦鼠疫在帝国境内蔓延开来，拥挤而肮脏的城市必然遭受巨大损失。

---

① Warren Treadgold, *A History of Byzantine State and Society*, p. 196.

② J. H. W. G Liebeschuetz, *Decline and Fall of the Roman City*, p. 394.

③ 汤姆斯·E. 摩根认为雅典瘟疫对雅典在伯罗奔尼撒战争中的形势产生了不良影响（Thomas E. Morgan, "Plague or Poetry? Thucydides on the Epidemic at Athens", *Transactions of the American Philological Association* (1974 –), V. 124, 1994, pp. 206 – 208）；克里斯汀·A. 史密斯也认为雅典瘟疫对伯罗奔尼撒战争的结局产生了重大影响（Christine A. Smith, "Plague in the Ancient World: A Study from Thucydides to Justinian", 1996 – 1997.）。

④ 刘榕榕：《探析伯罗奔尼撒战争中的瘟疫问题》，《廊坊师范学院学报》2010年第6期，第58页。

⑤ Mark W. Graham, *News and Frontier Consciousness in the Late Roman Empire*, p. 115.

⑥ Warren Treadgold, *A History of Byzantine State and Society*, p. 278.

　　虽然卫生条件差、人口稠密而拥挤，但古代晚期地中海地区的城市仍然对外来人口具有相当的吸引力。① 随着城市经济逐步发展、人口日益增多，城市中的居住环境和卫生环境不断恶化。城市中绝大多数的外来居民往往社会地位不高、经济条件较差、生活较为拮据，属于城市中的穷人，他们为了改善生活条件而在城市各处奔命。② 这些外来的城市居民是一批缺少免疫力的易感人群。提摩西·S. 米勒提到："在古代晚期中，大量无家可归的人向帝国东部城市迁移。这些新来者中的大部分都只是农民，他们很快就陷入贫困之中。很多人被迫生活在贫困线以下没有充足的食物和衣物，睡在街道上或门廊下。"③ 因此，城市中许多从农村地区移民而来的新市民很可能成为鼠疫的首要打击目标，并且通过他们在城内的活动将病菌扩大至整个城市的范围。罗伊·波特指出，直到近代，城市普遍非常肮脏，以致其人口难以通过自身的繁衍得到恢复。城市人口数量的维持或在规模上的增长，有赖于农村移民的进入。当这类具有生物危害性的人群迫切地要扩大他们的活动范围时，他们携带的病原体常常成为这种扩张的先锋。④ 许多被吸引到城市中生活的人会因感染伴随着城市生活而出现的疾病而死亡。叙利亚人迈克尔在记载541年亚历山大里亚的疫情时，就提到城市贫民最先感染瘟疫，随后瘟疫向富人区蔓延。⑤ 城市中的穷人之所以会更早感染瘟疫，很可能是相对于富人而言，穷人的居住条件和生活条件较差、人口密度较高，在城市中的接触

　　① 罗马人的房子，除了少数特权者外，都没有自来水，水槽只为公共喷水池和浴室供水（［法］菲利普·阿利埃斯、乔治·杜比主编：《私人生活史Ⅰ（古代人的私生活——从古罗马到拜占庭）》，李群等译，三环出版社2006年版，第297页）。然而，罗马帝国城市中的基础设施仍然被维护得非常好。除了宏伟的皇宫外，它的公共设施得到了精心维护，在许多城市中，帝国政府在继续提供特许的救济食品（［法］菲利普·阿利埃斯、乔治·杜比主编：《私人生活史Ⅰ（古代人的私生活——从古罗马到拜占庭）》，第258页）。
　　② 在整个古典时代晚期，地中海世界的某些特点保持着惊人的一致性。城市中，贵族们或"出身名门"的人们与他们的下等人之间存在着强烈的距离感，这是罗马帝国的一个基本事实。下等人不可能与上层阶级共享社会资源（［法］菲利普·阿利埃斯、乔治·杜比主编：《私人生活史Ⅰ（古代人的私生活——从古罗马到拜占庭）》，第227—228页）。那些从经常遭受迫害的乡下涌来的跛子和穷人，以及流浪者和迁徙者蜷缩在长方形柱廊大厅的门前，睡在环绕外面院子的门廊下，这些穷人往往说的都是方言，他们是一群无名人士，被古代经济社会所拒绝（［法］菲利普·阿利埃斯、乔治·杜比主编：《私人生活史Ⅰ（古代人的私生活——从古罗马到拜占庭）》，第262页）。
　　③ Timothy S. Miller, *The Birth of the Hospital in the Byzantine Empire*, p. 70.
　　④ ［英］罗伊·波特：《剑桥插图医学史》（修订版），第13页。
　　⑤ Michael the Syrian, *Chronicle*, edited by J. -B. Chabot, Paris, 1910, Book 2, pp. 235 – 238.

范围更广有关。罗伯特·布朗宁指出："因为鼠疫是通过老鼠和跳蚤进行传播的，所以相比之下更穷和居住条件更简陋的人们更易成为鼠疫的牺牲品。"[1]

我们以君士坦丁堡为例，看看当时城市的人口密度究竟达到何种稠密程度。根据当时史家的记载和近现代学者的估计，君士坦丁堡在公元 6 世纪的人口已经达到了 30 万—50 万人[2]。也就是说，每公顷土地的人口密度为300—500 人。[3] 与之相比较，2014 年北京市常住人口密度为每平方公里1311 人。[4] 折合为公顷，北京人口密度为 13.11 人。君士坦丁堡在 6 世纪的人口密度已经远远超过北京常住人口密度。再者，6 世纪中期的君士坦丁堡并不存在高层建筑，由此可见，其人口密度之高。君士坦丁堡人口如此密集，城内的建筑又异常拥挤，这就为鼠疫的蔓延提供了有利条件。

由于受到城市内部频繁的商业活动和活跃的日常生活的影响，贫民区与富人区之间并非绝对隔离，所以鼠疫在贫民区出现之后，必定会侵入富人区。克里斯汀·A. 史密斯就指出，虽然城市贫民是首先遭到瘟疫的恶劣影响的群体，但疫情很快蔓延到富人区。[5] J. A. S 埃文斯也认为，当瘟疫爆发时，穷人往往是最先感染瘟疫的，但是疫病会迅速向家境殷实的人家扩散。[6] 普罗柯比曾记载，在瘟疫发生一段时间之后，贵族的尸体也会因缺少

---

① Robert Browning, *Justinian and Theodora*, p. 120.

② 安其利奇·E. 拉奥认为此时首都的人口已经达到了 40 万之多（Angeliki E. Laiou and Cecile Morrisson, *The Byzantine Economy*, p. 26.）；艾弗里尔·卡梅伦认为君士坦丁堡此时已经接近 50 万人（Averil Cameron, *The Mediterranean World in Late Antiquity AD 395—600*, p. 13.）；而约瑟夫·谢里斯黑维斯基认为拜占廷帝国首都君士坦丁堡的人口只有 30 万（Joseph Shereshevski, *Byzantine Urban Settlements in the Negev Desert*, p. 5.）。

③ 君士坦丁堡的面积是 10—12 平方公里。对此，J. A. S. 埃文斯提到，修建于公元 413 年的君士坦丁堡狄奥多西城墙内的居住面积达到了 1000 或 1200 公顷，即 10—12 平方公里（J. A. S. Evans, *The Age of Justinian*: *the Circumstances of Imperial Power*, p. 23.）。拉塞尔以每公顷 300 人以及可居住面积 640 公顷为标准来计算君士坦丁堡的居住人口，认为君士坦丁堡的人口大约为 19 万人（J. C. Russell, "Late Ancient and Medieval Population", p. 93.）。

④ 《北京市 2014 年国民经济和社会发展统计公报》，信息来源：http://www.bjstats.gov.cn/xwgb/tjgb/ndgb/201502/t20150211_288370.htm，查询时间为 2015 年 3 月 30 日。

⑤ Christine A. Smith, "Plague in the Ancient World: A Study from Thucydides to Justinian", 1996 - 1997.

⑥ J. A. S. Evans, *The Age of Justinian*: *The Circumstances of Imperial Power*, p. 161.

人手而疏于下葬。① 由此可知，在过于拥挤的城市中，稠密的人口、不卫生的环境和频繁的人员往来极为有利于鼠疫的传播。一旦鼠疫大规模爆发，无论贫穷或是富贵，都无法逃脱鼠疫的魔爪，城市也就由此陷入因鼠疫所导致的无序状态之中。

2. 鼠疫对沿海地区及城市的影响

地中海世界的沿海城市与内陆城市受鼠疫感染的程度不尽相同。相较而言，沿海的港口城市比内陆地区更容易受到鼠疫的打击，其影响程度也更深。根据当时史家们的记载，鼠疫首度爆发过程中最先影响到的城市大多为培琉喜阿姆、亚历山大里亚、米拉、君士坦丁堡等沿海城市。普罗柯比在记述"查士丁尼瘟疫"首次传播的过程时就提到瘟疫疫情通常是从沿海地区开始爆发，然后逐渐延伸至内陆。② 埃瓦格里乌斯在记载鼠疫数度爆发的情况时，注意到不同地区的城市受到鼠疫影响不尽相同这一现象。③ 迈克尔·马斯指出，"在'查士丁尼瘟疫'首轮爆发过程中，地中海地区的绝大部分沿海城市与地区，包括培琉喜阿姆、亚历山大里亚、安条克、君士坦丁堡、米拉、美迪亚、西西里和突尼斯等地均受到鼠疫的严重影响。除此之外，鼠疫在传到意大利、高卢等地之后，也是从东南沿海地带开始向内陆蔓延的"④。

鼠疫复发时的传播路径通常也是先侵袭沿海地区，然后由沿海向内陆延伸。558 年，鼠疫在第一次复发过程中就最先袭击了位于博斯普鲁斯海峡咽喉地带的君士坦丁堡，随后相继在阿米达、安条克及西里西亚等地爆发，其后的几次复发过程亦是如此。由此，我们发现以上最初爆发鼠疫的城市绝大部分都属于沿海或靠近地中海的城市。根据迪奥尼修斯·Ch. 斯塔萨科普洛斯的分析，君士坦丁堡和罗马在 6 世纪爆发瘟疫的次数分别是 5 次与 4 次。⑤ J. B. 布瑞在其著作中也曾注意到鼠疫一般都是从沿海地带开始爆发，然后

① Procopius, *History of the Wars*, Book 2, 23, 4 - 5, p. 467.

② Procopius, *History of the Wars*, Book 2, 22, 9, p. 455.

③ Evagrius Scholasticus, *The Ecclesiastical History of Evagrius Scholasticus*, Book 4, Chapter 29, pp. 229 - 230.

④ Michael Maas, *The Cambridge Companion to the Age of Justinian*, pp. 136 - 137.

⑤ Dionysios Ch. Stathakopoulos, *Famine and Pestilence in the Late Roman and Early Byzantine Empire*：*A Systematic Survey of Subsistence Crises and Epidemics*, p. 30.

逐渐向内陆蔓延这一特点。① 彼得·D. 阿诺特也持相似观点，认为瘟疫传播的形式几乎都是从沿海地区开始，然后深入到内陆地区。② 西瑞尔·曼戈指出，"查士丁尼瘟疫"在帝国境内的肆虐使帝国沿海城市的发展大受影响。③

鼠疫的这一传播路径与地中海地区发达的航海贸易密切相关，鼠类是船只上的常客，它们是极为活跃的攀缘者，惯于沿着船只的桅杆或者缆绳爬到船上，携带着鼠疫杆菌的跳蚤时常附在老鼠身上，并跟随船只从一个港口驶向另一个港口，将病菌带到船只的目的地。沿海地带更多地受到鼠疫影响的原因不仅与地中海沿岸活跃的航运业有关，很可能也与这一地区的气候特点有较大关系。一般而言，处于同一纬度下的沿海城市因受到海洋的影响较大，能获得海洋蒸发而来的大量水汽，所以比内陆城市更为湿润。因此，地中海沿岸的港口城市比这一地区的内陆城市更为湿润，而湿润的环境更有利于疾病的蔓延。拉塞尔认为干燥而温暖的沙漠地区和半干旱地区在瘟疫中可能受到的影响和损失较小。④ 同时，在拜占廷帝国中，沿海城市一般较之内陆地区更加发达，人口也更多。在人口稠密的潮湿环境之中，鼠疫似乎更容易传播和扩散。如前所述，沃伦·特里高德认为潮湿且人口众多的城市比起气候干燥、人口较少的地区，更易诱发瘟疫。⑤ 水灾后城市中容易出现疫病⑥，也可证明潮湿而稠密的居住环境可加剧鼠疫的传播。

3. 高感染率及高死亡率

6 世纪，不断在帝国境内各地逞凶的"查士丁尼瘟疫"表现出了高感染率和高死亡率的特点，这也是鼠疫不同于其他疫病的特征之一。在鼠疫首次爆发时，据普罗柯比记载，鼠疫的高峰期中君士坦丁堡每天死亡人数可达5000 乃至 10000 人⑦。还有记载称，瘟疫发生的最初阶段，政府专门派人对

---

① J. B. Bury, *History of the Later Roman Empire*, p. 62.

② Peter D. Arnott, *The Byzantines and their World*, p. 90.

③ Cyril Mango, *The Oxford History of Byzantium*, p. 125.

④ Josiah C. Russell, "That Earlier Plague", p. 181.

⑤ Warren Treadgold, *A History of the Byzantine State and Society*, p. 278.

⑥ 罗马城于 589 年 11 月发生了一次水灾，台伯河的河水将城内的很多建筑物冲毁。图尔的格雷戈里明确指出这次水灾很可能是 590 年 1 月罗马城瘟疫的罪魁祸首（Gregory of Tours, *History of the Franks*, Book 10, 1.）。

⑦ Procopius, *History of the Wars*, Book 2, 23, 2, p. 469.

死者的数量进行统计，但当后来的统计数字达到 23 万左右的时候，人们因为死亡人数过多而放弃了这项统计。[①]　鼠疫在君士坦丁堡前后持续了约 4 个月左右，按照普罗柯比和以弗所的约翰的记载，多于一半的君士坦丁堡市民在鼠疫中死去，如此之高的死亡率令人瞠目结舌。如前所述，此次鼠疫主要是以腺鼠疫的形式出现，腺鼠疫在没有得到有效治疗的情况下，患者的死亡率是 70% 左右。[②]　爱德华·N. 鲁特瓦克指出："地中海地区民众对这一首次出现的'鼠疫杆菌'并没有免疫力，而他们接触到跳蚤的可能性非常大，于是这批人群感染鼠疫的比例很可能高达 90%。一旦感染，其致死率在 50% 以上。"[③]　根据这一死亡率的数据以及近现代学者对 6 世纪君士坦丁堡人口的估算，可以推断君士坦丁堡城内感染鼠疫的人数很可能比 23 万这一可怕的数字更多。除君士坦丁堡外，受到鼠疫打击的亚历山大里亚及其附近地区也因为死亡人数过多而令埋葬死者的工作变得十分困难[④]，而前面所提到的作为贸易中转站的米拉城的很多市民在染病后一天之内便死亡。[⑤]　这些城市人口在鼠疫中的遭遇仅仅是地中海沿岸众多城市命运的一个缩影。[⑥]

在鼠疫于 6 世纪后半期在地中海世界复发时，其影响的程度及范围并未减弱和缩小。虽然感染鼠疫并康复的人很可能因体内产生了抗体而难以再次感染鼠疫，但是，受到当时医疗条件的限制，这类拥有抗体者毕竟是少数。同时，因为鼠疫在地中海世界的几次复发过程中，每两次复发之间的时间间隔大都在 15 年左右，这样，在上一轮鼠疫结束后出生的一代人，由于没有抗体而完全暴露在鼠疫杆菌的威胁之下。一旦环境适宜，鼠疫杆菌便会迅速感染这些体内没有抗体的人，并通过他们扩散到整个城市与地区。之前曾经提到，城市中由农村地区移民进来的新市民极易首先感染鼠疫。[⑦]　也是出于

①　James Allan Evans, *The Emperor Justinian and the Byzantine Empire*, p. 127.

②　J. A. S. 埃文斯认为腺鼠疫的致死率是 40%—70%（J. A. S. Evans, *The Age of Justinian: The Circumstances of Imperial Power*, p. 163. ）；克里斯汀·A. 史密斯认为腺鼠疫的死亡率是 70%（Christine A. Smith, "Plague in the Ancient World: A Study from Thucydides to Justinian", 1996 – 1997. ）。

③　Edward N. Luttwak, *The Grand Strategy of the Byzantine Empire*, pp. 90 – 91.

④　Michael the Syrian, *Chronicle*, Book 2, pp. 235 – 238.

⑤　Dionysios Ch. Stathakopoulos, *Famine and Pestilence in the Late Roman and Early Byzantine Empire: A Systematic Survey of Subsistence Crises and Epidemics*, p. 285.

⑥　关于地中海周边地区在鼠疫中的人员损失情况，详见第二章。

⑦　［英］罗伊·波特：《剑桥插图医学史》（修订版），第 13 页。

相似的原因：如同城市中的新生一代，作为城市人口的补充而移民到城市中的新市民也很可能会成为最先感染者。

同时，就传播方式而言，6 世纪后期复发的鼠疫与前期相比略有不同，如阿伽塞阿斯曾提到一些人并未出现任何疼痛或病症就突然在正常劳作时或在家中、街上染病身亡①，从这点上看，当时除了腺鼠疫之外，很可能出现了败血病型鼠疫和肺部感染型鼠疫，所以其传染率与致死率极高。根据当时史家的记载，一旦染上瘟疫，死亡的速度就很快。② 阿伽塞阿斯就指出，558年鼠疫复发过程中，病患在染病之后的五天时间内就会死亡。③ 埃瓦格里乌斯和塞奥发尼斯等史家均有类似的记录。④ 叙利亚人迈克尔甚至提到 573 年的瘟疫给君士坦丁堡造成了每天 3000 人的死亡数字。⑤ 这样看来，"查士丁尼瘟疫"在复发过程中仍具有高感染率及高死亡率的特点，这种特点是一般性疫病无法具备的。

（四）鼠疫传播的路线特征

1. 沿海上贸易航线传播

自古以来，地中海沿岸的海上商业贸易活动便相当发达。⑥ 在古代晚期的地中海地区，尤其是东地中海地区中，君士坦丁堡、安条克、亚历山大里亚等城市之间的海上商贸活动十分频繁。以拜占廷帝国首都为例，君士坦丁堡位于亚欧大陆分界线博斯普鲁斯海峡的西岸，其南部是马尔马拉海，北部为金角湾，战略及交通位置十分优越。整个城市不仅是一个军事要塞，也是

---

①   Agathias, *The Histories*, p. 145.

②   J. A. S. Evans, *The Age of Justinian: The Circumstances of Imperial Power*, p. 162.

③   Agathias, *The Histories*, p. 145.

④   塞奥发尼斯提到，因为生还的很少，以至于没有足够的人手去埋葬死者（Theophanes, *The Chronicle of Theophanes Confessor: Byzantine and Near Eastern History*, *AD 284 - 813*, p. 340.）；埃瓦格里乌斯则以自己家庭的亲身经历为例，说明从瘟疫中生还的人极少（Evagrius Scholasticus, *The Ecclesiastical History of Evagrius Scholasticus*, Book 4, Chapter 29, p. 231.）。

⑤   Michael the Syrian, *Chronicle*, Book 2, p. 309.

⑥   早在公元前 8 世纪前后，希腊人和腓尼基人在地中海沿岸建立了众多殖民据点，这一地区的商业贸易十分繁荣。从公元前 2 世纪开始，统治地中海地区的罗马人则在这一区域内大兴粮食、木材、矿产的商贸活动，与黑海和红海亦有往来，为首都及国内重要城市提供资源保障。随后，拜占廷帝国继承了罗马帝国的东地中海领地，其所属的巴尔干半岛、安纳托利亚地区、叙利亚巴勒斯坦及北非的商贸活动十分频繁。

从黑海前往爱琴海的必经之处，更是欧、亚、非三洲的贸易通道交会之地。①

如前所述，地中海地区最先出现鼠疫的地点就位于北非的埃及地区。埃及地区与君士坦丁堡联系极为紧密，君士坦丁堡的谷物供应大部分来自埃及，亚历山大里亚与君士坦丁堡之间要比亚历山大里亚与西部地中海世界其他城市之间的联系更为频繁；同时，从亚历山大里亚到君士坦丁堡比到西部地区的城市所需时间更短。例如，一年内，根据海上气候条件，从亚历山大里亚到罗马可以容许两次船只往返，而从亚历山大里亚到君士坦丁堡则有足够的时间供三次船只往返。② 由于拜占廷帝国的首都君士坦丁堡的人口在4—6世纪迅速增长。③ 为了保证首都的粮食供应，拜占廷政府在帝国主要粮食产区埃及尼罗河三角洲地区与首都君士坦丁堡间维持着一支庞大的商船队，保证粮食供给是拜占廷帝国初期发展海上军事力量的重要原因之一。④ 地中海东部地区的粮食运输的重要性及兴盛度由此可见一斑。因地中海沿岸的陆上交通缓慢而昂贵⑤，所以粮食或其他物品的运送大多靠海运来完成。作为船只上的常客，老鼠便跟随着船只移动并传播瘟疫。⑥ 艾弗里尔·卡梅伦认为瘟疫很可能也是通过运送粮食的船只到达君士坦丁堡等地的。⑦ 迈克尔·麦考米克也持相似观点，认为腺鼠疫通过黑鼠集群进行传播，老鼠的集群及其相互传播的跨地区传染性被卷入海上交流之中。于是，感染通常是由沿海开始，然后逐渐渗入内陆。⑧

东地中海地区各城市和地区间的紧密联系不仅仅限于谷物运输，这一区域内的海上贸易十分频繁。有记载称，6世纪前后，帝国的非洲领土为君士

① Jonathan Harris, *Constantinople：Capital of Byzantium*, pp. 4 – 7.

② Michael McCormick, *Origins of the European Economy：Communication and Commerce*, A. D. 300 – 900, p. 106.

③ 乔纳森·哈里斯提到，公元337年，君士坦丁堡的定居人口约为9万，到4世纪后半叶君士坦丁堡居民总数已经达到20万—30万之间，至5世纪中叶，人口可能已经增加至50万。（Jonathan Harris, *Constantinople：Capital of Byzantium*, p. 29.）

④ 陈志强：《拜占廷学研究》，第300页。

⑤ Cyril Mango, *Byzantium：The Empire of New Rome*, pp. 66 – 67.

⑥ Robert Browning, *Justinian and Theodora*, p. 120.

⑦ Averil Cameron, *The Mediterranean World in Late Antiquity*, AD. 395 – 600, p. 99.

⑧ Michael McCormick, *Origins of the European Economy：Communications and Commerce*, A. D. 300 – 900, p. 40.

坦丁堡提供了大量的象牙、鸵鸟毛和香料等奢侈品。① 埃及的亚麻工业、纸草制造业相当发达②，其制成品经红海商路顶端的亚历山大里亚外运；东方的各种货物则经由波斯湾—红海—尼罗河航线运抵亚历山大里亚。亚历山大里亚本身也是埃及纸草制造业及玻璃制造业的中心。③ 安条克的亚麻织品物美价廉，也是亚欧商路的中转站之一。④ 同时，地中海地区的对外贸易也较为兴盛。在当时，从亚洲运到罗马帝国的货物只能通过两条路线：穿越北部叙利亚或沿红海航行。⑤ 直至 6 世纪上半期，拜占廷商人与埃塞俄比亚人之间保持着经济和外交事务方面的良好关系。⑥

　　地中海东部地区的城市对海内外贸易的注重是东部地区维持其经济相对繁荣状态的重要条件。但是，一旦鼠疫杆菌出现，并在这一地区内某一城市大爆发，这种紧密的贸易关系就给沿岸的港口城市带来了毁灭性打击，这些贸易重镇几乎无一例外地成为鼠疫的牺牲品。地中海地区的海上商业贸易令鼠疫首先在帝国东部爆发并蔓延。同时，通过帝国东西部之间的各种商业或日常联系，鼠疫不久便在帝国西部地区出现。鼠疫于 542 年春出现在君士坦丁堡后，不久便扩散到意大利、阿非利加行省以及高卢等地区。⑦ 根据鼠疫早期的传播路线，我们可以看到，鼠疫最初几乎都是传播于东地中海地区重要的商贸城市之间。迪奥尼修斯·Ch. 斯塔萨科普洛斯认为，瘟疫一经爆发，便沿着商贸线路被动地进行传播。⑧ 西瑞尔·曼戈指出，从埃塞俄比亚发源之后，"查士丁尼瘟疫"沿着海上交流的路线（包括军事和贸易）从埃及传播到地中海的所有地区，包括地中海西部的西班牙和东部的波斯。⑨

　　这一地区城市所进行的海内外贸易也为前文所提到的瘟疫发源地及传播

　　① Thomas M. Jones, "East African Influences upon the Early Byzantine Empire", p. 55.

　　② A. H. M. Jones, *The Decline of the Ancient World*, p. 238.

　　③ ［美］汤普逊：《中世纪经济社会史（300—1300 年）》（上册），耿淡如译，商务印书馆 1997 年版，第 203—204 页。

　　④ A. H. M. Jones, *The Decline of the Ancient World*, p. 239.

　　⑤ J. H. W. G. Liebeschuetz, *Antioch: City and Imperial Administration in the Later Roman Empire*, p. 76.

　　⑥ Thomas M. Jones, "East African Influences upon the Early Byzantine Empire", p. 53.

　　⑦ Angeliki E. Laiou and Cecile Morrisson, *The Byzantine Economy*, pp. 38 – 39.

　　⑧ Dionysios Ch. Stathakopoulos, *Famine and Pestilence in the Late Roman and Early Byzantine Empire: A Systematic Survey of Subsistence Crises and Epidemics*, p. 280.

　　⑨ Cyril Mango, *Byzantium: The Empire of New Rome*, New York: Charles Scribner's, 1980, p. 68.

路径提供了佐证。根据前述可知，鼠疫首轮爆发之时主要在东地中海附近的红海、尼罗河和地中海沿岸地区进行传播。埃瓦格里乌斯就认为这次瘟疫最初是由埃塞俄比亚地区发源，并传入拜占廷帝国。[①] 近现代的史家们均认为东地中海地区繁荣的海上贸易是鼠疫蔓延的重要途径。沃伦·特里高德提到，这次瘟疫的发源地很可能是印度或东非，瘟疫极有可能在埃塞俄比亚人于525年夺去也门之后由于红海贸易的增长而传播到帝国境内的。[②] 迈克尔·马斯认为腺鼠疫发源于非洲中部地区，并经由拜占廷帝国红海区域的贸易通道到达培琉喜阿姆北部。[③] 沃伦·特里高德也认为，从印度远距离运送奢侈品的贸易很可能加速了瘟疫沿着红海路线进行传播。[④] 约翰·巴克则认为542年前后发生在埃及的瘟疫很可能是经由与远东联系的商路传来。[⑤] 迈克尔·麦考米克则指出："惊慌失措的巴勒斯坦人声称是由四处游荡的埃塞俄比亚商船将这种病菌带到他们的海湾。"[⑥] 此外，罗伯特·布朗宁提到，瘟疫由埃塞俄比亚地区传入，不久便由商路传入叙利亚和小亚细亚，并于随后的5月在君士坦丁堡爆发。[⑦] 542年年底，瘟疫已经蔓延到帝国的东部地区、阿非利加省以及达尔马提亚。[⑧] 汤姆斯·M. 琼斯认为，非洲中东部的疾病严重地影响了君士坦丁堡，并且这次可怕的疫病是通过埃塞俄比亚地区于542年传播到君士坦丁堡，而拜占廷的商人在瘟疫传播中起着中介作用。[⑨] 总而言之，进行海上贸易的船只是瘟疫跨越地区进行远距离传播的重要媒介。

　　鼠疫首轮爆发中体现的鼠疫沿海上贸易航路进行传播的这一特征在6世纪下半叶的复发过程中也得到了充分的体现。迈克尔·马斯认为，可以用鼠

---

① Evagrius Scholasticus, *The Ecclesiastical History of Evagrius Scholasticus*, Book 4, Chapter 29, p. 229.

② Warren Treadgold, *A History of the Byzantine State and Society*, p. 196.

③ Michael Maas, *The Cambridge Companion to the Age of Justinian*, p. 153.

④ Warren Treadgold, *A History of the Byzantine State and Society*, p. 281.

⑤ John W. Barker, *Justinian and the Later Roman Empire*, p. 192.

⑥ Michael McCormick, *Origins of the European Economy: Communications and Commerce*, A. D. 300 – 900, p. 40.

⑦ Robert Browning, *Justinian and Theodora*, p. 120.

⑧ Warren Treadgold, *A History of Byzantine State and Society*, p. 198.

⑨ Thomas M. Jones, "East African Influences upon the Early Byzantine Empire", p. 59.

疫在地中海世界的传播追踪地中海世界各地区之间的交流情况。[1] 558 年
"查士丁尼瘟疫"复发的首要地点便是商贸往来频繁的君士坦丁堡。此次瘟
疫复发很可能是通过海上商道进行传播的。根据图尔的格雷戈里的记载，
588—589 年，马赛由于一艘装载货物的西班牙船只入港而爆发了瘟疫。[2] 其
后不久，罗马等城市也爆发了瘟疫。迪奥尼修斯·Ch. 斯塔萨科普洛斯认
为，590 年发生在意大利的瘟疫也是经由水路传入的。[3] 罗马位于马赛的东
部，鼠疫很可能是从马赛向东传到了此地，这与当时传统的海上贸易路线相
契合。从马赛到罗马的这一鼠疫传播路线可能与地中海沿岸发达的海上贸易
有关。597—599 年瘟疫第四次复发时，其路线便是从位于爱琴海附近的重
要商贸基地的塞萨洛尼卡传播到君士坦丁堡。沃伦·特里高德提到："鼠疫
在 6 世纪后半期直到 7 世纪初仍旧发挥重大影响，在很多东部地区持续性爆
发，这种传播有很可能是通过商旅从一个城市传播到另一个城市。"[4] 由此
可见，鼠疫在地中海地区蔓延的过程中，之所以会对沿海城市造成严重影
响，其原因在于鼠疫经常沿着海上贸易路线进行区域内和跨区域的传播。

2. 沿军事路线传播

除了沿海上贸易路线这一重要传播路径外，6 世纪地中海世界的军队活
动十分频繁，也是造成鼠疫在各地相继爆发的重要原因。在古代晚期这一历
史阶段，统治地中海大部地区的拜占廷帝国的边境局势较为复杂，时常受到
外敌威胁。于是，活跃于地中海地区的各路军队也成为传播鼠疫的重要路
径。由于老鼠身上的跳蚤所携带的鼠疫杆菌是地中海首次鼠疫的传染源，所
以老鼠越多的地方意味着爆发鼠疫的可能性越大。在自然界中，老鼠的生存
与人类密不可分，老鼠与人的数量一般来说成正比例关系。由于在冷兵器时
代，军队的主要组成部分是步兵和骑兵。群居的军营生活令传染病极易在士
兵之中蔓延。于是，除了大批居民聚集的城市及进行商业贸易的商船外，鼠
疫还会跟随军队的调动而传播。

---

① Michael Maas, *The Cambridge Companion to the Age of Justinian*, p. 156.

② Gregory of Tours, *History of the Franks*, Book 9, Chapter 22.

③ Dionysios Ch. Stathakopoulos, *Famine and Pestilence in the Late Roman and Early Byzantine Empire: A Systematic Survey of Subsistence Crises and Epidemics*, p. 118.

④ Warren Treadgold, *A History of the Byzantine State and Society*, p. 248.

事实上，这种传播途径在历史上早已有之，马可·奥里略领导之下的军队在与安息帝国（帕提亚）交战后曾带回瘟疫，由此导致瘟疫在帝国境内的大部地区蔓延。① 查士丁尼时代结束之后的历史也证明了这种传播途径的存在，叙利亚地区大约在638年或639年爆发一次瘟疫，这次瘟疫对阿拉伯军队造成了巨大的影响；据记载，不久后在此地复发的瘟疫导致2.5万名穆斯林战士的死亡，随后瘟疫便传播到了叙利亚剩余地区及伊拉克和埃及。②

在查士丁尼时代的早期阶段，拜占廷帝国军队同时在东西两线作战，东拒波斯帝国、西征汪达尔王国与东哥特王国，试图重新统一地中海世界。正是在拜占廷军队东征西讨的过程中，军队的频繁调动有可能将出征之地的瘟疫带回本土或其所到之处。在拜占廷帝国与波斯帝国进行战争时，有记载称对拜占廷东部边境发动进攻的波斯军队中爆发了疑似"查士丁尼瘟疫"的瘟疫，并导致库萨和被迫与拜占廷签订和约。③ 虽然没有感染者与死亡者的具体数据，这一疑似"查士丁尼瘟疫"症状的疫病肯定给波斯军队带来了不小的麻烦，以致其放弃了进攻计划，并选择立即班师回朝。J. B. 布瑞提到波斯军队感染瘟疫一事对拜占廷与波斯间战局的影响。④ 罗伯特·布朗宁则分析了"查士丁尼瘟疫"爆发前后拜占廷帝国与波斯之间的战争局势，认为"查士丁尼瘟疫"在帝国境内的爆发对帝国的军事事务产生了重大影响。⑤ 在542—543年，拜占廷帝国东部的大部分地区几乎都受到了"查士丁尼瘟疫"的影响，当波斯军队进攻很可能早已成为疫区的帝国东部边境时，其军队感染的应该就是东地中海世界流行的鼠疫。库萨和的大军在撤军途中

---

① Chester G. Starr, *A History of the Ancient World*, p. 591.

② Michael W. Dols, "Plague in Early Islamic History", p. 375.

③ Procopius, *History of the Wars*, Book 2, 24, 6 – 12, pp. 475 – 477.

④ 波斯于542年侵入拜占廷帝国东部边境，之后之所以撤退得那么快，部分原因是因为在波斯军队中爆发了瘟疫。尽管瘟疫爆发，但是波斯国王库萨和仍然开始在543年的春季入侵罗马亚美尼亚地区。而后波斯帝国的大使因生病并未如期到达，波斯军队也因瘟疫的爆发而被迫停止了进军。（J. B. Bury, *History of the Later Roman Empire*, p. 107.）

⑤ 公元542年春，库萨和再度侵入叙利亚北部地区，贝利撒留率军从君士坦丁堡出发迎敌，双方在经过一系列复杂的协商和一些小规模的冲突之后，在并未真正分出胜负的情况下同意进行和谈。一个新因素的出现使得局势发生了突然性的转变，它就是6世纪40年代突然爆发的鼠疫。（Robert Browning, *Justinian and Theodora*, p. 120.）

经过的卡林尼库姆（Callinicum）城也被跟随军队而来的瘟疫所毁灭。[1] 罗伊·波特指出，军队所到之处病原体也随着繁衍扩散。[2] 通过鼠类身上携带着鼠疫杆菌的跳蚤随着军队的行进而在沿途扩散着鼠疫疫情。

拜占廷帝国军队在西地中海地区的征服活动，也成为鼠疫传播的途径。542 年 4—10 月，在哥特战争进入第 8 个年头时，曾经有一支拜占廷军队在德米特里乌斯（Demetrius）的指挥下远赴意大利，并在西西里岛登陆。[3] 而根据史料的记载，西地中海地区正是从 542 年下半年开始影响地中海西部地区，除了商贸活动外，相信军队的移动在鼠疫从东地中海蔓延至西地中海地区的过程中也起到了一定的作用。迪奥尼修斯·Ch. 斯塔萨科普洛斯认为可以通过追踪拜占廷军队的移动发现更多瘟疫传播的可能路线，"在哥特战争的第八年，即 542 年 4—10 月，一支拜占廷军队远赴意大利作战，而正是在军队登上西西里岛后的两三个星期内，瘟疫开始在岛上大规模爆发"[4]。因为缺乏翔实的史料，目前无法判定到底是军队将瘟疫带到了西西里岛，还是因为西西里岛上本身存在着瘟疫的传染源体及传播媒介，在军队登陆西西里岛之后，由于外来人口增加而导致瘟疫的大规模爆发。但根据这支拜占廷军队在 542 年春夏之间的这一作战时间来看，此时地中海东部的大部分地区都已出现鼠疫，而首都君士坦丁堡备受鼠疫之苦，因此或者可以推测，很可能是拜占廷军队将鼠疫带到了西西里岛。同时，也不排除进行西征的战船上一直藏匿着携带着鼠疫杆菌的跳蚤，但并未感染船上的士兵，直到登上西西里岛之后，疫情才开始爆发。

事实上，如果在长途行军途中遇到给养不足的情况，就会导致士兵健康状况不佳，在这种情况下，军营中极有可能出现疫病。由于军队行军过程中的食物补给相对困难，于是，干燥容易保存的食物是其首选，未烤熟的面包在放置一段时间后很可能会变质甚至发霉。[5] 普罗柯比曾记载，6 世纪 30 年

① Warren Treadgold, *A History of the Byzantine State and Society*, p. 197.

② ［英］罗伊·波特：《剑桥插图医学史》（修订版），第 13 页。

③ Procopius, *History of the Wars*, Book 7, 6, 13 – 15, pp. 201 – 203.

④ Dionysios Ch. Stathakopoulos, *Famine and Pestilence in the Late Roman and Early Byzantine Empire: A Systematic Survey of Subsistence Crises and Epidemics*, pp. 291 – 292.

⑤ Ibid. , p. 108.

代，在贝利撒留率领大军前往北非的行军途中，由于士兵食用了未烤熟的面包而引发军营中爆发瘟疫。[①] 迈克尔·W. 杜尔斯则提到 570 年埃塞俄比亚发生过一次通过埃塞俄比亚军队传播的瘟疫事件，而同时期在地中海地区也有相关瘟疫的记载。[②] 由于迈克尔·W. 杜尔斯所提到的这次瘟疫没有具体症状的相关记载，所以无法断定它的发生是否与之前提到的 571—573 年复发的鼠疫有关。但无疑军队的调动是疫病传播的重要途径。理查德·B. 斯托塞斯认为，瘟疫时常会沿着贸易和军事路线进行传播，其传播速度的快慢是由政治和社会条件决定的。[③]

综上所述，鼠疫在公元 6 世纪曾 5 度在拜占廷帝国境内爆发，其影响范围几乎覆盖了整个地中海沿岸地带，甚至西欧的大西洋沿岸和遥远的北欧地区也感受到了它的强大威力。鼠疫在首次爆发及周期性复发的过程中表现出季节性、对患者的选择性、对地区的选择性、高感染率及高死亡率和沿商路和军事路线传播等特性，从而对受灾地区的居民造成严重影响。君士坦丁堡、安条克、亚历山大里亚及罗马等帝国境内的重要城市及众多沿海的商贸城市均多次爆发鼠疫。由于 6 世纪出现的鼠疫不仅波及范围广、强度大，且多次复发，其对地中海周边地区的影响远远超过了 2—4 世纪中爆发的三次瘟疫。[④]

此外，根据史家的记载，地中海周边地区在古代晚期还爆发过数次瘟疫。其一，根据阿米安努斯·马塞林努斯的记载，359 年，由于拥挤的环境、空气和水源被尸体污染，一次瘟疫在阿米达爆发。这次瘟疫的发生十分迅速并且致命，一些人因高烧而死亡，更多的人则因环境恶劣而死亡，最

① Procopius, *History of the Wars*, Book 3, 13, 20, p. 123.

② Michael W. Dols, "Plague in Early Islamic History", p. 375.

③ Richard B. Stothers, "Volcanic Dry Fogs, Climate Cooling, and Plague Pandemics in Europe and the Middle East", p. 720.

④ 鼠疫的影响并未随着 6 世纪的结束而结束，在尼基弗鲁斯的《简史》《7 世纪西叙利亚编年史》和塞奥发尼斯的《编年史》中记载了 7—8 世纪发生的数次鼠疫，如 697 年君士坦丁堡爆发鼠疫（Theophanes, *The Chronicle of Theophanes Confessor: Byzantine and Near Eastern History, AD 284 – 813*, p. 518.）；713 – 716 年，帝国境内再次发生鼠疫（Andrew Palmer translated and introduced, *The Seventh Century in the West-Syrian Chronicles*, pp. 45 – 46.）；747—748 年鼠疫的再次流行（Nikephoros, *Short History*, p. 139.）。

后，在第十天的晚上，随着阵雨的到来，人们的身体健康逐渐恢复。① 阿米安努斯·马塞林努斯详细地记载了瘟疫爆发时城内拥挤和潮湿的环境，根据其提到的信息，这次瘟疫爆发的时间很可能是夏季。事实上，在这种拥挤和湿热的环境中，一旦城内爆发瘟疫，而由于瘟疫死亡的民众的尸体未能得到及时埋葬，并进行防疫措施，城内的环境极可能让更多的人在疾病面前更为脆弱。迪奥尼修斯·Ch. 斯塔萨科普洛斯认为，在过度拥挤的城市内，在湿热的环境中，未得到埋葬的尸体不断腐烂分解，会进一步摧毁居民的健康。② 其二，根据阿米安努斯·马塞林努斯记载，363 年夏季，帝国在东部与波斯作战前线发生瘟疫。③ 其三，378—379 年，伊利里库姆发生瘟疫，这次疾病的性质未能确定。④ 其四，406 年前后，巴勒斯坦地区发生由蝗群引起的疫病，并影响到死海和地中海沿岸。⑤ 其五，根据左西莫斯的记载，408 年年末，在斯提里科（Stilicho，359—408 年，罗马军队高级将领）死后，阿拉里克（Alaric I，370/375—410 年，西哥特国王）再次进攻罗马，切断了罗马与外部的联系。罗马被围困而造成食物的缺乏，而城内堆积的尸体所发出的恶臭也导致很多人的健康受到影响。⑥ 其六，尼基乌主教约翰的《编年史》记载了一次爆发于泽诺时期的瘟疫，死亡居民不计其数。⑦ 其七，阿加皮奥斯记载了 554 年 11 月发生在罗马及附近地区发生流行性疾病。⑧ 其八，根据约翰·马拉拉斯的记载，556 年 12 月，一次瘟疫再次在帝国境内的很多城市蔓延。⑨

---

① Ammianus Marcellinus, *The Surviving Book of the History of Ammianus Marcellinus*, V. 1, 19, 4, 1 – 8, pp. 487 – 489.

② Dionysios Ch. Stathakopoulos, *Famine and Pestilence in the Late Roman and Early Byzantine Empire: A Systematic Survey of Subsistence Crises and Epidemics*, p. 108.

③ Ammianus Marcellinus, *The Surviving Book of the History of Ammianus Marcellinus*, V. 2, 25, 7, 4, p. 531.

④ Dionysios Ch. Stathakopoulos, *Famine and Pestilence in the Late Roman and Early Byzantine Empire: A Systematic Survey of Subsistence Crises and Epidemics*, p. 205.

⑤ Ibid., p. 220.

⑥ Zosimus, *New History*, Book 5, p. 120.

⑦ John of Nikiu, *Chronicle*, Chapter 88, p. 112.

⑧ Agapius, *Universal History*, Part 2, p. 173.

⑨ John Malalas, *The Chronicle of John Malalas*, Book 18, p. 295.

第二章

"上帝的惩罚"——大地震

由于地中海地区位于世界上的第二大火山地震带——地中海至喜马拉雅火山地震带①上，因受到频繁地壳活动②的影响，这一地区较易发生地震、火山喷发和山体滑坡等地质灾害。历史上，就曾有多次强震发生的记录。③

---

① 根据板块构造学说的解释，地中海至喜马拉雅火山地震带是由欧亚板块与非洲板块、印度洋板块所构成的消亡边界形成。因处于板块边界的活跃地带，所以历史上地震、火山喷发等现象频发。此外，环太平洋火山地震带是世界范围最大的火山地震带。拜占廷帝国的绝大部分疆域位于地中海至喜马拉雅火山地震带上，发生地震的可能性极大。根据《世界百科全书》，地中海的很多岛屿是火山活动形成的。该地区的一些火山仍不断喷发。这些火山包括埃特纳火山、斯特龙博利火山和维苏威火山。地球科学家用板块构造学说来解释地震和火山活动。负载欧洲大陆和非洲大陆的两个板块在向对方漂移。两个板块的运动挤压和拉伸了地中海地区的地壳，造成了地震和火山活动。整个地中海地区，尤其是希腊和土耳其西部，经常发生地震（袁大川主编：《世界百科全书》（国际中文版），第4册，第76页）。

② 斯特法诺·罗瑞托等认为，由于与爱琴海下的外壳相联系，希腊弧在历史上就经常发生地震，甚至是大地震，这一地区是整个地中海地区最为活跃的地区。古代世界中最为印象深刻的是365年发生在克里特岛西部的地震，这次地震所引发的海啸影响了整个地中海东部和中部地区（Stefano Lorito, Mara Monica Tiberti, Roberto Basili, Alessio Piatanesi, and Gianluca Valensise, "Earthquake-generated tsunamis in the Mediterranean Sea：Scenarios of potential threats to Southern Italy", *Journal of Geophysical Research*, 2008, V. 113, p. 7）。吕晓健等认为东地中海地震区西半部的地震震源机制是：希腊弧上的逆断裂活动；希腊弧以北的希腊和爱琴海广大地区出现的拉张正断裂活动。东地中海地震区东半部的地震震源机制是：土耳其东部的走滑断裂活动。东地中海地震区西半部的陆—陆板块碰撞边界是：非洲板块向北于欧亚板块碰撞俯冲，边界是希腊弧。东地中海地震区东半部的陆—陆板块碰撞边界是：阿拉伯板块向北、西于欧亚板块碰撞俯冲，边界是东安纳托利亚走滑断层（吕晓健、邵志刚、赫平等：《东亚大陆、西亚大陆和东地中海地区地震活动性异同的初步综述》，第89页）。

③ 古代世界七大奇迹中的空中花园（伊拉克巴比伦）、摩索拉斯王陵墓（土耳其哈利卡纳苏斯）、亚历山大里亚灯塔（埃及亚历山大）和太阳神铜像（希腊罗得岛）均位于地中海至喜马拉雅火山地震带上，这四大奇迹分别在地震中被毁（此条信息来自英文维基百科，查询时间为2013年8月30日）。此外，根据迪奥·卡西乌斯的记载，在安东尼统治期间，约150—155年，比提尼亚（Bithynia）和达达尼尔海峡（Hellespont）地区发生强烈地震，很多附近城市被毁，其中受损尤为严重的是基奇科斯（Cyzicus）。地震甚至引起了疑似海啸事件的发生（Dio's, *Roman History*, V. 8, Book 69, p. 473.）；根据约翰·马拉拉斯的记载，比提尼亚的尼科美迪亚（Nicomedia）分别于康茂德统治时期（Commodus, 180—192年在位）和克劳迪乌斯二世统治时期（Claudius Apollianus, 268—270年在位）发生强烈地震（John Malalas, *The Chronicle of John Malalas*, Book 12, p. 153；Book 12, p. 163.）。

作为古代社会中后果极为严重的自然灾害①，地震通过破坏建筑物结构并引发海啸、泥石流、火灾和瘟疫等次生灾害而给受灾地区造成巨大的人口和财产损失。古代晚期地中海地区的地震灾害更为频发，且其中数次地震的影响范围突破了个别城市和地区的限制，给这一地区居民的日常生活带来了严重影响。

第一节　3世纪后期至4世纪地中海地区的地震

3世纪后期至4世纪，在戴克里先、君士坦丁一世等皇帝的努力之下，帝国的内外局势较为稳定。正是在这一时期中，根据已掌握的文献资料的记载，地中海周边地区共发生了约14次地震，其中尤其以340—341年、358年、365年的地震影响范围广、强度大，引起了很多史家的关注。②

根据约翰·马拉拉斯的记载，塞浦路斯（Cyprus）的萨拉米斯（Salamias）城于君士坦提乌斯一世统治时期（Constantius Chlorus，293—305年间是恺撒，305—306年是皇帝）发生地震。③ 萨拉米斯地震的具体发生时间不明，根据君士坦提乌斯一世的统治时间判断，这次地震很可能发生在3世纪末4世纪初。根据塞奥发尼斯的记载，319年前后，亚历山大里亚发生地震，造成了多处房屋倒塌和巨大的人员伤亡。④ 332年，塞浦路斯再度发生地震，萨拉米斯城被地震夷平，造成了很大的人员伤亡。⑤ 根据约翰·马拉拉斯和尼基乌主教约翰的记载，在君士坦丁一世统治时期（Constantine I，306—337年在位），奥斯若恩（Osrhoene）和尼西亚（Nicaea，小亚细亚西

---

① Mischa Meier, "Perceptions and Interpretations of Natural Disasters during the Transition from the East Roman to the Byzantine Empire", p. 180.

② 这三次强震的影响范围详见文后图表"图3"：340—341年、358年、365年强烈地震影响城市及地区。

③ John Malalas, *The Chronicle of John Malalas*, Book 12, p. 170. 据估计，这次地震引起了萨拉米斯的海啸事件，发生地区的地理坐标为：东经35°30′，北纬33°54′；海啸级别为9—10级。（Anna Fokaefs, Gerassimos A. Papadopoulos, "Tsunami Hazard in the Eastern Mediterranean: Strong Earthquakes and Tsunamis in Cyprus and the Levantine Sea", p. 506.）

④ Theophanes, *The Chronicle of Theophanes Confessor: Byzantine and Near Eastern History*, *AD 284 – 813*, p. 29.

⑤ Ibid., p. 48.

北部古城）发生强烈地震。①

4世纪40年代，地中海周边地区发生了多次强震。根据苏克拉底斯的记载，340—341年，帝国的东方大区发生强烈地震，其中，安条克受创尤为严重，震动持续了整整一年的时间。② 这次地震引起了众多史家的关注，索佐门、阿加皮奥斯和塞奥发尼斯也记载下安条克遭受地震打击的情况，与苏克拉底斯的记载基本吻合。③ 在这次地震中，安条克及周边地区受到严重影响。④

根据塞奥发尼斯的记载，塞浦路斯地区、新凯撒利亚（Neocaesarea）及罗德岛（Rhodes）、达尔马提亚（Dalmatia）的迪拉休姆城（Dyrrachium）分别于342年、344年和346年发生地震。⑤ 而在346年迪拉休姆发生地震的同时，位于亚平宁半岛上的坎帕尼亚（Campania）的12座城市也受到地震影响，其中罗马城经历了3天的震颤。⑥ 此外，塞奥发尼斯还记载了348年位于腓尼基的贝鲁特城发生地震的情况。⑦

4世纪50年代后期，东地中海地区发生了一次大范围地震。这次地震的影响范围广、强度大，引起了阿米安努斯·马塞林努斯、苏克拉底斯、约翰·马拉拉斯等史家的极大关注。阿米安努斯·马塞林努斯提到："358年8月24日黎明时分，比提尼亚的首府尼科美地亚发生强烈地震，地震还影响到了小亚细亚、马其顿和本都（Pontica，小亚细亚地区，靠近黑海沿岸）等地区，伴随着大风和海浪的地震摧毁了城市和郊区，居民死伤无数、建筑物大量倒塌，而震后发生的火灾则焚毁了城市剩余的一切。"⑧ 苏克拉底斯所

① John Malalas, *The Chronicle of John Malalas*, Book 13, p. 176; John of Nikiu, *Chronicle*, Chapter 78, p. 70.

② Socrates, *The Ecclesiastical History*, Book 2, Chapter 10, p. 40.

③ Sozomen, *The Ecclesiastical History*, Book 3, Chapter 6, p. 286; Agapius, *Universal History*, Part 2, p. 113. Theophanes, *The Chronicle of Theophanes Confessor: Byzantine and Near Eastern History*, AD 284 – 813, p. 60.

④ 据估计，安条克的地震震级可能达到了6—7级；贝鲁特为7级（Mohamed Reda Sbeinati, Ryad Darawcheh and Mikhail Mouty, "The Historical Earthquakes of Syria: an Analysis of Large and Moderate Earthquakes from 1365 B. C. to 1900 A. D. ", p. 385.）。

⑤ Theophanes, *The Chronicle of Theophanes Confessor: Byzantine and Near Eastern History*, AD 284 – 813, pp. 61 – 63.

⑥ Ibid., p. 63.

⑦ Ibid., p. 65.

⑧ Ammianus Marcellinus, *The Surviving Book of the History of Ammianus Marcellinus*, V. 1, 17, 7, 1 – 8, pp. 341 – 345.

记载的地震发生时间为 358 年 8 月 28 日，与阿米安努斯·马塞林努斯提供的时间略有出入，苏克拉底斯补充道，尼科美地亚主教塞克罗匹乌斯（Cecropius）在地震中丧生①。对于这次地震，索佐门记载："358 年，尼西亚、皮林塔斯（Perinthus）和君士坦丁堡等城市都遭遇到大地震的打击，尼科美地亚主教塞克罗匹乌斯在地震中丧生。"② 而塞奥发尼斯的《编年史》《复活节编年史》和《埃德萨编年史》则记载这次地震的发生时间为 359 年③，塞奥发尼斯的《编年史》和《复活节编年史》均提到尼科美地亚主教塞克罗匹乌斯在地震中丧生。④

4 世纪 60 年代，尼科美地亚、君士坦丁堡、尼西亚等地再次发生强震。据阿米安努斯·马塞林努斯记载，"362 年 12 月 2 日黄昏时刻，尼科美地亚自上次地震后剩余的部分被地震损毁，尼西亚的部分地区也受到这次地震的影响"⑤。

其中，365 年君士坦丁堡发生的强烈地震及海啸事件更是受到了史家们的广泛关注。阿米安努斯·马塞林努斯这样记载这次事件："365 年 7 月 21 日黎明后不久，伴随着持续性且大规模的闪电和雷声，坚固的地面被震裂，海水由于陆面巨大的力量而被击退。随后，海水猛烈地涌向内陆，淹没了众多城市中无数的建筑物和一切它们能够达到的物品，杀死了成千上万的人。由于巨大的冲击，一些大型船只着陆在建筑物的顶部，其中的一些船只甚至在陆地上前进了几乎 2 里的距离。"⑥ 苏克拉底斯也详细记载了这次事件，他提到："公元 365 年，当瓦伦斯在叙利亚之时，君士坦丁堡出

---

① Socrates, *The Ecclesiastical History*, Book 2, Chapter 39, p. 67.

② Sozomen, *The Ecclesiastical History*, Book 4, Chapter 16, p. 310.

③ Theophanes, *The Chronicle of Theophanes Confessor: Byzantine and Near Eastern History, AD 284 – 813*, p. 75; Michael Whitby and Mary Whitby translated, *Chronicon Paschale, 284 – 628 AD*, p. 33; Roger Pearse transcribed, *Chronicle of Edessa*, p. 32.

④ Ibid.

⑤ Ammianus Marcellinus, *The Surviving Book of the History of Ammianus Marcellinus*, V. 2, 22, 13, 5, p. 271. 此外，阿加皮奥斯也提到一次强震的发生情况，363 年，即尤里安（弗拉维乌斯·克劳狄乌斯·尤利安努斯，361—363 年在位）统治的最后一年，一个狂风大作的夜晚，毁坏了所有的建筑。随后，一次强烈地震发生，将 22 个城市吞噬（Agapius, *Universal History*, Part 2, p. 125.）。

⑥ Ammianus Marcellinus, *The Surviving Book of the History of Ammianus Marcellinus*, V. 2, 26, 10, 15 – 19, pp. 649 – 651.

现了一个名叫普罗科匹乌斯的僭位者，他在极短的时间里集结了一支大军，打算征伐皇帝。这个消息在皇帝的心中引起了极度的焦虑，并暂时停止了已经开始的对所有敢于不同意他观点的人的迫害。当人们正在痛苦地预见一场内战的骚乱时，地震发生了，许多城市受到了巨大损害。大海也改变了通常的分界线，在许多地方漫淹至如此程度，以致船只可以在原来是道路的地方航行；而海水从许多地方退去，以致那里干涸见底。"[1] 《复活节编年史》、阿加皮奥斯、尼基乌主教约翰等记载下这次地震发生的情况，并都提到海啸伴随着地震同时发生。[2] 由此可见，365 年 7 月 21 日发生的这次地震，必定引发了海啸，并造成地中海大片区域受灾。对于这次严重地震及海啸的发生原因，诺尔·伦斯基指出："365 年 7 月 21 日地震及海啸事件发生的直接诱因是克里特岛西部发生的地震，随后引起了向西、西北部影响西西里和向东、东南部影响埃及的海啸事件。据记载，超过 100 个城市在海啸中受到影响。直到今天，通过放射性碳素对海洋生物化石的测定，克里特西海岸仍然有着 365 年海水突然抬高 9 米的明显迹象。"[3] 根据现代学者对地震发生机制的研究，365 年 7 月 21 日的地震和海啸事件的起因是希腊弧的西部断裂。[4]

在君士坦丁堡遭遇强震和海啸打击之后不到一年的时间，地中海地区再次发生强烈地震。塞奥发尼斯提到："366/367 年发生了一次范围广大的地震，地震令停泊在亚历山大里亚港口的船只移至高楼或城墙的顶部，并且落入到城内的庭院和住宅中。有水手提到，当他们正行驶在亚得里亚海（位于亚平宁半岛与巴尔干半岛之间）中时，突然遇见大浪，他们的船只很快就搁

---

① Socrates, *The Ecclesiastical History*, Book 4, Chapter 3, p. 97.

② 《复活节编年史》中这样记载，365 年 7 月，大海离开了原来的界限，与往常不同（Michael Whitby and Mary Whitby translated, *Chronicon Paschale, 284 – 628 AD*, p. 46.）；阿加皮奥斯提到，君士坦丁堡于 364 年发生地震，很多区域塌陷，尼西亚的部分地区也受到地震影响（Agapius, *Universal History*, Part 2, p. 129.）；尼基乌主教约翰记载，在瓦伦提尼安一世统治时期（Valentinian I, 364—375 年在位），尼西亚发生地震，并引起了疑似海啸的事件（John of Nikiu, *Chronicle*, Chapter 82, p. 84.）。阿加皮奥斯所提到的 364 年的年份很可能是作者的笔误，其所记载的 364 年君士坦丁堡和尼西亚遭受地震打击的情况应该与阿米安努斯·马塞林努斯、苏克拉底斯所记载的 365 年地震属于同一次。

③ Noel Lenski, *Failure of Empire: Valens and the Roman State in the Fourth Century A. D.*, p. 387.

④ Anna Fokaefs, Gerassimos A. Papadopoulos, "Tsunami Hazard in the Eastern Mediterranean: Strong Earthquakes and Tsunamis in Cyprus and the Levantine Sea", pp. 520 – 521.

浅在海床上。"① 根据塞奥发尼斯的记载，366/367 年的地震和海啸事件的辐射范围从亚历山大里亚到亚得里亚海地区，可见这次地震影响范围广大。根据塞奥发尼斯记载地震及海啸的发生时间及情况，笔者认为，塞奥发尼斯所记载的 366/367 年的这次地震及海啸极有可能就是 365 年 7 月 21 日发生的地震和海啸，或是由前次地震的余震所引起。

不久之后，在瓦伦斯（Valens，364—378 年在位）统治期间，比提尼亚的尼西亚于公元 367 年 9 月 11 号发生地震。② 368 年，尼西亚再次发生地震，随后不久，赫勒斯滂特（达达尼尔海峡）城市日尔玛（Germa）的大部分地区又被地震损毁。③《复活节编年史》中也提到了 368 年 9 月尼西亚遭受地震打击的情况。④ 367—368 年辐射范围广大的东地中海地区地震的发生很可能是 365 年影响君士坦丁堡和尼西亚等地地震的余震。

在 4 世纪 40—60 年代的地震高发期过后，地中海地区在 375 年及 395 年前后发生了几次地震⑤，影响强度较之前为轻。

第二节   5 世纪地中海地区的地震

5 世纪，在塞奥多西王朝和利奥王朝的统治之下，帝国东西部发展形势迥异，在外部势力的压力之下，帝国西部政府无力继续维系秩序，而帝国东

---

① Theophanes, *The Chronicle of Theophanes Confessor: Byzantine and Near Eastern History, AD 284 – 813*, p. 87.

② John Malalas, *The Chronicle of John Malalas*, Book 13, p. 186. 索佐门提到，当西部的瓦伦提尼安（364—375 年在位）有一个儿子降生的同时，比提尼亚的尼西亚发生地震（Sozomen, *The Ecclesiastical History*, Book 6, Chapter 10, p. 352.）。

③ Socrates, *The Ecclesiastical History*, Book 4, Chapter 11, p. 100.

④ Michael Whitby and Mary Whitby translated, *Chronicon Paschale, 284 – 628 AD*, p. 46.

⑤ 根据左西莫斯的记载，在瓦伦提尼安去世后不久，375—376 年间，克里特和希腊地区受到地震影响（Zosimus, *New History*, Book 4, p. 103.）；马塞林努斯则记载，394 年 9 月至 11 月期间以及 396 年，地中海周边的很多地区遭遇了持续性的强震（Marcellinus, *The Chronicle of Marcellinus*, p. 6.）；《叙利亚编年史》中则记载在塞奥多西一世去世的时候，即 395 年，帝国境内发生多次地震（Zachariah of Mitylene, *Syriac Chronicle*, Book 2, p. 38.）；尼基乌主教约翰记载，在塞奥多西一世（379—395 年在位）统治期间，发生了一次地震，皇帝十分悲伤（John of Nikiu, *Chronicle*, Chapter 84, p. 95.）。395 年前后地震中，安条克的地震震级为 5—6 级（Mohamed Reda Sbeinati, Ryad Darawcheh and Mikhail Mouty, "The Historical Earthquakes of Syria: An Analysis of Large and Moderate Earthquakes from 1365 B. C. to 1900 A. D. ", p. 386.）。

部则进入了一段相对稳定的发展时期。根据已掌握的文献资料，5 世纪，地中海地区共发生了 22 次地震，其中，史家们对 447 年、457 年、467 年发生的几次强震记载得尤为详细。①

据马塞林努斯、塞奥发尼斯和《复活节编年史》的记载，在 5 世纪的第 1 个十年中，君士坦丁堡和罗马发生地震。② 其后不久，据《复活节编年史》的记载，417 年 4 月 20 日夜，小亚细亚地区的吉比拉（Cibyra）发生强震。③ 419 年，巴勒斯坦地区的很多城市和农村地区在地震中受创严重。④ 423 年 4 月，地中海周边地区发生地震，这次地震引起了马塞林努斯、《复活节编年史》和约翰·马拉拉斯的关注。⑤ 随后，君士坦丁堡于 436 年、438 年发生了两次强震。⑥

5 世纪 40 年代，地中海地区进入到一个地震高发期。442 年 4 月 17 日，亚历山大里亚发生地震。⑦ 447 年，君士坦丁堡及周边的很多城市都受到了一次大地震的影响。马塞林努斯提到，这次地震事件的发生时间是 447 年 1 月 26 日，星期天的清晨，受影响最为严重的地区是接近君士坦丁城墙至塞奥多西广场之间的区域。地震导致"长城"受损，君士坦丁堡城墙的 57 个

---

① 可参见文后图表"图 4"：447 年、457 年、467 年强震的影响范围。

② 402 年，君士坦丁堡发生一次强烈地震（Marcellinus, *The Chronicle of Marcellinus*, p. 8.）；407 年，散提苛月（Xanthicus 月，犹太历的正月，大约相当于公历的 3—4 月），帝国境内发生地震，地震造成了很大的损失（Michael Whitby and Mary Whitby translated, *Chronicon Paschale*, *284 – 628 AD*, pp. 60 – 61.）；408 年，罗马发生地震，震动持续了 7 天（Theophanes, *The Chronicle of Theophanes Confessor*: *Byzantine and Near Eastern History*, *AD 284 – 813*, p. 123.）；对 408 年罗马地震进行记载的还有马塞林努斯，他提到，罗马的"和平广场"连续 7 天受到了地震的打击（Marcellinus, *The Chronicle of Marcellinus*, p. 10.）。

③ Michael Whitby and Mary Whitby translated, *Chronicon Paschale*, *284 – 628 AD*, p. 64. 马塞林努斯也有类似记载（Marcellinus, *The Chronicle of Marcellinus*, p. 12.）。

④ Marcellinus, *The Chronicle of Marcellinus*, p. 12.

⑤ 马塞林努斯提到，这次地震的发生造成了粮食短缺。地震很可能发生在 4 月 7 日（Marcellinus, *The Chronicle of Marcellinus*, p. 13.）；《复活节编年史》提到，这次地震发生时间是 423 年 4 月的一个星期一（Michael Whitby and Mary Whitby translated, *Chronicon Paschale*, *284 – 628 AD*, p. 70.）；约翰·马拉拉斯提到，在塞奥多西二世统治时期，克里特岛发生了严重地震（John Malalas, *The Chronicle of John Malalas*, Book 14, p. 196.）。

⑥ Agapius, *Universal History*, Part 2, p. 156；Theophanes, *The Chronicle of Theophanes Confessor*: *Byzantine and Near Eastern History*, *AD 284 – 813*, p. 145.

⑦ Theophanes, *The Chronicle of Theophanes Confessor*: *Byzantine and Near Eastern History*, *AD 284 – 813*, p. 150.

塔楼在地震中坍塌。① 对于这次地震的发生情况，埃瓦格里乌斯与马塞林努斯的记载基本吻合，埃瓦格里乌斯补充道，比提尼亚、达达尼尔海峡、弗里吉亚（Phrygia）等地区也在地震中受创严重。② 而《复活节编年史》和约翰·马拉拉斯的《编年史》中则侧重于记载地震发生后，政府、教会和民众的活动情况。③

5 世纪 50 年代，特里波利斯（Tripolis，位于小亚细亚），君士坦丁堡、安条克等地发生地震。根据约翰·马拉拉斯《编年史》和《复活节编年史》的记载，450 年，特里波利斯和君士坦丁堡遭遇地震袭击。④ 之后不久，根据埃瓦格里乌斯的记载，458 年，即利奥一世统治的第二年，安条克遭遇了一次大地震。这次地震发生在 9 月 14 日晚上 4 点左右，礼拜日的前夜。因为新城的建筑物十分稠密，地震几乎摧毁了安条克的全部建筑。⑤ 根据约翰·马拉拉斯《编年史》记载，"457 年 9 月 13 日，星期日的拂晓，安条克再次发生强烈地震，城内的建筑物几乎无一幸免"⑥。米提尼的扎卡里亚记载下这次地震的发生情况，还提到火灾与地震同时发生。⑦ 塞奥发尼斯、阿加皮奥斯和尼基乌主教约翰均记载下这次地震的发生情况。⑧ 对于安条克地震的爆发时间，虽埃瓦格里乌斯未亲身经历 5 世纪 50 年代爆发的这次强震，

---

① Marcellinus, *The Chronicle of Marcellinus*, p. 19.

② Evagrius Scholasticus, *The Ecclesiastical History of Evagrius Scholasticus*, Book 1, Chapter 17, pp. 44 – 45.

③ 《复活节编年史》中提到，因为地震持续了一段时间，所以没有人敢待在家里，而是从城市中逃离，因为害怕，人们日夜颂唱着（Michael Whitby and Mary Whitby translated, *Chronicon Paschale*, *284 – 628 AD*, p. 76.）；约翰·马拉拉斯记载，灾难过后，皇帝光着脚与元老院、教士和民众一起祈祷了数日（John Malalas, *The Chronicle of John Malalas*, Book 14, p. 199.）。

④ 450 年 9 月的一个夜晚，特里波利斯发生地震（John Malalas, *The Chronicle of John Malalas*, Book 14, p. 201.）。450 年 1 月 26 日晚，君士坦丁堡发生地震（Michael Whitby and Mary Whitby translated, *Chronicon Paschale*, *284 – 628 AD*, p. 79.）。

⑤ Evagrius Scholasticus, *The Ecclesiastical History of Evagrius Scholasticus*, Book 2, Chapter 12, pp. 94 – 96.

⑥ John Malalas, *The Chronicle of John Malalas*, Book 14, p. 202.

⑦ Zachariah of Mitylene, *Syriac Chronicle*, Book 3, p. 60. 除米提尼的扎卡里亚外，尼基乌主教也记载了这次安条克地震的发生情况，作者还提到君士坦丁堡发生了雷雨天气，闪电造成了火灾的发生（John of Nikiu, *Chronicle*, Chapter 88, p. 109.）。

⑧ Theophanes, *The Chronicle of Theophanes Confessor: Byzantine and Near Eastern History, AD 284 – 813*, p. 170; Agapius, *Universal History*, Part 2, p. 159; John of Nikiu, *Chronicle*, Chapter 88, p. 109.

但由于他长期生活在安条克城，故以其所记载的时间为准，即458年9月14日晚。450年及458年地震的强度均较大，其中，458年9月影响安条克的地震强度尤其巨大①。

5世纪60年代，基奇科斯（Cyzicus，位于马尔马拉海南部海岸，紧靠君士坦丁堡）、拉文纳、色雷斯和达达尼尔海峡附近地区发生地震。根据马塞林努斯《编年史》的记载，460年，基奇科斯发生地震，城镇的围墙在地震中受损。② 467年，拉文纳（Ravenna）发生一次地震。③ 根据埃瓦格里乌斯的记载，在东部的罗马人正在进行斯基泰战争（Scythian War）的同时，色雷斯、达达尼尔海峡、爱奥尼亚、基克拉迪群岛（Cyclades）等地区发生地震，这次地震的威力极大，甚至翻转了尼多斯（Cnidus，小亚细亚西南部城市）和克里特岛的地面。④ 埃瓦格里乌斯记载的这次影响范围广泛的地震的发生时间尚未确定，从埃瓦格里乌斯提到的罗马人所进行的斯基泰战争的发生时间推测，这次地震的发生时间应为467年或469年前后。⑤

5世纪70年代后期，叙利亚城市加巴拉（Gabala）和君士坦丁堡发生地震。根据约翰·马拉拉斯和尼基乌主教约翰的记载，476年，加巴拉发生地震。⑥ 479年，君士坦丁堡发生强震。城内的三角柱廊（Troad porticoes）和很多教堂在地震中倒塌，位于陶鲁斯广场（forum of Taurus）的塞奥多西一世雕像坍塌，倒塌的建筑物将很多人埋葬。这次地震发生的准确时间应该是

---

① 在450年地震中，特里波利斯的地震震级达到了6—7级；458年9月地震中，安条克的地震震级达到了7—9级（Mohamed Reda Sbeinati, Ryad Darawcheh and Mikhail Mouty, "The Historical Earthquakes of Syria: An Analysis of Large and Moderate Earthquakes from 1365 B. C. to 1900 A. D. ", p. 386. ）。

② Marcellinus, *The Chronicle of Marcellinus*, p. 23.

③ Ibid. , p. 24.

④ Evagrius Scholasticus, *The Ecclesiastical History of Evagrius Scholasticus*, Book 2, Chapter 14, p. 97. 在《晚期罗马帝国古典化史家残卷》中有普利斯库斯的一段关于这次地震的记载："当罗马和斯基泰人的战争刚开始的时候，色雷斯、达达尼尔海峡、爱奥尼亚和基克拉迪群岛发生了一次地震。地震过后，尼多斯和克里特岛被毁"（R. C. Blockley, *The Fragmentary Classicizing Historians of the Late Roman Empire: Eunapius, Olympiodorus, Priscus and Malchus*, II, p. 355. ）。

⑤ 马塞林努斯《编年史》的译者布莱恩·克罗克认为，埃瓦格里乌斯所记载的这次地震是与460年发生于基奇科斯的地震属于同一次地震灾害。（Marcellinus, *The Chronicle of Marcellinus*, p. 23. ）

⑥ 约翰·马拉拉斯提到，加巴拉地震的发生时间为9月某天的拂晓（John Malalas, *The Chronicle of John Malalas*, Book 15, p. 209）；尼基乌主教约翰记载加巴拉地震发生于泽诺（Zeno, 474—491年在位）统治期间（John of Nikiu, *Chronicle*, Chapter 88, p. 112. ）。

479 年 9 月 24 日。①

5 世纪 80 年代后期至 90 年代后期，地中海东部地区发生了多次地震。根据《复活节编年史》的记载，487 年 9 月 26 日，尼科美地亚发生地震，比提尼亚的德莱帕那（Drepana）也受到地震影响。② 同年，君士坦丁堡发生地震。③ 约翰·马拉拉斯也记载了这次地震的发生情况。④ 494 年，劳迪西亚（Laodicea，叙利亚最大海港拉塔基亚的古名）、希拉波利斯（Hierapolis，小亚细亚西南部）和特里波利斯等地在几乎同一时间发生地震。⑤ 498 年 9 月，叙利亚地区发生了一次强震，很多城镇和村庄都有震感，这次地震甚至影响到了幼发拉底河流域。⑥ 499 年，本都和尼科波利斯（Nicopolis）发生地震。⑦

第三节 6 世纪地中海地区的地震

6 世纪是地中海地区地震的高发期。根据目前可以搜集到的资料，我们发现，整个 6 世纪，地中海周边地区一共发生了 22 次强度不一的地震，其中，发生于 518 年、526 年、528 年、550—551 年、554 年、557 年、582 年、588 年地震的影响程度尤其严重。此外，还有约 10 次无具体发生地点的地震记载。

6 世纪前 20 年，新凯撒利亚（Neocaesarea）、罗德岛（Rhodes，希腊东南端佐泽卡尼索斯群岛中最大的岛屿）、达尔达尼亚（Dardania）行省等地区先后受到地震的侵害。根据塞奥发尼斯的记载，502 年，新凯撒利亚发生

---

① Marcellinus, *The Chronicle of Marcellinus*, p. 27. 塞奥发尼斯也记载下君士坦丁堡的这次地震，他提到地震的发生时间是 478 年 9 月 25 日（Theophanes, *The Chronicle of Theophanes Confessor: Byzantine and Near Eastern History*, AD 284 – 813, p. 193.）。

② Michael Whitby and Mary Whitby translated, *Chronicon Paschale*, 284 – 628 AD, p. 96.

③ Ibid. , p. 97.

④ John Malalas, *The Chronicle of John Malalas*, Book 15, p. 213.

⑤ Marcellinus, *The Chronicle of Marcellinus*, p. 31. 在这次地震中，安条克的地震震级为 7 级；特里波利斯为 6—7 级（Mohamed Reda Sbeinati, Ryad Darawcheh and Mikhail Mouty, "The Historical Earthquakes of Syria: an Analysis of Large and Moderate Earthquakes from 1365 B. C. to 1900 A. D. ", p. 387.）。

⑥ Frank R. Trombley and John W. Watt translated, *The Chronicle of Pseudo-Joshua the Stylite*, p. 32.

⑦ Marcellinus, *The Chronicle of Marcellinus*, p. 32; Roger Pearse transcribed, *Chronicle of Edessa*, p. 36.

地震，地震令城市几乎全部崩塌。① 505 年，君士坦丁堡发生地震，将塞奥多西一世的雕像震塌。② 根据埃瓦格里乌斯的记载，514 年，罗德岛在一个深夜发生强烈地震。③ 马塞林努斯在其《编年史》中记载，518 年，达尔达尼亚行省 24 个要塞在地震中倒塌。其中 2 个要塞的房屋和他们的居民在地震中被全部埋葬，其他的要塞受损程度不一，但情况均十分严重，以致一些相邻地区的居民因为害怕而搬迁。④

6 世纪 20 年代，地中海周边地区进入了一个地震高发期。⑤ 520 年新埃庇鲁斯（Nova Epirus）的迪拉休姆（Dyrrachium，现阿尔巴尼亚的都拉斯）发生地震，科林斯也受到了这次地震的影响。随后不久，521 年，西里西亚的阿纳扎尔博斯（Anazarbus）发生地震。⑥

526 年 5 月，一次强震袭击了地中海东部重要城市安条克，两年后的 528 年 11 月，安条克再次发生强震。因这两次地震的破坏力极强，引起了绝大部分当时史家的关注。约翰·马拉拉斯记载："526 年 5 月，安条克遭受了一次巨大灾难，地面被烤焦，建筑物在地震中倒塌，并被大火烧为灰烬。

① Theophanes, *The Chronicle of Theophanes Confessor: Byzantine and Near Eastern History*, AD 284 – 813, p. 223. 在新凯撒利亚地震发生之前，阿加皮奥斯和米提尼的扎卡里亚记载 501 年地中海地区发生地震，但未提及地震影响的具体地点（Agapius, *Universal History*, Part 2, p. 164; Zachariah of Mitylene, *Syriac Chronicle*, Book 7, p. 151.）。除了新凯撒利亚外，根据《507 年柱顶修士约书亚以叙利亚文编撰的编年史》的记载，推罗、西顿等地也受到这次地震的影响（Joshua the Stylite, *Chronicle Composed in Syriac in AD 507: A History of the Time of Affliction at Edessa and Amida and Throughout all Mesopotamia*, Chapter 47, p. 37.）。

② 约翰·马拉拉斯和塞奥发尼斯在其各自的作品中都提到这次地震的发生（John Malalas, *The Chronicle of John Malalas*, Book 16, p. 225; Theophanes, *The Chronicle of Theophanes Confessor: Byzantine and Near Eastern History*, AD 284 – 813, p. 228.）。

③ Evagrius Scholasticus, *The Ecclesiastical History of Evagrius Scholasticus*, Book 3, Chapter 43, p. 195. 约翰·马拉拉斯提到，这次地震发生于阿纳斯塔修斯一世统治时期，是罗德岛第 3 次发生地震，皇帝对灾区的幸存者和城市重建的工作十分慷慨（John Malalas, *The Chronicle of John Malalas*, Book 16, pp. 227 – 228.）。

④ Marcellinus, *The Chronicle of Marcellinus*, p. 39.

⑤ 详情可见文后图表"图 5"：6 世纪前 30 年地震发生时间和影响地区。

⑥ John Malalas, *The Chronicle of John Malalas*, Book 16, Book 17, p. 237. 埃瓦格里乌斯也关注到了 520—521 年迪拉休姆、科林斯和阿纳扎尔博斯的地震发生情况，还提到在阿纳扎尔博斯发生地震的同时，奥斯若恩的重要城市埃德萨发生大水灾（Evagrius Scholasticus, *The Ecclesiastical History of Evagrius Scholasticus*, Book 4, Chapter 8, pp. 207 – 208.）。而另一位史家塞奥发尼斯则记载下阿纳扎尔博斯发生地震以及埃德萨遭受水灾等相似的内容，但其记载地震发生的时间是 524 年（Theophanes, *The Chronicle of Theophanes Confessor: Byzantine and Near Eastern History*, AD 284 – 813, p. 262.）。这里按约翰·马拉拉斯和埃瓦格里乌斯的记载为准。

城内除了少许建筑物和山，几无全瓦，很多神圣的教堂等都被付诸一炬。安条克城内始建于君士坦丁一世时期的大教堂，在这场大灾难中屹立了七天，而后也未能经受住大火的考验而倒塌。"[1] 由于盛大的节日吸引了很多外地人，在这场灾难中，共有 25 万人丧生。[2] 普罗柯比提到，安条克发生大地震，全城均有震感，大多数建筑物倒塌、城市被毁，据说有 30 万人在地震中丧生。[3] 除了安条克之外，普罗柯比在其另一部作品《秘史》中还提到本都城市阿马西亚（Amasia）、弗里吉亚的波利波图斯（Polybotus）、埃庇鲁斯（Epirus）的林科尼都斯（Lychnidus）等也在地震中受损，而这些受到地震影响的城市均为人口稠密的城市。[4] 塞奥发尼斯、马塞林努斯、以弗所的约翰、尼基乌主教约翰、《复活节编年史》《叙利亚编年史》《埃德萨编年史》都较为详细地记载了 526 年安条克地震的发生情况。[5] 在 526—528 年间，安条克附近地区又发生了多次地震。在地震中，塞琉西亚（Seleukeia）和安条克郊区达芙涅（Daphne）的建筑物也不同程度的倒塌。[6] 526 年安条克地震引起了众多史家的关注，想必其强度一定很大。据估计，526 年地震中，安条克的震级很可能达到了 8 级，达芙涅和塞琉西亚也达到了 7 级。[7]

①　John Malalas, *The Chronicle of John Malalas*, Book 17, pp. 238 – 239.

②　Ibid., p. 240.

③　Procopius, *History of the Wars*, Book 2, 14, 5 – 7, p. 383.

④　Procopius, *The Anecdota or Secret History*, Book 18, Chapter 42, p. 225.

⑤　塞奥发尼斯提到，526 年 5 月 26 日，安条克发生地震，城市成为这里居民的坟墓。主教幼法拉修斯（Euphrasios）也在地震中死亡（Theophanes, *The Chronicle of Theophanes Confessor: Byzantine and Near Eastern History*, AD 284 – 813, pp. 263 – 264）。马塞林努斯提到，这次地震的发生时间很可能是 5 月 29 日，有 25 万人在地震中死去（Marcellinus, *The Chronicle of Marcellinus*, p. 42.）。以弗所的约翰提到，安条克主教幼法拉修斯在这次地震中丧生，接任者是阿米达的以法姆（Ephraim）（John of Ephesus, *Ecclesiastical History*, Part 3, Book 1, p. 79.）。尼基乌主教约翰则提到地震之后的火灾将整个城市的剩余部分燃烧殆尽（John of Nikiu, *Chronicle*, Chapter 90, p. 135.）。《复活节编年史》中提到，安条克地震的发生时间大约是在凌晨两点左右（Michael Whitby and Mary Whitby translated, *Chronicon Paschale*, 284 – 628 AD, p. 195.）。《叙利亚编年史》中提到 526 年的地震是安条克所遭受的一次少有的强震，同时逼真描述了地震发生之时，民众正参加宴会，嘴里咀嚼着食物的同时，房屋突然倒塌的场景（Zachariah of Mitylene, *Syriac Chronicle*, Book 8, p. 205.）。《埃德萨编年史》中则提到，这次地震发生时间为 526 年 5 月 29 日，星期五，地震令城内的居民遭遇了灭顶之灾（Roger Pearse transcribed, *Chronicle of Edessa*, p. 38.）。

⑥　John Malalas, *The Chronicle of John Malalas*, Book 17, p. 241. 除了约翰·马拉拉斯的记载外，阿加皮奥斯也提到，527 年，帝国境内发生了一次严重地震，很多地区在地震中被夷为平地（Agapius, *Universal History*, Part 2, p. 166.）。

⑦　Mohamed Reda Sbeinati, Ryad Darawcheh and Mikhail Mouty, "The Historical Earthquakes of Syria: An Analysis of Large and Moderate Earthquakes from 1365 B. C. to 1900 A. D. ", *Annals of Geophysics*, V. 48, N. 3, 2005, p. 355.

528 年 11 月，安条克再次发生地震。约翰·马拉拉斯指出："这次地震发生时间是在 528 年冬季，地震持续了 1 个小时，前一次地震后得到修复的建筑物全部坍塌。多达 5000 人在这次地震中丧生，安条克周边地区也受到了地震的影响。一些幸存者逃离到其他的城市，而另一些人跑到了山上。地震后，安条克下起了大雪，坚守在城内的人经历了巨大的痛苦和悲伤，他们脸上流着眼泪，脸色苍白。"① 对于这次地震造成的死亡人数，《复活节编年史》中指出，528 年 11 月的安条克地震导致 4000 人死亡。② 塞奥发尼斯记载了有关这次地震的更为准确的发生时间及人口死亡数据：发生的时间为 11 月 29 日，地震中共有 4870 人丧生。③ 埃瓦格里乌斯则提到，安条克在遭到了地震打击之后，得到了皇帝更多额外的照顾。④ 虽然 528 年安条克地震中的死亡人数不及 526 年地震，但 528 年安条克地震的影响仍然十分严重。学者估计，528 年地震中，安条克的震级很可能达到了 7—8 级。⑤ 除安条克外，528 年，密西亚（Mysia）的庞培奥波利斯（Pompeioupolis）和劳迪西亚等地也遭遇地震灾害。根据约翰·马拉拉斯的记载，庞培奥波利斯发生地震时，地面突然裂开，城市中一半的居民瞬间被吞噬。⑥ 劳迪西亚的地震造成城市的一半完全坍塌，7500 人在地震中丧生。⑦ 此外，529 年，米拉发生地震。⑧

6 世纪 30、40 年代，安条克、君士坦丁堡和基奇科斯发生地震。据约

① John Malalas, *The Chronicle of John Malalas*, Book 18, pp. 256 – 257.

② Michael Whitby and Mary Whitby translated, *Chronicon Paschale*, 284 – 628 AD, p. 195.

③ Theophanes, *The Chronicle of Theophanes Confessor: Byzantine and Near Eastern History*, AD 284 – 813, p. 270.

④ Evagrius Scholasticus, *The Ecclesiastical History of Evagrius Scholasticus*, Book 4, Chapter 6, p. 205.

⑤ Mohamed Reda Sbeinati, Ryad Darawcheh and Mikhail Mouty, "The Historical Earthquakes of Syria: An Analysis of Large and Moderate Earthquakes from 1365 B. C. to 1900 A. D. ", p. 356.

⑥ John Malalas, *The Chronicle of John Malalas*, Book 18, p. 253. 《复活节编年史》也记载了庞培奥波利斯地震的发生情况（Michael Whitby and Mary Whitby translated, *Chronicon Paschale*, 284 – 628 AD, p. 195.）。此外，塞奥发尼斯在其《编年史》中所记载的庞贝奥波利斯地震的发生情况与马拉拉斯基本吻合，但塞奥发尼斯认为这次地震的发生时间是 535 年（Theophanes, *The Chronicle of Theophanes Confessor: Byzantine and Near Eastern History*, AD 284 – 813, p. 314.）。本书以约翰·马拉拉斯和《复活节编年史》所记载的时间为准。

⑦ John Malalas, *The Chronicle of John Malalas*, Book 18, p. 258.

⑧ Ibid. , p. 262.

翰·马拉拉斯和《复活节编年史》的记载，安条克和君士坦丁堡分别于532年、533年发生地震，所幸造成的人员伤亡不大。[①] 据估计，这次地震中，安条克的震级达到6级，而在阿勒颇（Aleppo）和霍姆斯（Homs）之间的区域，震级达到6—7级，美索不达米亚地区的震级为4级。[②] 根据塞奥发尼斯的记载，543年9月，基奇科斯发生地震，城市的一半在地震中被毁。[③]

6世纪50年代，地中海地区再次进入地震高发期。550—551年、554年、557年均发生大规模强震。[④] 550—551年影响范围遍及地中海东部地区的地震引起了约翰·马拉拉斯、普罗柯比、埃瓦格里乌斯、阿伽塞阿斯等史家的关注。根据约翰·马拉拉斯的记载，550年，巴勒斯坦、美索不达米亚、腓尼基、黎巴嫩等地区发生严重地震，西顿（Sidon）、贝鲁特（Beirut）、安条克、特里波利斯（Tripolis）等城市遭受重创，很多居民被困。这次地震还引起了泥石流和海啸的发生。[⑤] 据阿伽塞阿斯的记载，他亲身经历了这次地震和海啸事件，海啸发生之时，他正好在从亚历山大里亚到君士坦丁堡的旅途之中。[⑥] 阿伽塞阿斯发现，贝鲁特被完全摧毁，甚至不常发生地震的亚历山大里亚也受到这次地震的影响，民众们被突如其来的地震惊呆了。而他也目睹了位于爱琴海的科斯岛在发生地震和海啸之后的惨状：靠近科斯岛岸边的建筑物完全被海水吞噬，建筑物和居民无一幸免，整个科斯岛已经变成了一个巨大的碎石堆。[⑦] 此外，普罗柯比、埃瓦格里乌斯、塞奥发

---

① John Malalas, *The Chronicle of John Malalas*, Book 18, p. 282; Michael Whitby and Mary Whitby translated, *Chronicon Paschale*, *284 – 628 AD*, p. 127. 此外，约翰·马拉拉斯记载，530年，帝国境内发生了一系列地震，但未提及地震具体的发生地点（John Malalas, *The Chronicle of John Malalas*, Book 18, p. 268.）。

② Mohamed Reda Sbeinati, Ryad Darawcheh and Mikhail Mouty, "The Historical Earthquakes of Syria: An Analysis of Large and Moderate Earthquakes from 1365 B. C. to 1900 A. D. ", p. 357.

③ Theophanes, *The Chronicle of Theophanes Confessor: Byzantine and Near Eastern History*, *AD 284 – 813*, p. 324; Michael Whitby and Mary Whitby translated, *Chronicon Paschale*, *284 – 628 AD*, p. 196; John Malalas, *The Chronicle of John Malalas*, Book 18, p. 287. 此外，塞奥发尼斯提到545年和547年帝国境内发生地震，但未指出具体地点（Theophanes, *The Chronicle of Theophanes Confessor: Byzantine and Near Eastern History*, *AD 284 – 813*, pp. 326, 329.）。约翰·马拉拉斯也提到547年发生了持续性的地震，但也未曾提及具体地点（John Malalas, *The Chronicle of John Malalas*, Book 18, p. 289.）。

④ 详情参见文后图表"图6"：550—551年、554年、557年、577年、582年、588年强震影响城市及地区。

⑤ John Malalas, *The Chronicle of John Malalas*, Book 18, p. 291.

⑥ Agathias, *The Histories*, p. 49.

⑦ Ibid. , pp. 48 – 49.

尼斯和尼基乌主教约翰也记载了这次地震的发生情况。[①] 之所以这次地震的发生引起了如此多史家的关注，不仅因为其影响范围很大，同时也由于其地震震级极高。据估计，551 年地震中，贝鲁特的震级高达 9—10 级；特里波利斯为 9—10 级；西顿为 7—8 级；拜布拉斯（Byblus）为 9—10 级；阿尔—巴顿为 9—10 级。[②] 这次地震和海啸事件的发生与约旦裂谷有密切关系。[③]

　　距离 551 年强震不到 3 年的时间，554 年 8 月，君士坦丁堡及附近地区再度发生强震。约翰·马拉拉斯提到，地震令君士坦丁堡的很多房屋、教堂和浴室受损，尼科美地亚受灾程度尤为严重，这次地震持续了 40 余天的时间。[④]《复活节编年史》中提到，地震令"金门"受损，很多居民身亡，君士坦丁堡笼罩在一片恐怖的氛围之中。[⑤] 塞奥发尼斯记载了 553 年 8 月和 554 年 7 月两次地震的发生情况。[⑥] 557 年 12 月，君士坦丁堡再次遭遇可怕的地

---

　　① 普罗柯比提到，希腊地区普遍受到地震的影响，彼奥提亚（Boeotia）、阿卡亚（Achaea）和克里萨（Crisaean）湾上的城市都受到严重的震动，包括喀罗尼亚（Chaeronea）、克罗尼亚（Coronea）、帕特雷（Patrae）和纳夫帕克图（Naupactus）在内的无数城镇和 8 个城市被地震夷为平地，这些地区的人民死伤惨重，震后，塞萨利和彼奥提亚（Boeotia）之间的海面发生了海啸（Procopius，*History of the Wars*，Book 8，25，16—19，p. 323.）。普罗柯比在《秘史》中又补充道，这些受到地震打击的城市都是人口数量很多的城市（Procopius，*The Anecdota or Secret History*，Book 18，Chapter 42，p. 225.）。埃瓦格里乌斯记载，彼奥提亚、亚该亚（Achaia）等地受到强烈震动，数不清的城镇和村庄被夷为平地（Evagrius Scholasticus，*The Ecclesiastical History of Evagrius Scholasticus*，Book 4，Chapter 23，p. 221.）。塞奥发尼斯提到，550 年 7 月，这次地震波及巴勒斯坦、阿拉伯、美索不达米亚、叙利亚和腓尼基等地区。很多居民丧生（Theophanes，*The Chronicle of Theophanes Confessor：Byzantine and Near Eastern History*，AD 284 – 813，p. 332.）。尼基乌主教约翰记载了埃及地区很多城市和村庄建筑物在强震的影响下坍塌，当地居民在随后的每年里都举行纪念活动（John of Nikiu，*Chronicle*，Chapter 90，p. 143.）。

　　② Mohamed Reda Sbeinati，Ryad Darawcheh and Mikhail Mouty，"The Historical Earthquakes of Syria：An Analysis of Large and Moderate Earthquakes from 1365 B. C. to 1900 A. D."，p. 357.

　　③ Anna Fokaefs，Gerassimos A. Papadopoulos，"Tsunami Hazard in the Eastern Mediterranean：Strong Earthquakes and Tsunamis in Cyprus and the Levantine Sea"，p. 512.

　　④ John Malalas，*The Chronicle of John Malalas*，Book 18，pp. 293 – 294.

　　⑤ Michael Whitby and Mary Whitby translated，*Chronicon Paschale*，284 – 628 AD，p. 196.

　　⑥ 塞奥发尼斯记载的 553 年 8 月君士坦丁堡发生地震的情况与马拉拉斯等史家的记载更为吻合，他提到地震在一个星期六的晚上发生，毁坏了城内的很多房屋、教堂以及君士坦丁堡的部分城墙，尤其是靠近"金门"的地方，很多人在地震中丧生（Theophanes，*The Chronicle of Theophanes Confessor：Byzantine and Near Eastern History*，AD 284 – 813，p. 332.）。塞奥发尼斯还记载了发生于 556 年 4 月的一次地震，所幸这次地震没有造成严重的损失。但他没有提及地震所影响地区的具体位置（Theophanes，*The Chronicle of Theophanes Confessor：Byzantine and Near Eastern History*，AD 284 – 813，p. 338.）。对于 554 年君士坦丁堡的地震，阿加皮奥斯指出这次地震的发生时间是 554 年 11 月（Agapius，*Universal History*，Part 2，p. 173.）。

震而几乎被夷为平地。很可能是亲身经历了这次地震，阿伽塞阿斯对君士坦丁堡发生地震的记载较为详尽，他提道："557 年 12 月 14 日至 23 日，君士坦丁堡再次遭受了一次可怕的地震而几乎被夷为平地。地震发生的时间是秋季快要结束的时候，此时，大家正在庆祝传统的罗马节日。随后，到了午夜时分，当所有的居民都安然入睡的时候，灾难突然降临，所有的建筑都在摇晃中倒塌。人们在睡梦中被惊醒并大声尖叫，到处都能听到悲痛的声音。大量平民在地震中丧生。"① 约翰·马拉拉斯也关注到这次地震的发生情况："557 年 12 月，地震令君士坦丁堡的两面城墙、部分教堂倒塌，很多人丧生于坍塌的建筑物中。这次地震持续了 10 天时间，影响的范围较大，很多相距较远的城市都感受到强烈震动。"②

　　6 世纪最后的 30 年中，地中海东部的安条克、君士坦丁堡等地分别于 577 年、582 年、588 年发生强烈地震。根据埃瓦格里乌斯的记载，577 年，在提比略成为凯撒后第三年的一个正午，一次强烈地震发生在安条克和它的近郊达芙涅。安条克和整个达芙涅地区的公共和私人建筑几乎都在这次地震中被夷为平地。③ 根据以弗所的约翰的记载，582 年 5 月 10 日，君士坦丁堡发生一次大地震，这次地震的影响遍及帝国的东部地区，其中，卡帕多西亚的阿拉比苏斯镇（Arabissus）的受灾程度尤为严重，所有新旧建筑物尽数倒塌。④ 根

---

① Agathias, *The Histories*, pp. 137 – 138.

② John Malalas, *The Chronicle of John Malalas*, Book 18, p. 296. 约翰·马拉拉斯还提到发生于 557 年 4 月的地震，这次地震很可能是 554 年地震的余震，约翰·马拉拉斯提到这次地震中无重大损失（John Malalas, *The Chronicle of John Malalas*, Book 18, p. 295.）。此外，塞奥发尼斯和《复活节编年史》也记载安条克地震的发生情况。塞奥发尼斯提到 557 年 10 月发生了一次地震，而同年 12 月又一次发生地震，君士坦丁堡的所有区域均受到这次地震的影响（Theophanes, *The Chronicle of Theophanes Confessor: Byzantine and Near Eastern History*, AD 284 – 813, p. 339.）。《复活节编年史》则提到，圣索菲亚教堂的圆顶在 558 年 5 月被地震损毁，后得到修复（Michael Whitby and Mary Whitby translated, *Chronicon Paschale*, 284 – 628 AD, p. 197.）。

③ Evagrius Scholasticus, *The Ecclesiastical History of Evagrius Scholasticus*, Book 5, Chapter 17, p. 277. 除了埃瓦格里乌斯外，以弗所的约翰以及阿加皮奥斯也记载了这次地震的发生情况。阿加皮奥斯提到，地震令安条克的城墙和塔楼全部倒塌（Agapius, *Universal History*, Part 2, p. 178.）。以弗所的约翰则记载地震发生之后民众的惊恐之情（John of Ephesus, *Ecclesiastical History*, Part 3, Book 3, p. 213.）。尼基乌主教约翰记载，莫里斯统治时期，安条克发生了一次严重地震，城市东部的很多街道被毁，大量居民在地震中丧生（John of Nikiu, *Chronicle*, Chapter 101, p. 163.）。

④ John of Ephesus, *Ecclesiastical History*, Part 3, Book 5, p. 363. 塞奥发尼斯提到在这次地震发生时，人们纷纷躲到教堂中以寻求庇护（Theophanes, *The Chronicle of Theophanes Confessor: Byzantine and Near Eastern History*, AD 284 – 813, p. 374.）。

据埃瓦格里乌斯的记载，588 年 10 月，在距离上一次地震发生 61 年后，安条克再次发生强震。这次地震发生之时，安条克城内正在庆祝一个公共节日，而埃瓦格里乌斯本人则正在同一个年轻的女仆举办婚礼。地震将包括教堂在内的城内绝大部分建筑物夷为平地，地震之后还发生了火灾。根据当时面包的供应量来判断，这次地震中的死亡人数达到了 6 万人。[①] 此外，根据图尔的格雷戈里和阿加皮奥斯的记载，590 年 6 月和 592 年 3 月发生了两次地震，但作者未提及地震具体的发生地点。[②]

　　根据目前所掌握到的资料，6 世纪地中海周边地区共发生了 30 余次地震，尤其集中于东部的一些较大城市。频发的地震必定对当地人口、经济等造成不利影响。当然，6 世纪地震的发生频率如此之高，不能排除笔者目前掌握的史料当中，涉及 6 世纪史实的记载十分丰富这一客观因素，但从这些记载仍然可以看到，在 6 世纪繁荣的背后，由多次地震以及瘟疫等灾害所构成的危机是隐藏在查士丁尼时代盛世光环之下的阴影。

　　根据史料记载，较之于西地中海地区，东地中海地区地震发生频率明显较高。这种情况的出现可能与东部地区史家更为关注地中海世界东部地区事务有关。古代晚期中所涉及的大部分史料均来源于生活或关注于东地中海地区作家的笔下。同时，也与东地中海地区地震的确频发有关。古代晚期东地中海地区地震发生次数多、影响范围广且程度大，与这一地区的地质构造有着直接关系。吕晓健等认为："东地中海地区的地震活动性和变形与欧亚板块和周边非洲板块等相互作用（汇聚、碰撞、俯冲和速度）密切相关。东地中海地震区有几大特点：第一，地震区西半部地震活动比东半部强；西半部的地震构造方向主要是西北向，而东半部则主要是北东向。第二，绝大多数地震是浅源地震，少部分中源地震主要发生在地中海希腊弧、扎格罗斯弧。第三，地震区的南部边界是全球较重要板块间的边界。地震区的西半部的南边边界都呈弧形，凸边指向西南，如希腊弧和扎格罗斯弧，其上的地震

　　① Evagrius Scholasticus, *The Ecclesiastical History of Evagrius Scholasticus*, Book 6, Chapter 8, pp. 298 – 299. 阿加皮奥斯则记载，这次地震发生于 588 年 10 月 29 日，整个城市在地震中毁灭，一些庙宇、大部分城墙、市场和所有的房屋均在地震中倒塌（Agapius, *Universal History*, Part 2, p. 180.）。
　　② Gregory of Tours, *History of the Francs*, Book 10; Chapter 23. Agapius, *Universal History*, Part 2, p. 187.

活动属于逆断层断裂活动。"① 当然，吕晓健等的论文主要探讨的是东地中海地区现代地震活动的特征等问题，但是由于东地中海地区目前的地质构造应与千年之前没有较大变化，所以其所谈到的地震活动的特征等内容仍然对了解古代晚期东地中海地区的地震活动有借鉴意义。因此，在古代晚期中，东地中海地区频发地震是与这一地区频繁的板块活动密切相关。同时，东地中海地区不同区域发生地震的强度和震源深度大不相同。② 这种从地震发生机制来分析的内容与 4—6 世纪史家笔下所记载的地震发生情况是相符合的。③

　　综上所述，古代晚期地中海地区频繁发生地震灾害，给地中海居民的生产和生活造成了较大干扰。数次地震的发生不仅强度极大，且影响范围涵盖了地中海东部的大部地区，包括君士坦丁堡、安条克等重要城市。频发的地震给这一地区的居民生活、经济发展、城市稳定都带来了较大影响，进而影响到国家的财政收入。灾后政府的救助对于灾区正常生产生活的恢复至关重要，而持续发生的地震也令政府当局所受到的经济压力与日俱增。"救助"与"放弃"这两种选择对地中海地区，尤其是东部地区的城市发展产生了巨大影响，进而影响到整个地中海周边地区的发展走势，这一问题将在文后进行讨论。

---

　　① 吕晓健、邵志刚、赫平等：《东亚大陆、西亚大陆和东地中海地区地震活动性异同的初步综述》，第 77—78 页。

　　② 东地中海地震区的现代地震活动主要集中在西半部，构成一幅三角形区的图像，但分布不均匀，主要密集分布在希腊弧、北安纳托利亚断裂的西段和爱琴海内（吕晓健、邵志刚、赫平等：《东亚大陆、西亚大陆和东地中海地区地震活动性异同的初步综述》，第 83 页）。

　　③ 如前所述，在东地中海地区的城市中，位于北非的亚历山大里亚所遭受的地震打击次数较少，而位于东部叙利亚、小亚细亚沿海及靠近黑海的部分、色雷斯、希腊位于爱琴海沿海地带等地区的地震发生频率非常高。这些地震高发区域正位于希腊弧、爱琴海等地震高发地带中。

第三章

古代晚期的其他自然灾害

除了屡次发生的大规模瘟疫和地震外，古代晚期地中海地区还频繁发生火山喷发、水灾、干旱、极寒酷暑、虫灾、海啸、火灾等自然灾害，给这一地区造成了难以估量的后果。同时，各类自然灾害间有着密切联系，地震后易引发火灾、海啸、泥石流和瘟疫等次生灾害，而瘟疫又与水灾、虫灾、食物短缺和饥荒之间有着紧密联系。自然灾害间的密切关系极易对受灾地区产生叠加影响。

第一节 火山喷发

一 "降灰"事件

位于意大利南部地区的维苏威火山作为欧洲大陆唯一的活火山，在历史上多次喷发[①]，是地中海地区最为剧烈的自然灾害表现形式之一。472 年 11 月 6 日，维苏威火山发生大规模喷发，其影响范围扩散至东地中海地区，君士坦丁堡等地受到了这次火山喷发的影响。当时的史家们都关注到这次火山喷发事件。马塞林努斯明确地记载，472 年，坎帕尼亚地区（Campania）的维苏威火山喷发，火山灰遮住了天空的光线，整个欧洲几乎都在火山灰的笼

---

① 79 年，维苏威火山爆发，庞贝（Pompeii）和赫库拉诺姆（Herculaneum）被熔岩所埋（Eusebius, *The Church History: A New Translation with Commentary*, Book 3, p. 132.）。202 年，迪奥·卡西乌斯记载了一次维苏威火山爆发的情况，他提到，当时声音非常巨大，在加普亚（Capua）都能听到火山喷发的声音（Dio's, *Roman History*, Vol. 9, Book 77, p. 241.）。

罩之下。拜占廷人在每年的 11 月 6 日都要纪念这次恐怖的经历。① 此外，普罗柯比提到，维苏威火山经常会发出轰隆的声音，一次（472 年），火山灰飘落到了拜占廷城，那里的居民十分恐惧，从那时直到今天，全城的百姓每年都会进行祈祷。② 约翰·马拉拉斯也记载下这次非同寻常的"降灰"事件，在利奥一世（457—474 年在位）统治时期，君士坦丁堡发生了一次"降灰事件"，灰尘落到地面堆积起来高约四指，人们较为惊恐。③ 塞奥发尼斯也认为发生于 472 年的"降灰"事件很可能是维苏威火山的喷发所致，灰尘落到屋顶上足有一掌之厚。④《伪柱顶修士约书亚的编年史》也认为这次"降灰"事件的发生时间为 472 年 11 月 6 日，原因是受到维苏威火山喷发的影响。⑤ 也有记载认为这次火山喷发的发生时间为 469 年，《复活节编年史》中就提到，469 年，君士坦丁堡降下了"尘埃"，与往常下雨不同，灰尘堆积有一掌之厚，人们都十分震惊。⑥

　　从史家的记载来看，472 年维苏威火山的喷发是一次影响较大的自然灾害，但似乎地中海西部的文献中未曾提到这次自然灾害，而从普罗柯比、约翰·马拉拉斯、马塞林努斯、《复活节编年史》等的记载来看，这次火山喷发情况的记载几乎都来源于地中海东部地区。这种现象的出现受到了这一地区气候状况的影响。地中海周边地区属地中海式气候类型，在冬季这一地区被西风带控制，于是，当维苏威火山大规模喷发之时，其喷发所产生的火山灰便会跟随西风吹拂到地中海东部地区。于是，史家们记载的君士坦丁堡等地"降下尘埃"正是维苏威火山喷发产生的火山灰经由风力进行远距离输送的结果，与这一地区在冬半年的气候条件是十分吻合的。

　　在《伪柱顶修士约书亚的编年史》中，曾经提及，498 年 10 月 23 日，阳光在黎明时分曾经受到遮挡，太阳变成了铜盘的颜色，失去了光芒，人们以双眼能够清晰地看见阳光，如同注视月亮一样，而这一现象时间长达 8 个

---

① Marcellinus, *The Chronicle of Marcellinus*, p. 25.

② Procopius, *History of the Wars*, Book 6, 4, 21 – 30, pp. 325 – 327.

③ John Malalas, *The Chronicle of John Malalas*, Book 14, pp. 205 – 206.

④ Theophanes, *The Chronicle of Theophanes Confessor: Byzantine and Near Eastern History, AD 284 – 813*, p. 186.

⑤ Frank R. Trombley and John W. Watt translated, *The Chronicle of Pseudo-Joshua the Stylite*, p. 35.

⑥ Michael Whitby and Mary Whitby translated, *Chronicon Paschale, 284 – 628 AD*, pp. 90 – 91.

小时。① 如果根据太阳颜色的变化来判断，这一现象很可能是日食，但日食不可能长达 8 个小时。所以这次太阳光受阻的现象很可能是由于火山喷发、大型火灾等易产生大规模烟雾和粉尘的灾害所造成的。根据扎卡里亚的记载，566 年，一次降雨中曾经同时降下了由灰烬和尘土组成的粉状物。② 根据阿加皮奥斯的记载，573 年曾经发生白天持续 9 个小时不见天日的现象，同时伴随着稻草和灰尘从空中落下。③ 由于这三次异常事件并未引起其他史家的注意，同时，对这两次事件进行记载的史家也没有明确提到火山喷发的发生，故暂且将这两次事件定为疑似火山喷发所引起的"降灰"事件。

二　"尘幕事件"④

6 世纪 30 年代中后期，地中海周边地区出现了一次奇特的现象。普罗柯比这样记载这次奇特事件的发生情况："整整一年时间里，太阳失去了平日的光芒，像月亮一样发着暗光，类似于日食，但又与日食有着明显的区别。"⑤ 6 世纪东哥特王国的重臣卡西奥多鲁斯（Cassiodorus）在其《信札》中详细记载了"尘幕事件"始末："非常奇怪的是，太阳不再像往日那样发光，而十分类似于晚上的月光，看上去像一个蓝色的太阳。我们十分惊奇地看到，即使在太阳光最强的时候，照射到地面也是微弱的光。这种现象并不是由于日食的原因而瞬间失去太阳光，而是阳光在整个一年中持续性的微弱。"⑥ 阿加皮奥斯和米提尼的扎卡里亚也记载了这次奇特现象的始末。⑦ 对于这次影响遍及地中海周边地区的太阳辐射受阻的现象，直到 20 世纪 90 年

---

① Frank R. Trombley and John W. Watt translated, *The Chronicle of Pseudo-Joshua the Stylite*, p. 35.

② Zachariah of Mitylene, *Syriac Chronicle*, Book 12, pp. 322 – 323.

③ Agapius, *Universal History*, Part 2, p. 175.

④ 由于对此进行研究的学者们提及这次事件时，大多使用了"尘幕"（dust-veil）一词，所以本书也用此词来代表这次气候灾难。

⑤ Procopius, *History of the Wars*, Book 4, 14, 5 – 6, p. 329.

⑥ Cassiodorus, *Variae*, pp. 179 – 180.

⑦ 阿加皮奥斯提到，公元 535 年，在一年零两个月的时间中，出现了日食，这次日食持续了整整 14 个月。太阳发出了微弱的光芒，天文学家和所有的人都害怕可怕的事情将要发生，目睹了这一特殊现象的人们都觉得自己将永不见天日。太阳的热量逐渐变少，水果难以成熟，葡萄酒也变质了（Agapius, *Universal History*, Part 2, p. 169.）。米提尼的扎卡里亚提到，536—537 年，白天的太阳和夜晚的月亮都是黑暗的，这种现象从 536 年 3 月 24 日一直持续到 537 年 6 月 24 日（Zachariah of Mitylene, *Syriac Chronicle*, Book 9, p. 267.）。

代才开始引起国际学界注意。[①]

根据当时史家的记载可知，6 世纪 30 年代中后期，地中海周边地区出现了一次持续时间长达一年有余的太阳辐射受阻事件。由于日食的时间一般较短，而很多史家也明确提到这次太阳非正常发光的现象并非日食，所以这次事件的发生应该不是由日食所引起。如果可以排除由于天体运动导致太阳辐射受阻的可能性，那么这次事件的发生原因很可能是太阳辐射过程中的媒介的成分发生了改变。众所周知，太阳辐射到达地球表面需要经过大气层这个媒介，而大气中所含有的各种成分对太阳辐射有着不同程度的折射、散射和反射作用。537—538 年，地中海地区太阳辐射异常现象的成因很可能是由于大气层中出现了过多的粉尘和颗粒物，改变了大气正常的成分构成，进而遮挡了太阳对地球表面的正常辐射，引起了这次"尘幕事件"。

从 2010 年开始，自然科学界中出现了大量与这次事件密切相关的冰核和树轮的研究数据。由于大规模的火山喷发会释放出大量由水蒸气、含硫化合物和二氧化碳组成的气体和由岩石、矿物组成的火山灰，而这些物质在进入大气之后，会强烈地改变着大气中的成分。如果在 536 年前后，确实存在着一次大型火山喷发，那么很可能就是这一时期太阳辐射失常的根源。马修·W. 索泽提到，536 年、537 年的火山喷发很可能是这一时期气候变冷的罪魁祸首，这一时期的树轮宽度达到了最小值。[②] 除了树轮的证据外，通过对南极冰核中的物质进行探测，戴夫·G. 费瑞思指出，530—

[①] 但是，"尘幕事件"的成因仍旧是困扰学界的重要问题。学界目前并无定论，而是存在着多种分析，包括"彗星影响说""火山爆发论"等。以 M. 巴利列为代表，他在 1994 年发表的论文中提到了这种观点（M. Baillie, "Dendrochronology Raises Questions about the Nature of the AD 536 Dust-Veil Event", pp. 212 –217）。有关于"尘幕事件"发生的原因，更多的学者认为是由于火山喷发所导致的烟雾所引起的。如理查德·B. 斯托塞斯认为北半球某地发生了一次火山喷发，令大雾天气持续了 12—18 个月（Richard B. Stothers, "Volcanic Dry Fogs, Climate Cooling, and Plague Pandemics in Europe and the Middle East", p. 715. ）。

[②] Matthew W. Salzer and Malcolm K. Hughes, "Volcanic Eruptions over the Last 5000 Years from High Elevation Tree-Ring Widths and Frost Rings", *Springer Science & Business Media*, 2010, p. 475. 史蒂芬·E. 纳什也持此观点，他认为 536 年一次引起大规模气候变化的原因很可能就是火山喷发，这次火山喷发引起了 6 世纪 30 年代后半期大规模饥荒和太阳辐射受阻事件的发生（Stephen E. Nash, "Archaeological Tree-Ring Dating at the Millennium", *Journal of Archaeological Research*, Vol. 10, N. 3, 2002, p. 265. ）。

536 年间，南极冰核中硝酸盐所占比重是公元 100—600 年中的最高值，是正常年份的 5 倍之多。① 火山喷发过程中会产生大量含酸的气体，这些气体一旦进入大气当中，会通过大气环流进行远距离输送，南极冰核中硝酸盐的含量处于 5 个世纪的峰值这一探测结果说明，这一时期中很可能出现了一次能够产生大量酸性气体的火山喷发。这一证据表明，一次大规模的火山喷发导致了太阳正常辐射受阻和持续性低温天气的出现。② 根据史家们关于这次事件发生情况的记载，并结合最新的有关树轮和冰核成分等科学研究成果，笔者认为发生于 536 年前后，影响范围大、持续时间长的太阳辐射受阻事件的成因源自一次大型火山喷发。而根据南极和格陵兰岛冰核中酸性物质所占的比重可知，引发"尘幕事件"的火山喷发，其规模甚至大于 1815 年坦博拉火山的喷发。③

　　通过阻挡太阳正常辐射的方式，"尘幕事件"的发生令地中海周边地区经历了长达一年多暗无天日的景象。地球上的热量几乎全部来自太阳辐射，长时期的太阳辐射受阻不仅会对农业产生不利影响，由于其影响范围广大，很可能令地中海周边地区甚至全球的气候出现恶化的发展趋势。除了地中海地区之外，"尘幕事件"还很可能影响到了中国④、欧洲以及美洲

---

① Dave G. Ferris, Jihong Cole-Dai, Angelica R. Reyes, and Drew M. Budner, "South Pole Ice Core Record of Explosive Volcanic Eruptions in the First and Second Millennia A. D. and Evidence of a Large Eruption in the Tropics around 535 A. D. ", *Journal of Geophysical Research*, V. 116, D17308, 2011, p. 4.

② L. B. Larsen, B. M. Vinther and K. R. Briffa, "New ice core evidence for a volcanic cause of the A. D. 536 dust veil", *Geophysical Research Letters*, V. 35, 2008, L04708, p. 1.

③ Ibid. , p. 4.

④ 根据这一时期的中国史书的记载，我们发现在 535—537 年，建康（现江苏南京）就曾出现过大量"天空落灰"的记载。《南史》出现了类似的记载："大同元年（即公元 535 年），冬十月，雨黄尘如雪。"［（唐）李延寿：《南史·卷七·梁本纪中第七》，中华书局 1975 年版，第 211 页。］而在《梁书》中也有类似记载，"梁武帝大同三年（即公元 537 年）春正月，天无云，雨灰，黄色"［（唐）姚思廉：《梁书·本纪第三·武帝下》，中华书局 1974 年版，第 81 页。］同样的记载还出现在《隋书》中："梁大同元年（即公元 535 年），天雨土。二年，天雨灰，其色黄。"［（唐）魏征：《隋书卷二十三·志第十八·五行下》，中华书局 1973 年版，第 659 页。］笔者认为，535—537 年，建康发生的大规模尘暴天气，其成因很可能与地中海地区"尘幕事件"的成因相同，是由于一次大规模火山喷发所致。由于地球上的风带会随着太阳直射点的移动而发生变动，火山喷发释放出来的酸性气体和火山灰随着大气环流远距离输送到了地中海地区以及位于东亚的中国，这种可能性是存在的。

等地区。①

综上所述，古代晚期地中海世界多次发生火山喷发或由火山喷发所引起的"降灰"事件。火山喷发本身属原生性地质灾害，往往通过喷发大量高温熔岩和气体的方式对火山周边地区造成直接的打击。同时，大规模的火山喷发不仅会对火山周边地区造成影响，而且会通过持续性地喷发大量气体与火山灰进入大气之中，并通过风带将其扩散至其他区域，进而对这些地区的气候产生影响，并不利于人们的日常生产与生活。

第二节　水灾

受到气候异常和水文条件变化的影响，古代晚期地中海地区曾多次发生水灾，主要受影响地区均是这一区域主要河流流经之地。其中奥斯若恩行省的埃德萨以及比提尼亚等地多次发生具有较大破坏力的水灾。

根据《埃德萨编年史》的记载，413 年，埃德萨的城墙被河水冲毁。② 其后，根据马塞林努斯的记载，444 年，比提尼亚的很多村庄被持续性降水导致的河流涨水淹没。③ 460 年，地震过后，君士坦丁堡、比提尼亚等地发生强降雨，尼科美地亚附近湖泊中的岛屿没于水下。④ 根据埃瓦格里乌斯的记载，467 年或 469 年，君士坦丁堡和比提尼亚发生大洪水，大雨下了三四天的时间，山脉都被夷为平地，村庄被洪水冲走。在尼科美地亚不远处，博阿内

---

① 根据树轮等证据表明，"尘幕事件"还对欧洲和美洲等地区产生了巨大影响。安提·阿尔伽瓦以图表的方式表明，芬兰松树、美洲狐尾松、欧洲橡树在 536—545 年的生长都出现明显减缓的趋势，尤其是欧洲橡树的生长速度为 100 年中最慢的时期（Antii Arjava, "The Mystery Cloud of 536 CE in the Mediterranean Sources", p. 77.）。伯·格拉斯伦德也认为，一系列树木年轮的证据表明，东起西伯利亚，西至美洲西部，由于"尘幕事件"的影响出现了持续性的寒冷天气（Bo Gräslund & Neil Price, "Twilight of the gods? The 'dust veil event' of AD 536 in critical perspective", p. 430.）。根据史料记载可知，中国最早出现"雨黄尘"的时间比地中海地区"尘幕"的发生时间要早约一年的时间，所以火山喷发的地点应该是与东亚地区更为接近。戴维·凯斯进一步对火山爆发的地点进行了估计，他提到，由于格陵兰岛和南极洲的冰核中都有大量含酸物质的沉淀，这次火山喷发的地点一定位于热带地区，并通过风带传送到南极和北极附近。而由于酸雪的沉淀量在南极洲的数量是格陵兰岛的两倍，所以火山喷发的地点更可能位于南半球（David Keys, *Catastrophe: An Investigation into the Origins of the Modern World*, p. 249.）。

② Roger Pearse transcribed, *Chronicle of Edessa*, p. 34.

③ Marcellinus, *The Chronicle of Marcellinus*, p. 18.

④ Ibid. , p. 23.

（Boane）湖的中央形成了由水带来的垃圾堆积而成的小岛。① 除埃瓦格里乌斯外，普利斯库斯也提到，君士坦丁堡和比提尼亚遭遇了一次暴雨的袭击，天空中连续3—4天下起了瓢泼大雨，暴雨过后，村庄被洪水淹没和毁坏。②

521年，与西里西亚的阿纳扎尔博斯发生地震几乎同时，奥斯若恩行省的重要城市埃德萨发生水灾，城内的大部分建筑物都被流经城市的斯奇尔图斯河（Skirtos）淹没，无数的居民被河水冲走。③ 525年，埃德萨再次发生水灾，水灾淹没了居民的房屋，建筑严重受损，居民大量死亡。④ 米提尼的扎卡里亚也记载了这次埃德萨发生水灾的情况。⑤ 根据阿加皮奥斯的记载，599年，由于降水过多，不少地区因此发生了水灾，造成人员与牲畜的损失。⑥ 根据尼基乌主教约翰的记载，莫里斯（582—602年在位）统治时期，伊斯纳（Esna）地区东部的一个城市在夜晚遭遇洪灾，民众死伤惨重。几乎同时，幼发拉底河爆发洪灾，淹没了塔尔苏斯（Tarsus）的部分地区，令很多建筑物受损。⑦

埃及地区向来是帝国粮食的主要来源地，其粮食产量主要得益于尼罗河每年的定期泛滥。尼罗河流域两岸是埃及最重要的粮食产地。相对于色雷斯、巴尔干、小亚细亚、叙利亚等地区，埃及地区自然灾害的发生频率比较低，但是尼罗河河水水位如果在短时期内急剧上涨的话，也会给这片丰饶的

① Evagrius Scholasticus, *The Ecclesiastical History of Evagrius Scholasticus*, Book 2, Chapter 14, p. 97.

② R. C. Blockley, *The Fragmentary Classicizing Historians of the Late Roman Empire*: *Eunapius*, *Olympiodorus*, *Priscus and Malchus*, II, p. 355.

③ Evagrius Scholasticus, *The Ecclesiastical History of Evagrius Scholasticus*, Book 4, Chapter 8, pp. 207 - 208. 普罗柯比在《秘史》中也提到斯奇尔图斯河河水淹没埃德萨的情况（Procopius, *The Anecdota or Secret History*, Book 18, Chapter 38, p. 225.）。约翰·马拉拉斯也记载了这次埃德萨水灾的发生情况，斯奇尔图斯河的河水流到了城市中央，很多城市居民连同他们的房屋一起被冲走（John Malalas, *The Chronicle of John Malalas*, Book 8, p. 204.）。

④ Roger Pearse transcribed, *Chronicle of Edessa*, p. 37. 塞奥发尼斯提到，在524年阿纳扎尔博斯发生地震的同时，埃德萨发生水灾，斯奇尔图斯河的洪水像海水一样将居民连同房屋一起冲走了，根据幸存者的说法，这次洪水对城市内部不同地区的破坏程度不一样（Theophanes, *The Chronicle of Theophanes Confessor*: *Byzantine and Near Eastern History*, AD 284 - 813, p. 262.）。

⑤ 米提尼的扎卡里亚提到，525年4月22日，埃德萨发生水灾，斯奇尔图斯河的河水淹没了埃德萨，河水漫过了城墙，很多居民溺水而亡（Zachariah of Mitylene, *Syriac Chronicle*, Book 8, p. 205）。很多城市居民经常提到，曾经的一次洪水给城市造成的伤害远不及这次洪水（John Malalas, *The Chronicle of John Malalas*, Book 17, p. 237.）。

⑥ Agapius, *Universal History*, Part 2, p. 187.

⑦ John of Nikiu, *Chronicle*, Chapter 100, p. 163.

土地造成巨大影响。普罗柯比在《战史》中就记载了一次尼罗河河水的急速上涨，547 年年末，尼罗河的河水上涨了 8 腕尺（cubit），并且弥漫了整个埃及。在地势较高的底比斯（Thebes），河水在适当的时候停了下来，给这一地区的民众犁地和完成其他常规性的工作提供了机会。但是在地势较低的地区，河水淹没土地时间过长，令农民们错过了播种的时间。在有些地区，河水在退去之后不久再次淹没了这一地区。因此，在河水泛滥间歇期播种的种子就在土里腐烂了，由此，洪水给尼罗河下游地区的农业造成了严重影响。[1] 普罗柯比认为，547 年的由于尼罗河河水停滞而引发的水灾是这一时期灾难多发的重要证明。[2]

除了东地中海地区外，当时史家也记载了 6 世纪后期两次发生于西地中海地区的水灾。图尔的格雷戈里记载了一次发生于 571 年的水灾，这次水灾的发生地点位于地中海西部地区的罗纳河（Rhone）流域。由于河道并不宽阔，所以河水流速的迅速加大毁坏了河床周边所有的建筑，罗纳河所流经的地区无不受到这次洪水的影响。洪水还造成罗纳河河畔的陶雷杜鲁姆（Tauredunum）镇上出现山崩，山从旁边坍塌下来，连同当地的人、教堂、财产和房屋统统落入水中，导致河床堵塞、河水倒灌。[3] 根据格雷戈里的记载，罗纳河洪水的发生很可能是由降水过多引起的，并诱发山崩令灾情变得更为严重。根据副主祭保罗的记载，"589 年 10 月 16 日，台伯河发生洪水，河水淹没了罗马城的城墙，整个城市几乎都陷入了河水的包围之中"[4]。如前所述，副主祭保罗记载的这次台伯河水灾，很可能是罗马城于 590 年年初爆发鼠疫的重要诱因。

第三节　极端天气现象

古代晚期地中海地区，经常出现干旱、极寒酷暑和雷电等极端天气现

---

①　Procopius, *History of the Wars*, Book 7, 29, 6 – 8, p. 401. 普罗柯比在《秘史》中也提到了这次洪水事件（Procopius, *The Anecdota or Secret History*, Book 18, Chapter 39, p. 225.）。

②　Procopius, *History of the Wars*, Book 7, 29, 19, p. 405.

③　Gregory of Tours, *History of the Francs*, Book 4, Chapter 31.

④　Paul the Deacon, *History of Lombards*, Book 3, Chapter 23 – 24, p. 127.

象。这些极端天气现象不仅会对地中海地区居民的生活造成困扰，而且会影响到人类赖以生存的农作物的生长，令人们缺乏生活必需品，从而进一步引起食物短缺和饥荒。

一　干旱

由于受到地中海式气候"雨热不同期"①的影响，古代晚期地中海周边地区多次发生旱灾，并导致谷物歉收、食物短缺与饥荒。

365—370 年，根据圣瓦西里在《信件》中的叙述，小亚细亚地区发生旱灾和饥荒。② 根据埃瓦格里乌斯的记载，451—454 年，弗里吉亚、加拉提亚、卡帕多西亚和西里西亚等地区出现旱灾，城市居民为了活命，不得不吃一些有害身体健康的食物。③ 埃德萨于 500—501 年经历了虫灾、饥荒和瘟疫之后，社会得到了一定的恢复。④ 但好景不长，502 年 5 月，农民正等着粮食丰收之时，干燥的热风吹拂了 3 天，原本可以获得丰收的谷物全都干枯死亡。⑤ 这次的干旱天气对于已经在 499—501 年虫灾、饥荒和继而发生的瘟疫中饱受打击的美索不达米亚和叙利亚的农业是一个不小的打击。根据阿加皮奥斯的记载，526 年，即查士丁一世统治的第 8 年，降水极少，导致河流水流量减小，并令粮食收成减产。⑥ 根据约翰·马拉拉斯的记载，"562 年 11 月，君士坦丁堡发生严重旱灾，563 年 8 月，出现了用水短缺的现象，发生

---

① 地中海式气候是出现在纬度 30°—40°之间的大陆西岸的一种海洋性气候，以地中海沿岸最为明显。地中海式气候的特点是：冬季受西风带控制，锋面气旋活动频繁，气候温和，最冷月气温在 4℃—10℃之间，降水量丰沛。夏季在副热带高压控制下，气流下沉，气候炎热，干燥少雨，云量稀少，阳光充足。冬季降雨量多于夏季。地中海式气候是高温时期少雨，低温时期多雨。这种不协调的配合，对植物十分不利。在生长季节，植物必须经过炎热干燥的锻炼，为了减少蒸发，自然植被多半是生长得短小的乔木和灌木等常绿硬叶林。[黄勇、张景丽、金昌海主编：《新编中国大百科全书（B 卷：地球地理图文版）》，延边大学出版社 2005 年版，第 263 页。]

② Saint Basil：*The Letters I*，Introduction，p. 25.

③ Evagrius Scholasticus，*The Ecclesiastical History of Evagrius Scholasticus*，Book 2，Chapter 6，pp. 81 - 82.

④ Joshua the Stylite，*Chronicle Composed in Syriac in AD 507：A History of the Time of Affliction at Edessa and Amida and Throughout all Mesopotamia*，Chapter 45，p. 34.

⑤ Ibid. ，p. 35.

⑥ Agapius，*Universal History*，Part 2，p. 165.

了一次由争水引起的谋杀事件"①。除约翰·马拉拉斯外,塞奥发尼斯也记载了这次干旱所引发的喷泉附近的争水事件。② 迪奥尼修斯·Ch. 斯塔萨科普洛斯认为,这次干旱天气必定是谷物短缺现象发生的重要原因。③ 根据阿加皮奥斯的记载,"568 年冬季与夏季雨水很少,几乎同时,帝国境内发生了严重的瘟疫"④。根据副主祭保罗的记载,591 年,一次严重的干旱天气从 1 月一直持续到了 9 月,并由此引发了一次可怕的饥荒。⑤

二　极寒、酷热

在地中海式气候的影响下,地中海周边地区的气温应呈现出"夏季炎热、冬季温暖"的趋势。一旦夏季与冬季的气温出现与正常年份差异较大的情况,必定对这一地区的居民正常生活和农业发展十分不利。

根据苏克拉底斯的记载,367 年 6 月 2 日,君士坦丁堡降下冰雹。⑥ 其后不久,马塞林努斯记载了发生于 388 年 9 月的一次冰雹袭击事件。⑦ 根据《复活节编年史》的记载,401 年,马尔马拉海的海水结冰,前后持续近 20 日。404 年 9 月 30 日,君士坦丁堡降下了冰雹,冰雹体积与石头相当。⑧ 苏克拉底斯也记载了这次冰雹的发生情况。⑨ 根据马塞林努斯的记载,443 年,君士坦丁堡出现了长达 6 个月的大雪,大雪降下之后长时间难以融化,令成千上万的人和牲畜因极度严寒而虚弱,直至死亡。⑩ 根据阿加皮奥斯的记

---

① John Malalas, *The Chronicle of John Malalas*, Book 18, pp. 301 – 305.

② Theophanes, *The Chronicle of Theophanes Confessor: Byzantine and Near Eastern History*, AD 284 – 813, p. 349.

③ Dionysios Ch. Stathakopoulos, *Famine and Pestilence in the Late Roman and Early Byzantine Empire: A Systematic Survey of Subsistence Crises and Epidemics*, p. 310.

④ Agapius, *Universal History*, Part 2, p. 175.

⑤ Paul the Deacon, *History of Lombards*, Book 4, Chapter 2, p. 151.

⑥ Socrates, *The Ecclesiastical History*, Book 4, Chapter 11, p. 100. 《复活节编年史》中提到,367 年 6 月 2 日,君士坦丁堡降下了石头大小的冰雹（Michael Whitby and Mary Whitby translated, *Chronicon Paschale*, 284 – 628 AD, p. 46.）。此外,索佐门提到,在瓦伦提尼安（364—375 年在位）有一个儿子降生的同时,冰雹在帝国很多地区异常大规模降落（Sozomen, *The Ecclesiastical History*, Book 6, Chapter 10, p. 352.）。

⑦ Marcellinus, *The Chronicle of Marcellinus*, p. 4.

⑧ Michael Whitby and Mary Whitby translated, *Chronicon Paschale*, 284 – 628 AD, p. 58.

⑨ Socrates, *The Ecclesiastical History*, Book 6, Chapter 19, p. 151.

⑩ Marcellinus, *The Chronicle of Marcellinus*, p. 18.

载，查士丁一世统治第 7 年（525 年），帝国境内出现了一次大范围的雨雪霜冻天气，对这一地区的树木生长及酿酒业产生了巨大影响。① 阿加皮奥斯记载，很可能受到"尘幕事件"的影响，535—536 年的冬季十分寒冷并下起了大雪，很多人因为经受不住严寒而死亡。② 约翰·马拉拉斯记载，543 年，由于气候条件不适，导致粮食和酒类减产。③ 对于这次酒类短缺现象的发生地点，迪奥尼修斯·Ch. 斯塔萨科普洛斯认为很可能位于君士坦丁堡。④

　　除了以上寒冷天气的记载外，阿加皮奥斯记载了两次发生于 6 世纪末期的夏季气温异常的天气。578 年，夏季多雨且寒冷，使谷物、牧草和蔬菜收成受到影响。⑤ 597 年，由于天气过热，树木、葡萄和所有的绿色植物均受到影响。⑥

三　雷电、虫灾

　　除了干旱、极寒和酷热等异常天气外，古代晚期地中海地区还发生了多次雷电天气。根据塞奥发尼斯的记载，331 年，尼科美地亚的一处教堂被天火焚烧殆尽。⑦ 塞奥发尼斯提到的天火很可能是雷电。根据《复活节编年史》的记载，407 年、409 年，帝国境内均发生雷电天气。⑧ 尼基乌主教约翰则记载了一次发生于利奥一世（457—474 年在位）统治期间的雷雨天气，这次雷雨天气的影响地点位于君士坦丁堡，闪电引发了火灾。⑨ 据记载，525 年 10 月，安条克发生火灾，这次火灾很有可能是由雷电天气引起的。⑩ 根据约翰·马拉拉斯的记载，547 年 6 月，发生了一次强雷电天气，很多处于睡

---

① Agapius, *Universal History*, Part 2, p. 165.

② Ibid. , p. 169.

③ John Malalas, *The Chronicle of John Malalas*, Book 18, p. 287.

④ Dionysios Ch. Stathakopoulos, *Famine and Pestilence in the Late Roman and Early Byzantine Empire: A Systematic Survey of Subsistence Crises and Epidemics*, pp. 297 – 298.

⑤ Agapius, *Universal History*, Part 2, p. 178.

⑥ Ibid. , p. 187.

⑦ Theophanes, *The Chronicle of Theophanes Confessor: Byzantine and Near Eastern History, AD 284 – 813*, p. 47.

⑧ Michael Whitby and Mary Whitby translated, *Chronicon Paschale, 284 – 628 AD*, p. 60.

⑨ John of Nikiu, *Chronicle*, Chapter 88, p. 109.

⑩ Glanville Downey, *Ancient Antioch*, p. 243.

梦中的人们被雷电击中而受伤。① 548 年，雷电天气再次发生，很多人在睡梦中被雷电击伤。② 根据图尔的格雷戈里的记载，582 年 1 月和 590 年秋，出现了恶劣的天气，不仅狂风暴雨，而且雷电交加。③

　　除了火山喷发、水灾、极端天气现象会对地中海周边地区的民众生活及农业生产造成不利影响外，虫灾与动物疫病也是影响古代晚期地中海地区农业以及经济发展的重要因素。虫灾的发生会直接造成农业生产的损失，而动物疫病则会影响农业生产所需的畜力，由此影响到这一地区的农业及经济发展。在古代晚期的地中海地区，发生了一次影响范围遍及东地中海大部地区的虫灾，这次虫灾不仅影响范围广，且由于引发了饥荒和瘟疫而加重了当地居民的苦难。

　　《伪柱顶修士约书亚的编年史》详细记载了 500 年前后，发生于叙利亚地区的大虫灾。蝗虫首先于 498 年 5 月出现在叙利亚南部地区，蝗虫的这次入侵并没有直接造成很大的伤害，而只是在这里产下了大量的卵。④ 500 年 3月，虫灾来临，蝗虫很快就布满了阿拉比亚行省地区，并且开始向埃德萨扩散，随后，蝗虫的活动范围从小亚细亚延伸到了地中海西部地区，由此引发了这一地区严重的食物短缺。它们在活动区域内啃光了所有能够食用的东西，导致居民生活出现严重困难。⑤ 在蝗虫到来之前，巴比伦尼亚是天堂，而虫灾过后，这里成了荒野之地。蝗虫甚至可以吞噬人和牲畜，据说有婴儿为蝗虫所食。⑥ 虫灾所产生的影响远远超越了它的本身，由于虫灾延续时间较长，不仅使东地中海地区的粮食正常收成受到严重影响，同时还造成饥荒，并引发了瘟疫。⑦《埃德萨编年史》也提及，499—500 年，一次虫灾发

①　John Malalas, *The Chronicle of John Malalas*, Book 18, p. 289.

②　Theophanes, *The Chronicle of Theophanes Confessor: Byzantine and Near Eastern History*, *AD 284 – 813*, p. 330.

③　Gregory of Tours, *History of the Francs*, Book 6, Chapter 14; Book 10, Chapter 23.

④　Frank R. Trombley and John W. Watt translated, *The Chronicle of Pseudo-Joshua the Stylite*, p. 32.

⑤　Joshua the Stylite, *Chronicle Composed in Syriac in AD 507: A History of the Time of Affliction at Edessa and Amida and Throughout all Mesopotamia*, Chapter 38, pp. 27 – 28.

⑥　Frank R. Trombley and John W. Watt translated, *The Chronicle of Pseudo-Joshua the Stylite*, p. 38.

⑦　Joshua the Stylite, *Chronicle Composed in Syriac in AD 507: A History of the Time of Affliction at Edessa and Amida and Throughout all Mesopotamia*, Chapter 38, p. 29.

生，毁掉了所有的粮食收成。[1] 米提尼的扎卡里亚提到，美索不达米亚地区遭遇虫灾，饥荒由此发生。[2] 正是由于这次虫灾的破坏力十分巨大，因此引起了众多史家的关注。此外，根据马塞林努斯的记载，456 年，弗里吉亚发生虫灾，当地颗粒无收。[3]

　　除了虫灾外，6 世纪还爆发了多次动物疫病，由此造成畜力的严重不足。根据米提尼的扎卡里亚的记载，546 年发生牛瘟，前后持续了两年，由于缺少畜力，土地一片荒芜。[4] 其后不久，根据阿加皮奥斯的记载，551 年，帝国境内出现了一次大瘟疫，这次瘟疫不仅导致很多居民死亡，同时也使牛群受到了感染，以致人们改用猴子和马犁地。[5] 图尔的格雷戈里记载了一次发生于 591 年 4 月的动物病，"当图尔和南特发生瘟疫的同时，由于恶劣的气候条件，导致牲畜中流行病的爆发"[6]。

第四节　奇特的天文现象

　　除了频繁的火山喷发、水灾、极端天气现象、虫灾等自然灾害外，古代晚期地中海地区多次出现日食、月食以及彗星等奇特的天文现象。天文现象本身不会对人们的生产和生活造成直接影响。但是，在古代晚期社会中，由于科学技术条件的限制，人们对这些天文现象发生的原因无法做出科学解释[7]，天文现象由此被当时的人们看作有着特定含义的现象。于是，在天文现象突发后，不明就里的人们往往会产生疑虑、恐惧的情绪。由此可知，天文现象的发生会对地中海周边地区居民的心理状态产生影响。因此，出于这一点考虑，本书也将这类天文现象归为自然灾害之中。当时史家们的记载为我们了解这一时期的天文现象提供了条件。

---

① Roger Pearse transcribed, *Chronicle of Edessa*, p. 36.

② Zachariah of Mitylene, *Syriac Chronicle*, Book 7, p. 151.

③ Marcellinus, *The Chronicle of Marcellinus*, p. 22.

④ Zachariah of Mitylene, *Syriac Chronicle*, Book 10, p. 315.

⑤ Agapius, *Universal History*, Part 2, p. 172.

⑥ Gregory of Tours, *History of the Francs*, Book 10, Chapter 30.

⑦ 从古代晚期到公元 17 世纪，天文学的一个目的便是描述行星运动。（［英］米歇尔·霍斯金主编：《剑桥插图天文学史》，江晓原、关增建、钮卫星译，山东画报出版社 2003 年版，第 18 页。）

一　彗星①、流星②等天体现象

与中国古人相似，古代晚期地中海地区的民众对彗星、流星等天文现象的发生原因并不十分了解。作为社会精英分子的史家们亦是如此，很可能出于好奇、恐惧，或者认为这些现象是"某种预兆"的心态使然，当时史家颇为热衷于对这些奇特的现象进行记载。

根据塞奥发尼斯的记载，334 年，安条克上空白昼出现冒烟的星体。③根据马塞林努斯的记载，423 年 2 月 13 日，出现彗星。④ 442 年，天空再度出现彗星。⑤ 根据《复活节编年史》的记载，466—467 年间，天空中在数日内出现被不同的人视为喇叭、长矛或光束的物体。⑥ 在埃德萨大虫灾爆发的前夕，《507 年柱顶修士约书亚以叙利亚文编撰的编年史》中有这样的一段记载："499 年 11 月，天空出现三个奇怪的信号。在 500 年 1 月，我看到天空西南部出现了一个信号，看上去像一支箭。"⑦

根据约翰·马拉拉斯的记载，在查士丁一世统治初年（518 年），帝国东部出现彗星。⑧ 尼基乌主教约翰也记载了这次发生于 518 年的彗星事件。⑨

---

① 彗星是属于太阳系的一种特殊天体，多具有以太阳为焦点的抛物线轨道，但具有椭圆轨道的周期彗星也不少。它在运行中，接近太阳的时候光度增强，还常常形成尾巴，因而俗称为扫帚星。[陈遵妫：《中国天文学史》（第二册），第 1096 页。]

② 在太阳系的行星际空间，分布着大量的细小物质和尘粒，叫作宇宙尘，又称流星体，它们在太阳引力的作用下，沿着各种可能的轨道运行。地球在自己轨道上运行时，往往和它们相遇，以每秒几十公里的极高速度，从空间飞入地球大气层。由于大气的阻力，宇宙尘便立刻和大气发生剧烈的摩擦而变得灼热，燃烧起来，同时发出了光亮。我们看到的正在燃烧发光的宇宙尘就是流星。特大的流星叫火流星，没有燃烧完落到地面的叫陨星。[陈遵妫：《中国天文学史》（第二册），第 1180 页。]

③ Theophanes, *The Chronicle of Theophanes Confessor: Byzantine and Near Eastern History, AD 284 – 813*, p. 49.

④ Marcellinus, *The Chronicle of Marcellinus*, p. 13.

⑤ Ibid. , p. 17.

⑥ Michael Whitby and Mary Whitby translated, *Chronicon Paschale, 284 – 628 AD*, p. 89.

⑦ Joshua the Stylite, *Chronicle Composed in Syriac in AD 507: a History of the Time of Affliction at Edessa and Amida and Throughout all Mesopotamia*, Chapter 37, p. 27. 2000 年新的翻译版本《伪柱顶修士约书亚的编年史》中提到，中国编年史中记载了 498 年 11 月 29 日到 12 月 28 日间发生了一次彗星事件，而这个现象最初是在利奥统治时期首先发生在西部天空的（Frank R. Trombley and John W. Watt translated, *The Chronicle of Pseudo-Joshua the Stylite*, p. 32. ）。

⑧ John Malalas, *The Chronicle of John Malalas*, Book 17, p. 231.

⑨ John of Nikiu, *Chronicle*, Chapter 90, p. 133.

《复活节编年史》中记载了 519 年发生的一次彗星事件，作者提到，在东部的天空中升起了一个可怕的星星，被称为彗星，它的光束朝向下方，有人称之胡子，人们都很惊恐。[1] 根据阿加皮奥斯的记载，526 年，帝国上空再次出现彗星，前后持续了 41 个夜晚。[2] 根据约翰·马拉拉斯的记载，"530 年，帝国的西部区域出现了一个很大的星星，它向上散发白光。一些人将它称为'烈焰之木'"[3]。塞奥发尼斯也记载了这次事件，他提到："530 年 9 月，西部的天空出现了很多令人惊恐的星星，它们在天空闪烁着耀眼的光芒，这些星星持续了 20 天的时间。"[4] 对于这次天体事件，中国史书上也有相关记载。根据《魏书·天象志》，北魏孝庄帝永安三年七月甲午（即公元 530 年 8 月 29 日），"有彗星，晨见东北方。在中台东一丈，长六尺，色正白，东北行西南指。庚子夕见西北长，长尺，东南指。至八月己未渐见，癸亥灭"[5]。随后不久，普罗柯比则记载了一次发生于 539 年的彗星事件："彗星从一个男子身高的长度逐渐变得更长。彗星朝向东部，这次彗星事件持续了 40 多天，由于它不仅长而且尖，有人将它称为'旗鱼'，还有人将其称为'胡须星'。"[6] 根据米提尼的扎卡里亚的记载，538—539 年，即查士丁尼一世在位的第 11 年，天空中出现了一个巨大而可怕的彗星，前后持续了 100 天的时间。[7] 扎卡里亚记载的这次彗星事件很可能与普罗柯比的记载属于同一次彗星事件，只是两位史家提到的影响时间长短不同。根据约翰·马拉拉斯的记载，556 年 11 月，天空中出现了一道类似于标枪的火光，从东部天空蔓延至西部。[8] 以上天体现象的性质，或是根据文献译者的译注，或是根据

---

[1] Michael Whitby and Mary Whitby translated, *Chronicon Paschale*, *284 – 628 AD*, pp. 104 – 105.

[2] Agapius, *Universal History*, Part 2, p. 166.

[3] John Malalas, *The Chronicle of John Malalas*, Book 18, p. 266.

[4] Theophanes, *The Chronicle of Theophanes Confessor*: *Byzantine and Near Eastern History*, *AD 284 – 813*, p. 275.

[5] 魏收：《魏书·天象志四》，第 2443 页。《中国天文学史》中提到，这是一次哈雷彗星纪事，它和宋文帝元嘉二十八年（公元 451 年）出现时相隔约 79 年半的时间，是哈雷彗星复现周期最长的一次，据卡惠尔和克劳密林的推算，这年哈雷彗星在 11 月 15 日通过近日点。［陈遵妫：《中国天文学史》（第二册），第 1116 页。］

[6] Procopius, *History of the Wars*, Book 2, 4, 1 – 2, p. 287.

[7] Zachariah of Mitylene, *Syriac Chronicle*, Book 10, p. 312.

[8] John Malalas, *The Chronicle of John Malalas*, Book 18, p. 295.

天体现象的特征，可将其确定为彗星事件。

此外，还有数次无法准确判别其性质的天文现象。据阿加皮奥斯记载，385 年，天空出现了火柱，并持续了 30 天。① 随后不久，根据马塞林努斯的记载，388 年 9 月至 389 年 8 月，一颗星星在黎明时分出现在北部，并且像金星（Venus）一样发光。26 天之后，星星消失了。② 418 年，一颗星星从东部升起，并持续发亮了几个月。③ 452 年，色雷斯地区发生了奇怪的现象，3 块巨石从天而降。④ 452 年发生在色雷斯地区的巨石降落事件很可能是陨石坠落现象。根据约翰·马拉拉斯的记载，532 年，天空出现了一个大星星，从黑夜一直持续到白天。⑤ 阿加皮奥斯提到，536 年，一个类似于两倍鱼叉大小的标志出现在天空中，前后持续了 40 天的时间。⑥ 542 年，从帝国的东部到西部地区，天空中出现了一条形状与剑相似的火光，整个冬季都在天空闪耀。⑦ 根据阿加皮奥斯的记载，565 年，天空中出现了一个类似火柱的符号，前后持续了 4 个月的时间，并在天空移动。⑧ 573 年，天空中出现了类似火焰的标志，最初只出现在天空的北部，之后在整个天空中都可以看到。⑨

二　日食和月食⑩

约翰·马拉拉斯记载，在戴克里先统治时期，帝国境内曾出现整日黑暗的现象。⑪ 根据塞奥发尼斯的记载，346 年 6 月 6 日，帝国境内发生日食，以致在白天的第 3 个小时，周围的其他星星都很明亮。⑫ 348 年 10 月 9 日，太阳

---

① Agapius, *Universal History*, Part 2, p. 143.

② Marcellinus, *The Chronicle of Marcellinus*, p. 4.

③ Ibid. , p. 12.

④ Ibid. , p. 20.

⑤ John Malalas, *The Chronicle of John Malalas*, Book 18, p. 282.

⑥ Agapius, *Universal History*, Part 2, p. 170.

⑦ Ibid. , p. 171.

⑧ Ibid. , p. 173.

⑨ Ibid. , p. 175.

⑩ 古代认为日、月食现象好像虫吃树叶一样，所以把它写为日蚀或月蚀。[陈遵妫：《中国天文学史》（第二册），第 1001 页。]

⑪ John Malalas, *The Chronicle of John Malalas*, Book 12, p. 167.

⑫ Theophanes, *The Chronicle of Theophanes Confessor: Byzantine and Near Eastern History*, *AD 284 – 813*, p. 64.

在星期天白天的第二个小时再度变得灰暗。① 根据阿加皮奥斯的记载，385
年，天空在正午时分突然变得黑暗。② 417 年，白天的天空突然阴沉下来，可
能发生了日食。③ 根据阿加皮奥斯的记载，466 年，出现了日食，天空中还出
现了很多星星。④《伪柱顶修士约书亚的编年史》中提到，497 年 4 月 18 日，
君士坦丁堡和伊利里库姆发生日全食。⑤ 阿加皮奥斯提到，512 年 6 月的一个
正午发生了日食。⑥ 534 年 4 月 29 日下午 2 点发生一次日食。⑦ 我们可以在中
国史书中找到与这两次日食的对应记载：南梁武帝天监十一年五月晦日，即
公历 512 年 6 月 29 日中国境内发生了日食现象；南梁武帝中大通六年四月朔
日，即公历 534 年 4 月 29 日又一次发生日食现象。⑧ 由此可见，这两次日食
事件同时被北半球的拜占廷人及中国人观测到并记载了下来。566 年 8 月的第
一个星期天，出现了日食。⑨ 根据图尔的格雷戈里的记载："在奥弗涅于 571
年发生瘟疫之前，奇特的自然现象使这一地区的居民感到恐惧：太阳周围频
繁地出现 3—4 个十分明亮的大光团，好像天空中有 3、4 个太阳一般；而其
后在 10 月 1 日，只有不到四分之一的太阳保持着光辉，令明亮的天空突然变
得暗淡无光；同一地区的上空在随后的一年时间里出现了一颗被人命名为彗
星的星星，散发着剑一样的光芒，天空在其照射下像是被火灼烧。"⑩ 阿加皮
奥斯也提及，571 年，西部的天空中出现了火柱，并且持续了整整一年的时
间。⑪ 根据都尔的格雷戈里记载的日食发生的时间判断，这次日食现象似乎可
以在中国史书中找到对应的记录：据记载，陈宣帝太建三年 9 月朔日，即公

①　Theophanes, *The Chronicle of Theophanes Confessor: Byzantine and Near Eastern History, AD 284 – 813*, p. 64.

②　Agapius, *Universal History*, Part 2, p. 143.

③　Marcellinus, *The Chronicle of Marcellinus*, p. 11.

④　Agapius, *Universal History*, Part 2, p. 159.

⑤　Frank R. Trombley and John W. Watt translated, *The Chronicle of Pseudo-Joshua the Stylite*, p. 26.

⑥　Agapius, *Universal History*, Part 2, p. 165. 马塞林努斯也提到，512 年，一次日食或月食发生 (Marcellinus, *The Chronicle of Marcellinus*, p. 37.)。

⑦　Agapius, *Universal History*, Part 2, p. 168.

⑧　陈遵妫：《中国天文学史》（第二册），第 884 页。

⑨　Agapius, *Universal History*, Part 2, p. 175.

⑩　Gregory of Tours, *History of the Franks*, Book 4, 31. （译文参照（法兰克）都尔教会主教格雷戈里：《法兰克人史》，[英] O. M. 道尔顿英译，寿纪瑜、戚国淦译，商务印书馆 1981 年版，第 172—173 页。）

⑪　Agapius, *Universal History*, Part 2, p. 175.

历 571 年 10 月 5 日有日食事件发生。① 根据塞奥发尼斯的记载，590 年 8 月，
发生日食。② 图尔的格雷戈里记载了一次发生在 590 年 10 月的日食。③ 塞奥发
尼斯与图尔的格雷戈里的记载很可能属于同一次日食。其后不久，阿加皮奥
斯记载了发生在 591 年 3 月的一个正午的日食。④ 据记载，隋文帝时期，即公
历 591 年 3 月 29 日，中国境内的上空也出现了一次日食。⑤ 尼基乌主教约翰
提到，在莫里斯统治期间，某天的第 5 个小时发生日食。⑥

除日食外，这一时期帝国境内还曾经出现月食。马塞林努斯提到，393
年中一天的第 3 个小时发生了月食。⑦

第五节　自然灾害间的相互关系

古代晚期的地中海地区不仅频繁发生各类自然灾害，且不同自然灾害之
间存在着密切联系。作为原发性自然灾害，地震极易引发海啸、火灾和瘟疫
等次生灾害。与此同时，瘟疫又与水灾、食物短缺及饥荒有着密不可分的联
系。自然灾害间的密切联系往往会对受灾地区造成叠加影响。

一　地震与海啸、火灾、瘟疫

（一）地震与海啸⑧

地中海地区，尤其是东地中海地区，不仅是地震高发区，同时也是海啸

---

① 陈遵妫，《中国天文学史》（第二册），第 885 页。

② Theophanes, *The Chronicle of Theophanes Confessor: Byzantine and Near Eastern History*, *AD 284 – 813*, p. 391.

③ Gregory of Tours, *History of the Francs*, Book 10, Chapter 23.

④ Agapius, *Universal History*, Part 2, p. 187.

⑤ 魏征等撰：《隋书·帝纪第二·高祖杨坚纪下》，中华书局 1982 年版，第 36 页。

⑥ John of Nikiu, *Chronicle*, Chapter 101, p. 163.

⑦ Marcellinus, *The Chronicle of Marcellinus*, p. 5.

⑧ 海啸（tsunami）是一种灾难性的海浪，通常由震源在海底下 50 千米以内、里氏震级 6.5 以上的
海底地震所引起。水下或沿岸山崩或火山爆发也可能引起海啸。近现代以来，地震学家已经可以通过对
由震动造成的震荡波的波长进行测算，在海啸到达前数小时，即地震爆发后立即向可能受到危害的沿岸
地区发出警报。海啸与其他波浪一样，也受近岸海底地形和海岸轮廓的反射和折射。因此海啸的影响在
各地大不相同。［《不列颠百科全书》（国际中文版），第 17 册，中国大百科全书出版社 1999 年版，第
231 页。］

发生较为频繁的地区之一。① 古代晚期地中海东部地区海啸的发生几乎都是由地震所引发的，其类型是地震海啸。② 在古代晚期地中海地区，共出现了5 次大规模由地震所引发的海啸事件。这些规模巨大、影响范围广泛的海啸均引起了当时史家的关注。

3 世纪末 4 世纪初，古代晚期地中海地区发生了第一次由地震所引发的海啸事件，这次海啸主要影响到了萨拉米斯城。约翰·马拉拉斯对这次海啸的发生情况进行了记录："在君士坦提乌斯一世（Constantius Chlorus，293—305 年是罗马恺撒，305—306 年是罗马皇帝）统治时期，塞浦路斯（Cyprus）的萨拉米斯（Salamias）城发生地震，城市的绝大部分因地震而深陷海洋之中。"③ 由于目前有关这次海啸事件的发生情况没有其他文献记载可以参考，而约翰·马拉拉斯又未提及海啸的具体发生时间，故无法确定这次海啸的准确发生时间。

365 年 7 月 21 日，发生了第二次海啸事件。这次海啸是古代晚期地中海地区最为严重的自然灾害之一，整个东地中海地区几乎都受到了海啸的影响，众多史家对其发生情况进行了记载。阿米安努斯·马塞林努斯详细记载了这次可怕事件，"365 年 7 月 21 日，突然出现了可怕的信号，在这一天黎明前后不久，坚固的地面被震裂，海水由于地面的强大力量而撤退。人们看到了困在泥泞中的各种海洋生物。在所有人都意想不到的情况下，海水突然大规模的回灌到地面，杀死了成千上万的人，并且通过巨大力量令很多船只漂浮起来，在海难中死去的人们的尸体在水中漂浮着。其他的船只，在海啸的冲击下搁浅在建筑物的顶部，其中的一些甚至在陆地上被向前推进了几乎

① 地中海地区海啸发生比例占到了全球的 10.1％，仅次于太平洋、东印度、日本—俄罗斯（东部沿岸）、加勒比海等地区（Edward Bryant, *Tsunami: The Underrated Hazard*, Chichester: Praxis Publishing Ltd, 2008, p. 15.）。早在公元前1400 年，由于圣托里尼岛的火山喷发引发了强震和海啸，最终令青铜时代高度发达的克里特—迈锡尼文明逐渐衰落（Sergey L. Soloviev, Olga N. Solovieva, Chan N. Go, Khen S. Kim and Nikolay A. Shchetnikov, *Tsunamis in the Mediterranean Sea 2000 B. C. —2000 A. D.*, Dordrecht: Kluwer Academic Publishers, 2000, p. 4.）。

② 由海底地震产生的海啸称为地震海啸。地震海啸一般可分为两类，一类是近海地震海啸或称本地地震海啸，激发海啸的地震发生在近海几十千米或百余千米范围内，海啸波到达沿岸的时间很短，只有几分或几十分钟，难以预警。另一类就是远洋地震海啸，是从远洋甚至横穿大洋传播过来的海啸。（薛艳、朱元清、刘双庆等：《地震海啸的激发与传播》，《中国地震》2010 年第 3 期，第 283 页。）

③ John Malalas, *The Chronicle of John Malalas*, Book 12, p. 170.

2 里的距离"①。《复活节编年史》也关注到这次海啸。② 苏克拉底斯也提到，365 年，出现了由地震引发的海啸。③ 从史家的记载来看，这次海啸事件的影响范围广阔，其中心可能位于东地中海的克里特岛附近，所以对塞浦路斯岛、君士坦丁堡所在的色雷斯地区等都造成了恶劣影响。

447 年 1 月 26 日，古代晚期第三次海啸发生，这次海啸主要影响君士坦丁堡、比提尼亚和达达尔海峡等地区。根据埃瓦格里乌斯的记载，在君士坦丁堡发生地震之后，海洋上发生了巨大灾难，很多岛屿被淹没，海上布满了死鱼，船只由于海水的回撤被再次搁浅。比提尼亚、达达尔海啸和弗吉尼亚等地受创严重。④

541/542 年间，地中海地区发生了第四次海啸事件，这次海啸的影响范围主要包括君士坦丁堡和色雷斯南部地区。据约翰·马拉拉斯的记载，在一次影响范围广大的地震发生之后，君士坦丁堡附近发生了一次海啸。"一位在君士坦丁堡'金门'附近居住的妇女在晚上突然胡言乱语，开始说胡话。由于这位妇女说海水将会涨水，并且会冲走所有的人。因为确实有很多城市被淹没的传闻，所以很多人都在教堂祈祷。民众相信了这位妇女的话，于是警觉地四处逃亡。"⑤ 根据塞奥发尼斯的记载，544 年，海水淹没了色雷斯地区距离海岸线约 4 公里的距离，并吞没了奥德索斯（Odyssos）、迪奥尼索普利斯（Dionysopolis）和阿芙罗迪森（Aphrodision）等地区。⑥ 由于生活于 9 世纪的史家塞奥发尼斯在记载其生活时代之前的历史过程中很大程度地借鉴了约翰·马拉拉斯等前人的记载，故塞奥发尼斯所记载的 544 年海啸，很可能就是 541/542 年影响君士坦丁堡的海啸。

① Ammianus Marcellinus, *The Surviving Book of the History of Ammianus Marcellinus*, V. 2, 26, 10, 15 – 19, pp. 649 – 651.

② Michael Whitby and Mary Whitby translated, *Chronicon Paschale*, *284 – 628 AD*, p. 46.

③ Socrates, *The Ecclesiastical History*, Book 4, Chapter 3, p. 97.

④ Evagrius Scholasticus, *The Ecclesiastical History of Evagrius Scholasticus*, Book 1, Chapter 17, pp. 44 – 45. 约翰·马拉拉斯记载了一次发生于塞奥多西二世（408—450 年在位）时期的海啸事件，克里特岛在发生地震之后，引起了海啸的发生，令数以百计的城市都陷入了海洋之中（John Malalas, *The Chronicle of John Malalas*, Book 14, p. 196.）。

⑤ John Malalas, *The Chronicle of John Malalas*, Book 18, p. 286.

⑥ Theophanes, *The Chronicle of Theophanes Confessor: Byzantine and Near Eastern History*, *AD 284 – 813*, p. 326.

551 年前后，古代晚期第五次海啸在地中海地区发生，这次海啸波及范围遍及整个东地中海地区。其中，色雷斯地区、科斯岛以及彼奥提亚受海啸影响尤为严重。根据普罗柯比的记载，在 550—551 年东地中海地区发生地震的同时，塞萨利（Thessaly）和彼奥提亚之间的海湾内的海水水位突然异常升高并倒灌上陆地。海啸使埃吉努斯（Echinus）和彼奥提亚的斯卡菲亚（Scarphea）被淹，并进一步影响到周边城镇。在海啸的影响之下，陆地在很长一段时间中被水淹没，以致人们可以在原来的海底自由行走。① 除普罗柯比外，亲身经历了这次海啸事件的史家阿伽塞阿斯详细记载下科斯岛在遭遇海啸打击之后的惨状。他提到，"551 年夏季，君士坦丁堡、贝鲁特、亚历山大里亚都受到强震的侵扰，而在地震过后，科斯岛上满目疮痍。科斯岛被海上卷起的高水柱淹没，几乎所有的人和建筑物都被海水吞噬。整个城市成为了一个巨大的碎石堆，城市的供水系统也受到海啸的影响，用水出现困难"②。此外，约翰·马拉拉斯也记载了这次海啸的发生情况："550 年，在遍及整个东部范围的地震发生的同时，波特里斯城（Botrys）发生山崩和泥石流。地震也引起了海啸，很多船只被毁。"③

根据史家们的记载，古代晚期地中海世界的 5 次大规模海啸事件均是由地震引发，类型是地震海啸，且均属于近海地震海啸，大规模海啸的多次发生自然会给受灾地区的民众和建筑物造成严重损害。同时，根据阿米安努斯·马塞林努斯的记载，在 365 年 7 月 21 日海啸事件中，海水在到达地面之前，出现了异常的退潮现象，而这正是下降型海啸的特征。④ 而在 551 年海啸事件中，根据普罗柯比的记载，海水在到达地面前出现了海水异常升高的现象，这是上隆型海啸的特征。无论是从史家关注的程度，还是从记载中受损城市的数量和程度来看，365 年 7 月 21 日和 551 年发生的两次海啸，其影响范围尤其广大，导致东地中海地区的众多重要城市遭受重创。

---

① Procopius, *History of the Wars*, Book 8, 25, 19–21, p. 323.

② Agathias, *The Histories*, pp. 48–49.

③ John Malalas, *The Chronicle of John Malalas*, Book 18, p. 291.

④ 这种现象的出现很可能是因为海啸在入侵初期到达这一地区的是波谷，从而令沿岸的水位出现下降的趋势，以致出现人们可以在海湾上自由行走的现象。[《不列颠百科全书》（国际中文版），第 17 册，第 231 页。]

（二）地震与火灾

在古代晚期的地中海地区，尤其是东地中海地区，由于人口较为稳定的增长，同时出现了大量人员移居城市的现象，导致城市内部的人口数量显著增加。在人口增加的情况下，古代晚期地中海地区城市中的建筑物必定更为密集，在地震发生之后，由于城内生活区域广布明火①，易引起火灾。

根据阿米安努斯·马塞林努斯的记载，358 年 8 月 24 日，尼科美地亚的地震对城市建筑物造成严重破坏，而大部分从地震中幸存下来的庙宇、私人房屋和居住于其中的居民都被随后的大火烧死，大火共持续了 5 天 5 夜，几乎烧掉了一切。② 其后不久，根据苏克拉底斯的记载，在一次地震过后，火焰从天空落下，烧毁了所有建筑者的工具，大火烧了整整一天。③ 除苏克拉底斯外，阿米安努斯·马塞林努斯也详细记载了这次火灾的发生情况，363 年 5 月 19 日，正在重修耶路撒冷的所罗门圣殿的时候，突然发生火球坠落事件，令工人无法接近工地，部分工人被大火灼烧而死。最后，圣殿的重修工作不得不终止。④ 结合这两位史家的记载可以推论，这次火灾的起因是地震。根据米提尼的扎卡里亚的记载，利奥一世统治的初年（即 457 年），安条克发生地震，同时引发火灾。⑤

526 年 5 月，安条克发生强烈地震，并引发大规模火灾。根据约翰·马拉拉斯的记载，安条克城内很多神圣的修道院被付之一炬。始建于君士坦丁一世时期的大教堂，在这次灾难中屹立了 7 天，后来也未能经受住大火的考验而倒塌。⑥ 对于这次火灾的发生时间，埃瓦格里乌斯认为火灾爆发于 525 年 5 月 29 日，他提到："安条克经历了一次强震，地震过后发生大火，那些

---

① 罗马尚没有烟囱和火炉。然而，城市的屋宅里燃烧着火盆，还有烛台（《私人生活史 I（古代人的私生活——从古罗马到拜占庭）》，第 297—298 页）。马塞林努斯记载，526 年安条克地震后之所以爆发火灾，与将倒塌房屋中厨房的火被大风扇得更旺有关（Marcellinus, *The Chronicle of Marcellinus*, p. 42.）。

② Ammianus Marcellinus, *The Surviving Book of the History of Ammianus Marcellinus*, V. 1, 17, 7, 1 – 8, pp. 341 – 345.

③ Socrates, *The Ecclesiastical History*, Book 3, Chapter 20, pp. 89 – 90.

④ Ammianus Marcellinus, *The Surviving Book of the History of Ammianus Marcellinus*, V. 2, 23, 1, 3, p. 311.

⑤ Zachariah of Mitylene, *Syriac Chronicle*, Book 3, p. 60.

⑥ John Malalas, *The Chronicle of John Malalas*, Book 17, pp. 238 – 239.

从地震中死里逃生的人却没逃过火灾的打击，大火迅速将地震中剩余的一切烧成灰烬。"① 关于这次火灾发生的具体时间，约翰·马拉拉斯与埃瓦格里乌斯的记载不同。埃瓦格里乌斯虽为安条克人，但由于其出生于 535 年前后②，这次火灾发生之时，他尚未出世。约翰·马拉拉斯出生于 490 年前后③，这次火灾发生之时正值其壮年。故对于这次火灾发生的具体时间似应以约翰·马拉拉斯的记载为准。此外，尼基乌主教约翰记载，在查士丁一世统治期间，安条克发生地震和火灾，大火在东部地区焚烧了 6 个月，所有的道路都无法通过，整个城市都在大火中焚毁殆尽。④ 马塞林努斯记载，526年，一次地震在就餐时间突然发生，几乎同时，安条克东部刮起了大风，引发火灾，给城市带来了更多的损害。⑤ 塞奥发尼斯也提到，这次火灾持续了6 个多月的时间，没有人知道大火是从哪里开始燃烧起来的，空气中出现的火苗将任何接触到它的人烧伤。⑥ 马塞林努斯和塞奥发尼斯的记载给我们提供了一个重要的信息，就是地震后火灾发生的一个重要原因，是因为居民房屋中倒塌的火经由大风的吹拂而蔓延开来。528 年安条克再度发生强震，根据《埃德萨编年史》中的记载，震后，安条克发生火灾，大火烧掉了从地震中幸存下来的建筑物。⑦ 588 年 10 月，安条克又一次发生地震，埃瓦格里乌斯本人亲历了这次地震，根据他的记载，地震发生后，大火弥漫了整个城市，将城内剩余的建筑物尽数烧毁。⑧

　　除了以上可确定的由地震所直接引发的火灾外，古代晚期地中海地区还发生了数次无法确定其诱因的火灾，其中，君士坦丁堡和安条克两大城市发生火灾的频率较高。433 年 8 月 17 日，君士坦丁堡发生了一场从未发生过的

---

① Evagrius Scholasticus, *The Ecclesiastical History of Evagrius Scholasticus*, Book 4, Chapter 5, pp. 203 – 204.

② Evagrius Scholasticus, *The Ecclesiastical History of Evagrius Scholasticus*, Introduction xiii.

③ John Malalas, *The Chronicle of John Malalas*, Introduction xxii.

④ John of Nikiu, *Chronicle*, Chapter 90, p. 135.

⑤ Marcellinus, *The Chronicle of Marcellinus*, p. 42.

⑥ Theophanes, *The Chronicle of Theophanes Confessor: Byzantine and Near Eastern History*, *AD 284 – 813*, p. 263.

⑦ Roger Pearse transcribed, *Chronicle of Edessa*, p. 38.

⑧ Evagrius Scholasticus, *The Ecclesiastical History of Evagrius Scholasticus*, Book 6, Chapter 8, pp. 298 – 299.

可怕火灾。苏克拉底斯的《教会史》记载，大火持续了两天两夜，毁灭了城内大部分地区以及最大的公共浴池——安吉利亚浴池。① 465 年 9 月 2—6日，君士坦丁堡又一次发生火灾。根据埃瓦格里乌斯的记载："火灾最先从君士坦丁堡沿海的一个位于金角湾入口处的名为博斯普鲁姆（Bosporium）的地区发生，因碰到了一些麻类植物，火苗迅速上窜，瞬间就点燃了一处居民的住宅。火势迅速蔓延，所经之处，寸草不留。火灾前后持续了四天时间，不仅烧毁了易燃的物品，而且还有石质建筑，虽然采取了一切手段灭火，但最终还是从北到南烧毁了城市的核心部位，直至所有建筑均毁于大火。所有的建筑都面目全非，以致当地居民无法确定火灾前建筑物的准确位置。"② 约翰·马拉拉斯则谈及 465 年的君士坦丁堡大火导致皇帝利奥一世弃城而逃。③《复活节编年史》中记载了一次发生于 464 年 9 月 2 日的君士坦丁堡火灾。④ 塞奥发尼斯也记载 464 年君士坦丁堡的火灾发生情况，提到君士坦丁堡的八个地区在这次大火中被烧毁。⑤《复活节编年史》和塞奥发尼斯所记载的这次发生于 464 年的火灾应是与埃瓦格里乌斯和约翰·马拉拉斯同一次火灾。马塞林努斯补充提到，这次火灾发生的确切时间应是在 464 年9 月初的一个星期天，并且提到这次火灾是君士坦丁堡在这一阶段中经历的最可怕的灾难。⑥ 根据马塞林努斯的记载，490—491 年，拜占廷的大多数城市和竞技场都曾发生火灾。⑦

《埃德萨编年史》和《507 年柱顶修士约书亚以叙利亚文编撰的编年史》中都记载了 502 年叙利亚地区发生的大面积火灾的情况。502 年 8 月 22 日晚，埃德萨北部出现火灾。⑧ 就在叙利亚以及美索不达米亚发生虫灾、饥荒的一年后的 502 年，托勒密埃斯（Ptolemiais）、推罗（Tyre）和西顿都发生

---

① Socrates, *The Ecclesiastical History*, Book 7, Chapter 39, p. 175.

② Evagrius Scholasticus, *The Ecclesiastical History of Evagrius Scholasticus*, Book 2, Chapter 13, pp. 96 – 97.

③ John Malalas, *The Chronicle of John Malalas*, Book 14, p. 206.

④ Michael Whitby and Mary Whitby translated, *Chronicon Paschale*, *284 – 628 AD*, p. 87.

⑤ Theophanes, *The Chronicle of Theophanes Confessor: Byzantine and Near Eastern History*, *AD 284 – 813*, p. 174.

⑥ Marcellinus, *The Chronicle of Marcellinus*, p. 24.

⑦ Ibid. , p. 30.

⑧ Roger Pearse transcribed, *Chronicle of Edessa*, p. 36.

火灾。① 虽然未提到火灾发生的具体原因，但这次火灾很可能与 502 年 5 月的干燥天气②有关。520 年，安条克发生原因不明的火灾，很多房屋在大火中被毁，很多人死于这次火灾，火势蔓延得十分迅速，安条克的一些周边地区也受到了影响。③ 559 年 12 月，安条克和君士坦丁堡先后发生火灾。④

　　火灾的发生既可能是地震、雷电、干旱等自然因素使然，也有可能是人为因素所导致。虽然史家未具体提到上述火灾发生的原因，但根据前述可知，5 世纪中期至 6 世纪前期君士坦丁堡及周边地区的地震发生频率较高，所以不能排除地震导致火灾发生的可能性。故将以上数次发生于君士坦丁堡、安条克等地区的火灾暂定性为由地震所引发的次生灾害。

　　（三）地震与瘟疫

　　除了海啸和火灾外，地震过后，受灾地区不仅出现建筑物大面积倒塌、人员大量死亡的惨状，同时也会因为环境不洁、防疫措施不到位以及食物短缺而引发瘟疫。

　　根据史家记载，在古代晚期地中海地区数次地震发生后，均出现了瘟疫流行的现象，令受灾地区的民众雪上加霜。447 年 1 月 26 日，君士坦丁堡及附近地区的地震发生后，城内出现了饥荒和瘟疫，居民大批死亡。⑤ 在 551 年东地中海强震发生之后，瘟疫爆发，地震幸存者中的一半又死于瘟疫。⑥ 如前所述，557 年 12 月，君士坦丁堡发生强震，地震过后不到两个月，558 年 2 月，君士坦丁堡就再度爆发大规模鼠疫。这两大灾难间发生时间如此接近，不能仅仅用巧合加以解释。迈克尔·马斯认为，557 年地震与鼠疫密切相关。⑦ 根据塞奥发尼斯的记载，560 年 12 月，一场大火伴随着瘟疫在西里西亚等地蔓延，同时地震也在这些地区发生。⑧ 由于地震是地质灾害，是由

---

① Joshua the Stylite, *Chronicle Composed in Syriac in AD 507: A History of the Time of Affliction at Edessa and Amida and Throughout all Mesopotamia*, Chapter 47, p. 37.

② Ibid., p. 35.

③ John Malalas, *The Chronicle of John Malalas*, Book 17, p. 236.

④ John Malalas, *The Chronicle of John Malalas*, Book 18, pp. 299 – 300.

⑤ Marcellinus, *The Chronicle of Marcellinus*, p. 19.

⑥ Procopius, *The Anecdota or Secret History*, Book 18, Chapter 44, p. 227.

⑦ Michael Maas, *The Cambridge Companion to the Age of Justinian*, p. 152.

⑧ Theophanes, *The Chronicle of Theophanes Confessor: Byzantine and Near Eastern History, AD 284 – 813*, p. 345.

地球内部地壳运动引起，属于原生性自然灾害，如果说塞奥发尼斯所记载的火灾、瘟疫和地震间存在着某种联系的话，那很可能是由地震导致火灾和瘟疫的蔓延。

（四）地震的其他次生影响

地震除了引起海啸、火灾和瘟疫的发生外，还可能会引发泥石流和饥荒。498 年 9 月，美索不达米亚地区就曾发生过一次疑似泥石流的事件。498 年 9 月，一次强烈地震发生，很多居民都听到了巨大的声音，一些人说，幼发拉底河的河水停止流动了。[①] 地震后，能够导致河水停止流动的最大可能性就是地震导致河流周边的山地和丘陵出现坍塌，从而阻止了河水的正常流动。地震由于破坏农业生产与交通运输，还会导致城市发生饥荒。在 370 年拜占廷帝国东部地区发生大饥荒之前，这一地区就曾于 365—368 年发生过数次强烈地震。诺尔·伦斯基提到："370 年大规模饥荒的发生必然与瘟疫、地震、动物疫病等灾害密切相关，有记载称 368 年就曾发生过地震。"[②] 409 年，君士坦丁堡因面包短缺而引发了一次暴动。[③] 而这次面包短缺的原因很可能是因为之前 408 年君士坦丁堡的地震所致。

二　瘟疫与水灾、虫灾、食物短缺、饥荒

不仅地震与海啸、火灾、瘟疫的发生有着密切联系，水灾、虫灾、食物短缺和饥荒的发生极易引发瘟疫，而瘟疫又极有可能会导致食物短缺和饥荒的程度进一步加剧。

（一）瘟疫与虫灾

由虫灾引起的瘟疫比较少见，而一旦出现就将是十分具有破坏力的。[④] 500 年 4 月，当埃德萨及附近地区出现大范围虫灾之时，谷物开始短缺，物

[①]　Frank R. Trombley and John W. Watt translated, *The Chronicle of Pseudo-Joshua the Stylite*, p. 32.

[②]　Noel Lenski, *Failure of Empire: Valens and the Roman State in the Fourth Century A. D.*, pp. 389 – 390.

[③]　Marcellinus, *The Chronicle of Marcellinus*, p. 10.

[④]　公元前 125—前 124 年就曾经发生过一次大的由虫灾所引起的瘟疫。据说，迦太基的领土和非洲的乌提卡（Utica）死亡了 20 万人。而在公元 591—595 年，在萨珊波斯的阿巴伊斯坦地区（Arbayistan）的玛卡（Margar）和尼尼微（Nineveh）发生了由虫灾引起的瘟疫，据说，虫灾摧毁了庄稼、植物、果树、森林和所有绿色植物。昆虫也袭击了泉水、喷泉和井。尤其是通过它们肿胀的尸体令水源被污染。（Frank R. Trombley and John W. Watt translated, *The Chronicle of Pseudo-Joshua the Stylite*, p. 37. ）

价由此飞涨。① 人们寻找一切可食之物，包括苦豌豆、掉落的葡萄、裹着泥巴的蔬菜茎秆和叶子等，但仍然无法充饥。人们的身体处于透支的状态，暴瘦的身体令他们如同豺狼一般，随后，他们开始在街道上死去。公元500—501 年，在饥荒发生的同时，瘟疫开始在埃德萨地区蔓延。② 虽然采取了一些措施，包括发放面包、掩埋尸体等，但死亡人数仍未减少，相反却不断攀升。而周边地区的人们大量涌入埃德萨，当城内人数过多，同时又有大量人员死亡时，瘟疫便不可避免地发生了。③ 在城市中，因死亡者的尸体过多，遍布街道以致没有地方可供埋葬。一次瘟疫因感染性的尸体、高温、公众因不同原因的虚弱而爆发。④

　　501 年 4 月，瘟疫开始在城内蔓延，受到瘟疫影响的不仅仅是埃德萨，安条克、尼西比斯（Nisibis）的人们也被饥荒和瘟疫折磨；很多有钱人逃过了饥荒的威胁，但却在瘟疫中丧命。⑤ 迪奥尼修斯·Ch. 斯塔萨科普洛斯认为："这次袭击埃德萨的瘟疫，其病原与312—313 年冬季爆发于帝国东部的瘟疫相同，是天花。不同的是，这次死亡人数较之于上次要少得多。"⑥ 由虫灾所引起的食物短缺、饥荒以致继而出现瘟疫等灾害极易造成叠加的影响，令人口、农作物收成以及经济发展受到打击。阿加皮奥斯也记载了这次发生于 501 年前后的虫灾及其所引发的严重饥荒。⑦

---

① Frank R. Trombley and John W. Watt translated, *The Chronicle of Pseudo-Joshua the Stylite*, p. 38.

② Joshua the Stylite, *Chronicle Composed in Syriac in AD 507：A History of the Time of Affliction at Edessa and Amida and Throughout all Mesopotamia*, Chapter 41, p. 31.

③ Ibid. , Chapter 42 – 43, pp. 31 – 33.

④ Ammianus Marcellinus, *The Surviving Book of the History of Ammianus Marcellinus*, V. 1, 19, 4, 1 – 8, pp. 487 – 489. 此时的埃德萨十分具备瘟疫爆发的条件。

⑤ Frank R. Trombley and John W. Watt translated, *The Chronicle of Pseudo-Joshua the Stylite*, p. 46.

⑥ Dionysios Ch. Stathakopoulos, *Famine and Pestilence in the Late Roman and Early Byzantine Empire：A Systematic Survey of Subsistence Crises and Epidemics*, p. 92.

⑦ Agapius, *Universal History*, Part 2, p. 164. 此外，6 世纪还发生了数次虫灾事件。517—518 年间，巴勒斯坦地区发生干旱和饥荒，干旱在这一地区持续了 5 年时间，与干旱的发生几乎同时，蝗群出现，蝗虫数量非常庞大，以致布满了整个天空，蝗虫吃掉了田地里的一切（Dionysios Ch. Stathakopoulos, *Famine and Pestilence in the Late Roman and Early Byzantine Empire：A Systematic Survey of Subsistence Crises and Epidemics*, p. 259.）。526 年，由于降水极少所引发的干旱天气导致了一次虫灾的流行，瘟疫在帝国境内出现并延续了 6 年时间（Agapius, *Universal History*, Part 2, p. 165.）。578 年，在安条克发生强烈地震的同年，夏季十分多雨且寒冷，空气污浊且昏暗，出现大量蝗虫令谷物收成受到影响。同时，发生了一次严重瘟疫（Agapius, *Universal History*, Part 2, p. 178.）。

（二）瘟疫与水灾

根据图尔的格雷戈里的记载，589 年，台伯河发生水灾，淹没了罗马城，教堂的储存室因被淹而损失了很多小麦。水灾后不久，罗马城就爆发了瘟疫。① 副主祭保罗的记载与之相似，"在 590 年罗马爆发瘟疫之前，罗马城曾于 589 年 10 月发生水灾，城内被台伯河的河水淹没"②。洪水过后，城市内部卫生状况堪忧，细菌极易滋生。如果没有很好的防疫措施的话，极有可能会爆发传染性疾病。发生水灾和瘟疫的时间如此接近，590 年罗马城瘟疫的爆发很可能与之前的洪水有关。590 年 10 月，出现了大雨和雷电天气，导致河水进一步上涨，而几乎同时，瘟疫出现在维维尔（Viviers）和阿维尼翁（Avignon）地区。③ 维维尔和阿维尼翁的瘟疫也与强降水密切相关，降水所带来的潮湿和洪水不一定必然导致大规模疫病的产生，但却为疾病的流行提供了温床。除了 6 世纪 90 年代前后出现的由于台伯河水灾导致瘟疫发生的事例之外，在两个世纪之前，这一地区也发生了一次类似事件。迪奥尼修斯·Ch. 斯塔萨科普洛斯提道："397—398 年，罗马发生饥荒和疫病，时间在冬季，结果导致了大量人口的死亡。而这次瘟疫的发生很可能与几乎同一时期发生的台伯河洪水有关。"④

（三）瘟疫与食物短缺和饥荒⑤

古代晚期地中海地区的食物供应链条较为脆弱，气候失常、运输不畅等因素均是影响地中海地区粮食生产和供应的重要因素。一旦粮食生产和供应链条上的任何一个环节出现问题，就会引发食物短缺和饥荒的发生。农村地区食物短缺和饥荒的发生，更可能的是受到了自然灾害的影响，如干旱等原因引起的粮食歉收，也可能是由于瘟疫导致农业人口减少而影响正常的粮食

①　Gregory of Tours, *History of the Francs*, Book 10, Chapter 1.

②　Paul the Deacon, *History of Lombards*, Book 3, Chapter 23 – 24, p. 127.

③　Gregory of Tours, *History of the Francs*, Book 10, Chapter 23.

④　Dionysios Ch. Stathakopoulos, *Famine and Pestilence in the Late Roman and Early Byzantine Empire*：*A Systematic Survey of Subsistence Crises and Epidemics*, pp. 217 – 218.

⑤　事实上，饥荒与食物短缺是两个程度不用的概念。食物短缺不一定会引起饥荒，如果政府救助政策得当或气候得到改善，那么食物短缺的现象不会持续很久。而饥荒则不同，饥荒的程度更深，往往能够引起大范围且大规模的人口损失。博尔索克、彼得·布朗等认为，食物短缺较为常见，在自然环境、农业生产和运输工具等诸多因素中，引起食物短缺两个最重要的因素是气候和农业，因为谷物是地中海世界中最基本的食物（G. W. Bowersock, Peter Brown, Oleg Gravar, *Late Antiquity*：*A Guide to the Postclassical World*, p. 446. ）。

耕作所致。保罗·莱蒙勒认为："受到了541—544年大瘟疫的影响，人口减少的趋势十分显著，而这一状况令将农民固定在土地上的需要显得尤为紧迫，同时，土地与人员不协调发展的威胁也迫在眉睫。"① 而城市中食物短缺和饥荒的发生会有更多的影响因素，如周边农村地区粮食歉收、城内由于自然原因或社会原因而出现的社会危机、粮食运送不当等。据不完全统计，从4世纪初至6世纪前期，帝国东部地区数次发生饥荒。② 与此同时，帝国西部地区，尤其是罗马及附近地区发生了频率极高的食物短缺和饥荒，部分是由于战争所致，部分是由于天气干旱令谷物收成受到影响，进而影响到帝国西部的粮食供应。其中，在350—476年，帝国西部共发生了14次大规模饥荒。③

食物短缺和饥荒极易诱发瘟疫。由于食物短缺和饥荒的影响会直接作用于人，当这一地区的民众无法得到基本的食物时，他们很可能会求助于一些不适合食用，甚至有毒的食物，由此引发身体机能失衡，甚至发生病变。而人类身体机能失衡或身体状况虚弱之时，就是疾病侵入人体的最佳时机。对

① Paul Lemerle, *The Agrarian History of Byzantium*: *From the Origins to the Twelfth Century*, p. 25.
② 303年，戴克里先（284—305年在位）统治的第19年，一次可怕的饥荒发生，小麦价格因此暴涨（Agapius, *Universal History*, Part 2, p. 83.）。332年，东部地区发生了一次严重饥荒（Theophanes, *The Chronicle of Theophanes Confessor*: *Byzantine and Near Eastern History*, AD 284 – 813, pp. 47 – 48.）。354年，安条克发生了食物短缺（Ammianus Marcellinus, *The Surviving Book of the History of Ammianus Marcellinus*, V. 1, 14, 7, 2 – 6, pp. 53 – 55.）。367—368年或369—370年，迦太基出现食物短缺（Ammianus Marcellinus, *The Surviving Book of the History of Ammianus Marcellinus*, V. 3, 28, 1, 17 – 23, pp. 99 – 100.）。463年，君士坦丁堡出现了面包供应短缺的现象（Michael Whitby and Mary Whitby translated, *Chronicon Paschale*, 284 – 628 AD, p. 85.）。467年，帝国东部出现了食物短缺，并遭遇蝗虫的打击（Agapius, *Universal History*, Part 2, p. 159.）。484年，北非发生饥荒，以致大批居民离开了自己的家乡，一部分人逃到了君士坦丁堡，另一部分人逃往其他行省。因为君士坦丁堡虽然能够供应大量人口，但总有富余的生活必需品。不过由于行省人口的大量涌入，也令君士坦丁堡出现了食物短缺的困境（Socrates, *The Ecclesiastical History*, Book 4, Chapter 16, p. 104.）。枯萎，家养的和野生的动物死亡，土地无人耕种，商业停止了，饥荒在北非地区发生，葬礼仪式随处可见，而幸存者们则到处寻找食物（Dionysios Ch. Stathakopoulos, *Famine and Pestilence in the Late Roman and Early Byzantine Empire*: *A Systematic Survey of Subsistence Crises and Epidemics*, p. 245.）。515—516年，亚历山大里亚的民众因为油类短缺发生暴动，杀死了显贵卡里奥比奥斯（Kalliopios）的儿子塞奥多西斯（Theodosios）（John Malalas, *The Chronicle of John Malalas*, Book 16, p. 225.）。546年，帝国东部发生大饥荒，造成粮食价格上涨（Agapius, *Universal History*, Part 2, p. 172.）。524年，油类短缺令君士坦丁堡居民的生活遭遇困难（Marcellinus, *The Chronicle of Marcellinus*, p. 42.）。545年，拜占廷帝国境内出现了谷物和酒类的短缺，天气十分反常（Theophanes, *The Chronicle of Theophanes Confessor*: *Byzantine and Near Eastern History*, AD 284 – 813, p. 326.）。556年5月，君士坦丁堡发生食物短缺（John Malalas, *The Chronicle of John Malalas*, Book 18, p. 295.）。根据苏克拉底斯的记载，370年，弗吉尼亚（Phrygia）发生了大饥荒，以致大批居民离开了自己的家乡，一部分人逃到了君士坦丁堡，另一部分人逃往其他行省。因为君士坦丁堡虽然能够供应大量人口，但总有富余的生活必需品。不过由于行省人口的大量涌入，也令君士坦丁堡出现了食物短缺的困境（Socrates, *The Ecclesiastical History*, Book 4, Chapter 16, p. 104.）。
③ Dionysios Ch. Stathakopoulos, *Famine and Pestilence in the Late Roman and Early Byzantine Empire*: *A Systematic Survey of Subsistence Crises and Epidemics*, pp. 190 – 224.

此，威廉·H. 麦克尼尔认为："一般的寄生物可能有时会削弱人的体力和忍耐力，当严重的伤害或灾难（比如饥馑）扰乱了宿体的生理平衡时，轻微的感染也可能引发致命的并发症。"① 迈克尔·W. 杜尔斯认为，"饥荒经常与瘟疫相伴而生，很可能是因为人们抵抗力的下降和人类的居住区内所存储食物的吸引力，这些因素引诱了携带鼠疫杆菌的老鼠更加亲密地接触人类"②。理查德·B. 斯托塞斯指出："在历史上，瘟疫与饥荒时常相伴而生，经常发生在一些遭到敌人围困的城市之中；但真正的瘟疫并不是由饥荒直接引发。饥荒在瘟疫流行过程中扮演的角色是：当饥饿难耐时，疾病极易乘虚而入。"③

根据尤西比乌斯的记载，312—313 年冬季，由于气候异常，冬季的雨水没有如期而至，东部大部地区发生食物短缺，继而引发的饥荒和瘟疫令东部地区大量居民死亡。④ 城市居民或变卖财产或沿街乞讨以求食，城内饿殍遍地，瘟疫四处肆虐。⑤ 363 年夏季，帝国东部与波斯作战的前线发生了饥荒与瘟疫。⑥ 阿米安努斯·马塞林努斯指出："384—385 年，安条克发生饥荒和瘟疫。当瘟疫发生的时候，面包师逃亡出城，城内既没有面包也没有谷物。利巴尼欧斯（Libanios）提及安条克城内的老人与孩童由于饥荒而大规模死亡。"⑦ 阿米安努斯·马塞林努斯未曾详细提到饥荒与瘟疫究竟谁较早发生，但仍然可以看到这两大灾害间的紧密联系。根据左西莫斯的记载，408 年，罗马城被困，由于食物的短缺，饥荒开始在城内发挥威力，城内因饥饿而死亡的人不计其数，尸体随处可见。尸体的恶臭足以令很多健康的人受到影响。⑧ 根据马塞林努斯的记载，在 446 年的一次大饥荒之后，君士坦

---

① ［美］威廉·H. 麦克尼尔：《瘟疫与人》，第 13 页。

② Michael W. Dols, "Plague in Early Islamic History", p. 375.

③ Richard B. Stothers, "Volcanic Dry Fogs, Climate Cooling, and Plague Pandemics in Europe and the Middle East", p. 719.

④ Eusebius, *The Church History: A New Translation with Commentary*, Book 9, pp. 327 – 328.

⑤ Ibid. , p. 328.

⑥ Ammianus Marcellinus, *The Surviving Book of the History of Ammianus Marcellinus*, V. 2, 25, 7, 4, p. 531.

⑦ Dionysios Ch. Stathakopoulos, *Famine and Pestilence in the Late Roman and Early Byzantine Empire: A Systematic Survey of Subsistence Crises and Epidemics*, p. 209.

⑧ Zosimus, *New History*, Book 5, p. 120.

丁堡爆发了瘟疫。① 由于君士坦丁堡的饥荒和瘟疫是紧随地震发生的，很可能是地震导致城内物资匮乏并造成食物短缺甚至饥荒，由此导致居民身体虚弱而发生大规模疫病。根据埃瓦格里乌斯的记载，451—454 年，弗里吉亚、加拉提亚、卡帕多西亚和西里西亚等地区发生旱灾，由于食物不足，城市居民在食用了一些有害身体健康的食物之后，瘟疫随即爆发，炎症令身体发胀、眼睛失明，同时伴随着咳嗽。随后，瘟疫在城内蔓延。② 537—539 年，当查士丁尼一世的军队在意大利地区进行与东哥特人的战争时，罗马、利古里亚、奥维多和米兰等地区先后出现饥荒，甚至引发瘟疫。③

　　除了由食物短缺和饥荒引起瘟疫的情况外，大规模瘟疫的爆发也会令受灾地区出现食物严重不足进而诱发食物短缺和饥荒的现象。根据塞奥发尼斯的记载，555 年 12 月，很多城市发生瘟疫，小孩均被感染，次年 5 月，帝国境内就出现了食物短缺现象。④ 约翰·马拉拉斯提道："556 年 5 月，君士坦丁堡发生了面包短缺，由于饥饿，市民在城市纪念日中向皇帝乞求帮助，这次面包短缺持续了 3 个月。"⑤ 迪奥尼修斯·Ch. 斯塔萨科普洛斯认为约翰·马拉拉斯和塞奥发尼斯记载的君士坦丁堡发生食物短缺的现象属同一次。⑥ 569 年，利古里亚和威尼西亚的很多居民因为瘟疫而大量死亡，随后不久，一次大饥荒在这一地区爆发。⑦ 根据图尔的格雷戈里的记载，590 年，高卢发生瘟疫，同时，一次严重饥荒在这一地区爆发。⑧ 莱斯特·K. 利特认为瘟疫和饥荒之间有着密切的关系，"542 年当鼠疫在君士坦丁堡肆虐的时候，一场饥荒同时发生。而在 597 年，塞萨洛尼卡遭遇鼠疫之后，这里爆发了一

---

① Marcellinus, *The Chronicle of Marcellinus*, p. 18.
② Evagrius Scholasticus, *The Ecclesiastical History of Evagrius Scholasticus*, Book 2, Chapter 6, pp. 81 – 82.
③ Dionysios Ch. Stathakopoulos, *Famine and Pestilence in the Late Roman and Early Byzantine Empire*: *A Systematic Survey of Subsistence Crises and Epidemics*, pp. 270 – 273.
④ Theophanes, *The Chronicle of Theophanes Confessor*: *Byzantine and Near Eastern History*, *AD 284 – 813*, p. 337.
⑤ John Malalas, *The Chronicle of John Malalas*, Book 18, p. 295.
⑥ Dionysios Ch. Stathakopoulos, *Famine and Pestilence in the Late Roman and Early Byzantine Empire*: *A Systematic Survey of Subsistence Crises and Epidemics*, p. 72.
⑦ Paul the Deacon, *History of Lombards*, Book 2, Chapter 26, p. 80.
⑧ Gregory of Tours, *History of the Francs*, Book 10, Chapter 25.

次严重的粮食短缺的危机"①。我们发现，瘟疫和饥荒一旦发生，便会形成恶性循环：饥荒令居民因得不到必需品而变得更加虚弱，在这种身体状况下，疾病极易乘虚而入；同时，一旦瘟疫在大规模的人群中蔓延开来，则会造成劳动力的进一步缺乏，从而加剧饥荒程度。

在古代晚期中，自然灾害间的相互关系远不只上述提及的这些，地震、干旱等灾害后所导致的食物短缺、饥荒等灾害的出现也是灾害间相互关系的一个重要体现。自然灾害间的紧密联系会给受灾地区造成更为复杂且难以处理的危机局势。

综上所述，包括色雷斯、巴尔干、希腊、小亚细亚、叙利亚、巴勒斯坦以及埃及在内的地中海世界东部地区的存在史料记载之中的自然灾害要远高于地中海世界西部地区。这种情况的出现，说明地中海世界东部的自然灾害的出现频率确实高于西部地区，尤其在古代晚期阶段中，这一地区是地中海地区人员更为密集、经济更为富裕的地区，所以自然灾害的发生对这一地区的破坏程度尤其严重，想必也因此引起了更多史家的关注。拉塞尔就认为鼠疫于6世纪40年代开始蔓延的情况，在帝国东部得到了更多的关注，"瘟疫的传播路线及其影响似乎在地中海东部地区得到了比西部更多的关注。这种现象的出现很可能是因为在中世纪早期阶段中，东部地区拥有更强大的政治实体和更多知识分子的活动，为瘟疫传播提供了更多和更好的信息。地中海西部地区只有相当少的关于瘟疫情况的记载，其中2/3来自于图尔的格雷戈里和副主祭保罗，当格雷戈里去世后，关于地中海西部地区瘟疫相关情况的记载就更少了"②。沃伦·特里高德指出："2—3世纪，地中海东部希腊文化较之于西部拉丁文化更为有活力也是东部更为繁荣的重要原因。虽然1世纪，拉丁文学兴盛发展之时，正值希腊文学衰落之际；2世纪，在希腊文学复兴的同时，拉丁文学似乎陷入危机中。这两种发展趋势一直持续至3世纪，当第一次出现罗马帝国的大部分主要作家开始用希腊语而不是拉丁语写作之时。从3世纪开始，希腊文化显示出更多的活力，并且显示出其能够在

---

① Lester K. Little, *Plague and the End of Antiquity*: *The Pandemic of 541 – 750*, p. 116.

② Josiah Cox Russell, *The Control of Late Ancient and Medieval Population*, p. 125.

未来几个世纪中迅速发展的趋势。"①

　　与此同时，我们可以看到，受到史家视角的影响，地中海东部地区的城市，尤其是君士坦丁堡、安条克等重要城市的自然灾害的发生情况得到了较之于其他地区更为详细的记载。这一点并不意味着大城市之外的城镇及农村地区没有受到鼠疫、天花、地震、水灾、干旱、海啸等自然灾害的影响。相反，这些地区在自然灾害打击之下的受灾程度很可能因得不到政府的充分关注而更加严重。

---

① Warren Treadgold, *A Concise History of Byzantium*, p. 10.

第二编

古代晚期自然灾害的影响

从 3 世纪末期直至 6 世纪，地中海地区频繁发生鼠疫、天花、地震、水灾、海啸等自然灾害，且鼠疫、地震等灾害的危害往往会突破一个城市或地区的界限，影响地中海周边大部地区。频繁发生的自然灾害对统治这一区域的罗马—拜占廷帝国的社会经济、政治局势、军事实力以及民众精神状态等方面自然会造成不良影响。与此同时，地震与海啸、火灾，瘟疫与地震、水灾、饥荒等自然灾害间的紧密联系则会对受灾地区造成叠加影响。

罗马人用了数个世纪的时间，依靠其强有力军团的东征西讨，最终确立了对地中海周边地区的统治。"3 世纪危机"的爆发令原统治地中海地区的罗马帝国，无论是内部发展还是外部局势，均面临着重大的危机。"3 世纪危机"标志着罗马统治下的地中海世界陷入混乱，这种混乱体现在社会生活的方方面面，包括经济衰落、政局混乱、军事溃退等。

"3 世纪危机"期间和以后，罗马帝国周边势力对于帝国的压力日益增大，罗马人在地中海世界所确立的秩序受到了不断的挑战，为维系罗马对地中海世界的统治，帝国采取了各种方式，以上两种力量的互动奠定了古代晚期地中海地区的发展路径。彼得·布朗认为："从 3 世纪中期开始，罗马帝国不得不面对完全没有准备的蛮族入侵和政治不稳定的困境。240—300 年，这段罗马帝国经受危机的时期奠定了古代晚期社会进一步发展的基调。随着 224 年萨珊波斯人的兴起、248 年多瑙河边境哥特人联盟的形成、260 年之后莱茵河流域战争团伙的存在，罗马帝国已经不得不面对来自所有方向的战争。在 245—270 年，所有战线均在崩溃。251 年，皇帝德西乌斯（Decius）在多布罗加沼泽地与哥特人的战争中失败；260 年，沙普尔一世将皇帝瓦伦提尼安变成了阶下囚并且占领了安条克；271 年，皇帝奥里略（Aurelian）不得不用无希望的军事城墙来保护罗马。罗马世界分崩离析。众多边境沿线的城郊房屋和城市突然被遗弃。军队用 47 年时间废立了 25 位皇帝，其中只有 1 位皇帝得到善终。"①

"3 世纪危机"的原因历来是学界关注的焦点。随着生态环境史，尤其是疾病史研究的逐渐兴起，很多学者试图从瘟疫的角度来探寻"3 世纪危机"发生的背景，并将瘟疫所引发的危机与 3 世纪前后地中海地区政治、经济和军事发展相联系。学者普遍认为，瘟疫导致帝国人口减少，进而影响到帝国的经济、政治和军事。沃伦·特里高德指出："2—3 世纪两度爆发的瘟疫对帝国的人口、军事等方面具有巨大的不利影响，由瘟疫导致的人口减少，不仅导致帝国和平繁荣状态的结束、与外部敌人战争形势的渐趋恶化，也造成了帝国内部以皇位继承为主体的政治秩序的混乱。"② J. H. W. G. 里贝舒尔茨认为，"2—3 世纪发生的'安东尼瘟疫'和'西普里安瘟疫'对众多区域的经济造成了灾难性的影响，从 2 世纪中期开始，埃及纳税人剧减；意大利的碑铭数量明显减少；地中海周边地区公共建筑物的数量也不断减少"③。布莱恩·蒂尔尼、西德尼·佩因特指出："自 2 世纪罗马边疆稳定以后，便不再有胜仗以补充战俘，奴隶劳动变得昂贵，而且劳动力补充的问题又因为人口的普遍下降而越发严重。在 165—180 年之间，一种严重的流行病——可能是天花——流行于帝国，它是由从波斯边境回来的士兵传入的。3 世纪又流行其他传染病，疟疾，以及沿着通往亚洲和非洲的贸易路线传入的其他疾病一并蔓延。罗马城的人口似乎在 165 年流行病到达之前达到最高峰，而后下降。人口下降意味着实际财富产生的下跌；在 3 世纪，尽管还有许多非常富裕的人，他们'享受财富，任意挥霍，过着奢侈的生活'，然而，就其对资源的需求来说，帝国从本质上看已非真正的富裕了。"④

事实上，3 世纪，瘟疫直接造成的人口减少及由此引发的帝国人力资源匮乏的状况与帝国内部原有的矛盾相结合，导致帝国深陷危机。威廉·H. 麦克尼尔以巨寄生与微寄生之间的关系为例分析了这一时期罗马内部的社会矛盾，他认为："在地中海世界已经发生的，是一种原本可忍受的巨型寄生体系——普遍追求希腊—罗马式城市生活的各类地主加上公元 1 世纪的帝国

① Peter Brown, *The World of Late Antiquity*, AD 150 - 750, pp. 22 - 24.
② Warren Treadgold, *A Concise History of Byzantium*, pp. 6 - 9.
③ J. H. W. G Liebeschuetz, *Decline and Fall of the Roman City*, p. 391.
④ [美] 布莱恩·蒂尔尼、西德尼·佩因特：《西欧中世纪史》，第 21 页。

军队和官僚机器，在经历了 2—3 世纪传染病的灾难性蹂躏之后，开始变得不堪重负。此后，罗马社会的巨型寄生体系变成进一步破坏人口和生产的原因，由此导致的混乱、饥馑、迁移、流浪者的集散，反过来又促成了新的让传染病更多减损人口的机会。一个延续达几个世纪的恶性循环由此产生，尽管不乏局部的稳定时期和人口的部分恢复。"①

3 世纪后期，与帝国西部相比，帝国东部虽然同样经受了瘟疫、内战、蛮族入侵的混乱时代，但是东部地区似乎仍然保持着相对的繁荣。实际上，与西部相比，东地中海地区向来人口更为稠密、城市更为发达、农业更为繁荣，因此东部较之于西部具有更强的自危机中复苏的能力。② 沃伦·特里高德提到："蛮族入侵和国家需求引起了仅仅地方性的、短暂的贫穷。瘟疫的反复爆发似乎并未对东部地区造成毁灭性的影响，甚至缓解了一些地区人口过剩的情况。从古代标准来看，帝国东部城市中的商业、制造业和文化似乎仍然是繁荣的。"③

为了应对来自帝国内外的危机，戴克里先和君士坦丁一世进行了大刀阔斧的改革，以期挽救帝国。总体而论，在戴克里先和君士坦丁一世的多项内外政策调整之下，帝国实力得到部分恢复。从 3 世纪后期开始，帝国以皇位继承制度为核心的政治组织形式、军事制度以及经济发展模式等方面的特征已经与"3 世纪危机"之前的罗马帝国有着明显的区别。彼得·布朗指出："罗马帝国由于一场军事改革而得到挽救。极少有社会能够如此果断地来精简上层阶级的组织机构。约 260 年，元老院贵族失去了军事指挥权。贵族开始向通过战争而获得职位升迁的职业军人让位。这些职业军人使罗马军队得到了重新塑造。笨重的军团被分割为小规模的部队，以提供一个抵抗蛮族入侵的更灵活的防御。前线的部队被一个新的由重装骑兵部队组成的力量（被誉为皇帝的'同伴'，保安队：comitatus）而大大加强。"④ 直至 330 年君士

① ［美］威廉·H. 麦克尼尔：《瘟疫与人》，第 72 页。

② 从罗马帝国形成开始，帝国东部地区就对帝国的财政收入有着更大的贡献，同时，从 2 世纪开始，帝国东部的军队规模也更大。由于罗马和意大利政治地位的重要性，于是给予了帝国西部地区更多的权力和威望。但从戴克里先开始，由于更为关注的是军队以及供养军队的资源，从这一时期开始，帝国西部再也没有真正的重获其主导地位（Warren Treadgold, *A Concise History of Byzantium*, p. 14.）。

③ Warren Treadgold, *A History of the Byzantine State and Society*, Introduction 9.

④ Peter Brown, *The World of Late Antiquity*, *AD 150 – 750*, pp. 24 – 25.

坦丁堡落成并被定为帝国新都之时，脱胎于原罗马帝国的拜占廷帝国便成为地中海地区的新统治者。

3 世纪末到 6 世纪前期，尤其在将君士坦丁堡确定为帝国新都之后，帝国东部发展与西部相比相对稳定。虽然自然灾害频发的确是阻碍其正常发展的不定时炸弹，但帝国凭借较为雄厚的经济实力仍然得以恢复，并试图维系或恢复对整个地中海地区的统治。

戴克里先和君士坦丁一世的政策虽然较为成功，但也为帝国埋下了不少的隐忧。为满足战争需要，帝国军队规模不断扩大。一支由 60 万人组成的军队在古代世界中是空前的，到 300 年，文官抱怨道，由于皇帝戴克里先的改革，使收税员比纳税人还多；而与日俱增的税收压力无情地塑造了 4、5 世纪罗马的社会结构。① 军队规模的扩大意味着军队开支的增加，帝国财政负担也就因此加重。A. H. M. 琼斯指出："4 世纪末前，帝国军队的规模是 2 世纪的两倍，虽然可以随意地招募蛮族士兵，但如此巨大军队的规模势必对帝国的人力资源造成巨大的压力，同时也会令帝国的经济资源负担过度。"②

为了解决庞大军队所需的军费开支，统治者诉诸加税。在瘟疫、地震等自然灾害导致人口减少的情况下，可提供税收的人口也会随之减少，税收也将随之减少，而减少的税收自然难以满足不断增加的军队开支。一旦使用了如货币贬值这样的方法满足迫切需要，由此引发的通货膨胀则会对经济发展与民众生活造成不利影响。皇帝所采用的手段只能是尽可能从现有人口中榨取更多资源。索罗门·卡特兹认为："戴克里先和君士坦丁一世建立起一个'计划经济'，不是因为教条式的偏爱，而是因为情势所迫，他们难以获得两个重要并紧密联系的必要条件——人力与金钱。不间断的国内外战争、饥荒和瘟疫；衰退中的出生率和婴儿的高死亡率导致人力资源的严重短缺，这种人力资源的短缺伴随着皇帝扩充军队和文职人员而变得更加严重。不仅在提供公共服务方面需要人手，而且在生产食物、衣服和其他帝国及居民所需产品时也需要人手。"③

————————————

① Peter Brown, *The World of Late Antiquity*, *AD 150 – 750*, pp. 24 – 25.

② A. H. M. Jones, *The Later Roman Empire 284 – 602: A Social, Economic, and Administrative Survey*, V. 2, p. 1035.

③ Solomon Katz, *The Decline of Rome and the Rise of Mediaeval Europe*, p. 48.

于是，在频发的自然灾害的打击下，帝国既无方开源，也无力节流。与此同时，当地中海地区还未完全从2—3世纪两度爆发的大瘟疫中恢复之时，地震等自然灾害仍然在4—5世纪中时常发挥其影响力。地中海周边地区的气候条件发生变化，地质活动也呈现出频繁增长的趋势，由此引起自然灾害的频繁发生。田家康认为，"4世纪以后，除了需要面临周边民族大迁徙所带来的外部压力外，首都罗马等地自然灾害频发，地中海一带农作物歉收，经济活动衰退，罗马帝国每况愈下。通过观察阿尔卑斯山麓的植物年轮发现，从5世纪初开始，寒冷化的征兆变得更加明显。罗马所面临的内忧外患，是由于当初孕育这个国家的温暖气候发生了变化，开始变得寒冷所致"①。拜占廷帝国所面临的经济、政治与军事问题由于瘟疫、地震、干旱、水灾等灾害的频繁发生而进一步加剧。

从6世纪初开始，地震、水灾等灾害的发生次数更加频繁，与此同时，从6世纪40年代开始爆发的鼠疫导致拜占廷帝国的"黄金时代"——查士丁尼时代——开始褪色。鼠疫及地震等灾害的频发不仅打乱了查士丁尼一世征服西地中海地区的计划，而且导致人口大幅下降、农业凋敝、城市衰败、经济衰落，进而影响到帝国的政治局势、军事实力和民众心理状态。汤姆斯·F. X. 诺布尔指出："查士丁尼一世的长期统治是由军事事务、政策调整以及宗教争端构成的，同时在其统治期间发生过一次大暴动和一次颇具毁灭性的瘟疫。"② 沃伦·特里高德也认为："查士丁尼一世与贵族的关系不融洽；教会对他的不满与日俱增；军队十分憎恨查士丁尼一世克扣军饷和给养的行为；普通民众对高额税收及由瘟疫所造成的普遍贫困不满；查士丁尼一世远征西部地区的计划使帝国受益，但这一计划的结果却没有预期那样成功。查士丁尼一世的继承者们寄希望于美好的未来，但却导致了最初美好愿望的夸大和随后的彻底失望。"③ 正是从6世纪中期开始，希望恢复对地中海地区统治的拜占廷帝国进入其历史发展中的衰落阶段之一。

---

① ［日］田家康：《气候文明史：改变世界的8万年气候变迁》，第112页。

② Thomas F. X. Noble, *Late Antiquity Crisis and Transformation* (Parts Ⅰ–Ⅲ), p. 32.

③ Warren Treadgold, *A History of the Byzantine State and Society*, p. 218.

第一章
自然灾害对社会经济的影响

　　在古代社会，人口的多寡是衡量一个国家兴盛与否的重要指标。一般而言，人口越多，意味着国家能够获得的税收越多，有了充足的经济来源，国家便能够更加自如地处理内外事务。博尔索克、彼得·布朗等指出："在前工业时代，一个城市人口的多寡是这个城市力量的主要指标，人口越多，则中央政府的潜在收入就越多，国家就可以支撑更加庞大的军队。"① 沃伦·特里高德也认为，"在一个有着大量农业用地并以农业作为经济主导的社会里，人口是经济增长最重要的指标。人口增长往往意味着经济的发展，而人口下降则说明经济停滞不前甚至衰落"②。事实上，在无人口普查和精确数据记录的古代晚期地中海世界，人口数量的信息十分模糊，几乎难以就某一地区或国家的人口总数得出确切答案，也很难确定人口增加或下降的准确幅度。

　　我们难以对地中海周边地区在古代晚期频繁自然灾害的打击下所遭受的人口、经济、城市、农村及国家财政损失进行准确数量的判定。这不仅是因为当时的政府并未留下与人口死亡、农业生产以及财政收入等方面相关的精确统计，也是由于当时史家大多认为自然灾害是神明惩罚人类的方式，而现代社会所关注的与灾害有关的精确数据似乎并不能得到古代晚期的知识精英们的优先考虑。米思卡·梅尔指出："自然灾害在古代社会中被视为一种预兆乃至不祥之兆，当时的大量记载均在猜测神明在这个过程中所扮演的角色和上帝通过灾难所要传达的特殊信息，而基督教的传播则使得所有自然现象

　　① G. W. Bowersock, Peter Brown, Oleg Gravar, *Late Antiquity: A Guide to the Postclassical World*, p. 646.
　　② Warren Treadgold, *A Concise History of Byzantium*, p. 42.

均被当作上帝的信号或惩罚，自然灾害所造成的损毁、遇难人数、幸存者状况等则受到忽视。"[1]

即便如此，我们仍旧可以结合史家的记载和近现代学者的研究，一窥地中海周边地区人口数量由于自然灾害所受到的影响。

在多次自然灾害影响下，地中海东部与西部地区的人口呈现出不同的发展趋势，西部地区的人口在 2—3 世纪瘟疫的打击下，呈现出逐渐下降的趋势；东地中海地区的人口从 4 世纪末期开始逐渐恢复并有所增长，直到 6 世纪上半期达到了顶峰。[2] 但是，从 6 世纪上半期开始，由于多次地震、水灾和 6 世纪 40 年代鼠疫的周期性爆发，这一地区的人口数量大幅下降。在人口数量锐减的打击下，地中海地区的经济发展、城市商贸活动、农村农业生产均出现衰落迹象，并进一步导致帝国的财政收入减少。

我们只有在充分搜集并深入阅读既存文献的基础上，通过史料、近现代学者的研究以及当代自然科学相关领域成果，尽可能地还原古代晚期地中海民众及其生活环境在自然灾害发生之后所经历的变迁。

第一节　自然灾害对地中海地区人口的恶劣影响

早在 2 世纪前后，地中海地区人口数量的稳定增长为这一区域的经济和贸易发展创造了良好的基础。丹尼尔·T. 瑞夫提道："2 世纪，地中海周边地区的人口接近 5000 万人。150 年前后，罗马的城市生活十分发达，人口接近 100 万。此外，人口达到数千人的城市和城镇遍及中东、西南亚、北非和欧洲等地。这些地区被常规的贸易联系在一起，尤其是在罗马世界的中心地区——地中海周边世界。满载着酒、谷物、奴隶和其他商品的船只用 3 个星期就能从地中海的一侧到达另一侧。"[3]

自"3 世纪危机"之后，由于受到内外部局势和瘟疫两度爆发的影响，

---

[1]　Mischa Meier, "Perceptions and Interpretations of Natural Disasters during the Transition from the East Roman to the Byzantine Empire", p. 180.

[2]　古代晚期地中海西部与东部地区的人口发展趋势详见文后讨论。

[3]　Daniel T. Reff, *Plagues, Priests, Demons: Sacred Narratives and the Rise of Christianity in the Old World and the New*, p. 43.

地中海周边地区的人口显著减少。人口的发展趋势在地中海东部与西部的情况大不相同。地中海西部地区的人口从"3世纪危机"开始就不断减少，直至5世纪末政权覆亡。J. H. W. G 里贝舒尔茨指出："在古代晚期，从3世纪开始，帝国西部省份的人口一直长期且持续性减少。"[1] 丹尼尔·T. 瑞夫以罗马为例来分析地中海西部地区人口的减少情况，他谈道："从4世纪初到6世纪上半期，罗马城的人口减少了90%，从80万减少到了6万。"[2] 亚瑟·费瑞尔也认为："公元1世纪初，罗马城的人口在100万左右，而到公元400年时，罗马城的人口为50万—75万人，较之于鼎盛时期至少减少了1/4—1/2。"[3] 在地中海西部地区人口下降的过程中，除了受到这一地区的农业衰落以及帝国政治中心东移等因素的影响外，2—3世纪"安东尼瘟疫"和"西普里安瘟疫"也应受到重视，瘟疫的影响很可能一直延续到了4世纪后期。

地中海东部地区在接连遭遇"安东尼瘟疫"和"西普里安瘟疫"打击后，历经4、5世纪的恢复期，至6世纪上半期达到了鼎盛阶段。事实上，2—3世纪两度爆发的瘟疫对帝国东部地区的影响虽然没有西部地区那么显著，但仍有证据显示这一地区在3世纪前后遭遇到人力资源不足的危机。这种人力资源不足的危机状况可以从戴克里先所推行的政策窥见端倪。威廉·H. 麦克尼尔认为，从戴克里先统治时期开始出台了一系列法律，这些法律禁止耕作者离开田地，并使一些别的职业成为世袭的义务。显然，这些法律出台的唯一理由是长期缺乏能够自愿履行义务的足够人口。[4] 此外，学者对2—6世纪地中海地区人口的估计显示，从3世纪前后开始，帝国面临人力资源严重短缺的问题。沃伦·特里高德提道："据估计，2世纪帝国东部的人口规模大约是1900万，戴克里先统治时期的人口数量是1800万，而马尔西安统治时期则是1600万。由于受到2—3世纪瘟疫爆发的影响，从2世纪

① J. H. W. G Liebeschuetz, *Decline and Fall of the Roman City*, p. 390.
② Daniel T. Reff, *Plagues, Priests, Demons: Sacred Narratives and the Rise of Christianity in the Old World and the New*, p. 53.
③ Arther Ferrill, *The Fall of the Roman Empire: The Military Explanation*, p. 19.
④ ［美］威廉·H. 麦克尼尔：《瘟疫与人》，第71页。

初开始，帝国人口逐渐减少。"①

因此，古代晚期的初期阶段，是地中海地区——尤其是东部地区——的人口逐渐从 2—3 世纪瘟疫的巨大影响中恢复的时期。4 世纪是一个修复 2—3 世纪危机和治愈损伤的阶段。② 在 4 世纪这一帝国的复兴时代中，绝大多数的帝国城市维持了它们奢华的生活方式和爆炸性的人口数量。③ 彼得·卡纳里斯指出，3 世纪罗马帝国所经历的严重人口损失一直延续到了 4、5 世纪。总体来看，人口损失在地中海西部较之于东部更为严重。至 4 世纪末，帝国东部地区人口数量重新开始增长。450—550 年这段时间是安条克、阿帕米亚等众多东部城市迅速发展的时期。④ J. A. S. 埃文斯也认为，在 4 世纪，帝国东部地区发展形势十分稳定且没有出现瘟疫，大部分地区的人口均在增长。⑤

相比于 2 世纪后期至 3 世纪中期以及 6 世纪中后期至 7 世纪前期，地中海东部的人口发展在 3 世纪后期至 5 世纪后期中相对稳定。从 5 世纪后半期到 6 世纪前半期，拜占廷帝国的人口数量逐渐增加，到查士丁尼一世统治前期，东地中海地区的人口逐渐达到这一时期的顶峰。罗格·S. 博格纳提道："4 世纪后，帝国人口逐渐恢复并于 6 世纪发展至顶峰，而此时的人口数量与罗马统治鼎盛时期的人口数量相当。"⑥ 迈克尔·麦考米克提到，根据文献资料的记载，埃及的人口数量在 3、4 世纪十分稳定。叙利亚北部地区农村的人口数量直到 550 年前后逐渐发展至顶峰。在希腊绝大多数地区，农村定居点在 4—6 世纪中期显著增长，直到 7 世纪，人口发展的趋势才发生改变。⑦ 安奇利其·E. 拉奥提到，"在前工业时代，人口数量作为人力资源是经济的重要基础。6 世纪拜占廷帝国的人口数量在 2100 万—3000 万之间"⑧。

---

① Warren Treadgold, *A History of the Byzantine State and Society*, p. 137.

② J. H. W. G Liebeschuetz, *Decline and Fall of the Roman City*, p. 392.

③ Peter Brown, *The World of Late Antiquity*, AD 150 – 750, p. 34.

④ Peter Charanis, *Studies on the Demography of the Byzantine Empire*, p. 9.

⑤ J. A. S. Evans, *The Age of Justinian*: *The Circumstances of Imperial Power*, p. 23.

⑥ Roger S. Bagnall, *Egypt in the Byzantine World*, 300 – 700, pp. 209 – 210.

⑦ Michael McCormick, *Origins of the European Economy*: *Communications and Commerce*, A. D. 300 – 900, p. 33.

⑧ Angeliki E. Laiou and Cecile Morrisson, *The Byzantine Economy*, p. 16.

根据这些史家的估计，6世纪拜占廷帝国东部地区的人口达到了3000万人。在古代社会中，这一人口数量是极为庞大的。[1]

　　从查士丁尼一世统治中期开始，由于受到一系列自然灾害的影响，帝国人口数量迅速下降。尤其是鼠疫在6世纪后期多次复发，对人口稠密、经济发达的东地中海地区造成了相对于人口稀疏地区更为严重的后果。拉塞尔提到："350—540年这一时期是帝国人口较为稳定的时期，而在这一时期过后，地中海周边地区的人口经受了鼠疫的可怕打击。"[2] 西瑞尔·曼戈强调，帝国东部3000万的人口数据是在不考虑542年鼠疫所造成的巨大人口损失的基础上所得到的。[3] A. H. M. 琼斯认为，如蛮族劫掠、干旱、虫灾等都会造成饥荒，而瘟疫往往随饥荒而来，从而减少人口。[4] 彼得·卡纳里斯认为，拜占廷帝国的人口从6世纪中期至1204年，经历了一个显著的下滑趋势[5]，而开始于541年的瘟疫是造成人口损失的重要原因。[6] 人口的大幅度减少则会直接导致帝国城市衰落、农村凋敝，进而影响到帝国的财政收入。

一　瘟疫对人口的不利影响

　　在地中海地区发生的所有自然灾害中，瘟疫所造成的直接人口损失最为严重。相比地震、火山喷发、水灾等原生性自然灾害，瘟疫具有突发性、快速性、高感染率及高死亡率的特征。沃伦·特里高德指出："人口是古代社会中最重要的经济因素。瘟疫的发生易造成高死亡率，造成人口数量大幅减少。"[7] J. A. S. 埃文斯认为："542年爆发的鼠疫令帝国首都君士坦丁堡至少丧失了一半人口，虽然来自于帝国其他地区的移民对君士坦丁堡的人口进行了补充。但是，从总体上看，整个帝国的人口仍然经历了一个明显下降的过

---

[1]　我国隋朝大业年间人口为4600万人。[冻国栋：《中国人口史（第二卷：隋唐五代时期）》，复旦大学出版社2002年版，第53—54页]

[2]　Josiah Cox Russell, *The Control of Late Ancient and Medieval Population*, p. 161.

[3]　Cyril Mango, *Byzantium: The Empire of New Rome*, p. 23.

[4]　A. H. M. Jones, *The Later Roman Empire 284 – 602: A Social, Economic, and Administrative Survey*, V. 2, p. 1043.

[5]　Peter Charanis, *Studies on the Demography of the Byzantine Empire*, p. 4.

[6]　Ibid., p. 10.

[7]　Warren Treadgold, *A History of the Byzantine State and Society*, p. 136.

程。"① 在传染源存在的情况下，瘟疫不会因为在某个地区或城市造成大量人员死亡后就消失，而会沿着陆路和海路等传播路径扩散至其他地区。

在古代晚期，从 3 世纪末直到 6 世纪，地中海地区数次出现大规模瘟疫，其中尤其以312—313 年的天花、541 年开始数度流行的鼠疫的人口影响最为严重。如果以瘟疫作为探讨古代晚期地中海地区人口发展轨迹的媒介，那么 2—3 世纪"安东尼瘟疫"和"西普里安瘟疫"造成的人口数量下降可作为古代晚期地中海地区人口发展轨迹的开端，而 6 世纪 40 年代至 6 世纪末期数度爆发的鼠疫所引发的人口大幅减少则可以看作古代晚期地中海地区人口发展轨迹的结尾。

（一）2—3 世纪"安东尼瘟疫"与"西普里安瘟疫"

在历史上，地中海周边地区瘟疫的大规模爆发给这一地区的人口造成了严重影响。② 根据赫罗蒂安和迪奥·卡西乌斯的记载，"安东尼瘟疫"爆发后，帝国境内的人口数量显著减少。赫罗蒂安指出，士兵人数因瘟疫大幅度下降，在瘟疫肆虐的 3 个月时间里，大量人员死亡。③ 在瘟疫复发的过程中，根据迪奥·卡西乌斯的记载，每天有 2000 人死于瘟疫。④《阿贝拉编年史》中也提及当时士兵人数大幅度下降。瘟疫前后肆虐了 3 个月，很多人死亡。⑤ 尤西比乌斯曾经提及："250 年爆发的'西普里安瘟疫'导致罗马帝国众多城市人口锐减，亚历山大里亚的每个家庭均不只出现一个因感染瘟疫而去世的人。"⑥ 作为帝国的首都，罗马在瘟疫中受到的影响尤其严重。据记载，罗马城爆发瘟疫后，城内每天死于瘟疫的人数达到了 5000 人。⑦

据利特曼的估计，始于 165 年的"安东尼瘟疫"共造成了 350 万—500

① J. A. S. Evans, *The Age of Justinian*：*The Circumstances of Imperial Power*, p. 34.
② 曾发生在公元前 430 年前后的"雅典瘟疫"就对雅典地区的人口产生了重大影响。古希腊史家修昔底德在作品中提到哈格浓的重装步兵 4000 名，但 40 天左右的时间里因瘟疫死亡的人数达到了 1050（［古希腊］修昔底德：《伯罗奔尼撒战争史》上册，第 144 页）。罗伊·波特认为，"雅典瘟疫"的爆发导致军队人数连同城市人口 1/4 以上的损失（［英］罗伊·波特：《剑桥插图医学史》，第 13 页）。
③ Herodian, *History of the Roman Empire*, Book 1, Chapter 12, pp. 73 – 75.
④ Dio's, *Roman History*, Volume 9, Book 73, p. 101.
⑤ A. Mingana translated, *The Chronicle of Arbela*, p. 88.
⑥ Eusebius, *The Church History*：*A New Translation with Commentary*, Book 7, p. 267.
⑦ Ibid. , p. 286.

万人的死亡。① 罗德尼·斯塔克认为，"安东尼瘟疫"令罗马帝国损失了
1/4—1/3 的人口，而"西普里安瘟疫"所造成的人口毁灭程度不亚于"安
东尼瘟疫"。② 爱德华·吉本提到："在'西普里安瘟疫'的高发期中，仅在
罗马城每天便差不多有 5000 人死亡，许多曾逃脱野蛮人屠戮的城市却因瘟
疫断绝人烟了。"③ 沃伦·特里高德认为"西普里安瘟疫"令帝国丧失了 1/3
的人口。④

　　由于"安东尼瘟疫"和"西普里安瘟疫"的接连发生，地中海地区居
民的人数和正常生活很可能正在从"安东尼瘟疫"所造成的打击中逐渐恢
复之时，就再次遭遇到"西普里安瘟疫"的影响。因此，在受到瘟疫叠加
影响的情况下，地中海地区的人口难以得到快速的恢复。丹尼尔·T. 瑞夫
认为："虽然李维、奥罗西斯等前基督教时代的作家记载了一些严重的疫病，
但其中极少有疾病可与从 2 世纪中期开始的系列疾病事件相比，从 2 世纪开
始及其后的几个世纪中，天花、麻疹、疟疾、鼠疫等时常对罗马帝国造成严
重破坏。保守的估计，'安东尼瘟疫'在最初 3 年时间中，至少造成了 350
万—500 万的人口损失。"⑤ 索罗门·卡特兹指出，"安东尼瘟疫"导致农民
大量死亡，而饥荒也因此蔓延，并导致经济受到影响。⑥ 威廉·G. 希尼根与
亚瑟·E. R. 伯克提到，瘟疫严重打击了帝国的人口，导致商业和手工业衰
落，严重影响了古典文明的经济基础，瘟疫是"3 世纪危机"中的重要影响
因素。⑦

　　"安东尼瘟疫"及"西普里安瘟疫"给当时的罗马帝国造成了巨大损
失。"安东尼瘟疫"和"西普里安瘟疫"的发生共同影响了罗马帝国的社会
转型：罗马帝国难以从接踵而至的天花和麻疹等疾病以及其他诸如战争和外
族入侵等灾难中复原；由于帝国在瘟疫中损失的人口很可能达到了总人口的

① R. J. Littman, M. L. Littman, "Galen and the Antonine Plague", p. 254.

② ［美］罗德尼·斯塔克：《基督教的兴起：一个社会学家对历史的再思》，第 87 页。

③ ［英］爱德华·吉本：《罗马帝国衰亡史》，第 184 页。

④ Warren Treadgold, *A History of the Byzantine State and Society*, Introduction 7.

⑤ Daniel T. Reff, *Plagues, Priests, Demons: Sacred Narratives and the Rise of Christianity in the Old World and the New*, pp. 46 – 47.

⑥ Solomon Katz, *The Decline of Rome and the Rise of Mediaeval Europe*, p. 21.

⑦ William G. Sinnigen, Arthur E. R. Boak, *A History of Rome to A. D. 565*, p. 387.

1/3 甚至更多，弥补这些人口数量的损失是十分困难的。[①] 拉塞尔认为，2—3 世纪发生的这两次大瘟疫在罗马帝国从公元元年至 4 世纪中期的人口减少中起到了很大的作用，而较低的结婚率与忽视育儿又阻碍了人口数量的恢复，加上重税与战争，导致了 3 世纪经济状况的恶化。[②]

综上所述，2—3 世纪的"安东尼瘟疫"和"西普里安瘟疫"的爆发给地中海地区造成了严重的人口损失。于是，在古代晚期阶段的初期，尤其是 3 世纪后期到 4 世纪，地中海地区一直处于人口的恢复期之中。

（二）天花及其他疫病

正当"安东尼瘟疫"和"西普里安瘟疫"的影响逐渐消失，地中海地区人口数量逐步恢复之时，4—5 世纪再度发生数次瘟疫，并造成了较大的人员损失。

根据尤西比乌斯的记载，312—313 年，东地中海的大部地区曾经出现一次疑似天花的传染性疾病。当时无数民众在瘟疫中丧生。[③] 尤西比乌斯十分逼真地记载了受灾地区民众的惨状，"一些人像鬼魂般地在街上游荡，举步维艰直到摔倒在地。最后干脆趴在街道的中间来乞讨一点点面包，用他们最后的力气大声喊道'很饿'。除了叫喊之外，他们已经被饥饿折磨得无法做其他的任何事情"[④]。瘟疫感染了几乎每个家庭，尤其是那些在饥荒期间囤积粮食而未受到影响的富人。在城市的各处都能听到呻吟声，每个街道、广场都可以看到葬礼仪式。瘟疫和饥荒所导致的死亡迅速席卷了很多家庭，几乎每个家庭都有两三个人在瘟疫中去世。[⑤]

根据阿米安努斯·马塞林努斯的记载，359 年，阿米达爆发瘟疫，死者过多以致无处埋葬。[⑥] 在尼基乌主教约翰的笔下，他曾经提及"在皇帝泽诺统治时期发生的一次瘟疫导致君士坦丁堡市民大量死亡，死者多到没有安葬

---

①　Daniel T. Reff, *Plagues, Priests, Demons: Sacred Narratives and the Rise of Christianity in the Old World and the New*, p. 49.

②　J. C. Russell, "Late Ancient and Medieval Population", p. 37.

③　Eusebius, *The Church History: A New Translation with Commentary*, Book 9, p. 328.

④　Ibid.

⑤　Ibid.

⑥　Ammianus Marcellinus, *The Surviving Book of the History of Ammianus Marcellinus*, V. 1, 19, 4, 8, p. 489.

去世者的足够人手的程度"①。

虽然短期内在个别区域造成巨大损失，但是上述几次瘟疫所影响的范围以及造成的人口数量减少显然不及"安东尼瘟疫"和"西普里安瘟疫"，因此并未对地中海地区人口数量的恢复造成严重影响。但是好景不长，6 世纪40 年代一次大规模鼠疫的爆发打断了 4 世纪开始的人口数量稳定恢复的态势，再次导致地中海世界人口数量大幅减少。

（三）"查士丁尼瘟疫"

1. "查士丁尼瘟疫"首轮爆发造成的人口损失

541 年"查士丁尼瘟疫"爆发，在短短 3 年时间里，鼠疫几乎影响到整个地中海沿岸地区，给这一区域的民众带来了可怕的灾难。由于这次鼠疫是多个世纪以来的首次爆发，地中海周边地区的民众几乎完全没有免疫力。同时，由于医疗条件的限制，这一时期并未出现可有效抑制鼠疫杆菌扩散的方法，因此鼠疫爆发之后对人口的影响程度尤为严重。威廉·H. 麦克尼尔认为："当传染病逾越原有界域侵入到对它完全缺乏免疫力的人群时，容易造成深远的影响。同样的疾病在熟悉它并具有免疫力的人群中流行与完全缺乏免疫力的人群中暴发，其造成的后果差别巨大。"②

鼠疫的传播媒介是老鼠及其身上的跳蚤。老鼠及跳蚤所到之处，便是鼠疫爆发的高危地区。老鼠和跳蚤的活动范围很大，尤其喜欢聚集在人口稠密的地区，以期获得足够的食物。戴维·凯斯指出："老鼠可以影响到人类的任何居住地：农场、仓库、房屋、村庄、城镇、市场、港口、船只。"③ 如前所述，在"查士丁尼瘟疫"初次爆发时，可能同时存在腺鼠疫、肺部感染型鼠疫和败血病型鼠疫三种类型，而腺鼠疫所占比重最大，在缺乏有效治疗时，该类型鼠疫致死率约为 70%。

鼠疫在传播过程中具有季节性、对地区及感染者的选择性、高感染率及高死亡率、沿商路和军事路线传播等特征。鼠疫一经爆发，其最直接同时也是最可怕的影响就是在短时间内令受灾地区，尤其是海路、陆路交通枢纽的

① John of Nikiu, *Chronicle*, Chapter 88, p. 112.
② ［美］威廉·H. 麦克尼尔：《瘟疫与人》，第 2—3 页。
③ David Keys, *Catastrophe-An Investigation into the Origins of the Modern World*, p. 23.

人口大幅下降，并且从这些交通枢纽迅速传播到周边地区。这次鼠疫通过海路、陆路的传播路径，从地中海东部的埃及地区逐渐扩散至叙利亚、巴勒斯坦、利比亚、色雷斯、安纳托利亚、亚平宁半岛、法兰克和高卢等在内的整个地中海世界。鼠疫所到之处，万户萧疏、村落为墟。所有关注到这次鼠疫爆发的史家几乎都惊叹于其造成的严重人口损失。①

在所有地中海周边城市和地区中，人口密集、交通便利、商业发达的城市及地区，更容易出现鼠疫疫情。一旦出现疫情，由于受到区域内人员众多、往来频繁等因素的影响，鼠疫造成的人口损失必定十分严重。西瑞尔·曼戈认为，鼠疫的爆发以及周边势力的入侵使一些大的沿海城市受到重大影响。② 沃伦·特里高德提到，色雷斯南部地区虽然受到的外族入侵要少于北部，但由于这一地区人口密度大，所以在瘟疫爆发的时候，这一地区的人口损失也同样十分巨大。③ 在鼠疫首轮爆发过程中，君士坦丁堡、安条克、亚历山大里亚等重要城市均出现了可怕的人口死亡数字。根据叙利亚人迈克尔的记载，"541 年，亚历山大里亚首先出现感染瘟疫者，随后传播到附近其他地区，埃及的人员伤亡较大，令埋葬死者的工作变得十分困难"④。史家普罗柯比声称："这场瘟疫中最为剧烈的时期持续了 4 个月，人口的死亡数字也在逐渐增长，死亡人数从每天 5000 人，逐渐发展至每天上万人甚至更多。"⑤

由于鼠疫传播方式的复杂性，在当时的医疗卫生条件下，难以对其进行有效的治疗和隔离等手段，这就大大增加了感染的几率。埃瓦格里乌斯提到："疾病的传播方式复杂多样并难以理解：有些是因为和病患生活在一起染病而亡；有一些是因为接触病患；有一些是因为进入了病患的房间；而另一些则是因为经常出入公共场所而染病。一些人从正爆发瘟疫的城市逃离时还未染病，但却在逃离过程中将病菌传染给了健康的人。一些人虽然与病人

　　① 阿加皮奥斯提到，地中海地区首次鼠疫爆发于 541 年，并从 541 年一直持续到 544 年，共延续了 3 年时间，大量人员在瘟疫中死亡（Agapius, *Universal History*, Part 2, p. 171.）。

　　② Cyril Mango, *The Oxford History of Byzantium*, p. 125.

　　③ Warren Treadgold, *A History of the Byzantine State and Society*, p. 247.

　　④ Michael the Syrian, *Chronicle*, Book 2, pp. 235 – 238.

　　⑤ Procopius, *History of the Wars*, Book 2, 23, 1 – 3, p. 465.

有着密切接触，但却没有染病；而另一些人因为在瘟疫中失去了家庭和子女而想通过染病寻短见，但病菌似乎总要跟他们作对，不让其如愿以偿。"① 埃瓦格里乌斯还提到，这次灾难到目前为止已经肆虐了 52 年，其影响超过了曾经出现过的一切灾难。② 相信埃瓦格里乌斯所提到的超过曾经一切灾难的恶劣影响应该指的主要是导致人口锐减。

鼠疫在首轮爆发过程中造成了大量孕妇死亡。普罗柯比提到，孕妇如果不幸感染上瘟疫，那么将难以生存下来。大部分感染瘟疫的妇女会流产或在分娩过程中死亡。③ 孕妇的大量死亡不仅直接造成人口基数的下滑，同时也令新生儿的数量急剧减少，不利于地中海地区人口数量的恢复。拉塞尔认为，在鼠疫于 6 世纪 40 年代初爆发后，妇女受到了较大打击，这种打击的影响一直持续了两个世纪。④ 与此同时，儿童在鼠疫首次爆发过程中的大量死亡也严重影响了人口的恢复。541—544 年鼠疫的破坏性十分严重，这种破坏性由鼠疫引起的社会年龄层断裂而加剧，因为儿童的死亡影响到了下一代人。⑤ A. H. M. 琼斯认为："古代晚期阶段中，地中海地区女性的死亡率显然高于男性，尤其是孕期妇女。较高死亡率所带来的是需要很高的出生率才能维系其人数的稳定。"⑥ 原本脆弱的人口增长模式在大规模瘟疫的打击之下被彻底打乱。艾弗里尔·卡梅伦补充道，"6 世纪 40 年代以腺鼠疫形式爆发的瘟疫打击了君士坦丁堡和东部众多行省。尽管不能排除文学作品存在着一定的夸张成分，但这次瘟疫所造成的人员损失确实是非常多的，极有可能与黑死病所造成的人员死亡数字持平"⑦。

由于难以找到这次鼠疫所到地区的人口损失的全部数据，无法对这次鼠疫所造成的人口损失进行准确计算。但鼠疫在地中海地区的首次爆发势必造

---

① Evagrius Scholasticus, *The Ecclesiastical History of Evagrius Scholasticus*, Book 4, Chapter 29, p. 232.

② Ibid.

③ Procopius, *History of the Wars*, Book 2, 22, 35 – 36, p. 465.

④ Josiah Cox Russell, *The Control of Late Ancient and Medieval Population*, p. 79.

⑤ Robert Fossier, *The Cambridge Illustrated History of the Middle Ages*：350 – 950, p. 161.

⑥ A. H. M. Jones, *The Later Roman Empire 284 – 602*：*A Social*，*Economic*，*and Administrative Survey*, V. 2, p. 1041.

⑦ Averil Cameron, *The Mediterranean World in Late Antiquity AD 395 – 600*, p. 111. 威廉·H. 麦克尼尔认为，对整个欧洲在 1346—1350 年的鼠疫死亡率，最合理的估计是约为总人口的 1/3（［美］威廉·H. 麦克尼尔：《瘟疫与人》，第 101 页）。

成了严重人口损失。拉塞尔认为，在鼠疫发生后，受影响地区在 50 年中人口数量持续下降。[1] 约翰·莫尔黑德提道："虽然难以确定准确的人口损失数量，但确有证据证明鼠疫的影响是十分严重的。543 年，一部关于处理死后未立遗嘱的人的财产权归属的立法出台。在这部立法颁布后的第二年，关于死者财产方面的诉讼问题得到了解决。而之前的一些立法就没能很好地解决继承的问题。同时，544 年，帝国颁布了一部立法，这部立法责备商人、手工业者、农民，因为他们普遍提高了商品或自身劳动力的价格。"[2] 艾弗里尔·卡梅伦也认为，"542 年鼠疫的爆发不仅影响到了皇帝本人，也造成了严重的人力短缺……而劳动力价格的上涨表明帝国的国库已经受到影响"[3]；"查士丁尼一世在君士坦丁堡于 542 年爆发鼠疫后的立法表明在鼠疫中损失了很多纳税人，而劳动力价格也在上涨"[4]。迈克尔·马斯提到："543 年 3 月 23 日，查士丁尼一世颁布了一部法律。在这部法律中，他声明上帝的'教育'已经结束，所以要将飙升的工资恢复到瘟疫发生之前的水平。"[5] 爱德华·N. 鲁特瓦克指出，"气候学的证据证明，6 世纪 40 年代拜占廷帝国出现了严重的人口损失。人口减少产生了大量弃地，继而转化为绿地，令这一时期冰核中所含有的二氧化碳的数量成为过去一万年中最少的年份"[6]。鼠疫的发生导致了严重的人力资源危机，由此引发劳动力市场供不应求情况的出现，劳动力价格也随之大幅度上涨。

君士坦丁堡自 330 年被确定为帝国新都之后，其人口便迅速增长，至 6世纪前期达到了最大规模，成为地中海地区人口最多的城市。根据史家的估计，君士坦丁堡的人口在鼠疫爆发前达到了 50 万人。[7] 作为帝国的首都，君

---

[1]　Josiah Cox Russell, *The Control of Late Ancient and Medieval Population*, p. 36.

[2]　John Moorhead, *Justinian*, p. 100.

[3]　Averil Cameron, *The Mediterranean World in Late Antiquity AD 395—600*, p. 123.

[4]　Averil Cameron, Bryan Ward Perkins, Michael Whitby edited, *The Cambridge Ancient History* (V. 14, *Late Antiquity*: *Empire and Successors*, A. D. 425 – 600), p. 77.

[5]　Michael Maas, *The Cambridge Companion to the Age of Justinian*, p. 138.

[6]　Edward N. Luttwak, *The Grand Strategy of the Byzantine Empire*, Cambridge, p. 91.

[7]　A. H. M. 琼斯提到，根据粮食供应的数据可知，君士坦丁堡的人口在 6 世纪达到了 50 万—75 万人（A. H. M. Jones, *The Later Roman Empire 284 – 602*: *A Social, Economic, and Administrative Survey*, V. 2, p. 1040.）。艾弗里尔·卡梅伦认为在查士丁尼一世统治时期，君士坦丁堡的人口数量达到了最大值，接近 50 万人（Averil Cameron, *The Mediterranean World in Late Antiquity AD 395—600*, p. 13.）。

士坦丁堡人口数量在鼠疫的数次爆发过程中均大幅减少。根据普罗柯比的记载，在鼠疫首次爆发期间，君士坦丁堡的人口损失十分惨重。他提到，君士坦丁堡城内成为一个停尸场，由于每天的死亡人数过多，难以及时掩埋尸体。每天受到瘟疫感染而死亡的人数达到了5000—10000人。① 而另一位史家以弗所的约翰则提到，这次瘟疫最初造成了君士坦丁堡每日5000人的死亡人数，随后是7000人、1.2万人，最后每天的死亡数字甚至上升到1.6万人，至少有30万居民在这次瘟疫中丧生，当官员统计死亡人数时，发现死亡人数过多，数到23万人时便放弃了这项工作。② 由此可见，在鼠疫首次爆发过程中，君士坦丁堡很可能损失了一半以上的人口。③

　　作为东方大区长官驻地，安条克亦受到"查士丁尼瘟疫"的严重影响。身为亲历者，史家埃瓦格里乌斯宣称："瘟疫的影响如此巨大，以致城市中的居民很少能够幸免于难，可能没有任何人类将不被这次瘟疫影响；一些城市受瘟疫的影响极大，损失了城内的大部分人口。而在一些城市中，上一次未被瘟疫感染的家庭很可能在瘟疫卷土重来之时遭遇灭顶之灾。"④ 实际上，只要是与外界存在联系的地区就很难完全免于鼠疫的影响，可能只是受感染时间的早晚存在差别而已。而地中海周边地区的商贸和人员往来向来十分频

---

①　Procopius, *History of the Wars*, Book 2, 22 - 23, pp. 453 - 471.

②　Dionysios Ch. Stathakopoulos, *Famine and Pestilence in the Late Roman and Early Byzantine Empire: A Systematic Survey of Subsistence Crises and Epidemics*, p. 287.

③　J. B. 布瑞认为，相对于黑死病中伦敦、威尼斯的死亡人数，君士坦丁堡在这次鼠疫中死亡30万人是可信的，并不夸张（J. B. Bury, *History of the Later Roman Empire: From the Death of Theodosius I. to the Death of Justinian*, V. 2, p. 65.）。艾弗里尔·卡梅伦认为，君士坦丁堡的人口在短期内遭遇了严重的下滑，下降到曾经的1/3（Averil Cameron, *The Mediterranean World in Late Antiquity AD 395—600*, p. 124.）。提摩西·维宁认为，君士坦丁堡至少有一半人口在鼠疫中死亡（Timothy Venning, *A Chronology of the Byzantine Empire*, p. 109.）。罗伯特·布朗宁认为，鼠疫从夏季一直持续至秋季，令君士坦丁堡损失了30万人口，占人口比例的2/5（Robert Browning, *Justinian and Theodora*, p. 120.）。格兰维尔·唐尼认为，君士坦丁堡在这次鼠疫打击中损失了2/5至1/2的人口，城市内部的正常活动均被破坏（Glanville Downey, *Ancient Antioch*, p. 255.）。迈克尔·麦克拉根认为，君士坦丁堡的人口数量总是随着瘟疫和战争的发生而出现波动。6世纪40年代首次爆发，并于6世纪5度复发的瘟疫对君士坦丁堡的人口影响很大（Michael Maclagan, *The City of Constantinople*, p. 103.）。徐家玲教授认为，君士坦丁堡是中世纪欧亚大陆上人口最为集中的大都市之一，而在6世纪40年代的大瘟疫中有数十万民众死亡（徐家玲：《拜占庭文明》，第23页）。

④　Evagrius Scholasticus, *The Ecclesiastical History of Evagrius Scholasticus*, Book 4, Chapter 29, pp. 229 - 230.

繁，极少存在完全与外界隔离的地区或城市。除君士坦丁堡、安条克等城市外，帝国境内的很多城市和地区因鼠疫的影响而变得空无一人。约翰·莫尔黑德指出，"鼠疫的后果十分残酷，一个十岁的小男孩成为一个埃及村庄唯一的幸存者，而叙利亚的广大地区变得荒无人烟"[1]。沃伦·特里高德认为鼠疫的首次爆发导致拜占廷帝国损失了 1/4 的人口。[2] 据人口学家的估计，在瘟疫最初肆虐的时期中（即公元 541—544 年），地中海周边的欧洲地区的人口减少了 20%—25%。[3]

2. "查士丁尼瘟疫"复发所引起的人口损失

"查士丁尼瘟疫"在地中海地区的首次爆发已经导致当地居民的大批死亡，但是地中海地区民众的噩梦并没有就此结束。鼠疫在 558 年、571—573年、588—592 年、597—599 年，以约 15 年为一个周期，曾四度在地中海世界大规模复发。迈克尔·马斯指出，这仅仅是查士丁尼时代灾难的开始。[4]由于鼠疫复发的周期性特征，令每一次鼠疫间歇期成长起来的新生代都成为下一次鼠疫爆发时的易感人群。鼠疫在 6 世纪后半期的多次复发使地中海周边地区人口数量难以恢复，相反地，人口下降的趋势却越发明显。当受鼠疫影响的地区或城市的人口死亡人数达到一个界值，鼠疫杆菌就无法在这一地区或城市找到适合的宿主，而鼠疫在这一地区的影响会因此慢慢变小，但不会彻底消失。上一次鼠疫爆发的幸存者体内会产生抗体[5]，但不久之后，当这一地区或城市又出现了新的感染源体和易感人群时，鼠疫便又会卷土重来，再次肆虐。

当瘟疫于 558 年再次出现于君士坦丁堡时，史家阿伽塞阿斯对其传播情况进行了详细记载，他谈道："春初，瘟疫开始了对君士坦丁堡的第二轮侵袭，杀死了大量居民。瘟疫从未真正停止过，对于侥幸生存下来的人是持续性的噩梦。在这次瘟疫发生过程中，君士坦丁堡的居民大量死亡。各个年龄

①　John Moorhead, *Justinian*, p. 99.

②　Warren Treadgold, *A History of the Byzantine State and Society*, p. 276.

③　Jerry H. Bentley, "Hemispheric Integration, 500 – 1500", p. 249.

④　Michael Maas, *The Cambridge Companion to the Age of Justinian*, pp. 138 – 139.

⑤　J. B. Bury, *History of the Later Roman Empire：From the Death of Theodosius I. to the Death of Justinian*, V. 2, p. 63.

段的人无一例外地受到感染并死亡。"① 约翰·马拉拉斯也提到，558 年 2 月，君士坦丁堡再次爆发鼠疫，造成了君士坦丁堡城内大量人员死亡，这次鼠疫共持续了 6 个月。② 塞奥发尼斯则记载，这次鼠疫中的生还者非常少，以致没有足够的人去埋葬死者，疫病尤其在年轻人中广泛传播。③

571 年，当瘟疫开始出现在意大利、高卢地区时，整个奥弗涅地区笼罩在瘟疫的阴云之下，死亡者不计其数。根据图尔的格雷戈里的记载，仅圣彼得教堂一处，某个星期天就有 300 人死于瘟疫。患者在两三天之内就会死亡，且在感染瘟疫后，极易变得神志不清。里昂、布尔日、卡戎和第戎都因受到瘟疫影响而导致大量居民丧生。④ 叙利亚人迈克尔提到，当君士坦丁堡于 573 年再次爆发瘟疫时，城内每天大概有 3000 人死亡。⑤ 图尔的格雷戈里记载，"582 年 1 月发生的瘟疫夺去了很多人的生命。瘟疫在纳尔榜（Narbonne）地区尤为严重，如有人不幸感染，几乎就没有生还的可能性"⑥。

588—592 年，鼠疫再次于地中海西部地区爆发，并传播至地中海周边其他地区，给这一地区的人口带来了巨大影响。根据图尔的格雷戈里的记载，588—589 年，马赛由于一艘载着货物的西班牙船只入港而爆发了鼠疫。很多居民从卸下来的货物中购买了商品，买主中的一家，八位家庭成员都因感染瘟疫而迅速死亡。随后，瘟疫传遍全城。瘟疫爆发两个月后，居民以为危险已经解除并返回到自己的住所，不幸的是，瘟疫再次发生，所有返回驻地的居民无一幸免。⑦ 在马赛出现疫情后不久，罗马城于 590 年爆发瘟疫，这次瘟疫导致教皇佩拉吉乌斯二世去世。⑧ 随后，590 年 10 月，鼠疫残忍地侵蚀着维维尔（Viviers）和阿维尼翁（Avignon）的人们。⑨ 591 年 4 月，图

① Agathias, *The Histories*, p. 145.
② John Malalas, *The Chronicle of John Malalas*, Book 18, p. 296.
③ Theophanes, *The Chronicle of Theophanes Confessor: Byzantine and Near Eastern History*, *AD 284 – 813*, p. 340.
④ Gregory of Tours, *History of the Francs*, Book 4, Chapter 31.
⑤ Michael the Syrian, *Chronicle*, Book 2, p. 309.
⑥ Gregory of Tours, *History of the Francs*, Book 6, Chapter 14.
⑦ Gregory of Tours, *History of the Francs*, Book 9, Chapter 21 – 22.
⑧ Gregory of Tours, *History of the Francs*, Book 10, Chapter 1.
⑨ Gregory of Tours, *History of the Francs*, Book 10, Chapter 23.

尔和南特发生瘟疫，患者死亡的速度十分迅速。①

　　599 年，瘟疫再次出现在君士坦丁堡。根据叙利亚人迈克尔的记载，瘟疫的爆发造成了 318 万人的死亡，其中包括君士坦丁堡的主教约翰。其后，瘟疫传入比提尼亚和小亚细亚等地区。② 显然，318 万人死亡的这一数字如果单指君士坦丁堡在瘟疫中的死亡人数的话，明显过于夸张。但如果将这一数字看作地中海周边地区在这次瘟疫中死亡的总人数，或许尚可接受。

　　根据以上史家对鼠疫复发过程中人口损失的记载，可以看到，鼠疫于 6 世纪后期四度复发过程中，鼠疫所到之处，居民均出现大量死亡。以安条克为例，埃瓦格里乌斯提到，他的家人大多丧生在反复爆发于安条克的瘟疫之中。③

　　此外，阿伽塞阿斯在记载 558 年鼠疫首次复发时声称，在瘟疫传播过程中，最易受到感染的是青壮年，尤其是青年男性。④ 青壮年的大量死亡，不仅会直接造成人口基数的下滑，同时会导致适龄人口的结婚率下降。威廉·H. 麦克尼尔提到："当腺鼠疫侵入到从未接触过它们的族群时，则可能导致大面积的发病和死亡，而且正值盛期的青年人比其他年龄层的人更易染病死亡。"⑤ 根据普罗柯比的记载，孕妇也极易感染瘟疫并死亡，综合二者来看，则帝国在 6 世纪后半期的结婚率与生育率恐也不免受到较大影响，而这种情况如若属实，则新生人口补充也会面对困难。沃伦·特里高德就此指出，"558 年鼠疫的复发对于人口数量的恢复有重大负面作用"⑥。埃文斯也认为，由于孕妇在病菌面前尤其脆弱，所以帝国人口在短期内很难得到恢复。⑦ 迈克尔·麦考米克也从这个角度出发，认为鼠疫对人口造成的严重影响在于它时不时地出现在之后的 208 年时间之中。⑧

---

① Gregory of Tours, *History of the Francs*, Book 10, Chapter 30.

② Michael the Syrian, *Chronicle*, Book 2, pp. 373 – 374.

③ Evagrius Scholasticus, *The Ecclesiastical History of Evagrius Scholasticus*, Book 4, Chapter 29, p. 231.

④ Agathias, *The Histories*, p. 145.

⑤ ［美］威廉·H. 麦克尼尔：《瘟疫与人》，第 9 页。

⑥ Warren Treadgold, *A History of the Byzantine State and Society*, pp. 212 – 213.

⑦ James Allan Evans, *The Emperor Justinian and the Byzantine Empire*, p. 122.

⑧ Michael McCormick, *Origins of the European Economy*: *Communications and Commerce*, A. D. 300 – 900, p. 40.

人口基数本就因为鼠疫而出现剧烈下滑的趋势，而又难以得到充足的人员补充，这就难免令地中海地区的人口数量在 6 世纪后半期直至 7 世纪不断下降。J. A. S. 埃文斯认为，直到 9 世纪中期，帝国人口数量都未能从 542 年开始爆发以及随后多次复发的鼠疫打击下完全恢复。[①]　J. H. W. G. 里贝舒尔茨指出，根据考古发掘的成果，由于受到了鼠疫首次爆发及其后周期性复发的影响，叙利亚北部地区的人口增长在 6 世纪中期趋于停滞。[②]　罗格·S. 博格纳认为："在 7 世纪波斯人和阿拉伯人大举入侵前，帝国人口于 6 世纪达到顶峰后迅速减少，这种人口发展趋势的出现很可能与腺鼠疫爆发有关。"[③]

　　部分学者曾结合史家的记载对 6 世纪数次爆发的鼠疫所导致的人口损失的具体比例和数量进行估算。彼得·卡纳里斯认为："至 600 年，巴尔干半岛和小亚细亚地区由于瘟疫所引起的人口损失高达 40%；叙利亚和埃及地区的人口损失也至少达到了 10%。"[④]　拉塞尔认为，"一般地区在 541—544 年瘟疫首轮爆发过程中的人口损失大约是 20%—25%，而在 541—700 年，瘟疫所造成的人口损失很可能高达 50%—60%"[⑤]。王旭东、孟庆龙提到："据估计，'查士丁尼瘟疫'蔓延造成的人口损失，一种观点认为，包括现今俄罗斯在内欧洲全境至少死亡 2500 万人；另一种观点认为，整个蔓延区域的死亡总数至少近亿人。"[⑥]　保罗·马格达里诺认为，瘟疫导致帝国人口在短期内迅速减少的现象无疑是十分具有毁灭性的。[⑦]　迈克尔·W. 杜尔斯认为："在'查士丁尼瘟疫'发生之后的一段时期（6 世纪下半叶至 7 世纪）中，地中海世界的人口下降到了自罗马帝国形成之后的最低点，这次瘟疫被认为是地中海世界人口急剧减少的影响因素之一。"[⑧]

　　事实上，以上史家所谈到的鼠疫对人口的恶劣影响，以及对鼠疫中人口

[①]　J. A. S. Evans, *The Age of Justinian：The Circumstances of Imperial Power*, p. 23.

[②]　J. H. W. G Liebeschuetz, *Decline and Fall of the Roman City*, p. 71.

[③]　Roger S. Bagnall, *Egypt in the Byzantine World，300 – 700*, pp. 209 – 210.

[④]　Peter Charanis, *Studies on the Demography of the Byzantine Empire*, p. 10.

[⑤]　Josiah C. Russell, "That Earlier Plague", p. 180.

[⑥]　王旭东、孟庆龙：《世界瘟疫史（疾病流行、应对措施及其对人类社会的影响）》，第 118—119 页。

[⑦]　Paul Magdalino, "The Maritime Neighborhoods of Constantinople：Commercial and Residential Functions, Sixth to Twelfth Centuries", p. 217.

[⑧]　Michael W. Dols, "Plague in Early Islamic History", p. 371.

数量下降的比例和具体数字的估计并非危言耸听。笔者认为，鼠疫在6世纪的首次爆发及随后的复发至少导致了地中海东部地区1/3—1/2的人口损失，这一人口损失的估计参考了中世纪黑死病所造成的人口损失数据。在世界疾病史上，古代晚期地中海世界首次爆发的鼠疫，其对当时已知社会所造成的人口及经济等影响丝毫不亚于中世纪末期的黑死病。威廉·H. 麦克尼尔也持相似观点，他提到："一种在印度洋港口的老鼠、跳蚤和人当中非常常见的传染病，一旦意外地越过了原先的障碍，突入完全缺乏后天抵抗力和应付疫病的简便方法的地中海世界，就会造成戏剧性的、空前的后果。印度和非洲的慢性传染病（在那里，民间智慧和实际经验已形成传统对策）在查士丁尼的世界却成了灾难性的致命疾病。史料确实证明，6—7世纪的鼠疫对地中海民众的影响，与更著名的14世纪黑死病可有一比，这场疫病在起初阶段肯定在疫区导致城市居民大批死亡，总的人口损失花了几个世纪才得以恢复。"[1]

实际上，在古代晚期阶段，由于鼠疫的影响，地中海地区的人口大幅下降。学者认为，这种局面导致6—7世纪的地中海世界形成了一个新的人口和社会模式。[2] 丹尼尔·T. 瑞夫提到，5—6世纪，地中海周边地区的人口不仅饱受疟疾的打击，而且受到鼠疫多次爆发的影响，鼠疫的后果在各地都是十分严重的，尤其当鼠疫连同其他疫病一起发生的时候。6世纪70年代，鼠疫连同天花已经影响了绝大部分欧洲地区。天花、麻疹和鼠疫的爆发所造成的人口影响是难以确定的，因为在这些疾病爆发之时，民众混乱、饥荒和移民也同时发生。古代晚期中，欧洲人口经历了显著下降甚至崩溃的趋势，而这种崩溃之势延续至中世纪。[3]

综上所述，在古代晚期，地中海周边地区多次爆发鼠疫，导致地中海地区人口数量显著减少。同时，我们发现，瘟疫的爆发与地中海地区的发展趋势在时间上存在相合之处。2—3世纪"安东尼瘟疫"和"西普里安瘟疫"发生之时，正是当时统治地中海地区的罗马帝国由盛转衰的时期。随着戴克

---

① ［美］威廉·H. 麦克尼尔：《瘟疫与人》，第76页。

② Josiah C. Russell, "That Earlier Plague", p. 184.

③ Daniel T. Reff, *Plagues*, *Priests*, *Demons*: *Sacred Narratives and the Rise of Christianity in the Old World and the New*, pp. 51 – 53.

里先和君士坦丁一世的"东方化政策"的推行①，帝国的行政中心转移到东地中海地区，拜占廷帝国逐渐形成。从 5 世纪开始，拜占廷帝国的经济、政治、军事、文化等方面相对稳定繁荣。但是好景不长，6 世纪 40 年代爆发的"查士丁尼瘟疫"成为结束"查士丁尼时代"这一拜占廷历史上的首个"黄金时代"的重要因素之一。瘟疫与地中海地区发展趋势的吻合不能用巧合来解释，其原因在于瘟疫所造成的巨大人口损失会直接影响到帝国的整体发展，这一点将会在文后详细论及。

二　地震后的人口损失

除了以鼠疫为代表的传染性疾病外，古代晚期地中海地区频发的地震同样也会造成大量人员伤亡。与传染性疾病不同，地震往往通过严重损毁建筑物并造成海啸、火灾和瘟疫等次生灾害的方式导致居民死伤。

（一）地震所导致的直接人员伤害

地震属于原生性自然灾害，往往因为剧烈的地壳运动所引发，根据板块构造学说的理论，板块间的断裂地带是地震较为频发的区域。如前所述，地中海地区，尤其是地中海东部地区是地震高发区，历史上就曾多次发生强震。在古代晚期，受到活跃的地壳活动的影响，地中海地区的地震发生频率更高、规模更大②，每次地震发生之后都有大量人口伤亡的记载。同时，东地中海地区的地震发生频率明显高于西部地区，给向来作为帝国经济富庶区和商贸中心区的东部地区造成了严重影响。大规模地震的发生，往往通过严重损毁人类建筑物及周边环境的方式而造成居民的大量死亡。威廉·加顿·赫尔姆斯指出："地震是长期的影响因素，并且在某些历史时期当中极具毁

---

① 戴克里先在尼科美地亚设立行宫，将帝国的管理重心转移到了东方。同时，戴克里先采用了东方君主的称号和礼仪（［英］迈克尔·格兰特：《罗马史》，王乃新、郝际陶译，世纪出版集团 2008 年版，第 301 页）。君士坦丁一世扩建了博斯普鲁斯海峡附近的古城拜占廷，于 330 年将其定为帝国新都，并实施多项举措来提高新都的地位。由此，以君士坦丁堡为首都的东部帝国在保留罗马传统的同时，开始了自身颇具特色的发展模式（Charles Diehl, *Byzantium: Greatness and Decline*, p. 5.）。

② 根据第一章的内容，古代晚期地中海地区受到了不少于 70 次地震的影响，其中，358 年、365 年、447 年、457 年、467 年、526 年、528 年、550—551 年、554 年、557 年、582 年、588 年的地震规模和影响范围尤其巨大。据近现代学者的估计，多次地震的震级均高于 6 级，有些地震甚至达到了 8 级以上。

灭性，君士坦丁堡及附近地区位于地震带上。"① 由于史料所限，难以确定
地震在古代晚期地中海世界造成的确切的死伤人数。即便如此，我们仍然可
以根据史料并结合史家研究成果对地震所致伤亡进行合理估计与推断。

如前所述，4 世纪，地中海周边地区共发生了约 14 次地震，除 319 年的
亚历山大里亚地震与 332 年的塞浦路斯地震之外②，其中发生于 358 年、365
年的地震影响强度较大，很多史家关注到这两次地震造成的人员损失情况。
阿米安努斯·马塞林努斯记载了 358 年发生于帝国东部，尤其对尼科美地亚
居民造成严重影响的地震的发生情况，"358 年 8 月 24 日黎明，小亚细亚、
马其顿和本都等地区发生了一次强烈地震。其中，比提尼亚的首府，尼科美
地亚在这次地震中受创尤为严重。地震将很多位于山坡上的房屋震塌，这些
房屋彼此堆积在一起，全部被毁。很多人被压在重物下，还有一些人被木料
的尖端刺死。在地震中，很多人未及反应便已死去，尸体填满了曾经的居
所。一些被困于屋顶的幸存者因为没有食物而活活饿死，而另一些人被这次
巨大的灾难吞噬，被埋在了废墟之下"③。《复活节编年史》也记载了尼科美
地亚强震的发生情况，并提到主教塞克罗匹乌斯（Cecropius）在地震中丧
生。④ 索佐门补充道："除尼科美地亚主教塞克罗匹乌斯外，一位来自博斯
普鲁斯的主教也在地震中丧生；当地震降临的时候，人们根本没有办法逃
走。"⑤ 由此可见，358 年的地震导致尼科美地亚居民大量死亡。

365 年，君士坦丁堡及附近地区发生强震，所造成的伤亡也得到了史家
关注。阿米安努斯·马塞林努斯提到，在 365 年 7 月 21 日的君士坦丁堡地

① William Gordon Holmes, *The Age of Justinian and Theodora: A History of the Sixth Century A. D.*
(*Vol. 1*), p. 13.

② 319 年前后，亚历山大里亚的地震造成了巨大的人员伤亡；332 年，塞浦路斯地区的严重地震给
萨拉米斯造成了大量人员伤亡。(Theophanes, *The Chronicle of Theophanes Confessor: Byzantine and Near East-
ern History, AD 284 – 813*, p. 29; p. 48.)

③ Ammianus Marcellinus, *The Surviving Book of the History of Ammianus Marcellinus*, V. 1, 17, 7, 1 – 8,
pp. 341 – 345.

④ Michael Whitby and Mary Whitby translated, *Chronicon Paschale*, *284 – 628 AD*, p. 33. 塞奥发尼斯也
提到，很多市民在地震中丧生，城市主教塞克罗匹乌斯也命丧于此（Theophanes, *The Chronicle of
Theophanes Confessor: Byzantine and Near Eastern History, AD 284 – 813*, p. 75.）。苏克拉底斯也提到，尼科
美地亚主教塞克罗匹乌斯死于这次地震（Socrates, *The Ecclesiastical History*, Book 2, Chapter 39, p. 67.）。

⑤ Sozomen, *The Ecclesiastical History*, Book 4, Chapter 16, p. 310.

震中，伴随着闪电雷鸣，坚固的地面被震裂，造成了人员伤亡。[①] 苏克拉底斯提到，365 年的地震并不仅仅令君士坦丁堡受到影响，很多城市都在地震中遭到巨大损害。[②] 诺尔·伦斯基认为："365 年地震及海啸事件不仅是瓦伦斯统治时期中最具毁灭性的自然灾害，同时也是古代晚期最具毁灭性影响的自然灾害之一。大量居民在这次灾难中丧生，森得利努斯（Cedrenus）曾提到有 5 万人在这次灾难中死去。"[③]

根据史家记载，5 世纪，地中海周边地区共发生 22 次地震。其中，447 年、457 年和 467 年的地震的影响较大。对于这一时期的其他地震，史家似乎更多地注意到地震对城市建筑物的损毁力度，而对地震造成的人员损失情况没有给予太多关注，只有与 447 年、478 年、499 年地震有关的记载中提及居民伤亡。447 年 1 月 26 日清晨，君士坦丁堡及附近地区的地震不仅造成了城市中大量建筑物受损，同时，城市在地震发生后出现了饥荒和瘟疫，造成了成千上万的城市居民和牲畜的死亡。[④] 埃瓦格里乌斯宣称，这次地震吞噬了君士坦丁堡及附近地区的很多村庄和民众。[⑤] 马塞林努斯和塞奥发尼斯均提到 479 年 9 月 24 日君士坦丁堡的地震导致无数民众被倒塌的建筑物埋葬的情况。[⑥]《埃德萨编年史》中记载了 499 年尼科波利斯地震中很多居民丧生的情况。[⑦]

根据已知史料的记载，6 世纪，地中海周边地区共发生了强度不一的 30 余次地震。其中，518 年、526 年、528 年、551 年、554 年、557 年、588 年发生的强震造成的伤亡尤其严重。所幸的是，这一时期的史家对震后居民伤亡情况给予了较多的关注。根据马塞林努斯的记载，518 年，达尔达尼亚行省发生强震，行省内的 24 个要塞的居民都受到了地震的影响。其中 2 个受

①　Ammianus Marcellinus, *The Surviving Book of the History of Ammianus Marcellinus*, V. 2, 26, 10, 15 – 19, pp. 649 –651.

②　Socrates, *The Ecclesiastical History*, Book 4, Chapter 3, p. 97.

③　Noel Lenski, *Failure of Empire: Valens and the Roman State in the Fourth Century A. D.*, p. 387.

④　Marcellinus, *The Chronicle of Marcellinus*, p. 19.

⑤　Evagrius Scholasticus, *The Ecclesiastical History of Evagrius Scholasticus*, Book 1, Chapter 17, pp. 44 – 45.

⑥　Marcellinus, *The Chronicle of Marcellinus*, p. 27; Theophanes, *The Chronicle of Theophanes Confessor: Byzantine and Near Eastern History*, AD 284 –813, p. 193.

⑦　Roger Pearse transcribed, *Chronicle of Edessa*, p. 36.

地震影响最为严重的要塞失去了全部的居民；另外 4 个要塞则失去了一半居民；剩余的 11 个要塞和 7 个要塞分别失去了 1/3 和 1/4 的居民。斯库比地区（Scupi）的很多大城市在地震中受损严重，地震所造成的一个长达 30 英里、宽约 13 尺的裂口成为人们的坟墓。①

　　526 年发生在安条克及附近地区的地震造成了巨大人员伤亡，受到了史家们的普遍关注。根据约翰·马拉拉斯的记载，在安条克的这次大灾难中，一共有 25 万人丧生。这次灾难造成了大量城市居民和受到盛大节日吸引前来的外地人员的死亡，大量被埋于泥土之下的生还者在被救出后仍然逃脱不了死亡的命运。② 普罗柯比则提到，这次地震中，安条克共有 30 万人丧生。③ 据《埃德萨编年史》的记载，在 526 年 5 月 29 日安条克强震之后，城内的居民遭遇到灭顶之灾，连主教幼法拉修斯（Euphrasius）也在地震中丧生。④ 塞奥发尼斯记载，526 年 5 月的安条克地震令整个城市成为安条克居民的坟墓。主教幼法拉修斯也死于这次地震。⑤ 米提尼的扎卡里亚提到，这是安条克遭遇的少有的强震，无数居民丧生，当他们正在参加宴会，嘴里咀嚼着食物的时候，房屋突然倒塌。主教幼法拉修斯在震后火灾中丧生。⑥《复活节编年史》中提到，526 年 5 月的安条克地震令城市成为所有居民的坟墓。⑦ 在 526 年强震的仅仅两年之后，安条克再次发生地震，这次地震中，安条克城中从上一次地震中幸存下来的民众再次成为 528 年地震的牺牲品。《复活节编年史》记载 528 年 11 月的安条克强震导致 4000 人死亡。⑧ 而根据约翰·马拉拉斯的记载，在 528 年的安条克地震中，有多达 5000 人丧生。一些幸存的居民逃到了其他城市。而另一些人住进了山里，地震后，安条克

---

① Marcellinus, *The Chronicle of Marcellinus*, p. 39.

② John Malalas, *The Chronicle of John Malalas*, Book 17, p. 240.

③ Procopius, *History of the Wars*, Book 2, 14, 5 – 7, p. 383.

④ Roger Pearse transcribed, *Chronicle of Edessa*, p. 38.

⑤ Theophanes, *The Chronicle of Theophanes Confessor: Byzantine and Near Eastern History, AD 284 – 813*, pp. 263 – 264.

⑥ Zachariah of Mitylene, *Syriac Chronicle*, Book 8, p. 205.

⑦ Michael Whitby and Mary Whitby translated, *Chronicon Paschale, 284 – 628 AD*, p. 195. 尼基乌主教约翰声称，这次火灾在东部城市焚烧了 6 个月，所有的道路都无法通过，整个城市在大火中燃烧殆尽（John of Nikiu, *Chronicle*, Chapter 90, p. 135.）。

⑧ Michael Whitby and Mary Whitby translated, *Chronicon Paschale, 284 – 628 AD*, p. 195.

下起大雪，那些仍在城内的人承受了巨大的痛苦。[①] 塞奥发尼斯提到，这次地震发生于 528 年 11 月 29 日，共有 4870 人在地震中丧生。[②] 由此，我们可以看到，安条克的两次地震分别造成了 25 万人以上和 5000 人左右的可怕死亡数字。

　　根据史家记载，528 年安条克地震所造成的人口死亡数字远低于 526 年地震。其原因可能在于：其一，526 年地震发生时，城内除了安条克民众之外，还有部分外来人口在城内庆祝节日[③]；其二，526 年地震已经导致绝大部分安条克居民的死亡，剩余的居民中有部分逃到了其他城市[④]，所以在528 年地震发生前，城内的人口数量较之 526 年地震前已经大为减少；其三，在 528 年地震发生前，由于上一次地震的影响还未完全结束，有震动持续了一年多时间的记载[⑤]，所以很多仍居于城内的民众很可能未住进修缮好的房屋里，而是待在了简易搭建起来的住所中[⑥]，当地震再次发生时，这种简易的住所恰好给予了居民迅速逃离的机会。

　　同年，劳迪西亚有 7500 人因地震死亡。[⑦] 根据西瑞尔·曼戈的估计，劳迪西亚当时人口约为 5 万人[⑧]，这次地震中劳迪西亚丧失了几乎 1/5 的人口。密西亚（Mysia）的庞培奥波利斯的半数居民在地震中死亡。[⑨] 约翰·马拉拉斯提到："在'查士丁尼瘟疫'于 541 年发生之时，由于前期地震造成的

---

① 　John Malalas, *The Chronicle of John Malalas*, Book 18, p. 257.

② 　Theophanes, *The Chronicle of Theophanes Confessor*: *Byzantine and Near Eastern History*, *AD 284 – 813*, p. 270.

③ 　John Malalas, *The Chronicle of John Malalas*, Book 17, p. 240.

④ 　Ibid.

⑤ 　Theophanes, *The Chronicle of Theophanes Confessor*: *Byzantine and Near Eastern History*, *AD 284 – 813*, p. 263.

⑥ 　塞奥发尼斯就记载了安条克地震中的幸存者逃到了山上搭起帐篷这一情况。（Theophanes, *The Chronicle of Theophanes Confessor*: *Byzantine and Near Eastern History*, *AD 284 – 813*, p. 270.）

⑦ 　John Malalas, *The Chronicle of John Malalas*, Book 18, p. 258.

⑧ 　Cyril Mango, *Byzantium*: *The Empire of New Rome*, p. 62.

⑨ 　Michael Whitby and Mary Whitby translated, *Chronicon Paschale*, *284 – 628 AD*, p. 195. 对于这次地震所造成的人员损失，约翰·马拉拉斯也提到，地震发生时，地面突然裂开，城市中一半的居民瞬间被吞噬（John Malalas, *The Chronicle of John Malalas*, Book 18, p. 253.）。塞奥发尼斯提到，庞培奥波利斯的地震令城市的一半居民被掩埋于坍塌的建筑物之下，可以听到他们在下面呼救的声音（Theophanes, *The Chronicle of Theophanes Confessor*: *Byzantine and Near Eastern History*, *AD 284 – 813*, p. 314.）。

人员伤亡过多，以致没有足够的人手去埋葬死者。"① 由此可见，6 世纪 20、30 年代流行于地中海东部的地震也波及了君士坦丁堡。②

6 世纪 50 年代，地中海地区进入一个地震高发期，地震似乎以 3 年为一个周期，在地中海地区频繁发生。551 年，君士坦丁堡及周边地区强震过后，色雷斯和希腊地区都被夷为平地，导致当地居民大量死亡；在贝鲁特，部分从外地而来学习法律的学生也在地震中遇难。③ 除阿伽塞阿斯外，约翰·马拉拉斯、普罗柯比和塞奥发尼斯均有大量居民在此次地震中死亡的记载。④ 其后不久，554 年 8 月，君士坦丁堡发生强震，大量居民身亡。⑤ 554 年君士坦丁堡的强震同样得到了约翰·马拉拉斯、塞奥发尼斯等史家的关注。⑥ 随后，557 年 12 月 14 日至 23 日，君士坦丁堡再次发生强震，整个城市几乎被夷为平地，大量的平民在灾难中丧生。⑦ 约翰·马拉拉斯也记载了君士坦丁堡地震造成的人口损失。⑧

6 世纪的最后 30 年，安条克和君士坦丁堡再次因强震而损失了大量人口。根据尼基乌主教约翰的记载，577 年地震中，安条克城内居民大量丧生。⑨ 588 年 10 月，根据埃瓦格里乌斯的记载，安条克的强震造成了巨大的

① John Malalas, *The Chronicle of John Malalas*, Book 18, p. 287.

② 约翰·马拉拉斯和《复活节编年史》中就有君士坦丁堡在 6 世纪 30 年代中受到地震侵扰的记载 (John Malalas, *The Chronicle of John Malalas*, Book 18, p. 282; Michael Whitby and Mary Whitby translated, *Chronicon Paschale*, 284–628 AD, p. 127.)。此外，542 年，君士坦丁堡发生强震，城内大量居民死亡 (Theophanes, *The Chronicle of Theophanes Confessor: Byzantine and Near Eastern History*, AD 284–813, p. 322.)。

③ Agathias, *The Histories*, p. 47.

④ 约翰·马拉拉斯也提到，很多人被这次地震围困 (John Malalas, *The Chronicle of John Malalas*, Book 18, p. 291.)。普罗柯比提到，这些受到地震打击的城市都是人口十分密集的城市，这些城市在地震中的死亡人数无法计算 (Procopius, *The Anecdota or Secret History*, Book 18, Chapter 42, p. 225.)。塞奥发尼斯提到，这次地震的范围遍及美索不达米亚、叙利亚、腓尼基等地区，很多城市受到影响，居民大量丧生 (Theophanes, *The Chronicle of Theophanes Confessor: Byzantine and Near Eastern History*, AD 284–813, p. 332.)。

⑤ Michael Whitby and Mary Whitby translated, *Chronicon Paschale*, 284–628 AD, p. 196.

⑥ John Malalas, *The Chronicle of John Malalas*, Book 18, p. 294. 塞奥发尼斯记载这次地震的情况，他提到，这次地震发生在一个星期六的晚上，很多人在坍塌的建筑物中丧生 (Theophanes, *The Chronicle of Theophanes Confessor: Byzantine and Near Eastern History*, AD 284–813, p. 332.)。

⑦ Agathias, *The Histories*, pp. 137–138.

⑧ 在 557 年 12 月的君士坦丁堡地震中，由于城内的很多建筑物坍塌，导致众多居民被压在建筑物之下而死亡。(John Malalas, *The Chronicle of John Malalas*, Book 18, p. 296.)

⑨ John of Nikiu, *Chronicle*, Chapter 101, p. 163. 阿加皮奥斯也提到，安条克地震令城墙和塔楼全部倒塌 (Agapius, *Universal History*, Part 2, p. 178.)。

人员伤亡；根据当时面包的供应量来判断，地震造成的死亡人数高达 6
万人。[1]

综上所述，古代晚期数次地震的发生均给地中海地区造成了严重的损
害，受灾地区出现了高达数万人，甚至数十万人的人口死亡数字。根据史家
记载，地震尤其在城市中造成巨大人员伤亡，君士坦丁堡、安条克、尼科美
地亚等地中海东部重要城市均多次遭遇地震并损失大量人口。地震似乎也同
鼠疫一样，是周期性地出现在包括巴尔干、希腊、色雷斯、小亚细亚、叙利
亚等在内的地中海东部地区。尤其在 4 世纪 50—60 年代；5 世纪 40—60 年
代；6 世纪 20 年代、40—50 年代以及 70—80 年代，地震影响范围广、发生
频率高，因此不利于受灾地区人口数量的恢复。彼得·D. 阿诺特认为，地
震对博斯普鲁斯海峡附近的大部区域造成了周期性的破坏。[2] 虽然不能排除
相对于农村地区，史家更关注重要城市的受灾情况这一客观事实，但地中海
东部城市向来是经济发达、人口密集的地区，地震一旦发生，一定会在人
口、建筑物密集的城市造成巨大的人员伤亡，而这些伤亡数字很可能给史家
们留下了深刻印象，所以出现了城市人口损失的记载多于农村地区的现象。
除了地震直接造成的人口损失外，在地震发生后，大量幸存者逃离城市也令
城市的人口规模进一步减少。

（二）震后次生灾害导致的人口损失

古代晚期，地中海地区频发的地震除了直接引起大范围的人员损失外，
地震发生后还极易引起海啸、火灾、瘟疫等次生灾害，进一步加深了受灾地
区的人员伤亡程度。

古代晚期，地中海地区的 5 次大规模地震所引发的海啸事件（发生时间
分别为 305/306 年、365 年、447 年、542/543 年、551 年）均造成了巨大的
人口损失。虽然从史料中我们难以得知海啸所造成的具体人员伤亡的数字，
但仍可从史家的记载中一窥地中海周边地区的民众在震后海啸事件发生后的
悲惨命运。其中，造成较大人员伤亡的分别是 365 年和 551 年海啸事件。

---

① Evagrius Scholasticus, *The Ecclesiastical History of Evagrius Scholasticus*, Book 6, Chapter 8, pp. 298 –
299.

② Peter D. Arnott, *The Byzantines and their World*, p. 54.

365 年 7 月 21 日君士坦丁堡地震过后，引发了大规模海啸事件。这次海啸属于下降型海啸类型，下降型海啸的突出特点就是，在海啸来临前，海水首先会出现大规模退潮的现象，而令沿海民众对其放松警惕。① 阿米安努斯·马塞林努斯记载："在暂时退潮之后，海水超乎所有人的想象，突然涌向陆地，杀死了成千上万的人。"② 塞奥发尼斯也提到，这次海啸令很多从亚历山大港口附近逃离的居民死亡。③ 551 年由强烈地震所引发的海啸事件也给东地中海地区造成了严重打击。根据普罗柯比的记载，551 年君士坦丁堡及周边地区地震引起了强烈海啸的发生，导致彼奥提亚（Boeotia）、阿卡亚（Achaea）和克利萨（Crisaean）等地区城市中的居民死伤惨重。④ 根据阿伽塞阿斯的记载，"这次海啸事件对科斯岛及附近地区造成了毁灭性影响，海水卷起很高的水柱，将靠近岸边的居民吞噬，几乎所有的居民都无一例外的死去"⑤。

此外，541—542 年间，在地中海东部地区的海啸事件中，海水淹没了色雷斯的海岸线内约 4 公里的土地，并吞没了奥德索斯等地区，令很多人溺水而亡。⑥ 一般而言，只有震级较大的地震才会引发海啸。无论是地震还是随后发生的海啸，在古代晚期地中海地区均无针对其发生的有效预警措施，一旦在强震后继而爆发大规模海啸，自然会令本已受到地震影响的地区的境况变得更加恶劣，也使中央政府的救助和民众的自救变得更为困难。

在古代晚期地中海地区，除了易在强震发生之后遭遇海啸之外，由于地中海周边地区城市中的建筑较为密集，而且明火广泛存在，强震发生后往往

---

① 直到近代社会，这种类型的海啸事件由于引起人们的好奇心而令其滞留在原地，故更易造成较大伤亡。1755 年 11 月 1 日，葡萄牙里斯本就发生过这种类型的海啸事件，吸引了很多好奇的人下到海湾底，随后不过几分钟，波峰到来，很多人被淹死。[《不列颠百科全书》（国际中文版），第 17 册，第 231 页。]

② Ammianus Marcellinus, *The Surviving Book of the History of Ammianus Marcellinus*, V. 2, 26, 10, 15 - 19, pp. 649 - 651.

③ Theophanes, *The Chronicle of Theophanes Confessor: Byzantine and Near Eastern History*, AD 284 - 813, p. 87.

④ Procopius, *History of the Wars*, Book 8, 25, 19 - 21, p. 323.

⑤ Agathias, *The Histories*, p. 49.

⑥ Theophanes, *The Chronicle of Theophanes Confessor: Byzantine and Near Eastern History*, AD 284 - 813, p. 326.

会引发火灾，震后火灾的发生不仅会加重灾区的受灾程度，同时也会使灾后的救助工作变得更加困难，进一步加大城内居民的死伤人数。根据阿米安努斯·马塞林努斯的记载，358 年 8 月 24 日，尼科美地亚在遭遇强震后，城内发生大面积火灾，部分从地震中幸存下来的居民死于大火。[①] 不久之后，363 年 5 月 19 日耶路撒冷附近的地震再次引发火灾，将正在重修所罗门圣殿的工人烧死。[②] 诺尔·伦斯基认为："363 年 5 月 19 日的天降火球事件是因为地震导致地下沼气震动而造成，所以火灾的直接诱因是地震。"[③]

526 年 5 月，安条克遭遇强震后，城内发生火灾。这次火灾的发生给安条克造成了很大的损失。马塞林努斯声称，大火是由于震后废墟中的明火遇风所致。[④] 埃瓦格里乌斯提到，大火烧死了地震幸存者。[⑤] 塞奥发尼斯和尼基乌主教约翰均提到火灾中的人员损失情况。[⑥] 根据约翰·马拉拉斯的记载，559 年 12 月，阿纳扎尔博斯、西里西亚、安条克和君士坦丁堡发生了地震和火灾。[⑦] 虽然约翰·马拉拉斯并未提到地震与火灾孰先孰后，但由于地震属于地质灾害，由地壳运动所致，所以如果这两大灾害间存在着联系，那么火灾应是由地震引发的。在 588 年 10 月的安条克强震过后，城内再次发生火灾。埃瓦格里乌斯此时正在举办婚礼，他详细记载了震后火灾的发生情况，"地震过后，大火在整个城市蔓延……根据面包的供应量来判断，这次地震中的死亡人数达到 6 万人"[⑧]。埃瓦格里乌斯记载的 6 万人的死亡数字中

---

① Ammianus Marcellinus, *The Surviving Book of the History of Ammianus Marcellinus*, V. 1, 17, 7, 1 - 8, pp. 341 - 345.

② Ammianus Marcellinus, *The Surviving Book of the History of Ammianus Marcellinus*, V. 2, 23, 1, 3, p. 311.

③ Noel Lenski, *Failure of Empire: Valens and the Roman State in the Fourth Century A. D.*, pp. 386 - 387.

④ Marcellinus, *The Chronicle of Marcellinus*, p. 42.

⑤ Evagrius Scholasticus, *The Ecclesiastical History of Evagrius Scholasticus*, Book 4, Chapter 5, pp. 203 - 204.

⑥ 塞奥发尼斯提到，安条克地震过后的火灾将那些埋在废墟之下的人烧伤。大火持续了 6 个多月，很多人在火灾中丧生 (Theophanes, *The Chronicle of Theophanes Confessor: Byzantine and Near Eastern History, AD 284 - 813*, p. 263.)。尼基乌主教约翰也记载，在安条克的震后火灾中，很多居民葬身火海 (John of Nikiu, *Chronicle*, Chapter 90, p. 135.)。

⑦ John Malalas, *The Chronicle of John Malalas*, Book 18, pp. 299 - 300.

⑧ Evagrius Scholasticus, *The Ecclesiastical History of Evagrius Scholasticus*, Book 6, Chapter 8, pp. 298 - 299.

可能有部分是由于震后火灾所导致的。虽然在史家们有关震后火灾人口损失的记载中，只有埃瓦格里乌斯提到了 588 年安条克地震及地震的具体死亡人数，但是，从史家描述中可以看到，地震所引发的火灾的威力丝毫不亚于地震本身。

　　除了海啸和火灾外，地震发生后，由于受到建筑物大面积倒塌和大量居民死亡的影响，如果受灾地区没有实行及时且有效的防疫措施，由于环境混乱肮脏、食物短缺、饮水不洁等原因，幸存者有感染传染性疾病的可能。根据约翰·马拉拉斯的记载，在 541—542 年，君士坦丁堡附近的很多城市在地震发生后，出现了海水入侵事件，之后不久，包括亚历山大里亚在内的埃及地区就出现了瘟疫所导致的居民死亡。① 约翰·马拉拉斯将这两次时间上相当接近的事件放在一起，可能认为两者间存在关联。根据普罗柯比的记载，551 年地震发生后，瘟疫继而出现，导致一半地震幸存者死亡。② 如前所述，558 年 2 月，君士坦丁堡爆发鼠疫，而此前的 557 年 12 月，君士坦丁堡刚刚发生过一次强震③，地震和鼠疫爆发的间隔时间如此短，这两大灾难之间极有可能存在着联系。在 559—560 年，西里西亚和安条克出现鼠疫疫情，而同时地震也在这些地区发生。④ 约翰·马拉拉斯没有具体提及 559—560 年西里西亚和安条克的地震和鼠疫发生的先后顺序，但作为原生性自然灾害，地震发生后引发鼠疫的可能性非常大。

　　事实上，在古代晚期地中海地区，海啸、火灾和瘟疫等灾害发生后，难以像现代社会一样，就灾难爆发的原因得出准确结论。于是，在提及地震及其引发的次生灾害时，史家绝大多数模棱两可、语焉不详，并没有对灾害之间的关系给出准确信息。部分史家对地震与其所引发的海啸和火灾之间的关联有所叙述，但对地震与瘟疫之间的关联，则几乎所有当时的史家似乎均未曾关注。无论如何，当时的史家所公认的是，上述灾害为当地居民带来了深重灾难。

---

　　① 　John Malalas, *The Chronicle of John Malalas*, Book 18, p. 286.

　　② 　Procopius, *The Anecdota or Secret History*, Book 18, Chapter 44, p. 227.

　　③ 　Agathias, *The Histories*, p. 137.

　　④ 　John Malalas, *The Chronicle of John Malalas*, Book 18, p. 299. Theophanes, *The Chronicle of Theophanes Confessor: Byzantine and Near Eastern History*, *AD 284 – 813*, p. 345.

三　其他自然灾害所造成的人口损失

除了瘟疫、地震外，由于气候异常，古代晚期地中海地区多次发生水灾、虫灾、"尘幕事件"等灾害，令这一地区民众的正常生产和生活受到较大干扰。

（一）水灾

根据当时史家记载，很可能因受到 5—6 世纪降水与气温异常的影响，这一时期地中海地区水灾频发。5 世纪地中海地区多次发生水灾，埃德萨、尼科美地亚、君士坦丁堡、比提尼亚等地区受到水灾的严重影响，但是史家们并未直接指出人员损失的情况，大多谈到洪水将村庄淹没。[①] 相比之下，6 世纪地中海地区多次水灾过后的人口损失情况则得到了史家们的关注，但也未提供准确的人口损失数据。根据约翰·马拉拉斯的记载，521 年，埃德萨发生洪水，大水冲走了众多的城市居民。[②] 根据《埃德萨编年史》的记载，525 年，埃德萨再次遭遇洪水袭击，很多居民死亡。[③] 这次水灾的影响想必较大，很多当时史家都关注到了它的发生情况。埃瓦格里乌斯声称，数不清的城内居民被河水冲走。[④] 塞奥发尼斯提道："曾给埃德萨带来丰厚财富的斯奇尔图斯河这次却令这一城市遭遇灭顶之灾，河水将居民连同房屋一起冲走。"[⑤] 米提尼的扎卡里亚指出："525 年 4 月 22 日，埃德萨发生水灾，斯奇尔图斯河的河水漫过了城墙并淹没了整个城市，很多居民溺水而亡。"[⑥]

除了东地中海地区外，571 年，地中海西部位于罗纳河上的陶雷杜鲁姆发生了一次水灾。根据图尔的格雷戈里的记载，"洪水不仅令大量居民死亡，

[①] 444 年，比提尼亚的很多村庄被持续性降水导致的河流涨水淹没（Marcellinus, *The Chronicle of Marcellinus*, p. 18.）。467 年或 469 年，君士坦丁堡和比提尼亚发生大洪水，大雨下了三四天的时间，山脉都被夷为平地，村庄被洪水冲走（Evagrius Scholasticus, *The Ecclesiastical History of Evagrius Scholasticus*, Book 2, Chapter 14, p. 97.）。

[②] John Malalas, *The Chronicle of John Malalas*, Book 17, p. 237.

[③] Roger Pearse transcribed, *Chronicle of Edessa*, p. 37.

[④] Evagrius Scholasticus, *The Ecclesiastical History of Evagrius Scholasticus*, Book 4, Chapter 8, pp. 207 – 208.

[⑤] Theophanes, *The Chronicle of Theophanes Confessor: Byzantine and Near Eastern History*, AD 284 – 813, p. 262.

[⑥] Zachariah of Mitylene, *Syriac Chronicle*, Book 8, p. 204.

并且淹没了很多房屋；这次洪水甚至还影响到了日内瓦（Geneva）城；而山崩引起了更大的灾难，连同当地的人、财产和房屋落入水中，堵塞了河床，导致河水倒灌；很多幸存者说凶猛的河水淹没了日内瓦的城墙"①。根据阿加皮奥斯的记载，599 年由于降雨过多而导致众多地区发生水灾，造成人员和牲畜的损失。② 尼基乌主教约翰则记载了一次发生于莫里斯统治期间的水灾，"当时伊斯纳地区东部的一个城市发生洪灾，民众死亡众多"③。

综上所述，5—6 世纪地中海地区多次爆发的水灾给受灾地区造成相当大的伤亡，而沿河城市所受影响尤为严重。

（二）虫灾、干旱、极寒、"尘幕事件"

虫灾、干旱、极寒与"尘幕事件"等灾害对人口造成损失的方式与瘟疫、地震和水灾等灾害不同，瘟疫、地震、水灾的发生会直接造成受灾地区大量人员的死亡。而虫灾、干旱、极寒及"尘幕事件"等灾害发生之后，大多会对农业生产造成不利影响，并进而引发饥荒、瘟疫，从而导致人口数量减少。

古代晚期最严重的一次虫灾发生在 500—501 年，主要受灾地区是美索不达米亚和叙利亚等地中海东部地区。这次虫灾由于引起了饥荒、瘟疫等次生灾害，从而导致东地中海地区，尤其是埃德萨、安条克等城市的人口出现大幅减少的趋势。蝗灾造成了严重的饥荒，饥荒导致大量农民在无处求生的情况下寻找非正常食物来充饥，更多的农民逃到城市中沦为乞丐，但仍旧无法逃过死亡的命运。④ 在这次虫灾所引起的饥荒和瘟疫中，埃德萨城受创尤为严重。⑤ 据估计，在 500—501 年冬季，埃德萨死于饥饿的人数每天达到130 人，所有可用的坟墓都被填满。⑥ 由于极度饥饿，很多处于睡梦中的人再也没能够醒过来。而由于城市中聚集了过多的人，同时死亡人数也在不断增加，随后就爆发了大规模瘟疫，导致埃德萨、安条克和尼西比斯居民大量

① Gregory of Tours, *History of the Francs*, Book 4, Chapter 31.

② Agapius, *Universal History*, Part 2, p. 187.

③ John of Nikiu, *Chronicle*, Chapter 100, p. 163.

④ Joshua the Stylite, *Chronicle Composed in Syriac in AD 507: A History of the Time of Affliction at Edessa and Amida and Throughout all Mesopotamia*, Chapter 38, pp. 27 – 28.

⑤ Ibid. , p. 29.

⑥ Cyril Mango, *Byzantium: The Empire of New Rome*, p. 67.

死亡。① 500—501 年发生的重大虫灾很好地诠释了虫灾、饥荒与瘟疫这三大灾害间的紧密联系所带来的恶劣后果。由虫灾引起的瘟疫比较少见，而一旦出现就是非常具有破坏力的。② 艾弗里尔·卡梅伦在论及埃德萨于 499—501 年遭遇饥荒和瘟疫打击之时，就提到，"由于蝗虫啃光了庄稼，导致面包价格上涨，人们被迫卖掉物品以换取食物，而更多的人则进入城市乞讨，虽然疾病杀死了很多人，但食物仍然很少，完全不足以养活这群进入城市乞讨的乞丐，街道上布满了死尸，更多的疾病紧随其后"③。除了通过诱发饥荒和瘟疫的方式导致人员死亡外，虫灾也造成过直接的人与牲畜的伤亡事件。④

　　除了虫灾外，由于受到非正常的降水和气温条件的影响，古代晚期曾经多次出现干旱和极寒天气。312—313 年冬季，根据尤西比乌斯的记载，由于气候异常，原本应较为湿润的冬季过于干旱，由此导致东部地区发生大规模食物短缺，继而引发的饥荒和瘟疫导致了大量居民死亡。⑤ 451—454 年间，根据埃瓦格里乌斯的记载，弗里吉亚等地区遭遇干旱天气，结果诱发饥荒，瘟疫随后在城市里蔓延开来。⑥ 除由于旱灾而导致食物短缺、饥荒乃至瘟疫而引起的死亡外，也有极端天气直接导致居民死亡的记载。根据马塞林努斯的记载，443 年，君士坦丁堡出现了长达 6 个月的大雪天气，大雪降下之后长时间难以融化，令成千上万的人和牲畜因极度严寒而虚弱，直至死亡。⑦ 517—518 年，巴勒斯坦及附近地区再次发生干旱灾害，并伴随着虫

---

①　Joshua the Stylite, *Chronicle Composed in Syriac in AD*507: *A History of the Time of Affliction at Edessa and Amida and Throughout all Mesopotamia*, Chapter 41 – 44, pp. 31 – 34.

②　公元前 125—124 年，就曾发生过一次大规模的由虫灾引起的瘟疫，据说，迦太基和非洲的乌提卡地区（Utica）损失了 20 万人（Frank R. Trombley and John W. Watt translated, *The Chronicle of Pseudo-Joshua the Stylite*, p. 37. ）。

③　Averil Cameron, Bryan Ward Perkins, Michael Whitby edited, *The Cambridge Ancient History*（V. 14, *Late Antiquity*: *Empire and Successors*, A. D. 425 – 600), p. 368.

④　确有蝗虫吞食人和牲畜的事件发生。一些人在田地里干活的时候，将一个婴儿放在旁边，在他们还没有从田地的另一边返回时，婴儿已经被蝗虫吃掉了（Frank R. Trombley and John W. Watt translated, *The Chronicle of Pseudo-Joshua the Stylite*, p. 38. ）。

⑤　Eusebius, *The Church History*: *A New Translation with Commentary*, Book 9, pp. 327 – 328.

⑥　Evagrius Scholasticus, *The Ecclesiastical History of Evagrius Scholasticus*, Book 2, Chapter 6, pp. 81 – 82.

⑦　Marcellinus, *The Chronicle of Marcellinus*, p. 18.

灾，由此引发了严重的饥荒和人员损失，很多民众因为饥渴死亡。[1]

作为古代晚期地中海地区最为恶劣的气候灾害，535—536 年地中海地区发生的"尘幕事件"对地中海周边地区居民的生活造成了严重影响。"尘幕事件"属气象灾害，并不会直接造成大面积人口伤亡，而是通过造成寒冷和干旱天气影响农业生产，继而引发食物短缺及饥荒。饥荒的发生易引起瘟疫的爆发，由此间接导致受影响地区人口数量减少。安提·阿尔伽瓦认为："'尘幕事件'是有史记载以来最为严重的气候灾难，536 年被认为是历史上的一个里程碑。很多学者从不同角度来探讨这次灾难的影响，这些可能性的探索包括经济衰退、人口迁移、政治动乱和王朝更替。"[2] 戴维·凯斯指出，"'尘幕事件'的发生是地中海地区历史上经历的最大自然灾害，这次灾难令太阳的光热在 18 个月中完全消失，从而使地球气候整体失控[3]。

"尘幕"长期阻碍阳光的正常辐射，从而导致地中海周边地区气温在相当长的一段时间中保持在较低水平，这就影响到了当地的农业发展。对"尘幕事件"所导致的人口直接死亡，阿加皮奥斯宣称："受到'尘幕'影响的冬季极为寒冷，以致冻死了众多平民。"[4] "尘幕事件"的影响不仅仅局限于 6 世纪 30 年代中后期，而是延续了至少十余年的时间。根据近现代学者们的研究，发现从 536—545 年，欧洲地区的树木生长速度明显减缓，地中海周边地区出现了持续性的寒冷天气。[5] 植物生长长期受到影响势必引起粮食不足，甚至引发食物短缺甚至饥荒。

综上所述，在古代晚期地中海地区，由于以鼠疫为代表的瘟疫多次爆发、地震及其次生灾害的频繁发生，加之水灾、虫灾、干旱和"尘幕事件"的反复出现，导致该地区民众频繁受灾。在这些自然灾害及其次生灾害的持续影响下，地中海地区人口数量大幅减少。由于古代晚期地中海地区的人均寿命较低，故人口的下降趋势难以在短期内得到较大改善。马库斯·劳特曼

---

① Dionysios Ch. Stathakopoulos, *Famine and Pestilence in the Late Roman and Early Byzantine Empire: A Systematic Survey of Subsistence Crises and Epidemics*, pp. 259 – 260.

② Antti Arjava, "The Mystery Cloud of 536CE in the Mediterranean Sources", p. 74.

③ David Keys, *Catastrophe: An Investigation into the Origins of the Modern World*, p. 3.

④ Agapius, *Universal History*, Part 2, p. 169.

⑤ Bo Gräslund & Neil Price, "Twilight of the gods? The 'dust veil event' of AD 536 in critical perspective", p. 430.

认为："6 世纪前后，地中海地区男性的平均寿命在 35—40 岁，女性略低于这一水平，决定人均寿命的重要因素是当时的饮食结构，而由于食物生产受到了干旱、水灾、冰雹、动物疫病和证据不稳定等因素的影响，同时，运输和贮藏条件也易导致食物短缺和饥荒，尤其是接近春天的时候，当谷物的供应量减少，这种状况尤为严酷，从而令帝国民众的健康问题更加严重。"①

历史地看，古代晚期地中海地区的人口往往都是在发展至 5000 万左右之际由于各种因素而骤然下降。如前所述，早在 2 世纪中期之前，地中海地区的人口达到了 5000 万之多。2 世纪后期至 3 世纪中期，在"安东尼瘟疫"和"西普里安瘟疫"爆发后，地中海周边地区的总人口数量显著下降。其后，从 3 世纪末期开始，地中海地区的人口数量逐渐恢复。A. H. M. 琼斯认为："3 世纪中期，由于受到持续的内战和外族入侵、与之相伴随的破坏和饥荒，以及 2—3 世纪两度爆发的大瘟疫的影响，帝国的人口呈现出萎缩的趋势。从戴克里先统治时期开始直到 6 世纪 40 年代初，由于没有出现记载在案的大瘟疫，这种相对和平的状态在帝国的西部地区持续了一个多世纪的时间。在这段时间中，由于农民的出生率较高，所以农民的数量在瘟疫和战争之后迅速恢复增长。"② 约瑟夫·谢里斯黑维斯基指出，"直到 5 世纪末，君士坦丁堡拥有 30 万居民，安条克拥有 20 万居民，亚历山大里亚的居民人数在 20 万—30 万人，一些较大城市的人口一般在 5 万人左右，另一些较小城市的人口只有 5 千至 2 万人"③。根据西瑞尔·曼戈的推断，"以较低的标准估计，查士丁尼一世统治时期，帝国东部的总人口应该达到了 3000 万人。人口分布的情况为：800 万人位于埃及；900 万人位于叙利亚、巴勒斯坦和

① Marcus Rautman, *Daily Life in the Byzantine Empire*, p. 302.

② A. H. M. Jones, *The Roman Economy: Studies in Ancient Economic and Administrative History*, p. 87.

③ Joseph Shereshevski, *Byzantine Urban Settlements in the Negev Desert*, p. 5. 安奇利其·E. 拉奥对地中海地区城市人口的估算要略高于谢里斯黑维斯基，他认为较高的人口数量是位于地中海东部的早期拜占廷城市繁荣的标志，"当时人口最多的城市君士坦丁堡至少有 40 万居民、安条克达到了 20 万、亚历山大里亚和塞萨洛尼卡有 10 万，而阿帕米亚、以弗所、凯撒利亚和耶路撒冷等中等城市的人口大约在 5 万—10 万之间。省会的人口大多在 1.5 万—5 万之间，而像阿帕罗特（Apahrodito）这样的大村庄的人口在 5000 人左右"（Angeliki E. Laiou and Cecile Morrisson, *The Byzantine Economy*, p. 26.）。西瑞尔·曼戈对这一时期地中海部分城市的人口进行了估计，"劳迪西亚这样的省会城市人口大概在 5 万左右，一般省会城市的人口可能是 5000—20000 人。5 世纪，安条克大概有 20 万人，君士坦丁堡的人口则有 30 万"（Cyril Mango, *Byzantium: The Empire of New Rome*, p. 62.）。

美索不达米亚；1000 万在小亚细亚；300 万—400 万在巴尔干半岛"①。3 世纪末至 6 世纪前期，是地中海地区人口逐渐恢复并稳定增长的时期。

　　总体而言，3 世纪末至 6 世纪前期，地中海周边地区的人口呈现出恢复和增长的趋势。这一良好的发展趋势一直保持到 6 世纪前期，当这一地区的人口于查士丁尼一世统治前期再次达到 3000 万以上时，从 6 世纪 40 年代开始，伴随着鼠疫在地中海周边地区大规模的蔓延，以及 6 世纪初期开始地震、水灾明显增多，地中海周边地区，尤其是君士坦丁堡、安条克等城市在这些自然灾害的影响之下，其人口普遍大幅减少。A. H. M. 琼斯指出，罗马帝国后期面临着严重的人力资源短缺的问题，其原因很可能是由人力供给的减少和需求的增多所导致的。在帝国后期，教堂、公职，尤其是军队对人力资源的需求增大。65 万的军队人数对于帝国晚期人力资源短缺的窘境无疑是雪上加霜。然而，当军队、公职等在人口数量需求上增加的时候，剩余人口一旦受到大瘟疫的影响，势必会导致数量相应的减少。②

　　之所以地中海地区的人口往往在达到一定数值后便会遭遇瘟疫等自然灾害的严重影响，其原因就在于这一地区稠密的人口本身。地中海东部地区稠密的人口与这一地区的经济和贸易发展密切相关，然而，稠密的人口分布也有利于瘟疫的传播。在医疗条件和科技水平较低的古代社会，一般而言，瘟疫对人口造成的恶劣影响程度的大小与受灾地区人口的稠密程度成正比例关系。对此，丹尼尔·T. 瑞夫指出："没有哪个文明在聚集了数千万人口的情况下还能够在第一次就逃过一次新型传染性疾病的打击。在当时，希腊罗马社会城市化的生活、快速的运输系统和未得到真正改进的公共卫生系统都令人口在这种新的传染性疾病的打击下变得更为脆弱。"③ 威廉·H. 麦克尼尔也认为，"只有在上千人的社会里，传染性的疾病才会延续，这里频繁的交往可以使疾病不间断地从一人传到另一人，而这类社会就是我们所谓'文明'的社会：规模巨大、组织复杂、人口密集，而且毫无例外地由城市掌管

---

① Cyril Mango, *Byzantium*: *The Empire of New Rome*, p. 23.

② A. H. M. Jones, *The Later Roman Empire 284 – 602*: *A Social*, *Economic*, *and Administrative Survey*, V. 2, pp. 1042 – 1043.

③ Daniel T. Reff, *Plagues*, *Priests*, *Demons*: *Sacred Narratives and the Rise of Christianity in the Old World and the New*, p. 45.

和控制"①。A. H. M. 琼斯指出："罗马帝国的绝大部分民众对疾病的抵抗力不强、医疗知识较为原始、医生很少，经常面临着饥荒的威胁，但这种状态下的人口结构是非常具有弹性的。在正常情况下，人口能够得到较快恢复。除非遭遇到大屠杀、饥荒和严重瘟疫的打击。"② 除瘟疫外，地震及其次生灾害、水灾、干旱等灾害所造成的人口损失的数量也同受灾地区的人员密集程度有直接的关系。在古代社会中，人口越稠密的地区，在遭遇到强烈地震、水灾等灾害的打击后，人口损失的数量一般也越多。

在古代社会中，人口的多寡能够直接对帝国的实力与发展造成影响。由于民众充当着纳税人、劳动力、潜在士兵等多重角色，如果帝国的人力资源长期处于短缺的状态，那么势必不利于帝国的经济、政治与军事局势。不仅很可能造成城市商贸活动活力减退、农业劳动力不足、财政收入减少等，而且也会导致军队兵源减少。马库斯·劳特曼认为，虽然不能准确判定帝国在鼠疫中丧失人口的确切数字，但鼠疫所造成的人力资源短缺以及令帝国严重削弱这一事实却是显而易见的。③ 沃伦·特里高德认为，"鼠疫的每一次复发都将短暂的经济及人口复苏的良好势头打断，并将人口重新降到了比上一次鼠疫结束后数量的更低水平，这种情况持续到 7 世纪，造成了可怕的财政和军事上的后果"④。艾弗里尔·卡梅伦等认为："人口的急剧减少通常被认为是帝国经济衰落的重要原因。人口的增加或减少对劳动力的有效性和需求数量有着明显的影响，毋庸置疑，帝国人口数量自然会对经济造成影响。"⑤ 格兰维尔·唐尼指出："在帝国的发展趋势出现转折之时，外族入侵、土地荒芜、人力资源短缺、官僚系统腐化以及气候变化很可能都是重要的影响因素，但在所有这些变化中，人口数量的下降是一个真实存在的证据。"⑥ 拉塞尔认为："瘟疫令帝国人口大幅度削减，使可耕地上的人口减少了一半，

①　[美]威廉·H. 麦克尼尔：《瘟疫与人》，第 32 页。

②　A. H. M. Jones, *The Later Roman Empire 284 – 602：A Social, Economic, and Administrative Survey*, V. 2, p. 1041.

③　Marcus Rautman, *Daily life in the Byzantine Empire*, p. 302.

④　Warren Treadgold, *A History of the Byzantine State and Society*, p. 276.

⑤　Averil Cameron, Bryan Ward Perkins, Michael Whitby edited, *The Cambridge Ancient History（V. 14, Late Antiquity：Empire and Successors, A. D. 425 – 600）*, p. 388.

⑥　Glanville Downey, *The Late Roman Empire*, pp. 96 – 97.

瘟疫造成了一个大萧条期,迫使帝国人口重新进行调整,改变了帝国地区间的关系。人口的绝对减少会对社会产生削弱的作用。"[1]

古代晚期地中海地区人口数量所经历的减少—增加—减少的循环,与统治地中海地区罗马—拜占廷帝国的发展趋势基本一致。在经受多次鼠疫、地震等自然灾害打击之后,地中海地区的人口数量发生了巨大变化,而人口变化引发的一系列后果,则与地中海地区正在发生的社会转型密切相关。

第二节 自然灾害对城市与商贸活动的影响

地中海地区的城市往往是地区性的经济中心。J. H. W. G. 里贝舒尔茨指出,城市是可容纳大量人口并可为其提供必需品的建筑物的集合。[2] 由于古代晚期地中海地区尚未出现当代摩天大楼式的高层建筑,罗马、君士坦丁堡、亚历山大里亚、安条克等城市中庞大的居民数量自然会导致建筑物尤其是平民居住区较为拥挤密集。一旦发生瘟疫、地震等自然灾害,人员伤亡及财产损失的程度必定会由于稠密且拥挤的城市建筑而变得更为严重。

一 地震对城市的影响

古代晚期地中海地区,尤其是东地中海地区的建筑结构多采用砖石结构[3]。由于密集的人口和建筑分布,一旦发生强烈地震,就会导致城市中的建筑物大量坍塌以及居民大量死伤。[4] 如前所述,古代晚期地中海地区曾多次爆发大规模强震,地中海地区地震的发生呈现出高频率和高强度的特征,

---

① Josiah C. Russell, "That Earlier Plague", p. 181.

② J. H. W. G Liebeschuetz, *Decline and Fall of the Roman City*, p. 2. A. H. M. 琼斯认为,罗马帝国是城市的集合体,这些城市是自治的社区,管理着它们所辖的领土。罗马城市都包含着一个作为行政中心的城镇,这个城镇在不同程度上是其经济和社会中心(A. H. M. Jones, *The Later Roman Empire 284 – 602: A Social, Economic, and Administrative Survey*, V. 1, p. 712.)。

③ 拜占庭建筑的构造分属两种类型。一种指的是方石构造技术,具有叙利亚—巴勒斯坦,尤其是小亚细亚一带以及亚美尼亚和格鲁吉亚周边地区的特征;另一种指的是砖块与粗石构造技术,这是典型的君士坦丁堡样式,也是小亚细亚西海岸、巴尔干地区与意大利样式,因此代表了拜占庭建筑的主要传统。([美]西里尔·曼戈:《拜占庭建筑》,张本慎等译,中国建筑工业出版社2000年版,第7页。)

④ 历史上,几乎每一次强烈地震的发生都会给受灾地区造成巨大的物质损失。如150—155年,比提尼亚和达达尼尔海峡发生强烈地震,很多城市都在地震中被严重损毁或全部倒塌,尤其是基奇科斯,这里的神庙被全部震塌(Dio's, *Roman History*, Vol. 8, Book 69, p. 473.)。

很多从上一次地震中尚未完全恢复的城市和地区不久又遭到新一轮强震的打击，从而对受灾地区形成叠加性的不良影响。君士坦丁堡、安条克、尼科美地亚等地中海重要城市均曾多次发生大地震。艾弗里尔·卡梅伦认为："古代晚期地震的频发，令地中海地区的很多建筑在地震中受到毁灭性打击。当严重地震发生时，在绝大部分历史时期中都意味着要对原有受损建筑物进行大规模的修复，在这一时期的安条克确实能够看到这样的修复工作。"[①] 迈克尔·麦克拉根也在其论著中多次指出君士坦丁堡公共建筑在4—6世纪的地震中受到损伤。[②] 由此可见，地震不仅会造成人员伤亡，也会造成建筑和财产损失，而修复受损建筑则又会增加财政压力，不利于城市发展。

　　要了解城市在地震中所受到影响的严重程度，必须从当时史家的记载中寻找答案，所幸这一时期的史家们较为详细地记载了地震发生后的城市面貌。塞奥发尼斯记载，319年发生在亚历山大里亚的地震造成了多处房屋倒塌。[③] 约翰·马拉拉斯提到，萨拉米斯在君士坦提乌斯一世统治期间发生地震，城市的绝大部分地区因地震深陷海洋之中，而城市的剩余部分被地震夷平。[④] 塞奥发尼斯声称，332年的塞浦路斯大地震彻底毁灭了萨拉米斯。[⑤] 索佐门提到，安条克城在341年东部地区的强烈地震中受创严重。[⑥] 塞奥发尼斯宣称，342年的塞浦路斯大地震导致萨拉米斯城的建筑大面积坍塌。[⑦] 346年，罗马及坎帕尼亚地区的12个城市在地震中受到严重损害。[⑧] 348年，地震摧毁了贝鲁特城的大部分地区。[⑨]

　　358年8月24日，尼科美地亚发生强震，城内建筑物大量损毁。根据阿

① Averil Cameron, *The Mediterranean World in Late Antiquity AD 395—600*, p. 157.

② Michael Maclagan, *The City of Constantinople*, pp. 30 – 35.

③ Theophanes, *The Chronicle of Theophanes Confessor: Byzantine and Near Eastern History, AD 284 – 813*, p. 29.

④ John Malalas, *The Chronicle of John Malalas*, Book 12, p. 170.

⑤ Theophanes, *The Chronicle of Theophanes Confessor: Byzantine and Near Eastern History, AD 284 – 813*, p. 48.

⑥ Sozomen, *The Ecclesiastical History*, Book 3, Chapter 6, p. 286.

⑦ Theophanes, *The Chronicle of Theophanes Confessor: Byzantine and Near Eastern History, AD 284 – 813*, p. 61.

⑧ Ibid. , p. 63.

⑨ Ibid. , p. 65.

米安努斯·马塞林努斯的记载："当时狂风大作暴雨不止，地震与海浪摧毁了城市与郊区，大量房屋倒塌，震后的火灾持续了五天五夜，烧毁了大量在地震中幸免于难的建筑。"[1]《复活节编年史》也提及此次地震，宣称"整个城市在地震中坍塌毁灭"[2]。阿加皮奥斯也称，尼科美地亚地震令城市大部分区域坍塌。[3] 索佐门则提到，尼西亚、皮林塔斯（Perinthus）和君士坦丁堡等地在 358 年发生了一次相同的灾难。[4] 而在仅仅 4 年之后，362 年 12 月 2 日，尼科美地亚又一次发生地震，上一次地震中尚未恢复的城市部分地区在地震中受损。[5] 363 年 5 月 19 日，由于地震引起的火灾在耶路撒冷城内大面积蔓延。[6] 火焰从天空落下，将建筑者的所有工具都烧成了平滑发亮的石头，大火燃烧了整整一天。[7] 阿加皮奥斯声称，363 年的一次强震毁灭了 22 个城市。[8]

365 年 7 月 21 日发生于君士坦丁堡附近地区的地震及海啸导致海水淹没了城内无数建筑物。阿米安努斯·马塞林努斯提到："海水的力量十分巨大，以致很多船只由于受到巨大的冲击，而着陆在建筑物的顶部，其中的一些船只甚至在海水的力量下在陆地上推进了几乎 2 里的距离。"[9] 苏克拉底斯也称这次地震令很多城市受到影响。[10] 阿加皮奥斯指出，364 年的君士坦丁堡地震导致城内出现多处塌陷，而尼西亚也受到这次地震的影响。[11] 366/367 年的君士坦丁堡地震则引发了海啸，导致城市严重受损。[12] 375 年，克里特

---

[1] Ammianus Marcellinus, *The Surviving Book of the History of Ammianus Marcellinus*, V. 1, 17, 7, 1 – 8, pp. 341 – 345.

[2] Michael Whitby and Mary Whitby translated, *Chronicon Paschale*, *284 – 628 AD*, p. 33.

[3] Agapius, *Universal History*, Part 2, p. 116.

[4] Sozomen, *The Ecclesiastical History*, Book 4, Chapter 16, p. 310.

[5] Ammianus Marcellinus, *The Surviving Book of the History of Ammianus Marcellinus*, V. 2, 22, 13, 5, p. 271.

[6] Ammianus Marcellinus, *The Surviving Book of the History of Ammianus Marcellinus*, V. 2, 23, 1, 3, p. 311.

[7] Socrates, *The Ecclesiastical History*, Book 3, Chapter 20, pp. 89 – 90.

[8] Agapius, *Universal History*, Part 2, p. 125.

[9] Ammianus Marcellinus, *The Surviving Book of the History of Ammianus Marcellinus*, V. 2, 26, 10, 15 – 19, pp. 649 – 651.

[10] Socrates, *The Ecclesiastical History*, Book 4, Chapter 3, p. 97.

[11] Agapius, *Universal History*, Part 2, p. 129.

[12] Theophanes, *The Chronicle of Theophanes Confessor: Byzantine and Near Eastern History*, *AD 284 – 813*, p. 87.

岛、伯罗奔尼撒半岛等地区发生地震，除了雅典和阿提卡半岛之外，几乎所有的希腊城市都受到地震的影响。①

　　5 世纪中，地中海周边城市仍然不断遭遇地震。阿加皮奥斯提到，君士坦丁堡于 436 年发生强震，夷平了城内众多区域。② 发生于 447 年 1 月 26 日的地震引起了更多史家的关注。埃瓦格里乌斯声称："君士坦丁堡城内的多数塔楼在地震中崩塌，'长城'严重受损，大树被连根拔起、山脉坍塌。除君士坦丁堡外，比提尼亚、达达尼尔海峡附近、弗里吉亚等地区均在地震中遭受严重损失。"③《复活节编年史》提到，这次地震导致君士坦丁堡城墙受损严重。④ 对于 447 年地震的情况，马塞林努斯补充道："这次地震令帝国境内很多城市受到影响，其中的部分是刚刚得到重建的城市，君士坦丁堡的 57 个塔楼被震塌。地震中，大石块跌落，很多雕像崩塌。"⑤ 彼得·D. 阿诺特认为："由于君士坦丁堡的新城墙是用砖头和石块建造的，很可能因为建设得过快以致质量不佳，所以在 447 年地震中损毁。"⑥ 迈克尔·格兰特认为 447 年地震对君士坦丁堡的建筑造成了严重损伤。⑦

　　在 447 年强震发生后不久，457 年 9 月 13 日，星期日的拂晓，安条克发生地震，新城的所有建筑几乎都在地震中受损倒塌。⑧ 而根据埃瓦格里乌斯的记载，安条克于 458 年发生强烈地震，地震几乎摧毁了整个新城的建筑，旧城中的浴室也部分受损。⑨ 除埃瓦格里乌斯的记载外，阿加皮奥斯也记载

---

① Zosimus, *New History*, Book 4, p. 103.
② Agapius, *Universal History*, Part 2, p. 156.
③ Evagrius Scholasticus, *The Ecclesiastical History of Evagrius Scholasticus*, Book 1, Chapter 17, pp. 44 – 45. 根据约翰·马拉拉斯的记载，在塞奥多西二世统治期间，克里特岛发生地震，数以百计的城市陷在海洋中。克里特的公共浴室被震塌（John Malalas, *The Chronicle of John Malalas*, Book 14, p. 196.）。
④ Michael Whitby and Mary Whitby translated, *Chronicon Paschale*, *284 – 628 AD*, p. 76.
⑤ Marcellinus, *The Chronicle of Marcellinus*, p. 19.
⑥ Peter D. Arnott, *The Byzantines and Their World*, p. 67.
⑦ Michael Grant, *From Rome to Byztantium*, *the Fifth Century AD*, p. 88.
⑧ John Malalas, *The Chronicle of John Malalas*, Book 14, p. 202. 塞奥发尼斯也提到，安条克在这次地震中几乎完全坍塌（Theophanes, *The Chronicle of Theophanes Confessor*: *Byzantine and Near Eastern History*, *AD 284 – 813*, p. 170.）。
⑨ Evagrius Scholasticus, *The Ecclesiastical History of Evagrius Scholasticus*, Book 2, Chapter 12, pp. 94 – 96.

了安条克在地震中遭受的破坏情况。① 根据马塞林努斯的记载，460 年发生于基奇科斯的地震令城镇的围墙受损。② 根据埃瓦格里乌斯的记载，467 年或 469 年发生于色雷斯、达达尼尔海峡、爱奥尼亚和基克拉迪群岛的地震摧毁了受灾地区。③ 马塞林努斯提到，479 年 9 月 24 日君士坦丁堡及附近地区的地震对君士坦丁堡城内的建筑物造成了严重的损毁，三角柱廊、众多教堂以及位于陶鲁斯广场的塞奥多西一世雕像在地震中倒塌。④

　　6 世纪，地中海周边地区地震的发生次数更加频繁。518 年，达尔达尼亚行省发生地震，行省内的 24 个要塞城市都不同程度地受到这次地震的影响，其中的两个要塞房屋全部坍塌，而另外 4 个要塞的建筑的一半被破坏，还有 11 个要塞失去了 1/3 的房屋，余下 7 个要塞则失去了 1/4 的房屋。⑤ 518 年地震影响了众多城市。J. H. W. G. 里贝舒尔茨指出，沙加拉斯乌斯（Sagalassus）是制陶业的重要中心，其成品广泛销往外地。但是，518 年地震似乎严重影响了该地区的制陶业。⑥ 约翰·H. 罗瑟指出，马其顿北部的斯科普里（Skopje）于 6 世纪早期发生地震，此后一蹶不振，直到 11 世纪瓦西里二世（Basil II）统治时期才得以恢复。⑦

　　6 世纪 20 年代，地中海地区进入地震高发期。526 年，安条克发生强烈地震。根据约翰·马拉拉斯等史家的记载，526 年 5 月，安条克的众多建筑在地震中倒塌。很多神圣的庙宇被付诸一炬，所有的建筑均被破坏，就连始建于君士坦丁一世时期的大教堂也在屹立了 7 天之后由于未能经受住震后火

---

　　① 阿加皮奥斯记载，这次地震也令安条克城内很多地区被夷为平地（Agapius, *Universal History*, Part 2, p. 159.）。

　　② Marcellinus, *The Chronicle of Marcellinus*, p. 23.

　　③ Evagrius Scholasticus, *The Ecclesiastical History of Evagrius Scholasticus*, Book 2, Chapter 14, p. 97. 普利斯库斯也提到，在罗马与斯基泰人的战争开始的时候，即 467/469 年，色雷斯、达达尼尔海峡、爱奥尼亚和基克拉迪群岛发生了一次地震。其中，尼多斯和克里特岛在强震中受创严重（R. C. Blockley, *The Fragmentary Classicizing Historians of the Late Roman Empire*: *Eunapius*, *Olympiodorus*, *Priscus and Malchus*, II, p. 355.）。

　　④ Marcellinus, *The Chronicle of Marcellinus*, p. 27. 塞奥发尼斯提到，君士坦丁堡的强震令很多教堂、房屋倒塌（Theophanes, *The Chronicle of Theophanes Confessor*: *Byzantine and Near Eastern History*, AD 284 – 813, p. 193.）。

　　⑤ Marcellinus, *The Chronicle of Marcellinus*, p. 39.

　　⑥ J. H. W. G. Liebeschuetz, *Decline and Fall of the Roman City*, p. 52.

　　⑦ John H. Rosser, *Historical Dictionary of Byzantium*, p. 363.

灾的考验而倒塌。① 仅仅两年后，528 年 11 月，安条克再度发生强震。两次强震间隔时间如此之短，很难保证上次地震后尚未完全修复的建筑不会在这次地震中倒塌，短期内两次强震也应该会给帝国东部重要城市安条克造成严重影响。根据《复活节编年史》的记载，此次地震持续约一个小时，导致城墙和房屋大面积坍塌。② 塞奥发尼斯补充道，528 年 11 月的地震将上一次地震中幸存下来的古老建筑物全部震塌，所有由皇帝与民众出资修建的建筑物尽数被地震毁坏。③ 约翰·马拉拉斯也提到，前一次安条克地震后得到修复的建筑物在此次地震中再次倒塌，一些城墙和教堂也在地震中崩塌。④ 根据《埃德萨编年史》的记载，528 年地震所引发的火灾烧毁了地震中幸存的建筑。⑤ 此外，还有很多城市受到了地震的严重破坏。528 年强震摧毁了半个庞培奥波利斯⑥；该年的地震还摧毁了半个劳迪西亚。⑦ 543 年 9 月，半个基奇科斯城毁于地震。⑧ 535 年，庞培奥波利斯再次发生地震，又毁灭了半座城市。⑨ 542 年，君士坦丁堡的强震令城内的教堂、房屋和城墙尽数倒塌，

---

① John Malalas, *The Chronicle of John Malalas*, Book 17, pp. 238 – 239. 埃瓦格里乌斯指出，526 年 5 月的安条克地震几乎摧毁了整个城市的建筑物（Evagrius Scholasticus, *The Ecclesiastical History of Evagrius Scholasticus*, Book 4, Chapter 5, pp. 203 – 204.）。普罗柯比提到，安条克受到重创，城内大多数建筑物倒塌，城市完全被毁（Procopius, *History of the Wars*, Book 2, 14, 5 – 7, p. 383.）。马塞林努斯记载，这次地震发生在就餐时间，在地震发生的同时，城市东部吹过来的风将倒塌房屋厨房里的火扇得更旺（Marcellinus, *The Chronicle of Marcellinus*, p. 42.）。马塞林努斯认为这是古代晚期中毁灭性最大的自然灾害之一（Marcellinus, *The Chronicle of Marcellinus*, p. 123.）。塞奥发尼斯记载，地震不断发生，每一间房子和教堂都无一例外地在地震中倒塌，一座美丽的城市被毁。在其他地区没有发生过如此大规模的灾难（Theophanes, *The Chronicle of Theophanes Confessor: Byzantine and Near Eastern History*, AD 284 – 813, p. 264.）。
② Michael Whitby and Mary Whitby translated, *Chronicon Paschale*, 284 – 628 AD, p. 195.
③ Theophanes, *The Chronicle of Theophanes Confessor: Byzantine and Near Eastern History*, AD 284 – 813, p. 270.
④ John Malalas, *The Chronicle of John Malalas*, Book 18, p. 256.
⑤ Roger Pearse transcribed, *Chronicle of Edessa*, p. 38.
⑥ Michael Whitby and Mary Whitby translated, *Chronicon Paschale*, 284 – 628 AD, p. 195.
⑦ John Malalas, *The Chronicle of John Malalas*, Book 18, p. 258.
⑧ Michael Whitby and Mary Whitby translated, *Chronicon Paschale*, 284 – 628 AD, p. 196. 关于基奇科斯在地震中的受损情况，约翰·马拉拉斯和塞奥发尼斯的记载与之相同（John Malalas, *The Chronicle of John Malalas*, Book 18, p. 287; Theophanes, *The Chronicle of Theophanes Confessor*, *Byzantine and Near Eastern History*, AD 284 – 813, p. 324.）。
⑨ Theophanes, *The Chronicle of Theophanes Confessor: Byzantine and Near Eastern History*, AD 284 – 813, p. 314.

"金门"附近受创尤为严重。①

　　6世纪50年代的地震影响范围广泛、地震强度较大，且地震发生频率较高。551年，君士坦丁堡及周边地区发生大规模强震。根据阿伽塞阿斯的记载，在这次地震中，色雷斯和希腊的大部分地区被夷为平地，贝鲁特被完全摧毁。② 埃瓦格里乌斯补充道，腓尼基、贝鲁特等地区城市的繁荣都被地震所打断。③ 可能由于贝鲁特拥有帝国东部最重要的法律学校，所以很多史家都关注到贝鲁特在551年强震打击之后由盛转衰的发展趋势。A. A. 瓦西里耶夫指出，"在查士丁尼时代，地中海地区有三所著名的法律学校，除了君士坦丁堡和罗马的两所外，另一所位于贝鲁特。551年，贝鲁特遭遇了一次可怕的地震，地震后又受到海啸和大火的影响，于是，贝鲁特的法律学校被迫转移到西顿，但是其重要性远不及从前"④。艾弗里尔·卡梅伦也认为："古典时期的教育模式在古代晚期中仍旧能够起到作用，修辞学的训练对于社会和政治机构的运转而言极为必要和关键。在帝国东部的很多地区可以学习修辞学和哲学。修辞学的训练是为进一步学习法律做准备的。如贝鲁特，在其于551年被地震毁灭之前，一直是帝国法律学校的中心。"⑤ 约翰·H. 罗瑟认为："贝鲁特是叙利亚沿岸地区的一个重要的文化中心，以法律学校、丝绸生产而著称。这座城市由于发生于551年的一次大地震及海啸事件而开始衰落，灾难过后，法律学校迁往西顿。"⑥ 菲利普·K. 希提也注意到贝鲁特城在地震打击下的衰落趋势。⑦ 此外，埃文斯也在论著中提及551年地震

① Theophanes, *The Chronicle of Theophanes Confessor: Byzantine and Near Eastern History, AD 284–813*, p. 322.

② Agathias, *The Histories*, p. 47. 除了阿伽塞阿斯外，约翰·马拉拉斯也提到这次地震对城市的破坏性打击，"美索不达米亚、安条克、腓尼基等地区发生严重地震，其中、西顿、推罗、贝鲁特、特里波利斯等城市遭到严重打击"（John Malalas, *The Chronicle of John Malalas*, Book 18, p. 291.）。

③ Evagrius Scholasticus, *The Ecclesiastical History of Evagrius Scholasticus*, Book 4, Chapter 34, p. 239.

④ A. A. Vasiliev, *History of the Byzantine Empire (324–1453)*, Vol. 1, p. 147.

⑤ Averil Cameron, *The Mediterranean World in Late Antiquity AD 395—600*, pp. 131–132.

⑥ John H. Rosser, *Historical Dictionary of Byzantium*, p. 55.

⑦ 他提到，在551—555年间，一系列地震发生于腓尼基沿岸的城市，贝鲁特在349年经历了一次大地震，那次地震将之部分毁坏，但是很明显地没有阻碍其内部学校的发展。而这一次情况有所不同。这座腓尼基境内最美丽的城市，已经在地震中被摧残得面目全非了。城内的一些著名建筑杰作几乎无一幸免，全部崩塌。只有一些地基部分得以保留。包括本地和外地的很多居民都在灾难中丧生了。这所学校的教授后来全部转移到西顿，在那里重新开始教授他们的知识。而不久之后，当贝鲁特城内的学校在560年得到恢复后，又一次灾难降临到它的身上，火灾发生并烧死了这里的每一个人，从此就再没有听到这所学校的任何消息了（Philip K. Hitti, *History of Syria: Including Lebanon and Palestine*, pp. 361–362.）。

对贝鲁特法律学校的影响。[1]

　　根据尼基乌主教约翰的记载，平常较少发生地震的埃及地区在 551 年地震中也未能幸免于难，很多城市受到影响。[2] 普罗柯比提到，在这次地震中，彼奥提亚、阿卡亚（Achaea）和克利萨（Crisaean）等地的城市受到严重震动，周边的很多城镇被夷为平地。[3] 埃瓦格里乌斯也记载了这次强烈地震的发生情况，彼奥提亚、阿卡亚等地的很多城镇和村庄在地震中被夷为平地。[4] 不仅如此，在这次地震的影响下，东地中海地区发生了严重的海啸。根据阿伽塞阿斯的记载，科斯岛上的大部分地区的建筑物都被海啸吞噬，整个城市变成了一个巨大的碎石堆。海啸还令当地的供水系统受到污染，导致用水困难。[5] 此后不久，根据阿伽塞阿斯的记载，554 年，君士坦丁堡发生强烈地震，令城内密集的建筑大量倒塌。[6]《复活节编年史》、约翰·马拉拉斯等均注意到君士坦丁堡的房屋、教堂和城墙在地震中倒塌的情况。[7] 557 年，君士坦丁堡再次发生地震。根据约翰·马拉拉斯的记载，城内两面城墙被毁，部分教堂坍塌。[8] 塞奥发尼斯也提到，君士坦丁堡的两面城墙被毁，所有地区均受到地震的影响。[9] 圣索菲亚教堂的圆顶正是在 557 年地震中受损，"正在修复时，又在 558 年地震中部分受损。"[10]

---

[1]　埃文斯提到，贝鲁特的法律学校在受到 551 年强震打击下并没有得到重建。君士坦丁堡的法律学校成为帝国境内最后一个可以提供 4 年法律学习的地方（James Allan Evans, *The Emperor Justinian and the Byzantine Empire*, p. 22.）。

[2]　John of Nikiu, *Chronicle*, Chapter 90, p. 143.

[3]　Procopius, *History of the Wars*, Book 8, 25, 16 – 18, p. 323.

[4]　Evagrius Scholasticus, *The Ecclesiastical History of Evagrius Scholasticus*, Book 4, Chapter 23, p. 221.

[5]　Agathias, *The Histories*, p. 49. 海啸还令埃吉努斯（Echinus）和彼奥提亚的斯卡菲亚（Scarphea）被海水淹没，进一步影响到了周边地区的城镇（Procopius, *History of the Wars*, Book 8, 25, 19 – 21, p. 323.）。

[6]　Agathias, *The Histories*, p. 137.

[7]　Michael Whitby and Mary Whitby translated, *Chronicon Paschale*, 284 – 628 AD, p. 196. 约翰·马拉拉斯提到，554 年 8 月，一次大地震袭击了帝国，很多房屋、浴室、教堂以及城墙均受到不同程度的损毁。在地震中，很多城市遭到破坏，其中，尼科美地亚的部分区域被毁（John Malalas, *The Chronicle of John Malalas*, Book 18, pp. 293 – 294.）。

[8]　John Malalas, *The Chronicle of John Malalas*, Book 18, p. 296.

[9]　Theophanes, *The Chronicle of Theophanes Confessor: Byzantine and Near Eastern History*, AD 284 – 813, p. 339.

[10]　Averil Cameron, Bryan Ward Perkins, Michael Whitby edited, *The Cambridge Ancient History* (V. 14, *Late Antiquity: Empire and Successors, A. D. 425 – 600*), p. 83.

577 年，安条克和近郊达芙涅发生地震。根据埃瓦格里乌斯的记载，整个近郊地区和安条克的公共和私人建筑全部倒塌。[1] 582 年 5 月 10 日，君士坦丁堡发生强震。根据以弗所的约翰的记载，在这次地震中，卡帕多西亚的阿拉比苏斯镇（Arabissus）受灾程度尤为严重，所有新旧建筑物尽数倒塌。[2] 588 年 10 月，安条克发生强震。根据埃瓦格里乌斯的记载，地震将城内包括教堂在内的绝大部分建筑物震塌，塔楼受损严重。地震过后，城内发生火灾，烧毁了大量公共和私人建筑。[3] 阿加皮奥斯补充道，这次地震几乎毁灭了安条克，城内的一些教堂、大部分城墙、市场和所有的房屋均在地震中倒塌。[4]

艾弗里尔·卡梅伦指出："城市变迁也受到其他因素的影响，如地震的频繁发生。6 世纪是一个地震高发的时期，由于基督教编年史家关于地震的记载偏重于关注'上帝惩罚'的信号，而不是地震发生几率定量上升的记录。"[5] 拉塞尔认为，人口总体水平的下降意味着城市平均规模的缩小，城市人口的减少带来了城市商业生活的简化。[6] 综合上述文献资料与前人研究成果，可以发现，这一时期的地震呈现出高频率和高强度的特点，不仅造成大量死伤，也破坏了大量城市建筑，遑论商贸。综上所述，古代晚期地中海地区频发的地震对这一地区的城市发展十分不利。

二　瘟疫对城市及商贸活动的影响

（一）瘟疫对地中海地区城市的影响

地中海周边地区的城市居民众多且商贸往来活跃。人口密集且流动频繁的区域内往往隐藏致命的病菌，一旦病菌在特定条件下大爆发，必然造成巨

---

[1]　Evagrius Scholasticus, *The Ecclesiastical History of Evagrius Scholasticus*, Book 5, Chapter 17, p. 277. 尼基乌主教约翰也关注到安条克在这次地震中的受损情况，他提到，城内东部地区的很多街道被毁（John of Nikiu, *Chronicle*, Chapter 101, p. 163.）。

[2]　John of Ephesus, *Ecclesiastical History*, Part 3, Book 5, p. 363.

[3]　Evagrius Scholasticus, *The Ecclesiastical History of Evagrius Scholasticus*, Book 6, Chapter 8, pp. 298 – 299.

[4]　Agapius, *Universal History*, Part 2, p. 180.

[5]　Averil Cameron, *The Mediterranean World in Late Antiquity AD 395—600*, p. 164.

[6]　Josiah Cox Russell, *The Control of Late Ancient and Medieval Population*, p. 170.

大影响。戴维·凯斯指出，瘟疫对于人口稠密和更为富有地区的打击要比对人口稀疏地区的打击更大。[①] 威廉·H. 麦克尼尔认为，在拥挤的城市和密集的农业定居区中，通过水、虫媒和接触感染的疾病有了更大的生存空间。[②] 由于城市是东地中海地区人员密集且商贸往来频繁之地，且这一地区城市的卫生状况并不乐观[③]，一旦瘟疫在这种环境下爆发，城内拥挤的环境和频繁的人际往来会成为瘟疫传播的重要媒介。人口聚集的城市在瘟疫流行过程中所受到的影响明显高于人口较为稀疏的农村地区。在几乎所有涉及瘟疫发生情况的史料中，都有城市人口大幅度减少的记载。J. H. W. G. 里贝舒尔茨指出："因为稠密的环境更易于疾病的滋生，城市人口的死亡率尤其是孩童的死亡率直到接近近代时仍然很高。中世纪的城市只有通过不断地从其他城市或地区移民，才能维持其城内人口的平衡。"[④] 彼得·萨里斯认为，鼠疫的首次爆发及多次复发对帝国境内的城市及相邻地区造成了严重影响。[⑤]

　　由于古代晚期地中海地区医疗卫生和科技条件的限制，在瘟疫过后，城市内部没有及时的防疫措施来应对瘟疫所造成的大面积人口死亡的后果，于是，城市内部的卫生环境会变得更加糟糕。马库斯·劳特曼认为："城市内部的健康保障所依赖的环境卫生和安全用水来源均受到鼠疫爆发的严重威胁，尤其是在炎热的季节中。"[⑥] 在瘟疫过后的一段时期内，地中海沿海城市的优越性似乎不再凸显。[⑦] 如前所述，在天花、鼠疫多次爆发过程中，都出现了由于死亡人数过多而导致尸体未能正常安葬的现象[⑧]，然而，这种现

---

　　① David Keys, *Catastrophe-An Investigation into the Origins of the Modern World*, p. 127.

　　② ［美］威廉·H. 麦克尼尔:《瘟疫与人》，第 47 页。

　　③ 丹尼尔·T. 瑞夫认为，在"安东尼瘟疫"爆发前，罗马等地中海重要城市已经变成了十分不健康的生活区域。（Daniel T. Reff, *Plagues, Priests, Demons: Sacred Narratives and the Rise of Christianity in the Old World and the New*, p. 45.）

　　④ J. H. W. G Liebeschuetz, *Decline and Fall of the Roman City*, p. 394.

　　⑤ Peter Sarris, *Economy and Society in the Age of Justinian*, p. 218.

　　⑥ Marcus Rautman, *Daily Life in the Byzantine Empire*, p. 302.

　　⑦ J. H. W. G Liebeschuetz, *Decline and Fall of the Roman City*, p. 409.

　　⑧ 312—313 年的"天花"对东地中海地区造成了严重影响，其中埃德萨出现了由于瘟疫和饥荒所导致的大量尸体横尸街头的恐怖场景（Eusebius, *The Church History: A New Translation with Commentary*, Book 9, p. 328.）。542 年鼠疫在君士坦丁堡将近 4 个月的肆虐造成了当地大量居民的死亡，虽然塞奥多鲁斯奉命进行尸体的掩埋，但是仍然无法将所有尸体下葬，以致城内出现了腐臭冲天的恶劣环境，幸存的居民们在这种环境下饱受痛苦（Procopius, *History of the Wars*, Book 2, 23, 11, p. 469.）。

象会对城市内部的卫生环境造成严重影响，从而进一步恶化城市的环境卫生状况。

同时，地中海地区绝大部分城市的粮食不能够自给自足，需要依靠周边农村地区供应日常所需的谷物。跨区域的粮食输送对这些城市的粮食供应至关重要。尤其是君士坦丁堡、罗马等人口规模十分巨大的城市，极度依赖北非与埃及等地区的粮食进口。[①] 地中海地区城市的粮食普遍无法自给自足的这一特点，会令城市时常陷入由于食物短缺甚至饥荒而引发的危机。正是因为地中海地区城市"依赖外来"的粮食补给的特征，当城市人口数量与粮食份额出现矛盾时，地中海地区城市经常出现饥荒发生的记录。[②] 在正常时期中，地中海地区的粮食运输也并非一帆风顺，往往会受到气候因素的影响而出现延误，从而影响到地中海地区城市的正常运转。迪奥尼修斯·Ch. 斯塔萨科普洛斯指出，谷物运输受阻会导致君士坦丁堡粮食供应出现问题。[③]

一旦爆发大规模瘟疫，在城市及周边农村地区人口持续性减少的状况下，城市中的粮食供应的形势非但不会因为人口减少而出现好转，反而会因为无人进行粮食的生产和运输而更加恶化。粮食供应一旦不足，城市粮价自然会上涨，长此以往，城内便会出现食物短缺现象乃至爆发饥荒，这正是曾经在古代晚期地中海世界的城市中时常出现的情况。根据尤西比乌斯的记载，312—313 年冬季发生的饥荒和瘟疫，令皇帝统治之下的城市经受着饥荒和瘟疫的考验：250 枚阿提卡（Attic）银币只能换来少量的小麦，一些人用他们最值钱的物品向那些食物较充足的人换取少许食物，另一些人则逐渐变卖财产，直至无物可卖；城内的一些贵族妇女迫于生计沿街乞讨；城中大量贫民与外来农夫饥饿而死。[④] 在瘟疫的影响下，埃德萨城的几乎每个家庭

---

① 艾弗里尔·卡梅伦指出，北非，尤其是埃及地区是拜占廷帝国主要的粮食供应基地（Averil Cameron, *The Mediterranean World in Late Antiquity AD 395—600*, pp. 99 - 100.）。根据彼得·布朗的估计，作为帝国的首都，也是最大的城市，君士坦丁堡在 6 世纪从埃及地区获得了 175200 吨的小麦（Peter Brown, *The World of Late Antiquity*, *AD 150 - 750*, p. 12.）。西瑞尔·曼戈认为，帝国东部的其他城市的补给往往来源于周边的农村地区。而埃及在东部地区是独一无二的，它拥有巨大的农业产品剩余，能够为君士坦丁堡和帝国军队提供粮食供应（Cyril Mango, *Byzantium*: *The Empire of New Rome*, p. 66.）。

② Dionysios Ch. Stathakopoulos, *Famine and Pestilence in the Late Roman and Early Byzantine Empire*: *A Systematic Survey of Subsistence Crises and Epidemics*, pp. 26 - 32.

③ Ibid. , p. 184.

④ Eusebius, *The Church History*: *A New Translation with Commentary*, Book 9, p. 328.

都有不少于一位家庭成员死亡。城内幸存的居民通过变卖财物甚至乞讨的方式期望获得生存所需的食物，但是在粮食供应严重不足的城市，当粮食不断消耗而得不到充足补充的时候，城内便出现了可怕的饥荒，并由此导致更多居民的死亡。542 年的"查士丁尼瘟疫"也导致君士坦丁堡粮食短缺。[①] 约翰·莫尔黑德指出："因为鼠疫的高死亡率造成了劳动力短缺，君士坦丁堡在 543 年出现了酒类短缺的现象，这一现象并不是偶然的，很可能与劳动力短缺有关。"[②] 除君士坦丁堡外，奥特朗托在 544 年夏季发生了饥荒以及大范围的疫病。[③] 569 年，利古里亚和威尼西亚的很多居民因为瘟疫而大量死亡，随后不久，一次大饥荒在这一地区爆发。[④] 590 年，高卢地区在发生瘟疫时，遭遇到一次严重饥荒的打击。[⑤]

综上所述，瘟疫不仅导致地中海地区受灾城市人口大量减少，也会影响城市的粮食供应而引发食物短缺乃至饥荒，从而影响城市居民的健康状况和生活质量。

（二）瘟疫对城市商贸活动的影响

除人口减少、城市居民的健康与生活可能由于瘟疫导致的饥荒而受到威胁之外，城市商贸活动也会由于瘟疫而呈现出衰落的发展趋势。从古希腊时期开始，地中海周边地区就得益于发达的海上贸易，进入 6 世纪后不断爆发的鼠疫，导致地中海沿岸城市的商贸活动大受影响。鼠疫在 6 世纪中后期的频繁发生，不仅令地中海沿岸发达的港口城市的人口遭遇巨大损失，城内的正常生产、生活受到影响，而且也导致城市间的贸易不似从前那般活跃。由于携带着鼠疫杆菌的老鼠频繁地往来于地中海沿岸的港口城市，令地中海周边城市的商贸活动大受影响。

长久以来，东地中海地区发达的航运和频繁商业贸易为这一地区带来了繁荣，但是最适于船只航行的季节正是最便于传染性疾病传播的季节。以鼠疫为例，鼠疫在春夏最易爆发，而地中海周边地区发达的航运业在经历了冬

① Procopius, *History of the Wars*, Book 2, 23, 19, p. 471.
② John Moorhead, *Justinian*, p. 100.
③ Procopius, *History of the Wars*, Book 7, 10, 5-6, p. 231.
④ Paul the Deacon, *History of Lombards*, Book 2, Chapter 26, p. 80.
⑤ Gregory of Tours, *History of the Francs*, Book 10, Chapter 25.

季封航后，于 3 月前后复航，正式进入每年航运最为频繁的季节，而这正是利于传播鼠疫的季节，拉塞尔就此指出，地中海东部地区由于其良好的陆路和水路交通，是通过道路和船只传播疾病的理想环境。[①] 通过船只的运输从一个港口到达另一个港口，老鼠就携带着鼠疫杆菌从一群公众传播到另一群公众。[②]

在鼠疫的威胁下，远距离海上商品贸易的规模开始萎缩。根据迈克尔·麦考米克的估计，6 世纪初期，从亚历山大里亚运往君士坦丁堡的谷物重达 800 万阿尔塔巴（artabae of annona），运送这些谷物需要 2400—3600 艘船只；但鼠疫破坏了地中海东部的航运系统，导致船只总数随着船员减少与船员薪酬上涨而减少。[③] 迈克尔·麦克米克还补充道，从 3 世纪到 8 世纪中，整个商务运输船只的数量总体来说呈现出下降趋势。[④] 西瑞尔·曼戈认为，6 世纪到 7 世纪之间，地中海地区商贸活动大量减少。[⑤] 戴维·凯斯以拜占廷帝国与南部非洲之间经由红海所进行的象牙贸易为例，分析了鼠疫对商贸活动的影响，他指出："鼠疫爆发前，每年自东非运至地中海地区的象牙达到 50 吨之多，并为参与该贸易的阿拉伯人和希腊人带来 22 万索里德金币（相当于现在的 4 亿美金）的收入；鼠疫导致象牙贸易受到阻碍，根据现存古代晚期地中海地区的象牙制品的数量，可以发现，正是从 6 世纪中期开始，象牙制品逐渐减少。"[⑥]

长久以来，东地中海地区的沿海城市比内陆城市的经济贸易活动更为频繁，人员分布也更加集中，这一地区的沿海城市在较少受到外来势力干扰的情况下得到了快速且稳定的发展。但是，由于鼠疫的大爆发，令地中海沿海城市受到重大打击。迈克尔·马斯认为："鼠疫在蔓延过程中对中心城市的影响要大于小城镇和农村。由鼠疫引起的人口减少导致商品需求量下降，并

---

① Josiah Cox Russell, *The Control of Late Ancient and Medieval Population*, p. 233.

② David Keys, *Catastrophe: An Investigation into the Origins of the Modern World*, p. 23.

③ Michael McCormick, *Origins of The European Economy: Communications and Commerce, A. D. 300 – 900*, pp. 109 – 110.

④ Ibid. , p. 112.

⑤ Cyril Mango, *Byzantium: The Empire of New Rome*, pp. 42 – 43.

⑥ David Keys, *Catastrophe: An Investigation into the Origins of the Modern World*, p. 24.

减少了城市从打击中恢复过来的能力。"[1]

在 6 世纪 40 年代鼠疫开始于地中海地区肆虐之际，这一地区普通民众的生活发生了很大变化。学者指出，一方面，面对人力短缺，手工业者与城市平民得以要求提高薪酬以及降低租金[2]；另一方面，由于鼠疫之后粮食供应不足，由此引发谷物价格上涨，并导致严重通货膨胀，与公元 5 世纪每个成年男子相当于每日 3/8 个弗里留（follis，古罗马镀银铜币）铜币的最低生活水平所需相比，6 世纪末这一数字已经增加至 3 个弗里留铜币，实际上，从查士丁二世开始，东部地区居民的生活水平不断下降。[3] 这种恶性通货膨胀严重影响了城市居民的生活质量。罗伯特·布朗宁认为，当鼠疫在君士坦丁堡爆发时，城内常规的食物供应被打破，造成了民众饮食困难，谷物作坊和面包店被迫停止工作。[4] J. A. S. 埃文斯补充道："君士坦丁堡在爆发鼠疫之后的情况是：城市中的街道被废弃；贸易被终止；面包供应不足；有一些病患死于饥荒。[5] 鼠疫的发生令城内的一切活动都停止下来，贸易停止，随后不久便发生了饥荒，城内很多患者似乎是由于饥饿而死。"[6]

三　其他自然灾害对城市的影响

除地震、瘟疫等自然灾害对城市造成了直接的恶劣影响外，还有部分自然灾害对农村和农业生产造成破坏，令城市赖以生存的粮食等生活必需品的来源得不到保障，同时，由于农村中的部分农民因饥饿进入城市通过乞讨为生，也令城市的社会状况持续性恶化。如果农村地区出现由于自然灾害所导致的食物短缺或饥荒时，就更易造成大量农民蜂拥到城市中寻找生机的情况。500—501 年间，埃德萨等地中海东部地区在遭受虫灾打击之后，普遍出现了食物短缺乃至饥荒的流行，部分农民逃到了埃德萨城内乞讨，而后，由于大量外来农民和城市贫民的死亡，引发了埃德萨大规模瘟疫的爆发，令

---

① 　Michael Maas, *The Cambridge Companion to the Age of Justinian*, p. 519.

② 　Peter Sarris, *Economy and Society in the Age of Justinian*, pp. 224 – 225.

③ 　Ibid. , p. 227.

④ 　Robert Browning, *Justinian and Theodora*, p. 120.

⑤ 　J. A. S. Evans, *The Age of Justinian：The Circumstances of Imperial Power*, p. 163.

⑥ 　Dionysios Ch. Stathakopoulos, *Famine and Pestilence in the Late Roman and Early Byzantine Empire：A Systematic Survey of Subsistence Crises and Epidemics*, p. 287.

灾难进一步恶化。① 迪奥尼修斯·Ch. 斯塔萨科普洛斯提道："饥荒发生后，
经常有年老体弱者、妇女、婴儿和孩童跑到城市中依靠乞讨为生的事例。"②
沃伦·特里高德就此指出，"由于农村地区的税收负担较重，农民也会因为
经济方面的动机跑到大城市，而这些城市中因为恶劣的营养条件和易接触疾
病而有着高死亡率"③。

除地震和瘟疫外，古代晚期地中海地区的其他自然灾害均对城市造成了
程度不一的负面影响。其中，部分灾害对城市建筑物损害较大。根据史家记
载，古代晚期地中海地区的城市发生了多次火灾，火灾对城市建筑物造成了
严重的损害。根据塞奥发尼斯的记载，331 年，尼科美地亚的教堂被一场天
火燃烧殆尽。④ 这次火灾很可能是由雷电导致的，而火灾影响的范围应该不
仅仅限于教堂。433 年 8 月 17 日，君士坦丁堡发生火灾。苏克拉底斯指出，
这是一次前所未有的可怕的火灾，烧毁了城市的大部分地区，包括最大的阿
吉里亚浴场。⑤ 465 年 9 月 2—6 日，君士坦丁堡发生火灾。火灾前后持续了
4 天时间，烧毁了从北到南的城市的核心部位，没有任何建筑物幸免于难。
城市内部所有美丽的建筑，无论是一些壮丽华美的建筑，还是为了公众或私
人需要而建的建筑，都在顷刻间面目全非，变成了堆积着各种杂物的小山。
当地的居民均无法辨别火灾前建筑物的准确位置。⑥ 520 年，安条克发生火
灾，很多房屋被毁，火势蔓延速度十分迅速，令安条克周边的一些地区受到
影响。⑦ 559 年 12 月，君士坦丁堡和安条克等地先后发生火灾，导致城内大

---

① Joshua the Stylite, *Chronicle Composed in Syriac in AD507*: *A History of the Time of Affliction at Edessa and Amida and Throughout all Mesopotamia*, Chapter 42, pp. 31 – 33.

② Dionysios Ch. Stathakopoulos, *Famine and Pestilence in the Late Roman and Early Byzantine Empire*: *A Systematic Survey of Subsistence Crises and Epidemics*, p. 79.

③ Warren Treadgold, *A History of the Byzantine State and Society*, p. 137.

④ Theophanes, *The Chronicle of Theophanes Confessor*: *Byzantine and Near Eastern History*, *AD 284 – 813*, p. 47.

⑤ Socrates, *The Ecclesiastical History*, Book 7, Chapter 39, p. 175.

⑥ Evagrius Scholasticus, *The Ecclesiastical History of Evagrius Scholasticus*, Book 2, Chapter 13, pp. 96 – 97. 除埃瓦格里乌斯外，马塞林努斯提到，这次火灾是君士坦丁堡在这一阶段中经历的最可怕的灾难 (Marcellinus, *The Chronicle of Marcellinus*, p. 24.)。塞奥发尼斯记载，这次火灾将君士坦丁堡的 8 个地区烧毁 (Theophanes, *The Chronicle of Theophanes Confessor*: *Byzantine and Near Eastern History*, *AD 284 – 813*, p. 174.)。

⑦ John Malalas, *The Chronicle of John Malalas*, Book 17, p. 236.

量房屋和教堂被毁。① 由于目前并没有充分的证据证明这些火灾的发生是人为因素所导致的，故暂时将其看作自然灾害。

除了火灾外，这一时期的水灾也较为频繁。413 年，埃德萨的城墙被河水毁坏。② 525 年，埃德萨遭遇水灾，斯奇尔图斯河的河水将城内的大部分建筑物淹没。③ 589 年 10 月 16 日，台伯河发生洪水，河水淹没了罗马城的城墙，几乎将罗马城全部淹没。④ 不仅如此，台伯河洪水还将很多古庙摧毁，教堂的储存室被河水淹没而损失了很多小麦。⑤ 莫里斯统治期间，幼发拉底河爆发洪水，淹没了塔尔苏斯的部分地区，大量建筑物在洪水中受损。⑥

除了造成建筑受损的火灾与水灾之外，饥荒会令城市居民的正常生活陷入困境。在 303 年饥荒发生后，小麦价格上涨，1 摩底（Modius，一种计量单位）小麦卖到了 2500 迪拉姆（dirhams）。⑦ 382—384 年间，安条克发生了一次由于恶劣天气而引发的饥荒。其他城市的居民跑到安条克希望能够找到食物，但是失望而归。同时，由于谷物歉收，安条克境内的农民蜂拥至城市中寻找帮助。⑧ 500—501 年间，当埃德萨等地因遭遇饥荒和瘟疫之后，民众的基本生活必需品得不到保障，物价飞涨。谷物的价格都是曾经的数倍之多。如 4 摩底的小麦已经卖到了 1 迪纳厄斯。而 1 卡布（kab，1 卡布相当于 5 个罗马重磅）的鹰嘴豆卖到了 500 诺米（nummi），1 卡布的豆子卖到了 400 诺米，1 卡布的扁豆也卖到了 360 诺米⑨。西瑞尔·曼戈也指出，500—501 年间美索不达米亚与亚美尼亚爆发虫灾，导致小麦价格飙升，至 502 年价格回落时，价格仍为正常价格的两倍。⑩ 524 年，油类短缺令城市居民的

① John Malalas, *The Chronicle of John Malalas*, Book 18, p. 299.
② Roger Pearse transcribed, *Chronicle of Edessa*, p. 34.
③ Evagrius Scholasticus, *The Ecclesiastical History of Evagrius Scholasticus*, Book 4, Chapter 8, pp. 207 – 208.
④ Paul the Deacon, *History of Lombards*, Book 3, Chapter 23 – 24, p. 127.
⑤ Gregory of Tours, *History of the Francs*, Book 10, Chapter 1.
⑥ John of Nikiu, *Chronicle*, Chapter 100, p. 163.
⑦ Agapius, *Universal History*, Part 2, p. 83.
⑧ Glanville Downey, *Ancient Antioch*, p. 184.
⑨ Frank R. Trombley and John W. Watt translated, *The Chronicle of Pseudo-Joshua the Stylite*, p. 39.
⑩ Cyril Mango, *Byzantium: The Empire of New Rome*, p. 67.

生活遭遇困境。① 546 年，帝国东部发生大饥荒，导致谷物价格上涨，每蒲
式耳（bushel，谷物，水果等容量单位，美 = 35.238 升，英 = 36.368 升）的
谷物的价格涨到了 13 迪拉姆。②

第三节　自然灾害对农村和农业的破坏

农业是拜占廷帝国的立国根本，也是拜占廷帝国财政收入的主要来源之
一。在东地中海地区，星罗棋布的城市周围的农村中生活着大量的农民③，
他们的劳动产出不仅是城市基本生活必需品的保障，同时也攸关帝国经
济。④ 艾弗里尔·卡梅伦认为，农村居民是帝国人口最主要的组成部分，通
过农业生产为帝国提供财富。⑤ 农业是帝国财政收入的主要来源，一些因素
可作为判断是否有利于经济增长的标准，如耕种的土地数量增加、人口数量
增多、劳动力部门的增多和非农业生产力的成长、畜力生产力的提高等。⑥
在正常年份，依靠农民，地中海东部地区农业基本可以满足农村自身及城市
居民的生存需要。安奇利其·E. 拉奥指出："如果没有因战争、恶劣天气或
其他灾害而引起食物短缺或饥荒，农民显然可以生产出满足其生活甚至有部
分剩余的产品。"⑦

虽然当时史家往往更多地关注于城市与社会精英阶层而忽视了农村的生
活状况，但是农村与城市两者本身是相互影响、彼此依存的。谷物供应与贸
易、人口流动乃至传染性疫病都可以跨越农村与城市间的距离和界限。农村
与农业状况不仅会影响周边城市，对于古代晚期地中海世界的发展也具有重

---

① Marcellinus, *The Chronicle of Marcellinus*, p. 42.

② Agapius, *Universal History*, Part 2, p. 172.

③ 400—1000 年间，有超过 90% 的人在农村地区生活和劳作，主要从事农业生产［Rosamond McK-itterick, *The Early Middle Ages* (*Europe 400 – 1000*), Oxford: Oxford University Press, 2001. p. 97.］。

④ 保罗·莱蒙勒指出，在拜占廷帝国，土地和以其为基础的经济是帝国存在与发展的根基（Paul Lemerle, *The Agrarian History of Byzantium: From the Origins to the Twelfth Century*, p. 25.）。彼得·布朗认为，帝国财富绝大部分依赖于农业，而其人口的绝大部分是依靠耕作为生（Peter Brown, *The World of Late Antiquity*, *AD 150 – 750*, p. 22.）。

⑤ Averil Cameron, *The Mediterranean World in Late Antiquity AD 395—600*, p. 153.

⑥ Ibid., p. 95.

⑦ Angeliki E. Laiou and Cecile Morrisson, *The Byzantine Economy*, p. 16.

要意义。4—5 世纪东地中海地区城市人口的不断增加对粮食生产与供应提出了更高的要求，迪奥尼修斯·Ch. 斯塔萨科普洛斯指出，4—5 世纪饥荒次数的增加体现出人口增加对粮食生产构成的压力。①

由于受到生产力水平和科技条件的限制，在古代晚期地中海世界，农业生产在很大程度上受到自然条件的制约，易受到自然灾害的影响。一旦出现水灾、旱灾、虫灾，正常农业生产会受到直接影响，导致粮食减产甚至绝产情况的出现。由此可见，古代晚期地中海地区的农业生产条件较为脆弱。当然，正常时期中，如果自然灾害发生频率不高的话，那么农村地区在上一次自然灾害发生后会获得一段恢复期，农业生产会随着恢复。于是，农村和周边城市粮食供应的状况也会逐渐随之恢复，这正是 4—5 世纪发生在地中海地区的情况。虽然发生过多次自然灾害，但 4—5 世纪灾害的发生频率远不及 6 世纪②，所以在每次灾害发生后，当地农业生产恢复较快。沃伦·特里高德认为："罗马—拜占廷帝国百分之九十的人口属于农民，在 3 世纪末至

---

① Dionysios Ch. Stathakopoulos, *Famine and Pestilence in the Late Roman and Early Byzantine Empire*: *A Systematic Survey of Subsistence Crises and Epidemics*, p. 26.

② 据记载，"365 年 7 月 21 日的地震及海啸令西西里、伊庇努斯、阿卡亚（Achaea）、彼奥提亚（Boeotia）、克里特和埃及受到严重影响。同时，地震将很多区域永久性地摧毁，如亚历山大里亚东部的富饶土地帕尼费斯（Panephysis）在地震及海啸过后变成了沼泽地带"（Noel Lenski, *Failure of Empire*: *Valens and the Roman State in the Fourth Century AD*, p. 387.）。370 年，弗里吉亚发生大饥荒，令大批居民被迫离开他们的家乡，一部分前往君士坦丁堡，而另一部分前往其他省份。饥民的涌入给君士坦丁堡的正常粮食供应造成了巨大压力（Socrates, *The Ecclesiastical History*, Book 4, Chapter 16, p. 104.）。388 年 9 月，天降冰雹，导致牛群和树木死亡（Marcellinus, *The Chronicle of Marcellinus*, p. 4.）。443 年，君士坦丁堡及附近地区发生极寒天气，大雪下了近 6 个月，成千上万的人和动物被冻死。虽然没有明确记载，但是这次大雪天气持续了 6 个月，必将对粮食生产与供应造成巨大影响，很可能引发食物短缺或者饥荒（Dionysios Ch. Stathakopoulos, *Famine and Pestilence in the Late Roman and Early Byzantine Empire*: *A Systematic Survey of Subsistence Crises and Epidemics*, p. 234.）。444 年，比提尼亚的很多村庄都遭遇水灾（Marcellinus, *The Chronicle of Marcellinus*, p. 18.）。456 年，一次发生在弗里吉亚地区的虫灾严重影响了粮食收成（Marcellinus, *The Chronicle of Marcellinus*, p. 22.）。467/469 年，君士坦丁堡和比提尼亚降下暴雨，前后持续了 3—4 天。暴雨之后，村庄为洪水所淹没（R. C. Blockley, *The Fragmentary Classicizing Historians of the Late Roman Empire*: *Eunapius, Olympiodorus, Priscus and Malchus, II*, p. 355.）。472 年，由于维苏威火山喷发，大量的火山灰遮住了天空的光线，整个欧洲几乎都在火山灰的笼罩之下（Marcellinus, *The Chronicle of Marcellinus*, p. 25. Theophanes, *The Chronicle of Theophanes Confessor*: *Byzantine and Near Eastern History, AD 284–813*, p. 186.）。498 年 10 月 23 日，可能由于火山爆发、森林火灾等原因而造成了持续长达八小时之久的太阳辐射受阻事件（Frank R. Trombley and John W. Watt translated, *The Chronicle of Pseudo-Joshua the Stylite*, p. 35.）。无论出于何种原因，太阳辐射受阻均会对农作物生长造成不良影响。

5世纪中期，大部分农民拥有自己的土地，在没有自然灾害和外敌入侵时，东部地区的农民大部分有能力缴纳赋税，从而保障前线军队的给养。"①

但是，从6世纪开始，出现了4—5世纪未曾有过的大规模瘟疫与大范围地震、水灾、气候灾难等同时在地中海地区大爆发的局面。自然灾害的影响范围往往突破个别地区或城市的限制，影响到城市附近的农村地区，进而对农村和农业生产造成不利影响。在高频率且高强度自然灾害的轮番打击之下，农村地区在一段时期内似乎也失去了自我调节的能力，无法做到自给自足，更难以为城市提供生活必需品。与鼠疫较易在人口密集、商贸往来频繁的城市进行传播，并通过减少人口的方式影响城市正常运转的方式不同，地震、水灾、虫灾、干旱和"尘幕事件"等灾害通过扰乱农村正常生活和破坏农业生产的方式，对地中海周边广大的农村地区造成影响。一旦农村地区的正常农业生产受到自然灾害的破坏，就会引发一系列连锁反应，不仅直接影响农民生活，同时也会导致城市所得到的粮食供应减少，从而在城市中引起食物短缺、饥荒甚至传染性疾病。因此，古代晚期地中海地区农民的健康状况以及农业状况也是影响该时期地中海地区发展的重要因素。

一 鼠疫、地震、水灾、旱灾等对东地中海地区农业的影响

在"3世纪危机"中，不仅政治、经济和军事等方面险象环生，地中海地区的农业也面临重大挑战。保罗·莱蒙勒认为，在"3世纪危机"中，城市和农村地区的平衡被打破，对农村地区的发展极为不利，大土地所有者和农民之间的区别越来越大，而戴克里先和君士坦丁一世的政策令帝国度过了这次危机，也正是在这一时期，帝国东部与西部开始走向不同的发展道路。②

在古代晚期，与地中海西部地区相比，东地中海地区的农村及其农业发展经历了更长的明显繁荣时期，定居农民与耕地面积均出现了一定的增长。艾弗里尔·卡梅伦指出："在拜占廷帝国的东部地区，人口增加的迹象以及农业和可耕地的增加十分明显，如在叙利亚北部的石灰石山丘，甚至在浩兰（Hauran）和内格夫（Negev）这些很少进入帝国视域范围内的地区都出现

① Warren Treadgold, *A Concise History of Byzantium*, pp. 41 – 42.
② Paul Lemerle, *The Agrarian History of Byzantium: From the Origins to the Twelfth Century*, p. 2.

了农业人口和可耕地面积的增加。"① 学者指出，相较于地中海西部地区，东地中海地区农村的繁荣时期较为长久。② 5—6 世纪，东部地区农村定居点的数量臻于顶峰。③ 但是，从 6 世纪中期开始出现的鼠疫以及一系列外族入侵则对脆弱的乡村地区造成了此前从未有过的巨大打击。④ 如前所述，鼠疫和地震均影响到地中海世界的广大农村地区。

鼠疫的多次爆发是导致地中海周边地区农村衰落的重要因素。相对而言，农村地区较之城市地广人稀，瘟疫爆发后所受影响不及城市。然而，当传染病真的传入农村，那就会产生比在城市更严重的后果，因城市人口已有患病经历而部分获得免疫力；并且，许多农民长期处于营养不良的状态，对任何的传染病都格外敏感。⑤ 同时，鼠疫会造成农村地区因农业人口大量死亡而导致土地大量荒芜，由此对农业生产造成破坏，同时很可能加重幸存农民的赋税负担。艾弗里尔·卡梅伦认为："东部地区的饥荒、瘟疫和无明显技术进步等因素对这一地区的传统农业性经济构成了巨大威胁。"⑥ J. A. S.埃文斯指出，在叙利亚，瘟疫导致蛮族牧民比农业定居者的人数还要多。⑦

如前所述，鼠疫在春夏季节最易爆发，且危害程度也最大，而春、夏季正是地中海地区播种与收割谷物的季节⑧，鼠疫所导致的农村人口的损失自然会影响正常农业活动。在叙利亚和巴勒斯坦地区，鼠疫发生时正值此地的农场进行播种和收割之间，因此导致农作物成熟之后无人收割的现象时有发生。⑨ 安奇利其·E. 拉奥指出，鼠疫所造成的劳动力缺乏影响庄稼收割，导

① Averil Cameron, *The Mediterranean World in Late Antiquity AD 395—600*, p. 103.
② J. H. W. G Liebeschuetz, *Decline and Fall of the Roman City*, p. 5.
③ Angeliki E. Laiou and Cecile Morrisson, *The Byzantine Economy*, p. 25.
④ Warren Treadgold, *A History of the Byzantine State and Society*, p. 247.
⑤ ［美］威廉·H. 麦克尼尔：《瘟疫与人》，第 41 页。
⑥ Averil Cameron, *The Mediterranean World in Late Antiquity AD 395—600*, p. 100.
⑦ J. A. S. Evans, *The Age of Justinian：The Circumstances of Imperial Power*, p. 229.
⑧ 地中海地区属"旱地农业"类型，犁地一般在 1—2 月，东地中海地区的农夫收割庄稼的时间比较早，通常在 5 月中旬就收割了，然后盛夏季节就进入休耕状态［M. M. 波斯坦主编：《剑桥欧洲经济史（第一卷：中世纪的农业生活）》，郎立华、黄云涛、常茂华等译，经济科学出版社 2002 年版，第 85—86 页］。
⑨ J. A. S. Evans, *The Age of Justinian：The Circumstances of Imperial Power*, p. 161.

致 543 年小麦短缺。① 谷物属于古代晚期地中海地区居民的基本饮食，当时多次出现由于自然灾害等原因而引发的谷物短缺，从而影响当地居民的正常生活。沃伦·特里高德提道："古代晚期农民的生活非常艰辛。其生活艰辛之程度又往往会因为遭遇外族入侵和恶劣的天气而加重。很多定居于多瑙河边境附近的农民甚至经常因蛮族入侵和灾害而陷入破产的悲惨境地。税收制度对于农民而言是较为残酷的，如果遇到食物短缺或饥荒的年份，他们需要变卖自己的财物甚至土地而沦为无地的佃农。"②

此外，地震、水灾、海啸、"尘幕事件"、极寒酷热以及干旱等灾害也对农村与农业造成巨大影响。恶劣的气候条件会对农业生产造成巨大破坏。6 世纪中，东地中海地区出现多次恶劣气候。根据阿加皮奥斯的记载，525 年，帝国境内一次大范围的雨雪伴随霜冻的天气，对树木的正常生长和酿酒业造成了不利影响。③ 526 年，由于降水极少，导致河流流量减少，进而令谷物减产。④ 普罗柯比提到，547 年，尼罗河的河水上涨了 8 腕尺，弥漫到整个埃及地区，在一些地势较低的区域，河水长期不退，使农民们错过了播种时间；而在有些地区，河水在退去后再次泛滥，导致在两次泛滥之间种下的种子腐烂变质，从而给尼罗河下游地区的农民造成严重影响。⑤ 根据阿加皮奥斯的记载，578 年，夏季多雨且寒冷，空气污浊昏暗，大量蝗虫的出现令谷物、牧草和蔬菜收成受到影响。⑥ 597 年，极热天气导致树木、葡萄和所有绿色植物枯萎。⑦

由此可见，鼠疫、地震、水灾、干旱、虫灾等自然灾害在 6 世纪中显著增多，且呈现出多种自然灾害并发的趋势。由此，对这一地区的农业产生较大影响。

---

① Angeliki E. Laiou, *The Economic History of Byzantium: From the Seventh through the Fifteenth Century*, p. 194.

② Warren Treadgold, *A Concise History of Byzantium*, pp. 41 – 42.

③ Agapius, *Universal History*, Part 2, p. 165.

④ Ibid.

⑤ Procopius, *History of the Wars*, Book 7, 29, 6 – 8, p. 401. Procopius, *The Anecdota or Secret History*, Book 18, Chapter 39, p. 225.

⑥ Agapius, *Universal History*, Part 2, p. 178.

⑦ Ibid. , p. 187.

二 "尘幕事件"对东地中海地区农业的影响

论及地中海地区农业发展从 6 世纪前期开始出现的转变趋势，不得不提到 6 世纪 30 年代中后期爆发的一次大范围的气候灾难事件。6 世纪 30 年代后期"尘幕事件"的爆发对地中海周边地区的农业发展产生了恶劣后果。

由于"尘幕事件"所造成地中海周边地区"暗无天日"的现象共持续了一年半的时间，令四季正常的气候变化停滞，冬季没有风雪，春季不温暖，夏季不炎热。本应是庄稼成熟的月份，却因寒冷的天气而变得死气沉沉。对于生活在这一时期的人们而言，"尘幕事件"的发生是一次空前的灾难。[①] 众所周知，植物的生长需要充足的阳光和水分，尤其是阳光。地中海周边地区由于受到地中海式气候的影响，全年气温均较高，有利于这一地区经济作物葡萄、橄榄等的生长。一旦太阳辐射在一年半的时间中持续性被遮挡，势必对这一地区的谷物及经济作物的生产造成不利影响。对此，东哥特重臣卡西奥多鲁斯发出了这样的疑问："如果土壤在夏天没有变暖和，那么庄稼可以什么作为肥料呢？如果树木没有吸收雨水，又怎么会发芽呢？"[②] 阿加皮奥斯也记载下类似的情况："太阳的热量逐渐变少，水果难以成熟、葡萄酒都变质了。"[③] 由此可见，这种天气势必不利于地中海地区农业生产的正常化发展。

由于"尘幕事件"的影响范围非常广泛，几乎整个地中海地区都笼罩在一层厚厚的"尘幕"之下。当太阳辐射长期无法正常到达地球表面时，不仅会令地球表面的植物在短时期内无法得到热量，植物在得不到充足太阳辐射的条件下，农业生产会受到影响，那么很可能会继而出现粮食减产、城市和农村出现食物短缺甚至饥荒等后果。田家康认为："'尘幕事件'这一极端的气候事件是造成气候变冷、饥荒等灾害发生的重要原因。因农作物歉收所导致的大饥荒是其发生的重要后果。"[④] 同时，太阳辐射持续性受阻也会造成地球表层土地和大气层温度的持续性走低，由此打破了这一区域内原

① David Keys, *Catastrophe: An Investigation into the Origins of the Modern World*, p. 269.
② Cassiodorus, *Variae*, pp. 179–180.
③ Agapius, *Universal History*, Part 2, p. 169.
④ ［日］田家康：《气候文明史：改变世界的 8 万年气候变迁》，第119—120 页。

本平衡的生态环境。一旦整体的生态环境受到破坏，就会引发一系列由于气候失调所导致的灾难。安奇利其·E. 拉奥认为："从 6 世纪 30 年代开始，气候渐趋恶化，寒冷和干旱的冬季导致农业减产，'尘幕事件'使人们遭遇到严重的旱灾，可能通过减少人口加重了疾病的扩散。内陆湖泊和内海水位的变化以及冲积层中沉淀物的增加都是这次气候事件发生的标志。"[1] 同时，树轮等证据证明，"尘幕事件"的影响至少持续了十数年的时间，对地中海周边地区的农业发展极为不利。J. H. W. G. 里贝舒尔茨指出："持续性的树轮证据显示世界范围内从 530—550 年间，树木生长出现减缓趋势，这一趋势很可能延续到了 560 年。这一时期之后植物生长速度出现了放缓的趋势，并且很可能继而引起了粮食歉收和饥荒。"[2] 此外，566 年，地中海地区再次发生"降灰"事件，这次事件势必对农业造成不利影响。

三 自然灾害影响下的城市和农村关系

根据史家记载，500—501 年间，美索不达米亚以及叙利亚等区域发生大范围蝗灾，不仅令这一地区的农业生产受到严重影响，而且导致这一区域内城市和农村的正常运转遭到破坏，蝗灾对当地农村和农业造成了毁灭性影响，并间接导致城市也面临着危机。

这场蝗灾爆发于 500 年 3 月，受灾区域寸草不生，谷物颗粒无收[3]，遭遇饥荒的农民大批进入城市乞讨。《507 年柱顶修士约书亚以叙利亚文编撰的编年史》中就详细记载了那些散布在城市中的农民的悲惨状况："一些离开了农村的农民吃苦豌豆，其他一些农民将枯萎掉落的葡萄油炸后作为食物食用，但仍然无法吃饱。生活在城市中的人在各条街道上游荡，捡食满是污泥的蔬菜茎秆和叶片。他们沿街而卧，日夜因饥饿而哭泣，体力透支、瘦如豺狼；他们充斥于整个城市并在街道上死去。"[4] 然而，城市的粮食供应依靠农业生产，无法自给自足，结果城市也因此陷入危机。

---

[1] Angeliki E. Laiou and Cecile Morrisson, *The Byzantine Economy*, p. 39.

[2] J. H. W. G Liebeschuetz, *Decline and Fall of the Roman City*, p. 409.

[3] 500 年，一次虫灾毁掉了所有的粮食收成。(Roger Pearse transcribed, *Chronicle of Edessa*, p. 36.)

[4] Joshua the Stylite, *Chronicle Composed in Syriac in AD 507*: *A History of the Time of Affliction at Edessa and Amida and Throughout all Mesopotamia*, Chapter 41, p. 31.

饥民的大批死亡以及未能及时清理大批尸体又导致传染性疾病爆发[1]，当年 11 月，埃德萨不可避免地爆发了瘟疫。[2] 在正常年份中，农村的人口向城市的迁移是这一地区经济快速发展的重要标志，因为这意味着农村中的生产力显著提高，能够在劳动力减少的情况下生产出更多的粮食以维系增加的非劳动力人口生存的基本保障。但是，在农村和城市生存状态恶化时，农民大量涌入已经发生饥荒的城市中，只会通过减少农村劳动力及农业产品的方式，令城市中的饥荒进一步恶化。

埃德萨在 500—501 年蝗灾中所出现的危机是相似情况下其他城市均可能遭遇的局面。事实上，农业生产一旦由于自然灾害的影响而出现粮食歉收，城市粮食供应就必然受到影响。彼得·布朗指出："古代地中海世界总是濒临饥饿的边缘。因为地中海世界遍布山脉：它肥沃的平原和河谷就如同织于粗麻布上的片片绸缎。古典时期的很多大城市位于其中可怕的丘陵地带。每年，这些城市的居民都对周边的农村地区进行抢掠以获得食物。生活于城市中的百分之十的人是依靠耕种土地的百分之九十的人而生存的。食物是古代地中海世界最珍贵的商品。食物需要进行运输，极少数的罗马大城市能够有望获得稳定的粮食供应。"[3] 6 世纪初，帝国东部城市极为密集，而每个城市的粮食几乎都来源于与其相邻的农村地区。蝗灾所导致的恶果就是破坏了城市与农村的自然平衡的关系，破坏了农民与城市居民的正常生活。西瑞尔·曼戈认为："古代城市的粮食供应来源是一定的，一个城市通常依靠周边农村所生产出的农业产品。城市网络越密集，城市各自的领土范围就越小。由于路上交通十分缓慢并且昂贵，沿海城镇更能够在短时期内解决粮食供应不足的现象，而当内部城镇遭遇灾难打击之时，饥荒便开始出现。"[4] 因此，古代晚期地中海地区城市状况与农村状况密切相关。

各种自然灾害在破坏农村地区和农业生产后，其影响自然会传导至城市，并破坏地中海地区人类社会的正常发展。J. H. W. G 里贝舒尔茨以叙利

---

[1]　Joshua the Stylite, *Chronicle Composed in Syriac in AD 507: A History of the Time of Affliction at Edessa and Amida and Throughout all Mesopotamia*, Chapter 42, pp. 31 – 32.

[2]　Ibid. , Chapter 43, p. 33.

[3]　Peter Brown, *The World of Late Antiquity*, AD 150 – 750, p. 12.

[4]　Cyril Mango, *Byzantium: The Empire of New Rome*, p. 66.

亚地区农村的发展对城市所造成的影响为例，他指出："城市与农村的发展是同步进行的，当农村的发展陷于停滞时，安条克和周边地区城市的衰落速度随之加剧。"① 克里夫·福斯指出："多次地震和'查士丁尼瘟疫'的发生对叙利亚地区的城市造成了严重损害；同时，多次气候失常、蝗灾、干旱和饥荒的发生也打击了这一区域的农村地区。"② 克里夫·福斯在论述位于小亚细亚的吕底亚地区发展时，认为根据米拉城遗迹范围可以看出，这一地区城市和农村的发展趋势是相同的，海港和偏远的山谷地区同时在 6 世纪中期开始衰落，在这一过程中，地震和鼠疫的发生起到了一定的作用。③

农村地区的衰落特征与城市相似，不仅人口数量出现显著下滑，且农村的建筑物也呈现出简化的趋势。不仅建筑物规模缩减，同时建筑物所采用的材料也更加随意。由此可见，农民的生活条件和环境也随之显现出明显贫困的迹象。安奇利其·E. 拉奥认为："古代晚期中，农村地区的贫穷问题也十分明显。建筑物的材料从切割石块变成了干石或木头、粗石堆或泥砖。这种转变在巴尔干地区出现较早，并且在 4 世纪哥特人定居于此之后就从未恢复。不安全因素在巴尔干地区的出现使得抛弃平原地区的村庄并定居于高处的现象频发，同时也导致农村的货币体系出现明显的衰落。而定居点数量的显著减少势必也在 7 世纪 50 年代开始出现在其他区域，如小亚细亚、塞浦路斯和叙利亚等地。"④

综上所述，由于受到自然灾害的影响，在古代晚期后期阶段，地中海地区农民生活困苦，农业生产受到破坏，农村发展陷入停滞。A. H. M. 琼斯指出，"虽然从 3 世纪末期开始，由于较高的出生率，农民的人口数量得到了较快的恢复和增长。但由于农村的一部分人口转移到城市，而同时农业产量又容易受到干旱、虫灾和外族入侵的影响，所以农民是很难支撑一个家庭的"⑤。作为帝国财政收入最重要的来源，农业的发展自然也会影响到帝国

---

① J. H. W. G Liebeschuetz, *Decline and Fall of the Roman City*, p. 295.

② Clive Foss, "Syria in Transition, AD 550 – 750: An Archaeological Approach", p. 202.

③ Clive Foss, "The Lycian Coast in the Byzantine Age", p. 29.

④ Angeliki E. Laiou and Cecile Morrisson, *The Byzantine Economy*, p. 40.

⑤ A. H. M. Jones, *The Roman Economy: Studies in Ancient Economic and Administrative History*, pp. 87 – 88.

的经济状况。

第四节　自然灾害对帝国财政收入的影响

艾弗里尔·卡梅伦认为，拜占廷帝国的城市是维系国家文化、政府和财政的基础。与此同时，在土地上进行耕种的农民却在总人口比例中占有绝大部分，国家税收中的绝大部分来自土地。① 无论是城市还是农村地区，人口在自然灾害中损失得越多，中央政府的财政收入就会变得更加困难。当古代晚期地中海地区的城市与农村由于自然灾害的影响而加速衰落时，拜占廷帝国的财政收入自然也会受到影响。

一　3 世纪末至 6 世纪前期帝国的财政状况

自戴克里先上台，帝国统治者的目光逐渐开始转移至东部②，君士坦丁一世将古城拜占廷进行重建并于 330 年将其确定为帝国新都后，在数十年的时间里，君士坦丁堡的政治、经济、宗教地位就已经超过旧都罗马。迁都君士坦丁堡既是出于军事考虑，也是因为首都所依托的东地中海地区强大的经济实力。从古典时代开始，东地中海地区繁荣的贸易和强大的农业体系就为这一区域的经济发展提供了坚强的后盾，也因此为中央政府提供了大量的赋税。

戴克里先、君士坦丁一世所实施的政策一方面对挽救帝国的危机局势起到了一定作用，但是他们所建立的过于庞大的军队和官僚体系，导致民众的赋税压力过重。直至君士坦提乌斯二世统治期间，由于政府不断地膨胀，民众赋税负担日益沉重。③ 彼得·布朗指出："至 350 年，土地税已经增加到

---

① Averil Cameron, *The Mediterranean World in Late Antiquity AD 395—600*, pp. 152 – 153.

② 沃伦·特里高德认为，戴克里先上台之后，通过增加共治皇帝、官员、军队和建设防御点等方面的举措令中央政府变得更为强大，且在增加财政收入和士兵的人数方面卓有成效。从 4 世纪之初的数年来看，戴克里先成功地稳定了帝国的形势（Warren Treadgold, *A History of the Byzantine State and Society*, pp. 22 – 24.）。

③ A. H. M. 琼斯提到，正如阿米安努斯所提到的，在行省的民众被多重征税压得喘不过气来的时候，君士坦提乌斯二世并没有采取缓解民众压力的方法。虽然阿米安努斯的说法有些言过其实，而君士坦提乌斯二世确实强调要在财政预算方面精打细算，但似乎效果不佳（A. H. M. Jones, *The Later Roman Empire 284 – 602: A Social, Economic, and Administrative Survey*, V. 1, p. 130.）。

了过去的 3 倍之多。这一数字占到了农民生产的农产品的 1/3 以上，而这一
税收是强制征收的。"①

　　相对于帝国东部，帝国西部地区的经济日益衰落。② 艾弗里尔·卡梅伦
认为，在古代晚期，罗马—拜占廷帝国在帝国西部获取急需的人力与物力资
源变得更加困难。③ A. H. M. 琼斯也持类似观点。④ "3 世纪危机"过后，虽
然帝国东西部均面临着严重危机和秩序重建的压力。然而，从 4 世纪末期开
始，帝国东部较之于西部更多的资源成为东部继续保持相对繁荣的重要保
障。杰里·本特利等认为："拜占廷之所以能够支配地中海东部的政治和军
事事务，主要原因在于它拥有强大的经济实力；自古典时代开始，拜占廷帝
国拥有的土地生产着丰富的剩余农产品，供养着大量的手工工匠，并参与了
整个地中海地区的贸易活动；甚至在帝国西部衰落之后，这些地区仍然为拜
占廷提供了坚实的物质基础。"⑤ 虽然东部和西部人口数量都在减少，但是
东部人口基数更高，因此人力资源较之西部更为丰富。⑥ A. H. M. 琼斯也认
为，"东部地区较之于西部更为强大和富裕，东部地区不仅耕种土地更多，
人口也更多；相较而言，最富裕的西部行省也仅能创造出埃及地区所创造财
富的 1/3 或 1/4"⑦。

　　在帝国西部政府最终垮台时，帝国东部政府则于 5 世纪中期至 6 世纪前
期休养生息。在马尔西安统治时期，帝国的财政收入大约是 10 万磅黄金，
或 720 万诺米斯玛塔⑧（nomismata，金币）。⑨ 5 世纪末 6 世纪初，得益于阿
纳斯塔修斯一世时期的币制政策和较为谨慎的外交政策，帝国的财政收入和

---

① Peter Brown, *The World of Late Antiquity*, *AD 150 – 750*, p. 36.

② William G. Sinnigen, Arthur E. R. Boak, *A History of Rome to AD 565*, p. 500.

③ Averil Cameron, *The Mediterranean World in Late Antiquity AD 395—600*, p. 95.

④ A. H. M. Jones, *The Later Roman Empire 284 – 602: A Social, Economic, and Administrative Survey*, V. 2, p. 1054.

⑤ ［美］杰里·本特利、赫伯特·齐格勒、希瑟·斯特里兹：《简明新全球史》，第 208 页。

⑥ William G. Sinnigen, Arthur E. R. Boak, *A History of Rome to AD 565*, p. 500.

⑦ A. H. M. Jones, *The Later Roman Empire 284 – 602: A Social, Economic, and Administrative Survey*, V. 2, pp. 1064 – 1065.

⑧ 一磅黄金可铸造 72 枚诺米斯玛塔，1 个诺米斯玛塔等于 12 个银币，1 个银币等于 12 个铜币。工人工作 1 年，大约可以获得 25 个诺米斯玛塔。

⑨ Warren Treadgold, *A History of the Byzantine State and Society*, p. 144.

盈余额度再创高点。根据普罗柯比的记载，阿纳斯塔修斯一世去世时，帝国国库中存有 32 万磅黄金。[1] 哪怕普罗柯比在叙述的过程中有些夸张，但是根据阿纳斯塔修斯一世统治时期繁荣的景象，仍然可以相信其为帝国留下大笔国库盈余这一事实。[2] 沃伦·特里高德指出："阿纳斯塔修斯一世较为谨慎的外交和财政政策令他得以为帝国国库留下 2300 万诺米斯玛塔金币的储备。"[3] 查尔斯·戴尔认为，拜占廷帝国鼎盛时期的每年财政开支是 700 万—800 万诺米斯玛塔，相当于 1904 万—2176 万美金。[4]

二　6 世纪中期帝国财政状况逐渐恶化

527 年，查士丁尼一世即位后，开始其重新征服西地中海地区的计划，先后进行了汪达尔战争、哥特战争，而与波斯帝国这个长期敌人的战争也在断续进行。战争以及查士丁尼一世大兴土木已经导致帝国财政日益紧张，而地震、瘟疫、水灾等自然灾害的不断发生，则进一步加重了帝国财政危机。

自然灾害的频繁发生导致帝国人口锐减、城市衰败、商业凋敝、农业生产受到破坏，令政府财政收入大量减少。其中，瘟疫可能是造成帝国由盛而衰的关键因素。[5] 沃伦·特里高德指出："不断爆发的鼠疫所引起的人口减少和经济与行政体系的崩溃至少导致帝国财政收入减少了四分之一。"[6] 艾弗里尔·卡梅伦指出，鼠疫严重影响了帝国税收。[7] 已有的国库收入由于持续性的战争大量消耗，而新增加的税收又因频繁的自然灾害而得不到保障，入不敷出的财政令国库进一步空虚。如前所述，542 年爆发的"查士丁尼瘟疫"导致受灾人口急剧减少，并阻碍了商贸活动，从而导致帝国财政所依靠的赋税收入也随之下降。从 6 世纪中期开始，帝国的财政状况更加令人担忧。西瑞尔·曼戈认为，"鼠疫可能导致帝国人口数量减少三分之一，由此

---

① Procopius, *The Anecdota or Secret History*, Book 19, Chapter 6 – 8, p. 229.

② James Allan Evans, *The Empress Theodora: Partner of Justinian*, p. 1.

③ Warren Treadgold, *A Concise History of Byzantium*, pp. 56 – 57.

④ Charles Diehl, *Byzantium: Greatness and Decline*, Introduction 17.

⑤ Josiah C. Russell, "That Earlier Plague", p. 175.

⑥ Warren Treadgold, *A History of the Byzantine State and Society*, p. 216.

⑦ Averil Cameron, *The Mediterranean World in Late Antiquity AD 395—600*, p. 124.

引起税源锐减，令帝国财政遭受沉重打击，同时货币也由此不断贬值"①。

　　在财政压力下，帝国政府往往采用开源节流的方式增加收入：一方面向幸存者加税，另一方面减少公共开支。在 6 世纪 40 年代初，重臣卡帕多西亚的约翰被免职虽然一方面是因为他与塞奥多拉之间的矛盾所致②，但另一方面也是由于卡帕多西亚的约翰无法对紧缺的财政状况践行颇有成效的挽救措施。但是，在卡帕多西亚的约翰被免职后，彼得·巴塞摩斯来处理帝国财政危机，这位新上任的财政大臣也无法通过有效举措来缓解财政危机。当时幸存农民由于赋税的增加而不堪重负。③ 沃伦·特里高德认为鼠疫造成的大量人员死亡导致帝国财政极为紧张。④ J. A. S. 埃文斯指出："鼠疫中死者的土地依照法律要由邻人耕种缴税，导致幸存者难以承受赋税负担，而帝国政府为减轻财政压力，还降低教师与医生薪酬，并减少用于公共娱乐活动的支出。"⑤ 由此可见，直至 6 世纪 40 年代初期，拜占廷帝国的财政状况已陷入危机状态之中。

　　鼠疫爆发前，埃及是帝国境内最为富庶的地区之一，同时也是对于帝国财政最为重要的地区之一。君士坦丁堡赖以生存的谷物大部分来自埃及地区。⑥ 鼠疫爆发后，帝国政府增加埃及赋税数额，导致埃及发生饥荒和暴动。⑦ 更重要的是，政府尽管可以提高税额，但征税能力并未就此提高，而已经征收的赋税而不乏落入私囊的情况。⑧

　　帝国财政状况在 6 世纪后期由于鼠疫的影响进一步恶化。为缓解 558 年复发的鼠疫所引起的财政危机，帝国政府采用了包括向富人强制借贷等手段。⑨ 这种应急措施可能在短期内有助于增加帝国财政收入，但并不能解决

①　Cyril Mango, *The Oxford History of Byzantium*, p. 49.

②　Procopius, *History of the Wars*, Book 1, 25, 1 – 7, pp. 239 – 241; Book 1, 25, 13 – 19, pp. 243 – 245.

③　Cyril Mango, *Byzantium: The Empire of New Rome*, p. 68.

④　Warren Treadgold, *A History of the Byzantine State and Society*, p. 198.

⑤　J. A. S. Evans, *The Age of Justinian: The Circumstances of Imperial Power*, p. 164.

⑥　Ibid., p. 31.

⑦　Warren Treadgold, *A History of the Byzantine State and Society*, p. 251.

⑧　J. H. W. G Liebeschuetz, *Decline and Fall of the Roman City*, p. 407.

⑨　Warren Treadgold, *A History of the Byzantine State and Society*, pp. 212 – 213.

根本问题。① 当鼠疫再次出现，且地震、干旱、水灾等自然灾害在帝国东部地区大规模爆发之时，帝国政府变得更加虚弱并且在税收方面的动力明显不足。J. H. W. G. 里贝舒尔茨提到："从 6 世纪 40 年代开始，帝国的东部省份，尤其是叙利亚和美索不达米亚都经受重压。叙利亚的纳税人不得不为维系帝国军队而缴纳赋税。然而，这一地区恰好在 6 世纪前期至中期阶段中多次遭遇外侵、鼠疫、地震等灾难性事件。这些事件的发生背景是帝国的无序和濒临崩溃之势。"② 由此可见，6 世纪后期鼠疫与地震的多次发生对作为帝国税收来源区的叙利亚造成了重大影响，进一步不利于帝国正常的税收体系。在帝国税收体系得不到保障的情况下，帝国东部地区在自然灾害发生后的恢复过程中，更难以得到帝国充足的财政支持，东地中海地区的发展和帝国的财政状况陷入到一个持续恶化的循环状态之中。

随着帝国财政收入的减少，货币也随之贬值。西瑞尔·曼戈指出，"4—11 世纪期间，拜占廷帝国的索里德金币（solidus，希腊语为 nomisma）在发生旱灾和其他自然灾害时有掺杂现象"③。货币贬值自然会导致通货膨胀，这种情况早在"3 世纪危机"时就曾出现过。沃伦·特里高德指出，早在"安东尼瘟疫"和"西普里安瘟疫"爆发之后就曾发生过通过降低货币成色和增加铸币量而造成的通货膨胀，并由此影响了帝国的贸易。④ 一旦持续性缺少财政来源，国家的发展堪虞。财政收入减少与货币贬值是查士丁尼一世统治后期所不得不面对的棘手问题。查士丁尼一世去世后，其继承者查士丁二世、提比略、莫里斯等都无法找到增加帝国财政收入的有效办法，而鼠疫的多次复发更加剧了财政危机。597 年，巴尔干半岛、安纳托利亚、美索不达米亚和北非地区均受到鼠疫复发的影响，导致莫里斯增加帝国财政收入的

---

① 沃伦·特里高德提到，正当拜占廷人的军队即将取得意大利征服战争胜利，并将胜利果实扩展至西班牙的时候，腺鼠疫又一次于 558 年在帝国境内爆发。这次鼠疫爆发的强度不及 541—544 年间那么剧烈，但是也完全足以抵消任何人口方面的恢复趋势。同时，鼠疫的复发令帝国在财政支出十分庞大之际，又一次遭遇财政收入紧缩的困境。由此，查士丁尼一世重新任命彼得·巴塞摩斯为东部大区总督，并且让他使用曾经那些粗鲁、不常用的方式来维系财政收支的平衡（Warren Treadgold, *A Concise History of Byzantium*, pp. 65 – 66.）。

② J. H. W. G Liebeschuetz, *Decline and Fall of the Roman City*, p. 283.

③ Cyril Mango, *Byzantium: The Empire of New Rome*, p. 39.

④ Warren Treadgold, *A Concise History of Byzantium*, p. 8.

愿望化为泡影。[①] 瘟疫对人口与经济的负面影响造成帝国财政收入明显减少，导致 6 世纪末的拜占廷帝国陷入财政危机。[②]

如前所述，自然灾害成为古代晚期地中海地区城市与乡村受到严重损失的重要因素，并由此导致帝国财政收入减少。普通民众不仅目睹自然灾害导致亲朋好友离世、家园为墟，更受到食物短缺和饥荒对生存的威胁，也感受到政府加重赋税带来的压力。艾弗里尔·卡梅伦认为："晚期罗马帝国的经济发展状况不能够简单地用'衰落''贫穷'或'富裕'来衡量，衡量的标准应该是当时的环境是否有利于当时人的生活。不同地区的经济发展状况有着不一样的趋势。在帝国内部，一方面存在着复杂和繁盛的对外贸易和手工业生产及销售；另一方面，作为帝国经济基础的农业其实并不发达，而长途运输所需时间会导致城市——尤其是内陆地区城市——民众忍饥挨饿乃至死亡，而城市中的幸存者也可能死于疾病。"[③]

综上所述，在古代晚期后期阶段中，地中海地区人口数量不断减少，该地区的城市和正常商贸活动不断受到自然灾害影响，农村地区和农业生产也遭受重创，进而影响到统治该地区的拜占廷帝国的财政收入。城市民众不仅由于人员过于密集而时常遭遇疾病的侵扰，同时，由于正常的商贸活动不似曾经繁荣，经常会遭遇到由于粮食歉收或运输过程中所遭遇的问题而面临粮食和物资短缺的局面。可见，在多次自然灾害的打击下，古代晚期地中海地区的城市民众的生活水平处于降低的发展趋势之中。

生活在农村地区的农业人口，其创造的财富本应是帝国财政收入的主要来源。安奇利其·E. 拉奥指出，在大多数前工业时代的经济体中，农业往往可到达生产总值的 2/3。[④] 自古希腊时代开始，地中海东部向来是经济富饶的地区。陈志强教授指出："与罗马帝国西部深刻的社会动荡相比，帝国东部的危机相对缓和，内外形势也相对稳定。在经济方面，自'3 世纪危机'爆发之初，罗马帝国东、西两部分的差异即迅速加大。当西部地区奴隶

---

① Warren Treadgold, *A History of the Byzantine State and Society*, p. 235.

② Warren Treadgold, *A Concise History of Byzantium*, p. 79.

③ Averil Cameron, Bryan Ward Perkins, Michael Whitby edited, *The Cambridge Ancient History* (V. 14, *Late Antiquity*: *Empire and Successors*, AD 425 – 600), pp. 365 – 369.

④ Angeliki E. Laiou and Cecile Morrisson, *The Byzantine Economy*, p. 30.

制经济全面崩溃之时，一种新型的隶农生产形式在东部地区逐渐发展起来，特别是在生产谷物的叙利亚和小亚细亚地区长期存在多种经济形态。在东部长期存在的诸如永佃制和代耕制等形式的自由小农租种土地的制度也有利于隶农经济和农村公社经济迅速发展，从而为东部帝国渡过危机奠定了坚实的物质基础。农业经济的稳定发展促进了东罗马帝国商业贸易的兴起。罗马帝国东部相对多样化和稳定的经济状况使'3 世纪危机'对这个地区社会生活的冲击大为缓解。"[1] 但是，受到气候与土壤条件的影响，地中海周边地区的农业本身较为脆弱，极易由于气候原因出现谷物歉收并导致灾难性的后果。[2] 当该地区遭遇自然灾害时，农业生产便会受到影响，进而导致食物短缺乃至饥荒。农村发生食物短缺和饥荒也会影响相邻城市的谷物供应及社会稳定。500—501 年埃德萨及附近地区由于蝗灾引发饥荒和瘟疫的事例足资证明。

实际上，从 6 世纪中期开始，古代晚期地中海地区经济迅速衰落，城市与农村的生活水平均逐渐恶化。上述发展趋势与 6 世纪 20 年代开始发生的一系列自然灾害有密切联系。[3] 查士丁尼一世统治时期发生的瘟疫和地震对帝国造成了破坏性影响。[4] 帝国经济在 6 世纪的衰落始于"查士丁尼瘟疫"的首次爆发。[5]

通过减少帝国财政收入，古代晚期地中海地区发生的自然灾害也间接影响到了拜占廷帝国的发展。由于帝国军队与官僚体系需要充足的人力和税收方能正常运作，帝国的财政状况的好坏因此直接关系到统治者权力的稳定和权威的大小。一旦当帝国的经济状况出现恶化趋势时，这些需要以经济作为支撑的国家政治局势、战略形势和民众心理状况等就成为帝国难以得心应手解决的问题了。迈克尔·格兰特指出，"贫困是中世纪早期最重要的社会特征。它可以解释皇权之所以衰微的原因，以及中央政府面临的问题和在解决

---

① 陈志强：《拜占庭帝国通史》，第 41—42 页。

② 唐·纳尔多就此提到，在地中海周边地区中，可耕土地的荒废、征用和萎缩不可避免地导致频繁的饥荒、瘟疫在营养不良人群中的流行。由此在 3 世纪后半期的阶段中，帝国人口经历了一个短暂的萎缩时期（Don Nardo edited, *The End of Ancient Rome*, p. 31.）。

③ Michael Maas, *The Cambridge Companion to the Age of Justinian*, p. 152.

④ Roger D. Scott, "Malalas, The Secret History and Justinian's Propaganda", p. 108.

⑤ Angeliki E. Laiou and Cecile Morrisson, *The Byzantine Economy*, p. 24.

这些问题时所表现出的无力感"①。古代晚期地中海地区的自然灾害除了对该地区的经济发展造成破坏之外，对于拜占廷帝国政局、军事活动以及该地区民众精神状态均有重大影响。

①　Michael Grant，*From Rome to Byztantium*，*the Fifth Century AD*，p. 24.

第二章

自然灾害对政治局势的影响

　　自然灾害的发生不仅会造成地中海周边世界人口健康状况堪忧、城市和农村正常发展受阻、国家财政收入锐减。同时，频发的鼠疫、地震等自然灾害往往通过造成巨大人员损失的方式对帝国政治局势产生不利影响，上至中央政府核心成员，下至普通民众很可能会利用由于人口的大量死亡而造成危机局面来谋取个人利益或增加自身权力。由此，令拜占廷帝国陷入持续性混乱的政治局势之中。

第一节　上层阶级中的内乱——542年贝利撒留"谋反"事件

　　君士坦丁时代中，拜占廷帝国的中央集权制度得到了确立。这一制度在之后的塞奥多西王朝、利奥王朝时期得到了进一步强化。拜占廷帝国所创立的一套独特的治国传统中，最重要的特征就是高度集权统治，权力集中掌握在至高无上的皇帝手中。①　在实行中央集权制国家中，国家的核心权力握于皇帝一人之手，曾在罗马早期阶段中对政治格局产生重大影响的元老院和人民大会均失去了对帝国事务进行监督的权力，一旦作为政治核心人物的拜占廷皇帝的身体健康或地位出现动摇，不可避免会引发帝国统治阶级内部的斗争。在古代晚期的绝大多数时间中，自然灾害对帝国上层阶级内部关系的影响大多是通过造成社会混乱等形式间接使然，但也出现

---

① 　[美] 杰里·本特利、赫伯特·齐格勒、希瑟·斯特里兹：《简明新全球史》，第203页。

了数次直接由皇帝感染瘟疫而引发的斗争，这种情况的出现对这一时期拜占廷帝国稳定的政治局势极为不利，从而影响到帝国的内政和外交措施的延续性及效果。

　　早在2—3世纪期间，就出现过多次因瘟疫爆发而使政治局势出现动荡局面的实例。尤西比乌斯提到，在"安东尼瘟疫"于地中海地区肆虐之际，皇帝马可·奥里略极有可能是由于感染瘟疫而在180年死于维也纳。① 根据赫罗蒂安的记载，在"安东尼瘟疫"爆发的同时，饥荒开始在城内蔓延，而这次饥荒的出现不仅由于瘟疫导致了大量人员死亡，而令粮食的生产和运输等活动受阻，还有一个重要的原因就是康茂德的卫队指挥克林德希望能够通过谷物来控制局面和军队，继而掌控国家权力。他买下了大部分谷物，使市场上的谷物供应出现短缺现象。② 根据左西莫斯和尤西比乌斯的记载，"西普里安瘟疫"的持续爆发不仅令帝国军队遭到重创，甚至令克劳狄二世（268—270年在位）这位颇具美德的皇帝也在瘟疫中死去了。③ 由此可见，在古代晚期之前的地中海世界中，就已多次发生因瘟疫导致统治者死亡并由此引发内乱的事件。

一　查士丁尼一世感染鼠疫所致"谋反"事件始末

　　一场颇具破坏性的鼠疫于6世纪40年代初爆发，皇帝查士丁尼一世不幸染病，随即发生了贝利撒留"谋反"事件。作为这次事件的亲历者，普罗柯比在《战史》和《秘史》中均记载了这次宫廷斗争事件。根据普罗柯比的记载，鼠疫的发生恰好是帝国东部军队在贝利撒留的指挥下与波斯帝国进行热战之时。普罗柯比在《战史》中仅仅提到查士丁尼一世于542年前后感染瘟疫这一内容。④ 但是，在其另一部著作

---

① Eusebius, *The Church History: A New Translation with Commentary*, Book 5, p. 204.

② Herodian, *History of the Roman Empire*, Book 1, Chapter 12, pp. 75 – 77.

③ 左西莫斯和尤西比乌斯都在各自著作中提到了克劳狄二世因瘟疫而去世（Zosimus, *New History*, Book 1, P14. Eusebius, *The Church History: A New Translation with Commentary*, Book 7, p. 287.）。

④ Procopius, *History of the Wars*, Book 2, 23, 20, p. 473.

《秘史》①中，普罗柯比详细记载了查士丁尼一世染病后出现的宫廷斗争始末。他提到，查士丁尼一世染病后，远在东部前线的军官们害怕一旦查士丁尼一世因病而亡，皇后塞奥多拉很可能会把持朝政，他们不能容忍这种状况的发生。但是，查士丁尼一世不久后奇迹般地康复。东部前线的军官们在密谋事件上开始推卸责任并相互诋毁。将军彼得和约翰声称他们曾听到贝利撒留和布泽斯（Bouzes）在密谋皇位继承的问题。②

　　这原本是一次短暂，且未成功的政变，发端于皇帝查士丁尼一世染病，结束于查士丁尼一世康复。严格来讲，这次事件甚至很可能还谈不上是一次政变，因为并没有记载称贝利撒留和布泽斯除了密谋外，采取了何种具体行动。但是，这次事件的发生对拜占廷政府核心成员查士丁尼一世与贝利撒留的关系造成了重大影响。根据普罗柯比的记载，不久后，塞奥多拉得知这一密谋，勃然大怒，认为这一事件是直接反对她的。皇帝与皇后随即召回了贝利撒留与布泽斯。最终，布泽斯遭到幽禁，直到 26 个月后才重获自由，此时，这位将军已重病在身。贝利撒留被解除了指挥权，由马丁努斯（Marti-nus）代其统领东部军队，他原来的部将和随从全部被分割给了马丁努斯及其随从。③ 此后，贝利撒留再也未能获得皇帝完全信任，只在 545 年和 559

---

　　① 长期以来，国际学界对这部在普罗柯比死后数个世纪才公布的《秘史》的重视程度低于《战史》，颇多学者认为其中大量有关皇帝皇后的"秘事"存在着夸张、诋毁的成分，所以在使用时慎之又慎。在国内首部《秘史》中译本的序言部分，专门有名为"围绕《秘史》的种种议论"部分对国际学界有关这部作品的相关争议和最新的评价进行了详细梳理，可供参考（［东罗马］普罗柯比：《秘史》，吴淑屏、吕丽蓉译，陈志强审校注释，上海三联书店 2007 年版，序言第 25—27 页）。然而，去除《秘史》中对查士丁尼一世和塞奥多拉（Theodora）侮辱性的语言外，《秘史》中有关查士丁尼一世统治时期的政治局势的记载实可有效补充《战史》之不足。笔者的依据如下：在 H. B. 杜威英英译本《秘史》中，译者明确提到，普罗柯比并非完全夸大其词，《秘史》在很大程度上是有价值的，其价值被同时代的很多其他作家，如埃瓦格里乌斯所证实（Procopius, *The Anecdota* or *Secret History*, Introduction p. xiii. ）。此外，在国内首部《秘史》中译本的序言部分，陈志强教授指出，人们透过作者普罗柯比的记述，还是了解了许多其他同代作品没有涉及的信息，而现代学者的研究表明，《秘史》具有极高的史料价值（［东罗马］普罗柯比：《秘史》，序言第 29 页）。

　　② Procopius, *The Anecdota* or *Secret History*, Book 4, Chapter 4 – 5, p. 43. 除普罗柯比《秘史》中的记载之外，马塞林努斯也在《编年史》中提到这次事件对贝利撒留的影响（Marcellinus, *The Chronicle of Marcellinus*, p. 137. ）。

　　③ Procopius, *The Anecdota* or *Secret History*, Book 4, Chapter 6 – 13, pp. 43 – 45.

年两度短暂率兵出征①，其余绝大部分时间均待在其位于君士坦丁堡的府邸之中，无所事事。

二　"谋反"事件发生的外部环境

鼠疫所造成的恐慌心态和社会动荡在"谋反"事件发生过程中发挥了重要影响力。如前所述，鼠疫于541年首次爆发后，便在地中海周边地区迅速传播，并于542年春夏季节传至帝国首都君士坦丁堡。② 在鼠疫到达君士坦丁堡后，在整整4个月的时间里，将繁华的首都变成了人间地狱。根据普罗柯比等史家的记载，鼠疫爆发后，君士坦丁堡每天的死亡人数高达5000，甚至上万人，并且始终难以妥善地处理所有遇难者的遗体，而令君士坦丁堡成为一个臭气冲天的大停尸场。③ 由于医疗条件和科学技术的限制，这场鼠疫在造成大规模首都人口损失的同时，无法确定病因并对症下药也对君士坦丁堡市民造成了很大的心理创伤，鼠疫的爆发令君士坦丁堡城内的社会秩序陷入瘫痪。④ 君士坦丁堡的惨象只是这一时期地中海周边地区及城市的缩影而已，相信从鼠疫在帝国各地相继爆发开始，作为帝国中枢的君士坦丁堡大皇宫会不断地收到各地在鼠疫影响之下人员损失的可怕信息。

然而，正是在这种危急时刻，皇帝查士丁尼一世不幸感染鼠疫，生命垂危的消息传出，这对已如惊弓之鸟，同时矛盾丛生的拜占廷帝国上层社会成

---

① 从普罗柯比的记载可知，贝利撒留在意大利战场上多次写信提到人力和财力均不足，要求查士丁尼一世给予充足的资源作为战争的保障（Procopius, *History of the Wars*, Book 7, 10, 1 – 4, pp. 229 – 231；Book 7, 12, 3 – 10, pp. 249 – 251.）。548年，意大利战场的形势进一步恶化，贝利撒留不得不让其与塞奥多拉十分交好的妻子安东尼娜前往君士坦丁堡寻求帮助；但仍旧没有改变意大利战场的形势，不久贝利撒留被召回君士坦丁堡（Procopius, *History of the Wars*, Book 6, 18, 2 – 11, pp. 19 – 21；Book 6, 19, 4 – 10, pp. 29 – 31.）。直到559年帝国北部边境危在旦夕之时，贝利撒留再度被派前往作战（Agathias, *The Histories*, pp. 151 – 154.）。然而，在这次危机解除之后，贝利撒留再度处于消失状态。

② Procopius, *History of the Wars*, Book 2, 23, 11, p. 469.

③ Procopius, *History of the Wars*, Book 2, 22 – 23, pp. 453 – 471. 格兰维尔·唐尼认为，君士坦丁堡在这次鼠疫打击中损失了2/5至1/2的人口，城市内部的正常活动均被破坏（Glanville Downey, *Ancient Antioch*, Princeton：Princeton University Press, 1963, p. 255.）。

④ 西瑞尔·曼戈指出，鼠疫及其复发不仅造成了严重的人口损失，而鼠疫所造成经济方面的影响也是不容忽视的：所有帝国境内正常职业都受到影响，商品价格升高、饥荒蔓延、土地荒芜、幸存农民又由于赋税的增加而身受重负（Cyril Mango, *Byzantium：The Empire of New Rome*, New York：Charles Scribner's Sons, 1980, p. 68.）。

员而言无疑是雪上加霜。根据前述可知，鼠疫在当时的社会条件下，不仅是难以确定其病因的，同时，治愈的概率非常小。之所以会发生这次"谋反"事件，也是由于鼠疫的可怕性和难以治愈的特点。根据前述可知，一旦染上这一对于当时人未知的疾病，在没有使用抗生素的条件下，其死亡率高达60%—70%以上。远在东部前线的贝利撒留和其他将领在听闻查士丁尼一世也染病并性命垂危之时，出现疑虑、害怕甚至密谋的情况也实属正常。当一个人极度害怕之时，往往会做出与平时不同的举动。当然，上层阶级出现非正常的行为及举动的现象并不仅仅出现于前线军营之中。在君士坦丁堡，官员们都不敢上朝，纷纷坐在家中，大街上都看不到穿着官服的人。① 皇帝生命的朝不保夕定会加剧拜占廷社会，尤其是帝国统治阶级上层的危机感，同时也很可能会引发其对于帝国最高权力的争夺。沃伦·特里高德指出："这次瘟疫向来容易被绝大多数现代史家们忽视。哪怕是 13 世纪的黑死病也没有造成如此重大的破坏性，因为其在之后复发次数较少，并且人口也较为稀疏。如果瘟疫第一次爆发过程中杀死了查士丁尼一世的话，那么他必将令帝国的财政和军事体系崩溃。"②

　　在实行君主专制的社会中，权力握于统治者一人之手。皇帝的突发性染疾或死亡极易造成政治局势的动荡。查士丁尼一世在 542 年前后，经历了病危、下属"谋反"，可谓险象环生。同时，作为皇后的塞奥多拉十分清楚，一旦由于查士丁尼一世染病而引发政治斗争，那么她将难以生存下去。埃文斯指出，就在全国各地包括首都君士坦丁堡惨遭鼠疫蹂躏之时，查士丁尼一世生病了。想必在此危急状况下，塞奥多拉绝对是掌控朝政的人，她不可能不清楚，她丈夫一旦死亡必定引起权力斗争，那么她将怎样生存下去。而此时帝国的内部和外部局势都十分不稳。③ 在历来争夺皇位的斗争中，手握兵权或出身高贵且在民众中颇有威信的人更易成功。然而，无高贵出身的塞奥

---

　　① 根据普罗柯比的记载，鼠疫在城内大爆发后，君士坦丁堡的官员、市民都静静地待在家里。在城市的大街上难以看到一个人，如果正好看到人的话，那么他很可能就是在拖着一具尸体（Procopius, *History of the Wars*, Book 2, 22 – 23, pp. 453 – 471.）。

　　② Warren Treadgold, *A Concise History of Byzantium*, p. 67.

　　③ James Allan Evans, *The Empress Theodora*: *Partner of Justinian*, p. 59.

多拉①，虽然通过救助地震过后的灾民和修建教堂获得了一些声誉②，但在尼卡暴动等事件中，又完全在民众面前暴露了其残忍的面貌③，可谓既无出身，又无声誉，且无子嗣，而这种高度传染的疾病可能会随时夺走自己的性命。于是，在查士丁尼一世恢复健康之后，查士丁尼与塞奥多拉对意图"谋反"的将军进行惩罚和钳制自然是正常之举。

三　"谋反"事件的影响

虽然由于查士丁尼一世很快康复并且终结了这次宫廷政变，这次宫廷政变从发生到结束的时间很短，政变本身没有造成严重的后果。然而，在政变发生之后，由于包括贝利撒留在内的大量军官牵涉其中，并遭到严重惩罚，由此对帝国的政治发展形势不利。陈志强教授指出："'查士丁尼瘟疫'爆发后出现一次流产的宫廷政变。这次阴谋起源于查士丁尼一世感染瘟疫，终止于他奇迹般的康复。此后，一批文臣武将，包括战功赫赫的贝利撒留都因卷入其中而受到惩罚。这不能不被视为瘟疫的另一个直接恶果。"④

一方面，"谋反"事件发生后，将军贝利撒留与皇帝皇后的关系完全恶化。6世纪中期正值帝国在北部、东部与西部战线与外部势力激战之际。作为6世纪拜占廷帝国最杰出的军事将领，在帝国军情十分危机的情况下，贝利撒留除了分别于548年、559年被暂派出征之外，其余时间皆被"雪藏"，对6世纪中期开始的拜占廷帝国军事局势影响较大。约翰·莫尔黑德指出，贝利撒留遭到免职直接影响了东部战场的形势。⑤ 由此可见，6世纪中期帝国东、西部严峻的边境形势由于贝利撒留"谋反"事件所导致的统治阶级内斗而进一步恶化。另一方面，"谋反"事件发生之后，塞奥多拉对查士丁

---

① Procopius, *The Anecdota or Secret History*, Book 9, Chapter 1–9, pp. 103–105.

② James Allan Evans, *The Empress Theodora：Partner of Justinian*, pp. 27–30. 根据普罗柯比《建筑》的记载，查士丁尼一世于6世纪在君士坦丁堡就建设了数目十分庞大的教堂：圣索菲亚教堂（Procopius, *De Aedificiis or Buildings*, Ⅰ, 1, 20–78, pp. 9–30.）、大天使迈克尔教堂（Procopius, *De Aedificiis or Buildings*, I, 3, 14–18, p. 43.）、十二门徒教堂和圣巴克斯教堂（Procopius, *De Aedificiis or Buildings*, 1, 4, 1–24, pp. 43–55.）等。而其中的数座都是以查士丁尼一世与塞奥多拉的共同名义修建的。

③ Procopius, *History of the Wars*, Book 1, 24, 32–36, p. 231.

④ 陈志强：《拜占庭帝国通史》，第122页。

⑤ John Moorhead, *Justinian*, p. 97.

尼一世的影响进一步加深。作为皇帝利益的捍卫者，塞奥多拉得到了查士丁尼一世完全的信任。在塞奥多拉的支持下，查士丁尼一世将卡帕多西亚的约翰撤职，换上了叙利亚人彼得·巴塞摩斯。①　然而，彼得·巴塞摩斯的一些应急性措施②似乎并没有取得理想效果。此外，塞奥多拉还对查士丁尼一世的宗教政策进行干预，撤换了多个地方的主教。③　皇后塞奥多拉所支持的叙利亚一性论派最伟大的组织者巴拉乌（Baradacus）的雅各（Jacob）就是在541 年、543 年被李维埃德萨主教，并且派遣了大量神职人员。④　但是，皇后塞奥多拉所推行的扶持一性论派的宗教举措却进一步加剧了拜占廷帝国基督教不同教派之间的矛盾。⑤

　　由于受到"谋反"事件的牵连，大量文臣武将被惩处或受到钳制，由此难以解决帝国从 6 世纪中期开始显现的军事、政治及宗教困境。由此可见，6 世纪 40 年代之初爆发的鼠疫不仅导致帝国出现严重的社会危机，同时，通过致使皇帝查士丁尼一世染病而诱发"谋反"事件及统治上层阶级内斗对拜占廷帝国的政治格局造成严重影响。

　　除查士丁尼时代由于皇帝染病而导致"谋反"事件的发生外，在古代晚期，自然灾害的发生多次干扰这一时期统治者的统治秩序。根据索佐门的记载，朱利安统治期间，帝国发生了一系列自然灾害：干旱、饥荒、疾病、地震和海啸事件。⑥　在瓦伦斯统治期间，也遭遇到一系列地震、海啸、饥荒等灾害的打击。⑦　根据阿加皮奥斯的记载，查士丁二世曾在 573 年"查士丁尼瘟疫"第三轮复发过程中感染瘟疫，后康复。⑧　朱利安统治时期较短，最

①　Procopius, *History of the Wars*, Book 1, 25, 13 - 30, pp. 243 - 249.

②　Procopius, *The Anecdota or Secret History*, Chapter 22, 5 - 8, pp. 255 - 257.

③　Warren Treadgold, *A History of the Byzantine State and Society*, p. 199.

④　Evagrius Scholasticus, *The Ecclesiastical History of Evagrius Scholasticus*, Book 4, Chapter 11, pp. 211 - 212.

⑤　费迪南·洛特和沃伦·特里高德均持此观点（Ferdinand Lot, *The End of the Ancient World and the Beginnings of the Middle Ages*, p. 256. Warren Treadgold, *A History of the Byzantine State and Society*, p. 217.）。

⑥　Sozomen, *The Ecclesiastical History*, p. 347.

⑦　Ammianus Marcellinus, *The Surviving Book of the History of Ammianus Marcellinus*, V. 2, 26, 10, 15 - 19, pp. 649 - 651. John Malalas, *The Chronicle of John Malalas*, Book 13, p. 186. Noel Lenski, *Failure of Empire: Valens and the Roman State in the Fourth Century AD*, pp. 389 - 390.

⑧　Agapius, *Universal History*, Part 2, p. 177.

终在远征波斯的战争中身受重伤，不治而死；瓦伦斯命丧于亚得里亚堡战役之中；查士丁二世在其统治期间内突然丧失心智。这三位皇帝统治时期的统治秩序均较为糟糕，频发的自然灾害在一定程度上增加了帝国所面临的危机，同时也加大了帝国救助的支出，从而对其统治期内的国家发展不利。

在古代晚期末期，由于受到多次爆发的鼠疫、地震的影响，从6世纪中期开始帝国面临的人员和钱财短缺的窘境，令皇帝莫里斯多次拖延和克扣前线军队士兵的军费。602年，由于莫里斯多次拖欠军队士兵的津贴以节省军费开支，引起了帝国北部军队的哗变。愤怒的士兵们推举军官福卡斯为统帅，并向君士坦丁堡进发，随后，莫里斯及家人逃离了君士坦丁堡，而叛军拥立福卡斯为皇帝。① 这种继承方式打破了东部稳定且持久的皇位继承制度，对拜占廷帝国的政治秩序造成了严重破坏。

事实上，从拜占廷帝国早期阶段开始，帝国东部地区的皇位继承一直是较为稳定的，这种稳定的皇位继承制度是帝国东部稳固发展的重要保障。福卡斯是少有的一位无继承权力，同时通过武力夺取皇位的皇帝。由于莫里斯无法成功应对6世纪中期开始自然灾害以及其他国内外问题的困扰，来自军队下层军官福卡斯通过暴力政变的方式夺取了拜占廷帝国皇位一事，标志着从拜占廷帝国早期阶段延续下来的稳定的皇位继承制度在古代晚期末期阶段中走向瓦解。在社会危机丛生的环境中，任何人都能够通过暴力，而不是和平的方式来获得最高权力。新的繁荣状态、新的贫困和瘟疫爆发所导致的众多动乱表明人们似乎逐渐意识到，财富和权力的分配方式可以改变，可以通过暴力来完成。② 皇位继承制度向来是帝国政治格局中最重要的一环，一旦这种制度出现问题，势必对帝国的政治局势不利。这种状况似乎与"3世纪危机"中的罗马帝国的皇位继承制度危机状况十分相似。沃伦·特里高德认为："福卡斯是君士坦丁一世之后少有的一位既无继承权力、又无合法地位，通过武力夺取皇权的统治者。虽然，瓦西里斯库斯（Basiliscus）曾经短暂地取代过泽诺，而数位西部皇帝在西部失去了皇位，但作为帝国最显著的优

---

① Theophanes, *The Chronicle of Theophanes Confessor: Byzantine and Near Eastern History*, *AD 284 – 813*, pp. 410 – 414.

② Warren Treadgold, *A Concise History of Byzantium*, p. 78.

势，稳定的皇位继承却一直有效地进行着。然而，当帝国为了维持平衡和不断应对危机之时，这种优良的传统走向了尽头。"[①]

第二节 体制性腐败与政治秩序的混乱

自然灾害频发不仅成为造成帝国统治阶层内斗加剧的诱因，同时也加剧帝国官僚体系内部腐败及导致帝国政治秩序混乱。

一 古代晚期后期阶段中帝国行政体系内部的腐败现象

自戴克里先与君士坦丁一世进行行政与军事改革后，罗马—拜占廷帝国官僚体系与军队日益庞大，庞大的官僚体系有利于帝国最高统治者扩展其权力触角，但无疑也是帝国财政的一大负担。一旦官员不满足于既定薪酬，腐败现象便会出现，而戴克里先所进行的税收改革一方面对于解决帝国财政危机起到重要作用，另一方面又成为滋生腐败的温床。正如沃伦·特里高德所言，到 5 世纪，拜占廷帝国的官僚体系与戴克里先统治时期相较更为庞大，仅在君士坦丁堡就有 2500 个政府部门，而官僚机构的薪酬问题似乎始终未得到令他们满意的解决，因此腐败现象始终存在，官僚能够利用其权力中饱私囊。[②] 西瑞尔·曼戈认为，腐败和低效对拜占廷政府造成了巨大的影响。[③] 随着时间的推移，腐败愈演愈烈[④]，而自然灾害则加重了这一问题。从 6 世纪初开始，包括阿纳斯塔修斯一世、查士丁一世及查士丁尼一世在内的皇帝

---

① Warren Treadgold, *A Concise History of Byzantium*, p. 73.

② Ibid., pp. 39 – 40.

③ Cyril Mango, *Byzantium: The Empire of New Rome*, p. 32.

④ 4—5 世纪，在晚期罗马帝国的司法、行政、军事等事务中，腐败现象比比皆是，皇帝们屡禁不绝（Clyde Pharr translated, *The Theodosian Code and Novels and the Sirmondian Constitutions*, Book 6, 4. 22, p. 125; Book 6, 14. 2, p. 130; Book 6, 22. 2, p. 132; Book 6, 22. 7, p. 133. 等条文均属此列）。麦克穆伦曾以专著讨论这一问题（Ramsay MacMullen, *Corruption and the Decline of Rome*, New Haven and London: Yale University Press, 1988. ）。甚至教会事务也不免于此，例如，5 世纪亚历山大里亚主教塞奥菲鲁斯（Theophilus, Bishop of Alexandria）为在宗教事务中击败对手君士坦丁堡主教约翰·克里索斯托姆（John Chrysostom）而贿赂官员，并以晋升的许诺收买教士（Palldius, *The Dialogue of Palladius Concerning the Life of Chrysostom*, by Herbert-Moore, London: Society for Promoting Christian Knowledge, New York: The Macmillan Company, 1921, p. 64. ）。

纷纷采取措施来遏制官员腐败。在大臣马里努斯（Marinus）的建议下，阿纳斯塔修斯一世设置了直接隶属于大区长官的"城市护卫者"（vindex civitatis）这一新职务，"城市护卫者"的主要职责是监督并核查城市税收工作；尽管马里努斯和他的部下是这一改革的受益者，但这一措施在增加帝国的财政收入方面确实起到了一定作用。[①]

　　罗马—拜占廷帝国的腐败问题由来已久，卖官鬻爵在其历史中具有悠久传统，泽诺等皇帝在位期间为增加财政收入曾公开采用这一手段。[②] 由于意识到这种售卖官职的行为所产生的负面效应，在查士丁尼一世统治之初，他曾经试图改变售卖官职的活动，从 6 世纪 30 年代开始，查士丁尼一世开始加强对行政系统的监管，他颁布法令要求行政官员在职期间不得修建住宅和购买财产以杜绝官员的腐败。[③] 然而，拜占廷帝国在经历了 5—6 世纪上半期较为繁荣的发展时期之后，从 6 世纪中期开始，受到长期战争和自然灾害频发的影响，帝国的财政收入下降。面对财政危机，卖官鬻爵就成为帝国增加收入的重要手段之一。在"查士丁尼瘟疫"发生后不久，为了筹集更多的税收以应对军费开支，及对各受灾地区进行援助，帝国需要更多的财政收入。543 年年初，卡帕多西亚的约翰因不能解决瘟疫之后帝国财政的窘境而被免职[④]，查士丁尼一世在塞奥多拉的影响下换上了更加腐化但能使帝国在瘟疫期间免于破产命运的叙利亚人巴塞摩斯（Peter Barsymes）。根据普罗柯比的记载，巴塞摩斯上台之后，立即废除了约翰时期禁止官员参与商业活动的法令，恢复地方政府及官员控制商品销售的权力，千方百计从社会各阶层身上聚敛财富。[⑤] 这些措施便利并加重了官员在税收中的腐败行为。[⑥] 由此可见，拜占廷中央政府在 6 世纪中期开始面临着紧张的财政压力，进而采取售卖官职的举措。一旦当通过钱财购买官职的官员上台，其很可能会做的就

①　Warren Treadgold, *A History of the Byzantine State and Society*, p. 168.

②　泽诺在位时期，他将埃及官员的价格提高了 10 倍，由 50 磅金提到 500 磅金（R. C. Blockley, *The Fragmentary Classicizing Historians of the Late Roman Empire: Eunapius, Olympiodorus, Priscus and Malchus*, II, pp. 423 – 425）。

③　John Malalas, *The Chronicle of John Malalas*, Book 18, p. 254.

④　Procopius, *History of the Wars*, Book 1, 25, 13 – 30, pp. 243 – 249.

⑤　Procopius, *The Anecdota or Secret History*, Chapter 22, 5 – 8, pp. 255 – 257.

⑥　Warren Treadgold, *A History of the Byzantine State and Society*, p. 199.

是尽快赚回自己曾经支出的部分，由此极可能引发行政体系内部的腐败现象。如此，也令查士丁尼一世上台之初整治行政体系中腐败行为的努力付诸东流。艾弗里尔·卡梅伦指出，卖官鬻爵必然导致买官者横征暴敛以收回成本，从而加剧腐败。[①] 官员的腐败行为并未因自然灾害而终止，灾害反成为官员趁乱渔利的良机。陈志强教授指出："查士丁尼一世在位期间，多次增加税收、提高税额，他在位期间几乎没有停止过战争，由此而需要的庞大军费开支和重建君士坦丁堡的费用耗尽了帝国的全部库存。帝国各级官员为了弥补中央政府长期停发薪俸的损失，贪赃枉法，中饱私囊，查士丁尼一世在位时大力整治的各种腐败现象死灰复燃，帝国政府极端腐朽，陷入瘫痪。"[②]

二　自然灾害与处于混乱的社会秩序

自然灾害除了加剧统治阶层内部权力斗争以及加重帝国官僚体系腐败程度之外，自然灾害所造成的人口减少和饥荒等也会导致社会秩序的混乱。

古代晚期后期阶段的地中海地区的城市，尤其是如皇帝所在的君士坦丁堡和各个行省首府，一旦爆发大规模自然灾害，必然导致社会秩序的动荡。当鼠疫在君士坦丁堡大范围蔓延之际，很多政府官员都因感染鼠疫而丧命，其中甚至包括度支官特里波尼安。[③] 除鼠疫外，地震、海啸等自然灾害也会在短期内造成大量伤亡，必然影响到如君士坦丁堡这样的重要城市的社会秩序与政治局势。彼得·萨里斯认为："气候的不稳定、一系列地震及其他自然灾害，导致拜占廷帝国首都的政局日益紧张。"[④] 迈克尔·安戈尔德指出，鼠疫的发生导致政府和社会出现了持续三年以上的瘫痪状态。[⑤] 从 6 世纪开始，不仅地震、水灾、饥荒等灾害的发生频率颇高，同时，这一时期发生过十数次灾害所引发的社会不稳状况。515—516 年间，亚历山大里亚的民众因为油类短缺发生暴动，杀死了显贵卡里奥比奥斯（Kalliopios）的儿子塞

---

① Averil Cameron, *The Mediterranean World in Late Antiquity AD 395—600*, p. 92.
② 陈志强：《拜占庭帝国通史》，第 124 页。
③ Warren Treadgold, *A History of the Byzantine State and Society*, p. 196.
④ Peter Sarris, *Economy and Society in the Age of Justinian*, p. 203.
⑤ Michael Angold, *Byzantium：The Bridge From Antiquity to the Middle Ages*, p. 25.

奥多西（Theodosios）。[1] 526 年 5 月，安条克遭遇强震时，主教幼发拉斯在地震中丧生，由此加重了城市的损失和不幸，没有人可以及时处理城市的紧急情况。[2] 556 年发生了一次因面包短缺而引起的骚乱；562 年的旱灾引发了更多的骚乱；562 年还发生了一次谋杀查士丁尼一世的阴谋。[3] 由于鼠疫在小亚细亚地区广泛传播，导致人口大量减少，并出现了一系列目无法纪的行为。西瑞尔·曼戈指出："当皇帝莫里斯在 602 年被杀后，公民之间的冲突发生于整个帝国东部地区，包括西里西亚、巴勒斯坦、小亚细亚，甚至君士坦丁堡。人们在市场中彼此砍杀、随意闯入他人家中，烧杀抢掠。"[4] 多年频发的自然灾害以及由此引发的绝望与不满可能是导致暴动的重要因素之一。

从戴克里先统治时期开始，罗马—拜占廷帝国历任皇帝所推行的内政改革都以加强中央集权和稳定政治局势为中心。在古代晚期后期阶段，不断爆发的自然灾害导致统治阶层内斗加剧、官僚体系日益腐败、社会秩序陷入混乱，以致 6 世纪后期史家以弗所的约翰惊呼世界末日即将来临。[5]

---

① John Malalas, *The Chronicle of John Malalas*, Book 16, p. 225.

② Evagrius Scholasticus, *The Ecclesiastical History of Evagrius Scholasticus*, Book 4, Chapter 5, pp. 203 – 204. 除埃瓦格里乌斯外，史家马拉拉斯也提到了这位主教丧生于这次灾难之中（John Malalas, *The Chronicle of John Malalas*, Book 17, p. 243.）。

③ John Malalas, *The Chronicle of John Malalas*, Book 18, p. 295; Book 18, pp. 301 – 302.

④ Cyril Mango, *Byzantium: The Empire of New Rome*, p. 69.

⑤ John of Ephesus, *Ecclesiastical History*, Part 3, Book 1, p. 3.

第三章

自然灾害对军队与帝国防御的影响

军队在罗马—拜占廷帝国历史中占据重要地位，战争贯穿于其全部历史之中。2—3 世纪发生的"安东尼瘟疫"和"西普里安瘟疫"导致地中海地区人口数量大幅下降，也影响到了军队兵源。3 世纪末开始，随着戴克里先和君士坦丁一世的上台，在进行了一系列政策调整的基础上，军队规模扩大，防御体系得以重建。① 事实上，军队所需给养对于驻军地区的经济发展有刺激作用。军队不仅仅需要薪酬和给养，同时也需要一个良好的道路系统以及当地的保障体系，这些都是经济的推动因素，这也是 5 世纪帝国东部前线定居点稠密和经济繁荣的影响因素。②

然而，随着鼠疫、天花、地震、水灾等自然灾害不断发生，帝国军队以及对外战争也因此受到不利影响，士兵数量减少最终导致帝国日益无法应对外部的压力。外部的压力与内部的虚弱是相互影响的。内部的虚弱毫无疑问地能够令蛮族轻而易举地获胜并造成破坏。③ 正是由于这一原因，查士丁尼一世重新征服地中海世界的梦想最终化为泡影。

第一节 自然灾害与帝国军队

在冷兵器时代的战争中，除了日常训练与战术外，军队规模也相当重

---

① Edward N. Luttwak, *The Grand Strategy of the Byzantine Empire*, pp. 3 – 6.

② Averil Cameron, *The Mediterranean World in Late Antiquity AD 395—600*, p. 97.

③ A. H. M. Jones, *The Later Roman Empire 284 – 602: A Social, Economic, and Administrative Survey*, V. 2, p. 1027.

要。正是士兵使罗马从台伯河畔的蕞尔小城扩展至君临整个地中海世界的帝国，军队的规模也在此过程中逐渐扩大，而维持帝国的统治也有赖于这支庞大的军队。自然灾害一方面直接减少了士兵数量；另一方面导致军队开支缩减，从而成为导致6世纪后期拜占廷帝国军力急剧下降的重要因素之一。

一 帝国军队士兵数量的减少

军队运作有其自身特点，一方面军营中人员密集，出征时处于较为封闭的环境之中，一旦出征的军队中出现传染性疾病，士兵间传播速度必然较快；另一方面，如果在出征的军队中爆发传染性疾病，疫情会沿军队的行军路线传播。历史上多次大规模瘟疫的爆发都与军队的活动有密切关系。[①] 早在2—3世纪，多次瘟疫就对军队规模造成了严重影响。根据迪奥·卡西乌斯的记载，与安息帝国的战争引发了"安东尼瘟疫"[②]，此次瘟疫导致军队士兵人数大幅度下降。[③] 根据左西莫斯的记载，"西普里安瘟疫"同样对帝国军队造成了严重后果。[④] 威廉·G. 希尼根与亚瑟·E. R. 伯克认为："251年开始的瘟疫很可能是帝国军队士兵人数受到影响的重要原因。"[⑤]

由于受到2世纪末和3世纪中期爆发的瘟疫以及蛮族入侵、内战等因素的影响，2—3世纪，帝国人口出现了锐减的趋势；人力资源的短缺由于持续征募士兵的需要而加剧，这种情况在戴克里先将军队规模扩大时变得尤为严重。[⑥] 在此情况下，帝国大量征召蛮族士兵入伍，由此开启了军队的蛮族化进程。帝国的蛮族化是帝国人力资源十分短缺的一个征兆，出生率的下降、战争和瘟疫中的高死亡率和人力需求的增加很可能都是人力资源短缺的

---

① 如前所述，3世纪中期的"西普里安瘟疫"的爆发就与罗马军队对外作战有关。

② Dio's, *Roman History*, Volume9, Book 71, p. 5.

③ 尤特罗庇乌斯提到，马可·奥里略统治期间发生了一次毁灭性瘟疫，军队中的士兵受到瘟疫影响较为严重（Eutropius, *Abridgment of Roman History*, Book 8, p. 512. ）。此外，《阿贝拉编年史》也对这一情况进行了记载（A. Mingana translated, *The Chronicle of Arbela*, p. 88. ）。

④ 左西莫斯提到，由于"西普里安瘟疫"于259年在罗马军队中的爆发，导致大部分士兵染病而亡，从而影响到东部前线与波斯帝国的战局。面对这样的困境，瓦勒里安（Valerian, 约253—260年在位）十分绝望，试图用钱财来购买和平，并带着人数较少的随从贸然前往沙普尔（Sapor）商谈。结果，被沙普尔俘获并客死他乡（Zosimus, *New History*, Book 1, p. 12. ）。

⑤ William G. Sinnigen, Arthur E. R. Boak, *A History of Rome to AD 565*, p. 401.

⑥ A. H. M. Jones, *The Roman Economy*: *Studies in Ancient Economic and Administrative History*, p. 409.

原因。① G. W. 博尔索克、彼得·布朗等指出："由于帝国人口的下降，难以满足军队对士兵的需求，不得已招募了更多的蛮族士兵，在 6 世纪 40 年代的瘟疫过后，帝国军队蛮族化程度进一步加深。"②

从 3 世纪后期开始，由于拜占廷帝国的经济、军事实力的弱化以及敌我态势发生的转变，帝国在地中海周边地区所进行的绝大部分对外战争都从"进攻"转变为"防御"。要防御如此漫长的边境线，在这一边境线上屯驻大量兵力是保障帝国安全的重要砝码。然而，在自然灾害和其他因素的共同影响下，作为军队士兵直接来源的帝国人口基数逐渐减少，由此，进一步影响到军队的规模。

在古代晚期初期阶段中，由于防御形势更为严峻，尤其是帝国西部需要庞大的士兵人数以保障边境线的安全。在戴克里先、君士坦丁一世及后继几位皇帝的政策调整与努力下，罗马—拜占廷帝国军队人数较之"3 世纪危机"期间呈现上升的趋势。沃伦·特里高德指出："帝国西部的防御困境令两位统治者将其军队扩充了近一倍，而帝国东部的戴克里先和伽勒里乌斯则增加了大约 1/4 的兵力。在军队规模扩大后，帝国东部拥有 31.1 万士兵和 3 万海员的舰队，而大部分增加的军队都被派往叙利亚前线，调整后军队中的士兵不再被行政长官督管，而是被新的地区性指挥——公爵（duckes）所统领。这种体系表明戴克里先主要是为了镇压军队内部的叛乱和抵御外族入侵，而不是进一步的对外征服。"③ 在君士坦丁一世进行政策调整后，帝国军队由两个部分组成：野战部队（comitatenses）和边防部队（limitanei）。帝国东部地区野战部队人数约 10 万，边防部队约 25 万人。④

直至 4 世纪末，帝国东部与西部的总兵力达到了 65 万人。⑤ 65 万这一

①　Solomon Katz, *The Decline of Rome and the Rise of Mediaeval Europe*, p. 75.

②　G. W. Bowersock, Peter Brown, Oleg Gravar, *Late Antiquity: A Guide to the Postclassical World*, p. 135.

③　Warren Treadgold, *A Concise History of Byzantium*, pp. 15–16. 沃伦·特里高德在另一部著作中进一步补充道：285 年，军队士兵总人数为 39 万人。而在经历了 4 位皇帝的统治之后，军队士兵总人数增加到了 58.1 万人。其中，帝国西部士兵人数增加幅度较大，东部较小。东部的士兵人数从 25.3 万人增加到 31.1 万人。帝国总体的海军人数也有所增加，从 4.6 万人增加到 6.4 万人（Warren Treadgold, *A History of the Byzantine State and Society*, p. 19.）。

④　Cyril Mango, *Byzantium: The Empire of New Rome*, p. 34.

⑤　Ibid., p. 33.

总兵力数据的估计很可能是来自于阿伽塞阿斯在其《历史》中提到的数据。① 艾弗里尔·卡梅伦则认为，4世纪末5世纪初帝国东、西部军队的总人数可能在43.5万人左右。② 沃伦·特里高德指出，4世纪末5世纪初，在阿尔卡迪乌斯统治之下，帝国东部的军队人数大约是30万人，其中包括大约拥有10.4万兵力的野战部队，以及主要负责帝国城市和边境安全的20万边防部队。③ 总体而论，至4世纪末，帝国军队的人数得到了显著增加，通过军队的调配和驻守，基本能够满足帝国防御战线的需要。

从4世纪末5世纪初期直至6世纪末，帝国军队的人数呈现显著下降趋势。阿伽塞阿斯在其《历史》中提到："帝国军队在盛期时的人数达到了64.5万人，而在查士丁尼一世统治中后期，帝国军队的人数缩减至15万人。"④ 阿伽塞阿斯提到的64.5万这一帝国盛期的军队人数很可能有夸张的成分存在，但是仍然可以由此看到帝国军队人数在6世纪后期已经显著减少。J. A. S. 埃文斯认为，如果查士丁尼一世统治的中后期，帝国军队的人数是15万人的话，那么这一数字较之于上一个世纪至少缩水了25%。⑤

在古代晚期，拜占庭帝国军队人数总体呈下滑趋势。从君士坦丁一世统治时期至查士丁尼时代，帝国军队人数逐渐缩小至原来的1/3甚至1/4。多次自然灾害的发生以及由此造成的人口数量显著下滑、财政收入明显减少等因素是影响帝国军队人数的重要原因之一。从6世纪中期开始，帝国人口减少已经明显导致兵源减少，然而，这一时期正是查士丁尼一世推行其重新征服西地中海地区计划的关键时期。显然，士兵人数的减少不利于帝国的征服战争，以致当时在意大利地区指挥对东哥特人作战的贝利撒留写信向查士丁尼一世抱怨难以征召士兵，士兵人数明显不足。⑥ 在鼠疫影响之后的第二年，仅有4000人跟随贝利撒留与东哥特人作战，而鼠疫爆发前，他可以组织一支3万人的部队来抵御波斯人的进攻。⑦ 根据普罗柯比的记载，帝国东

① Agathias, *The Histories*, p. 148.
② Averil Cameron, *The Mediterranean World in Late Antiquity AD 395—600*, p. 52.
③ Warren Treadgold, *A Concise History of Byzantium*, p. 31.
④ Agathias, *The Histories*, p. 148.
⑤ J. A. S. Evans, *The Age of Justinian*: *The Circumstances of Imperial Power*, p. 51.
⑥ Procopius, *History of the Wars*, Book 7, 10, 1 - 4, pp. 229 - 231.
⑦ James Allan Evans, *The Emperor Justinian and the Byzantine Empire*, p. 66.

部与波斯进行战争的军队中发生了一次瘟疫，很多士兵由于感染瘟疫而死，令东部前线的军事压力进一步加剧。[①] E. A. 汤普森认为，鼠疫所导致的士兵人数减少不利于帝国的对外战争。[②] 艾弗里尔·卡梅伦认为："东部持续性的资源、人力和财力的消耗使帝国对地中海西部进行征服的希望变得更加渺茫。一个明显的特征是从君士坦丁堡派出的军队人数变少，而出征将领抱怨军队兵源和给养不足。贝利撒留在意大利战场上发现自己需要用 5000 人对抗东哥特人的 2 万人大军。虽然拜占廷军队在某些方面是优于东哥特人的，但军队人数过少也是一个大问题。"[③]

从查士丁尼一世统治后期开始，直至查士丁二世、提比略、莫里斯等统治时期，由于鼠疫、地震、水灾等自然灾害造成了巨大的人口损失，招募士兵日益困难。在查士丁尼一世统治的中后期，远征军的人数在 1 万—2.5 万人之间，而一支军队的人数往往只有 5 万人。[④] 莱斯特·K. 利特认为："鼠疫令军队面临人员短缺的困境。当第一次鼠疫爆发时，即 542—543 年间，军事局势不容乐观，而在第二次鼠疫爆发时，拜占廷军队面临着士兵人员短缺的现象，在鼠疫的第二轮爆发过程中，年迈的贝利撒留只有较少的兵力来保卫君士坦丁堡。"[⑤] J. A. S. 埃文斯指出："查士丁尼一世统治中期 15 万的军队人数勉强能够应付当时所面临的周边局势。查士丁尼一世时期所取得的军事胜利大部分是靠小股军队的作战赢得的。军队人数一直持续下降，在埃及打败汪达尔人的军队核心仅仅包括 1.5 万名常规军；4 年后，只有 5000 名士兵去抵御一支强有力的东哥特人的进攻。到提比略二世于 578 年成为帝国皇帝的时候，面对强大的波斯帝国的军队只有 6400 人。"[⑥] 由于帝国可征召士兵人数不断减少，从 6 世纪中期开始，拜占廷帝国的军队规模处于不断缩减的发展趋势之中。艾弗里尔·卡梅伦提到："尽管难以从考古证据直接获得 6 世纪 40 年代瘟疫中人口死亡的相关信息，但这次瘟疫对于帝国的总体

① Procopius, *The Anecdota or Secret History*, Book 2, Chapter 27, p. 29.
② E. A. Thompson, *Romans and Barbarians*: *The Decline of the Western Empire*, pp. 88 – 89.
③ Averil Cameron, *The Mediterranean World in Late Antiquity AD 395—600*, p. 113.
④ Cyril Mango, *Byzantium*: *The Empire of New Rome*, p. 34.
⑤ Lester K. Little, *Plague and the End of Antiquity*: *The Pandemic of 541 – 750*, p. 116.
⑥ J. A. S. Evans, *The Age of Justinian*: *The Circumstances of Imperial Power*, p. 51.

人口规模必定造成了难以估量的损失。大量人员的死亡对帝国的税收系统和军队战斗力造成了直接影响,帝国面临的不仅仅是军队人数不足的问题。"[1]在古代晚期阶段结束后,拜占廷军队缩减的趋势仍旧存在,每次派出抵御外侵或对外征服的军队人数均较少。[2]

综上所述,自然灾害直接导致罗马—拜占廷帝国的军队规模在古代晚期后期阶段不断缩小。在冷兵器时代,军队人数是军力的重要指标之一,帝国军队缩减至如此规模,却要对通过征服战争扩大后的庞大国土进行统治,势必会面临东西不能兼顾的危险境况。

二 军队开支的缩减

鼠疫、地震等自然灾害的频繁发生引起的绝不仅仅是士兵人数减少,也会影响军队开支。军队开支是帝国财政支出的最重要项目之一。[3] 当帝国财政收入由于人口减少、城市衰落、农村凋敝、商业萧条而减少时,军队开支也会随之受到影响。

从戴克里先统治时代开始,罗马—拜占廷帝国历任皇帝不断提高军队开支。相关支出占到帝国财政开支的一大部分。[4] 早在"3 世纪危机"结束之初,为了缓解危机并维系统治的稳定,戴克里先实行了应对危机的"战时政策",比如一味地增加军费,同时扩充军队的规模,但是这无疑使还未完全恢复的帝国财政状况雪上加霜。同时,对外战争却未能为帝国带来较多的财富,由此导致 3 世纪末至 4 世纪中,帝国军队的军费来源十分困难。沃伦·

---

① Averil Cameron, *The Mediterranean World in Late Antiquity AD 395—600*, p. 111.

② 查尔斯·戴尔也提到,6 世纪 30 年代,贝利撒留从汪达尔人手中夺回北非时用的兵力只有 1.5 万人,而对付东哥特王国所使用的兵力也不过 2.5 万—3 万人。而 10 世纪,远征克里特的军队也不过才拥有 9000—15000 人的陆军兵力。在 10 世纪,一支有着 5000—6000 人的军队都可称得上一支大部队(Charles Diehl, *Byzantium: Greatness and Decline*, p. 43.)。

③ 艾弗里尔·卡梅伦指出,帝国消费项目中的主要部分用在军队上,军费是直接用钱币来支付的。于是,明显的后果出现了:在古代晚期中,军队更习惯于驻扎在供给源头的附近,如城镇等,而不是驻扎在边境地区了。4 世纪末期,更多的军费是直接依靠现金支付的,作为帝国最为核心的角色,以组织和激励生产的方式来收集和分配军费仍旧是帝国经济的重要特点,但是从 5 世纪开始,这种组织和激励生产的国家功能的停止是导致帝国西部经济破碎的主要因素(Averil Cameron, *The Mediterranean World in Late Antiquity AD 395—600*, p. 84.)。

④ Averil Cameron, *The Mediterranean World in Late Antiquity AD 395—600*, p. 94.

特里高德认为："戴克里先为维持其统治而不断增加军队军费开支的政策是十分短见的。"① 艾弗里尔·卡梅伦则认为戴克里先和君士坦丁一世建立的庞大军队所需的开支造成了严重的财政问题，并影响到后继统治者。②

资金的缺乏意味着难以达到满意的军队规模，军队规模的缩小使帝国难以在不同区域部署可防御外侵的兵力，进一步恶化了帝国的边境局势。而5世纪末6世纪初阿纳斯塔修斯一世的财政调整暂时得以既满足军队所需，又为其继任者留下了较为充足的国库盈余。由此令在与保加尔人和波斯人的战争中处于较为有利的地位，并在东部建立了达拉斯要塞，以防止波斯人的偷袭。③ 沃伦·特里高德提到："阿纳斯塔修斯一世留下了2300万诺米斯玛塔的国库盈余，这一数字至少是457年国库储备的3倍。这一数据不仅表明阿纳斯塔修斯一世在缓解贪污和浪费问题上有所贡献，同时也说明一个事实，那就是拜占廷帝国在不断成长。如同利奥一世、泽诺，阿纳斯塔修斯一世也面临着严峻的内、外部局势，但是他却能够更容易地来解决这些内外问题。在阿纳斯塔修斯一世统治之下，帝国东部似乎比之前更为繁荣和健康。"④

正是依靠前任留下的大笔财政盈余，查士丁尼一世着手推行其西征计划。由此导致帝国的军费开支进一步提高。据估计，在查士丁尼时代，拜占廷帝国的军费开支曾占到帝国年收入的一半以上。⑤ 然而，从6世纪中期开始的长期战争与不断发生的自然灾害导致帝国财政陷入困境。6世纪，帝国军队的显著问题是军费短缺，政府发现很难维持现有的军队人数。⑥ 频繁发生的自然灾害不仅直接导致帝国财政收入减少，也会因为灾后救助影响财政支出的方向而影响军队开支。A. A. 瓦西里耶夫认为，"查士丁尼瘟疫"与频繁发生的地震导致政府陷于破产，与此同时，军队也日益受到削弱。⑦ 格兰维尔·唐尼认为："在查士丁尼一世统治的后期阶段中，帝国的财富似乎

① Warren Treadgold, *A Concise History of Byzantium*, p. 7.
② Averil Cameron, *The Mediterranean World in Late Antiquity AD 395—600*, p. 96.
③ 拜占廷帝国与萨珊波斯帝国的局势可参见文后图表"图14"：拜占廷帝国与萨珊波斯帝国之间的边境地带。
④ Warren Treadgold, *A Concise History of Byzantium*, p. 57.
⑤ Steven Runciman, *Byzantine Civilization*, Clevland: Meridian Book, 1956, p. 117.
⑥ Averil Cameron, *The Mediterranean World in Late Antiquity AD 395—600*, p. 50.
⑦ A. A. Vasiliev, *History of the Byzantine Empire* (324–1453), Vol. 1, p. 162.

逐渐流失，军队开始因为缺少资金而萎缩。他的继承者查士丁二世抱怨自己叔叔的奢侈政策。而查士丁尼一世真正的失败在于，他没能找到足以维持保护帝国辽阔疆域的庞大军队所需开支的办法。”①

从6世纪中期开始，随着自然灾害造成的人口减少与商贸活动减少，税收也随之减少，而由于自然灾害所加剧的官僚体系的腐败进一步影响到帝国的财政，由此导致军队缺乏维持其规模的足够投入。J. H. W. G. 里贝舒尔茨指出：“6世纪帝国的征税能力低下，同时由于征税过程中极易出现私吞公款的情况，所以当帝国遇到紧急军务时，难以将收入转移到新的军事开销上。”② J. A. S. 埃文斯认为：“在查士丁尼时代中后期，由于帝国财政压力与日俱增，军队的招募工作变得更加困难。鼠疫的爆发肯定是造成查士丁尼时代后期军队规模缩小的主要因素之一。”③

在6世纪后期，帝国多次出现拖欠军饷的情况，尤其是在莫里斯统治期间，克扣乃至拖欠军饷的现象变得更加常见。588年，帝国的军饷减少25%，直接导致帝国东部前线军队暴动。④ 7世纪初，莫里斯垮台的重要因素便是帝国政府拖欠与斯拉夫人作战的军队军饷并强迫军队在冬季作战，从而引发军队哗变，一名普通军官福卡斯得以登上皇帝宝座。艾弗里尔·卡梅伦认为，“福卡斯的篡位表明，在数年战争过后，帝国已经很难维系军队开支和给养。帝国首都君士坦丁堡在626年仅能够保持基本安全，伊拉克略一世面临着严重的财政困境，以致需要利用教会的财产进行铸币”⑤。沃伦·特里高德认为：“阿纳斯塔修斯一世时期所进行的增加野战部队津贴的做法令帝国的军队在6世纪中的战斗力水平和保家卫国的热情得以维系，同时也保障了士兵的来源。由此，野战部队数量也从9.5万人增加到了15万人。然而，这一增加津贴的政策却从6世纪中期开始大打折扣。从6世纪中期开始，一旦财政紧张，查士丁尼一世就拖欠军饷，最终遭到了北非和意大利地区军队的反叛。而莫里斯多次试图减少士兵的津贴，最终被愤怒的士兵推翻。虽然及时地向

① Glanville Downey, *The Late Roman Empire*, p. 110.

② J. H. W. G Liebeschuetz, *Decline and Fall of the Roman City*, p. 407.

③ J. A. S. Evans, *The Age of Justinian: The Circumstances of Imperial Power*, p. 164.

④ Peter Sarris, *Economy and Society in the Age of Justinian*, p. 227.

⑤ Averil Cameron, *The Mediterranean World in Late Antiquity AD 395—600*, p. 187.

野战部队支付军饷就能够保障他们的有效性和忠诚感，但这对于帝国来说确实是勉为其难的，尤其是从 6 世纪开始，帝国很难负担这笔巨大的费用。"①

　　总而言之，从 6 世纪开始军队开支不足的问题由于自然灾害的频繁发生而愈益严重，并导致士兵人数不断减少、军队规模不断缩小。

第二节　自然灾害与帝国的防御

　　古代晚期的地中海世界，见证了拜占廷帝国的领土范围不断受到周边蛮族势力的挑战而逐渐缩小，直至龟缩于东地中海沿岸地区的发展趋势。随着军队规模的缩小以及周边压力不断增大，曾统治整个地中海世界的拜占廷帝国日益无法维持其已有疆域，战略形势逐步恶化。② 地中海世界无有效天然屏障的自然条件在拜占廷人处于经济繁荣、政治稳定和兵强马壮之际，成为其由地中海向东、西、南、北四个方面迅速扩张的有利条件。然而，当拜占廷人遭遇内部危机之际，这种自然条件俨然成为其遭遇来自各方向民族打击的桎梏。

一　古代晚期前期罗马—拜占廷帝国战略态势

　　沃伦·特里高德认为："帝国的领土边境均缺乏天然屏障，大多是由河流和较低的丘陵组成，这样的防御条件令周边的敌人得以轻易进入帝国境内。哪怕是失去部分省份，也不可能让边境线变得更加牢固。将敌人赶出帝国的唯一办法就是在所有薄弱的边境线上都增加兵力。但是如此却会造成其

---

　　① 　Warren Treadgold, *A Concise History of Byzantium*, p. 76.
　　② 　早在 2—3 世纪瘟疫的影响下，地中海地区的防御局势受到了较大影响。特奥多尔·蒙森在其专著中不仅关注到"安东尼瘟疫"对帝国造成的不利影响，使东部的局势直到马库斯统治后期及康茂德时期才得以恢复（Theodor Mommsen, *A History of Rome under the Emperors*, p. 342.）。同时，他详细论述了"西普里安瘟疫"的发生对帝国东部军事活动的严重干扰。250 年前后发生的瘟疫令帝国的形势十分危急，皇帝瓦勒里安无法依赖任何将军，唯有自己上前线征讨。东部前线处于极度困境之中，沙普尔和他的波斯人蹂躏了叙利亚所有地区，并且占领了埃德萨。同时，从另一侧，小亚细亚诸省份被哥特人袭击。特拉布宗（Trebizond）、尼科美地亚（Nicomedia）和尼西亚（Nicaea）在 259 年被其占领，尼科美地亚和尼西亚还被付诸一炬。在这种危机境况下，由于没有可信任的人，瓦勒良皇帝不得不亲自赴险。而皇帝本人也成为波斯人的俘虏。皇帝的被俘破坏了罗马人的所有抵抗。美索不达米亚、西西里、卡帕多西亚，以及叙利亚都被征服了（Theodor Mommsen, *A History of Rome under the Emperors*, p. 348.）。

他的问题，为了让边境线上的军队更有效率，这些军队甚至能够拥有反动叛乱以反对皇帝的力量。"①

　　古代晚期初期阶段中，戴克里先和君士坦丁一世的政策调整虽然令帝国军事实力得到了恢复，但是4世纪帝国内部局势和边境形势的变化导致帝国陷入危机，为4世纪末开始直到5世纪后期帝国西部政府的垮台埋下了伏笔。君士坦丁一世通过改变戴克里先统治时期建设和维修边境要塞、进而加强前线防御的举措，转而将军队从边境地区调到一些不需要防御的城市的做法毁掉了边境的安全。② 陈志强教授认为："蛮族入侵是早期拜占廷帝国面临的一个急待解决的问题。4世纪末，日耳曼各部落在匈奴人的进攻压力下加快了向西迁徙的速度，拜占廷军队几乎无法阻挡他们涌入帝国的浪潮，君士坦丁大帝接受哥特人为帝国的臣民，允许他们在帝国边境地区定居垦荒，交纳赋税，提供劳役和军队，而且大量使用哥特人雇佣兵。哥特人进入拜占廷社会带来了经济、军事等多方面积极的影响，但也留下了很多新的社会问题。"③

　　如前所述，瓦伦提尼安与瓦伦斯共同统治帝国时期，地中海地区发生了一系列自然灾害。同时，帝国还遭到饱受匈人的压迫而大举西迁的哥特人的侵扰。诺尔·伦斯基认为，一系列地震、海啸、冰雹的发生对帝国的治理造成了严重的负面影响。④ 378年亚得里亚堡战役⑤失败对帝国朝野和军队产生了深远的心理影响，在此情况下，采取利用蛮族和"以夷制夷"的策略既

---

　　① Warren Treadgold, *A Concise History of Byzantium*, p. 8.

　　② Averil Cameron, *The Mediterranean World in Late Antiquity AD 395—600*, p. 53.

　　③ 陈志强：《拜占庭帝国通史》，第68—70页。

　　④ Noel Lenski, *Failure of Empire: Valens and the Roman State in the Fourth Century AD*, p. 386.

　　⑤ 阿米安努斯·马塞林努斯详细记载了亚得里亚堡战役的来龙去脉。当越来越多的哥特人到达色雷斯地区并袭击色雷斯的农场时，瓦伦斯率领帝国野战军前往作战，经历了多次军事会议上的协商。最终，378年，他与哥特人在亚得里亚堡进行战争。在这次混乱且致命的战争中，瓦伦斯及其大部分军队士兵均战死（Ammianus Marcellinus, *The Surviving Book of the History of Ammianus Marcellinus*, V. 3, 31, 12, 12 – 14, pp. 469 –471.）。关于亚得里亚堡战役中罗马军队人数的问题，沃伦·特里高德认为达到了4万人（Warren Treadgold, *A Concise History of Byzantium*, p. 29.）。依安·休斯认为人数为1.5万—2万人（Ian Hughes, *Imperial Brothers: Valentinian, Valens and the Disaster at Adrianople*, Barnsley: Pen & Sword Book Lomited, 2013, p. 195.）。亚瑟·费瑞尔指出，事实上，376年，帝国仍旧较为强大，仍然被驱过帝国边境线的敌人尊重。同时，仍旧可以通过较为有效的军队来保护帝国的边境线。从另一方面来看，376年是罗马历史中的一个重要年份，其后，在匈人和东哥特人的压力下，西哥特人被驱赶至多瑙河流域，并且在皇帝的允许下永久地定居在罗马领土上。随后，西哥特人开始了一系列的越过多瑙河的侵略性行为，而这种侵略性的行为持续了100年（Arther Ferrill, *The Fall of The Roman Empire: The Military Explanation*, p. 161.）。

是不得已而为之，也是有利可图的政策。① 378 年亚得里亚堡之役后，塞奥多西临危受命，于 379 年由西部皇帝格拉提安立为东部皇帝。塞奥多西一世在位期间，在对外关系上采取安抚哥特人的策略，不仅令其在色雷斯附近地区定居，同时还吸纳哥特人进入帝国军队服役。塞奥多西一世的政策可以反映出帝国在这一时期的防御力量无法完全抵抗住来自北部蛮族的入侵这一事实，而他所采取的安抚哥特人的政策也是针对这一时期防御状况不得不采取的举措。因为 4 世纪后期哥特人越过多瑙河，发生暴动并在亚得里亚堡战役中打败帝国军队，令帝国北部的边境局势更为紧张。

　　395 年，塞奥多西一世去世，帝国一分为二，这种政策的出现与皇帝难以凭借一个人的能力来统治疆域范围如此广阔的帝国有关。A. H. M. 琼斯指出："在当时的交通条件下，面对不断发生的危机，单靠一个皇帝能否有效控制东部和西部是值得怀疑的。"② 帝国分治在一定程度上有助于东西部的有效统治，在这一政策开始实施的前期，东西部的两位皇帝仍然能够较为有效地合作。徐家玲教授指出："395 年是传统上认为东西方帝国最后分治的年代，但却并不意味着帝国的完全分裂，帝国东西两部仍然保持着由两个皇帝同时签字颁布法令、政令的传统。尽管在事实上，拉丁的西方与希腊的东方之间有着许多不可弥合的鸿沟，东西方教会之间的对立和冲突也经常难以调和，但是帝国'一统'的概念仍然顽固地深植于整个'罗马世界'各阶层人民的心目之中，甚至周边的'蛮族'部落和国家，也始终相信'罗马世界'是不可战胜的。"③

　　此后，帝国东部与西部均面临着巨大的军事压力。在西部，401 年和 405 年拉达盖伊苏斯两次入侵意大利，406 年汪达尔人、阿兰人、苏维汇人越过莱茵河防线进入高卢，而阿拉里克率领的西哥特人则于 410 年攻陷罗马，5 世纪中期阿提拉先后入侵意大利与高卢。在帝国东部，一方面与波斯帝国长期对峙，另一方面 441—447 年遭遇匈人入侵，479—482 年遭遇东哥

---

　　① 陈志强：《拜占庭帝国通史》，第 75 页。

　　② A. H. M. Jones, *The Later Roman Empire 284 – 602：A Social，Economic，and Administrative Survey*, V. 2, p. 1032.

　　③ 徐家玲：《拜占庭文明》，第 41 页。

特人劫掠、493 年遭遇保加尔人入侵。① 5 世纪的拜占廷皇帝解决边境问题的重要方式就是支付贡金，这一方式多次使用于蛮族大举入侵之后。艾弗里尔·卡梅伦指出："帝国东部在面临蛮族问题时的压力十分明显。贡金在抵御外族入侵的过程中发挥了相当大的作用。塞奥多西二世统治时期，每年赔付给阿提拉的贡金达到 700 磅黄金。在色雷斯边境冲突过后，贡金提高到 2100 磅黄金，随后不久，贡金进一步提高到 6000 磅黄金。"② 沃伦·特里高德也提到："多年来，匈人一直从帝国得到丰厚的贡金，因此在一段时间内并没有入侵帝国边境，但他们获得财富的愿望令其向伊利里亚和色雷斯发动了一次毁灭性进攻，并由此向帝国索要高额贡金。阿提拉所率领的匈人军队持续性地对伊利里亚和色雷斯地区进攻，并令帝国军队遭遇大溃败，于 447 年，强令帝国割让伊利里库姆北部地区，并索要更高额的贡赋。"③

在面临强大外部压力的同时，5 世纪 40—60 年代频发的地震令帝国东部地区的防御局势十分严峻，包括城墙在内的大量防御设施受到破坏。根据马塞林努斯的记载，447 年 1 月 26 日，君士坦丁堡及附近地区发生强烈地震，导致"长城"受损，令匈人乘虚而入。④ 彼得·海瑟也曾论及此事，认为 447 年的匈人入侵与地震导致的君士坦丁堡城墙倒塌之间存在关联。⑤

二　古代晚期中期拜占廷帝国战略态势

古代晚期中期阶段中，帝国东西部的防御局势呈现出完全不同的发展趋势。帝国西部的防御局势在受到内外因素的影响下，不断呈现出崩溃的趋势。东部地区则成功挽救危急局势。亚瑟·费瑞尔认为，"在 410 年之后，西部皇帝已经无法有效防御入侵，不列颠和北非随之丧失"⑥。艾弗里尔·卡梅伦也认为，帝国西部政府在 5 世纪已经无法阻止蛮族进入帝国。⑦ A. H. M. 琼斯认为："4 世纪，帝国西部的皇帝肩负着几乎整个莱茵河流域

① 　Cyril Mango, *Byzantium: The Empire of New Rome*, p. 22.
② 　Averil Cameron, *The Mediterranean World in Late Antiquity AD 395—600*, p. 31.
③ 　Warren Treadgold, *A Concise History of Byzantium*, p. 34.
④ 　Marcellinus, *The Chronicle of Marcellinus*, p. 19.
⑤ 　Peter Heather, *The Fall of The Roman Empire*, p. 309.
⑥ 　Arther Ferrill, *The Fall of The Roman Empire: The Military Explanation*, p. 164.
⑦ 　Averil Cameron, *The Mediterranean World in Late Antiquity AD 395—600*, p. 53.

与多瑙河流域漫长边境的防御任务。甚至在 5 世纪，当东部皇帝获得了达西亚和马其顿地区后，西部皇帝仍旧需要保卫较之于东部长达两倍的边境线，这种防御上的压力对帝国西部的资源造成了持续性的消耗，并且也造成了严重的战略问题。帝国西部的资源无法防御莱茵河和多瑙河沿岸蛮族的突袭。"①

5 世纪中期，在自然灾害的影响下，帝国西部的战略态势进一步恶化。467 年春季，罗马发生疫病，影响到了罗马及附近地区的居民和军队，第二年，罗马发生了谷物供应不足的现象。② 想必 468 年食物短缺的发生与头年疫病的爆发有着直接关系，也很可能与正在进行的战争有关。

与此同时，从古代晚期初期开始的由于帝国人力资源短缺而大量征召蛮族士兵入伍的政策成为噩梦，不少蛮族出身的士兵通过战功等方式成功上升为军队中的高级将领。蛮族将领成为军队中的极端不稳定因素，同时进一步影响到西部政局的发展。476 年，蛮族将领奥多亚克（Odovacar）废黜了西部末代皇帝罗慕路斯·奥古斯都努斯（Romulus Augustulus），并向泽诺（Zeno，474—491 年在位）表示臣服，皇帝泽诺默认了他在亚平宁半岛的统治地位。③ 亚瑟·费瑞尔指出："5 世纪中期开始，财政收入和领土面积的减少令帝国军队招募士兵变得十分困难。在帝国西部最后的 20 年时间中，尤其在瓦伦提尼安三世去世后，意大利地区的中央政府完全依赖于蛮族士兵，直到最后的 476 年，其中的一位军官废黜了帝国西部皇帝。"④

其后不久，皇帝泽诺建议东哥特人向西进入亚平宁半岛，获取了这一地区的统治权。而蛮族在高卢、西班牙等地所建立的勃艮第王国、法兰克王国，以及西哥特王国等都承认自己仍然属于罗马帝国的一部分。事实上，在 5 世纪末，帝国皇帝已经不得不放弃对帝国西部的直接统治权，只剩下名义上的宗主地位。在失去帝国西部地区之后，东部政府和它的行省以及防御体

① A. H. M. Jones, *The Later Roman Empire 284 – 602：A Social，Economic，and Administrative Survey*，V. 2, p. 1030.

② Dionysios Ch. Stathakopoulos, *Famine and Pestilence in the Late Roman and Early Byzantine Empire：A Systematic Survey of Subsistence Crises and Epidemics*, p. 243.

③ R. C. Blockley, *The Fragmentary Classicizing Historians of the Late Roman Empire：Eunapius，Olympiodorus，Priscus and Malchus，II*, pp. 419 – 421.

④ Arther Ferrill, *The Fall of The Roman Empire：The Military Explanation*, p. 168.

系都比从前弱化了很多。① 相对于帝国西部而言，同时期的东部政府则较好地控制了军队中的蛮族势力。沃伦·特里高德认为："尽管在利奥一世和泽诺统治时期遇到了相当大的难关，但他们统治之下的帝国的确变得更加强大。他们成功地将野战部队中的蛮族士兵数量减少到便于控制的规模。泽诺最终将帝国边境的东哥特人赶走，令帝国在一个多世纪的时间中第一次完全控制巴尔干半岛。尽管帝国遭遇了远征北非的失败和东哥特人多次侵袭，但帝国的财富仍然尚有赔付能力。利奥一世和泽诺的成功也说明帝国人口和经济正在恢复。这两位皇帝似乎总能招募到新的军队并且能够想方设法提供足够的钱财用以供应这些军队。"② 陈志强教授认为，来自帝国周边日益严重的外族入侵与晚期罗马帝国的内部危机相结合，推动古代罗马帝国社会逐步向中世纪社会转化。这一转化过程在帝国东部采取了长期的渐变的形式，而在帝国西部则采取了相对短暂的、突变的形式。③ 徐家玲教授认为："476年，当西部在位皇帝罗慕洛被蛮族将领推翻后，一方面，以君士坦丁堡为核心的'新罗马'必须面对西方蛮族国家的敌对和挑战；另一方面，以君士坦丁堡和罗马为代表的东西方基督教会内部的争论与近东各行省人民的分离倾向，也成为5—6世纪的拜占庭皇帝们必须解决而又往往难于解决的问题。"④

在防御体系弱化的局势之下，阿纳斯塔修斯一世和查士丁一世统治期间，在处理与帝国北部及东部势力的关系上较为谨慎，帝国外部形势较为稳定。"在阿纳斯塔修斯一世即位后，东哥特国王塞奥多里克在意大利地区确立了统治地位，拜占廷人与东哥特人在对待彼此关系的问题上都很慎重。"⑤

在古代晚期中期阶段中，虽然也有外族入侵势力感染瘟疫导致其军队大受影响的例证。迪奥尼修斯·Ch. 斯塔萨科普洛斯提到："396年前后，伯罗奔尼撒半岛发生瘟疫，此时，阿拉里克的军队侵入希腊地区，军队中的士兵部分因为战争，部分因为感染疾病，最终导致阿拉里克的军队被斯提里科

---

① Averil Cameron, *The Mediterranean World in Late Antiquity AD 395—600*, p. 85.

② Warren Treadgold, *A Concise History of Byzantium*, p. 55.

③ 陈志强：《拜占庭帝国通史》，第41页。

④ 徐家玲：《拜占庭文明》，第41页。

⑤ Averil Cameron, *The Mediterranean World in Late Antiquity AD 395—600*, p. 32.

（*Stilichos*）所率领的军队击败。"[①] 434 年，匈人越过了多瑙河并侵入色雷斯地区，皇帝祈祷着，结果下起了冰雹，杀死了大量士兵，剩余的也逃走了。[②] "450—451 年间，意大利地区发生饥荒，瘟疫发生在阿提拉的军队中。而此时，东部皇帝马尔西安派遣了一支军队横穿多瑙河打击匈人的老巢。无论出于哪种原因，阿提拉最终撤退了，罗马得以拯救。"[③] 然而，外族入侵势力在瘟疫中所受到的影响远远小于帝国军队和防御局势在多次鼠疫、地震等灾难中所遭受的创伤。

三　古代晚期后期拜占廷帝国的防务问题

（一）帝国东、西部的战略局势的演变

在利奥、泽诺、阿纳斯塔修斯一世等皇帝的努力下，以巴尔干、色雷斯、小亚细亚、叙利亚和埃及作为核心统治区域的拜占廷帝国赢得了一段较为稳定的发展时期。查士丁尼一世即位后，以充裕的军费及较为有利的东部局势作为保障[④]，查士丁尼一世试图完成重建旧日罗马帝国的伟业。533 年，在贝利撒留的指挥下，拜占廷帝国获得了西征汪达尔人战争的胜利。征服北非汪达尔人所获得的国库收入完全可以弥补查士丁尼一世远征的费用，同时，查士丁尼一世期待从他的新非洲省份获得的财政收入不仅可以供养驻扎于北非的军队，同时能够有相当的盈余上交到君士坦丁堡。[⑤] 然而，远征汪达尔人的胜利所带来的后续管理工作却耗费惊人。根据《查士丁尼法典》的记载，在获得北非地区之后，在这一地区需建立数百人组成的行政管理部门，并从拜占廷帝国为其配备相关行政人员，同时，每年的薪金耗费量也不可小觑。此外，这一区域还需要相当的防御及建筑活动的开销。[⑥]

---

① Dionysios Ch. Stathakopoulos, *Famine and Pestilence in the Late Roman and Early Byzantine Empire*: *A Systematic Survey of Subsistence Crises and Epidemics*, p. 216.

② Ibid., p. 232.

③ Arther Ferrill, *The Fall of The Roman Empire*: *The Military Explanation*, p. 151.

④ 阿纳斯塔修斯一世去世后，留下了庞大的财富，为查士丁尼一世进行扩张计划打下了坚实基础。（William G. Sinnigen, Arthur E. R. Boak, *A History of Rome to A. D. 565*, p. 464.）

⑤ Warren Treadgold, *A Concise History of Byzantium*, p. 60.

⑥ S. P. Scott translated, *The Civil Law Including the Twelve Tables*, the *Institutes of Gaius*, the *Rules of Ulpian*, the *Opinions of Paulus*, the *Enactments of Justinian*, and the *Constitutions of Leo*, Vol. 12, Book 1, Title27, pp. 130 – 136.

　　针对北非地区的战争是查士丁尼一世西征计划中较为成功的征服行动。535 年，在北非针对汪达尔人战争胜利之后不久，帝国开始了西征东哥特人的战争。战争初期，查士丁尼一世并未想到东哥特战争会延续二十年。艾弗里尔·卡梅伦提道："当贝利撒留及其妻子率领由 10000 步兵和 5000 骑兵组成的远征军启程前往北非攻打汪达尔人之时，当时没有人看到这次远征。但是，贝利撒留取得了意想不到的胜利。由于第一次远征获得了快速且轻易的成功，令查士丁尼一世觉得征服意大利地区东哥特人的行动看上去是可行的。而这一时期帝国的立法活动也迎合了查士丁尼一世对于帝国征服战争胜利的乐观呼声。在那时，查士丁尼一世绝对想不到征服东哥特人的行动会持续 20 年之久，最终当这一战争于 554 年结束时所得到的只是一个荒凉的意大利。"[1] 东哥特王国之难以征服是查士丁尼一世所未曾预料到的，与此同时，帝国与东部波斯的关系再次恶化，540 年与波斯再度爆发战争，帝国陷入了两线作战的困境之中。[2] 更为严重的是，几乎就在同时，帝国境内发生了一次影响范围广泛的鼠疫。由于鼠疫所引发的社会危机与帝国的外部危机交织在一起令帝国的战略形势从 6 世纪中期开始明显恶化。长期的东哥特战争、与萨珊波斯的战争以及"查士丁尼瘟疫"共同削弱了拜占廷帝国，令其无力应对 6 世纪晚期至 7 世纪早期的来自外部的军事威胁。[3] A. H. M. 琼斯认为鼠疫严重干扰了 6 世纪 40 年代帝国所进行的战争。[4]

　　在拜占廷帝国东部，萨珊波斯始终是帝国的劲敌。查士丁尼一世在实现其再次征服西地中海世界计划时，为免后顾之忧，曾于 6 世纪 30 年代与波斯达成和约。此时，由于查士丁尼一世正在进行哥特战争，所以大批原驻扎在叙利亚地区的军队调往意大利进行战争，于是令叙利亚地区处于防御的空

　　① Averil Cameron, *The Mediterranean World in Late Antiquity AD 395—600*, pp. 108 – 109.
　　② 有学者认为，在 5 世纪后期，帝国东西部在面临严峻形势之下，东部得以存活下来的重要原因就是东部地区有战略上的优势，虽然多瑙河流域经常遭遇外族人侵，但蛮族对其没有造成致命打击，同时不用两线作战。而帝国西部却面临着最难防御的莱茵河—多瑙河边境这一蛮族主要渗透的地区（William G. Sinnigen, Arthur E. R. Boak, *A History of Rome to AD 565*, p. 499.）。从 6 世纪 40 年代开始，拜占廷帝国却要面临东西两线作战的困境，而鼠疫、地震等自然灾害的频发则加剧了帝国的恶劣处境。
　　③ Averil Cameron, *The Mediterranean World in Late Antiquity AD 395—600*, p. 106.
　　④ A. H. M. Jones, *The Later Roman Empire* 284 – 602: *A Social, Economic, and Administrative Survey*, V. 1, pp. 287 – 288.

虚期。然而，当东部边境发生战事之时，安条克作为军事总部和最重要商贸中心的地位就凸显出来了。[1] 沃伦·特里高德指出："为实现其再征服计划，查士丁尼一世将大量军队调至西部，而从 6 世纪 40 年代开始，波斯多次入侵美索不达米亚地区，东方大区长官驻地与东部重要商贸城市安条克在 526 年与 528 年大地震、542 年后多次爆发的鼠疫以及波斯军队的劫掠下彻底衰落。"[2] 查士丁尼一世对待东部叙利亚和埃及的做法显然对这一地区的发展极为不利。这一地区在 6 世纪中后期迅速衰落，城市人口锐减、正常的商贸往来时断时续，部分城市多次受到自然灾害和东部势力的入侵。查尔斯·戴尔认为，查士丁尼一世对西部地区的征服和对东部地区的忽视必然会酿成大祸。[3] A. H. M. 琼斯认为："对于帝国东部而言，防御波斯的势力是重中之重，一旦波斯在某一阶段中十分具有侵略性，那么对帝国而言将会是沉重的负担。在 4 世纪绝大部分的时间和 5 世纪中期，帝国不用过度担忧东部边境的安全。然而，从 6 世纪之初开始，波斯在一些十分具有野心和精力旺盛的国王，如卡瓦德、库萨和等的带领下，对帝国的边境线造成了沉重的压力，同时由于双方间连续性的紧张关系也是导致莫里斯去世后，帝国东部边境战线崩溃的重要原因。"[4]

如前所述，"查士丁尼瘟疫"在地中海地区的蔓延，导致拜占廷帝国人口大幅下降、财政收入大量减少、军队规模也不断缩小。6 世纪中期帝国全部军队只有约 15 万人，这些军队既要完成查士丁尼一世念念不忘的重建统一帝国的美梦，又要应对与波斯的长期战争，这就难免顾此失彼。鼠疫导致查士丁尼一世的统治陷入困境，帝国由于鼠疫而人力紧缺，为此不得不与波斯签订对帝国不利的条约。[5] 博尔索克、彼得·布朗等认为鼠疫毁灭了拜占廷帝国的防御能力。[6] 沃伦·特里高德指出，鼠疫是导致东哥特战争久拖不

[1]　Glanville Downey, *Ancient Antioch*, p. 246.

[2]　Warren Treadgold, *A History of the Byzantine State and Society*, p. 249.

[3]　Charles Diehl, *Byzantium: Greatness and Decline*, p. 8.

[4]　A. H. M. Jones, *The Later Roman Empire 284－602: A Social, Economic, and Administrative Survey*, V. 2, pp. 1030－1031.

[5]　Averil Cameron, Bryan Ward Perkins, Michael Whitby edited, *The Cambridge Ancient History* (V. 14, *Late Antiquity: Empire and Successors, A. D. 425－600*), pp. 75－76.

[6]　G. W. Bowersock, Peter Brown, Oleg Gravar, *Late Antiquity: A Guide to the Postclassical World*, p. 392.

决的重要因素，因为鼠疫导致的死亡造成军力短缺。① 埃文斯也指出："查士丁尼一世时期发生的鼠疫直接导致国家税收的减少和军队可征召士兵人数的下降并令帝国在西部进行的征服活动陷入泥沼。"② 约翰·L. 蒂埃尔指出，542 年鼠疫所导致的另一个重要问题是在多部编年史中有关鼠疫造成人力资源显著减少的记载，人力资源短缺的现象不仅在帝国政令上有所体现，也体现在提比略和莫里斯的军事政策的推行过程之中，这两位皇帝更珍惜人力的获得，而不是土地的占有。他们的政策主要是基于农业和军事方面的考虑。③ 鼠疫的多次爆发不仅导致帝国人口数量的剧烈下滑，还令帝国的征税活动变得十分困难，令查士丁尼一世对外作战陷入困境。④ 皇帝无法为正远征意大利而陷于缺兵少钱困境的贝利撒留提供援助，而驻扎在北非地区的军队又因拖欠军饷而发生暴动，从上述种种现象均可看出，查士丁尼一世在完成其雄心勃勃的西征计划的过程中已经力不从心。⑤

　　从 6 世纪 20 年代开始，帝国境内不断发生地震、水灾等自然灾害，然而在大规模对外军事征服活动开始和鼠疫大爆发前，借助之前皇帝所留下的国库盈余，帝国尚有余裕应对。但是，"查士丁尼瘟疫"在 6 世纪中后期的五次爆发，导致帝国人口减少、城市衰落、农业凋敝，从而严重影响到帝国军力。沃伦·特里高德认为："受到 558 年鼠疫复发的影响，拜占廷军队在意大利地区的行军速度缓慢下来，而在西班牙地区则完全停止下来。这种现象出现的原因在于，如同鼠疫于 541—544 年第一次袭击地中海地区的情况一般。鼠疫对游牧民族的影响要远远小于定居的拜占廷人，鼠疫的爆发在一定程度上帮助了保加尔人、斯拉夫人和一些匈人远距离地袭击巴尔干地区。被称为库特里古尔（Kotrigurs）的匈人击败了拜占廷帝国的军队并兵临防御虚弱的君士坦丁堡城下。"⑥ 在此危机情势之下，根据阿伽塞阿斯的记载，查士丁尼一世不得不召回已退休数年的贝利撒留来抗击敌人，并使用支付贡

　　① Warren Treadgold, *A History of the Byzantine State and Society*, p. 216.

　　② James Allan Evans, *The Emperor Justinian and the Byzantine Empire*, p. 65.

　　③ John L. Teall, "The Grain Supply of the Byzantine Empire, 330 – 1025", Dumbarton Oaks Papers, V. 13, 1959, pp. 95 – 96.

　　④ Warren Treadgold, *A History of the Byzantine State and Society*, pp. 212 – 213.

　　⑤ Warren Treadgold, *A Concise History of Byzantium*, p. 60.

　　⑥ Ibid. , p. 66.

金的方式以保证帝国北部的安全。[①] 由此可见，包括阿纳斯塔修斯一世在内的数位皇帝在帝国东部各个地区设立的防线从 6 世纪中期开始受到了各蛮族势力的挑战。这些由皇帝们精心建设的防御工事和城墙耗费了帝国大量的财力、物力以及人力，而其作用也因蛮族势力大小和自然灾害发生频率大小等因素而不同。

多次强震对君士坦丁堡、安条克等城市造成严重影响，令局势更加恶化。君士坦丁堡、安条克等城市不仅是帝国的经济、政治中心，也是城市所在地区的防御中心。然而，在多次强震的影响下，君士坦丁堡和安条克等城市的城墙不同程度地受到破坏。在这种情况下，帝国不仅难以派出足够的兵力应战，而且也无良好的防御系统来应对外来威胁。J. B. 布瑞指出："查士丁尼一世认为无论用什么方式来增加国家的权力和荣誉都能够给人民带来福音。事实上，帝国的资源并不足以保护帝国东部前线免受波斯人的侵略，以及抵抗北部蛮族对多瑙河边境的蹂躏。"[②]

由于无力应对外来军事压力，6 世纪后期在与波斯人、哥特人的战争中，拜占廷人几乎完全处于下风。随战争失利而来的自然是对帝国不利的和约的订立。545 年，由于战局不利，拜占廷帝国与波斯订立和约，代价为每年向波斯进贡 2000 磅金币。[③] 551 年，拜占廷与波斯再次订立五年和约，然而每年向波斯缴纳的贡赋增加到 2600 磅金币。[④] 然而，大笔支付贡金的方式虽然可以暂时缓解这一地区紧张的局势，但却给帝国的财政造成了更大的压力。支付贡金是拜占廷帝国对东部及北部入侵势力常常采取的做法，这种方式在一定程度上有利于帝国在面临军事威胁时获得喘息之机，但是前提是帝国必须有充足的财政收入作为保障。从 6 世纪中期开始，帝国的财政收入不仅消耗于帝国的西征活动，也大量消耗于多次爆发的自然灾害及灾后救助中。而此时，在对外战争中一旦失利而纳贡求和，必然进一步增加帝国的财政负担。也许赔付一次贡金，帝国尚能应对，但一次又一次军事失利所带来

①　Agathias, *The Histories*, pp. 151 – 154.

②　J. B. Bury, *History of the Later Roman Empire: From the Death of Theodosius I. to the Death of Justinian*, V. 2, p. 26.

③　Procopius, *History of the Wars*, Book 2, 28, 10 – 11, p. 517.

④　Procopius, *History of the Wars*, Book 8, 15, 3 – 6, p. 209.

的贡金赔偿则会令帝国陷入难以解决的"财缺、兵少"的困境中。

由于帝国的财力有限,当帝国军队招募士兵的难度由于频发自然灾害所致的地中海地区人口大幅减少而加大时,当帝国不得不面临两线乃至多线作战之时,当政者在兵力运用上就时常感到捉襟见肘。沃伦·特里高德认为:"查士丁尼一世的帝国过于庞大,军队和财富可以从更为富有和安全的区域转移到更为贫穷和受威胁的地区;从查士丁尼一世到福卡斯统治期间,拜占廷帝国掌控着几乎整个地中海沿岸的区域,该区域内的海上贸易则从区域内增加的安全中获益;但是,与戴克里先发现自己的帝国面积过大而难以由一个皇帝统治一样,控制面积扩大但人口却不断减少的帝国对于查士丁尼一世而言也是一个挑战。"① 西瑞尔·曼戈指出,"在查士丁尼一世统治的中后期,帝国军队人数明显减少,只有 15 万人,并且分散于各个行省之中,帝国的防御却需要 4 倍于 15 万的兵力才能够维系"。②

尤其当帝国所面临的外部军事威胁持续性增大,敌我军队人数对比悬殊之际,单靠军事战术很难保卫边疆和平。拉塞尔认为:"事实上,在查士丁尼一世统治末期,东部地区的军队人数本就进一步缩减为 15 万人。同时,由于需要维持驻军,拜占廷帝国真正能够派上战场的军队并不多。但是,在战场上有相当数量的士兵是必不可少的。在瘟疫发生前,帝国出征军队人数往往能保持在 2.5 万—3 万人。而 7 世纪初期,帝国很难再派出一支 1 万人的部队应对阿拉伯人入侵。拜占廷帝国和波斯不仅为瘟疫所削弱,而且相对地由于邻近半游牧和游牧区域人口损失较少而导致力量对比进一步不利于拜占廷与波斯。这些地区的游牧部落是非常不安分和危险的,他们部落社会的内部有能够让他们人口的大部分成为有效战士的优势,所以一个 2.5 万人的部落很可能拥有比多于它人口数倍的定居国家更有效的人力。"③ 杰里·本特利也指出,"查士丁尼一世的征服活动,其征服旧日罗马帝国版图的努力清楚地表明,不可能恢复古罗马帝国;正当查士丁尼一世关注地中海西部地区之时,萨珊波斯对拜占廷的东部边疆构成了威胁,而斯拉夫人则从北部不

---

①　Warren Treadgold, *A History of the Byzantine State and Society*, p. 253.

②　Cyril Mango, *Byzantium: The Empire of New Rome*, p. 34.

③　Josiah C. Russell, "That Earlier Plague", p. 183.

断逼近；查士丁尼一世的后继者们别无选择，只能从地中海西部撤回他们的军队，重新部署在东部地区"①。

帝国的西征活动耗费了大量人力财力。与此同时，鼠疫在地中海地区爆发，地震又在地中海东部众多城市频繁发生，查士丁尼一世的再征服计划在自然灾害的频繁打击下逐渐失去了原先的光彩。查士丁尼一世上台之初雄心勃勃的计划在自然灾害的频繁打击之下逐渐成为令帝国深陷其中的泥沼。从6世纪中期开始，帝国西部、东部和北部的战略局势均呈现出明显恶化的趋势。如此危急的战略局势不仅与查士丁尼一世冒进的西部征服活动有关，也与从6世纪前期开始的自然灾害频发所导致的帝国人力、财力等资源的极大消耗有关。彼得·萨里斯指出，腺鼠疫的到来打乱了查士丁尼一世的诸多努力。② 约翰·巴克认为，鼠疫加重了令查士丁尼一世感到苦恼的一系列问题，在查士丁尼一世统治晚期，毁灭代替了查士丁尼一世统治早期的繁荣景象。③ 莱斯特·K. 利特则指出，瘟疫是古典时期衰落和中世纪开始的重要影响因素。④

事实上，经历二十余年的连年战争之后，在查士丁尼一世统治后期收入囊中的意大利地区已经满目疮痍，尤其是意大利地区最重要的城市——罗马就曾多次被东哥特人和拜占廷人轮流控制。而这一地区的周边形势也较为复杂，无论是从经济意义还是从战略意义而言，在意大利地区征服活动中的所获远不及付出。同时，连年的战争对意大利地区的发展极为不利，在拜占廷军队与东哥特人进行战争的过程中，意大利地区发生了不少于十次的饥荒。⑤ 想必在战火和饥荒的双重考验之下，意大利地区在被拜占廷人获取之

① ［美］杰里·本特利、赫伯特·齐格勒、希瑟·斯特里兹：《简明新全球史》，第206页。
② Peter Sarris, *Economy and Society in the Age of Justinian*, p. 217.
③ John W. Barker, *Justinian and the Later Roman Empire*, pp. 191 – 192.
④ Lester K. Little, *Plague and the End of Antiquity*: *The Pandemic of 541 – 750*, p. vii – xi.
⑤ 根据普罗柯比的记载，意大利从537年开始直到哥特战争结束多次爆发饥荒。其中，537年，当哥特战争进入第三年时，罗马城发生了严重的饥荒和瘟疫（Procopius, *History of the Wars*, Book 6, 3, 1 – 2, p. 309.）。539年，正在贝利撒留与东哥特军队剑拔弩张之际，由于无人收割成熟的小麦，导致埃米里亚（Aemilia）、皮塞嫩（Picenum）图斯奇（Tuscans）地区发生饥荒，导致大量人口死亡（Procopius, *History of the Wars*, Book 6, 20, 15 – 21, pp. 39 – 41.）。543—544年，意大利地区以及奥特兰托（Otranto）由于哥特人与拜占廷人之间的战争而引发饥荒，很多人死于必需品的短缺（Procopius, *History of the Wars*, Book 7, 9, 3 – 4, p. 223；Book 7, 10, 5 – 6, p. 231.）。545—546年，罗马处于托提拉控制时，食物无法通过陆路或水路进行运输，发生了一次严重且持续性的饥荒。饥饿的人们不得不吃一些奇怪的食物，但最终他们变得毫无血色，像鬼一样（Procopius, *History of the Wars*, Book 7, 16, 4 – 8, p. 283.）。

后已经没有较大的经济意义了。

　　哪怕是在查士丁尼一世西征计划中最为成功的北非地区的居民，也因赋税压力、时常遭受到土著居民的滋扰和拜占廷帝国的宗教政策而变得对其统治十分不满，拜占廷帝国统治之下的北非地区的局势十分动荡不安。① 艾弗里尔·卡梅伦指出，"由于在北非建立行政部门和军事机构需要大笔开销，立即征收赋税是一个优先考虑的方式。于是，将汪达尔人驱赶出去之后，仍然讲拉丁语并且宗教信仰仍然忠诚于罗马的'罗马'居民发现自己不仅面对繁重的税收和军事统治，同时发现驻扎在他们城镇附近的军队并不能完全抵抗住周边柏柏尔人的骚扰。查士丁尼一世在保持正统信仰的基础上进行针对汪达尔人的远征，然而，征服行动结束后，君士坦丁堡的皇帝很快开始将宗教政策强加于原与罗马教会密切联系的北非教会，结果发现他的宗教政策难以被当地人接受。因此，无论从哪方面来看，试图恢复旧日罗马帝国版图的努力的代价都是非常高的"②。A. H. M. 琼斯认为："很难简单地断定查士丁尼一世统治的好坏。他通过征服战争令帝国的疆域面积扩大，但问题是这次征服战争究竟是削弱了还是增强了帝国的实力。这个问题可以分为两个方面：第一个方面，查士丁尼一世颇具侵略性的西部征服战争是否耗尽了东部地区的财政和人力资源，以致弱化了多瑙河和东部地区的防御力量；第二个方面，通过征服获得的西部省份更多的是一个债务，而不是资产，因为需要东部军队驻守并且未能提供驻军的军费来源。由此可见，西部征服活动无疑是耗时耗财的。帝国人力和财力资源向西转移势必弱化了帝国北部和东部的防御力。多瑙河沿线的防御是不太成功的，罗马军队难以在广阔地区与蛮族正面遭遇。于是，从亚得里亚海到黑海，南至迪拉休姆、塞萨洛尼卡和君士坦丁堡都暴露在蛮族的持续性的蹂躏之中。"③

　　查士丁尼一世的西征连同从 6 世纪前期开始频发的自然灾害所引发的恶

---

　　① 根据约翰·马拉拉斯的记载，563 年，拜占廷帝国的北非领地被摩尔人占领，之后皇帝出兵令这一地区恢复和平（John Malalas, *The Chronicle of John Malalas*, Book 18, p. 304.）。根据塞奥发尼斯的记载，6 世纪 80 年代后期，摩尔人再次在帝国北非领地造成巨大麻烦（Theophanes, *The Chronicle of Theophanes Confessor: Byzantine and Near Eastern History*, AD 284 – 813, p. 384.）。

　　② Averil Cameron, *The Mediterranean World in Late Antiquity AD 395—600*, pp. 116 – 117.

　　③ A. H. M. Jones, *The Later Roman Empire 284 – 602: A Social, Economic, and Administrative Survey*, V. 1, pp. 298 – 299.

劣后果令其后继者查士丁二世、提比略、莫里斯饱尝苦果。查士丁尼一世给继承者留下了一个表面看上去似乎更为庞大，而实际上却更加虚弱且矛盾丛生的帝国。[1] 普罗柯比将查士丁尼一世与阿纳斯塔修斯一世进行对比，认为查士丁尼一世在其统治期间耗费了帝国的全部财富。[2] 乔纳森·哈里斯指出："帝国从6世纪中期开始陷入了东西两线作战的困境之中，而一次鼠疫和一系列自然灾害在帝国境内的频发，令帝国最富有省份的人口大量减少。当查士丁尼一世于565年去世的时候，他留给继承者的是空空如也的国库和虚弱的防线。"[3] 迈克尔·麦考米克认为，鼠疫等疾病严重影响了地中海周边地区，这些疾病为查士丁尼一世及其继承者们创造了一个世界古代史中健康的转折点。[4] 内部政治混乱、对外战争、由尼罗河洪水造成的埃及粮荒、几乎摧毁贝鲁特的地震和造成无数死者的鼠疫令查士丁尼一世统治时期成为一个不安定的时期。[5] 西瑞尔·曼戈也认为："虽然查士丁尼一世有着伟大的计划，但在瘟疫的打击之下，在深刻的社会和宗教现实的破坏之下，他的统治完全以失望而告终。查士丁尼一世留给他的继承者查士丁二世的是一个更大、但更为脆弱且财政更不稳定的国家。"[6]

　　由于无法应对来自各个方向，尤其是来自于东部及北部的强大压力，查士丁尼一世的后继者们将兵力集中于地中海东部地区。查士丁二世上台后不久，伦巴第人进入意大利，拜占廷军队对此毫无招架之力。至568年冬季来临之前，伦巴第人已夺取了除沿海部分之外的威尼西亚（Venetia）地区。[7] 576年，提比略在与伦巴第人的战争中失败，由于无法向意大利增援更多的军队，丧失了对于大片意大利土地的控制。[8] 提比略随后用纳贡换取了与伦巴第人的和平。[9] 之后继任的莫里斯皇帝也缩短战线，将战略重点放在波斯前线，

[1]　查士丁尼一世去世时拜占廷帝国的疆域范围可参见文后图表"图13"：565年拜占廷地图。
[2]　Procopius, *The Anecdota or Secret History*, Book 19, Chapter 6–8, p. 229.
[3]　Jonathan Harris, *Constantinople: Capital of Byzantium*, p. 38.
[4]　Michael McCormick, *Origins of The European Economy: Communications and Commerce*, AD 300–900, p. 40.
[5]　J. A. S. Evans, *The Age of Justinian: The Circumstances of Imperial Power*, p. 175.
[6]　Cyril Mango, *The Oxford History of Byzantium*, p. 51.
[7]　James Allan Evans, *The Emperor Justinian and the Byzantine Empire*, p. 11.
[8]　Menander, *The History of Menander the Guardsman*, p. 217.
[9]　Ibid., p. 197.

并试图通过支付贡金的方式应对来自北部和西部边境的威胁。[①] 对比 6 世纪前期查士丁尼一世对地中海西部地区雄心勃勃的远征以及 6 世纪后期的状况，很明显，到 6 世纪末，帝国已经基本丧失了对地中海西部地区的控制。

综上所述，军队规模缩小与拖欠军饷必然影响到帝国军队在战争中的表现。从 3 世纪后期开始，帝国军队的辉煌不再，不仅无法通过征服战争扩大领土，同时也无法保住现有的控制范围。2 世纪，罗马帝国处于极盛之时，罗马用 30 万人的军队保卫了地中海周边地区 5000 万人的安全。[②] 虽然 6 世纪上半期帝国疆域出现了扩大的趋势，但仅仅是昙花一现，从 6 世纪中期开始，帝国称霸地中海周边地区的辉煌已不再，西征地中海西部的成果也无法长久保留。由于查士丁尼一世在位期间对于地中海西部地区过度关注，相反却将埃及、叙利亚等帝国东部地区以及巴尔干地区暴露在波斯等敌人的铁蹄之下。

（二）帝国北部局势的恶化

除了西部、东部的局势外，帝国北部的局势也开始恶化。事实上，从 5 世纪中期开始，巴尔干北部就遭到了由阿提拉所带领的匈人的劫掠，巴尔干北部数座城市受到洗劫。阿提拉所率领的匈人随后深入拜占廷帝国东部的腹地。[③] 匈人的帝国在阿提拉去世后迅速瓦解[④]，取而代之对巴尔干半岛北部地区构成威胁的是东哥特人。直到 5 世纪后半期，拜占廷皇帝泽诺才成功地促使东哥特人前往意大利[⑤]，而暂时解除了巴尔干北部地区的危险。然而，如此做法并没有根除巴尔干半岛北部的防御隐患。随后，阿瓦尔人与斯拉夫人又相继出现。[⑥] 同时，根据前述可知，这一地区多次爆发地震，凡是影响到地中

---

① Jonathan Shepard, *The Cambridge History of the Byzantine Empire*, *500 – 1492*, p. 126.

② Arther Ferrill, *The Fall of The Roman Empire*: *The Military Explanation*, p. 26.

③ Michael Whitby and Mary Whitby translated, *Chronicon Paschale*, *284 – 628 AD*, p. 77.

④ 尽管如此，匈人仍然不时在拜占廷帝国北部地区进行军事活动。根据约翰·马拉拉斯的记载，538—539 年间，两位匈人将领侵入色雷斯北部地区，随后皇帝提供了 10000 诺米斯玛塔，色雷斯地区才再度和平。（John Malalas, *The Chronicle of John Malalas*, Book 18, p. 254.）

⑤ R. C. Blockley, *The Fragmentary Classicizing Historians of the Late Roman Empire*: *Eunapius*, *Olympiodorus*, *Priscus and Malchus*, *II*, pp. 421 – 423.

⑥ 559 年，斯拉夫人联合匈人从帝国北部地区大举入侵，在色雷斯地区烧杀抢掠，甚至兵临君士坦丁堡。关于这一点，阿伽塞阿斯、约翰·马拉拉斯均有记载（Agathias, *The Histories*, pp. 146 – 148; John Malalas, *The Chronicle of John Malalas*, Book 18, pp. 297 – 298.）。从 6 世纪中期开始，阿瓦尔人不断给帝国边境地区造成威胁。586 年，阿瓦尔人撕破与拜占廷帝国的协定，入侵帝国北部区域（Theophanes, *The Chronicle of Theophanes Confessor*: *Byzantine and Near Eastern History*, *AD 284 – 813*, p. 380.）。

海东部地区的强震几乎都涉及这一地区，对作为防御桥头堡的巴尔干北部地区而言，自然灾害连同强大的外族入侵令这一地区的防御局势持续性恶化。

6世纪中期开始，不仅帝国东部受到来自波斯更大的压力，同时帝国北部的斯拉夫人与阿瓦尔人进入巴尔干半岛。此时，该区域正为不断发生的鼠疫和地震所苦，阿瓦尔人与斯拉夫人的袭击不啻雪上加霜。迈克尔·马斯认为，557年12月地震有利于斯拉夫人的袭击。① 安奇利其·E. 拉奥就此指出："由于6世纪中期开始，帝国经济日益衰落，帝国开始无法抵挡来自外部的威胁。560年，帝国面临斯拉夫人和阿瓦尔人的进攻，当572年与波斯的战争重新开始时，帝国不得不两线作战。"②

由此可见，在6世纪后期，由于多次鼠疫、饥荒及地震等灾害的影响，加之受到多次蛮族入侵的打击，巴尔干北部的众多城市明显衰落。城市在灾害打击之下遭到遗弃，会严重影响这一地区的防御局势。6世纪80年代末期，斯拉夫人和阿瓦尔人大举进犯巴尔干北部地区，而此时，这一地区已经被多次复发的鼠疫严重影响，无力抵抗。几乎同时，阿瓦尔人也违背其与拜占廷签订的和约，阿瓦尔人的军队突然通过多瑙河的南部河床横扫了整个帝国的东部地区。③ 由于帝国的财力和军力不济，导致巴尔干北部地区城市的衰落和统治者对这一区域的相对忽视。然而，作为重要的防御中心，这些地区城市的衰落会进一步给帝国的财政造成压力。

查士丁二世面对危局精神失常④，随后获得帝国最高权力的提比略成功地应对了来自波斯人的威胁，但由于兵力集中于东部前线而无法遏制阿瓦尔人与斯拉夫人在巴尔干北部地区的劫掠。⑤ 之后，提比略病重之时，以将军莫里斯为婿并传位于他。⑥ 莫里斯同样面对军队规模缩小和财政收入减少的困境，为节省开支甚至拖欠军饷，并强迫士兵在冬季作战，导致多瑙河前线

---

① Michael Maas, *The Cambridge Companion to the Age of Justinian*, p. 71.

② Angeliki E. Laiou and Cecile Morrisson, *The Byzantine Economy*, p. 24.

③ Theophanes, *The Chronicle of Theophanes Confessor: Byzantine and Near Eastern History, AD 284 – 813*, p. 380.

④ Michael Whitby and Mary Whitby Translated, *Chronicon Paschale, 284 – 628 AD*, p. 138.

⑤ Theophanes, *The Chronicle of Theophanes Confessor: Byzantine and Near Eastern History, AD 284 – 813*, pp. 372 – 373.

⑥ Michael Whitby and Mary Whitby Translated, *Chronicon Paschale, 284 – 628 AD*, p. 139

军队叛乱，莫里斯本人在兵变中被杀，叛军首领福卡斯登上帝位。① 莫里斯之所以拖欠军饷，正是由于长期战争和瘟疫导致帝国资源已经消耗殆尽。②

综上所述，6 世纪后期，帝国在东、北部边境上的困境主要是受到士兵人数和军队开支严重不足的影响，然而，这种钱粮、人员短缺的困境在查士丁尼一世统治前期并不明显。尤其是在 6 世纪末，莫里斯在其统治时期内多次为了节省军费而拖欠前线士兵的津贴，并要求他们在寒冷的多瑙河北部农村中过冬，由此导致兵变。抛开莫里斯的吝啬个性，相信冒着兵变的危险所采取的节省军费开支的做法的根本原因在于帝国在这一时期确实缺兵少钱。由此可见，查士丁尼一世的扩张政策以及帝国境内鼠疫、地震的频繁发生确实是导致这种困境的根本因素。A. A. 瓦西里耶夫认为："从 565 年到 610 年的这段时期被认为是拜占廷历史上最黯淡无光的时期，因为混乱、贫困和瘟疫同时在帝国境内出现。"③ 查尔斯·戴尔则认为："610 年之后的大约 100年时间是拜占廷帝国发展最为黑暗的时期之一，在这段极为严重的时期中，帝国能否存活下来都成了问题。"④ 沃伦·特里高德认为，"直到 7 世纪开始，拜占廷帝国在很多方面都过于膨胀。虽然帝国边境线长度与 4 世纪时相近，但帝国所拥有的西部领土和人口却更少，同时经济和军队却较之前更为虚弱。但是帝国几乎在所有的边境线上都面临波斯人、阿瓦尔人、伦巴第人、哥特人、摩尔人和其他蛮族的巨大压力。长期作为帝国行政、经济和文化中心的城市开始萎缩，对其进行防御并维持城内的公共建筑成为难以承受的负担。602 年之后，在所拥有资源不及 3 世纪之时，帝国却面对着与 3 世纪时几乎击垮帝国的危机几乎相当的危机"。⑤

总体来看，在古代晚期，罗马—拜占廷军队逐渐无法提供掌控地中海世界的帝国所需的防御能力。⑥ 从戴克里先和君士坦丁一世"东方化"政策的实施

---

① Theophanes, *The Chronicle of Theophanes Confessor: Byzantine and Near Eastern History, AD 284 – 813*, pp. 411 – 414.

② Warren Treadgold, *A Concise History of Byzantium*, pp. 70 – 72.

③ A. A. Vasiliev, *History of the Byzantine Empire (324 – 1453)*, Vol. 1, p. 169.

④ Charles Diehl, *Byzantium: Greatness and Decline*, p. 9.

⑤ Warren Treadgold, *A Concise History of Byzantium*, p. 86.

⑥ 帝国军队的掌控力逐渐下降的趋势势必反映在领土面积的变化上，可参加文后图表"图 10"：拜占廷帝国 284—1461 年的领土面积变化图。

开始，帝国的政治重心逐渐转移到经济上更为富庶、外部局势相对稳定的东地中海地区。476 年事件标志着帝国政府与军队在西地中海地区统治的实质上的告终；5 世纪末，当帝国军队几乎完全失去了对西地中海地区的控制力后。[①]从此，东地中海地区的防御局势便成为关系到帝国生存与发展的核心问题。彼得·布朗认为："在地理上，地中海世界对周边地区的掌控力呈现出下降的趋势。410 年，不列颠被放弃了。480 年后，高卢开始被北部所牢牢地控制。东部地中海世界的起伏似乎来得更早且令人难以察觉，但同时又是具有决定性的。上溯至 1 世纪，希腊文明的镶饰仍然覆盖了伊朗高原地区：希腊化—佛教艺术仍然在阿富汗斯坦地区保持繁荣状态，喀布尔之外仍然可以找到佛教徒统治的法令被翻译为无瑕疵的希腊语。然而，从 3 世纪开始，一个富有野心的帝国开始威胁罗马帝国的东部并多次对帝国东部边境造成严重影响。"[②]

在经历了 5 世纪后期至 6 世纪前期一段短暂的和平稳定时期之后。查士丁尼一世向地中海西部地区的蛮族王国发起进攻，同时在东线与波斯帝国继续着争霸战争，在其统治后期，阿瓦尔人与斯拉夫人也出现在巴尔干北部。多线作战的同时，鼠疫、地震、海啸、旱灾、水灾、蝗灾等频繁发生，这些自然灾害对于帝国人口和财政造成巨大打击，并间接导致军队规模缩小与军队开支减少。在这种情况下，帝国军队再次逐步丧失了对于西地中海地区的军事控制，而在东地中海地区的防御能力也有所下降，不得不依靠纳贡的方式向波斯人、阿瓦尔人、斯拉夫人求和。[③] 至 7 世纪，随着伊斯兰教和阿拉

---

① 威廉·希尼根与亚瑟·伯克提到，奥多亚克获得的权力仅限于意大利地区，他的士兵驻扎在这里，而蛮族获取了整个帝国的西部地区。罗马帝国在高卢和西班牙地区的权威逐渐消失殆尽（William G. Sinnigen, Arthur E. R. Boak, *A History of Rome to AD 565*, pp. 459 – 460.）。亚瑟·费瑞尔认为，在斯特拉斯堡战役中，朱利安凭借区区 1.3 万人的罗马兵团就打败了阿拉曼尼人，罗马的步兵团挽救了罗马。但是在 5 世纪，罗马步兵团已经没有能力挽救任何人了（Arther Ferrill, *The Fall of The Roman Empire: The Military Explanation*, p. 144.）。

② Peter Brown, *The World of Late Antiquity*, *AD 150 – 750*, p. 20.

③ 古代晚期结束后，拜占廷帝国的防御局势不仅没有好转，反而更为恶化。从 6 世纪末 7 世纪初开始，拜占廷帝国进入了不断丢城失地的状态之中。7 世纪初，帝国与东部波斯的战争重新展开，对拜占廷帝国东部边境造成了恶劣影响。多个城市及地区被波斯军队侵占和洗劫。对此，艾弗里尔·卡梅伦提到，7 世纪初，在莫里斯被福卡斯赶下台后，波斯军队大举进犯拜占廷领土，于 614 年一举获得了安条克和耶路撒冷。根据基督教史家的记载，波斯人屠杀并掳走了大量当地居民。在耶路撒冷被占领后，亚历山大里亚于 617 年被波斯占领。同时，波斯军队还洗劫了以弗所和萨迪斯（Sardis），并兵临卡尔西顿（Chalcedon）城下，于 626 年与阿瓦尔人一起构成了对君士坦丁堡的包围（Averil Cameron, *The Mediterranean World in Late Antiquity AD 395—600*, p. 186.）。

伯帝国的突然兴起，东地中海地区的战略格局也随之发生巨变。[①] 古代晚期结束后，由于阿拉伯人的突然兴起和强势来袭，而此时的拜占廷帝国和波斯帝国由于长期对战而消耗颇多，于是，东地中海地区的战略格局发生了翻天覆地的变化。[②]

　　[①]　虽然之后在伊拉克略一世的强势反攻之下，这一地区又重新回到帝国的统治范围内，但拜占廷与波斯之间从 6 世纪中期再度开始的长时期且高强度的战争对两国都造成了重大影响，萨珊波斯在随后被阿拉伯人灭亡，而从 7 世纪上半期开始，帝国东部的很多省份，尤其是叙利亚、巴勒斯坦和埃及地区都从帝国疆域范围内脱离，帝国的东部防御局势更加严峻（Theophanes, *The Chronicle of Theophanes Confessor*: *Byzantine and Near Eastern History*, AD 284 – 813, pp. 468 – 476. Nikephoros, *Short History*, pp. 65 – 69; pp. 85 – 87.）。查尔斯·戴尔提到，由于查士丁尼一世的野心，帝国付出了沉重代价，他的去世揭开了帝国悲惨的序幕。从财政及军事角度来看，帝国国力已经消耗殆尽，而外部波斯的威胁日益增大。更为严重地是，阿拉伯人的入侵很快就进入帝国内部。宗教争论加重了政治混乱程度（Charles Diehl, *Byzantium*: *Greatness and Decline*, p. 9.）。田家康认为，"由'尘幕事件'所引发的气候变化是腺鼠疫爆发的根源，因腺鼠疫而国力衰弱的东罗马帝国丧失了霸权，领土急速缩小。在中东地区，干旱频发，人们放弃了从美索不达米亚文明开始而一脉相承的灌溉系统，大量土地被废弃，波斯萨珊王朝统治下的社会日渐动荡。在这一背景下，7 世纪开始，穆罕默德开始传播充满末世情结的伊斯兰教，伊斯兰帝国很快将势力范围从中东扩展到了非洲北部和伊比利亚半岛"（［日］田家康：《气候文明史：改变世界的 8 万年气候变迁》，第 120—121 页）。埃文斯提到，查士丁尼一世为其后继者们留下了一个过于扩张的帝国，这样将会面临更多的敌人，他无法预测未来的帝国会被意大利地区的伦巴第人、巴尔干半岛的阿瓦尔人和东部的波斯人围攻，他也无法想象伊斯兰教会在 7 世纪上半期兴起（James Allan Evans, *The Emperor Justinian and the Byzantine Empire*, p. 66.）。G. W. 博尔索克、彼得·布朗等提到，鼠疫在 6 世纪 40 年代的发生令帝国的发展大受影响，而在大约 1 个世纪之后，帝国失去了埃及和小亚细亚的部分地区，由此进一步削弱了君士坦丁堡的地位。波斯人和阿拉伯人在 7、8 世纪的围攻将君士坦丁堡带到了灾难的边缘。这一时期中，城市持续地遭到完全性的破坏（G. W. Bowersock, Peter Brown, Oleg Gravar, *Late Antiquity*: *A Guide to the Postclassical World*, p. 392.）。

　　[②]　同时，在宗教上，这一地区是帝国境内一性论派势力最活跃的地区，所以身在水火之中的叙利亚及埃及民众对将卡尔西顿派作为帝国正统教派的皇帝没有任何好感。由于帝国东部边境之外的广大地区存在着广大的沙漠区，且气候干燥，所以在鼠疫中受到的影响较小（Warren Treadgold, *A History of the Byzantine State and Society*, p. 251.）。这种受影响程度地不同，也是造成之后在争夺叙利亚、巴勒斯坦和埃及等地区战略形势上的强弱之差。当穆斯林于 7 世纪上半期在阿拉伯半岛兴起后不久，叙利亚和埃及地区很快就从帝国分割出去，也彻底改变了这一地区的历史发展的走向。安奇利其·E. 拉奥提到，7 世纪上半期开始，由于帝国面积的缩小和最富裕的南方省份的丢失，帝国的财政来源明显减少，而无论是帝国的人口数量还是密度都不复从前，贸易也陷入了持续的衰退期之中（Angeliki E. Laiou and Cecile Morrisson, *The Byzantine Economy*, p. 42.）。

第四章

自然灾害对地中海地区民众心理的影响

古代晚期地中海地区频发的各类自然灾害不仅对拜占廷帝国的经济发展、政治局势和战略格局造成了重大影响，也极大影响了地中海地区居民的日常生活和心理活动。由于受到生产力和科技条件的限制，生活于古代晚期的地中海地区居民并不清楚瘟疫、地震、水灾等自然灾害发生的原因。同时，自然灾害的爆发又往往具有突发性的特点，于是，在瘟疫、地震、水灾等灾害突然爆发之时，民众最本能的反应是恐惧乃至绝望。民众极度的恐惧和绝望情绪容易导致非理性行为的出现。此外，在古代晚期，自然灾害往往被认为是"上帝惩罚"的结果，一旦皇帝不得人心，民众自然会将频繁发生的自然灾害及其对民众正常生活的严重影响归因于皇帝行事不当。

第一节　恐惧和社会道德的败坏

一　恐惧和绝望情绪滋生

首先，自然灾害的频发会造成民众的恐惧心理。当时史家记载了民众心理在多次自然灾害爆发影响下的变化。古代晚期地中海地区多次强震发生后，均有民众出现恐惧以及绝望情绪。根据阿米安努斯·马塞林努斯的记载，358 年 8 月 24 日黎明，小亚细亚、马其顿和本都等地区发生了一次强烈地震，震塌了很多位于山坡上的房屋。各种尖叫声此起彼伏，一些人呼喊着寻找他们的妻子、孩子和亲属。[①] 365 年 7 月 21 日，君士坦丁堡及附近地区

---

①　Ammianus Marcellinus, *The Surviving Book of the History of Ammianus Marcellinus*, V. 1, 17, 7, 1 – 8, pp. 341 – 345.

发生地震并引起海啸。阿米安努斯·马塞林努斯提到这次事件所造成的恐惧氛围:"恐惧几乎传遍了整个地面。面对汹涌而来的海水大声叫喊。"[1]《复活节编年史》中提到,由于447年1月地震造成的震动持续了一段时间,居民们都不敢待在家里。[2] 479年9月25日,君士坦丁堡发生地震,引起了民众恐慌。[3] 498年9月,一次强震导致地震发生地的民众产生恐慌,流言四起。[4]

从6世纪20年代开始,地中海地区进入地震高发期。该时期文献中频频出现民众在遇到地震时情绪失控的记载。当526年安条克遭遇强震的消息传到君士坦丁堡后,首都民众陷入恐慌状态之中。[5] 在528年安条克地震后,幸存者因痛苦而哭泣。[6] 542年君士坦丁堡发生强震,无数建筑物倒塌,人员大量死亡,整个城市陷入恐慌之中。[7] 547年2月的地震令很多人感到恐惧和绝望。[8] 在551年君士坦丁堡及附近地区地震的影响之下,较少遇到地震的亚历山大里亚的居民惊骇于突然出现的震动,街道上聚满了因恐惧而跑出家门的人。[9] 554年8月君士坦丁堡地震,被地震惊醒的居民大声尖叫并进行祈祷,而连续不断的震动加剧了人们的恐惧和紧张情绪,以致人们纷纷惊慌失措地跑出房屋。[10] 557年12月14—23日,君士坦丁堡再次发生强震

---

①　Ammianus Marcellinus, *The Surviving Book of the History of Ammianus Marcellinus*, V. 2, 26, 10, 15 – 19, pp. 649 – 651.

②　Michael Whitby and Mary Whitby translated, *Chronicon Paschale*, 284 – 628 AD, p. 76.

③　Marcellinus, *The Chronicle of Marcellinus*, p. 27.

④　Frank R. Trombley and John W. Watt Translated, *The Chronicle of Pseudo—Joshua the Stylite*, p. 32.

⑤　William Gordon Holmes, *The Age of Justinian and Theodora: A History of the Sixth Century AD* (Vol. 1), p. 319.

⑥　John Malalas, *The Chronicle of John Malalas*, Book 18, p. 257. 塞奥发尼斯也提到,528年11月安条克地震后,生还者逃到其他城市或在山上搭起了帐篷。地震后,随之而来的是漫长的严冬 (Theophanes, *The Chronicle of Theophanes Confessor: Byzantine and Near Eastern History*, AD 284 – 813, p. 270.)。

⑦　Theophanes, *The Chronicle of Theophanes Confessor: Byzantine and Near Eastern History*, AD 284 – 813, p. 322.

⑧　Ibid. , p. 329.

⑨　Agathias, *The Histories*, p. 48. 除阿伽塞阿斯外,尼基乌主教约翰也记载了埃及遭受地震打击后民众的状态,"很多居民在含着眼泪进行祈祷,居民在之后的每年都举行纪念活动" (John of Nikiu, *Chronicle*, Chapter 90, p. 143.)。

⑩　Michael Whitby and Mary Whitby translated, *Chronicon Paschale*, 284 – 628 AD, p. 196. 阿伽塞阿斯也记载,君士坦丁堡地震过后,城市笼罩在一片恐怖的氛围之中 (Agathias, *The Histories*, p. 137.)。

之时，所有人都被惊醒并大声尖叫，到处都能听到悲痛的声音。① 以弗所的约翰提到，577 年安条克和达芙涅地区发生地震，民众恐慌万分，安条克主教也不敢离开教堂，而教堂的关闭不仅导致礼拜无法顺利举行，也令民众十分惊愕。② 普罗柯比提到，6 世纪 40 年代，帝国境内各地区频繁发生强震，令民众陷入恐慌之中。③

如前所述，鼠疫的传播具有选择性特征。由此，当时的民众认为瘟疫的多次爆发很可能是超自然力量所引起的，非人力所能影响，于是陷入绝望之中。根据普罗柯比的记载，鼠疫在城内大爆发后，"君士坦丁堡的官员、市民都静静地待在家里。在城市的街道上难以看到一个人，如果正好看到人的话，那么他很可能就是在拖着一具尸体"④。同时，由于鼠疫爆发之后，医生普遍难以对症下药，很多医护工作者还因感染瘟疫而大面积死亡。此外，疾病对于不同人群所造成的不同影响会令人们的心理发生变化。⑤ 由此可见，在经历了周边亲人朋友相继离世的悲痛后，君士坦丁堡城内的市民们人人自危，害怕染病身亡，陷入极度恐惧之中。提摩西·E. 格里高利认为，腺鼠疫于 542 年在帝国境内流行，对君士坦丁堡和所有大城市都造成了人口和精神上的极大打击。⑥ 鼠疫的病原体、传播媒介和方式在现代社会已经不是秘密，然而，6 世纪地中海地区民众对此并不了解，他们能够做的仅仅是凭借瘟疫发生之后所呈现出的现象来判断自己应该采取何种措施，才能够免于感染。君士坦丁堡的市民们在数次鼠疫爆发后都不敢出门，想必是意识到人多之处就更易感染这种可怕的疾病，害怕在公共场合被感染而不敢出门。如此景象，所有民众的活动都与鼠疫造成的恶劣影响有关，城市内部人与人之间的基本交往和联系因为鼠疫而几乎中断，遑论正常的商业性活动。

君士坦丁堡民众的日常生活完全被打乱，尚没有停止的工作几乎都是围绕着与瘟疫所造成大量人口死亡的相关事情进行的。《复活节编年史》的作

---

① Agathias, *The Histories*, pp. 137 – 138.
② John of Ephesus, *Ecclesiastical History*, Part 3, Book 3, p. 213.
③ Procopius, *History of the Wars*, Book 7, 29, 4 – 5, p. 401.
④ Procopius, *History of the Wars*, Book 2, 22 – 23, pp. 453 – 471.
⑤ ［美］威廉·H. 麦克尼尔：《瘟疫与人》，第 2 页。
⑥ Timothy E. Gregory, *A History of Byzantium*, p. 137.

者认为 542 年的瘟疫是超自然力量所导致。①　迈克尔·安戈尔德指出："鼠疫的频繁发生严重影响了帝国民众的精神状态，很多医生由于面对鼠疫无能为力也对他们的医术丧失了信心。"②　由于惧怕鼠疫的传染，很多居民躲在家中，哪怕非常熟悉的亲属和朋友敲门也绝不应声，其他人聚集在教堂里整日整夜地祈祷。③　威廉·H. 麦克尼尔认为："瘟疫的破坏性后果往往比单纯的生命损失更为严重。通常，幸存者将变得意志消沉，对其传统习俗和信仰失去信心，因为这些习俗和信仰没有告诉他们如何去应对这些灾难。任何一个社会，若在一次瘟疫中就损失相当多青壮年，都会感觉其无论在物质上还是精神上将难以维系。"④

　　除瘟疫、地震外，一些奇特的自然现象也会令居民出现震惊、恐惧的情绪。458 年，君士坦丁堡的雷电天气引发火灾，经历了这一次火灾的人们都觉得极为恐惧。⑤　472 年的"降灰事件"想必造成了较大影响，它引起了很多当时史家的关注。而这些史家无一例外地提到民众在遭遇这一事件之后的恐惧情绪。普罗柯比提到，火山灰降落下来，君士坦丁堡的居民感到恐惧。⑥　472 年，君士坦丁堡出现"降灰"，市民都大为震惊。⑦　对于这次君士坦丁堡的奇特"降灰"事件，约翰·马拉拉斯也提到，灰尘落到地面堆积起来有 4 根手指的高度，每个人都很惊恐并进行着祷告。⑧　塞奥发尼斯记载，在这一年，天空降下了很多尘埃，人们以为这是一次湿淋淋的火，对此感到恐惧。⑨　499 年 11 月，天空中出现了三个奇怪的符号，500 年 1 月，天空的西南部又出现了一个箭形符号，很多人认为这个符号意味着毁灭，而其他人

① Michael Whitby and Mary Whitby translated, *Chronicon Paschale*, *284 – 628 AD*, p. 196.
② Michael Angold, *Byzantium*: *The Bridge From Antiquity to the Middle Ages*, p. 26.
③ Procopius, *History of the Wars*, Book 2, 23, 3, p. 465.
④ ［美］威廉·H. 麦克尼尔:《瘟疫与人》，第 43 页。
⑤ John of Nikiu, *Chronicle*, Chapter 88, p. 109.
⑥ Procopius, *History of the Wars*, Book 6, 4, 21 – 30, pp. 325 – 327.
⑦ Michael Whitby and Mary Whitby translated, *Chronicon Paschale*, *284 – 628 AD*, pp. 90 – 91.
⑧ John Malalas, *The Chronicle of John Malalas*, Book 14, pp. 205 – 206. 除《复活节编年史》和约翰·马拉拉斯外，马塞林努斯也提到，在这次火山喷发事件后，拜占廷人每年的 11 月 6 日都要纪念这次恐怖的经历（Marcellinus, *The Chronicle of Marcellinus*, p. 25.）。
⑨ Theophanes, *The Chronicle of Theophanes Confessor*: *Byzantine and Near Eastern History*, *AD 284 – 813*, p. 186.

认为意味着战争。①

　　518 年，帝国的东部天空出现彗星，看到彗星的人都感到很惊恐。②《复活节编年史》也记载了人们看到彗星之后的惊恐情绪。③ 在 526 年 5 月安条克地震发生后的第三天，城市北部的天空出现了一个十字架，见到它的人们都在暗自抽泣。④ 530 年 9 月，人们见到西部天空中出现了大量星辰，持续时间长达 20 天，为此大为惊恐。⑤ 532 年，人们震惊于从所未见的巨大星辰出现于天空。⑥ "尘幕事件"发生之时，阿加皮奥斯声称，所有人都害怕可怕的事情将要发生，目睹了这一特殊现象的人们觉得自己将永不见天日。⑦ 547 年 2 月的地震令很多人感到恐惧和绝望。⑧

二　面对灾难的冷漠与社会道德的败坏

　　古代晚期地中海地区多次发生瘟疫和地震等灾害令这一地区的居民在恐惧和绝望之余，极易出现一些冷漠情绪和非理性行为。尤西比乌斯描述了 312—313 年"天花"爆发之后民众的恐慌和冷漠情绪："一些富人，惊于乞丐数量之庞大，放弃对他们的救济，转而采取冷酷无情的态度，因为他们害怕不久之后他们的下场也不会更好。在城市中心广场和一些狭窄的街道里，裸露的尸体因得不到妥善的安葬而尸横遍野。"⑨

　　无独有偶，当"查士丁尼瘟疫"在 6 世纪 40 年代首次爆发之时，由于死亡人数过多，导致拜占廷人无法再顾及传统的丧葬习俗。奉命处理遗体的塞奥多鲁斯先是在君士坦丁堡城内挖坑掩埋死者，当掩埋尸体的速度赶不上

　　① Joshua the Stylite, *Chronicle composed in Syriac in AD 507*: *A History of the Time of Affliction at Edessa and Amida and Throughout all Mesopotamia*, Chapter 37, p. 27.

　　② John Malalas, *The Chronicle of John Malalas*, Book 17, p. 231.

　　③ Michael Whitby and Mary Whitby translated, *Chronicon Paschale*, *284 – 628 AD*, pp. 104 – 105.

　　④ John Malalas, *The Chronicle of John Malalas*, Book 17, p. 241.

　　⑤ Theophanes, *The Chronicle of Theophanes Confessor*: *Byzantine and Near Eastern History*, *AD 284 – 813*, p. 275.

　　⑥ John Malalas, *The Chronicle of John Malalas*, Book 18, p. 282.

　　⑦ Agapius, *Universal History*, Part 2, p. 169.

　　⑧ Theophanes, *The Chronicle of Theophanes Confessor*: *Byzantine and Near Eastern History*, *AD 284 – 813*, p. 329.

　　⑨ Eusebius, *The Church History*: *A New Translation with Commentary*, Book 9, p. 328.

居民死亡的速度时，塞奥多鲁斯将死者遗体存放于塔楼中以便集中处理，但塔楼很快就堆满了尸体，由于缺乏进行土葬工作的人手，于是较为简便的海葬大行其道。① 根据史家记载，当时在处理遗体时，不再举行葬礼仪式，也不再有乐师为死者唱诵赞美诗，负责处理遗体者将尸体丢入小船后，将船推离岸边。② 简化丧葬仪式是在面对危机时采取的应急措施，但也动摇了拜占廷人的传统习俗。③ 西瑞尔·曼戈指出，腺鼠疫在君士坦丁堡蔓延 4 个月的时间，由于每天的死亡人数甚至达到了以千人计的程度，于是对帝国的葬礼和掩埋方式产生了极大挑战。④ 约翰·莫尔黑德指出："在君士坦丁堡死亡人数过多时，皇帝命人挖坑以掩埋尸体，这种对死者不敬的掩埋方式在鼠疫蔓延时期居然得以出现，鼠疫必然对传统道德造成极大破坏。"⑤ 马库斯·劳特曼也认为，由于春夏季节温暖的气候下，需要对尸体进行快速安葬。而鼠疫的流行使人口大量死亡并瓦解了拜占廷人的丧葬习俗。⑥ 君士坦丁堡爆发瘟疫后，不仅葬礼无法按通行仪式举行，众多日常活动也都渐趋停滞。在瘟疫高发期中，君士坦丁堡的街道上很难见到行人。⑦

　　自然灾害的发生也会引发社会乱象。421—422 年间发生的一次严重饥荒导致帕夫拉哥尼亚（paphlagonia）的父母都将自己的孩子卖为奴隶。⑧ 526年 5 月安条克地震之后一些幸存者在携带财物逃离安条克时遇到周边农民劫杀。⑨ 542 年鼠疫过后，"有证据显示，由于人口的大量死亡，一些突然继承了大批遗产的人可能会变得更加贪婪，他们更加愿意与一些富有的寡妇而不是未婚处女结婚"。⑩ 548 年，雷电天气及其引发的火灾导致社会秩序陷入

①　Procopius, *History of the Wars*, Book 2, 23, 9 – 12, pp. 467 – 469.

②　Procopius, *History of the Wars*, Book 2, 23, 12, p. 467.

③　Marcus Rautman, *Daily Life in the Byzantine Empire*, p. 78.

④　Cyril Mango, *Byzantium: The Empire of New Rome*, p. 68.

⑤　John Moorhead, *Justinian*, p. 99.

⑥　Marcus Rautman, *Daily Life in the Byzantine Empire*, p. 78.

⑦　Procopius, *History of the Wars*, Book 2, 23, 17 – 18, p. 471.

⑧　Dionysios Ch. Stathakopoulos, *Famine and Pestilence in the Late Roman and Early Byzantine Empire: A Systematic Survey of Subsistence Crises and Epidemics*, p. 77.

⑨　John Malalas, *The Chronicle of John Malalas*, Book 17, p. 240.

⑩　John Moorhead, *Justinian*, p. 100.

混乱。①

　　最后，自然灾害发生后也有短暂的道德升华事例，这种道德升华的出现几乎完全是害怕的情绪使然，并不是民众行为的真正改变。普罗柯比曾提到，在瘟疫发生后，从前敌对的双方放下彼此间的成见，在进行掩埋病患尸体的工作时相互帮助。与此同时，不少人一反平日令人不齿的表现，积极地履行其社会和宗教义务，很多人突然变得彬彬有礼。但以上这些现象的发生很可能是因为恐惧上帝会对其进行惩罚而出现的行为暂时转变。因为当他们发现自己并没有感染瘟疫时，便开始胡作非为。② 在 557 年 12 月的地震发生之时，阿伽塞阿斯正驻留在君士坦丁堡，他发现这次地震对君士坦丁堡居民的生活和行为并没有起到持久的影响：富人给穷人以施舍；从前不信宗教的人变得虔诚；邪恶者变得善良，但这种变化并不会持续很长时间。③

　　综上所述，自然灾害的频繁发生不只对拜占廷帝国的经济发展、政治局势和战略格局产生重大影响，更为重要的是，自然灾害直接扰乱了普通民众的生活。瘟疫、地震等灾害的频繁发生导致地中海地区民众时常出现恐惧和绝望情绪，同时也令人们由于过多地见到悲惨景象而出现了对于苦难的冷漠态度，并导致某些非理性行为的出现。

第二节　怀疑与不信任

　　自然灾害不仅令民众陷入恐慌、绝望并导致社会道德败坏，当帝国在某位统治者在位期间不断发生天灾人祸，普通民众对于统治者的态度便充满了怀疑与不信任。

　　从君士坦丁一世时期开始，拜占廷皇帝普遍利用基督教教义构建其皇帝神圣、皇权至上的思想体系。作为帝国的最高统治者，拜占廷历任皇帝为了巩固统治，宣称人世间没有任何事物能比皇帝更加高贵和神圣，皇帝是上帝在人间的代理人。基督教会为了迎合皇帝的统治需要，也从基督教教义出

---

① Theophanes, *The Chronicle of Theophanes Confessor: Byzantine and Near Eastern History, AD 284 - 813*, p. 330.

② Procopius, *History of the Wars*, Book 2, 23, 14 - 16, pp. 469 - 471.

③ Agathias, *The Histories*, p. 140.

发，结合古典希腊哲学观念，逐渐衍生出"一个上帝、一个帝国、一个皇帝"的帝政神学理论。[1]

　　当古代晚期地中海地区的民众在多次自然灾害的影响下，出现恐惧、绝望情绪，甚至于出现道德败坏之时，由于古代社会科学知识的匮乏，对地震等灾害的突然发生不能做出科学的解释，普通民众在地震发生后普遍感到恐惧，而作为当时社会精英分子的史家则往往将之归结于"上帝的惩罚"。苏克拉底斯宣称，404年9月30日，君士坦丁堡及近郊突然降下大冰雹被民众视为上帝愤怒的表现。[2] 约翰·马拉拉斯在记载帝国境内频发的地震时，多次提到上帝的惩罚。[3] 当"查士丁尼瘟疫"于558年再次在帝国境内爆发时，阿加皮奥斯认为可能是上帝的愤怒引起了瘟疫的肆虐。[4] 埃瓦格里乌斯谈到鼠疫传播了52年，其影响超过了曾经出现的一切灾难后这样说到，鼠疫发生的过程和路线都是由上帝的喜好所控制的。[5] 埃瓦格里乌斯还将地中海周边多次地震的发生归因为上帝的惩罚。[6]

　　具有讽刺意味的是，面对古代晚期频发于地中海地区的自然灾害，由于难以对这些自然灾害进行合理解释，于是，皇帝利用"上帝惩罚"的解释，宣称自然灾害的发生都是由于民众道德沦丧而致。饥荒、地震和疾病被看成是上帝的惩罚，对人们行为的惩罚。[7] 根据苏克拉底斯的记载，367年，君士坦丁堡落下了同人手一样大的冰雹，一些人断言这是上帝发怒的结果，因为皇帝放逐了很多教士。[8] 当532年君士坦丁堡发生地震后，查士丁尼一世给每个城市都送去了政令：确定正统信仰并反对邪恶的异端学说。[9] 582年，君士坦丁堡及周边地区发生强震后，莫里斯十分害怕地震是来自于上帝的某

[1]　Walter Ullmann, *Medieval Political Thought*, pp. 32 – 33.

[2]　Socrates, *The Ecclesiastical History*, Book 6, Chapter 19, p. 151.

[3]　如在记载520年迪休姆和希腊地区的地震时，约翰·马拉拉斯就提到了"上帝的惩罚"。而在记载521年阿纳扎尔博斯的地震，他再次提到了"上帝的惩罚"（John Malalas, *The Chronicle of John Malalas*, Book 17, p. 237.）。

[4]　Agathias, *The Histories*, p. 145.

[5]　Evagrius Scholasticus, *The Ecclesiastical History of Evagrius Scholasticus*, Book 4, Chapter 29, p. 232.

[6]　Evagrius Scholasticus, *The Ecclesiastical History of Evagrius Scholasticus*, Book 5, Chapter 17, p. 277.

[7]　John Moorhead, *Justinian*, p. 36.

[8]　Socrates, *The Ecclesiastical History*, Book 4, Chapter 11, p. 100.

[9]　John Malalas, *The Chronicle of John Malalas*, Book 18, p. 282.

种暗示。[1] 然而，在古代晚期后期阶段中，地中海周边地区自然灾害的发生频率更高，皇帝所在的被称为"君士坦丁之城"的君士坦丁堡时常受到地震的骚扰，普通民众的生活也因此变得更加糟糕。当自然灾害频繁发生后，统治者无法令民众得到满意的生活和居住条件。因此皇帝的解释无法说服民众，民众往往会逐渐萌发出对统治者的怀疑和不信任的态度。[2]

从 6 世纪中期开始，查士丁尼一世的威望在民众和当时史家的心中急剧下降，与这一时期自然灾害的频发和帝国的经济、政治危机情势密切相关。此外，在帝国人力资源短缺的情况下，为了开源节流，统治者往往采取减少公共事务与活动的开支的举措。[3] 这种政策推行之后，不仅令幸存居民的生活压力加大，同时也令市民的生活环境和基本的娱乐活动得不到保障。于是，在处于高压的生活环境下，居民对自身处境的担忧以及对国家及统治者的不满情绪会与日俱增。在这种情绪的影响下，这些居民是否还能全身心地投入高效率的生产之中就难以预测了。早在查士丁尼一世进行西征汪达尔人的战争并获胜时，其在民众中的威望得到了提升，而一旦在对外战争中失利，加之帝国境内多次自然灾害的爆发，令民众深受其苦，民众对皇帝的不满情绪就会逐渐高涨，因为对外战争不利所导致的后果也会演变成赋税的方式而落在民众身上，民众生活因而变得更加困难。帝国民众对统治者的不满情绪在 6 世纪后期体现得十分强烈。根据约翰·马拉拉斯的记载，在接连遭受鼠疫、地震的打击之后，559 年 9 月，君士坦丁堡谣言四起，查士丁尼一世已死的传闻导致城中一片混乱，市民开始哄抢面包等食物，在三个小时之后，城内就再也找不到任何食物了。[4] 塞奥发尼斯则记载，在"查士丁尼瘟

---

① John of Ephesus, *Ecclesiastical History*, Part 3, Book 5, p. 363.

② 早在古代晚期阶段前，就曾有过类似记载。根据赫罗蒂安的记载，在罗马城不断发生地震、火灾等灾害后，罗马人开始不信任康茂德，他们将自己所遭遇的不幸归结于康茂德的一些错误的行为之上（Herodian, *History of the Roman Empire*, Book 1, Chapter 14, p. 95. ）。

③ 从 6 世纪中期开始，拜占廷帝国的公共建筑的建设几乎停止，取而代之的是教会建筑物的大量修建。这一内容将在文后进行详细论述。

④ John Malalas, *The Chronicle of John Malalas*, Book 18, p. 298. 塞奥发尼斯也提到这次事件的发生情况（Theophanes, *The Chronicle of Theophanes Confessor: Byzantine and Near Eastern History, AD 284 – 813*, p. 345. ）。

疫"复发期间,君士坦丁堡流言四起,人们盛传查士丁尼一世已死。[1] 尼基乌主教约翰认为551年影响范围遍及地中海东部地区,尤其对埃及造成严重影响的地震是因为查士丁尼一世的宗教政策造成的。[2] 普罗柯比认为,查士丁尼一世和皇后塞奥多拉是帝国境内多次发生大规模地震、瘟疫和洪水的根源。[3]

小 结

地中海地区向来是瘟疫、地震等自然灾害频发之地,早在罗马帝国时期就多次因自然灾害而导致人口、税收和军队战斗力受到影响。"安东尼瘟疫"随着卡西乌斯的军队蔓延至整个帝国境内,瘟疫令帝国军队的战斗力大为减弱,在帝国的很多区域,如意大利,三分之一甚至一半的人口因瘟疫而死亡,瘟疫还减少了国家的税收,并使罗马军队变得不堪一击。[4]

在古代晚期,我们见到地中海地区从3世纪危机中逐渐恢复后的再度发展,以及在多种因素作用下逐渐转型的过程。在古代晚期初期阶段,罗马—拜占廷帝国统治者因应局势而调整政策。在古代晚期的初期阶段,戴克里先和君士坦丁一世的政策在一定程度上缓解了"3世纪危机",进而令帝国的政治中心由罗马逐渐转移至君士坦丁堡。事实上,帝国政治中心的东移正是由于地中海东部地区经济相对繁荣稳定,而无关统治者个人的好恶。正是东罗马相对安定的生产生活环境吸引了罗马帝国统治阶层离开西部定居东部,而政治中心的东移也促进了东罗马帝国专制统治的形成与发展。[5] 虽然帝国东部和西部均在3世纪末至4世纪得到了一定的恢复和发展,然而,由于东西部的经济模式以及所面临的外部局势等存在着较大差异,所以,相对而言,帝国西部遭遇了经济、军事等方面的更大压力。帝国西部在很大程度上

---

[1] Theophanes, *The Chronicle of Theophanes Confessor*: *Byzantine and Near Eastern History*, *AD 284 – 813*, p. 345.

[2] John of Nikiu, *Chronicle*, Chapter 90, p. 143.

[3] Procopius, *The Anecdota or Secret History*, Book 12, Chapter 17, p. 149.

[4] William G. Sinnigen, Charles Alexander, *Ancient History from Prehistoric Times to the Death of Justinian*, p. 444.

[5] 陈志强:《拜占庭帝国通史》,第42页。

遭遇了经济衰退，同时，军队开支则进一步加重了经济衰退。① 最终，帝国在 5 世纪末丧失了对西地中海地区的控制。

与此同时，帝国东部地区却因为更为雄厚的经济基础和外部相对和平的状态而于 4 世纪末至 6 世纪初进入较为安定的发展阶段。查士丁尼一世即位之时，帝国财政状况良好，查士丁尼一世在此基础上推动其重新征服西地中海地区的宏伟计划，试图恢复罗马帝国的旧日版图与辉煌。然而，正是从 6 世纪中期开始，查士丁尼一世所建立的庞大帝国开始显现出明显衰落的发展趋势，东地中海地区原本繁荣的经济发展、稳定的政治局势、处于优势的战略形势和民众对中央政府的强大信任感均出现了转折的发展趋势。

古代晚期末期阶段是地中海地区社会发展的急剧转型时期，地中海地区频发的自然灾害是这一地区经济、政治、文化等发展开始呈现出显著变迁趋势的重要诱因。从 6 世纪中期开始，帝国东部的大部地区不断发生鼠疫、地震、水灾等灾害，令这一地区的人口、城市和农村地区受到严重损失。6 世纪 40 年代爆发的鼠疫以及其他一系列自然灾害成为阻碍查士丁尼一世实现其梦想的重要因素。其中，鼠疫对地中海东部商贸发达的城市打击尤为严重，并令这一地区的人口、居民生活以及拜占廷帝国的军事活动出现恶化发展趋势。安奇利其·E. 拉奥认为："直到 6 世纪上半期，地中海东部地区发展到较为繁荣的水平，城市和农村的发展相对稳定。在再征服战争的影响下，帝国的领土面积得以增加。从罗马帝国时代继承下来的复杂机构体系统治着社会生活和经济领域。然而，从 6 世纪后半期开始，古代社会的规则开始崩塌，6 世纪 40 年代瘟疫的爆发令帝国抵御外侵的能力减弱。"② 鼠疫连同天花和一系列破坏性地震的发生，以及从 6 世纪 30 年代开始的持续性战争，这些混合的因素令帝国至少在一个世纪内难以复原。③ J. H. W. G. 里贝舒尔茨、西瑞尔·曼戈和沃伦·特里高德均认为鼠疫令帝国的发展受到严重

---

① Averil Cameron, *The Mediterranean World in Late Antiquity AD 395—600*, p. 96.

② Angeliki E. Laiou, *The Economic History of Byzantium: From the Seventh Through the Fifteenth Century*, pp. 219 – 220.

③ Angeliki E. Laiou and Cecile Morrisson, *The Byzantine Economy*, pp. 38 – 39.

影响。① 由于地震、海啸、火灾等灾害的频繁发生，令地中海周边地区的城市和地区陷入一个"受损——修复——受损"的循环之中。

在古代晚期阶段，我们在地理上见证了罗马帝国逐渐向中世纪的拜占廷帝国转变的过程。拜占廷帝国在6—7世纪先后失去了对西地中海地区、叙利亚、巴勒斯坦与埃及等地区的控制，由此形成了地中海地区的新格局。② 拉塞尔认为："'查士丁尼瘟疫'导致帝国的人口在6世纪末时减少了40%—50%，造成城市衰落、民众惶恐不安、经济萧条、军队规模缩小，从而不仅导致查士丁尼一世重新征服西地中海地区的计划难以最终实现，同时也成为7世纪埃及和叙利亚地区迅速落入阿拉伯人之手的重要因素之一。"③ 西瑞尔·曼戈指出："帝国至此失去了一半的领土和人口。拜占廷疆域范围的变化标志着古代城市文明生活方式的结束和一个完全不同的中世纪世界的开始。"④ 艾弗里尔·卡梅伦和安提·阿尔伽瓦的观点与之相似。⑤

同时，6世纪后半期，面对不断发生的自然灾害，帝国的民众不仅感觉恐惧、无助，甚至绝望，同时也因此出现社会道德败坏。由于受到自然灾害的影响，民众难以正常生活，因此对以皇帝为首的中央政府的不满情绪与日俱增。陈志强教授认为："'查士丁尼瘟疫'爆发前，拜占庭帝国进行大规

---

① J. H. W. G. 里贝舒尔茨认为鼠疫是帝国发展停滞了50年甚至更长时间的重要诱因（J. H. W. G Liebeschuetz, *Decline and Fall of the Roman City*, p. 53. ）。西瑞尔·曼戈认为，542年鼠疫的爆发对6—7世纪的帝国发展趋势产生了重大影响（Cyril Mango, *The Oxford History of Byzantium*, p. 125. ）。沃伦·特里高德认为，鼠疫导致帝国农业和贸易网络受到破坏，并出现饥荒，而鼠疫的多次复发造成了严重的人口、财政和军事后果（Warren Treadgold, *A History of the Byzantine State and Society*, p. 276. ）。

② 6世纪中期至7世纪前期拜占廷帝国的边境局势的变化可参见文后图表"图11"：查士丁尼一世统治下的拜占廷帝国疆域图；"图12"：7—9世纪地中海地区的战略形势图。

③ Josiah C. Russell, "That Earlier Plague", p. 174.

④ Cyril Mango, *Byzantium: The Empire of New Rome*, Introduction p. 4.

⑤ 艾弗里尔·卡梅伦认为，在查士丁尼一世征服活动和6世纪40年代开始的鼠疫的打击之下，帝国防御能力日益下降，当波斯人于7世纪对这一地区大举入侵之时，帝国东部遭到了又一次严重的打击，以致无法抵挡7世纪30年代阿拉伯人的首次入侵。而从长远的角度来看，帝国东部和西部经历着相似的发展过程，只不过发生时间不尽相同，帝国东部与西部的变化速度也由于当地因素的不同而存在着差异（Averil Cameron, *The Mediterranean World in Late Antiquity AD 395—600*, p. 85. ）。安提·阿尔伽瓦认为，拜占廷帝国经济衰退的时间为550年前后，一个关键性的因素是540年出现并多次在地中海地区复发的鼠疫。鼠疫对人口、经济和政治等方面带来了严重后果。在6世纪中期的转型时期过后，地中海东部与西部的社会在多个方面都比前几个世纪简单许多（Antti Arjava, "The Mystery Cloud of 536CE in the Mediterranean Sources", p. 76. ）。

模征服战争，开疆拓土，将地中海变为帝国的内海，帝国疆域之广大堪称空前绝后。但是瘟疫后，帝国大厦轰然倒塌，不但强敌入侵屡屡得手，领土日益缩小，而且强大的中央集权政治统治迅速为内战所取代。显然，拜占庭帝国局势的突然变故是与'查士丁尼瘟疫'的巨大灾害直接相关的。在拜占庭国家遭受重大的人口损失、政治经济活动陷于停顿尤其是在政治中枢、军事重地和精神文化中心的城市遭到毁灭性破坏之后，人们还有理由相信其皇帝能够继续保持帝国的强盛吗？"① 由于政治局势的混乱以及民众精神状态在遭受到多次自然灾害后呈现出的恐惧、怀疑以及对统治者不信任的态度给中央政府的统治提出了新的挑战。帝国的经济发展、政治局势、防御体系以及民众心理状态等问题呈现出彼此影响、相互牵制、恶性循环的状态。为了解决帝国面临的困境，中央政府、地方教会和普通民众采取了不同的做法以应对危机。

---

① 陈志强：《拜占庭帝国通史》，第 121 页。

第三编

政府、教会及民众的灾后救助

古代晚期地中海地区频繁发生鼠疫、天花、地震、海啸、水灾等自然灾害，多次自然灾害的发生不仅造成了严重的物质损失，同时也影响到受灾民众的精神状态，恐惧、绝望以及对于统治者的怀疑和不满弥漫在灾民之中。面对这种危机，帝国政府、基督教教会以及普通民众在灾难发生之后采取了方式不同、程度不一的救助措施。客观地说，这些灾后救助举措在一定程度上缓解了灾情。与此同时，在灾后伤患人数增加的压力之下，拜占廷帝国的医疗救助也取得了一定的进展。然而，由于救助来源的不同，导致救助措施的力度、方式以及救助对象不尽相同，这种情况往往会对受灾地区造成不同的后果，进而影响到地中海地区的整体发展。

第一章
帝国政府的灾后救助

在古代晚期的罗马—拜占廷帝国，面对自然灾害，拥有更多资源的帝国政府往往能够更为集中地调动人力、物力与财力，从而构成灾后救助的主要来源。对于帝国政府而言，对灾区进行积极的救助可以有效恢复灾区的秩序。同时，由于古代晚期阶段中，地震等灾害的发生往往被认为是"上帝的惩罚"①，由此，以皇帝为中心的帝国政府所进行的灾后救助亦可增强皇帝的权威和在民众中的威信，有利于稳固其统治基础。帝国政府的救助措施对于恢复灾区的正常秩序以及灾区民众的生活至关重要。

第一节　直接经济救助

在古代晚期自然灾害发生后的救助举措中，政府所实施的直接经济救助占有很大比重。直接拨款甚至免税是皇帝对灾区最为常见、直接且快速的救灾举措，这种救助方式多次出现在地震及瘟疫等灾害发生之后，直接拨款及免税措施有助于减轻灾区负担。除直接拨款及免税政策外，地震及水灾等灾害对受灾城市及地区的建筑物造成了较大损害，由此，政府所主导的修复受灾地区建筑物的灾后举措对灾区民众恢复正常的生产与生活至关重要。根据史料记载，我们发现，其一，在整个古代晚期阶段中，6 世纪前期政府直接拨款及免税的救助政策相较其他时期为多。其二，对君士坦丁堡等重要城市

---

① 根据以弗所的约翰记载，582 年 5 月 10 日，君士坦丁堡发生强震。皇帝莫里斯对这次强震所造成的严重影响感到非常懊恼和不安，同时十分害怕城市在地震中倒塌是上帝的暗示，而他坚持对城市进行重建。（John of Ephesus, *Ecclesiastical History*, Part 3, Book 5, p. 363.）

的灾后修复力度要明显大于其他城市及地区。

一　帝国政府直接拨款及免税政策的推行在时间上的差异性

根据约翰·马拉拉斯的记载，3 世纪末 4 世纪初，君士坦提乌斯一世
（伽勒里乌斯统治东部地区）统治期间，塞浦路斯的萨拉米斯发生地震，皇
帝免除了灾民 4 年的税收，并且给予了灾区很多物资。[①] 457 年 9 月 13 日，
安条克强震过后，利奥一世对安条克幸存民众极为慷慨。[②] 关于帝国政府对
这次地震的救助，埃瓦格里乌斯也提及皇帝在地震之后赠予灾区民众大量黄
金，并免除了部分税收。[③] 476 年，加巴拉地震之后，皇帝下拨了 50 利特里
（litrai，1 利特里相当于 72 索里德）金币用于城市的重建。[④] 如前所述，从 3
世纪末直至 5 世纪，地中海周边地区共发生了 30 余次地震[⑤]，然而史料中所
见政府进行的直接拨款及免税的举措却只分别出现在伽勒里乌斯、利奥一世
和泽诺统治期间。[⑥]

根据史家记载，当地中海地区从 6 世纪初开始进入自然灾害高发期后，
皇帝在 6 世纪前期多次以拨款和免税缓解灾区紧张局势，6 世纪前期帝国政
府对灾区所施行的经济救助要明显多于其他时期。根据《507 年柱顶修士约
书亚以叙利亚文编撰的编年史》的记载，当埃德萨及周边地区的民众因
500—501 年的饥荒和瘟疫而生活出现困难时，埃德萨长官的德摩斯梯尼
（Demosthenes）前往君士坦丁堡向皇帝陈述了灾情，皇帝赐予他金钱以救济

---

①　John Malalas, *The Chronicle of John Malalas*, Book 12, p. 170.

②　John Malalas, *The Chronicle of John Malalas*, Book 14, p. 202.

③　Evagrius Scholasticus, *The Ecclesiastical History of Evagrius Scholasticus*, Book 2, Chapter 12, pp. 94 – 96.

④　John Malalas, *The Chronicle of John Malalas*, Book 15, p. 209.

⑤　参见第一章第二节的内容。

⑥　根据第一章第二节中有关地震的记载，阿米安努斯·马塞林努斯、苏克拉底斯、索佐门、左西
莫斯等史家关注到了 3 世纪末至 5 世纪期间发生的数次地震灾害及其影响，然而，这些史家却并没有提
到灾害发生之后政府所进行的以直接拨款为形式的救助。对 3 世纪末至 5 世纪三次政府救助进行记载的
史家是约翰·马拉拉斯和埃瓦格里乌斯。约翰·马拉拉斯生于 5 世纪末，埃瓦格里乌斯生于 6 世纪，他
们主要的生活时代是在 6 世纪，而 3 世纪末至 5 世纪灾后救助的记载却几乎未见于同一时期史家笔下。
相信埃瓦格里乌斯和约翰·马拉拉斯所提及的直接拨款及免税政策应该是依据了他们所见，而我们现在
却难以见到史料进行的记载。由此可以推断，3 世纪末至 5 世纪期间，政府较少进行直接拨款及免税的
救助举措。

贫民。当德摩斯梯尼回到埃德萨之后，他向贫民分发面包。① 此外，在主教的劝说之下，皇帝对农民免除了两个弗里留（follis，古罗马镀银铜币）的赋税。② 根据约翰·马拉拉斯的记载，520 年，迪拉休姆发生地震后，查士丁一世给生还者和遇难者以慷慨援助。几乎同时，希腊地区也发生了地震，皇帝同样拨款赈灾。③ 521 年，埃德萨发生水灾，皇帝给予灾区慷慨的救济，给水灾中的幸存者很多资助。④ 根据埃瓦格里乌斯的记载，526 年安条克地震后，查士丁一世赐予灾区 200 磅黄金。⑤ 根据埃瓦格里乌斯的记载，528 年，安条克再次发生地震，查士丁尼一世向安条克拨款赈灾，并给予了援助。⑥ 塞奥发尼斯也对此事有所记载。⑦《复活节编年史》记载，庞培奥波利斯于 528 年发生地震，灾民得到了皇帝的大量捐赠。⑧ 约翰·马拉拉斯则称，皇帝在庞培奥波利斯地震后拨出巨款以营救灾区民众。⑨ 此外，在 528 年劳迪西亚发生地震后，查士丁尼一世免除灾民三年的赋税。⑩ 尼基乌主教约翰宣称，查士丁尼一世赐予灾区民众大量的金钱。⑪

　　然而，6 世纪中期以后，史家关于灾区得到直接拨款与免税的记载明显减少。鼠疫在 6 世纪后期的四次复发过程中，均未见到政府直接拨款及免税

　　① Joshua the Stylite, *Chronicle Composed in Syriac in AD 507: a History of the Time of Affliction at Edessa and Amida and Throughout all Mesopotamia*, Chapter 42, pp. 31 – 32.

　　② Ibid., Chapter 39, pp. 29 – 30.

　　③ John Malalas, *The Chronicle of John Malalas*, Book 17, p. 237.

　　④ Ibid.

　　⑤ Evagrius Scholasticus, *The Ecclesiastical History of Evagrius Scholasticus*, Book 4, Chapter 6, p. 205. 约翰·马拉拉斯记载，安条克和塞琉西亚于 526 年发生地震，受灾地区得到了皇帝的大笔赈灾款项（John Malalas, *The Chronicle of John Malalas*, Book 17, p. 243.）。尼基乌主教约翰记载，在 525 年火灾和 526 年地震过后，查士丁一世拨出前所未见的巨额款项用于重建工作（John of Nikiu, *Chronicle*, Chapter 90, pp. 136 – 137.）。根据塞奥发尼斯的记载，526 年，安条克地震后发生火灾，火灾持续了 6 个月，给城市造成了严重损失，皇帝拨款赈灾（Theophanes, *The Chronicle of Theophanes Confessor: Byzantine and Near Eastern History*, AD 284 – 813, p. 263.）。

　　⑥ Evagrius Scholasticus, *The Ecclesiastical History of Evagrius Scholasticus*, Book 4, Chapter 6, p. 205.

　　⑦ Theophanes, *The Chronicle of Theophanes Confessor: Byzantine and Near Eastern History*, AD 284 – 813, p. 270.

　　⑧ Michael Whitby and Mary Whitby translated, *Chronicon Paschale*, 284 – 628 AD, p. 195.

　　⑨ John Malalas, *The Chronicle of John Malalas*, Book 18, p. 253.

　　⑩ Ibid., p. 258.

　　⑪ John of Nikiu, *Chronicle*, Chapter 90, p. 139.

的救助举措。此外，在 6 世纪后期地震发生后，也较少出现皇帝对灾区进行拨款的记载。塞奥发尼斯声称，551 年，东地中海大范围强震后，查士丁尼一世拨款赈灾。① 557 年君士坦丁堡发生地震，查士丁尼一世甚至需要依靠节约下来的钱财来赈济贫民。② 埃瓦格里乌斯声称，安条克于 588 年发生地震，其后皇帝拨款赈灾。③

由此可见，3 世纪末至 5 世纪，地震灾害发生后，政府所主导的直接拨款及免税措施出现的概率只占到所有地震灾害发生次数的 1/10 左右。6 世纪前期多次强震过后，帝国政府均采用了直接拨款甚至免税的举措。虽然绝大部分救助都是针对帝国境内重要城市所实施的，然而，救助的覆盖面几乎包含国内的大部分地区。这种救助方式的出现与 6 世纪前期帝国较为良好的财政状况密不可分。然而，由于直接拨款，尤其是免税政策的推行一定需要坚实的财政作为保障，救助的力度与帝国财政状况及整体发展之间关系十分紧密。从 6 世纪中期开始，受到帝国财政状况恶化的影响，唯有君士坦丁堡这样的重要城市才会出现直接拨款的记载，相关史著中也没有提及任何免税措施。

二　帝国政府修复受损城市的灾后举措在地域上的选择性

除直接拨款及免税的救助举措外，在地震及水灾发生后，由于城内基础设施受到了较大破坏，政府往往采用帮助灾区修复受损建筑物和防御工事的措施来缓解灾情。然而，在修复受损城市的过程中，帝国政府对经济、战略地位不同的城市采取了区别对待的做法。根据约翰·马拉拉斯的记载，戴克里先统治时期，皇帝曾经重建受到地震破坏的安条克铸币厂。④ 君士坦提乌斯二世统治期间，皇帝帮助重建受到地震影响的塞浦路斯的萨拉米斯城。⑤ 诺尔·伦斯基指出："在瓦伦提尼安和瓦伦斯统治时期，帝国政府在小亚细

---

①　Theophanes, *The Chronicle of Theophanes Confessor: Byzantine and Near Eastern History, AD 284 – 813*, p. 332.

②　Ibid., p. 339.

③　Evagrius Scholasticus, *The Ecclesiastical History of Evagrius Scholasticus*, Book 6, Chapter 8, p. 300.

④　John Malalas, *The Chronicle of John Malalas*, Book 12, p. 168.

⑤　Ibid., p. 170.

亚西北部、希腊、克里特、意大利、西西里南部、埃及和叙利亚地区等地帮助重建受到地震毁坏的城市。"① 根据约翰·马拉拉斯的记载，尼科美地亚在塞奥多西二世统治时期（408—450 年在位）发生地震和海啸，皇帝在灾后对城市进行了修复。② 450 年，特里波利斯发生地震后，皇帝马尔西安对城市进行重建。③ 447 年 1 月 26 日，君士坦丁堡及周边地区发生强震，震后，受损城墙得到了重建。④ 根据埃瓦格里乌斯的记载，458 年安条克发生地震后，城市得到了重建。⑤ 由此可知，从 3 世纪末至 5 世纪，以皇帝为中心的政府多次对帝国境内的君士坦丁堡、安条克、尼科美地亚及特里波利斯等重要城市进行灾后重建。

在 6 世纪前期的地震及水灾频发时期中，多次出现皇帝帮助城市受损建筑进行重建的记载。根据约翰·马拉拉斯的记载，514 年，罗德岛发生地震后，皇帝大力支持城市建筑的重建工作。⑥ 根据埃瓦格里乌斯的记载，521 年，阿纳扎尔博斯发生地震后，查士丁一世帮助阿纳扎尔博斯进行重建。⑦ 约翰·马拉拉斯也曾提及此事。⑧ 根据埃瓦格里乌斯的记载，521 年，在埃德萨发生水灾后，查士丁一世耗费巨资来重建这座城市。⑨ 526 年安条克地震后，查士丁尼一世和塞奥多拉指导了重建工作，查士丁尼一世修建了教堂

① Noel Lenski, *Failure of Empire*: *Valens and the Roman State in the Fourth Century AD*, p. 277. 诺尔·伦斯基在论著中再次强调了由于自然灾害导致大规模修复活动的内容，瓦伦提尼安统治时期之所以进行大规模的建筑物修复活动的重要原因在于，大规模自然灾害导致这种修复活动变得十分必要。在北非地区，364—367 年间，40 座建筑物中的 27 座得以重建（Noel Lenski, *Failure of Empire*: *Valens and the Roman State in the Fourth Century AD*, p. 394.）。

② John Malalas, *The Chronicle of John Malalas*, Book 14, p. 198.

③ Ibid., p. 201.

④ Marcellinus, *The Chronicle of Marcellinus*, p. 19.

⑤ Evagrius Scholasticus, *The Ecclesiastical History of Evagrius Scholasticus*, Book 2, Chapter 12, pp. 94 – 96. 约翰·马拉拉斯也提到，地震过后，利奥一世着力重建城市内部的建筑物（John Malalas, *The Chronicle of John Malalas*, Book 14, p. 202.）。

⑥ John Malalas, *The Chronicle of John Malalas*, Book 16, pp. 227 – 228.

⑦ Evagrius Scholasticus, *The Ecclesiastical History of Evagrius Scholasticus*, Book 4, Chapter 8, pp. 207 – 208.

⑧ John Malalas, *The Chronicle of John Malalas*, Book 17, p. 237.

⑨ Evagrius Scholasticus, *The Ecclesiastical History of Evagrius Scholasticus*, Book 4, Chapter 8, pp. 207 – 208. 约翰·马拉拉斯也提到，皇帝更新了很多工事，并对其进行了重新命名，称为查士丁奥波利斯（Justinoupolis）（John Malalas, *The Chronicle of John Malalas*, Book 17, p. 237.）。

以及浴室、水槽等公共设施，而塞奥多拉则修建了巴西利卡教堂。① 528 年，安条克地震之后，查士丁尼一世着力进行城市的修复和重建工作。② 528 年，庞培奥波利斯发生地震后，皇帝尽力对受损城市进行重建。③ J. H. W. G. 里贝舒尔茨提到，阿帕米亚的大部分建筑都因 526 年、528 年两次地震的打击而被损毁，除了广场被遗弃外，城市纪念碑的柱廊、住宅和教堂都得到了重建。④ 529 年米拉地震发生后，查士丁尼一世对灾区的重建工作极为慷慨。⑤ 尼基乌主教约翰声称，查士丁尼一世重建了众多在地震中受到破坏的城市。⑥ 6 世纪前期的数次地震及水灾发生后，阿纳斯塔修斯一世、查士丁一世及查士丁尼一世均着力于受灾城市的重建工作，其覆盖面较广。

然而，根据目前所掌握的史料显示，从 6 世纪中期开始，除了首都君士坦丁堡外，帝国境内大部地区城市的修复和建设活动开始逐渐减少，甚至趋于停滞。根据以弗所的约翰的记载，582 年，君士坦丁堡及周边地区发生强震后，莫里斯召集工匠重建城市。⑦ 然而，除 582 年君士坦丁堡地震后的重建工作外，在史家们对 6 世纪后期多次地震等灾害记载的过程中，哪怕是影响范围广泛的 551 年、554 年、557 年三次强震，均是详细叙述灾难的发生情况⑧，几乎没有出现任何政府重建灾区的记载。作为帝国的首都，君士坦丁堡在遭遇自然灾害的打击之时，能够得到以皇帝为首的帝国政府的倾力援助，并且能够借助皇帝所在地的地位自帝国境内其他地区汲取资源，这是它能够从灾害中恢复并发展的重要原因。埃及便在从查士丁一世直到伊拉克略一世统治期间，向其输送了大量黄金以保证君士坦丁堡的恢复与发展。⑨

由此可见，拜占廷帝国政府在自然灾害发生后往往采用区别对待的做

---

① J. A. S. Evans, *The Age of Justinian: The Circumstances of Imperial Power*, p. 226.

② Theophanes, *The Chronicle of Theophanes Confessor: Byzantine and Near Eastern History, AD 284 - 813*, p. 270.

③ John Malalas, *The Chronicle of John Malalas*, Book 18, p. 253.

④ J. H. W. G Liebeschuetz, *Decline and Fall of the Roman City*, p. 56.

⑤ John Malalas, *The Chronicle of John Malalas*, Book 18, p. 262.

⑥ John of Nikiu, *Chronicle*, Chapter 90, pp. 136 - 137.

⑦ John of Ephesus, *Ecclesiastical History*, Part 3, Book 5, p. 363.

⑧ 有关 551 年、554 年、557 年地震的发生情况请参见第一章第二节的内容。

⑨ Thomas M. Jones, "East African Influences upon the Early Byzantine Empire", *The Journal of Negro History*, V. 43, N. 1, 1958, p. 52.

法。一方面，6 世纪前期灾后拨款及免税政策的实施力度明显大于其他时期；另一方面，政府所主导的对灾区的修复工作呈现出地域选择性的特征。相对而言，帝国政府对重要城市的救助力度明显大于其他城市，尤其以君士坦丁堡、安条克等重要城市为主。中央政府救助区别对待做法现象的出现一方面是与不同时期史家们所留下史料的数量多少以及史家们的关注点不同有关；另一方面也是与拜占廷帝国在古代晚期阶段中的国力以及发展趋势有关。在自然灾害发生后，中央政府往往会对一些重要城市施行拨款、免税、修复受损建筑等救助措施，而对一些中小城市和农村地区的救助力度明显不及大城市。这种区别对待的做法尤其出现在帝国国力较弱和外部压力较大的时期。甚至如安条克这样的重要城市在 6 世纪中后期遭遇地震时也无法得到帝国政府充分且及时的救助。普罗柯比就曾提到，在查士丁尼一世时期，安条克不断发生地震，由于缺乏资金，以致城墙也无法修复。[1] 然而，这种区别对待的做法不仅令部分受灾地区及城市因得不到充分救助而衰落，同时也会进一步影响帝国财政收入，因此不利于帝国整体发展。

第二节　稳定社会秩序

除了拨款、免税及对受灾城市进行重建外，拜占廷政府还采取了派遣官员、颁布政令以及移民等方式作为赈灾的辅助手段，以此稳定灾区的社会秩序。此外，从 6 世纪中期开始，当帝国的财政紧缩之际，拜占廷政府集中有限的资源与财力，将城市建设和灾后修复的重点由公共建筑物逐渐过渡到基督教会建筑物，从精神上抚慰民心。这种精神层面的救助本是与物质层面的救助相辅相成的，有利于对民众的心理创伤进行安抚。作为一个以基督教为国教的帝国，拜占廷政府在灾后救助中始终关注对民众精神的抚慰。然而，在古代晚期后期阶段中，随着帝国财政状况日益恶化，以修建教堂为主的精神救助甚至部分取代了实际的拨款、免税等物质救助，成为拜占廷帝国在应对灾后困境时的主要方式。

---

[1]　Procopius, *History of the Wars*, Book 2, p. 332.

一 派遣官员前往赈灾与颁布政令

根据史家记载，在瘟疫、地震等灾害发生后，除了拨款及免税等救灾举措外，帝国政府往往采取委派官员负责善后事宜，以期能够较快地恢复社会秩序。在496—497年奥斯若恩发生传染性疾病之后，亚历山大受命担任行省总督，为清洁城市而禁止商人在柱廊和街道上摆放摊点。① 当鼠疫首次在君士坦丁堡爆发时，根据普罗柯比的记载，皇帝委派塞奥多鲁斯（Theodorus）负责恢复城内的正常秩序。这位大臣主要负责的是埋葬死者，尤其是无人处理的死者尸体，塞奥多鲁斯全力埋葬因瘟疫而去世者，为完成这一任务，甚至自掏腰包。② 派遣官员前往赈灾的方式似乎是古代晚期多次瘟疫发生后政府所实行的主要救灾手段。

地震后也出现了政府官员负责赈灾的记载。根据马塞林努斯的记载，447年1月26日，君士坦丁堡及周边地区发生强震，震后，大区长官君士坦丁负责对受损城墙进行重建的工作。③ 根据塞奥发尼斯的记载，在526年安条克地震后，皇帝查士丁一世派遣卡里努斯（Carinus）携带资金前往赈灾，责令其务必救活尽可能多的人。随后不久，查士丁一世派遣福卡斯（Phokas）和阿斯特瑞奥斯（Asterios）这两位颇有学识的人前往安条克，给予他们一大笔钱用于城市的修复工作。④

此外，自然灾害发生后，帝国政府还采取了颁布政令和举行纪念活动等做法以安抚民心，增强其对帝国的信心。447年1月26日的君士坦丁堡地震过后不久便举行了纪念活动。⑤ 479年君士坦丁堡等地发生地震之后，帝国居民在地震发生的9月24日这一天举行纪念活动。⑥ 在532年君士坦丁堡一次地震过后，查士丁尼一世给多个城市送去圣令：确立正统的信仰并反对邪

① Frank R. Trombley and John W. Watt translated, *The Chronicle of Pseudo-Joshua the Stylite*, p. 26.

② Procopius, *History of the Wars*, Book 2, 23, 5 – 10, p. 467.

③ Marcellinus, *The Chronicle of Marcellinus*, p. 19.

④ Theophanes, *The Chronicle of Theophanes Confessor: Byzantine and Near Eastern History, AD 284 – 813*, p. 264.

⑤ Marcellinus, *The Chronicle of Marcellinus*, p. 19.

⑥ Ibid. , p. 27.

恶的异端学说。[①] 551 年阿非利加行省发生地震，受灾地民众于次年举行纪念活动。[②] 根据塞奥发尼斯的记载，554 年君士坦丁堡地震过后，每年都会举行纪念活动。[③]

事实上，派遣官员前往灾区与拨款等赈灾方式相结合能够起到较好的作用。由于大规模瘟疫、地震等灾害往往会破坏地方行政系统的正常运转。自然灾害发生后，极易出现无人处理城市紧急状况的情况。[④] 但是，灾难刚刚发生后的这一段时间恰好是灾区状况最为恶劣，也是受灾民众最需要救助的时期。于是，对灾区采取下派官员的方式不仅能够协调灾区的灾后恢复工作，同时在一定程度上代表着帝国政府对灾区的关心，有助于灾区民众重拾信心与勇气。然而，我们发现，相较拨款、修复受灾地区建筑物等赈灾方式，派遣官员赈灾的举措更加不是自然灾害发生之后的"常设"救灾举措。

二　政府主导下的人口流动

受到频发自然灾害的影响，地中海地区的人口呈现出显著下降的趋势。在东地中海地区的重要城市和地区中，人口下降的程度尤为明显。拜占廷帝国的人口数量从 6 世纪中期开始急剧下降，这一下降趋势一直延续至 9 世纪。[⑤] 在古代社会中，人口是帝国实力的重要指标之一，人口在短时段内的显著减少对国家的经济、军事等方面的发展十分不利。鉴于人口减少所产生的不良影响，民众自发的人口流动往往耗时较长。面对人力资源的短缺状况以及边境危机，为了维系长久统治，帝国政府实施了较为长期的政策调整。于是，从 6 世纪后期开始，拜占廷政府采取将蛮族定居于边境、对国内不同地区人口进行迁移等政策来应对经济危机和边境问题，以期恢复地中海周边城市的繁荣，并为帝国发展提供可用的资源以及税收。政府所主导的强制性

①　John Malalas, *The Chronicle of John Malalas*, Book 18, p. 282.

②　John of Nikiu, *Chronicle*, Chapter 90, 82.

③　Theophanes, *The Chronicle of Theophanes Confessor: Byzantine and Near Eastern History, AD 284 – 813*, p. 332.

④　在自然灾害中，有大量官员及元老丧生的记载。如 588 年的安条克地震令阿斯特瑞斯（Asterius）丧生。（Evagrius Scholasticus, *The Ecclesiastical History of Evagrius Scholasticus*, Book 6, Chapter 8, p. 300.）

⑤　Peter Charanis, *Studies on the Demography of the Byzantine Empire*, p. 17.

移民政策成为地中海地区人口流动的重要方式之一。

为了增加人力资源以及应对边境蛮族问题，在古代晚期，统治地中海地区的拜占廷帝国也采取允许蛮族定居于帝国境内的政策，以补充税源兵源。允许周边蛮族定居于帝国边境的政策早已有之①，早期拜占廷帝国的统治者们为了缓解人口短缺的压力和边境危机，时常采用订立协议接受边界以外的蛮族进入帝国领土范围内定居的传统。② 查士丁尼一世在其统治时期内继续推行上述政策，以缓解兵源不足并加强边境防御。534 年，查士丁尼一世下令将一批汪达尔人俘虏迁至帝国东部居住。③ 6 世纪 40 年代，很可能是 546 年，查士丁尼一世允许伦巴第人定居在潘诺尼亚的西部和诺里库姆（Noricum），给予他们包括诺里亚（Noreia，今诺伊马克特 Neumarkt）在内的一些土地。④ 551 年，查士丁尼一世允许 2000 名属于匈人的科特里古人（the Kotrigurs）和他们的家庭定居在色雷斯地区。⑤ 除了缓解边境危机，帝国在多次自然灾害影响下人口出现显著的下降趋势也很可能是查士丁尼一世将大批蛮族定居于帝国境内的重要原因。

6 世纪后期，由于帝国北部的边境危机加剧⑥，查士丁尼一世的继任者

---

① 如公元 3 世纪，罗马帝国于 273 年允许哥特人在达吉亚行省定居（陈志强：《拜占廷帝国史》，第 65—66 页）。而君士坦丁一世时期，考虑到无法以武力解决蛮族问题，于是在传统的蛮族政策上进一步发展，大规模接纳蛮族为帝国臣民居住于帝国边境地区，利用其人力开垦荒地，并从中征募大量士兵（陈志强：《拜占廷帝国史》，第 102 页）。君士坦丁一世之后的皇帝基本延续了这种将蛮族定居于帝国境内的政策。塞奥多西一世便将大量哥特人定居于马其顿和色雷斯地区，并鼓励其务农（陈志强：《拜占廷帝国史》，第 114 页）。

② Peter Heather, John Matthews, *The Goths in the Fourth Century*, Liverpool：Liverpool University press, 1991, p. 132. 不仅如此，根据史家的记载，多次出现周边蛮族主动要求在帝国边境定居的事例。506 年，哥特人塞奥多里克（Theodoric）统治意大利时，塞奥多里克将被法兰克王克洛维（Clovis）打败并驱逐至南部地区的阿拉曼尼人（the Alamanni）置于自己的保护之下。他将这群阿拉曼尼人定居在当时仍属于罗马人领土的拉埃提亚（Raetia）地区（Agathias, *The Histories*, p. 14.）。512 年，一群赫鲁尔人（the Heruls）很可能定居在拜占廷帝国境内前南斯拉夫（Yugoslavia）的北部地区（Procopius, *History of the Wars*, Book 6, 14, 28 – 32, pp. 409 – 411.）。

③ Procopius, *History of the Wars*, Book 4, 14, 17 – 19, pp. 331 – 333.

④ Procopius, *History of the Wars*, Book 7, 33, 10 – 11, p. 441.

⑤ Procopius, *History of the Wars*, Book 8, 19, 6 – 7, p. 245.

⑥ 包括斯拉夫人和阿瓦尔人在内的蛮族对拜占廷帝国巴尔干地区的边境局势造成了很大的压力。根据埃瓦格里乌斯的记载，阿瓦尔人在 590 年曾两次跨过"长城"，并占领了辛吉杜努姆及希腊地区的很多城镇和战略据点，将其居民变卖为奴（Evagrius Scholasticus, *A History of the Church in Six Book*, *from AD 431 to AD 594*, Book 6, Chapter 10, p. 301.）。

们不断通过对北部地区进行增兵以及纳贡的方式来打破这一地区的僵局。[①]
与此同时，将帝国居民进行迁移以及将蛮族定居于帝国边境的做法得到延
续。578 年，在提比略的命令下，1 万名亚美尼亚人移居塞浦路斯岛。[②] 莫里
斯皇帝允许保加尔人（the Bulgars）定居在莫西亚（Moesia）和达西亚（Da-
cia，大致在今罗马尼亚一带），这一地区曾在阿纳斯塔修斯一世统治时期受
到阿瓦尔人的劫掠。[③] 罗德尼·斯塔克指出："由于国家拥有大量无人看管
的田产，而在人口方面又极端缺乏，所以采取了一些补救性措施，包括周边
'蛮族'成为田产的拥有者，并在帝国境内建立大批定居点，甚至还获得了
参加罗马军团的资格。"[④]

古代晚期后期阶段中，政府所主导的定居蛮族于帝国边境以及进行帝国
内部移民的政策是一项针对帝国核心区域劳动力问题以及边境军事危机的重
要举措。这一政策在一定程度上改变了地中海周边地区的民族构成，但并未
在短时间内从根本上解决帝国劳动力、兵源短缺以及边境危机的困境。

此后，直至 7、8 世纪，这种政府主导的移民举措继续得到推行，并出
现了力度增加的趋势，除了将蛮族定居于帝国边境地区外，这一时期帝国政
策出现了向重要城市进行移民的走向。如前所述，由于受到自然灾害频发的
影响，地中海东部城市普遍出现了人口减少、建筑物残破、商贸活动停滞的
发展趋势。由此可见，帝国人口总体减少的趋势并未在 6 世纪后期帝国移民
政策的推动下得到根本改观，而是延续至 7、8 世纪。拉塞尔指出，在瘟疫
打击之下所出现的人口大量丧失意味着农业人口的再调整。7 世纪末的法令
很有趣地表明在瘟疫灾难发生后，很多土地重新回到帝国政府的手中，并重
新开始将人口在土地上安置下来。[⑤] 为了稳定帝国的统治秩序、维系城市的
发展，根据史家记载，在 7、8 世纪多次出现皇帝将外来人口移居至君士坦
丁堡的记载。公元 747 年君士坦丁堡发生瘟疫，尸体遍布城市内外，几乎已

---

① 提比略和莫里斯统治时期，每年交给阿瓦尔人的贡金从 8 万金币提高到了 10 万金币
（Menander, *The History of Menander the Guardsman*, p. 241; Theophanes, *The Chronicle of Theophanes Confessor：
Byzantine and Near Eastern History*, AD 284 – 813, p. 375.）。

② John of Ephesus, *Ecclesiastical History*, Part 6, Book 15, p. 412.

③ Michael the Syrian, *Chronicle*, Book 2, pp. 363 – 364.

④ ［美］罗德尼·斯塔克：《基督教的兴起：一个社会学家对历史的再思》，第 89 页。

⑤ Josiah C. Russell, "That Earlier Plague", p. 181.

经无人居住，以致皇帝君士坦丁五世（Constantine V，741—775 年在位）不得不下令将希腊和爱琴海诸岛居民迁居君士坦丁堡①，在之后的利奥四世（775—780 年在位）时期，也曾经命令其他地区人口迁居君士坦丁堡与色雷斯地区。② 根据塞奥发尼斯的记载，拜占廷帝国仅在 7 世纪末就向奥普西金军区迁徙了 7 万斯拉夫人，762 年又再度向小亚细亚地区迁徙了 21 万斯拉夫人。③ 彼得·卡纳里斯提到，君士坦丁堡的人口无疑还未从 6 世纪的毁灭性瘟疫中恢复，就遭遇到 746—747 年瘟疫的打击。这次瘟疫的发生对人口的影响很大，令君士坦丁五世发现有必要从爱琴海岛屿和其他地区向君士坦丁堡迁移人口以作补充。④

由拜占廷政府所主导的移民政策是从 7 世纪开始大力推行的军区制的基础。在频发的自然灾害造成帝国兵源、税源极度紧张的情况下，从 7 世纪开始，为了解决帝国的经济以及边境军事的巨大压力，由"总督制"⑤ 逐渐演变而来的"军区制"⑥ 开始在拜占廷帝国境内逐步完善并推广。6 世纪后期

---

① 根据尼基弗鲁斯的《简史》记载，公元 747 年的瘟疫后，君士坦丁堡城内几乎无人居住，尸体布满城市内的蓄水池、沟渠、葡萄园和果园，以至在 8 世纪，君士坦丁五世皇帝不得不从希腊和爱琴海群岛往君士坦丁堡迁居人口（Nikephoros, *Short history*, p. 141.）。

② Nikephoros, *Short History*, p. 145.

③ Theophanes, *The Chronicle of Theophanes Confessor*: *Byzantine and Near Eastern History*, *AD 284 – 813*, p. 432.

④ Peter Charanis, *Studies on the Demography of the Byzantine Empire*, p. 13.

⑤ 查士丁尼一世在推行其再征服计划的过程中，先后消灭了北非的汪达尔王国和意大利的东哥特王国，为便于统治新征服地区，设立了迦太基和拉文纳两个总督区（Procopius, *History of the Wars*, Book 4, 8, 1 – 9, pp. 271 – 273；Procopius, *History of the Wars*, Book 4, 8, 37 – 40, pp. 79 – 81.）。西瑞尔·曼戈认为，帝国军队人数与帝国防御形势的不匹配是帝国实行"总督制"的重要原因（Cyril Mango, *Byzantium*: *The Empire of New Rome*, p. 34.）。彼得·卡纳里斯指出，在拜占廷帝国境内，尤其是巴尔干半岛，人口从 6 世纪中期开始大幅度减少，由此解释了一些 6 世纪后期的拜占廷皇帝试图将人口从亚美尼亚地区迁移到色雷斯及附近地区的努力；屯兵于田既能够解决防御问题，同时也能够解决劳动生产力问题（Peter Charanis, *Studies on the Demography of the Byzantine Empire*, pp. 10 – 11.）。

⑥ 军区制将本国的公民作为军队的主要兵源，使军队建立在广泛的本国人力资源基础上。这一制度将成年公民按照军队的编制重新组织起来，屯田于边疆地区，平时垦荒种地，战时应招出征，平时以生产为主，战时以打仗为主。军区制下的农兵大多屯田于边疆地区，因此其参战的目的具有保家卫国的性质，战斗力明显提高。且除高级将领之外，军队中各级官兵均自备所需的武器、装备和粮草，而不依靠国库供给，从而减轻了中央政府的财政负担（陈志强：《拜占廷学研究》，第 60 页）。J. A. S. 埃文斯指出，自然灾害的频发令城乡之间的平衡关系发生转变：6 世纪，城市的经济主导优势开始下降。农村才是大多数人居住的地方（J. A. S. Evans, *The Age of Justinian*: *The Circumstances of Imperial Power*, p. 230.）。同时，农村人口的自然增长率也较之城市为高（A. H. M. Jones, *The Roman Economy*: *Studies in Ancient Economic and Administrative History*, p. 87.）。

至 7 世纪前期，帝国逐渐开始推行的移民政策和军区制相结合，在一定程度上使帝国的人力、物力和财力得到了恢复。将农民和士兵结合起来，并安置在广阔且防御薄弱的边境地区的方式可谓一举两得，缓解了帝国人力资源短缺和财政枯竭的困境，既解决了军队人数的不足，又解决了税收不足引起的军费开支紧缩的问题，稳固了帝国在边境地区的防御。军区制的推行较好地解决了古代晚期遗留下的人力、财政枯竭的问题，对于拜占廷帝国中期阶段的历史发展起到了重大影响。

三　增建宗教建筑

在罗马—拜占廷帝国中，皇帝往往通过公共建筑物显示荣耀，作为证明自身统治合法性，为自己歌功颂德的宣传手段。在 3 世纪末至 5 世纪，在多次灾害过后，帝国政府均对受损城市进行重建，而重建工作的核心在于修复城墙及公共建筑物。根据约翰·马拉拉斯的记载，塞奥多西二世在尼科美地亚发生地震和海啸之后，修复了包括公共浴室在内的很多建筑物。[①] 450 年，皇帝马尔西安对遭到地震打击的特里波利斯的浴室和其他建筑物进行了重建。[②] 447 年 1 月 26 日的君士坦丁堡及周边地区强震过后，受损城墙得到了重建。[③] 458 年安条克地震之后，皇帝采取措施重建在地震中受损的居民房屋和公共建筑。[④] 由此可见，在 6 世纪之前，地震等灾害过后，在史家笔下几乎均为帝国政府所主导的修复城墙及公共建筑的内容，较少出现修复和建设基督教教会建筑的记载。

与 3 世纪末至 5 世纪时期相比，拜占廷政府在 6 世纪中修复受灾城市建筑物的范围也从公共建筑物集中于教堂。从 6 世纪中期开始，政府所主导的修复灾区公共建筑物的救助方式也逐渐过渡到修复与兴建教堂的方式。造成这种现象出现的原因很可能是：其一，受到 6 世纪中期开始帝国财政困境的

---

① John Malalas, *The Chronicle of John Malalas*, Book 14, p. 198.

② Ibid. , p. 201.

③ Marcellinus, *The Chronicle of Marcellinus*, p. 19.

④ Evagrius Scholasticus, *The Ecclesiastical History of Evagrius Scholasticus*, Book 2, Chapter 12, pp. 94 – 96. 约翰·马拉拉斯也提到，地震过后，利奥一世着力重建城市内部的建筑物（John Malalas, *The Chronicle of John Malalas*, Book 14, p. 202. ）。

影响，无法兼顾所有受灾城市及城市内部的所有建筑物。其二，顺应基督教在帝国境内快速发展的趋势，在无法得到充足财政保障进行物质救助的情况下，以修复和兴建教堂的方式来从精神上抚慰和掌控拜占廷受灾民众。从 6 世纪，尤其是 6 世纪中期开始，在史家们的笔下多次出现政府修复和建设教会建筑物的内容，而其他民事建筑的修复活动相应减少。根据普罗柯比《建筑》的记载，从 6 世纪开始，拜占廷帝国内部，尤其是东部地区的宗教建筑明显增多，成为这一时期帝国建筑活动的主要内容。① 根据《复活节编年史》的记载，当圣索菲亚教堂的圆顶在 6 世纪 50 年代被地震毁坏后，不久得到修复。② 尼基乌主教约翰记载，查士丁尼一世在多处修建教堂。③ 在叙利亚，面对瘟疫，除了拨款救助外，查士丁尼一世修建教堂与房屋收容染病者。④ J. A. S. 埃文斯指出："自然灾害导致人们的态度发生转变，教会和修道院获得了富人曾经一度用于修建城市公共建筑的财富，修道院还得到了大片原属于城市的土地。"⑤ 根据阿兰·沃姆斯利的研究，从查士丁一世开始，教会建筑物的兴建数量远远大于市政建筑的数量，在查士丁尼一世时期，帝国境内教会建筑物的数量达到最大值。从查士丁二世开始，帝国境内民事建筑的修建工作几乎停止。以拜占廷帝国统治下的叙利亚地区为例，6 世纪中期叙利亚城市建筑的一个显著变化是从民用建筑到教堂和修道院建筑的转变。⑥ 多伦·巴尔指出，不仅叙利亚地区的基督教教会建筑逐渐取代了民用建筑，巴勒斯坦地区农村中的基督教教堂的建设工作也在 6 世纪迅速发展，朱迪亚、西加利利等地出现了很多新教堂。⑦

---

① 单就拜占廷帝国的首都而言，查士丁尼一世于 6 世纪在君士坦丁堡就建设了数目十分庞大的教堂：圣索菲亚教堂（Procopius, *De Aedificiis or Buildings*, I, I, 20 – 78, pp. 9 – 30.）、大天使迈克尔教堂（Procopius, *De Aedificiis or Buildings*, I, 3, 14 – 18, p. 43.）、十二门徒教堂和圣巴克斯教堂（Procopius, *De Aedificiis or Buildings*, 1, 4, 1 – 24, pp. 43 – 55.）等。

② Michael Whitby and Mary Whitby translated, *Chronicon Paschale*, *284 – 628 AD*, p. 197.

③ John of Nikiu, *Chronicle*, Chapter 90, p. 139.

④ Evagrius Scholasticus, *The Ecclesiastical History of Evagrius Scholasticus*, Book 4, Chapter 30, p. 233.

⑤ J. A. S. Evans, *The Age of Justinian: the Circumstances of Imperial Power*, p. 230.

⑥ Alan Walmsley, Economic Developments and the Nature of Settlement in the Towns and Countryside of Syria-Palestine, ca. 565 – 800, p. 338.

⑦ Doron Bar, "Population, Settlement and Economy in Late Roman and Byzantine Palestine（70 – 641 AD）", *Bulletin of the School of Oriental and African Studies*, University of London, V. 67, N. 3, 2004, p. 315.

综上所述，根据史家的记载，在地中海地区多次地震、瘟疫发生后，以皇帝为首的中央政府往往采取直接拨款、免税、修复受损建筑物等措施进行救助。这些救助举措在一定程度上有助于受灾地区的恢复。然而，从文献中可以发现，瘟疫及地震等灾害发生后政府所进行救助的记载明显远远少于古代晚期地中海地区的自然灾害发生次数。不仅如此，拜占廷政府所主导的物质救助对帝国境内不同地区及城市的关注度明显不同，首都君士坦丁堡在灾后获得的救助记载明显多于其他城市及地区。与此同时，从6世纪中期开始，政府所主导的救助举措中，以修建教会建筑物、颁布政令、临时派遣官员前往赈灾等精神层面的救助逐渐增多，甚至部分取代了物质救助措施。帝国政府所推行的移民政策也并未在古代晚期阶段中发挥其较大效果。由此可见，在古代晚期，拜占廷帝国所主导的物质层面的救助举措与精神层面的救助举措并未有效结合，帝国没有形成高效的灾后救助体系。当帝国政府的灾后救助不足时，基督教教会的救助和普通民众的自救就显得尤为重要。

第二章
基督教会的灾后救助与民众的灾后自救

除拜占廷政府所主导的救灾举措外，根据史家记载，在古代晚期地中海地区，多次出现主教、基督徒们在自然灾害发生后的救助行为①，甚至在一些特殊灾难性事件导致地方政府无法正常行使权力时代行其部分社会职能。这种现象的出现不仅与基督教教义和传统有关②，也与其具有充足的财政支持密切相关。艾弗里尔·卡梅伦指出："救济是早期教堂的原则，直到2—3世纪，寡妇和孤儿在个别的宗教团体中得到照顾，然而，现在，这种传统以修建建筑物的方式得以延续。通过救济和支援此类机构，尤其是教堂的建设，主教、一些富有的基督徒十分有效地进行财富的再分配。与此同时，通过教堂的建设和其他形式的赞助，强烈地改变了城市生活的经济基础和面貌。"③

第一节 基督教会的灾后救助

如前所述，由于瘟疫普遍具有高感染率和高死亡率的特点，大量医护人

---

① 除了在自然灾害发生的特殊时期，教会往往能够提供救助，而在非特殊时期，教会往往也会给城市里的贫民提供救济。苏克拉底斯就记载，425年，君士坦丁堡主教阿提库斯不仅为自己教区的穷人提供救济，也向邻近城市的贫困者提供必需品和安慰。一次，他给尼西亚教会的长老卡里奥匹乌斯（Calliopius）送去了300枚金币（Socrates, *The Ecclesiastical History*, Book 7, Chapter 25, p. 166.）。

② 威廉·H. 麦克尼尔指出，基督教与同时代其他宗教的重要区别之一在于照顾病人是他们公认的宗教义务（［美］威廉·H. 麦克尼尔：《瘟疫与人》，第73页）。西瑞尔·曼戈认为，在拜占廷历史的早期阶段，教会日益富有，除了从国家得到的补贴之外，教会还拥有大量土地和信徒捐赠。由此，教会发挥了重要的社会功能，它从富人那里获得财富并将其重新分配，给予需要帮助的人以避难所、食物和医疗救助（Cyril Mango, *Byzantium: The Empire of New Rome*, pp. 36 - 39.）。

③ Averil Cameron, *The Mediterranean World in Late Antiquity AD 395—600*, p. 78.

员在照料病患之际染病而亡。同时，拜占廷皇帝出现或感染瘟疫，或从疫区逃离的行为。此外，很多地方官员在瘟疫爆发之时，或染病而亡，或消极避疫。[①] 多次地震、水灾发生后，也出现了受灾地区无人处理灾情的困境。在此局势下，主教及修道士们所提供的救治与照料行为就成为传统救助体系失效时的一个有效补充。[②]

一　救治与照料灾民

在古代晚期地中海地区爆发瘟疫后，多次出现基督徒或主教帮助灾民的记载。尤西比乌斯声称，在312—313年冬季发生瘟疫时，众多基督徒终日照顾病患并分发食物，由此得到交口称赞。[③] 542年"查士丁尼瘟疫"爆发时，定居于君士坦丁堡的修道士马尔（Mare）与其修道院中的其他修道士忙于帮助处理尸体的工作，最终马尔也染病身亡。[④] 根据图尔的格雷戈里的记载，"当'查士丁尼瘟疫'于571年再次爆发时，教士加图在所有人因害怕而外逃时，仍在安葬死者。[⑤] 教会和主教个人承担了更多的社会责任，不仅在于分发救济品和维持收容所等方面，还体现在保存食物和在饥荒期间对这些食物进行分发上。当瘟疫于6世纪在米拉爆发时，锡安的圣尼古拉斯

---

① 根据普罗柯比的记载，鼠疫爆发后，君士坦丁堡的官员静静地待在家里，街上见不到身着官服的人。（Procopius, *History of the Wars*, Book 2, 22 – 23, pp. 453 – 471.）

② 据记载，早在地中海地区爆发"安东尼瘟疫"时，主教亚伯拉罕就曾为救治患者染病身亡（A. Mingana translated, *The Chronicle of Arbela*, p. 88.）。尤西比乌斯则比较了多神教徒与基督徒在"西普里安瘟疫"爆发时的表现，在得到一丝的喘息之后，疾病突然降临到我们身上，这是从来没有听说过的可怕疾病。在这次瘟疫爆发的过程中，绝大多数的基督徒都展现了爱心和忠诚。他们在瘟疫中帮助和照顾彼此，在照顾病患的时候毫不畏惧，并且一旦不幸染病，会毫无怨言地离开人世。很多人因为照顾病人而死去。而异教徒的行为则刚好相反。他们远离染病者，甚至将一些垂死的人随意地丢弃在街上，为了远离致命的瘟疫，他们远离道路上未得到安葬的尸体。但是，即便他们为了求生做了如此多的努力最终也难逃死亡的命运（Eusebius, *The Church History: A New Translation with Commentary*, Book 7, p. 269.）。提摩西·S. 米勒指出，根据记载可知，3世纪后期，亚历山大里亚的教会可以组织为大量民众提供帮助的大规模救济活动。此外，主教和副主祭不能单独完成这一任务，由于教会尚未建立永久性的通过专业人士进行的慈善服务，所以在主教的指挥下，普通人可协助完成慈善的工作。同时，像主教迪奥尼修斯这样的基督教领袖认为对病患的照顾是将基督徒从异教徒中区分开来的最重要的活动（Timothy S. Miller, *The Birth of The Hospital in the Byzantine Empire*, p. 52.）。

③ Eusebius, *The Church History: A New Translation with Commentary*, Book 9, pp. 328 – 329.

④ Peter Hatlie, *The Monks and Monasteries of Constantinople*, CA. 350 – 850, pp. 146 – 147.

⑤ Gregory of Tours, *History of the Francs*, Book 4, Chapter 31.

(St Nicholas of Sion) 劝告周围的农民不要靠近城市贸易以免传染，而尼古拉斯本人则为其民众寻找食物而四处奔波"①。

在地震、火灾、饥荒等灾难发生后，文献中不时会出现主教和基督徒筹集钱财和食物对受灾地区进行救助的记载。365—370 年，小亚细亚地区发生旱灾和饥荒，而作为凯撒利亚的主教，瓦西里对穷人进行了救助。② 457年 9 月，安条克遭遇强震后，安条克主教阿卡休斯（Acacius）在救助和照顾幸存者方面做出了极大的努力。③ 在 496—497 年奥斯若恩发生瘟疫后，主教塞勒斯（Mar Cyrus）拥有适当的热情，他督促市民做一个银窝作为尊严的标志，用来纪念烈士。④ 500—501 年，当饥荒和瘟疫发生之时，城市长官和主教都不在埃德萨城内，修道士尤西比乌斯坚守岗位鼓励民众制作面包。⑤ 由于城内死亡人数激增，尸体遍布在各街道上，在修道士诺努斯（Mar Nonnus）的带领下，人们夜以继日地埋葬死者。⑥ 迪奥尼修斯·Ch. 斯塔萨科普洛斯指出："城市和农村获得的救助形式不同：城市居民主要从城市教士手中获得食物、钱或服务；农村团体主要从修道院获得生活必需品。"⑦ 557 年 12 月的君士坦丁堡地震过后，由于余震持续了 10 天的时间，居民前往教堂接受救济。⑧

二　向帝国政府求助以争取援助

除了在灾区直接对受灾民众进行救助和照料外，基督教会中的神职人员还多次积极将灾情上报政府，并获得物质援助。500—501 年，当饥荒和瘟疫在埃德萨及地中海东部地区大范围流行之时，主教彼得前往君士坦丁堡劝说皇帝阿纳斯塔修斯一世给予灾区援助，在其规劝之下，灾区得到了皇帝免

---

① Averil Cameron, *The Mediterranean World in Late Antiquity AD 395—600*, p. 165.

② Saint Basil; *The Letters I*, Introduction p. 25.

③ Glanville Downey, *Ancient Antioch*, p. 222.

④ Frank R. Trombley and John W. Watt translated, *The Chronicle of Pseudo-Joshua the Stylite*, p. 26.

⑤ Joshua the Stylite, *Chronicle Composed in Syriac in AD 507: a History of the Time of Affliction at Edessa and Amida and Throughout all Mesopotamia*, Chapter 40, p. 30.

⑥ Ibid. , pp. 31 –32.

⑦ Dionysios Ch. Stathakopoulos, *Famine and Pestilence in the Late Roman and Early Byzantine Empire: A Systematic Survey of Subsistence Crises and Epidemics*, p. 65.

⑧ John Malalas, *The Chronicle of John Malalas*, Book 18, p. 296.

税的救助。① 526 年安条克地震后，推罗的扎卡里亚（Zacharias）出任安条克主教，他与阿米达主教及随从教士启程前往君士坦丁堡向皇帝求助，为安条克带回了 30 百磅（centenaria，古罗马度量单位，这里以百磅为计重单位，每百磅货币为 7200 索里德）金币的救灾款以及大量赠品。② 由此，我们可以看到，在多次地震、水灾等灾难发生后，主教以及基督徒不仅充当了拜占廷政府与民众中间人的角色，将灾区的受灾情况以及中央政府的政策进行上传下达，而且还直接进行着照料和救助受灾民众的活动。

第二节　民众的灾后自救

除了中央政府和基督教会的救助外，民众自救是灾后最为直接的救助方式。由于灾区民众的灾后救助往往是从保命出发，在既无制度保障，又无道德约束的情况下，在不同类型的灾害发生后极易呈现出态度及方式不尽相同的自救做法。

在医疗条件的限制下，古代晚期多次瘟疫爆发后，由于感染率和死亡率极高，同时未出现有效的治疗手段，民众为求自保或是普遍阖门闭居、减少与外界接触③，或是选择从疫区逃离。根据史家记载，在 496—497 年奥斯若恩发生传染性疾病之后，幸存的市民都尽自己所能彼此救助，优迪吉安努斯（Eutychianus）是第一个拿出 100 迪纳尔（denarri，古罗马货币）以显慷慨的人。④ 这种财物的分享对于同属受灾地区的民众起到了直接的救助作用。然而，这种民众自救的方式却在其他多次瘟疫发生之后并没有出现在史料记载之中。在 4 世纪初的"天花"以及"查士丁尼瘟疫"爆发后，民众普遍

---

①　Joshua the Stylite, *Chronicle Composed in Syriac in AD 507: a History of the Time of Affliction at Edessa and Amida and Throughout all Mesopotamia*, Chapter 39, pp. 29 – 30.

②　John Malalas, *The Chronicle of John Malalas*, Book 17, pp. 243 – 244.

③　格瑞·B. 菲格伦认为，古代世界中发生了数次瘟疫，包括"雅典瘟疫""安东尼瘟疫""西普里安瘟疫"和"查士丁尼瘟疫"。瘟疫发生后，政府很少实施紧急救助举措，由此在从修昔底德到普罗柯比的作品中会出现瘟疫期间尸体无法下葬的局面。相反，留下民众各自在瘟疫发生后进行自救。（Gary B. Ferngren, *Medicine & Health Care in Early Christianity*, Baltimore: The Johns Hopkins University Press, 2009, p. 116.）

④　Frank R. Trombley and John W. Watt translated, *The Chronicle of Pseudo-Joshua the Stylite*, p. 26.

消极避世。① 根据普罗柯比的记载，鼠疫爆发后，君士坦丁堡的居民将亲人的尸体随意丢弃在他人的坟墓中；同时，紧闭家门，哪怕是熟悉的亲人朋友，也决不开门。② 根据约翰·马拉拉斯记载，"查士丁尼瘟疫"爆发之后的一段时期，因其造成的死亡人数过多，以致没有足够的人手来埋葬死者。很多居民用木担架将尸体从房屋中拖拽出来，除此之外他们别无他法，还有一些尸体一直未下葬，很多人不去参加亲戚的葬礼。③ 由此可见，由于害怕被传染，受到瘟疫影响地区的民众在生命朝不保夕的情况下，人们往往采取消极避世的方式保全自身。

　　除了消极避世的方式外，民众自救行为中另一个重要方式就是从灾区逃离。迪奥尼修斯·Ch. 斯塔萨科普洛斯指出，民众在瘟疫发生之后的第一个反应就是开始大规模的移民。④ 在鼠疫、地震等自然灾害的影响下，地中海周边地区的民众出现了自发迁移以逃避自然灾害的现象。366—367 年间，亚历山大里亚地区在受到地震影响后，一些居民纷纷选择乘船从城市中逃离。⑤ 436 年和 438 年，君士坦丁堡两度发生强震后，很多居民选择从城市逃离。⑥ 447 年，君士坦丁堡强震发生之后，很多民众不敢待在家中而逃出城外。⑦ 据记载，当埃德萨及邻近地区爆发瘟疫时，有很多居民迁居北部和西部。⑧ 528 年安条克地震发生之后，生还者中的一部分逃到了其他城市，选择留下来的幸存者则在山上搭起了帐篷。⑨ 539 年，当饥荒和战争在意大利地区蔓延时，很多人离开了家乡伊米利亚（Emilia），前往皮塞农郡的海

---

　　① 在 312—313 年的大范围饥荒及"天花"爆发期间，根据尤西比乌斯的记载，受到瘟疫影响城市中的一些富人，由于对灾民的数量感到十分惊恐，于是放弃了救济的行为，转而采取冷酷无情的态度。（Eusebius, *The Church History: A New Translation with Commentary*, Book 9, p. 328.）

　　② Procopius, *History of the Wars*, Book 2, 23, 3, p. 465.

　　③ John Malalas, *The Chronicle of John Malalas*, Book 18, p. 287.

　　④ Dionysios Ch. Stathakopoulos, *Famine and Pestilence in the Late Roman and Early Byzantine Empire: A Systematic Survey of Subsistence Crises and Epidemics*, pp. 151 – 152.

　　⑤ Theophanes, *The Chronicle of Theophanes Confessor: Byzantine and Near Eastern History, AD 284 – 813*, p. 87.

　　⑥ Agapius, *Universal History*, Part 2, p. 156. Theophanes, *The Chronicle of Theophanes Confessor: Byzantine and Near Eastern History, AD 284 – 813*, p. 150.

　　⑦ Michael Whitby and Mary Whitby translated, *Chronicon Paschale, 284 – 628 AD*, p. 76.

　　⑧ Frank R. Trombley and John W. Watt translated, *The Chronicle of Pseudo-Joshua the Stylite*, p. 38.

　　⑨ John Malalas, *The Chronicle of John Malalas*, Book 18, p. 257.

滨地区，希望这里的危机更温和一些。① 在古代晚期阶段，地中海不同地区的民众在瘟疫、地震等灾害频发的情况下，出于自救考虑，人口出现了大规模自发流动的现象，这种人口流动的方式往往历时较长。对居民自身而言，自发地向更为适合居住地方进行迁移有利于改善其生活条件。

此外，由于地震以损毁建筑物为主要方式继而造成人员伤亡，在无明显被感染的威胁之下，古代晚期后期阶段地震发生后，出现了一些民众积极进行自救和救助他人的记载。君士坦丁堡在 557 年 12 月 14 日发生地震之后，民众在街道上搭建帐篷并居住一周以防余震。② 588 年安条克地震发生后，民众用绳索将主教从他的住所里成功拉起，令其在第二次地震发生前得救。③ 民众自救的另一种方式是自发调整农业生产方式以应对突发的自然灾害。500—501 年，埃德萨和附近地区发生瘟疫后，由于谷物和生活必需品等十分短缺，所以这一区域内的民众不得不种粟以满足生存所需。④

根据史料记载，我们发现，当时的史家关于民众灾后救助的论述较少，且几乎都是民众进行自救，而较少出现救助他人的记载。这种现象出现的主要原因可能在于民众的自救大多出于对死亡的恐惧所进行的自发性行为，且其中的大部分自救行为均是在灾后立即进行的，除非他们的自救行动产生了极佳的效果——安条克主教的获救——或是记载这些灾害的史家亲临受灾地，否则史家很难将民众的灾后救助措施载入其作品中。

除了拜占廷政府在灾后实施的拨款、免税、修复受灾城市建筑物、派遣官员前往灾区赈灾等物质及精神救助政策，以及基督教会救助与照料灾民和民众自救等灾后救助方式外。在古代晚期中，地中海地区的医疗救助体系也在多次灾难爆发的压力下取得了一定的进展。无论是医院的建设、医疗工作者的数量以及医学的专业化都获得了较快的发展。在医疗救助体系发展的过程中，拜占廷皇帝、政府、基督教会等都扮演着重要的角色。

---

① Dionysios Ch. Stathakopoulos, *Famine and Pestilence in the Late Roman and Early Byzantine Empire: A Systematic Survey of Subsistence Crises and Epidemics*, p. 80.

② Timothy Venning, *A Chronology of the Byzantine Empire*, p. 199.

③ Evagrius Scholasticus, *The Ecclesiastical History of Evagrius Scholasticus*, Book 6, Chapter 8, p. 300.

④ Frank R. Trombley and John W. Watt translated, *The Chronicle of Pseudo-Joshua the Stylite*, p. 38.

第三章

灾后医疗救助的进展

　　鼠疫、天花、地震和水灾等自然灾害的频繁发生导致大量伤患的出现，不仅增加了古代晚期地中海地区医疗救助的需要，也对拜占廷帝国的医疗体系和卫生事业的发展提出了挑战。值得注意的是，在参加灾后医疗救助的人员中，包括皇帝、政府官员、基督徒等在内的大部分人员具有双重角色：一方面他们是灾后医疗救助的指导者、执行者、参与者；另一方面他们本身可能又成为需要接受医疗救助的对象，这种角色的转换与重合可能出现于古代晚期地中海地区自然灾害出现到结束的任何一个阶段。

第一节　4—5 世纪拜占廷帝国医疗救助事业的发展概况

　　从古希腊时期延续下来的病理与救助理念一直影响着地中海周边地区医疗事业的发展。在古代晚期之前的古希腊与古罗马时代中，多次重大灾害的发生是医疗救助取得较快发展的时期，"雅典瘟疫"与"安东尼瘟疫"的爆发令希波克拉底与盖伦的医学理论脱颖而出，为地中海地区的医疗救助理念奠定了基础。公元前 5 世纪，来自科斯岛的希波克拉底总结并编撰了医师著作；公元 2 世纪，来自帕加玛的盖伦（Galen of Pergamon，129—199 年）发扬了希波克拉底的医学理论；5—7 世纪亚历山大里亚的医学课程正是在希波克拉底与盖伦的理论基础上创建的。[①] 然而，在 4 世纪前，地中海地区于 2 世纪后期至 3 世纪中期遭遇到两次大规模瘟疫的洗礼，不过尚未在文献中

---

① Timothy S. Miller, *The Birth of The Hospital in the Byzantine Empire*, pp. 33 – 35.

发现与医院及治疗患者有关的记载。① 正规医院的大量出现，以及古希腊、古罗马的医学救助理念在拜占廷正规医院中进行实践则开始于 4 世纪。② 格瑞·B. 菲格伦认为，"西普里安瘟疫"的爆发令基督教"博爱"的角色得到极大扩张，使 4 世纪医疗慈善机构得到显著进步，并且为永久非地区性的医疗机构，尤其是医院的发展奠定了基础。③ 随着生产力的发展和科技的进步，对疾病的治疗在 5 世纪前后开始向理性的方向发展，一些城市已经出现了公共医疗设施。④

　　在古代晚期阶段中，地中海地区医疗卫生事业的发展与多次瘟疫发生后基督教徒们的勇敢行为有关。在古代晚期早期阶段，收容所（xenodocheia）提供着医疗和救助的服务，是医院的早期形式。收容所的医疗救助服务既是在中央政府的支持之下进行的，也是基督教会进行慈善活动的重要形式。早期基督徒们认为慈善是至高的美德，对病患施以援手是爱的重要体现。⑤ 根据尤西比乌斯的记载，3 世纪后期至 4 世纪，基督徒对因疾病而丧失生活能力的病患进行照料。⑥ 在《复活节编年史》中，作者赞誉了安条克主教莱奥提欧斯（Leontios）所支持的收容所为城市中的穷人和无家可归者提供救助。⑦ 索佐门记载，373 年，在埃德萨遭遇饥荒打击之后，一位来自叙利亚的副主祭埃弗拉姆（Ephraim）利用其个人号召力，设立了 300 个床位以用

---

① 提摩西·S. 米勒提到，3 世纪，亚历山大里亚等大城市中，依然没有固定的慈善性机构（Timothy S. Miller, *The Birth of the Hospital in the Byzantine Empire*, p. 21.）。尤纳匹乌斯在《哲学家列传》中提到，4 世纪初在塞浦路斯的泽诺（Zeno of Cyprus）——此人一直活到智者朱利安（Julian the sophist，生于 270 年，死于 340 年）的时代——建立了一所医学学院。在泽诺之后，在普洛哈尔修斯的时代，有人继承着泽诺的事业。泽诺既训练自己的演讲术，也训练自己的医术，其弟子有的择一学习，有的两者皆学（Eunapius, *Lives of Philosophers*, with an English translation by Wilmer Cave Wrigh, Cambridge Mass.: Harvard University Press, 1921, pp. 529 – 531.）。

② Vivian Nutton, "From Galen to Alexander, Aspects of Medicine and Medical Practice in Late Antiquity", *Dumbarton Oaks Papers*, V. 38, Symposium on Byzantine Medicine, 1984, p. 1.

③ Gary B. Ferngren, *Medicine & Health Care in Early Christianity*, Baltimore: The Johns Hopkins University Press, 2009, p. 113.

④ Chester G. Starr, *A History of the Ancient World*, New York: Oxford University Press, 1983, p. 427.

⑤ 参见《圣经》（中英对照：和合本），中国基督教两会出版部发行组，2007 年版，使徒行传，2：42 – 47；马太福音，22：37 – 40。

⑥ Eusebius, *The Church History: A New Translation with Commentary*, Book 7, p. 269; Boo9, pp. 328 – 329.

⑦ Michael Whitby and Mary Whitby translated, *Chronicon Paschale, 284 – 628 AD*, p. 26.

于照料饥荒过后的病人。^① 有记录显示，当金口约翰（John Chrysostom）于398 年出任君士坦丁堡主教时，他将个人的费用进行分配以支持"照顾病患的场所"，传记作家帕拉迪奥斯（Palladios）将这类机构称为"nosokomeia"。^② 金口约翰所设立的机构是针对病患而设置的，同时也可供旅行者休息之用，无论如何，4 世纪，这些收容所为君士坦丁堡的穷人及病患提供食物、避难所和护理，其中的一些收容所已经存在着专业医师。^③ 基督教会设立的收容所为贫民与病患提供了基本救助，不仅有助于改善这些无以自存者的生活，也有助于维持社会秩序，从而为医疗事业的进步贡献了力量。提摩西·S. 米勒指出，基督教创造了拜占廷帝国的医院，不仅包括早期君士坦丁堡的收容所和小亚细亚城市中的基督教机构，还包括查士丁尼一世统治时期的精巧医院和数世纪之后由教会人员管理的潘托卡拉托拉和卡勒斯医院（Krales）。因此，基督徒的关于医学实践及其与慈善美德相联系的观点在拜占廷医院的发展史中起到了重要的作用。^④

除基督教会外，拜占廷帝国的皇帝对医疗事业所提供的支持也起到了促进其发展的重要作用。自君士坦丁一世开始，拜占廷皇帝向来较为关注公共医疗卫生体系的建设。约翰·马拉拉斯明确指出，君士坦丁一世在其统治期间修建了救济院。^⑤ 不仅如此，塞奥发尼斯提到，"332 年，君士坦丁一世还强调用粮食来救助收容所中的牧师、寡妇和穷人"^⑥。由于从 4 世纪初期开始，受到帝国东、西部不同的发展趋势的影响，医院首先出现在安条克、君士坦丁堡、凯撒利亚（Caesarea）等东部城市，而不是罗马、迦太基和阿尔勒（Arles）等西部城市。^⑦ 在 4 世纪后半期，塞奥多西一世的妻子普拉西拉（Placilla）前往君士坦丁堡教堂的附属医院探望卧病在床的患者并为其提供

---

① Sozomen, *The Ecclesiastical History*, Book 3, Chapter 16, p. 296.

② Palldius, *The Dialogue of Palladius Concerning the Life of Chrysostom*, pp. 45 – 46.

③ Timothy S. Miller, *The Birth of the Hospital in the Byzantine Empire*, p. 22.

④ Ibid. , p. 50.

⑤ John Malalas, *The Chronicle of John Malalas*, Book 13, p. 172.

⑥ Theophanes, *The Chronicle of Theophanes Confessor: Byzantine and Near Eastern History*, *AD 284 – 813*, pp. 47 – 48.

⑦ Timothy S. Miller, *The Birth of the Hospital in the Byzantine Empire*, p. 69.

护理。① 4 世纪末期，医院在拜占廷社会中已经具有一定的影响力，以致一位来自安克拉的博学的教会神职人员圣尼鲁斯（St. Nilus of Ancyra）能够满足地详述医院中不同的医疗活动。② 5 世纪前后的众多城市中都存在公共医疗设施。③ 5 世纪最初的 10 年中，君士坦丁堡、凯撒利亚和小亚细亚及东部其他一些城市中的医院开始接纳病患。④

　　4—5 世纪，作为地中海地区公共医疗活动的重要地点，收容所、医院等医疗机构为这一地区的病患提供了一个基本的照料和护理场所。然而，受到财政状况紧缺的影响，这一时期的医疗救助事业进展较为缓慢。如无烈性传染病的大规模流行，现存医疗设施或许可以满足地中海地区居民的基本医疗需求。

第二节　6 世纪拜占廷帝国医疗救助事业的发展

　　6 世纪不仅是古代晚期瘟疫、地震等灾害更为频发的时期，同时，在地中海地区医疗救助体系经历鼠疫、地震等灾害的严峻挑战下，这一时期也成为古代晚期地中海地区医疗救助事业取得较大进展的时期。如前所述，从 6 世纪，尤其是 6 世纪 20 年代开始，地中海周边地区地震、瘟疫和水灾等自然灾害的发生变得更为频繁。威威安·鲁顿认为："从 6 世纪开始多次出现的瘟疫等灾害是令政府当局作出在军营、柱廊和浴室中设置临时医院以应对病患增多的反应的重要因素。"⑤ 根据史家记载，从 6 世纪 20 年代开始，安条克及附近地区多次发生强震，令城市受到重创。⑥ 在此背景下，这一地区的救助事业得到了一定的发展。约翰·马拉拉斯宣称，529 年前后，查士丁

　　① Philip Schaff, *NPNF* 2 - 03. *Theodoret, Jerome, Gennadius, & Rufinus: Historical Writings by Philip Schaff*, New York: Christian Literature Publishing Co. , 1892, Book 5, Chapter 18, p. 254.

　　② Vivian Nutton, "From Galen to Alexander, Aspects of Medicine and Medical Practice in Late Antiquity", pp. 9 - 10.

　　③ Chester G. Starr, *A History of the Ancient World*, p. 427.

　　④ Timothy S. Miller, *The Birth of the Hospital in the Byzantine Empire*, p. 89.

　　⑤ Vivian Nutton, "From Galen to Alexander, Aspects of Medicine and Medical Practice in Late Antiquity", p. 10.

　　⑥ 安条克城从 6 世纪 20 年代开始多次经受地震、瘟疫、震后火灾等灾害的打击，详情请参见第一章。

尼一世为安条克修建救济院提供了 4000 枚诺米斯玛塔①（nomismata，金币）的支持。② 早在尼卡暴动之时，君士坦丁堡就有一座位于圣伊仁妮教堂（Hagia Eirene）和圣索菲亚教堂（Hagia Sophia）之间的一个名为森桑（Samson）的收容所被暴徒所毁，很多人死于病床之上。③ 这也意味着在 6 世纪 30 年代，君士坦丁堡已经出现了专门性的医疗机构。

除地震外，具有高度传染率及死亡率的鼠疫在 6 世纪多次爆发，居民健康状况的急剧恶化不仅使这一地区的医疗卫生体系面临着严峻挑战，也对医护工作提出了更高的要求，一度令拜占廷帝国的医疗救助体系濒临崩溃的边缘。首次于 6 世纪 40 年代初爆发的鼠疫，由于其多样性的传播途径、快速的传播速度、高感染率及高死亡率，导致当时的医护工作者不知如何治疗。根据普罗柯比的记载，“在鼠疫蔓延期间，很多医生在治疗和照料病人的过程中死亡，对病人同样的治疗方法也会造成不同的治疗结果”④。在医护工作者无法对病因进行解释，甚至自身也因感染疫病而亡的情况出现时，古代晚期地中海地区的医疗体系正面临严重挑战。原本从古希腊古罗马时代所遗留下来的救助理论似乎对治疗这种对于 6 世纪拜占廷人而言完全“新型”的传染病丝毫没有效果。⑤ 拉塞尔就此指出：“地中海西部地区的医院显然是源自于拜占廷模式，只有在东部希腊地区才有为病患设立的专门性医院。医院在提供食物和细致照料方面是成功的，但问题在于，直到 19 世纪，医学本身只能够做出有限的贡献。而且，在缺乏卫生设施的条件下，在收容所和医院中治疗疾病本身就是一种易感染传染病的方式。对于腺鼠疫等可怕疾病的性质及影响进行辨别是十分困难的，因为很多疾病症状极为相似，高烧、喉咙痛、全身疼痛等。在缺乏现代医学知识与技术手段的古代晚期，当类似于鼠疫这样的疾病出现时，医生们所能做的充其量只能是通过护理与照

　① 一磅黄金可铸造 72 枚诺米斯玛塔，1 枚诺米斯玛塔等于 12 个银币，1 枚银币等于 12 个铜币。工人工作 1 年，大约可以获得 25 枚诺米斯玛塔。

　② John Malalas, *The Chronicle of John Malalas*, Book 18, p. 265.

　③ James Allan Evans, *The Empress Theodora*: *Partner of Justinian*, p. 43.

　④ Procopius, *History of the Wars*, Book 2, 22, 29 – 34, pp. 461 – 463.

　⑤ 威廉·罗森指出，在面对从未有过的疑难杂症之时，盖伦所创立的医学理论似乎对治疗病患毫无效果（William Rosen, *Justinian's Flea*: *Plague, Empire, and the Birth of Europe*, p. 212.）。

料而有限缓解病人的痛苦，而无法进行有效治疗。"① 迈克尔·马斯补充道："鼠疫、地震、火灾等自然灾害的发生对医疗条件和救助提出了新的要求。查士丁尼一世统治之下的君士坦丁堡拥有最好的医生及照料病患的场所。然而，当鼠疫在542年出现在君士坦丁堡时，这座城市能够做的仅仅是提供棺材。"②

如前所述，在鼠疫于6世纪40年代爆发后，拜占廷帝国面临着严峻的财政紧缺形势，甚至令皇帝采取减少医生工资的方式来缓解财政危机。③ 提摩西·S. 米勒指出，在古代晚期的地中海世界，虽然有一些皇帝为医疗体系建设提供支持的记载，但不可否认的是，4—6世纪，除了个别时期之外，罗马—拜占廷帝国一直面临着财政收入短缺的问题，地中海周边地区的城市也渐趋衰落，这种状况自然会影响到医院和医疗体系的发展。④

鉴于帝国医疗救助在鼠疫大规模爆发及蔓延的影响下所暴露出的显著缺陷与不足，查士丁尼一世不得不在财政紧缺的状况下在其统治中后期阶段中加快医疗救助体系的建设。根据尼基乌主教约翰的记载，在查士丁尼一世统治时期，他为贫民修建救济院、为老人设立收容所、为病人修建医院，不仅如此，他还修建了孤儿院和其他公共机构。⑤ 普罗柯比在其《建筑》一书中提到，"在安条克、君士坦丁堡等地多次发生地震、水灾等灾害后，查士丁尼一世不仅对这些城市的城墙、教堂等建筑进行了修复和建设⑥，同时从6世纪中期开始，为穷人以及需要得到治疗与照顾的病患建设房屋"⑦。提摩西·S. 米勒指出："从4世纪开始，拜占廷帝国的医院（Xenones）就一直进行着照顾和治疗病患的工作。其后，这些医院一直持续扩大他们的医疗服务范围，尤其在查士丁尼一世统治期间（527—565年在位）。"⑧ 彼得·D.

① Josiah Cox Russell, *The Control of Late Ancient and Medieval Population*, pp. 86 – 87.

② Michael Maas, *The Cambridge Companion to the Age of Justinian*, p. 71.

③ Christine A. Smith, "Plague in the Ancient World: a Study from Thucydides to Justinian", *The Student Historical Journal*, Loyola University, New Orleans, V. 28, 1996 – 1997.

④ Timothy S. Miller, *The Birth of the Hospital in the Byzantine Empire*, p. 46.

⑤ John of Nikiu, *Chronicle*, Chapter 90, p. 139.

⑥ Procopius, *De Aedificiis or Buildings*, 2, 10, 2 – 18, pp. 165 – 169.

⑦ Procopius, *De Aedificiis or Buildings*, 2, 10, 25, p. 173.

⑧ Timothy S. Miller, *The Birth of the Hospital in the Byzantine Empire*, Introduction p. xi.

阿诺特提到，"查士丁尼一世建立了很多医院，其中一个位于圣索菲亚教堂和圣伊林尼教堂（St. Irene）之间，其他分布在沿海地区"①。在6世纪30年代的火灾将君士坦丁堡原有的一座医院烧毁后，查士丁尼一世将其重建为一个多层的、精心设计的复杂建筑物，这座医院到8—9世纪仍在使用。② 除君士坦丁堡外，安条克和近郊达芙涅在6世纪中叶的时候也拥有一定的照顾病患的设备，这种现象的发生是由于疾病多发所致，在查士丁尼一世对君士坦丁堡及整个帝国范围内城市的公共医院进行重建之后，安条克及埃及地区的一些中心城市都拥有了设施完备的医院和医疗技术高超的医师。③

　　除了医院的建设外，从6世纪中期开始，医生开始保持与医院更为紧密的联系。提摩西·S.米勒指出，5世纪，希腊—罗马城市中的医师为贫民提供医疗护理，这种医疗护理在一定程度上类似于基督教医院中慈善性的医疗活动，但在这一时期，基督教医院中原本没有医生。从6世纪中期开始，医生开始常驻医院。570年，医师弗拉维斯在埃及城市安提诺奥波利斯（Antinoopolis）经营着一个医院，为病人提供医疗救助、食物和住宿。在他之前，同样作为医生的父亲也管理着这样的机构。7世纪，克里斯托多特斯医院（Christodotes Xenon）的负责人发现一位身患严重胸腔疾病的穷人病患，他将这位病患托付给医院中的主要医师进行治疗。④ 600年，君士坦丁堡的一所医院已经根据病人性别及所患疾病实行病房专门化管理；一些医院是以家庭经营的模式来管理，而另外一些医院则是由教区内的神父负责。⑤ 查士丁尼一世重新改造了医院这一重要机构，成功地加强了医生与医院间的联系，他的改革对拜占廷医院之后的发展产生了深远影响，使查士丁尼统治时期成为550—1204年间中世纪医疗事业发展的重要节点。⑥

　　经过长期的发展，虽然在遭遇突发性大规模疾病时，医疗机构的应急能力和医疗效果远不及现代社会。但是，我们可以看到，在古代晚期自然灾害

---

① Peter D. Arnott, *The Byzantines and their World*, p. 90.
② Timothy S. Miller, *The Birth of the Hospital in the Byzantine Empire*, Introduction, pp. xix – xx.
③ Ibid., p. 94.
④ Ibid., pp. 47 – 48.
⑤ ［英］罗伊·波特：《剑桥插图医学史》（修订版），第40页。
⑥ Timothy S. Miller, *The Birth of the Hospital in the Byzantine Empire*, p. 49.

频发的背景下，地中海地区的医疗事业得以取得较大发展。从查士丁尼一世统治时期开始，医院在拜占廷帝国的医疗体系中处于中心位置。① 医院已成为地中海地区的一个重要的机构而存在于这一地区绝大多数重要城市之中。学者认为，作为城市生活必要设施的拜占廷帝国的医院不仅为学生提供学习医学理论的场所，更重要的是为其提供治疗的实践，成为临床教学场所，而帝国政府与基督教会以及贵族对医院支持与捐赠则有利于病患得到更好的照料。② "医院从 5 世纪开始直到拜占廷帝国灭亡为止，为东罗马帝国医疗服务提供了床、膳宿、护理以及训练有素的医师。从 7 世纪开始，这些医院中的一部分已经相当复杂精密。在形成这些医疗护理机构的过程中，拜占廷医院植根于原有古典希腊医学的肥沃土壤。虽然第一批医院确实是由基督教主教们组织起来的，但他们乐意求助于盖伦和希波克拉底的学生以获得专业技术而让医院变得更加高效。"③ 作为拜占廷医院的代表，潘托克拉托拉医院（Pantokrator Xenon）这样为病患提供近似于现代医院的种种治疗和照料。"首先，例行的沐浴是治疗的基本程序。医师以沐浴设备作为对病患进行治疗的基本手段。第二，从库存的补给清单可以看到一些基本的药品，醋蜜，这些药剂至少在 4 世纪的时候，已经作为希腊医师的标准配备。第三，医师使用的外科手术工具是磨刀……最后日常饮食也是治疗方法中的构成部分，在饮食中必须有一定的肉类和鱼类。"④

由此可见，在自然灾害引发社会医疗救助的需要明显增多时，地中海地区——尤其是东地中海地区——的灾后医疗救护体系受到严重挑战，尤其是在多次鼠疫大爆发的情况下，医护工作者们的救护行动面临巨大危机。于是，从 6 世纪中期开始，拜占廷帝国以政府与教会为主导，实施了一系列加强医疗体系建设的措施，如增加医院及其床位的数量、推动医生常驻医院等。到古代晚期的后期阶段，重建后的医疗体系已经得到了较大改善，从而为此后中世纪地中海地区医护工作的开展打下了良好基础。7 世纪初期开

① Timothy S. Miller, "Byzantine Hospitals", p. 62.
② Timothy S. Miller, *The Birth of the Hospital in the Byzantine Empire*, p. 10.
③ Ibid. , p. 29.
④ Ibid. , p. 18.

始，帝国东部地区遭遇到严重的外部压力，但医院仍旧顽强的存活。① 直到11、12 世纪，这些医疗结构成为拜占廷医疗体系中的重要组成部分，为病患提供专业治疗，为普通民众提供临床服务。这些医院也为那些致力于成为医生的人士提供医学理论与实践教育。②

综上所述，虽然在古代晚期的地中海地区，很多史家都关注到了鼠疫、地震等自然灾害的发生情况，但是相对而言，对灾害的影响和救助的记载较少。这种情况的出现或许是因为受到一些基督教史家认为自然灾害的发生是上帝对人类进行惩罚的结果，仅凭人力似乎很难对其进行更改，所以对灾害的影响和救助措施的记载相对较少。丹尼尔·T. 瑞夫认为："瘟疫爆发同时期的人往往忽视了它的毁灭性后果，虽然他们可能意识到瘟疫杀死了成千上万的人。尤西比乌斯、塞奥多利特、杰罗姆、图尔的格里高利和大格里高利等史家都被'看不到'的真理和原因——上帝和上帝时常难以预测的意图——迷住了双眼。"③

然而，更为可能的原因是灾后的救助确实受到无制度保障以及人力与财力的限制。一方面，本书认为，在古代晚期阶段中，拜占廷帝国并未形成系统且有效的救助机制，也并未出现专门性的机构和人员来应对这些突发性灾难，由此难以对灾区的秩序进行有效把握。在多次灾难发生后，政府往往采用临时任命官员前往救灾的方式。在无制度保证的情况下，这种灾后做法的效果与救灾官员的品行及能力有很大关系，难以确保灾区灾后恢复工作的顺

---

①　尽管 7 世纪开始，灾难性的入侵和经济、社会生活发生了显著变化，拜占廷社会仍旧支持医院的运转。7、8 世纪，君士坦丁堡至少有 4 所医院在运行，分别是桑普森（Sampson）、埃布罗斯（Euboulos）、马可安努斯（圣依里尼，St. Irene）和纳尔萨斯（圣潘特利蒙，St. Panteleemon）。 （Timothy S. Miller, *The Birth of the Hospital in the Byzantine Empire*, p. 95. ）

②　600 年后，在君士坦丁堡一些旧的医院消失的同时，新的医院开始出现。伊仁妮（Irene）皇后在 8 世纪末建立一座医院。30 年后，皇帝迪奥菲洛（Theophilos）建立一座医院。在马其顿王朝初期，瓦西里一世（Basil I, 867—886）建造了新医院。12 世纪，塞萨洛尼卡（Thessalonica）拥有一座医院。1156 年，约翰二世（John II）的侄子伊萨克·康涅诺斯（Isaak Komnenos）开设了一个医院为色雷斯城镇艾诺斯山（Ainos）的男人提供有限性医疗服务。最后，13 世纪的智者塞奥多拉·迈托齐特思（Theodore Metochites）声称比提尼亚首府也拥有一座医院（Timothy S. Miller, *The Birth of the Hospital in the Byzantine Empire*, pp. 95 - 96. ）。从 13 世纪开始，虽然帝国遭受十字军的致命打击，但这次灾难过后，医院仍旧在运转，至少在君士坦丁堡是如此。直到 15 世纪，与圣约翰普罗德罗莫斯教堂（St. John Prodromos）相联系的卡勒斯医院（Krales Xenon）仍然保留着一部分医师、藏书室和教学计划（Timothy S. Miller, *The Birth of the Hospital in the Byzantine Empire*, p. 23. ）。

③　Daniel T. Reff, *Plagues, Priests, Demons: Sacred Narratives and the Rise of Christianity in the Old World and the New*, p. 41.

利进行。同时，政府的救助方式过于单一，对瘟疫、地震及水灾等灾害过后可能发生的次生灾害重视不足，使灾区极易出现更为严重的人员及财产损失。① 在灾后实施医疗救助的过程中，也明显有准备不充分的表现。

另一方面，虽然拜占廷政府、基督教会以及普通民众的灾后救助能够通过不同的救灾方式来缓解灾情，然而，由于立场不同，政府、教会以及普通民众的灾后救助并未在政府的主导下形成一个整体的力量来共同应对灾区的困境。从中央政府、地方教会以及普通民众的灾后救助方式可以看到，他们的出发点明显不同。中央政府的救助主要是为了维持灾区秩序的稳定，同时通过救助进而令灾区的生产生活得到恢复，从而进一步从这些地区获得持续性的税收等资源供给和防御保护，以维护帝国统治。基于这个出发点，在帝国财政紧缺之际，重要的城市自然成为帝国优先施与人力与财力救援的地点，而其他城市及地区则被相对地忽视。除了首都君士坦丁堡在每次灾害发生后几乎都能够得到拜占廷政府的救助和重建优待外，其他城市，包括东部重镇安条克均未享受到这一点。从医疗救助体系建设是在自然灾害的影响范围最大且最为频发的时期才得到较快发展这一现象也可窥见拜占廷政府的救助出发点所在。基督教教会在灾后所实施的救助则主要是从基督教"帮穷扶弱"的教义出发，同时希望通过这种举措提升自身的地位。所以在多次灾害，尤其是瘟疫爆发后，很多主教及基督徒会无视自身安全而留待灾区进行救援工作。普通民众的救助则完全从保命出发，史料中几乎都是民众自保，而较少出现救助他人的记载。这种应急之下的既受到无制度保障以及财力人力限制，且未形成统一力量的救助体系，虽然在灾区人员及财产等救助方面取得了一定的效果，但是仍然难以将自然灾害对地中海地区所造成的不利影响的程度降到最低。

---

① 根据阿米安努斯·马塞林努斯的记载，在 358 年尼科美地亚地震发生之后，很多居民被压在重物或垃圾之下。此时，如果有人可以拉一把的话，这些幸存者很可能能够存活。然而，在大多数情况下，尽管他们发出恳求的哀鸣，仍然被其他人遗弃，因为救助太少了。随后，由于城内出现火灾，大部分被压在废墟之下的幸存民众在火灾中被烧死（Ammianus Marcellinus, *The Surviving Book of the History of Ammianus Marcellinus*, V. 1, 17, 7, 1 – 8, pp. 341 – 345）。约翰·马拉拉斯和塞奥发尼斯记载，526 年，安条克发生强震之后，由于震后发生火灾，烧死了很多地震中幸存的、正在逃亡的民众（John Malalas, *The Chronicle of John Malalas*, Book 17, pp. 238 – 239. Theophanes, *The Chronicle of Theophanes Confessor: Byzantine and Near Eastern History*, AD 284 – 813, p. 263.）。

第四编

自然灾害与古代晚期地中海地区社会转型

"3世纪危机"之后，地中海东部与西部地区的发展趋势明显不同。在帝国人口数量经历了"安东尼瘟疫"与"西普里安瘟疫"的轮番打击开始逐渐恢复之际，地中海周边地区的天花、水灾、地震等灾害仍然是帝国不得不面对的头疼问题。为了缓解2—3世纪瘟疫引起的人口急剧减少所带来的人力资源短缺的困境，皇帝采取的允许蛮族定居和征召蛮族士兵入伍等措施所造成的后果成为罗马—拜占廷帝国需要面对的各类问题的重要诱因。

　　4—5世纪，地中海地区的外部环境较为恶劣，多次遭遇到周边蛮族的侵扰。395年，塞奥多西一世去世，其两子阿尔卡迪乌斯与霍诺留分别成为东部与西部皇帝。东西分治并不代表着帝国东西部的分裂，事实上，帝国东西部仍然保持着紧密的联系。与此同时，天花、水灾、地震、海啸等自然灾害的不断发生令帝国的发展形势进一步恶化，自然灾害的发生不仅直接造成人口损失、城市萧条等物质方面的恶劣影响，同时也扰乱了普通民众的心理状态，不利于地中海周边地区的发展。由于内部经济发展状况持续性恶化、外部面临蛮族更大的压力，帝国西部末帝于476年为蛮族将领奥多亚克废黜。布莱恩·蒂尔尼、西德尼·佩因特认为："现代史学家对罗马帝国'没落和衰亡'这一观点持有异议，他们更愿意写有关'罗马世界的变迁'。这一时期确有两个变迁。3世纪的危机通向了内战和濒临崩溃的时期，尔后，在4世纪，一股强烈的复兴势力又把和平秩序带回了罗马世界。但是帝国在此重建过程中的确经历了变迁；这些变化包括一套新的政府机构，安排经济生活的新方法，然而，最重要的是采纳了一种新的宗教——基督教。5世纪又是一个彻底分裂的变化阶段；至5世纪末，西罗马帝国的所有行省都受到了入侵的蛮族人的进攻而被征服。如果要选择，我们宁可也称此过程为'变迁'而不是'衰亡'。当然，罗马帝国的影响不会完全消失。东罗马帝国作为一个强大的独立国家幸存下来；在西方，一个新的社会在逐渐形成，它的许多文化，尤其是宗教，来自于晚期的罗马世界。但是这样的理解不应该使我们低估了所发生的灾难性变化的性质。西罗马帝国的整个政治结构崩溃了。"①

从历史发展趋势看，地中海东部地区一直拥有着更强大的经济基础和更深厚的文化底蕴。地中海东部地区相对繁荣的经济是其在"3世纪危机"后迅速恢复的重要原因。从4世纪前期至5世纪后期在原罗马帝国的东部地区，拜占廷帝国逐渐形成。沃伦·特里高德认为："在经历了'3世纪危机'之后，较之于帝国西部地区，帝国东部地区拥有更加优越的条件，虽然受到波斯人的骚扰和多次内部叛乱。帝国东部优越的主要原因在于地中海东部地区在历史上一直更加繁荣、城市化水平更高、文化程度也较之西部地区更为先进，于是，能够凭借更多的资源财富来应对这一时期的困境。相反，帝国西部地区在经历了一个短暂的恢复期之后，迅速衰落继而灭亡。虽然在3世纪时，或在帝国东部和西部开始拥有不同的行政体系和皇帝时，我们无法断定这两大区域的发展趋势。但至少，我们可以看到，地中海东部地区拥有着成为一个强大帝国的潜力，而戴克里先的政策在这一过程中起到了重要作用。"② 提摩西·S. 米勒指出："从4世纪初开始，地中海东部的希腊社会已经与西部的拉丁社会的发展方式有很大区别了。首先，4世纪末，东部省份中的领袖阶层已经变成了基督徒，而西部地区的贵族直到5世纪时仍旧是多神教徒。第二，相较于帝国西部，东部地区城市中有更多的民众接受了基督教。第三，叙利亚、巴勒斯坦和小亚细亚地区农村人口在这一时期持续增加，与此同时，西部省份的人口则逐渐减少。第四，东部地区城市中的人口显著增长，而绝大多数西部城市的人口不断下降或是维持原状。第五，虽然古代城市生活方式在东部和西部都已逝去，但在政府的鼓励下，东部的基督教主教们在教会的羽翼下更成功地保存了更多古代城邦的生活方式。最后，

---

① ［美］布莱恩·蒂尔尼、西德尼·佩因特：《西欧中世纪史》，第19页。由于西部省份和伊利里库姆的失去，令帝国的重心完全从拉丁成分转向了希腊成分，从而加速了帝国向实质上的希腊国家的转型。这种转变进一步加重了东部与西部之间的宗教上的差异，最终导致希腊东正教与罗马天主教的分离（William G. Sinnigen, Arthur E. R. Boak, *A History of Rome to A. D. 565*, p. 499.）。

② Warren Treadgold, *A Concise History of Byzantium*, pp. 10 – 11.

阿里乌争端令东部城市的基督教团体分裂，而只影响了少数的西部宗教团体。"①

　　5 世纪后期，作为罗马帝国的继承者，拜占廷帝国基本失去了对地中海西部地区的控制，而原罗马帝国的文化逐渐与东地中海地区的古希腊文化相结合。帝国东部政权在 5 世纪后期直至 6 世纪前期赢得了一个较长的稳定发展时期，直至查士丁尼一世统治时期，拜占廷帝国进入了黄金时代。查士丁尼一世上台后，迅速开始其征服西地中海地区的军事行动。6 世纪 30 年代对北非汪达尔人的征服取得轻易胜利刺激了查士丁尼一世的征服欲望，从 6 世纪 30 年代后期起，查士丁尼一世开始了西征东哥特王国。然而，查士丁尼一世上台之后所推行的恢复旧日罗马帝国版图的征服战争却扰乱了拜占廷帝国的正常发展。

　　与帝国进入黄金时代几乎同时，从 6 世纪前期开始，地震、水灾、海啸等灾害似乎较 5 世纪更为频发。6 世纪 40 年代初，具有高度传染性的鼠疫于帝国境内首次爆发，并于 6 世纪后期 4 度复发，导致地中海地区——尤其是东地中海地区——人口与经济长期难以恢复。自然灾害几乎充斥整个 6 世纪之中，令帝国没有任何可以喘息的机会。安奇利其·E. 拉奥指出，拜占廷帝国的核心区域极易出现地震、火山喷发、山崩，而在 6 世纪，瘟疫与其他自然灾害几乎同时出现在该地区。② 查士丁尼一世的统治是一场由地震、鼠疫、洪水、鼠疫复发所组成的演奏会。③ 6 世纪自然灾害的频繁发生导致帝国损失大量人口、扰乱社会秩序、破坏城市商业贸易及农业发展，严重影响到帝国的财政收入。

　　不断发生的自然灾害使地中海地区原本十分繁荣的城市发展及商贸活动受到严重损害。多种自然灾害的叠加极易令受灾地区进入"受损——修复——受损"这一恶性循环之中。威廉·加顿·赫尔姆斯指出："6 世纪 20

　　① Timothy S. Miller, *The Birth of the Hospital in the Byzantine Empire*, p. 69.

　　② Angeliki E. Laiou and Cecile Morrisson, *The Byzantine Economy*, p. 12.

　　③ J. A. S. Evans, *The Age of Justinian: The Circumstances of Imperial Power*, p. 163. 费迪南·洛特和西瑞尔·曼戈持相同的观点（Ferdinand Lot, *The End of the Ancient World and the Beginnings of the Middle Ages*, p. 270; Cyril Mango, *Byzantium: The Empire of New Rome*, p. 66.）。

年代，帝国大量的财富消耗在受到多次地震和水灾打击的城市的修复工作之上。"① 然而，从 6 世纪中期开始，由于帝国财政紧缩，除君士坦丁堡外，其他多次发生自然灾害的城市均未得到充足救助，使这些城市无法从瘟疫、地震、水灾等灾害的打击下得到较快恢复。原本作为地中海地区经济中心的城市不同程度地出现人口减少、商贸凋敝、大型公共建筑废弃、防御力下降的颓败景象。

此外，当地中海地区的民众不断因为各种自然灾害而饱受痛苦之时、当多神教和希腊哲学无法为屡次发生的瘟疫、地震等灾害提供合理解释之时、当世俗政权未能有效应对自然灾害之时，能够为死亡和恐惧提供一种在当时民众看来更为合理解释的基督教成为地中海周边地区民众治疗伤痛的良药。除了为受灾民众提供心理治疗外，基督教会中的主教及基督徒们在多次自然灾害中对灾民进行救助与照料。由此，在理论和实践上均有践行的基督教吸引了大批教众，古代晚期地中海地区的基督教化程度进一步加深。为了进一步控制与管理民众，帝国统治阶级也纷纷采取各种手段来增强基督教的疗效，于是，古代晚期地中海地区的基督教化程度进一步加深。同时，由于政治因素的介入，也令基督教内部事务以及信仰变得更为复杂。

① William Gordon Holmes, *The Age of Justinian and Theodora: A History of the Sixth Century AD* (*Vol. 1*), p. 317.

第一章

自然灾害影响之下地中海地区城市的转型

城市在古代晚期地中海地区社会和经济发展中占据重要地位，不仅是皇帝与官员的驻地，又是地区性乃至国际性的贸易中心，而且很多拜占廷城市还承担着防御中心的职能。① 虽然在古代晚期初期阶段中，东、西地中海地区的城市运转模式相似，但是两大地区城市的发展趋势却不尽相同。

在地中海地区城市衰落与转型的过程中，频发的自然灾害起到了重要作用。② 瘟疫、地震、水灾等自然灾害通过导致大量城市人口死亡、建筑物大面积受损的方式破坏了城市的健康发展，无论是城市职能部门的正常运转、民众间的正常交往，还是城市内部及城市间的贸易往来均受到严重影响。在诸多自然灾害中，除了地震、水灾等灾害外，2—3 世纪爆发的"安东尼瘟疫"和"西普里安瘟疫"给古代晚期地中海地区的城市发展留下了大量亟须解决的问题。此外，于 6 世纪 40 年代开始在地中海地区爆发并在 6 世纪后期多次复发的鼠疫，对地中海地区，尤其是东部地区城市的人口规模、商贸活动及城市功能打击十分严重。J. A. S. 埃文斯认为："东地中海地区频发的地震令地中海世界东部地区的城市难以复原。同时，瘟疫的频繁爆发导致城市不断衰落。"③ 安奇利其·E. 拉奥认为："6 世纪 40 年代开始，瘟疫的

---

① 迪奥尼修斯·Ch. 斯塔萨科普洛斯认为，晚期罗马和早期拜占廷帝国的城市是政治、经济、军事活动中心，并且是所在区域的社会生活中心，城市的职能一直持续到 7 世纪上半期。（Dionysios Ch. Stathakopoulos, *Famine and Pestilence in the Late Roman and Early Byzantine Empire: A Systematic Survey of Subsistence Crises and Epidemics*, p. 78.）

② J. H. W. G. 里贝舒尔茨认为，瘟疫、地震等自然因素的确会影响到城市，乃至整个帝国的发展形势（J. H. W. G Liebeschuetz, *Decline and Fall of the Roman City*, p. 409.）。

③ J. A. S. Evans, *The Age of Justinian: The Circumstances of Imperial Power*, p. 229.

爆发对于东地中海的部分城市的发展造成了不利影响；地震的频发不仅令城市损毁，同时增加了统治者灾后救助的经济压力。"① 由此可见，瘟疫、地震的频繁发生对地中海地区城市的发展产生了较大的负面影响。

除了自然灾害的影响外，拜占廷政府在灾后实施的救助举措也在很大程度上影响着地中海地区城市的发展轨迹。由于数次瘟疫、地震、水灾发生后，帝国政府在灾后救助的过程中不仅显现出救助力度不足、救助举措单一的特点，同时也并未采用平等对待的方式，尤其在财政紧缺之时，君士坦丁堡等重要城市往往成为优先救助的对象，显然不利于其他城市的恢复与发展。

第一节　古代晚期地中海西、东部城市的发展概况

在"3 世纪危机"之后，由于两度瘟疫的接连打击，地中海西部城市普遍出现了人口下降、商业萧条、城市衰落的现象。尤其是地中海西部原本重要的沿海城市，无论是政治地位还是经济地位都不复从前。导致地中海西部城市衰落的原因很多，城市粮食供应的缺少和停止是城市衰落的重要原因。②

在 3 世纪末至 4 世纪，由于戴克里先和君士坦丁一世的政策调整，令地中海西部地区的城市得到了一定的恢复甚至发展，但随着内部经济支撑力量的减弱和外部蛮族的大举入侵，令这一地区城市的发展趋势出现了明显变化。艾弗里尔·卡梅伦认为："在古代晚期的早期阶段中，地中海周边的城市模式仍然是典型的实行元首政治的行省城市，有着众多的罗马建筑，包括公共建筑、浴室、剧院、庙宇、广场、有着宽阔柱廊的街道，甚至还有马戏团和剧院。这些城市是为公众生活而建的，并且为了富裕的市民，尤其是罗马元老院阶层提供安逸环境而规划的，而他们也是城市的赞助人。随着 4 世

---

① Angeliki E. Laiou, *The Economic History of Byzantium: From the Seventh through the Fifteenth Century*, pp. 186, 190 – 192.

② J. H. W. G. 里贝舒尔茨认为，帝国城市的繁荣与帝国政策有着很大的关系，而帝国的衰落对城市的发展产生了极大影响。帝国西部地区城市粮食供应的结束很可能是其衰落、贫穷的重要原因 (J. H. W. G Liebeschuetz, *Decline and Fall of the Roman City*, pp. 410 –411.)。

纪的到来，城市的保养和维护变得更加困难，所以建筑物的修筑工作也放缓，但是公共空间的布置仍旧和从前一样。这些城市的确是文化的体现。"①从 5 世纪直到 6 世纪初，地中海西部地区与周边地区的商贸往来减少，该地区贸易显著衰落。

"3 世纪危机"之后，地中海东部城市较之于西部城市保持了更长时间的繁荣状态。地中海东部地区较之于西部地区更加城镇化，这种城镇化程度由于君士坦丁堡的建立而加强。② 帝国东部地区比西部地区更早地实现了城市化，绝大多数帝国东部城市持续存在，在 5、6 世纪达到繁荣状态。而城市在保障帝国经济发展方面起到了重要作用。③ 在东地中海地区的城市中，除君士坦丁堡之外，绝大部分城市在古希腊或希腊化时代就已存在。自 330 年君士坦丁堡落成并被确定为新都开始，拜占廷帝国逐渐成形，帝国政治中心东移，地中海东部城市由于较为良好的内外环境而得到稳定发展，直到 6 世纪前期逐渐进入又一个繁荣时期。菲利普·K. 希提认为："君士坦丁堡正好位于亚欧大陆之间，它的地理位置提供了军事和经济方面的优势，这些因素令帝国东部其他地区方便地聚集在它的周围。位于博斯普鲁斯海峡上的'新罗马'很快就令台伯河上的旧罗马黯然失色。帝国首都的迁移意味着对帝国东部地区的重新认知，这些省份是帝国内部财富和自然资源最为丰富的地区。"④

地中海东部城市在 4—5 世纪中发展相对稳定，并逐渐成为吸引周边民众定居之地，城市人口稳步增长。虽然这一时期中出现了多次地震、水灾等自然灾害，但由于其影响程度较之反复爆发的大规模瘟疫要轻，且出现的频率较 6 世纪地震、水灾等灾害低，故对东地中海地区城市人口并无显著影响。沃伦·特里高德指出，450 年前后，在帝国东部地区，除了超过 10 万以上居民的君士坦丁堡、安条克和亚历山大里亚等大城市外，还有大约 30 个城市超过 1 万居民，所有城市人口合计可达 100 万，与此同时，来自乡村地

---

① Averil Cameron, *The Mediterranean World in Late Antiquity AD 395—600*, p. 158.
② G. W. Bowersock, Peter Brown, Oleg Gravar, *Late Antiquity: A Guide to The Postclassical World*, p. 647.
③ Averil Cameron, *The Mediterranean World in Late Antiquity AD 395—600*, p. 84.
④ Philip K. Hitti, *History of Syria: Including Lebanon and Palestine*, p. 349.

区的移民在城市生活的吸引下也逐渐进入城市。① 东地中海城市的繁荣一直
持续到 6 世纪前期，在查士丁尼一世统治时期达到了鼎盛。这种繁荣不仅表
现在东地中海地区城市面积的增加和公共建筑物的广泛分布，也体现在这一
地区城市人口的显著增加和商贸活动的繁荣。西瑞尔·曼戈认为："城市发
展在拜占廷帝国早期阶段得到了增强，324 年君士坦丁一世筹建新都君士坦
丁堡之时，并没有导致城市或农村居民生活的显著改变；而到 6 世纪上半
期，据不完全统计，拜占廷帝国东部的城市共有935 个。"②

　　然而，从 6 世纪中期开始，东部地区城市也出现了与西部城市相似的
衰落迹象。艾弗里尔·卡梅伦以北非地区陶器制品在地中海东部与西部的
贸易情况为例说明地区间贸易在古代晚期的发展趋势，她指出："关于贸易
方面的证据集中于陶器，尤其是北非红色施釉陶器（African Red Slipware）
和北非双耳细颈椭圆土罐（African Amphorae）在北非地区之外的扩散，这
种传播甚至延续到了汪达尔人统治时期。我们可以看到，其一，2—4 世纪
期间，北非陶器逐渐以引人注目的方式遍及帝国西部地区。其二，随着君
士坦丁堡的成长和埃及谷物向东部帝国中心的转移，一个东部的主轴（迦
太基到君士坦丁堡）逐渐形成，向北和向东的出口沿着这一线持续到 5 世
纪，甚至在汪达尔人于 439 年征服北非时仍没有停止。由于蛮族王国的建
立，导致商贸交易减少，所以 6 世纪早期可以看到北非与西地中海地区的
交易明显地衰落。然而，东部的主轴在这一时期继续存在，君士坦丁堡的
重要性也达到了顶峰。其三，地中海东部地区的贸易在 7 世纪经历了明显
的衰落。"③

　　从 6 世纪中期开始，东部地区的城市出现了明显衰落的迹象，这种迹象
不仅体现在人口、建筑物和商业活动等的变化上，也体现在这一时期城市生
活方式和文化的转型上。④ J. H. W. G. 里贝舒尔茨认为，"了解古代晚期城
市管理和行政发展的主要证据是碑铭、法律和纸草。与罗马帝国早期阶段相
比，古代晚期的碑铭较少。在帝国东部，很多小城市没有留下或只留下极少

---

① Warren Treadgold, *A Concise History of Byzantium*, pp. 41–42.
② Cyril Mango, *Byzantium: The Empire of New Rome*, p. 60.
③ Averil Cameron, *The Mediterranean World in Late Antiquity AD 395—600*, p. 101.
④ 有关古代晚期地中海城市生活方式和文化转型的内容详见文后论述。

的碑铭记载。无论是公共建筑、教堂还是墓碑上的碑铭都很少。碑铭的衰落
与深层次的文化转型相吻合"①。

　　总体而论，无论是位于地中海西部的城市，还是位于地中海东部的城
市，其整体趋势都是逐渐衰落并在衰落中开始转型。不同的是，两大地区的
城市出现衰落与转型的时间与速度不同，帝国西部的城市衰落与转型的时间
要早于帝国东部城市，速度也更快。"3 世纪危机"之后，帝国东部城市在
经历了一段恢复期之后逐渐发展达到繁荣状态，而后于 6 世纪中期开始显著
衰落。地中海东、西部城市出现衰落和转型发展趋势的时间不同，除了东、
西部城市自身的发展特点、所遭遇的外部压力不同，以及在"3 世纪危机"
中受到的影响程度有异外，还有一个重要原因就是统治地中海世界的罗马—
拜占廷帝国政治中心的转移以及与之相伴随的帝国对东、西部城市不同的关
注度。以君士坦丁堡和罗马为例，从 4 世纪上半期开始，帝国新都君士坦丁
堡落成后，帝国的政治中心东移，君士坦丁堡的经济、政治和宗教地位逐渐
越过罗马，新都获得了更多的政府支持和国家资源。②

第二节　古代晚期君士坦丁堡③和安条克④的发展轨迹

　　如前所述，在古代晚期的地中海地区，尤其是东地中海地区，包括君士
坦丁堡、安条克等在内的众多城市多次发生地震、瘟疫、海啸等自然灾害，
导致这一地区城市的人口、建筑物、贸易以及民众精神状态受到严重影响。
然而，根据史料记载，在这一地区的城市多次发生自然灾害后，由于救助的

---

　　①　J. H. W. G Liebeschuetz, *Decline and Fall of the Roman City*, pp. 11 – 12.

　　②　迪奥尼修斯·Ch. 斯塔萨科普洛斯就以两大城市饥荒发生次数的不同来说明两个城市在古代晚
期中不同的发展趋势。他提到，"城市内部饥荒的发生与城市受到的外族入侵、瘟疫的爆发、地位的变化
有关，比如罗马城，罗马城在397—540 年间由于饥荒所导致的死亡人数最为显著，其中的 7 次均发生在
4 世纪下半期，由此显示出城市的供应体系出现了严重问题。从 284—700 年，罗马经历了 12 次严重饥
荒，君士坦丁堡则经历了 7 次，所有证据表明君士坦丁堡在粮食供应上有着绝对的优势"（Dionysios
Ch. Stathakopoulos, *Famine and Pestilence in the Late Roman and Early Byzantine Empire: A Systematic Survey of
Subsistence Crises and Epidemics*, pp. 28 – 29.）。可参见董晓佳《晚期罗马帝国防御体系重建视角下的君士
坦丁堡建设初探》，《古代文明》2015 年第 2 期，第 23—33 页。

　　③　君士坦丁堡城市格局可参见文后图表"图7"：查士丁尼一世统治下的君士坦丁堡。

　　④　安条克及其郊区达芙涅的分布图可参见文后图表"图8"：6 世纪安条克地图。

出发点不同，受到财力所限，政府在不同城市所实施的救助举措，其力度和方式参差不齐。① 在古代晚期阶段中，自然灾害所造成的损失与灾后救助力度的不对等深刻地影响着地中海地区城市的发展趋势。

一 古代晚期君士坦丁堡发展趋势的转变

君士坦丁堡于330年落成并被定为帝国新都之后，作为帝国东部最大的城市和帝国的政治中心，君士坦丁堡的人口迅速发展、市政建设完备、商贾往来频繁。从4世纪前期开始，直至6世纪前期，在不到两百年的时间中，君士坦丁堡已经成为地中海地区规模最大的城市。君士坦丁堡为这一时期"帝国西部衰亡"过程中提供了一个城市发展的明显例证。②

受到所处地理位置的影响，君士坦丁堡极易遭遇地震、海啸等自然灾害的打击。如前所述，在4世纪前期至6世纪前期，君士坦丁堡曾遭遇十余次地震、海啸等自然灾害。君士坦丁堡的人口和城内建筑物在多次自然灾害的打击之下遭受到严重损失。每次灾害发生之后，都有大量城内民众死亡和建筑大规模坍塌的记载。相对而言，由于4世纪前期至6世纪前期，君士坦丁堡遭遇的地震、海啸等自然灾害的发生频率较低，每次自然灾害发生之后距离下一次灾害的爆发之间有较长时间可供城市进行恢复工作。同时，作为首都的君士坦丁堡在多次灾害发生后均得到了政府直接拨款、修复城市建筑物等形式的救助。③ 由此，君士坦丁堡每次均能从自然灾害的打击中恢复过来，城市发展并未受到较大影响。

然而，在地中海地区经历了约三百年无大规模烈性传染病的"安全期"之后，从6世纪40年代开始，具有高度传染率及死亡率的鼠疫突然在这一地区爆发。艾弗里尔·卡梅伦认为："瘟疫和地震在古代晚期地中海地区城市的变迁过程中起到了重要作用。虽然6世纪瘟疫的影响难以估量，但不难想到的是瘟疫的确减弱了6世纪早期近东地区城市的繁荣状态。6世纪40年代的瘟疫是欧洲地区出现的第一次鼠疫，它对于这些城市的影响势必比其他

---

① 可参见第三章第一节的内容。

② Averil Cameron, *The Mediterranean World in Late Antiquity AD 395—600*, p. 15.

③ 可参见第三章第一节的内容。

曾经发生于古代城市中的常规性疾病大。"①

当鼠疫于6世纪40年代开始在地中海地区蔓延并于6世纪后期四度复发之际，由于优越的地理位置、便捷的交通条件、众多的城市人口、繁荣的商贸往来等原因，君士坦丁堡几乎每次都无法逃脱鼠疫的魔爪。沃伦·特里高德指出，鼠疫随着人、老鼠、船只及军队的移动而传播。在人和老鼠数量都很庞大的城市中，疫情尤其严重。② 令人印象深刻的是，542年，君士坦丁堡在遭遇到鼠疫的首轮打击之下，数十万居民死亡的可怕数字。③ 迪奥尼修斯·Ch. 斯塔萨科普洛斯认为："鼠疫在首都的爆发符合其传播路径，它通过贸易和海运极易袭击沿海城市，而首都君士坦丁堡则比其他较为不重要的城市更先遭到它的打击。"④

鼠疫在6世纪40年代首次爆发后，分别于558年、573年、599年再度出现于君士坦丁堡，鼠疫的每次复发均对君士坦丁堡造成了严重影响，史家笔下多次出现君士坦丁堡城内大量民众死亡、商贸往来停止的记载。同时，君士坦丁堡极易受到地震和瘟疫的双重打击。⑤ 在鼠疫多次爆发的同时，地震、海啸等自然灾害发生频率呈现出明显增加的趋势。君士坦丁堡于6世纪50年代中再次遭遇连续三次强震的打击，分别是551年、554年、557年地震。如前所述，这三次地震的爆发导致君士坦丁堡城内的建筑和人口遭受严重损失。由于自然灾害的发生频率极高，也令城市的恢复工作变得十分困难。如此高强度和高频率的自然灾害的发生必然对城市发展产生重大影响，就连得到皇帝极高关注并精心设计的圣索菲亚教堂都在6世纪50年代后期的地震中损毁⑥，城内其他市政建筑和居民房屋在地震中的损毁程度以及民众的死伤情况可见一斑。

虽然作为拜占廷帝国的首都，在受到鼠疫、地震等灾害的打击之后，君

---

① Averil Cameron, *The Mediterranean World in Late Antiquity AD 395—600*, p. 164.

② Warren Treadgold, *A History of the Byzantine State and Society*, p. 196.

③ 可参见第一章第一节的内容。

④ Dionysios Ch. Stathakopoulos, *Famine and Pestilence in the Late Roman and Early Byzantine Empire: A Systematic Survey of Subsistence Crises and Epidemics*, pp. 27 – 278.

⑤ Peter D. Arnott, *The Byzantines and Their World*, p. 90.

⑥ Michael Whitby and Mary Whitby translated, *Chronicon Paschale, 284 – 628 AD*, p. 197.

士坦丁堡在灾后重建方面享有优先权。[①] 但是，受到科技水平、医疗条件等因素的限制，帝国政府在君士坦丁堡发生鼠疫、地震等灾害后所施行的灾后救助的效果并不十分理想，没有从根本上恢复城市的活力。与此同时，6 世纪出现的鼠疫以及地震等灾害的影响范围往往突破了一个城市、地区的界限，而是对整个地中海地区，尤其是东地中海地区造成广泛性影响。君士坦丁堡虽然能在多次自然灾害发生后得到政府倾力救助，然而，在帝国整体由于内外困境而出现经济危机时，作为帝国的首都也难以幸免于难。

自然灾害正是导致君士坦丁堡居民自 6 世纪下半叶开始迅速减少的主要因素之一。从 6 世纪中期开始，君士坦丁堡的人口从查士丁尼一世统治前期的 50 万人[②]这一数字开始逐渐下滑，与此同时，城内的大型市政建筑遭到损毁并逐渐荒废。直至 8 世纪中期，君士坦丁堡损失了绝大部分人口，以致需要从其他地区对其进行移民以维系发展。[③] 作为帝国的首都和最大城市，君士坦丁堡的发展轨迹不仅与东地中海地区绝大多数城市的发展颓势相一致，也可以反映出 6 世纪后期帝国发展趋势的转变。马库斯·劳特曼指出："君士坦丁堡在 6 世纪初期达到了城市发展的最大规模，到了查士丁尼一世统治早期阶段，城市内部大部分结构都已成型，有大约 50 万人居住在这座城市之中。但在 6 世纪中，君士坦丁堡的城市结构始终处于一个紧张、损坏和修复的过程之中。地震经常打击君士坦丁堡并使建筑物倒塌，拥挤的居住条件导致火灾频发。而城市中多达半数的居民在 6 世纪 40 年代开始爆发的鼠疫

---

① 根据第三章第一节的内容，史家对君士坦丁堡灾后救助的记载比其他城市为多。即使是在 6 世纪后期帝国财政十分紧缺的情况下，551 年、557 年君士坦丁堡地震发生后，仍然有皇帝对其拨款赈灾的记载（Theophanes, *The Chronicle of Theophanes Confessor: Byzantine and Near Eastern History, AD 284－813*, p. 332；p. 339.）。582 年君士坦丁堡地震后，仍然得到了皇帝的救助（John of Ephesus, *Ecclesiastical History*, Part 3, Book 5, p. 363.）。

② 安其利奇·E. 拉奥认为此时首都的人口已经达到了 40 万之多（Angeliki E. Laiou and Cecile Morrisson, *The Byzantine Economy*, p. 26.）。A. H. M. 琼斯认为，根据粮食供应的数据可知，君士坦丁堡的人口在 6 世纪达到了 50 万—75 万人（A. H. M. Jones, *The Later Roman Empire 284－602: A Social, Economic, and Administrative Survey*, V. 2, p. 1040.）。艾弗里尔·卡梅伦认为在查士丁尼一世统治时期，君士坦丁堡的人口数量达到了最大值，接近 50 万人（Averil Cameron, *The Mediterranean World in Late Antiquity AD 395—600*, p. 13.）。

③ 根据尼基弗鲁斯的《简史》记载，公元 747 年的瘟疫后，君士坦丁堡城内几乎无人居住，尸体遍布城内。君士坦丁五世不得不从希腊和爱琴海群岛往君士坦丁堡迁居人口（Nikephoros, *Short History*, p. 141.）。

中死亡或逃亡。加上 7 世纪上半期开始逐渐增多的外侵，导致城市人口进一步减少，而很多公共建筑物也被遗弃，直到 8 世纪中期，只有 7 万居民仍然居住在城内。"① 彼得·哈特利提到，"从查士丁尼一世去世到毁坏圣像运动开始的这一时期中，君士坦丁堡逐渐衰败，它的城市人口从 6 世纪中叶的 50 万人下降到了 2 个世纪之后的 5 万人甚至更少"②。在自然灾害多次发生后都能得到拜占廷政府救助的君士坦丁堡尚从 6 世纪中期开始显露出暂时衰落的发展趋势，古代晚期后期阶段地中海地区其他城市的发展轨迹可见一斑。

二　古代晚期安条克发展轨迹的转变

除君士坦丁堡外，东地中海地区重要城市和防御中心、东方大区长官驻地安条克在古代晚期阶段中的发展轨迹也发生了显著转变。从 4 世纪初开始，作为帝国东部的重要城市，安条克一直保持着较为稳定的发展。拥有 15 万—20 万人的安条克在 4 世纪可能是帝国第四大城市。③ 从 5 世纪末开始，安条克的经济和战略地位更加凸显，成为帝国的第三大城市，直至 6 世纪前期，安条克一片繁荣景象。格兰维尔·唐尼提到："从泽诺、阿纳斯塔修斯一世、查士丁一世至查士丁尼一世统治时期，安条克享受着区域内财富的逐渐增长。这一地区逐渐成为橄榄油的重要出口中心。无论是在安条克本地销售还是出口到帝国其他地区，橄榄油贸易都对这一地区的经济带来了有利影响，极大增加了安条克的财富，而活跃的工程建设正体现着安条克财富的增加。"④

如前所述，安条克在历史上曾数次发生自然灾害。然而，4—5 世纪期间安条克自然灾害的发生频率远远低于 6 世纪。⑤ 从 6 世纪 20 年代开始，由于受到多次强烈地震、鼠疫等灾害的影响，且多次自然灾害的发生时间往往

---

①　Marcus Rautman, *Daily Life in the Byzantine Empire*, pp. 67 – 68.

②　Peter Hatlie, *The Monks and Monasteries of Constantinople*, CA. 350 – 850, p. 176.

③　A. H. M. Jones, *The Later Roman Empire 284 – 602: A Social, Economic, and Administrative Survey*, V. 2, p. 1040.

④　Glanville Downey, *Ancient Antioch*, p. 242.

⑤　根据第一章第一节、第二节的内容，我们发现，在 6 世纪，安条克多次遭遇到高强度的自然灾害。526 年、528 年发生强烈地震；532 年发生地震；542 年爆发鼠疫；558 年鼠疫复发；571—573 年间，鼠疫复发；577 年，发生强震；588 年，发生强震；590—592 年间，鼠疫复发。

十分接近，由此令安条克遭受严重损失，不利于城市正常秩序的恢复。526
年、528 年两次强烈地震的先后爆发给安条克造成了数十万居民的死亡和建
筑物的大量倒塌。虽然在这两次强震发生后，均出现了政府大笔的物质救
助①，然而，由于灾害的发生时间过于密集，不利于安条克社会秩序的恢
复。通常，在大规模自然灾害爆发后，城市的正常商贸活动和民众生活的恢
复不仅有赖于拜占廷政府资金的支持，而且需要充足的时间。一旦在前一次
自然灾害的打击之下，尚未完全恢复的城市再度遭遇自然灾害的打击时，对
城市所造成的影响远远高于两次单独灾害的影响之和。约翰·瑞奇认为：
"作为地中海东部地区最大城市之一的安条克，在 6 世纪包括地震、瘟疫等
多次自然灾害以及波斯入侵的影响下陷于衰败。"② J. A. S. 埃文斯指出，安
条克从 6 世纪上半期开始遭受到的一系列自然灾害的打击，令其发展发生了
重大转变。③

　　从 6 世纪 20 年代开始，伴随着频发的自然灾害，安条克的繁荣景象不
复存在，同时，作为东部重要城市的地位开始衰落。除了多次强烈的地震
外，从 6 世纪 40 年代初开始爆发的鼠疫对安条克的影响尤其巨大，这一点
令久居安条克的史家埃瓦格里乌斯印象深刻。④ 约翰·H. 罗瑟认为，"安条
克是拜占廷境内叙利亚地区的重要城市，同时也是地中海东部地区最大的城
市之一，它是一个文化、宗教、行政中心，而这一情况一直维系到 6 世纪 40
年代"⑤。542 年的鼠疫是安条克繁荣城市生活的终结者。⑥ 在约半个世纪的
时间里，鼠疫曾在安条克四度爆发，每次均造成安条克民众的大量死亡。克
里夫·福斯指出："作为帝国东部地区重要城市，安条克虽然在 6 世纪中期
之前每次遭遇自然灾害后均获得重建，但鼠疫的爆发最终给安条克造成灾难
性打击。"⑦

　　人口数量急剧减少所带来的直接影响就是城市正常生活和商贸活动完全

---

① 这些物质救助包括直接拨款、修复城内受损建筑物等举措。可参见第三章第一节的内容。

② John Rich, *The City in Late Antiquity*, p. 182.

③ J. A. S. Evans, *The Age of Justinian: The Circumstances of Imperial Power*, p. 226.

④ Evagrius Scholasticus, *The Ecclesiastical History of Evagrius Scholasticus*, Book 4, Chapter 29, p. 231.

⑤ John H. Rosser, *Historical Dictionary of Byzantium*, p. 26.

⑥ Glanville Downey, *Ancient Antioch*, p. 255.

⑦ Clive Foss, "Syria in Transition, A. D. *550 – 750*: An Archaeological Approach", pp. 190 – 192.

陷入瘫痪状态。当安条克城内的正常秩序在鼠疫、地震等灾害打击之下出现逐渐恶化的发展趋势之时，开始于 6 世纪 40 年代的波斯人的多次入侵和劫掠，令安条克的防御体系整体失效。6 世纪 40 年代开始的瘟疫和波斯人入侵对安条克及叙利亚地区产生了重要影响。① 这座位于东部的重镇此时已经陷入了内外交困的局面。6 世纪不断发作的鼠疫以及其他一系列自然灾害是导致安条克城市生活解体的主要因素之一。②

如前所述，发生于 551 年、554 年、557 年、577 年、588 年的影响范围遍及几乎整个帝国东部地区的地震，对安条克造成了严重影响。频发的地震不仅导致人员伤亡，也造成城内建筑以及城墙受损。学者指出，落成于君士坦提乌斯二世统治时期安条克著名的八边形教堂在 6 世纪多次在地震中受损。③ 克里夫·福斯指出：“安条克在 6 世纪中遭遇了瘟疫、地震、火灾、虫灾以及频繁的外族入侵等灾难的打击，这些都足以毁灭一个正常的城市。瘟疫将城市内部的问题复杂化并通过减少人口数量和减慢经济发展速度的方式加速了城市的衰落，同时在其领土安全上造成严重影响。”④ 在多次自然灾害的打击之下，安条克城内的建筑物规模及风格出现了明显变化，而这种转变是安条克城市转型的重要体现。艾弗里尔·卡梅伦认为，“叙利亚的安条克是帝国东部的第二大城市，在 6 世纪中期受到鼠疫的严重打击，并饱受地震的侵害，外加波斯人的入侵。安条克所遭遇的这些打击在东部的其他城市也有体现，如小型店铺和建筑占据了城市中曾经存在的宏伟的公共建筑正是由于这种变化所致”⑤。

同属地中海东部的重要城市，在古代晚期阶段，尤其是 6 世纪，亚历山大里亚的发展趋势与安条克明显不同。这种发展趋势的差异与自然灾害的发生频率有直接关系。如前所述，4—5 世纪，亚历山大里亚仅仅于 319 年、366—367 年、442 年发生地震。6 世纪，亚历山大里亚除了鼠疫之外，只受到 547 年尼罗河水灾和 551 年地震的影响。虽然其位置与地中海首度爆发鼠

① John H. Rosser, *Historical Dictionary of Byzantium*, p. 376.

② Cyril Mango, *Byzantium: The Empire of New Rome*, pp. 68 – 69.

③ John Rich, *The City in Late Antiquity*, p. 185.

④ Clive Foss, "Syria in Transition, A. D. 550 – 750: An Archaeological Approach", pp. 260 – 261.

⑤ Averil Cameron, *The Mediterranean World in Late Antiquity AD 395—600*, p. 162.

疫的地点培琉喜阿姆的距离较近，并且也是较早爆发鼠疫的城市，但根据史家的记载，鼠疫在其后数度复发过程中对亚历山大里亚的影响似乎不及安条克。① 同时，阿伽塞阿斯明确提到亚历山大里亚在 551 年地震中的受损程度不大。② 由此可见，作为帝国东部的重要城市，受到自然灾害影响程度较小的亚历山大里亚维持了比安条克更为长久的繁荣发展期。迈克尔·马斯指出，由于受到自然灾害的影响较小，亚历山大里亚的繁荣在 6 世纪始终得以保持，城市面积扩展了约 1000 公顷，人口也稳定在 20 万人左右。③ 然而，安条克却被多次地震、瘟疫及外族入侵打击得面目全非。直到 6 世纪末，其人口一直处于一个较低的水平。④

综上所述，由于自然灾害的影响，在古代晚期后期阶段中，安条克的城市发展趋势出现了显著变化。我们虽然难以断定安条克开始出现衰落趋势的具体日期，然而，可以肯定的是，中世纪安条克已经与古代晚期那座繁荣的城市截然不同。与 6 世纪中期之前城内与郊区总共拥有约 30 万人口的重要行政、宗教与商贸中心相比，10 世纪的安条克只是一个拥有 5 万—7.5 万人的边远城市，这种变化也出现在地中海东部地区的大多数城市的历史中。⑤

第三节 自然灾害与古代晚期东地中海地区城市的变迁

在古代晚期，君士坦丁堡、安条克的城市发展轨迹仅仅是东部众多城市发展趋势的一个缩影。地中海东部的大多数城市在这一时期的发展走向都因自然灾害而发生转变。由于鼠疫、地震、水灾、海啸等自然灾害的影响范围往往不受个别地区和城市的地域限制而遍及整个东地中海地区，于是，这一地区的众多城市相继于 6 世纪中期开始进入被动的调整阶段。艾弗里尔·卡梅伦提到："结合考古学方面的成果，我们发现古代晚期和拜占廷帝国早期

① 这一观点的得出，其主要依据是史家在记载鼠疫复发过程中所提及受到影响地区和城市的次数和程度的不同。安条克的受灾情况几乎都出现在史家的笔下，而亚历山大里亚的相关记载却少得多。

② Agathias, *The Histories*, p. 48.

③ Michael Maas, *The Cambridge Companion to the Age of Justinian*, p. 99.

④ Clive Foss, "Syria in Transition, A. D. 550 – 750: An Archaeological Approach", p. 191.

⑤ Michael Decker, "Frontier Settlement and Economy in the Byzantine East", p. 235.

城市的问题可以被改述为'城市变迁'。如果我们将地中海周边地区的考古调查证据放在一起，一幅城市地形学方面的收缩和转型的大体画面就出现了。从广阔的不同地区收集起来的证据表明城市的显著改变在6世纪结束前就已经开始了。在古代晚期的最后阶段，地中海周边地区都在经历着深刻的社会变化和经济转型。"① 提摩西·S. 米勒认为，来自小亚细亚、色雷斯以及希腊地区的一些城市考古证据表明，很多拜占廷城市在600年之后明显衰落，甚至有一些城市就此消失。② 同时，由于受到自然灾害和外部压力的影响程度不同，灾后得到的关注度及救助力度不一等因素的影响，东地中海地区的城市进入调整阶段的时间并不完全一致。一般而言，自然灾害造成损失越大、灾后得到救助越少的城市，出现变化的时间相对更早。

　　拜占廷帝国巴尔干半岛地区的城市在4—6世纪期间，先后经历了衰落的发展趋势。如前所述，伊利里库姆于378—379年间发生瘟疫。塞萨洛尼卡在597年鼠疫复发过程中首当其冲。除瘟疫外，巴尔干、色雷斯和希腊地区多次受到强震的影响，332年、346年、518年、520年、551年地震中受到的影响尤为严重。除了受到自然灾害的影响外，位于巴尔干北部地区的城市不断受到匈人、斯拉夫人、阿瓦尔人等蛮族势力的威胁，因此进一步加速了这些地区城市的衰落进程。位于巴尔干地区南部靠近地中海的城市，蛮族入侵造成的影响不大，但是这些城市却由于地震、鼠疫等自然灾害受创严重。因此该地区城市均在6世纪明显衰落。有史家以个案分析的方式探讨该地区城市的发展问题。西里尔·曼戈指出，4世纪早期曾经蓬勃发展的萨尔迪卡（Serdica）在6世纪后衰落；而塞萨洛尼卡则在5世纪后期至6世纪之间多次爆发瘟疫与饥荒，同时还要面对斯拉夫人与阿瓦尔人的入侵，导致城市陷入衰落。③ 相对于巴尔干半岛北部地区的城市，巴尔干半岛南部城市出现衰落的时间略晚。由于受到人口减少和战争的影响，城市市场出现显著衰落趋势，贸易规模逐渐缩小。在多次自然灾害的影响下，巴尔干地区的城市在古代晚期阶段中呈现出相似的发展特点：从6世纪中期前后开始，城市的

① Averil Cameron, *The Mediterranean World in Late Antiquity AD 395—600*, pp. 157 – 158.

② Timothy S. Miller, "Byzantine Hospitals", p. 57.

③ Cyril Mango, *Byzantium: The Empire of New Rome*, pp. 69 – 71.

人口和定居点明显减少①，市政建筑活动逐渐减少甚至停止，防御工事受到严重破坏，城市规模缩小甚至被遗弃。②

小亚细亚地区城市的发展轨迹与巴尔干半岛的城市极为相似。根据史家记载，小亚细亚地区城市在古代晚期中多次遭遇地震、海啸和鼠疫的打击，尤其是靠近地中海和黑海沿岸的城市。451—454 年间，疑似"天花"的瘟疫在小亚细亚地区（弗里吉亚、加拉提亚、卡帕多西亚、西里西亚）爆发，造成大量居民失明和死亡③。如前所述，6 世纪 40 年代鼠疫首次爆发过程中，这一地区的港口城市米拉出现了严重疫情。在随后鼠疫于 558 年第二轮爆发过程中，位于小亚细亚地区的西里西亚和阿纳扎尔博斯先后出现疫情。除天花和鼠疫外，这一地区在古代晚期中多次遭遇强震的打击。仅仅在 4 世纪 50—60 年代中，这一地区就发生了 3 次强震。5—6 世纪，小亚细亚地区受到了 447 年、467 年、551 年、554 年、557 年地震的影响。此外，6 世纪开始，频繁的水灾和海啸也时常对这一地区造成干扰。在多种自然灾害以及其他因素影响下，从 6 世纪中期开始，小亚细亚地区城市人口数量减少、商业萧条、公共建筑逐渐停止。在小亚细亚地区的城市中，以弗所、米拉和尼科美地亚等沿地中海分布的城市在古代晚期的衰落尤其明显。约翰·H. 罗瑟认为，拥有繁荣海港并且是商业和财政中心的以弗所正是受到 614 年大地震与波斯入侵的影响而衰落的。④ 根据前述可知，以弗所在 6 世纪中就受到过多次鼠疫及地震的影响，想必也是促使其于 7 世纪初迅速衰落的重要因素。

除以弗所外，位于小亚细亚南部的吕底亚地区也经历了由繁荣转为衰落

① 艾弗里尔·卡梅伦认为巴尔干半岛南部地区城市衰落在于瘟疫与外敌入侵，而外敌入侵扮演着更为重要的角色，这些入侵导致到 6 世纪末期包括斯巴达（Sparta）、阿尔戈斯（Argos）和科林斯（Corinth）在内的城市居民大批逃亡（Averil Cameron, *The Mediterranean World in Late Antiquity AD 395—600*, pp. 159 – 160.）。

② 在自然灾害与蛮族入侵等因素的共同作用下，巴尔干地区的城市从 6 世纪中期开始纷纷衰落，人口数量下降、公共建筑活动减少乃至停止、城市规模缩小乃至受到遗弃（John H. Rosser, *Historical Dictionary of Byzantium*, p. 57.）。公共小麦的分配在 618 年终止，并且再也没能得到恢复（Angeliki E. Laiou and Cecile Morrisson, *The Byzantine Economy*, p. 40.）。

③ Evagrius Scholasticus, *The Ecclesiastical History of Evagrius Scholasticus*, Book 2, Chapter 6, pp. 81 – 82.

④ John H. Rosser, *Historical Dictionary of Byzantium*, p. 136.

的过程，而这一地区的重要城市米拉不仅多次遭遇地震，同时也因作为从埃及地区到君士坦丁堡的贸易中间站的重要商贸地位多次爆发鼠疫。克里夫·福斯指出："在古代晚期，吕底亚地区的城市繁荣，区域内和跨区域贸易兴盛，沿海的村庄和城镇迅速兴起，作为吕底亚地区中心城市的米拉，由于具备位于君士坦丁堡、东部地区以及埃及之间海路交通汇合点的地位，在6世纪极为繁荣，但在529年地震以及其后的'查士丁尼瘟疫'的打击下陷入衰落。"① 小亚细亚南部地区卡瑞尔（Caria）行省首府阿芙罗蒂西亚（Aphrodisias，位于小亚细亚）则是由于7世纪初的一次地震而衰落。② J. H. W. G. 里贝舒尔茨则认为阿芙罗蒂西亚开始衰落的时间为6世纪中期。③

　　古代晚期的巴勒斯坦地区受到了多次鼠疫、地震和海啸的严重影响。鼠疫首次爆发过程中，巴勒斯坦地区受到重创。与此同时，巴勒斯坦地区多次发生大地震，每次强震的发生都对这一地区的城市造成了严重损失。其中，457年、476年、526年、528年、551年、577年、588年地震尤为严重。近现代众多史家注意到在自然灾害打击之下，古代晚期巴勒斯坦地区的变迁。多伦·巴尔认为："2—6世纪是巴勒斯坦地区经济快速发展的时期，不仅人口激增，而且村庄的数量和耕地面积也有很大增长。而6世纪的瘟疫和这一时期政治上的艰难险阻对巴勒斯坦地区的经济和定居人口的结构都产生了巨大影响。"④ 斯齐托波利斯（Scythopolis）位于巴勒斯坦地区，有关这座城市的考古证据很好地诠释了巴勒斯坦地区的城市发展情况。古代晚期，斯齐托波利斯的人口约有3万—4万，至少在6世纪的前期，城市保持着一派繁荣发展的景象；但6世纪中期第一次鼠疫爆发后，波斯人开始对帝国东部进行新一轮的入侵，这成为斯齐托波利斯发展的转折点。⑤ 斯齐托波利斯繁荣状态终结于地震、鼠疫、内战、外族入侵以及人口迁移。⑥

　　此外，美索不达米亚北部城市埃德萨、阿米达也由于多次鼠疫、地震、

①　Clive Foss, "The Lycian Coast in the Byzantine Age", p. 23.

②　John H. Rosser, *Historical Dictionary of Byzantium*, p. 27.

③　J. H. W. G Liebeschuetz, *Decline and Fall of the Roman City*, p. 48.

④　Doron Bar, "Population, settlement and economy in late Roman and Byzantine Palestine (70 – 641AD)", pp. 315 – 316.

⑤　J. H. W. G Liebeschuetz, *Decline and Fall of the Roman City*, pp. 300 – 302.

⑥　Averil Cameron, *The Mediterranean World in Late Antiquity AD 395—600*, p. 180.

水灾的发生而衰败。如前所述，359 年，阿米达受到瘟疫的影响。[1] 496—497 年间，奥斯若恩地区发生天花。[2] 4 世纪初，奥斯若恩发生强震。5—6 世纪，奥斯若恩行省的埃德萨多次发生破坏性水灾。558 年，阿米达爆发鼠疫。J. A. S. 埃文斯提到，阿米达从 6 世纪初开始就在一系列灾难的打击之下显露出衰落的趋势，"6 世纪阿米达出现了一系列的灾难：虫灾、饥荒、瘟疫、地震、洪水，外加波斯人在 503 年的围攻，从而令阿米达的发展限于困境之中"[3]。6 世纪末 7 世纪初，埃德萨、阿米达等地已经显现出明显衰落的趋势。[4]

综上所述，从 6 世纪前期开始，影响范围几乎遍及整个东地中海地区的鼠疫、地震等灾害对巴尔干、小亚细亚、巴勒斯坦地区造成了严重影响，令这些地区的城市开始衰落。安奇利其·E. 拉奥认为，6 世纪中期至 6 世纪末的瘟疫、地震对叙利亚、小亚细亚和爱琴海附近岛屿造成了严重影响。[5] 所有这些自然灾害所导致的后果是城市中建筑物的不断重建和修整。[6] J. H. W. G. 里贝舒尔茨指出："6 世纪 40 年代开始，鼠疫和饥荒造成小亚细亚、叙利亚和巴勒斯坦等地区城市中的大型建筑活动的减少甚至停止。"[7] 同时，由于修复受损建筑物的需求过大，影响到帝国的财政开支，因此也成为新建公共建筑减少的原因之一。

由此可见，自然灾害成为帝国东部的巴尔干、小亚细亚、巴勒斯坦、美索不达米亚北部等地区从 6 世纪中期开始逐渐衰落的重要影响因素。其中，

---

[1] Ammianus Marcellinus, *The Surviving Book of the History of Ammianus Marcellinus*, V. 1, 19, 4, 1 – 8, pp. 487 – 489.

[2] Frank R. Trombley and John W. Watt translated, *The Chronicle of Pseudo-Joshua the Stylite*, p. 26.

[3] J. A. S. Evans, *The Age of Justinian: The Circumstances of Imperial Power*, p. 108.

[4] 艾弗里尔·卡梅伦提到，从埃德萨赔付给波斯国王库萨和的大笔黄金以及 609 年被波斯人占领后挖掘出的大量白银可以看到城市的繁荣状态。与此同时，关于这一地区定居密度则可以得出完全不同的看法。这一地区的定居密度在 4—6 世纪达到了顶峰，从 7 世纪开始遭遇了显著的下滑趋势。对埃德萨的这一变化不能从单一的因素来考虑。这些证据显示出的"衰落"可能表示因其他原因而发生的人口流动。很多地区似乎都进行着复杂的重新调整，包括城市和农村以及它们之间的相互关系（Averil Cameron, *The Mediterranean World in Late Antiquity AD 395—600*, p. 163.）。

[5] Angeliki E. Laiou, *The Economic History of Byzantium: From the Seventh through the Fifteenth Century*, pp. 190 – 192.

[6] Michael Maas, *The Cambridge Companion to the Age of Justinian*, p. 71.

[7] J. H. W. G Liebeschuetz, *Decline and Fall of the Roman City*, p. 410.

地震、水灾和海啸等灾害往往通过大面积损毁城市建筑物的方式而造成破坏；瘟疫则是令城市内部的正常商业活动陷入停滞。沃伦·特里高德认为："作为帝国核心区域的希腊、色雷斯和安纳托利亚地区，除了偶尔发生的劫掠事件外，大部分时间中，这一地区都享受着和平状态并日益富庶，直到瘟疫的发生。瘟疫令君士坦丁堡以及安纳托利亚地区和希腊地区多座城市人口明显减少，同时也使这些地区和城市的经济出现衰落迹象。"① 西瑞尔·曼戈指出："500—501 年间，东地中海地区在遭遇虫灾、饥荒和瘟疫的打击后，尼科波利斯、埃玛于斯、推罗、西顿等城市发生地震，这些城市难以快速从灾难叠加所造成的影响中恢复，很可能需要几代人才能够完全复原。"②

在鼠疫、地震等灾害中饱受打击而出现衰落趋势的东地中海地区城市在古代晚期的初期阶段均在地中海世界扮演着重要角色，作为帝国的人口聚集地、经济中心、行政部门所在地，它们在拜占廷帝国的经济、政治、文化和战争等方面均起到重要作用。塔玛拉·泰尔波特·瑞斯认为，"主要的拜占廷城市在发展过程中都形成了自己的特点，其中，亚历山大里亚成为一个手工业和商业城市；安条克及附近的达芙涅气候宜人，达芙涅还是一个著名的夏季旅游胜地；小亚细亚对拜占廷而言是极为重要的，它是食物和矿产的主要供应地"③。沃伦·特里高德指出："帝国东部地区在 5 世纪前后有 30 多座颇具规模的城市，人口在 1 万—7.5 万之间。作为巴尔干地区的政治中心，塞萨洛尼卡的人口很可能接近 7.5 万人，而其他大部分城市的人口则接近 1 万人；东部一些大城市在 3—5 世纪期间出现了人口增长，这些增加似乎可以反映出从农村地区而来的大量移民对城市人口进行了有效补充；在马尔西安统治时期，根据对城墙范围的估计，君士坦丁堡的人口很可能达到了 20 万人，亚历山大里亚很可能达到了 12.2 万人，安条克的人口在 4 世纪中期很可能达到了 15 万人。"④

在古代晚期初期，地中海周边城市与古典时代的城市并无太大区别。但是，随着 6 世纪中期自然灾害的频繁发生，令居民的房屋、食物来源、身体

①　Warren Treadgold, *A Concise History of Byzantium*, p. 75.
②　Cyril Mango, *Byzantium: The Empire of New Rome*, p. 67.
③　Tamara Talbot Rice, *Everyday Life in Byzantium*, p. 141.
④　Warren Treadgold, *A History of the Byzantine State and Society*, pp. 139 – 140.

健康等均陷入困境中，到了古代晚期末期阶段，地中海地区城市居民的生活与古代晚期初期完全不同。艾弗里尔·卡梅伦也认为东地中海地区众多城市中均出现了城市生活和功能退化的发展趋势。① 安奇利其·E. 拉奥指出，"6世纪中期开始，城市普遍出现了衰落迹象，由于地区的差异，伊利里库姆和色雷斯地区较早受到影响，区域内被城市覆盖的区域日益减少。沿海的岛屿及地中海东部地区的公共建筑及设施仍旧继续，但规模和用途已经与曾经不同。曾经的一些住宅变成了工作间，或者变成了更小和更粗劣的住宅"②。沃伦·特里高德指出，"考古证据显示，在瘟疫爆发和迅速传播前，城市经历了一个快速发展阶段。新建筑矗立在宽阔的街道上，而希腊罗马时期大型广场的周围布满了建筑物。只要存在着空地，就会出现很多新建教堂。在瘟疫和入侵者开始对更多帝国的领土产生威胁时，建起了新城墙，但从其范围的缩小可以看到城内人口的减少。同时，很多城市中的公共建筑变少。在瘟疫发生后，城市的数量和规模都变小了……安条克从未从地震和波斯人的入侵中恢复"③。

　　6世纪中期开始，地中海地区传授修辞学和哲学知识的学校相继衰落也标志着地中海地区城市的变迁和文化的转型。N. G. 威尔森指出："从5世纪开始，地中海东部地区最为重要的学校分布于雅典、安条克等地。同时，贝鲁特拥有一个法律学校。贝鲁特的法律学校在经历了551年毁灭性的地震之后再未得到恢复。而安条克接连遭受到526年、528年地震的打击，并于540年受到波斯人的洗劫。雅典的学校也受到了较大影响。"④

　　城市网络本是古代晚期地中海地区文化发展的基础，在古代晚期这一历史阶段，这些具有久远历史的古典城市由西向东逐渐衰落。与中世纪社会不同，古代文明和文化是以城市网络为基础的，古代社会的结束意味着古典城市的终结，反之亦然。⑤ 从6世纪后期开始，帝国东部的很多城市开始向中

① Averil Cameron, *The Mediterranean World in Late Antiquity AD 395—600*, p. 7.
② Angeliki E. Laiou and Cecile Morrisson, *The Byzantine Economy*, p. 39.
③ Warren Treadgold, *A Concise History of Byzantium*, p. 78.
④ N. G. Wilson, *Scholars of Byzantium*, p. 28.
⑤ Averil Cameron, *The Mediterranean World in Late Antiquity AD 395—600*, p. 152.

世纪城镇或更多地向农村发生蜕变。① 到 6 世纪中后期，帝国境内人口超过
10 万人的城市只剩下两个：君士坦丁堡和亚历山大里亚。安条克的人口在
多次灾难的破坏下可能只剩下曾经的一半。帝国境内其他人口超过 1 万人的
城市极有可能从 6 世纪初的 30 个减少到 20 个。②

我们见证了古代晚期地中海地区城市在自然灾害等因素的影响下所走过
的历史进程。人口锐减、建筑物大量倒塌、商贸活动受到阻碍、修复工作因
不断出现的自然灾害而难以完成，所有这一切，令地中海地区的城市普遍陷
入衰落。帝国东部省份的城市生活一直延续至 6 世纪中期，但在 6 世纪中期
到 7 世纪中期之间，这一地区的城市生活也开始衰退。③ 君士坦丁堡、安条
克、罗马以及亚历山大里亚等帝国境内的大城市均多次受到瘟疫等灾害的打
击，有时甚至同时遭到外来侵略的劫掠，人口大受影响，且城内的基础设施
遭到严重破坏，甚至有城市在众多灾难打击之下遭到遗弃。④ 由于军事占
领、饥荒和瘟疫等原因，罗马城的人口在 6 世纪末期已经减少至 3 万人。⑤
约瑟夫·谢里斯黑维斯基认为："从 6 世纪上半期开始，这些城市都出现了
不同程度的衰落，粮食的储藏和供应因为一系列的瘟疫、地震等灾害受到影
响；地中海沿岸的城市开始缩小，商人们开始将商业活动转移到农村地区；
部分城市甚至消失。"⑥

从 6 世纪中后期开始直到 7 世纪，地中海地区的城市已经与之前的城市
有着很大区别。地中海地区城市在 650 年的城市生活与 400 年前相比明显不
同，这种不同可称为"简单化"：城市面积缩小、人口大量减少、世俗的公
共建筑遭到遗弃或忽视；而东部地区城市在 7 世纪经历的这一改变与地中海
西部地区众多城市在 3 世纪后所经历的改变极为相似。⑦ 当城市在收税和调
动行省资源方面开始变得对帝国政府无用的时候，中央政府停止了公民机构

---

① Averil Cameron, *The Mediterranean World in Late Antiquity AD 395—600*, p. 85.

② Warren Treadgold, *A History of Byzantine State and Society*, p. 279.

③ Cyril Mango, *Byzantium：The Empire of New Rome*, p. 65.

④ 如安条克和罗马，这两个城市在遭遇自然灾害和波斯、东哥特人的占领后，分别于 540 年、546
年前后遭到了短期的遗弃（Warren Treadgold, *A History of Byzantine State and Society*, p. 279.）。

⑤ George Holmes edited, *The Oxford Illustrated History of Medieval Europe*, p. 26.

⑥ Joseph Shereshevski, *Byzantine Urban Settlements in the Negev Desert*, p. 8.

⑦ J. H. W. G Liebeschuetz, *Decline and Fall of the Roman City*, p. 5.

的相关职能。① 尤其是地中海世界首次爆发的鼠疫对这些曾经人员十分密集、经济贸易发达的沿海城市的打击程度远远大过人口稀疏、经济欠发达的地区，由此更加弱化这些东部沿海城市的地位。在古代晚期后期阶段中，城市的发展是以衰落为主旋律的。适应新鲜事物而放弃旧的体系是自然发展规律，但城市的发展绝对不是简单的"回收利用"；古代晚期后期阶段的城市发展趋势与前期大不相同，而信仰基督教的古代晚期的地中海城市所创造出的人也必然不同于古代城市。② 古代晚期，东地中海城市的衰落，尤其是城市内部这些设施和机构的衰退标志着从古代晚期到中世纪的真正过渡。③

综上所述，自然灾害是导致古代晚期地中海地区城市变化的重要因素之一。这种变化当然并不是完全由于鼠疫、地震等灾害的发生所造成的，而是在自然灾害的打击之下，伴随着国力的下降和外族入侵势力的增强，城市的衰落因此加快。彼得·哈特利认为："战争、自然灾害、劳动力不足和由所有这些令人沮丧的因素共同导致这一结果。"④ J. H. W. G. 里贝舒尔茨则指出，古代晚期城市的发展包括政治传统的结束、与政治传统相联系的城市规划格局的结束、制造更好生活的传统理念的结束、世俗教育观念的结束和人口的大量减少，所有这些城市的发展趋势均表明帝国正面临着崩溃。⑤

① J. H. W. G Liebeschuetz, *Decline and Fall of the Roman City*, p. 408.
② Ibid., p. 414.
③ Averil Cameron, *The Mediterranean World in Late Antiquity AD 395—600*, p. 129.
④ Peter Hatlie, *The Monks and Monasteries of Constantinople, CA. 350 – 850*, p. 177.
⑤ J. H. W. G Liebeschuetz, *Decline and Fall of the Roman City*, p. 415.

第二章

自然灾害与帝国的基督教化

在古代晚期地中海地区，频繁发生的自然灾害不仅在经济、政治、军事方面造成严重影响，同时也是该地区宗教与文化发展所不可忽视的重要因素。古代晚期地中海地区最显著的特征之一是基督教的迅速发展。[①] 在古代晚期，基督教逐渐从一个受到罗马帝国打压的犹太教异端教派发展为拜占廷帝国的国教。自然灾害是基督教地位演变过程中的催化剂之一。古代晚期地中海地区不断发生各种自然灾害，民众的恐惧、绝望心理及对当局不满、不信任的情绪与日俱增。自然灾害发生后，基督徒教义不仅可以对灾害发生原因等困扰民众的问题提供较为合理的解释，而且，基督教会主教及基督徒们的救助行为成为政府救助的有效补充，由此赢得了民众的感恩和信任。

早在 2 世纪初的地中海地区，基督教的影响还相当有限。2—3 世纪爆发的"安东尼瘟疫"和"西普里安瘟疫"造成的恶劣后果以及基督徒在灾难中勇敢的行为，令这一时期作为民间组织的基督教在地中海地区迅速发展。丹尼尔·T. 瑞夫认为："2 世纪，在一个拥有 6000 万人的帝国中，基督徒的总人数很可能还不足 5 万，但在 2 世纪中期至 3 世纪上半期，基督教人数迅速增长，这种增长趋势与瘟疫的发生密切相关。"[②] 基督教公开且快速的发展开始于 4 世纪上半期，由于皇帝君士坦丁一世承认基督教的合法地位，令这一处于上升发展阶段的宗教逐渐取代了传统的多神教信仰，成为统治地中海地区的拜占廷帝国的官方意识形态。基督教的发展和传播给普遍存

---

① Averil Cameron, *The Mediterranean World in Late Antiquity AD 395—600*, p. 151.

② Daniel T. Reff, *Plagues, Priests, Demons: Sacred Narratives and the Rise of Christianity in the Old World and the New*, p. 65.

在的对现实生活绝望的社会心理和颓废思想提供了精神寄托，使意识形态的混乱局面得以调整。①

　　基督教自获得官方支持后，便在经济和政治发展相对稳定的地中海地区迅速发展与传播。基督教在地中海地区的迅速传播令地中海地区的社会生活从4世纪开始发生了较大的变化。沃伦·特里高德指出："拜占廷帝国同一性的文化得益于政府、基督教和希腊语，这三大因素紧密联系。从君士坦丁一世时期开始，皇帝普遍意识到教会在宗教和道德事务方面的权威性地位。教会也早已认同罗马帝国在世俗事务方面的地位，并与国家结成联盟。"②威利斯顿·沃尔克认为基督教的大发展开始于4世纪初《米兰敕令》给予基督徒平等权利之后，"在3世纪初，教徒人数只占全国总人口的很小部分。3世纪下半叶的和平时期中，教会发展极为迅速。在皇帝的优遇下，教徒人数急骤上升；在国家的资助下，罗马、耶路撒冷等地建立起基督教大教堂，而帝国都城迁移到君士坦丁堡对宗教的发展带来了深远的影响。自此之后，帝国的中心便坐落在一个异教影响和传统甚小、而基督教势力最强大的地区"③。

　　基督教从4世纪前期获得合法地位后，便在地中海地区迅速传播。在传播过程中，除了得到统治者支持这一因素外，基督教凭借其教义以及善行赢得了更多的皈依者，逐步取代了在地中海地区精神领域长期占据统治地位的多神教信仰。自然灾害的频发造成的民众心理的不安、恐惧以及精神领域的混乱状态为基督教的迅速发展创造了有利条件。古代晚期阶段正是基督教在地中海地区迅速发展的时代。基督教在古代晚期的快速发展不仅令地中海地区的社会文化生活出现了显著变化，而且由于各个地区的不同情况以及主教和民众对基督教教义的不同理解，导致基督教会内部教义之争愈演愈烈。4世纪开始，基督教教派之间的争端影响到几乎整个帝国。④ 从4世纪后期开始，基督教内部的教派之争已经基本取代了基督教与多神教的争端，并一直充斥于古代晚期地中海地区的历史之中，成为影响地中海地区历史发展的重

---

①　陈志强：《拜占庭帝国通史》，第43—44页。

②　Warren Treadgold, *A Concise History of Byzantium*, p. 43.

③　［美］威利斯顿·沃尔克：《基督教会史》，第130—131页。

④　Charles Diehl, *Byzantium: Greatness and Decline*, p. 7.

要因素之一。

第一节 3世纪后期至4世纪基督教在灾后提供的 "可信"解释和救助

　　基督教在古代晚期地中海地区的迅速发展和传播与其自身的教义和救助行动息息相关。基督教徒人数在2—3世纪的迅速增长与同一时期"安东尼瘟疫"和"西普里安瘟疫"在地中海地区的广泛传播并非出于巧合。可以想象，当基督徒们主动照料病患时，多神教徒却不敢参与救助，两相对比，自然会令民众对两者的观感产生影响。早期基督教会的领袖迪奥尼修斯认为，瘟疫对于基督教的兴起产生了重要的促进作用。① 威廉·希尼根与亚瑟·伯克也指出，250年前后，基督教教堂的修建十分盛行，基督教中的领袖更多来自于有文化和能力的人群，基督徒们开始在社会中起到积极的作用。②

　　首先，当瘟疫来临之时，人们最初想到的是如何存活。然而，当医疗工作者面对瘟疫束手无策时，当亲朋好友逐一死去时，恐惧情绪与日俱增。当时的民众不禁会想，为什么会遭遇如此可怕之事？自己是否会像亲朋好友那样死去？下次如果还发生类似灾害该当如何？

　　由于古代晚期地中海地区的民众对瘟疫、地震等灾害发生原因缺乏科学解释，在瘟疫爆发后又受到当时医疗技术的限制往往束手无策，因此只好求助神灵保佑或者坐以待毙。民众在灾害打击下对现实失去信心，转而求助于宗教的这种现象是很容易理解的。在这种情况下，民众急需一剂能够为其提供安慰的良药，传统的多神教并不能够应对地中海周边地区民众的精神危机。当传统信仰不能解决人们的恐惧、绝望情绪之时，这种宗教信仰必定会遭遇其他宗教信仰的挑战。罗德尼·斯塔克认为："自然灾害或认为灾害所导致的危机常常会转化成为信仰的危机。这一现象的出现，往往是因为在大

---

　　①　尤西比乌斯的《教会史》中包含着一封迪奥尼修斯写给亚历山大里亚基督徒的信件，他提到，"西普里安瘟疫"对异教徒们是完全的灾难，而对基督徒们而言虽然也造成了严重影响，但更是一种历练（Eusebius, *The Church History: A New Translation with Commentary*, Book 7, pp. 267 – 269.）。

　　②　William G. Sinnigen, Arthur E. R. Boak, *A History of Rome to A. D. 565*, p. 397.

灾难中，人们对处于主导地位的宗教提出某种要求，而这一宗教却无法应对，它可能无法解释一场灾难到底为什么发生，同时对于灾难似乎无能为力。面对传统信仰的'失败'，各个社会团体往往会做出反应，改进传统信仰或是转向其他信仰。"① 之所以长期流行于地中海地区的多神教信仰并没有在之前的历史阶段受到巨大挑战，其原因在于多神教信仰产生于古典时代，迎合了当时的历史发展趋势，并且在长时期的发展过程中并没有受到大灾难的严重挑战。罗德尼·斯塔克补充道："异教信仰在希腊时期和罗马早期的兴起过程中，起到了十分积极且重要的作用。但是异教信仰事实上已经成为了历史。如果真的需要急剧毁灭性的冲击力才能打倒这个'大家伙'，那么'安东尼瘟疫'和'西普里安瘟疫'这两场灾难性的大瘟疫所引起的危机，可能就是这具有毁灭性的冲击力，从而造成了异教信仰的终结。"②

在传统多神教信仰遭遇挑战之时，基督教却由于其教义、组织机构和行为的特点而成为挽救民众心理困境的一剂良药。基督教自诞生之日起，便形成了自己独特的罪恶观及末世观，从宗教的角度对民众关注但又无法理解的问题——如现世中的诸多痛苦及死后生活——进行解释。③ 基督教在传统医疗系统和传统信念无法为病患提供有效治疗的真空状态中确定了地位，为病患提供了关于疾病的新的理解和选择，有助于人们重拾信心。④ 基督教会对教徒宣称，所有的不幸和灾难都是魔鬼制造的，天灾人祸、疾病痛苦都是魔鬼施展魔力的结果。⑤ 与此同时，基督耶稣能够制服恶魔。恶魔虽然被基督教赋予了无穷的力量，但这种力量却又受到严格的限制。恶魔代表着世间所

---

①　[美] 罗德尼·斯塔克：《基督教的兴起：一个社会学家对历史的再思》，第 94 页。

②　同上书，第 116 页。

③　基督教的"原罪说"认为，人类的始祖亚当和夏娃偷吃了禁果，触犯了上帝的禁令，被逐出伊甸园，从此，人类世世代代都有罪（《圣经》，创世纪3：1－24.）。"救赎说"是基督教的基本教义之一。基督教认为，整个人类都具有与生俱来的"原罪"，是无法自救的。人既然犯了罪，就要付出代价以补偿，而人又无力自己补偿，所以上帝就差遣其子耶稣基督为人类流出宝血以赎罪。（出埃及记34）"人只有信耶稣基督，才能免去一切罪。""天堂地狱说"也是基督教的基本教义之一。基督教认为，现实物质世界是有罪的，也是有限的，世界末日迟早会到来。人的肉体和人生是短暂的，最终都要死去，而人的灵魂则是永生的。人死后其灵魂将根据生前是否信仰耶稣决定上天堂或下地狱。

④　Daniel T. Reff, *Plagues*, *Priests*, *Demons*：*Sacred Narratives and the Rise of Christianity in the Old World and the New*, p. 67.

⑤　王亚平：《基督教的神秘主义》，东方出版社 2001 年版，第 220 页。

有的邪恶力量；同时，他已被耶稣基督制服，且受制于耶稣基督的人间代理人。基督徒坚信他们在天国已经打败了恶魔，而在世间所进行的仅是最后的收尾工作。①

基督教的末世观认为，每个人只要相信上帝，都能够死后复活并得到永生。② 在这种观念的影响下，基督徒们都期待着来世的幸福生活。受困于频发自然灾害的地中海居民，哪怕多次目睹周边亲朋好友的死去，也会因为他们死后进入天堂的美梦而深感欣慰。迪奥尼修斯·Ch. 斯塔萨科普洛斯认为，关于这些瘟疫的"超自然力"的解释对于基督教势力的增长很有用。③ 根据塞奥发尼斯的记载，在 348 年位于腓尼基地区的贝鲁特遭遇一次强震后，很多异教徒进入教堂中，同基督徒一起进行祈祷。④ 威廉·H. 麦克尼尔指出："基督徒与异教徒相比的另一个优势是，他们的信条即便在突如其来的死亡中也赋予生命以意义。摆脱痛苦毕竟是人类共同的渴望，如果不在实践上至少也在原则上来加以体现。甚至，一个从战争或瘟疫甚或战争连同瘟疫的经历中走出来，备受摧残的幸存者，只要想到他的以品行端庄的基督徒身份死去的亲朋，有一个永久的归宿——天国，无疑会感到温暖的慰藉。因此，基督徒是一套完全适应于充斥着困苦、疾病和暴死的乱世的思想和感情体系。对于罗马帝国的被压迫阶层而言，这种从容应对瘟疫恐怖和心灵创伤的无与伦比的能力，正是基督教的重要吸引力之所在。"⑤ 罗德尼·斯塔克指出，"瘟疫令异教与希腊哲学拥有的解释事务和宽慰人心的能力统统宣告无效。而基督教却能够提供一个更合乎道理、使人信服的原因，来说明为什么这些可怕的事情会降临在人们身上，而且还提供了一幅描述未来的画面。这一对未来的描述不仅使人们重拾希望，甚至还迸发出了前所未有的热情"⑥。

① Peter Brown, *The World of Late Antiquity*, AD 150 – 750, pp. 54 – 55.
② 基督教末世观的内容在《圣经》中多有体现，如《哥林多前书》15：1 – 54。
③ Dionysios Ch. Stathakopoulos, *Famine and Pestilence in the Late Roman and Early Byzantine Empire：A Systematic Survey of Subsistence Crises and Epidemics*, p. 75.
④ Theophanes, *The Chronicle of Theophanes Confessor：Byzantine and Near Eastern History*, AD 284 – 813, p. 65.
⑤ ［美］威廉·H. 麦克尼尔：《瘟疫与人》，第 73 页。
⑥ ［美］罗德尼·斯塔克：《基督教的兴起：一个社会学家对历史的再思》，第 90 页。

　　其次，如前所述，基督教徒的身影几乎出现于每一次大灾害后的救助活动中。在多次大规模灾害发生后，在缺乏帝国政府及地方官员救助的同时，主教和基督徒们的善行往往会出现在当时史家的灾后救助记载之中[1]，这些积极的救助不仅可以令病患的痛苦得到缓解，也有助于社会秩序的恢复。一些主教在地震等灾害发生之后的举措令其在民众中的威望得到较大提升。[2]基督教中对穷人施以援助的理念逐渐赢得了很多多神教信徒的赞美，也有利于基督教在这一地区进行传播。[3] 威廉·H.麦克尼尔认为："基督教的兴起和巩固深刻改变了以前的世界观。基督教有别于同时代其他宗教之处在于，照顾病人（即使在发生瘟疫的时候）是他们公认的宗教义务。当例行的服务缺失时，最基本的护理也会极大地减少死亡率，比如，只需提供食物和水，就可以让那些暂时虚弱得无法照顾自己的人康复，而不是悲惨地死去。而且经历这种护理而存活下来的人，很可能心存感激并同那些拯救他们生命的人产生相互依存的温馨感觉。因此，灾难性瘟疫所导致的结果是，在大部分社会组织丧失信誉之时，基督教会的势力却得到了增强。"[4]

　　我们可以从多神教徒的评论反观基督徒们在灾难发生后的善行。362年，"背教者"朱利安试图带领异教徒发起一场慈善运动，其目的就是要与基督徒的慈善事业形成竞争。他写信给加拉太的多神教大祭司，抱怨说，多神教徒实在需要在美德与善行等方面赶上基督徒，因为近来皈依基督教的人越来越多，原因就是基督徒虽然做作，却有高尚的道德品质，而且对陌生人施以善行。朱利安提到："我们应该特别关注到，当我们的祭司忽视对穷人救济的时候，那些不敬神的加利利人（指基督徒，因为耶稣是加利利人，最早的一些门徒也来自加利利）观察到了这一点，然后就去全力照顾他们以显示仁慈。"[5]

　　由此，我们可以看到，虽然朱利安痛恨基督徒，但是他却没有否认多神

---

　　[1]　请参见第三章第二节的内容。

　　[2]　Averil Cameron, Bryan Ward Perkins, Michael Whitby edited, *The Cambridge Ancient History* (*V. 14, Late Antiquity: Empire and Successors, AD 425 – 600*), p. 189.

　　[3]　Warren Treadgold, *A Concise History of Byzantium*, p. 45.

　　[4]　［美］威廉·H.麦克尼尔：《瘟疫与人》，第73页。

　　[5]　Wilmer Cave Wright translated, *The Works of the Emperor Julian*, VolumeⅡ, Cambridge, Mass.: Harvard University Press, 1913, pp. 337 – 339.

教徒在慈善行为方面远不及基督徒的事实。在平常时刻，多神教徒的善行尚
且不如基督徒，那么当瘟疫等大灾难来临之时，多神教徒还能够在善行方面
超过基督徒吗？沃伦·特里高德指出："在2—3世纪，帝国经历了一系列皇
帝无法忽视的宗教方面的问题。这一时期的人们普遍相信政治混乱和军事失
利以及自然灾害的发生是神明愤怒的信号。很多皇帝以基督教触怒诸神为理
由对正在迅速发展的基督教会进行迫害。但是，这些迫害行为似乎并未取得
积极效果，而很多多神教徒也对他们所信奉的宗教变得不满。虽然这一时期
的灾难鼓励民众转而信仰宗教，但古老的奥林匹亚诸神本身的故事都是相互
矛盾的，缺少信仰和尊重，同时提供的是永生的范例，而没有为民众提供憧
憬来世生活的希望。"①

　　同时，在大瘟疫爆发时，基督徒的交往网络保留了下来，而多神教徒的
交往网络则因人口急剧减少而陷于崩溃。这种状况为多神教徒进入基督徒的
交往网络提供了可能性。罗德尼·斯塔克认为，基督教对于爱和良善这两方
面所持的价值观，被移入社会服务和社区团结的规范之中。当灾祸袭来的时
候，基督徒能够更好地面对和应对，这使得基督徒在总体人口中的存活率大
大上升。这就意味着，在每一场瘟疫止息之后，基督徒在总人口数目中的百
分比都提高一层，即使没有新信徒加入也是如此。基督徒引人注目的高存活
率，无论是对于基督徒还是异教徒，都是一个"神迹"，这对更多的人信仰
基督教应该也起到了一定的影响。人与人之间的交往维系着道德秩序。当瘟
疫毁灭了相当一部分人口的时候，剩下的大批人失去了原有的人际交往关
系，而传统的道德秩序也就不复存在了。在每一场瘟疫中，死亡人数都不断
上升，大批人，尤其是异教徒，都失去了妨碍他们成为基督徒的人际关系束
缚。与此同时，基督徒的社交网络以高于其他人群的比率存留下来，也可以
为异教徒提供更大的机会，来与基督徒建立新的人际交往关系。无论在哪个
时代，这种社交网络的改变必然会导致宗教信仰的改变。②

　　由此可知，基督教在古代晚期地中海地区的广泛传播不仅与基督教本身
的教义、组织结构有关，同时与自然灾害发生所造成的民众心理空白期不无

---

① Warren Treadgold, *A Concise History of Byzantium*, pp. 8 – 9.
② ［美］罗德尼·斯塔克：《基督教的兴起：一个社会学家对历史的再思》，第90—91页。

关系，也与主教和基督徒们在灾后所行的善举密切相关。事实上，地中海地区在古代晚期前就多次发生地震、水灾等自然灾害，然而，直到2—3世纪，从开始展现自身非凡的心灵治愈及缓和社会矛盾能力之时，基督教就迅速崛起并逐渐取代了多神教的地位。罗德尼·斯塔克指出："我们必须承认，地震、瘟疫、火灾、骚乱和入侵不是在基督教起初的时代才开始出现的。没有基督教神学或者基督教社会的机构辅助，人们也忍受了几个世纪的灾难。一旦基督教出现了，它解决这些痼疾的非同一般的能力很快就锋芒毕露了，而且在其取得决定性胜利中扮演了主要角色。"①

第二节　帝国政府为维系统治推动基督教发展的举措

在基督教发展历程中，拜占廷帝国皇帝的宗教政策对基督教的发展起到了重要作用。4世纪前期，君士坦丁一世改变帝国皇帝一贯坚持打击基督教的宗教政策，对待基督徒的态度从迫害转向保护。君士坦丁一世的基督教政策本身是对基督教快速发展所做出的反应②，而这种政策又进一步促进基督教的发展。相对于年代久远的多神教信仰，基督教是一个崭新的文化形式。这一股积极发展的精神力量正好与拜占廷帝国处于上升趋势的发展状况不谋而合，这正是君士坦丁一世改变其宗教政策，转而扶持基督教的重要原因。陈志强教授指出："君士坦丁之所以采取保护基督教的政策是当时社会变革的总形势使然，基督教作为一神教适应了当时晚期罗马帝国的政治现实，比

---

① ［美］罗德尼·斯塔克：《基督教的兴起：一个社会学家对历史的再思》，第194页。

② 有部分学者认为，君士坦丁一世对基督教所实行的宽容乃至扶持政策是与君士坦丁一世个人对基督教的信仰有关。沃伦·特里高德指出，君士坦丁一世为帝国做出了支持基督教的选择，事实上，这是一种宗教信仰，而不是政治措施，但无疑这一举动对帝国较为有利。基督教拥有着同一时期从异教逐渐消失的精神、道德以及组织上的严格。异教缺少改变自身的领袖机制和理论，如果它进行改变的话，那么它又会丧失自己优于基督教的优势，就是传统对于人们的吸引力（Warren Treadgold, *A Concise History of Byzantium*, p. 25.）。罗德尼·斯塔克认为，君士坦丁一世于313年颁布的"米兰敕令"并不是促成基督教大发展的原因，相反，它是对当时帝国处境的一个敏感反应，因为基督教经过快速发展已经成为一个举足轻重的政治力量（［美］罗德尼·斯塔克：《基督教的兴起：一个社会学家对历史的再思》，第2页）。笔者认为，统治者个人的喜好会对其政策产生一定的影响，但是作为重新统一帝国东西部的英明决策人而言，"打江山易、守江山难"，如何维系其统治是君士坦丁一世首先要考虑的问题。所以，在君士坦丁一世对基督教采取怀柔、扶持政策之时，他更多考虑的应该是政治因素，如何利用这一蓬勃发展的新型宗教来维系自己的统治。

多神教更充分地满足了社会各阶层的需要，因此迅速发展成为跨国界多民族的阶级成分复杂的世界性宗教。基督教逐渐成熟的信仰和教义、组织严密的教会、专门的神职人员、逐渐形成的教阶制度以及信仰者在军队中的强大力量都令君士坦丁一世注意到基督教是可利用的社会力量，经过反复权衡确定将基督教作为其政治斗争的重要筹码。"①

在皇帝日益集权的拜占廷帝国，统治者对某一宗教派别的态度以及做法往往会对帝国的发展产生重要影响。沃伦·特里高德指出："在打败了最后一位异教皇帝李锡尼之后，君士坦丁一世将支持基督教徒的恩泽扩展至整个帝国范围。他命基督徒担任行政或军事职务，并采取了一些有利于基督徒的措施，如停止角斗士表演、严格离婚的动机、惩罚强暴和通奸等行为。从异教没收的财产正好可以支持君士坦丁堡建设的花销。不仅如此，君士坦丁一世还用从异教神庙中获得的黄金铸造金币，在分量上比戴克里先时期的要小，但是价值是相同的。这一金币在希腊语中被称为诺米斯玛塔（nomisma），在拉丁语中被称为索里德（solidus），逐渐被民众接受，简化了政府的财政和大宗贸易的程序。"② 在君士坦丁一世政策的推动下，帝国境内很多地区基督徒的数量显著增长。

为了迎合君士坦丁一世借用基督教统治民众的心理，凯撒利亚的尤西比乌斯发展出一种政治理论，认为君士坦丁一世是上帝在人间的代理人，而这种理论成为拜占廷帝政神学理论的基础。③ 在以"一个上帝、一个帝国、一个宗教"为其政治思想核心内容的拜占廷帝国④，帝国统治者不断向基督教会授予特权、捐赠大量地产并修建教堂等建筑，从而进一步促进了整个帝国的基督教化。从4世纪开始，在地中海周边地区的重要城市，君士坦丁堡、安条克、尼科美地亚等出现了大量的基督教教堂建筑。⑤ 而从4世纪末期开

---

① 陈志强：《拜占庭帝国通史》，第48—49页。

② Warren Treadgold, *A Concise History of Byzantium*, p. 22.

③ Averil Cameron, *The Mediterranean World in Late Antiquity AD 395—600*, p. 67.

④ Cyril Mango, *Byzantium：The Empire of New Rome*, p. 88.

⑤ 根据塞奥发尼斯的记载，4世纪中期之前，新凯撒利亚、贝鲁特、安条克等地已经拥有基督教教堂（Theophanes, *The Chronicle of Theophanes Confessor：Byzantine and Near Eastern History*, AD 284 - 813, p. 62；p. 65；pp. 47 - 48.）。苏克拉底斯和塞奥发尼斯均提到，4世纪中期之前，尼科美地亚已经拥有大教堂（Socrates, *The Ecclesiastical History*, Book 2, Chapter 39, p. 67；Theophanes, *The Chronicle of Theophanes Confessor：Byzantine and Near Eastern History*, AD 284 - 813, p. 47.）。

始，当东西罗马帝国分裂之后，基督教会便成为帝国东部与西部地区间的重要纽带。教会是保持帝国东部与西部传统一致性的重要机构。[1]

在古代晚期地中海地区，修建基督教教堂始终是世俗政权支持基督教发展的重要措施。即使在自然灾害导致财政收入减少的情况下，拜占廷帝国官方支持的教堂建设也从未完全停止。如前所述，在6世纪自然灾害频发之际，当拜占廷帝国财政状况日益紧张之时，在帝国境内大型公共建筑的修建趋于停滞的同时，教堂等基督教教会建筑的修建并没有终止，相反呈现出增多的趋势。[2] 根据史家记载可知，从6世纪中期开始，在多次自然灾害爆发后，帝国政府所提供的物质救助似乎随时间推移而逐渐减少。随着帝国基督教化程度日益加深，而来自教会救助与安抚对于受灾民众的生活与情绪重要性日增，帝国政府出于安抚民众的需要，更为重视教堂的建设。查士丁尼时代是地中海地区自然灾害的高发期。尼基乌主教约翰记载，查士丁尼一世在帝国各处修建教堂。[3] 埃瓦格里乌斯在讲述了鼠疫在帝国境内肆虐的情况后提到，6世纪中期之后，皇帝分配了大额税收，并进行了大量虔诚和取悦上帝的事情。[4] 保罗·马格达里诺认为："官方将瘟疫的爆发解释为上帝的惩罚，这无疑明显加快了查士丁尼一世及其继承者们在教堂等可表示虔诚的建筑物方面的建设。"[5] 安奇利其·E. 拉奥指出，"6世纪宗教建筑的修建远多于公共建筑。君士坦丁堡出现了著名圣波利乌科托斯教堂、圣塞尔吉乌斯教堂、巴克乌斯教堂、圣索菲亚教堂等宗教建筑。6世纪和7世纪初的阿拉比亚行省修建了160座教堂，在巴勒斯坦新建了两座教堂"[6]。J. A. S. 埃文斯提到："6世纪的阿弗洛迪西亚就是一个非常好的例子，虽然剧场仍旧在使用，但在建筑物的中间建造了一个教堂。最后剧场和露天看台中的表演内容变成了鼠疫发生之后查士丁尼一世的财政政策及民众价值观念改变等，甚至于君士坦丁堡的圆形剧场的主要用途在查士丁尼一世统治后期变成了处理罪

---

① Averil Cameron, *The Mediterranean World in Late Antiquity AD 395—600*, p. 130.

② 参见第三编第一章的相关内容。

③ John of Nikiu, *Chronicle*, Chapter 90, p. 139.

④ Evagrius Scholasticus, *The Ecclesiastical History of Evagrius Scholasticus*, Book 4, Chapter 30, p. 233.

⑤ Paul Magdalino, "The Maritime Neighborhoods of Constantinople: Commercial and Residential Functions, Sixth to Twelfth Centuries", p. 218.

⑥ Angeliki E. Laiou and Cecile Morrisson, *The Byzantine Economy*, p. 27.

犯的地方。"①

由此可见，当帝国经济衰落、政局动荡和民众对统治者不满情绪与日俱增之时，虽然财政收入减少，统治者仍然关注教堂的修建，从这种现象中，一方面可以看到古代晚期后期阶段地中海地区基督教化程度之深，另一方面可以看到统治者需要让民众相信自己是在遵循"上帝"之道，才能够维系其统治。J. H. W. G. 里贝舒尔茨指出："贫穷和衰败令帝国境内的教堂建设持续发展，4世纪末5世纪初，帝国建设了很多教堂，而从5世纪末6世纪初，教堂的数量更多。"② 艾弗里尔·卡梅伦指出，基督教教堂作为帝国主要经济机构在古代晚期得到了较大的发展。③ 戴维·凯斯提道："在瘟疫和饥荒蔓延的年份中，地中海西部的爱尔兰地区建立起了很多重要的教堂和修道院。一次大饥荒和三次瘟疫的经历很可能加强了民众对神干预的需求。传统的准德鲁伊教的神明和大众异教徒的精神并没能成功地抵制住饥荒、疫病和死亡，所以，需要一个更有效的方法来获得神明的保护并且期待在来世改变自己的命运。瘟疫本身及其所引发的教堂建设的长期影响使大众的基督教化程度达到了前所未有的水平。"④

4—6世纪数次爆发的鼠疫、天花、地震等灾害进一步加深了地中海地区民众的宗教信仰。帝国政府所支持的教堂建设无疑给予民众进行洗礼、祈祷的固定场所，由此推动了帝国的基督教化进程。多次自然灾害发生后，都有民众前往教堂或就地祈祷的记载。在古代晚期，很多人都将洗礼当成是赎罪的手段，普通教众认为，通过洗礼就可将之前所犯罪孽清洗完毕，所以很多民众都推迟洗礼的时间，推迟至中年，甚至老年才进行洗礼，他们认为这样就可以带着清白之躯上天堂。但是，当自然灾害发生之时，民众很可能由于担心在灾难中丧命，所以纷纷前往教堂，请求进行洗礼。在400年一次地震发生后就出现了这种情况。⑤ 当鼠疫在帝国境内爆发之时，人们争先跑到

---

①　J. A. S. Evans, *The Age of Justinian: The Circumstances of Imperial Power*, p. 36.

②　J. H. W. G Liebeschuetz, *Decline and Fall of the Roman City*, p. 374.

③　Averil Cameron, *The Mediterranean World in Late Antiquity AD 395—600*, p. 88.

④　David Keys, *Catastrophe-An Investigation into the Origins of the Modern World*, p. 128.

⑤　Mildred Partridge translated, *Saint John Chrysostom（344－407）*, London: Duckworth & Co., 1902, p. 101.

教堂中寻求他们认为最好的保护。① 447 年 1 月 26 日，君士坦丁堡地震过后，皇帝赤足与元老、民众及教士共同祈祷多日。② 458 年，君士坦丁堡的雷电天气引发火灾，人们因火灾而恐惧，并向上天祈祷。③ 在 472 年的"降灰"事件中，每个人都认为从天空降下的本来是火，因为上帝的仁慈，火被扑灭变成了尘土。此后每年的 11 月 6 日，人们都会为这次恐怖的"降灰"事件举行纪念活动。④ 在 526 年 5 月安条克地震发生后的第三天，城市北部的天空出现了一个十字架状的符号，看到它的人们暗自啜泣并祈祷。⑤ 526 年，安条克发生地震和次生性火灾，给城市带来了严重损害。皇帝查士丁一世得知安条克的灾难后，十分悲痛，他将皇冠从头上摘下，并在教堂中哭泣。⑥ 547 年 2 月的地震令很多人感到恐惧和绝望，纷纷向上帝祈祷。⑦ 582 年 5 月，强震发生后，人们纷纷躲到教堂中寻找庇护。⑧ 在加拉提亚（Galatia）的一个斯克恩（Sykeon）小镇中的一个 12 岁小男孩感染瘟疫后被他的家人送入教堂，他在这里痊愈，长大后成为一名教士。⑨ 迪奥尼修斯·Ch. 斯塔萨科普洛斯也注意到这位名叫塞奥多尔（Theodore）的 12 岁男孩感染瘟疫后被送往教堂的情况。⑩ 由此可见，在瘟疫等灾害的影响下，直至 6 世纪后期，人们本能地在灾害发生后寻求上帝的保护与帮助，从而进一步加深了他们的宗教情感。

① Michael Angold, *Byzantium: The Bridge From Antiquity to the Middle Ages*, p. 26.

② John Malalas, *The Chronicle of John Malalas*, Book 14, p. 199. 尼基乌主教约翰也提到，君士坦丁堡地震过后，皇帝十分悲伤，和所有的元老们以及牧师光着脚行走了数日（John of Nikiu, *Chronicle*, Chapter 84, p. 95.）。

③ John of Nikiu, *Chronicle*, Chapter 88, p. 109.

④ Theophanes, *The Chronicle of Theophanes Confessor: Byzantine and Near Eastern History, AD 284 – 813*, p. 186.

⑤ John Malalas, *The Chronicle of John Malalas*, Book 17, p. 241.

⑥ Theophanes, *The Chronicle of Theophanes Confessor: Byzantine and Near Eastern History, AD 284 – 813*, p. 264.

⑦ Ibid. , p. 329.

⑧ Ibid. , p. 374.

⑨ John Moorhead, *Justinian*, p. 99.

⑩ Dionysios Ch. Stathakopoulos, *Famine and Pestilence in the Late Roman and Early Byzantine Empire: A Systematic Survey of Subsistence Crises and Epidemics*, p. 289.

第三节　帝国政府、教会、普通民众与基督教发展

古代晚期阶段不仅是基督教大发展、基督徒人数迅速增加的时代，同时也是基督教内部派别斗争日益白热化的时代。随着地中海地区基督教化程度不断发展，教会内部的教义之争也日益激烈，这种争论极易造成社会内部的分裂。[①] 世俗政权则出于各种目的介入教会内部事务与争端，这就令政教关系日趋复杂。陈志强教授认为，拜占廷皇帝自 4 世纪基督教成为国教之初就享有控制教会的至尊权，这一权力是早期拜占廷皇帝作为羽翼未丰的教会的保护人而自然形成的。从理论上讲，皇权和教权的结合是拜占廷君主权力的基础，两者相互支持，相互配合，皇帝需要教会从精神统治方面给予帮助，而教会则是在皇帝的直接庇护下发展起来。最初，皇帝对教会的权力是无限的，但是随着教会实力的增加，这种权力越来越受到侵害，教会则出现了脱离皇权控制的倾向。[②]

在古代晚期地中海世界，自然灾害的频繁发生加速了基督教发展的进程。从现世得不到希望的民众将希望寄托于来世，希望从上帝那里获得保护和心理慰藉的民众日益增多。在受到自然灾害等因素的影响而十分恐惧之时，民众希望能够找到精神寄托。一方面标榜是耶稣基督为人间代理人的皇帝的权威因灾害的频发而每况愈下；另一方面普通民众对于基督教的虔诚信仰却得到进一步的增强。于是，民众对于以上帝为人间代理人自居的皇帝的信任持续降低，而对上帝则更加虔诚。加上皇帝以修建教堂等方式来安抚灾区，并且基督教主教及基督徒们主动参与救助工作，由此更增加了基督教的势力及其独立性。然而，基督教独立性的增强却并不被帝国统治者所喜闻乐见。

随着基督徒人数的不断增长，相比于多神教，作为一种新事物的基督教被君士坦丁一世看中，将其作为控制民众的精神方式。从君士坦丁一世开始，除了背教者朱利安之外，拜占廷帝国皇帝均秉持支持基督教的态度。朱

---

① 4 世纪后期，索佐门的《教会史》中提到，皇帝禁止人们在市场里进行宗教集会和辩论（Sozomen, *The Ecclesiastical History*, Book 7, V. 6, p. 379.）。
② 陈志强：《拜占庭帝国通史》，第 101 页。

利安恢复多神教政策的最终失败也间接表明，拜占廷帝国内部基督教迅速崛起的趋势不可逆转。君士坦丁统治时期基督教政策的核心是维护帝国统一，缓和宗教矛盾，防止发生动乱，强化中央集权。[①] 从 4 世纪上半期开始，为了利用基督教在思想上保证帝国的统一并维系其统治的稳定性，减少因宗教分歧而引发的社会矛盾，历任拜占廷皇帝对基督教教义及派别之争都进行干涉，出现了政府支持的正统教派以及被打为异端的教派。一旦皇帝的政策牵涉其中，民众的信仰就不可能完全出于自发和自愿。同时，在一位拜占廷皇帝的统治时期内，其宗教政策并非一成不变，从君士坦丁一世开始直到查士丁尼时代末期，几乎所有拜占廷皇帝在位期间均会对其宗教政策进行调整。究其原因，我们发现，皇帝关心的并非基督教内部各派教义本身，而更多地是从政治需要出发来处理这些教义之争。

公元 5 世纪，基督教会自地中海东部地区的繁荣中受益，同时当地基督教化程度又因皇帝推动而加速。[②] 然而，随着基督徒人数不断增多，教会中关于耶稣基督人性与神性的争论令基督徒陷入分裂。[③] 在此情况下，希望以基督教作为一股重要的精神力量来增强帝国的凝聚力的拜占廷统治者自然会干预教会事务，通过召开宗教会议来确立官方支持的教派，并打击异端教派，以此稳定帝国内部局势。[④] 同时，掌控基督教教派内部高级教职的任命

① 陈志强：《拜占庭帝国通史》，第 55 页。

② Averil Cameron, *The Mediterranean World in Late Antiquity AD 395—600*, pp. 79 – 80.

③ 在这些宗教争论中，5 世纪出现的聂斯脱里派与一性论派对基督教内部的分裂产生了重大影响。428 年，来自安条克教会的聂斯脱里成为君士坦丁堡主教。聂斯脱里认为圣母玛利亚生下的是人，而不是神，提出基督具有"人性"和"神性"（Theophanes, *The Chronicle of Theophanes Confessor: Byzantine and Near Eastern History, AD 284 – 813*, p. 138. ）。然而，他的观点引起了基督教内部的巨大争论，遭到了亚历山大及罗马大主教的反对。随后，在第三次大公会议上，聂斯脱里派被认定是异端（Evagrius Scholasticus, *The Ecclesiastical History of Evagrius Scholasticus*, Book I, Chapter 4 – 5, pp. 13 – 15. ）。对一性论派发展产生重要影响的尤提齐斯（Eutyches）认为，基督只有神性，没有人性，其人性被神性融合，由此提出"一性论"主张（Evagrius Scholasticus, *The Ecclesiastical History of Evagrius Scholasticus*, Book II, Chapter 18, p. 104. ）。然而，这种主张很快便遭到了君士坦丁堡教长的否定，尤提齐斯不仅随后被免职，还被打为异端。451 年，第四次基督教大公会议举行，进一步否定了一性论派的观点（Evagrius Scholasticus, *The Ecclesiastical History of Evagrius Scholasticus*, Book II, Chapter 4, pp. 71 – 73. ）。

④ 事实上，针对聂斯脱里争端和一性论争端的第三次、第四次基督教大公会议分别是在拜占廷皇帝塞奥多西二世和马尔西安的支持下举行的。虽然第三次、第四次基督教大公会议分别将聂斯托里派和一性论派打为异端（Socrates, *The Ecclesiastical History*, Book 7, Chapter 34, p. 172; Evagrius Scholasticus, *The Ecclesiastical History of Evagrius Scholasticus*, Book II, Chapter 4, pp. 71 – 73. ），然而，这两次会议并未从根本上解决基督教内部争端，反而由于政府的干预而令基督教内部争端呈现出更加复杂的形势。

权也是拜占廷皇帝在干预基督教内部事务过程中一项重要的手段。① 拜占廷皇帝俨然已经成为上帝的人间代理人。皇帝和教会之间的关系向来是影响帝国政治和宗教发展的重要因素。艾弗里尔·卡梅伦指出："从君士坦丁一世开始，历任皇帝均效仿君士坦丁一世积极参与教会事务：皇帝可以任免主教，并且可以干预一般性的宗教会议；他们也可以参与神学讨论，发表有关教义问题的文书；就像查士丁尼一世一样，皇帝们通过解决教会问题的立法试图控制任命和规范主教权力；皇帝与主教之间的直接冲突在接下来的几个世纪中都是拜占廷生活的重要体现；实际上，皇帝和教会间保持着一个不稳定的关系。"②

　　一旦宗教事务中出现了过多中央政府的干预，信仰就不再是信徒个人的事情，当帝国的政治、经济和军事事务陷入危机时，宗教问题往往成为加重帝国混乱程度的重要因素。在拜占廷社会中，地震、水灾和鼠疫等自然灾害的爆发被认为是上帝惩罚的结果，而民众极易将这种不满的情绪与作为"上帝人间代理人"的皇帝不得人心的宗教政策相联系，认为自己之所以会遭受到如此之多的灾难是由于皇帝的政策所致。由此，自然灾害的频发间接造成民众对皇帝统治的不满，而更倾向忠实于自己所信奉的宗教教派。在这种情况下，皇帝对基督教内部事务的干预变成了促使教会内部分裂的重要因素。塞奥多西二世（Theodosius Ⅱ，408—450 年在位）统治时期，见证了一性论派的出现，这一教派注定要在几代人的时间里成为宗教争端的中心。③ 之后即位的马尔西安也未能成功处理帝国内部的宗教争端问题。④

　　此后的皇帝利奥一世、泽诺、阿纳斯塔修斯一世等都曾干预基督教会内部的教义争论，但均未达到理想效果。皇帝泽诺倾向于安抚东部各行省的居

---

　　① 聂斯脱里就是在拜占廷皇帝塞奥多西二世的支持下从安条克前往君士坦丁堡任主教（Socrates, *The Ecclesiastical History*, Book 7, Chapter 29, p. 169.）。

　　② Averil Cameron, *The Mediterranean World in Late Antiquity AD 395—600*, pp. 67 – 68.

　　③ William G. Sinnigen, Arthur E. R. Boak, *A History of Rome to A. D. 565*, p. 462.

　　④ Warren Treadgold, *A Concise History of Byzantium*, pp. 35 – 36. 陈志强教授认为，马尔西安所主导的第四次大公会议对一性论神学的否定产生了极为严重的政治后果，以笃信一性论的亚历山大教会为首，包括叙利亚在内的拜占廷帝国亚洲地区的大部分教会反对会议决定，他们以多种形式对抗中央政府强制推行的宗教神学，亚洲各行省教徒爆发的起义此伏彼起，拜占廷帝国的东方地区出现普遍的政治离心倾向（陈志强：《拜占廷学研究》，第 166 页）。

民，令君士坦丁堡大主教和亚历山大里亚大主教达成和解，由此引起了罗马
教皇的强烈不满。① 而在阿纳斯塔修斯一世统治时期，由于皇帝个人的偏
好，令其对帝国境内的一性论派十分宽容，由此引发君士坦丁堡民众不满，
并进一步引起了一位支持卡尔西顿派的将军的叛乱。②

　　基督教经历了数个世纪的发展，至 6 世纪前期已经是地中海地区占据统
治地位的宗教派别，但是，关于耶稣基督"神性"和"人性"的争论已经
令基督教内部的教派斗争进入白热化的阶段。作为帝国的掌舵人，查士丁尼
一世的宗教政策是直接为维护其统治服务的。面对基督教内部激烈的教派斗
争，查士丁尼一世多次对基督教内部事务进行干预，试图令基督教在其一统
帝国的政策中发挥积极作用。然而，面对着狂热的信徒和错综复杂的宗教矛
盾，仅凭查士丁尼一世强制推行其宗教政策难以改变局势，甚至导致宗教及
政治局势进一步恶化，而自然灾害则加剧了这种局面。正在 542 年鼠疫爆发
前后，查士丁尼一世向一些省份，如小亚细亚、吕底亚、弗里吉亚等地颁布
了清除异端分子的政令。然而，这些异端分子无时无刻不在进行着反抗。③

　　在查士丁尼一世在位期间，确定卡尔西顿派为帝国的正统教派，而皇后
塞奥多拉则倾向于一性论派。④ 虽然尚未有充分证据证明查士丁尼一世与塞
奥多拉分别偏向于帝国境内的两大基督教教派完全出于政治意图，而无关个
人信仰，但是作为帝国的实际领导者，他们的宗教信仰对 6 世纪前半期的基
督教发展产生了重大影响，这种影响既有正面的，亦有负面的。正面的影响
在于两位统治者可对各自支持的帝国境内基督教影响力较大的两个派别进行
支持，令卡尔西顿派和一性论派均获得统治阶层的保护，以最大限度地获得
各个派别的支持。负面影响更为明显，塞奥多拉对一性论派的保护和宽容导
致查士丁尼一世宗教政策前后矛盾。在塞奥多拉生前，尤其是在查士丁尼一
世于 542 年感染瘟疫期间，塞奥多拉在权力集中于自己之手时，进行了大量

---

① Zachariah of Mitylene, *Syriac Chronicle*, Book 5, pp. 124 – 126.

② Zachariah of Mitylene, *Syriac Chronicle*, Book 7, pp. 184 – 185.

③ James Allan Evans, *The Empress Theodora: Partner of Justinian*, p. 60.

④ 西瑞尔·曼戈指出，5 世纪开始，基督教最大的挑战不是其他教派，而是一性论派，这一从基
督教教会内部分裂出的教派在埃及和叙利亚地区获得了很大的支持（Cyril Mango, *Byzantium: The Empire
of New Rome*, p. 95.）。

扶持一性论教派的行动。① 在此形势下，一性论派在东地中海的叙利亚、巴勒斯坦、埃及等地区势力进一步壮大，从而对这一时期帝国境内基督教内部的争斗起到了推波助澜的作用。但是，在塞奥多拉于 548 年因病去世之后，查士丁尼一世随即对包括一性论派在内的教派采取高压政策，由此引发这一地区教徒激烈的反抗，也为 7 世纪上半期这一地区脱离帝国的统治埋下了伏笔。

查士丁尼一世一生中都希望能够寻找到令帝国境内所有基督徒都满意的信条和思想，但直到他于 565 年去世之际仍然没能实现这一目标。在查士丁尼一世统治时期，其宗教政策就未能令各教派满意。宗教事务本身就复杂，作为帝国的统治者，在处理宗教事务的过程中不可避免地要从政治因素出发，政治因素一旦与宗教问题结合，必然会给本已混乱的教义斗争增加更多问题。威利斯顿·沃尔克认为：“查士丁尼一世在控制教会上进行了极大的努力，他力图提出一种教会政策，借以把卡尔西顿信经解释得与安提阿派或‘聂斯托里’派的观点毫无关系，而表面上又不触动信经，这样就可以使信经的意义完全符合亚历山大的奚利耳的神学思想。他希望用这一办法安抚一性论派，又能使东方一般教会——不管是‘正统派’，还是一性论派——的愿望得到满足，而且由于表面上没有否定卡尔西顿决议而不至太触犯罗马和西方教会。查士丁尼一世的目的是由此建立起奚利耳——卡尔西顿正统神学思想。但这是一个艰巨的任务，就其要使一性论派普遍满意这点而言，它失败了。”② 同时，鼠疫、地震等自然灾害的发生有时也会导致人们在恐惧、失望和对现实生活失去信心之下选择一种新的生活方式。彼得·哈特利指出，557 年大地震过后，出现了新一波的隐居修道的高峰。③

统治者的宗教政策与帝国的政治、军事局势密切相关，之所以统治者不断调整宗教政策，其原因就是为解决由于宗教纷争而引起的政治问题。6 世纪中期开始，受到自然灾害频发的影响，帝国的经济、政治和军事局势愈发复杂。艾弗里尔·卡梅伦提到：“军事问题也易与宗教问题联系在一起，与

---

①　Evagrius Scholasticus, *The Ecclesiastical History of Evagrius Scholasticus*, Book 4, Chapter 11, pp. 211 – 212.

②　［美］威利斯顿·沃尔克：《基督教会史》，第 178 页。

③　Peter Hatlie, *The Monks and Monasteries of Constantinople, CA. 350 – 850*, p. 170.

哥特人的战争正好与533—534年间在君士坦丁堡举行的第五次大公会议的时间相吻合。查士丁尼一世当时希望找到一个能够被东部一性论派和罗马教会都接受的宗教政策。在这次宗教会议上，各方都激情高涨，说拉丁语的北非主教支持罗马教会一方并强烈地反对查士丁尼一世。由于查士丁尼一世自己的宗教行动而于543年引发一次严重的宗教危机。"[1] 威利斯顿·沃尔克指出，"查士丁尼一世在推行其重新征服西地中海地区的计划过程中，面对一性论争端，为统一教会内部意见，多次召开宗教会议，而他对教会中持不同意见者的压制则加剧了教会内部分裂。同时，一性论派在埃及和叙利亚仍然占据优势，并且宗教迫害导致这些地区与帝国抗衡的地方意识进一步加强"[2]。

查士丁尼一世的继任者查士丁二世和提比略等也未找到针对基督教教义之争的合理解决办法。[3] 事实上，这个问题也很难完全通过统治者的政策加以解决。原因在于，在古代晚期中，宗教狂热已经深入社会各个阶层之中，并且是人们发泄情感的出口，而无关宗教理论。[4] 这种状况进一步加重了帝国东部地区与中央政府的离心力。叙利亚、巴勒斯坦及埃及的居民对支持正统教派的皇帝统治极为不满。

自然灾害以及基督教化程度加深带来的不仅是古代晚期地中海地区居民观念的变化，也令城市生活以及财富分配出现重大改变。如前所述，从6世纪，尤其是6世纪中期开始，考虑到作为民众灾后精神慰藉的重要来源——基督教信仰逐步增强，在自然灾害发生之后，政府往往不再过多关注于大型公共市政建设的维修工作，而是将有限的财力用于修建教堂来抚慰民心[5]，并且借此来稳定社会秩序。政府所主导的这种精神救助不仅加快了基督教在地中海地区的传播速度，改变了地中海地区，尤其是东部地区的城市面貌，令教堂成为城市重要的公共建筑。与此同时，在政府的推动下，基督教会开

---

① Averil Cameron, *The Mediterranean World in Late Antiquity AD 395—600*, pp. 114 – 115.

② [美] 威利斯顿·沃尔克：《基督教会史》，第180—181页。

③ 以弗所的约翰记载了查士丁二世早期以及提比略统治时期调解基督教内部争端的内容（John of Ephesus, *Ecclesiastical History*, Part 3, Book 1, pp. 29 – 38; Book 3, pp. 207 – 210.）。

④ James Allan Evans, *The Empress Theodora: Partner of Justinian*, p. 107.

⑤ 可参见第三章第一节的内容。

始成为财富的持有者和控制者。与基督教教会掌控财富的逐渐增多相伴随的是，土地和财富的分配发生变化，由此引起帝国城市发展的深刻变化。① J. A. S. 埃文斯认为："自然灾害影响了人们的生活态度，基督教的教堂和修道院则改变了城市面貌，原先古典时期的城市生活为基督教的圣事所替代，富裕阶层不再用自己的财富建设城市公共建筑，而是向教堂、修道院捐赠，修道院获得的赠地则不再为城市财政做出贡献。"② 在获得大量财富后，基督教会掌握着对财富进行再分配的权力，这些财富也为基督教会在中世纪的强大势力奠定了基础。随着资源流入教会，主教逐渐在地中海地区的城市中取代世俗官员成为财富的分配者。③ 基督教在古代晚期地中海地区社会转型过程中扮演着重要角色。

　　伴随上述发展，地中海周边地区的教育也发生了变化，古典文化在古代晚期阶段中受到了较大挑战。J. H. W. G. 里贝舒尔茨指出，随着基督教化的加深，地中海地区的世俗教育逐渐衰落。④ 在意识形态方面，传统的罗马多神的信仰经过失望的挣扎，最终被基督教的一神信仰所取代；在语言文化方面，东地中海地区各民族使用的主要语言——希腊语逐渐取代了罗马帝国官方语——拉丁语的地位，成为帝国通用的官方语言；在民族和国土疆域方面，以君士坦丁堡为中心的拜占廷帝国，其统治区的民众基本是希腊人和已经希腊化的或仍然保留着本民族传统的近东各族人民。⑤

　　综上所述，自然灾害促使古代晚期地中海地区基督教化程度日益加深，同时在基督教内部争端中也起到一定的作用。在鼠疫、地震等自然灾害发生后，统治者时常通过向教会捐赠、修建教堂等方式显示其"上帝人间代理人"的地位。然而，皇帝对基督教内部教义之争的干预无疑对已白热化的教义争端起到了推波助澜的作用。古代晚期后期阶段中，由于基督教内部矛盾的长期累积，以及拜占廷皇帝对正统教派的支持和对一性论派的敌视和打压，导致在6世纪的自然灾害中受灾严重并且一性论派势力异常强大的叙利

① Averil Cameron, *The Mediterranean World in Late Antiquity AD 395—600*, p. 88.
② J. A. S. Evans, *The Age of Justinian: The Circumstances of Imperial Power*, p. 230.
③ Averil Cameron, *The Mediterranean World in Late Antiquity AD 395—600*, pp. 165–166.
④ J. H. W. G Liebeschuetz, *Decline and Fall of the Roman City*, p. 402.
⑤ 徐家玲:《拜占庭文明》，第33页。

亚、巴勒斯坦和埃及等地区民众对帝国政策极为不满。这种不满情绪于公元
7世纪前期彻底爆发，当伊斯兰教突然于阿拉伯半岛兴起后，叙利亚、巴勒
斯坦、埃及迅速为阿拉伯人占领①，这一地区的发展走上了另一条轨道，由
此形成了东地中海地区基督教世界和伊斯兰世界对立的局面。

---

① 塞奥发尼斯和尼基弗鲁斯均记载了从7世纪30年代开始，阿拉伯人兴起之后对波斯帝国以及拜
占廷帝国东部叙利亚、巴勒斯坦以及埃及等地区所进行的军事征服活动（Theophanes, *The Chronicle of
Theophanes Confessor*: *Byzantine and Near Eastern History*, *AD 284 - 813*, pp. 468 - 476. Nikephoros, *Short Histo-
ry*, pp. 65 - 69, 85 - 87.）。

结　　语

在古代晚期，地中海周边地区的社会面貌逐渐发生变化，这一阶段不仅不同于"3 世纪危机"前的地中海世界，也与 7 世纪之后地中海世界的面貌大不相同。作为一个过渡和转折时期，古代晚期承接了古典时期与中世纪这两大历史阶段。地中海地区的人口分布、城市经济、农村发展、财政状况、政治局势、战略形势以及民众的心理状态在古代晚期阶段中均发生重大变化。西部地区的转变开始于 4、5 世纪，而东部地区的转变起始于 6 世纪中期。在整个古代晚期历史阶段中，地中海东部与西部之间仍然保持着一定的联系。艾弗里尔·卡梅伦认为："在古代晚期中，普通人的生活并没有更为野蛮；帝国政府也并未更专制；帝国早期阶段的国家机构仍旧在很大程度上得以保留；教会同政府一样享受着一定的社会权力；当帝国西部行省于公元 5 世纪末分离出去后，远距离旅行和贸易仍旧在继续。当罗马时期的国家及城市机构延续到古代晚期时，古典时期的教育模式在这一时期仍旧能够发挥作用，只是有时是以弱化的形式出现的。古代晚期社会仍然是一个前现代和前工业的社会，在地中海东部地区及西部的部分地区，仍然在很多方面体现着罗马特征，这一时期绝对不是中世纪。"① 彼得·布朗则认为："古代晚期不同于古典文明时期，这一时期在欧洲西部、东部和近东地区的发展过程中起到了重要作用。古代晚期中，地中海周边世界中转型和延续之间的紧张关系应该受到重视。一方面，古代晚期出现了很多可冠以'衰落和灭亡'的特征，如很多古典时期机构在 3 世纪中期前后消失了；476 年，罗马帝国在欧洲西部消失；655 年，波斯帝国从近东地区消失。另一方面，我们在古代晚期地中海世界看到了更多令人震惊的新事物，如欧洲社会逐渐变成了基督

---

① Averil Cameron, *The Mediterranean World in Late Antiquity AD 395—600*, pp. 130 – 131.

教社会，而近东地区则变成了穆斯林社会。由此，我们沉浸在对于古代废墟的遗憾和新发展的喝彩之中，但更应该做的则是了解生活在当时世界中的民众的真实感受。"①

在古代晚期地中海世界的社会转型过程中，以鼠疫、地震、"尘幕事件"等为代表的自然灾害的频繁发生加速了这一历史进程。根据古代晚期地中海世界的发展特点，可将这一时期的社会转型分为三个阶段：第一阶段，从3世纪末到5世纪中叶；第二阶段从5世纪中叶至6世纪中叶；第三阶段，从6世纪中叶至7世纪初。

第一阶段是从3世纪末至5世纪中叶。这一阶段是古代晚期地中海地区社会逐渐调整的时代，在这一时期的前半部分中，社会变迁较为缓慢，是在力图保持与古典地中海社会的经济、政治格局一致的基础上进行了一系列调整；同时，该时期也是从2—3世纪大瘟疫中逐渐恢复的时期。在第一阶段中，原本就占有经济、文化优势的东地中海地区逐渐取代了西地中海地区的政治、军事中心的地位，并试图继续保持"罗马"的特征。而基督教在这一阶段中迅速在地中海世界发展，并获得了正统教会的地位，与政治联系逐渐紧密。

第二阶段是从5世纪中叶至6世纪中叶。这一时期是古代晚期地中海世界继续调整并逐步发展的时期。西地中海地区逐渐受到周边蛮族势力的控制，在原属拜占廷帝国的领土上出现了若干个蛮族王国，这一地区的贸易、农业和城乡特征逐步不同于古典时代。与之相对，对于东地中海地区而言，该阶段是一个较为繁荣稳定的发展时期。经济繁荣发展，人口迅速增长，政治相对稳定，尤其是皇位继承未出现较大问题。此外，帝国军队较为成功地保卫了领土，甚至在查士丁尼一世统治初期，通过西征重新征服了部分西地中海地区。在这一时期，基督教进一步发展，并由于激烈的内部教义争端而受到政府的进一步干预。

第三阶段是从6世纪中叶至7世纪初。古代晚期的第三阶段以"查士丁尼瘟疫"的首度爆发为起点。从6世纪中期开始，在鼠疫首次爆发和多次复发的打击之下，地中海地区的人口大幅减少，并由此引发了这一地区经济、

_____

① Peter Brown, *The World of Late Antiquity*, AD 150 – 750, p. 7.

政治、军事等各方面的变化和调整。东地中海地区的人力资源减少、城乡经济凋敝、政府财政收入减少，由此引发了严重的政治危机，并对军事造成较大影响。同时，这一时期也是基督教迅速发展的时期，地中海周边地区的民众对上帝的崇敬凌驾于对世俗政权的服从。在这一时期的末期，主导东地中海世界发展的拜占廷帝国疲态尽现，无法应对来自周边蛮族的频繁入侵。7世纪，阿拉伯人的入侵切断了帝国核心区域与东部的埃及、巴勒斯坦及叙利亚地区的联系，由此也奠定了东地中海地区基督教世界与伊斯兰世界并立的格局。

在古代晚期地中海地区社会转型过程中，自然灾害的频繁发生不是唯一的影响因素，因为地中海地区在历史上也多次发生过瘟疫、地震等自然灾害。自然灾害所起到的重大影响是以帝国严峻的内外局势作为基础的，当帝国内外局势出现恶化迹象时，自然灾害的影响就是通过减少帝国的人口、扰乱帝国城市和农村的正常发展、干扰帝国的财政收入、恶化帝国的政治局势、减少帝国的军费来源、扰乱民众心理状态等方式加重帝国政府的重负。

在古希腊和古罗马时代，地中海周边地区较之于欧洲的西部和北部地区、非洲的中南部以及西亚的东部，人口最为稠密。F. W. 沃尔巴克指出："在公元6、7世纪，叙利亚的阿帕米亚拥有着11.7万公民，如果按照这个人数来看的话，阿帕米亚的城市人口很可能达到了50万人。安条克和亚历山大里亚的城市人口很可能也达到了这一数字。拥有10万甚至更多居民的城镇十分常见。"[1] 受到包括自然灾害在内的各种因素的影响，古代晚期地中海周边地区的人口规模不断缩小。

进一步而言，在自然灾害的影响下，古代晚期阶段中，地中海沿海城市自西向东先后出现衰落趋势。尤其从6世纪中期开始，原本十分繁荣的东地中海城市相继出现人口锐减、商贸活动停滞、城市建筑残损、防御工事损坏的发展颓势。6世纪中期开始，很多城市的防御体系和城市建筑在遭遇自然灾害和蛮族劫掠之后未得到及时修复，市政建设在很多城市中几乎停止，取而代之的是大量宗教建筑的兴起。从6世纪中期开始，地中海东部城市出现

---

① F. W. Walbank, *The Awful Revolution: The Decline of the Roman Empire in the West*, p. 21.

了"农村化"或"逆城市化"的现象。① 艾弗里尔·卡梅伦指出，"瘟疫和外族入侵对地中海周边地区城市产生了很大的影响。6 世纪后期，城市内部的建筑模式发生了改变……保留到 6 世纪甚至更持久的大房子往往被分割成小部分让更多人居住，与此同时，铺上泥砖的地板代替了曾经较好房屋所使用的马赛克地板"②。从 7 世纪初开始，拜占廷帝国城市居民的建筑发生了明显的变化：房屋和商店建筑简陋，并且拥挤在弯曲的街道上。居民建筑的低劣质量解释了这些建筑最后逐渐消失的原因。③

从 7 世纪开始，地中海北岸位于东欧及西欧的内陆城市、地中海东部位于美索不达米亚、叙利亚等地区的内陆城市纷纷兴起，其地位逐渐赶上了从古希腊时期开始就发挥着重要作用的地中海沿岸城市。原属帝国东部、位于叙利亚和巴勒斯坦的一些沿海或附近城市，如安条克、塞琉西亚、劳迪西亚、推罗、贝鲁特、凯撒利亚等在阿拉伯人占领这一地区之后，均失去了原有的重要地位；而繁荣的城市都位于内陆，如阿勒颇、大马士革等。换句话说，从 7 世纪开始，叙利亚和巴勒斯坦的经济和政治发展方向发生了改变：不再面朝地中海，其居民不得不建立起与东部和东北部内陆区域的联系。④

居住在地中海周边世界的民众已经不会再像前文提到的那位被派往多瑙河附近任职的罗马人那样感到无比绝望和难过。迈克尔·W. 杜尔斯指出："'查士丁尼瘟疫'的首次爆发及其后的复发直接瓦解了古典地中海文明，并导致了具有中世纪欧洲特色的新政治、社会和经济格局的形成。由于北部在瘟疫中所受影响较小，于是，政治权力逐渐转移到了北方。相反，拜占廷帝国被瘟疫大为削弱。查士丁尼一世重建旧日帝国版图的计划不幸破产，他逐渐减少的军队也无法更好地抵御外敌外侵。因此周边的斯拉夫人、伦巴第人等蛮族纷纷登场，给帝国边境制造了深刻的危机。"⑤ 拉塞尔认为："当讨论古典世界如何转变到中世纪社会这个问题时，瘟疫的影响十分值得我们考

① Angeliki E. Laiou and Cecile Morrisson, *The Byzantine Economy*, pp. 39 – 40.
② Averil Cameron, *The Mediterranean World in Late Antiquity AD 395—600*, p. 160.
③ Cyril Mango, *Byzantium: The Empire of New Rome*, pp. 81 – 82.
④ J. H. W. G Liebeschuetz, *Decline and Fall of the Roman City*, p. 412.
⑤ Michael W. Dols, "Plague in Early Islamic History", p. 372.

虑。'查士丁尼瘟疫'的爆发在引起所谓黑暗时代的过程中起到了重要作用。"① J. A. S. 埃文斯也持相似观点，他谈到，"由于鼠疫、地震等灾害的影响，查士丁尼一世重建旧日帝国的计划十分明显地成为'上帝行为'的牺牲品"②。安奇利其·E. 拉奥认为："瘟疫所引起的人口损失令帝国丧失了抵御斯拉夫人、萨珊波斯人和阿拉伯人的组织能力，地中海周边地区中出现的交换的衰落、城市网络的转型及城市农村化的发展趋势日益明显。"③

当古代晚期地中海周边城市的发展普遍出现转型之际，在自然灾害频繁发生的影响下，基督教由于自身的教义和灾后的救助行为而成为正处于信仰混乱期的地中海地区民众的精神选择，由此在地中海地区得到了快速发展。在自然灾害中饱受痛苦的民众对于基督教的虔诚甚至超越了对其统治者的信任。由此，从君士坦丁一世开始，拜占廷皇帝普遍采取了支持和干预基督教发展的举措，通过确保统一的思想来维系帝国的统治。拜占廷统治者通常使用召开基督教大公会议、确立正统教派、指定重要教职等方式来干预和协调基督教内部事务。然而，世俗政权的介入令基督教快速发展的同时，也使基督教内部的争端与矛盾更加凸显。政治因素的介入往往会令宗教问题变得更为复杂，由于诸位拜占廷统治者在处理帝国基督教事务之时均从政治角度进行考量，于是出现了多次将不同教派打为异端，政策前后不一的做法，令帝国宗教局势进一步复杂化。帝国统治者的做法使帝国不同教区的关系持续性恶化，由于长期受到正统教派的压制，一性论派势力强大的叙利亚、巴勒斯坦和埃及等地区出现了明显的分离倾向。

相对于重新征服西部地中海世界的计划而言，帝国东部——尤其是叙利亚、巴勒斯坦、埃及地区——在6世纪前期相对地受到忽视，以致当该地区发生自然灾害时无法得到中央政府的充足支持和救助，加上帝国政府的宗教干预政策，从而导致当地民众与帝国离心离德。东地中海地区的叙利亚、巴勒斯坦以及埃及地区的一性论势力极为强大，而统治者对一性论派的敌视态度令广大东部地区的一性论派支持者十分不满。沃伦·特里高德认为："一

---

① Josiah C. Russell, "That Earlier Plague", p. 175.

② J. A. S. Evans, *The Age of Justinian: The Circumstances of Imperial Power*, p. 165.

③ Angeliki E. Laiou, *The Economic History of Byzantium: From the Seventh Through the Fifteenth Century*, p. 220.

性论派在 5 世纪前期的出现和发展，令受其影响的叙利亚和埃及地区逐渐同受到卡尔西顿派控制的帝国其他地区，尤其是巴尔干、小亚细亚等地区分离。"① 艾弗里尔·卡梅伦指出，"5 世纪，帝国东部发生变化中最显著的是一性论派的兴起，而一性论派兴起的地点正是伊斯兰教派在阿拉伯地区之外发挥影响的首要地点"②。

此外，地中海东部地区，尤其是埃及地区向来是帝国最为重要的赋税所出之地。然而，对于叙利亚、巴勒斯坦和埃及民众而言，付出完全不能获得相等的收获。他们的劳动为帝国提供了粮食和财政保障，但是，在面对困境时却得不到充分的关注，同时还要受到拜占廷政府宗教政策的"轻视"和"虐待"，由此进一步增加了这一地区对拜占廷政府的离心力。③ 威利斯顿·沃尔克认为："基督教论争对教会和国家造成了灾难性后果。到 6 世纪末，帝国东部的教会四分五裂，聂斯脱里派和一性论派从中分裂出去，成为独立教会。埃及和叙利亚对君士坦丁堡的统治和宗教都抱有极深的不满情绪——这些地区在 7 世纪为伊斯兰教迅速征服，这是主要原因。虽然 8 世纪上半期伊斯兰人在欧洲地区的征服在法兰克人领袖查理·马泰的领导下被打败，而君士坦丁堡也在 7 世纪末 8 世纪初成功抵抗了伊斯兰教徒的入侵，但叙利亚、北非则永远为伊斯兰教徒所夺取。"④

从 7 世纪上半期帝国东部的叙利亚、巴勒斯坦和埃及先后被伊斯兰教势力从帝国分离出去之后，这一地区的发展趋势开始逐渐转变。直至 8 世纪中期，当其政治中心往东部迁到巴格达时，在政治上沿用了拜占廷帝国的行政组织，并且雇用了讲希腊语的官员来对其进行管理，这一地区沿海城市的地位更加弱化，转型的程度更加深刻。⑤

自然灾害的影响不仅仅存在于古代晚期阶段，而是对地中海地区后续的历史发展产生了重大影响。6 世纪，受到鼠疫、地震、饥荒和波斯人入侵的影响，帝国东部地区的城市及农村地区的人口均呈现大幅减少。然而，阿拉

① Warren Treadgold, *A History of the Byzantine State and Society*, p. 243.
② Averil Cameron, *The Mediterranean World in Late Antiquity AD 395—600*, p. 28.
③ David Keys, *Catastrophe-An Investigation into the Origins of the Modern World*, pp. 81 – 82.
④ ［美］威利斯顿·沃尔克：《基督教会史》，第 183—184 页。
⑤ Averil Cameron, *The Mediterranean World in Late Antiquity AD 395—600*, p. 188.

伯人聚居地区不仅少有地震发生，且由于深处内陆、人口稀疏，在鼠疫中的损失也没有拜占廷帝国严重。于是，在自然灾害的影响下，双方实力出现了较大差距。J. A. S. 埃文斯指出："位于沙漠边缘的阿拉伯人受到鼠疫的影响较小，但鼠疫在叙利亚地区的城镇中却多次爆发，最后变成了地方病。"①沃伦·特里高德认为，"由于鼠疫在叙利亚地区的扩散对希腊化以及卡尔西顿派占主导地位的地区的打击更为严重，所以令一性论派和叙利亚语掌控的地区相对增加了"②。"这种以老鼠身上的跳蚤作为传染源的瘟疫通常是沿着运送谷物的路线进行传播。传染源通过船只、农场、军队，尤其在城市中十分严重。而在一些干旱的难以供老鼠觅食的地区，如叙利亚和离尼罗河较远的埃及地区，瘟疫却难以进行快速传播。"③ 拉塞尔也持相同观点。④

　　事实上，自然灾害，尤其是鼠疫的频发对于欧洲南部与北部地区影响程度的不同也极大影响了这两大地区的发展趋势。当鼠疫最终于 8 世纪上半叶在地中海周边地区暂时消失时，欧洲南部地区的复原速度要明显慢于欧洲北部地区。安奇利其·E. 拉奥认为："7 世纪开始，由于欧洲南部地区受到鼠疫的影响较为严重，导致这一地区人口不足、经济结构简化及经济水平降低的情况极为普遍。由于地方性的差异，经济恢复的时间在各地区也不尽相同，在欧洲北部地区，经济从 6 世纪中期至 7 世纪中期开始恢复；地中海西部以及意大利地区，经济恢复的速度较慢，大约开始于 9 世纪中期；以地中海东部为核心的拜占廷帝国直到 8 世纪末才出现了明显的经济恢复的迹象。"⑤

　　由此，在古代晚期这一历史阶段之后，近东以及欧洲的局势发生了巨大变化。杰里·本特利等认为："拜占廷帝国没有像罗马帝国那般控制着一体

① J. A. S. Evans, *The Age of Justinian: The Circumstances of Imperial Power*, p. 162.
② Warren Treadgold, *A History of the Byzantine State and Society*, p. 249.
③ Warren Treadgold, *A Concise History of Byzantium*, p. 62.
④ 在鼠疫蔓延过程中，干燥而炎热的沙漠地区和半干旱地区受到的影响和损失可能较小。鼠疫最明显的影响是削弱了拜占廷帝国和波斯帝国，同时也削弱了北非和伊比利亚半岛的汪达尔人和哥特人的势力，相反却促使伊斯兰教势力的增长（Josiah Cox Russell, *The Control of Late Ancient and Medieval Population*, pp. 170 – 171.）。拉塞尔在其论文《早期瘟疫》中也阐述了这一观点（Josiah C. Russell, "That Earlier Plague", p. 182.）。
⑤ Angeliki E. Laiou and Cecile Morrisson, *The Byzantine Economy*, p. 237.

化的地中海世界，拜占廷帝国更多地面对着一个政治和文化支离破碎的地中海地区。在公元 7 世纪后，伊斯兰教各国控制了地中海东部和南部地区，斯拉夫人民族支配者地中海北部地区，而西欧人在地中海西部组建起了一些日渐强大的国家。"① 他们进一步指出，当拜占廷与穆斯林和异教的斯拉夫人邻居进行战争的时候，它同地中海西部地区基督教国家的关系也很紧张。君士坦丁堡的基督教会用希腊语来处理宗教事务，服从皇帝的意志，而罗马的基督教会用拉丁语处理宗教事务，拒绝帝国对宗教事务的监管。拜占廷的宗教权威认为罗马基督徒缺乏教养，粗俗不堪。而罗马的宗教领袖们则认为拜占廷的行同虚伪，对异端思想的戒备不够。②

从 7 世纪开始，随着东部省份，尤其是叙利亚、巴勒斯坦和埃及等地区的相继丢失，拜占廷帝国已经从盛期控制几乎整个地中海周边地区，逐渐缩小至 7 世纪上半期以色雷斯、巴尔干、希腊、小亚细亚为中心的统治范围。埃及的丧失对拜占廷帝国的财政影响尤其巨大，埃及不仅是君士坦丁堡的主要粮食供应地，且因为与色雷斯、小亚细亚、叙利亚等地区一起构成东地中海世界经济贸易圈而为拜占廷中央政府提供大量的财政收入。在失去埃及之后，7 世纪上半期的帝国财政极为困窘，以致伊拉克略不得不通过勒索教产的方式以增加收入。③

综上所述，古代晚期以"3 世纪危机"中"安东尼瘟疫"以及"西普里安瘟疫"及其后继性影响为开端，而以"查士丁尼瘟疫"所造成的恶劣后果为结尾。"3 世纪危机"期间，地中海地区，尤其是西部地区经历了一系列危机，令这一地区的社会发展在进入到古代晚期初期阶段后发生巨大变化。威廉·H. 麦克尼尔就曾提到地中海地区在经历了 2—3 世纪瘟疫打击之后的转变和衰落趋势。他指出："在地中海最活跃的商业中心，城市人口大量、迅速的死亡减少了帝国国库的现金收入，结果使其不再能以通常的额度为士兵发放薪水，哗变的军队转向国内，以武力从那些不设防的地区最大限度地榨取民脂民膏，而正是罗马的和平造就了整个地中海腹地的不设防。这

---

① ［美］杰里·本特利、赫伯特·齐格勒、希瑟·斯特里兹：《简明新全球史》，第 202 页。

② 同上书，第 207 页。

③ Theophanes, *The Chronicle of Theophanes Confessor: Byzantine and Near Eastern History, AD 284 – 813*, p. 435.

些最终导致了进一步的经济衰落、人口减少和最严重的人祸。归中央政府控制的财富减少了，帝国在外来进攻面前也就变得更加脆弱。结果是众所周知的，帝国在西部省份的构架崩溃了，在人口较多的东部则苟延残喘。军队的蹂躏和税吏的无情（尽管这些肯定难以忍受）可能并没有像不时暴发的疾病那样严重地损害地中海的人口，因为疾病经常在前进的军队和逃亡的人口之中找到新的地盘。"① 古代晚期后期阶段爆发的鼠疫则再次令地中海周边地区进入了一段危机与调整并存的时期。古代晚期见证了罗马—拜占廷帝国于地中海西部与东部地区的统治先后出现危机—动荡—调整的发展趋势。在古代晚期后，地中海地区的核心地位开始让位于与地中海相隔更远的地区。于是，延续了一千多年的"以地中海为内湖"的古典文明所影响的区域开始向中世纪西欧文明、拜占廷文明与伊斯兰文明过渡。

与此同时，我们也应看到，拜占廷帝国在维系地中海周边地区，尤其是地中海东部地区秩序过程中所做出的努力。由此，很多史家在谈到7世纪之前拜占廷历史时，习惯于将之称为东罗马或者罗马。艾弗里尔·卡梅伦指出："当穆斯林离开阿拉伯地区并在巴勒斯坦和叙利亚地区与罗马军队遭遇时，他们发现罗马的东部已经酝酿着变化。在剧烈的变革中，罗马帝国并没有走向衰亡。虽然帝国内部阶级矛盾存在，但没有出现足以导致帝国崩溃的暴动或者革命。晚期罗马帝国不屈不挠的精神容易因为研究其衰落和灭亡的原因而遭到遗忘。"② 沃伦·特里高德指出："从5世纪中期直到7世纪初，拜占廷帝国通过内外政策的调整（虽然由于查士丁二世的过度自信、提比略的财政超支以及莫里斯的不得已紧缩而导致帝国阶段性衰落的开始），仍然基本维系了地中海周边地区，尤其是东部地区的统治地位。5世纪中期至7世纪初，拜占廷帝国呈现出明显的恢复力，帝国不但巩固了原有的领土，而且令基督教、帝国行政中心和希腊语都得到发展和持续性传播。尽管有一些失败的叛乱、暴动和阴谋，但直至602年，帝国仍然维持了较为良好的状态；直至610年，帝国基本维系了国家的安全。"③

① ［美］威廉·H. 麦克尼尔：《瘟疫与人》，第72页。
② Averil Cameron, *The Mediterranean World in Late Antiquity AD 395—600*, pp. 196 – 197.
③ Warren Treadgold, *A History of the Byzantine State and Society*, p. 242.

即使在古代晚期阶段结束后，在长达八个世纪的时间中，拜占廷帝国仍旧作为一个强大的帝国与基督教世界的前线堡垒伫立在以巴尔干和小亚细亚为中心的地区。不仅如此，拜占廷人在维系地中海文化传统方面做出了极大贡献，尤其是帝国西部政权衰亡后，由于帝国东部维系了较为稳定的经济发展，因此吸引了大批地中海周边地区社会精英分子聚集于君士坦丁堡及地中海东部的重要城市之中，为延续地中海地区古希腊——罗马文化起到了承前启后的作用。① 同时，以基督教作为帝国精神生活的主轴，东地中海地区开始逐渐形成了一种新的文化体系，并且逐渐传播到这一地区之外。威廉·G. 西德尼认为："在失去了部分领土之后，通过对巴尔干、色雷斯和小亚细亚等地区民众宗教、语言、文化方面一致性的强调令帝国出现了新的统一，这种统一使帝国得以完成其形成欧洲东部基督教对抗穆斯林堡垒的历史使命，而这一过程贯穿于整个中世纪。"②

在古代晚期这一历史阶段，从文化上奠定了现今东欧文明、西欧文明和伊斯兰文明对峙的基础。杰里·本特利等学者提道："在后古典时代③，定

---

① 在古代晚期，古典时期的教育模式，哲学、修辞学等仍然起到的一定的作用。从 5 世纪开始，地中海东部的数个学校主要分布于雅典、安条克和亚历山大里亚以及贝鲁特等城市。这些学校中聚集着大量可教授修辞学、哲学课程的教授（N. G. Wilson, *Scholars of Byzantium*, p. 28.）。正因为这些社会精英分子的存在及其对当时历史事件的记录，本书的写作才因了这些学者所留下的大量文献资料作为基础而得以完成。

② William G. Sinnigen, Arthur E. R. Boak, *A History of Rome to A. D. 565*, p. 499. 徐家玲教授认为，当君士坦丁皇帝将罗马帝国的首都迁至东方以后，一个希腊化的"罗马帝国"就在保持着古罗马政治法律框架的特别时期诞生了；西方罗马帝国的瓦解，带来的是各个民族历史和文化的独立发展，而东方罗马帝国的残存，却带来了希腊文化的复兴；尽管这一时期的希腊文化表现出一种退化的、迂腐的、庸俗的仿古特征，但它毕竟用它的特殊方式保存了古典时期的希腊文化遗产，因此，它的存在和发展，仍然有其重要价值；4—6 世纪是帝国确立"希腊化"发展方向的重要阶段（徐家玲：《拜占庭文明》，第 29—30 页）。

③ 杰里·本特利提到的后古典时代，其涵盖时间与古代晚期应大致相同，指的是从古典时代到中世纪这一过渡阶段，而这一过渡阶段正是地中海周边世界文化上定格的重要时期，其影响延续至今。他补充道，"直到 12 世纪，拜占庭的权威仍然支配着富庶丰饶的地中海东部地区。从地中海沿岸到印度的市场上，拜占庭帝国的产品因质量优良而享有盛誉。拜占庭的文字、基督教、成文法和复杂的政治组织体系传到东欧和俄罗斯，对这里的斯拉夫人各民族的历史发展也产生了深刻的影响。拜占庭的政治、经济和文化产生了如此之广的影响，以致历史学家经常称其为'拜占庭共同体'。正如在古典时代希腊和罗马首次把地中海区域整合成一个更大的社会一样，在后古典时代，拜占庭的各项政策也促使东欧和地中海东部地区形成了一个庞大的具有商业、贸易和交换功能的多元文化地带"（［美］杰里·本特利、赫伯特·齐格勒、希瑟·斯特里兹：《简明新全球史》，第 202 页）。

居社会面临的首要任务是重建政治和社会秩序，而不同的社会以不同的方式完成了这项任务。在地中海东部地区，罗马帝国的东半部作为拜占廷帝国继续存在，但是为了应对外在的压力，拜占廷帝国进行了政治和社会改革。在西南亚，随着伊斯兰教的兴起，阿拉伯人征服了波斯帝国萨珊王朝。后古典时代对文化和宗教传统的形成和发展也是至关重要的。伊斯兰教兴起于后古典时代，很快成为一个横跨北非至北印度的扩展性帝国的基础。基督教是拜占廷帝国的官方信仰，在那里，东正教教会出现，并形成了基督教的一个独特分支，渐渐传至东欧的绝大部分地区和俄罗斯。"① 陈志强教授认为东地中海世界的民族构成在 6—7 世纪中发生了巨大的变化，"首先，拜占庭帝国非洲的全部领土和亚洲的部分领土丧失于阿拉伯人，在这些领土上居住的民族脱离拜占庭人控制，成为阿拉伯哈里发国家的臣民。此外，西班牙人也逐步摆脱了拜占庭帝国的控制。其次，斯拉夫人大举迁徙进入巴尔干半岛，并作为帝国的臣民定居在拜占庭帝国的腹地，在与希腊民族融合的过程中逐渐成为拜占庭帝国的主要民族之一"②。

事实上，纵观 2—7 世纪的世界格局，亚洲和欧洲地区都在经历社会动荡和变革。除了地中海地区的拜占廷帝国东西部地区外，作为传统文明中心的中国正在经历三国两晋南北朝的著名混乱时期，与此同时，西亚的波斯帝国也出现了政权更迭与动荡。在这一阶段过后，世界东西方格局发生了新的变化。拜占廷帝国失去了地中海西部省份，蛮族取而代之，在地中海西部地区建立了若干个蛮族王国。而以巴尔干、色雷斯、希腊、小亚细亚为中心的东部地中海地区则构成了中世纪拜占廷帝国的核心区域，发展成为一个与古典时代不同的、以基督教为主导的"希腊化"的帝国。

---

① ［美］杰里·本特利、赫伯特·齐格勒、希瑟·斯特里兹：《简明新全球史》，第 198 页。
② 陈志强：《拜占庭帝国通史》，第 34 页。

参 考 文 献

一 文献资料

1. Agathias, *The Histories*, translated with an introduction and short explanatory notes by Joseph D. Frendo, Berlin: Walter de Gruyter & Co., 1975.

2. Agapius, *Universal History*, translated by Alexander Vasiliev, 1909. (http://www.ccel.org/ccel/pearse/morefathers/files/agapius _ history _ 02 _ part2.htm)

3. Ammianus Marcellinus, *The Surviving Book of the History of Ammianus Marcellinus*, with an English translation by John C. Rolfe, MA: Harvard University Press, 1935.

4. Andrew Palmer translated and introduced, *The Seventh Century in the West-Syrian Chronicles*, Liverpool University Press, 1993.

5. Anna Comnena, *The Alexiad*, translated by Elizabeth A. Dawes, London: K. Paul, Trench, Trubner & Co., Ltd., 1928.

6. A. D. Lee, *Pagans and Christians in Late Antiquity: A Sourcebook*, New York: Routledge, 2000.

7. A. Mingana translated, *The Chronicle of Arbela*, Mosul: The Dominican Fathers, 1907.

8. A. S. Hunt and C. C. Edgar translated, *Select Papyri: Non-Literary Papyri Private Affairs*, Cambridge Mass.: Harvard University Press, 1932.

9. A. S. Hunt and C. C. Edgar translated, *Select Papyri: Official Documents*, Cambridge Mass.: Harvard University Press, 1934.

10. B. R. Rees translated, *Papyri from Hermopolis and Other Documents of the Byzantine Period*, London: Egypt Exploration Society, 1964.

11. Cassiodorus, *Variae*, translated with notes and introduction by S. J. B. Barnish, Liverpool: Liverpool University Press, 1992.

12. Clyde Pharr translated, *The Theodosian Code and Novels and the Sirmondian Constitutions*, Princeton: Princeton University Press, 1952.

13. David Magie translated, *The Scriptores Historiae Augustae*, *Vol. I*, Cambridge, Mass. : Harvard University Press, 1991.

14. Deno John Geanakoplos, *Byzantium: Church, Society, and Civilization Seen through Contemporary Eyes*, Chicago and London: University of Chicago Press, 1984.

15. Dio's, *Roman History*, with an English translation by Earnest Cary, Cambridge Mass. : Harvard University Press, 1927.

16. D. L. Page translated, *Select Papyri: Literary Papyri Poetry*, Cambridge Mass. : Harvard University Press, 1941.

17. Eunapius, *Lives of Philosophers*, with an English translation by Wilmer Cave Wrigh, Cambridge Mass. : Harvard University Press, 1921.

18. Eusebius, *The Church History: A New Translation with Commentary*, translated by Paul L. Maier, Grand Rapids, Michigan: Kregel Publications, 1999.

19. Eutropius, *Abridgment of Roman History*, London: George Bell and Sons, 1886.

20. Evagrius Scholasticus, *The Ecclesiastical History of Evagrius Scholasticus*, translated by Michael Whitby, Liverpool: Liverpool University Press, 2000.

21. Frank R. Trombley and John W. Watt translated, *The Chronicle of Pseudo-Joshua the Stylite*, Liverpool: Liverpool University Press, 2000.

22. Geoffrey Greatrex and Samuel N. C. Lieu ed. , *The Roman Eastern Frontier and the Persian Wars*, *Part II*, *AD 363 – 630*, *A Narrative Sourcebook*, London and New York: Routledge, 2002.

23. Gregory of Tours, *History of the Francs*, edited by B. Krusch and W. Levison MGH SS Rerum Merovingarum I. Hannover, 1884.

24. Herodian, *History of the Roman Empire*, with an English translation by C. R. Whittaker, Cambridge, Massachusetts: Harvard University Press, 1969.

25. Jerome, *Jerome: Select Letters*, translated by F. A. Wright, Cambridge, Mass. : Harvard University Press, 1933.

26. John O' Donovan translated, *Annals of the Kingdom of Ireland by the Four Masters*, Distributed by CELT online at University College, Cork, Ireland, 2002.

27. John of Ephesus, *Ecclesiastical History*, translated by R. Payne Smith, M. A. , Oxford University Press, 1860.

28. John of Nikiu, *Chronicle*, translated with an introduction by R. H. Charles, London: Williams & Norgate, 1916.

29. John Malalas, *The Chronicle of John Malalas*, a translation by E. Jeffreys, M. Jeffreys & R. Scott, Sydney: Sydney University Press, 2006.

30. Joshua the Stylite, *Chronicle Composed in Syriac in AD 507: a History of the Time of Affliction at Edessa and Amida and Throughout all Mesopotamia*, translated by William Wright, Ipswich: Roger Pearse, 1882.

31. Marcellinus, *The Chronicle of Marcellinus*, a translation and commentary with a reproduction of Mommsen's edition of the text by Brian Croke, Sydney: Australian Association for Byzantine Studies, 1995.

32. Menander, *The History of Menander the Guardsman*, translated by R. C. Blockley, Liverpool: Fancis Cairns Ltd. , 1985.

33. Michael Whitby and Mary Whitby translated, *Chronicon Paschale, 284 – 628 AD*, Liverpool: Liverpool University Press, 1989.

34. Michael the Syrian, *Chronicle*, edited by J. B. Chabot, Paris, 1910.

35. Mildred Partridge translated, *Saint John Chrysostom (344 – 407)*, London: Duckworth & Co. , 1902.

36. Nikephoros, *Short History*, translated by Cyril Mango, Washington: Dumbarton Oaks, Research Library and Collection, 1990.

37. Paul the Deacon, *History of Lombards*, translated by William Dudley Foulke, Philadelphia: University of Pennsylvania Press, 1974.

38. Palldius, *The Dialogue of Palladius Concerning the Life of Chrysostom*, by Herbert-Moore, London: Society for Promoting Christian Knowledge, New York:

The Macmillan Company, 1921.

39. Philip Schaff, *NPNF*2-03. *Theodoret, Jerome, Gennadius, & Rufinus: Historical Writings by Philip Schaff*, New York: Christian Literature Publishing Co. , 1892.

40. Procopius, *History of the Wars*, translated by H. B. Dewing, Cambridge, Mass: Harvard University Press, 1996.

41. Procopius, *The Anecdota* or *Secret History*, translated by H. B. Dewing, Cambridge, Mass. : Harvard University Press, 1998.

42. Procopius, *De Aedificiis or Buildings*, translated by H. B. Dewing, Cambridge, Mass. : Harvard University Press, 1996.

43. Procopius, *Secret History*, translated by Richard Atwater, Forword by Arthur E-. R. Boak, Ann Arbor: The University of Michigan Press, 1961.

44. R. C. Blockley, *The Fragmentary Classicizing Historians of the Late Roman Empire: Eunapius, Olympiodorus, Priscus and Malchus, II (Text, Translation and Historiographical Notes)*, Liverpool: Francis Cairns, 1983.

45. Roger Pearse transcribed, *Chronicle of Edessa*, The Journal of Sacred Literature, New Series [= Series 4], V. 5 (Ipswich, UK, 2003.), 1864.

46. Saint Basil, *The Letters I*, translated by Roy J. Deferrari, Cambridge, Massachusetts: Harvard University Press, 1926, reprinted 1950, 1961, 1972.

47. S. P. Scott translated, *The Civil Law Including the Twelve Tables, the Institutes of Gaius, the Rules of Ulpian, the Opinions of Paulus, the Enactments of Justinian, and the Constitutions of Leo*, Cincinnati: The Central Trust Company, 1932.

48. Sidonius, *Sidonius: Poems and Letters*, translated by W. B. Anderson, Cambridge, Mass. : Harvard University Press, 1936.

49. Socrates, *The Ecclesiastical History*, translated by A. C. Zenos, Grand Rapids, Michigan: WM. B. Eerdmans Publishing Company, 1957.

50. Sozomen, *The Ecclesiastical History*, translated by Chester D. Hartranft, Grand Rapids, Michigan: WM. B. Eerdmans Publishing Company, 1957.

51. Theophanes, *The Chronicle of Theophanes Confessor: Byzantine and Near East-*

ern History, *AD 284 – 813*, translated by Cyril Mango and Roger Scott, Oxford: Clarendon Press, 1997.

52. Thucydides, *History of the Peloponnesian War*, trans. by C. F. Smith, Cambridge, Mass. : Harvard University Press, 1999.

53. Wilmer Cave Wright translated, *The Works of The Emperor Julian*, *VolumeII*, Cambridge, Mass. : Harvard University Press, 1913.

54. Zachariah of Mitylene, *Syriac Chronicle*, translated by F. J. Hamilton and E. W. Brooks, in J. B. Bury, ed. , *Byzantine Texts*, London, 1899.

55. Zosimus, *New History*, translated by Ronald T. Ridley, Canberra: University of Sydney, 1982.

56. （北齐）魏收：《魏书》，中华书局 1982 年版。

57. （唐）魏征等撰：《隋书》，中华书局 1982 年版。

58. （唐）李延寿：《南史》，中华书局 1975 年版。

59. （唐）姚思廉：《梁书》，中华书局 1974 年版。

60. （唐）李延寿：《北史》，中华书局 1974 年版。

61. ［拜占廷］普洛科皮乌斯：《战争史》，王以铸、崔妙因译，商务印书馆 2012 年版。

62. ［拜占廷］普罗柯比：《秘史》，吴舒屏、吕丽蓉译，陈志强审校/注释，三联书店 2007 年版。

63. ［古希腊］修昔底德：《伯罗奔尼撒战争史》，谢德风译，商务印书馆 1985 年版。

二　工具书

1. A. P. Kazhdan edited, *The Oxford Dictionary of Byzantium*, New York: Oxford University Press, 1991.

2. *Britannica Concise Encyclopedia*, Enbyclopaedia Britannica, Inc. , 2006.

3. E. Jeffreys, J. Haldon and R. Cormack edited, *The Oxford Handbook of Byzantium*, Oxford University Press, 2008.

4. John H. Rosser, *Historical Dictionary of Byzantium*, The Scarecrow Press, Inc. , 2001.

5. M. Bunson, *Encyclopedia of the Roman Empire*, New York: Facts on File, 1994.

6. Michael Prokurat, Golitzin, Alexander, Peterson, Michael D. ed. , *Historical Dictionary of the Orthodox Church*, London: Scarecrow Press, Inc, 1996.

7. *The New Encyclopaedia Britannica*, Chicago: Encyclopaedia Britannica, c1982.

8. 《简明不列颠百科全书》（卷5），中国大百科全书出版社 1986 年版。

三 英文专著

1. A. A. Vasiliev, *History of the Byzantine Empire（324 – 1453）*, *Vol.* 1, Wisconsin: The University of Wisconsin Press, 1952.

2. A. H. M. Jones, *The Later Roman Empire 284 – 602: A Social, Economic, and Administrative Survey*, Oxford: Basil Blackwell Ltd, 1964.

3. A. H. M. Jones, *The Decline of the Ancient World*, New York: Holt, Rinehart and Winston, 1966.

4. A. H. M. Jones, *A History of Rome through the Fifth Century: Volume II: The Empire*, New York: Harper & Row, Publishers, 1970.

5. A. H. M. Jones, *The Roman Economy: Studies in Ancient Economic and Administrative History*, Oxford: Basil Blackwell, 1974.

6. A. H. M. Jones, LL. D. , D. D. , *The Greek City: From Alexander to Justinian*, London: Oxford University Press, 1940.

7. A. H. Merrills, *History and Geography in Late Antiquity*, New York: Cambridge University Press, 2005.

8. Amr S. Elnashai, Ramy El-Khoury, *Earthquake Hazard in Lebanon*, Imperial College Press, 2004.

9. Angeliki E. Laiou, *The Economic History of Byzantium: From the Seventh through the Fifteenth Century*, Washington D. C. : Dumbarton Oaks Trustees, 2002.

10. Angeliki E. Laiou and Cecile Morrisson, *The Byzantine Economy*, New York: Cambridge University press, 2007.

11. Arther Ferrill, *The Fall of the Roman Empire: The Military Explanation*, Lon-

don: Thames And Hudson Ltd, 1986.

12. Averil Cameron, *The Mediterranean World in Late Antiquity AD 395—600*, London and New York: Routledge, 2003.

13. Averil Cameron, *The Byzantines*, MA: Blackwell Publishing, 2006.

14. Averil Cameron, Peter Garnsey edited, *The Cambridge Ancient History* (*V.* 13, *The Late Empire*, *A. D. 337 – 425*), New York: Cambridge University Press, 1998.

15. Averil Cameron, Bryan Ward Perkins, Michael Whitby edited, *The Cambridge Ancient History* (*V. 14*, *Late Antiquity*: *Empire and Successors*, *A. D. 425 – 600*), Cambridge: Cambridge University Press, 2000.

16. Barbara Levick, *The Government of The Roman Empire*: *A Sourcebook*, Beckenham: Croom Helm Ltd, 1985.

17. Beate Dignas, Engelbert Winter, *Rome and Persia in Late Antiquity*: *Neighbours and Rivals*, New York: Cambridge University Press, 2007.

18. Charles Diehl, *Byzantium*: *Greatness and Decline*, translated from the French by Naomi Walford, New Brunswick: Rutgers University Press, 1957.

19. Chester G. Starr, *A History of the Ancient World*, New York: Oxford University Press, 1983.

20. Christopher Kelly, *Ruling the Later Roman Empire*, Cambridge, Mass. : Belknap Press of Harvard University Press, 2004.

21. Clifford Ando, *Imperial Ideology and Provincial Loyalty in the Roman Empire*, London: University of California Press, 2000.

22. Colin Wells, *The Roman Empire*, Cambridge, Mass. : Harvard University Press, 2000.

23. Cyril Mango, *Byzantium*: *The Empire of New Rome*, New York: Charles Scribner's Sons, 1980.

24. Cyril Mango, *Studies on Constantinople*, Brookfield: Ashgate Publishing Company, 1993.

25. Cyril Mango, *The Oxford History of Byzantium*, New York: Oxford University Press, 2002.

26. Daniel T. Reff, *Plagues, Priests, Demons: Sacred Narratives and the Rise of Christianity in the Old World and the New*, New York: Cambridge University Press, 2005.

27. David Robrbacher, *The Historians of Late Antiquity*, New York: Routledge, 2002.

28. David Keys, *Catastrophe-An Investigation into the Origins of the Modern World*, New York: Ballantine Book, 1999.

29. David Nicolle, *Romano-Byzantine Armies: 4th – 9th Centuries*, Oxford: Osprey Pub. , 1992.

30. Dionysios Ch. Stathakopoulos, *Famine and Pestilence in the Late Roman and Early Byzantine Empire: A Systematic Survey of Subsistence Crises and Epidemics*, Aldershot, Hants, England; Burlington, VT: Ashgate, 2004.

31. Don Nardo edited, *The End of Ancient Rome*, California: Greenhaven Press, 2001.

32. E. A. Thompson, *Romans and Barbarians: The Decline of the Western Empire*, Wisconsin: The University of Wisconsin Press, 1982.

33. E. A. Thompson, *The Huns*, Cambridge, Massachusetts: Blackwell Publishers Inc, 1996.

34. Edward Gibbon, *The Decline and Fall of the Roman Empire*, vol. 1, Chicago: Encyclopaenia Britannica, 1952.

35. Edward N. Luttwak, *The Grand Strategy of the Byzantine Empire*, Cambridge, Massachusetts, and London, England: The Belknap Press of Harvard University Press, 2009, p. 90.

36. Elsa Marston, *The Byzantine Empire*, New York: Benchmark Book, 2003.

37. Ferdinand Lot, *The End of the Ancient World and the Beginnings of the Middle Ages*, London: Routledge & Kegan Paul Ltd, 1966.

38. F. K. Haarer, *Anastasius I: Politics and Empire in the Late Roman World*, London: Francis Cairns Ltd, 2006.

39. F. W. Walbank, *The Awful Revolution: The Decline of the Roman Empire in the West*, Liverpool: Liverpool University Press, 1969.

40. Gary B. Ferngren, *Medicine & Health Care in Early Christianity*, Baltimore: The Johns Hopkins University Press, 2009.

41. George C. Kohn, *Encyclopedia of Plague and Pestilence: from Ancient Times to the Present*, New York: Infobase Publishing, 2001.

42. George Every, S. S. M. , *The Byzantine Patriarchate*, *451 – 1204*, London: S. P. C. K, 1962.

43. George Holmes edited, *The Oxford Illustrated History of Medieval Europe*, New York: Oxford University Press, 1988.

44. George Ostrogorsky, *History of the Byzantine State*, translated by John Hussey, Oxford: Basil Blackwell, 1956.

45. George T. Dennis, *Peace and War in Byzantium*, Washington: The Catholic University of America Press, 1995.

46. G. E. M. De Ste. Croix, *The Class Struggle in the Ancient Greek World: From the Archaic Age to the Arab Conquests*, New York: Cornell University Press, 1981.

47. Glanville Downey, *Ancient Antioch*, Princeton: Princeton University Press, 1963.

48. Glanville Downey, *The Late Roman Empire*, New York: Holt, Rinehart and Winston, Inc. , 1969.

49. G. W. Bowersock, Peter Brown, Oleg Gravar, *Late Antiquity: A Guide to the Postclassical World*, Cambridge: The Belknap Press of Harvard University Press, 1999.

50. Harry J. Magoulias, *Byzantine Christianity: Emperor, Church and the West*, Detroit: Wayne State University Press, 1982.

51. H. ST. L. B. Moss, *The Birth of the Middle Ages*, *395 – 814*, London. Oxford. New York: Oxford University Press, 1979.

52. Ian Hughes, *Imperial Brothers: Valentinian, Valens and the Disaster at Adrianople*, Barnsley: Pen & Sword Book Lomited, 2013.

53. James Allan Evans, *The Emperor Justinian and the Byzantine Empire*, London: Greenwood Press, 2005.

54. James Allan Evans, *The Empress Theodora: Partner of Justinian*, Austin: University of Texas Press, 2002.

55. J. A. S. Evans, *The Age of Justinian: The Circumstances of Imperial Power*, New York: Routledge, 2001.

56. Jaclyn L. Maxwell, *Christianization and Communication in Late Antiquity: John Chrysostom and His Congregation in Antioch*, New York: Cambridge University Press, 2006.

57. J. B. Bury, *History of the Later Roman Empire: From the Death of Theodosius I. to the Death of Justinian*, V. 2, New York: Dover Publications, Inc. , 1958.

58. J. Donald Hughes, *The Mediterranean: An Environmental History*, Santa Barbara, CA: ABC-CLIO, 2005.

59. J. Donald Hughes, *What is Environmental History?* London: Plity Press, 2006.

60. Josiah Cox Russell, *The Control of Late Ancient and Medieval Population*, Philadelphia: The American Philosophical Society Independence Square, 1985.

61. Joseph Shereshevski, *Byzantine Urban Settlements in the Negev Desert*, Israel: Ben-Curion University of the Negev Press, 1991.

62. J. H. W. G. Liebeschuetz, *Decline and Fall of the Roman City*, New York: Oxford University Press, 2001.

63. J. H. W. G. Liebeschuetz, *Antioch: City and Imperial Administration in the Later Roman Empire*, New York: Oxford University Press, 1972.

64. John Boardman, Jasper Griffin and Oswyn Murray edited, *The Oxford History of the Roman World*, Oxford: Oxford University Press, 1986.

65. John H. Rosser, *Historical Dictionary of Byzantium*, Lanham, MD: Scarecrow Press, 2001.

66. John Haldon, *Warfare, State and Society in the Byzantine World, 565 – 1204*, London: UCL Press, 1999.

67. John Haldon, *Byzantine Warfare*, Burlinton, VT: Ashgate, 2007.

68. John Julius Norwich, *Byzantium: The Decline and Fall*, New York: Viking, 1995.

69. John Marincola, *Authority and Tradition in Ancient Historiography*, New York: Cambridge University Press, 1997.

70. John Meyendorff, *Catholicity and the Church*, New York: ST. Vladimir's Seminary Press, 1983.

71. John Moorhead, *Justinian*, New York: Longman Publishing, 1994.

72. John Rich, *The City in Late Antiquity*, New York: Routledge, 1992.

73. John W. Barker, *Justinian and the Later Roman Empire*, Wisconsin: The University of Wisconsin Press, 1966.

74. John Wacher, *The Roman Empire*, London: J. M. Dent & Sons Ltd, 1987.

75. Jonathan Harris, *Constantinople: Capital of Byzantium*, Wiltshire: Cromwell Press, 2007.

76. Jonathan Shepard, *The Cambridge History of the Byzantine Empire c. 500 – 1492*, New York: Cambridge University Press, 2008.

77. J. R. Martindale, *The Prosopography of The Later Roman Empire* (*Vol. II, A. D. 395 – 527*), New York: Cambridge University Press, 1980.

78. J. R. Martindale, *The Prosopography of The Later Roman Empire* (*Vol. III, A. D. 527 – 641*), New York: Cambridge University Press, 1992.

79. Kim Bowes, *Private Worship, Public Values, and Religious Change in Late Antiquity*, New York: Cambridge University Press, 2008.

80. Lester K. Little, *Plague and the End of Antiquity: The Pandemic of 541 – 750*, New York: Cambridge University Press, 2007.

81. L. Garland, *Byzantine Empresses: Women and Power in Byzantium*, AD 527 – 1204, London. New York: Routledge, 1999.

82. Marcus Rautman, *Daily life in the Byzantine Empire*, Westport: The Greenwood Press, 2006.

83. Mark W. Graham, *News and Frontier Consciousness in the Late Roman Empire*, The University of Michigan Press, 2006.

84. Martin Heinzelmann, *Gregory of Tours: History and Society in the Sixth Century*, New York: Cambridge University Press, 2001.

85. Michael Angold, *Byzantium: The Bridge From Antiquity to the Middle Ages*,

London: Weidenfeld & Nicolson, 2001.

86. Michael Angold, *Eastern Christianity*, New York: Cambridge University Press, 2006.

87. Michael Grant, *From Rome to Byztantium, the Fifth Century AD*, New York: Routledge, 1998.

88. Michael Grant, *The Collapse and Recovery of the Roman Empire*, London: Routledge, 1999.

89. Michael Maas, *The Cambridge Companion to the Age of Justinian*, New York: Cambridge University Press, 2006.

90. Michael Maclagan, *The City of Constantinople*, New York: Frederick A. Praeger, Inc. , Publishers, 1968.

91. Michael McCormick, *Origins of the European Economy: Communications and Commerce, A. D. 300 – 900*, Cambridge: Cambridge University Press, 2001.

92. N. G. Wilson, *Scholars of Byzantium*, London: Gerald Duckworth& Co. Ltd, 1983.

93. Nicolas Oikonomids, *Society, Culture, and Politics in Byzantium*, Burlington, VT: Ashgate, 2005.

94. Noel Lenski, *Failure of Empire: Valens and the Roman State in the Fourth Century A. D.* , California: University of California Press, 2002.

95. Patricia Karlin-Hayter, *Studies in Byzantine Political History: Sources and Controversies*, London: Variorum Reprints, 1981.

96. Paul Lemerle, *The Agrarian History of Byzantium: From the Origins to the Twelfth Century*, Galway University Press, 1979.

97. Peter Brown, *The World of Late Antiquity, AD 150 – 750*, London: Thames and Hudson, 1971.

98. Peter Brown, *Authority and the Sacred: Aspects of the Christianisation of the Roman World*, New York: Cambridge University Press, 1995.

99. Peter Brown, *Society and the Holy in Late Antiquity*, Berkeley and Los Angeles: University of California Press, 1982.

100. Peter Charanis, *Studies on the Demography of the Byzantine Empire*, London:

Variorum Reprints, 1972.

101. Peter D. Arnott, *The Byzantines and their World*, London: Macmillan Limited, 1973.

102. Peter Garnsey, *Famine And Food Supply in the Graeco-Roman World: Responses to Risk and Crisis*, New York: Cambridge University Press, 1988.

103. Peter Hatlie, *The Monks and Monasteries of Constantinople, CA. 350 – 850*, New York: Cambridge University Press, 2007.

104. Peter Heather, *The Fall of the Roman Empire*, London: Macmillan, 2005.

105. Peter Heather, John Matthews, *The Goths in the Fourth Century*, Liverpool: Liverpool University press, 1991.

106. Peter Sarris, *Economy and Society in the Age of Justinian*, New York: Cambridge University Press, 2006.

107. Philip K. Hitti, *History of Syria: Including Lebanon and Palestine*, London: Macmillan Co. LTD, 1951.

108. Ramsay MacMullen, *Corruption and the Decline of Rome*, New Haven and London: Yale University Press, 1988.

109. Ramsay MacMullen, *Changes in the Roman Empire*, Princeton: Princeton University Press, 1990.

110. Raymond Crawfurd, *Plague and Pestilence in Literature and Art*, Kessinger Publishing, 2004.

111. Richard Alston, *The City in Roman and Byzantine Egypt*, London and New York: Routledge, 2002.

112. Robert Browning, *Justinian and Theodora*, New York: Thames and Hudson, 1987.

113. Robert Fossier, *The Cambridge Illustrated History of the Middle Ages: 350 – 950*, translated by Janet Sondheimer, New York: Cambridge University Press, 1982.

114. Robert L. Hohlfelder, *City, Town and Countryside in the Early Byzantine Era*, New York: Columbia University Press, 1982.

115. Roger S. Bagnall, *Egypt in the Byzantine World, 300 – 700*, New York: Cam-

bridge University Press, 2007.

116. Rosamond McKitterick, *The Early Middle Ages (Europe 400 – 1000)*, Oxford: Oxford University Press, 2001.

117. Rostovtzeff, *The Social and Economic History of the Roman Empire*, Oxford: Clarendon Press, 1957.

118. Sergey L. Soloviev, Olga N. Solovieva, Chan N. Go, Khen S. Kim and Nikolay A. Shchetnikov, *Tsunamis in the Mediterranean Sea 2000B. C. —2000A. D.*, Dordrecht: Kluwer Academic Publishers, 2000.

119. Stephen Mitchell and Geoffrey Greatrex edited, *Ethnicity and Culture in Late Antiquity*, London: Gerald Duckworth & Co. Ltd. , 2000.

120. Steven Runciman, *Byzantine Civilization*, Clevland: Meridian Book, 1956.

121. Solomon Katz, *The Decline of Rome and the Rise of Mediaeval Europe*, New York: Cornell University Press, 1955.

122. Tamara Talbot Rice, *Everyday Life in Byzantium*, New York: Dorset Press, 1987.

123. Theodor Mommsen, *A History of Rome under the Emperors*, New York: Routledge, 1996.

124. Thomas F. X. Noble, *Late Antiquity Crisis and Transformation (Parts I – III)*, Virginia: The Teaching Company, 2008.

125. Timothy S. Miller, *The Birth of The Hospital in the Byzantine Empire*, Baltimore and London: The Johns Hopkins University Press, 1997.

126. Timothy Venning, *A Chronology of the Byzantine Empire*, with an introduction by Jonathan Harris, New York: Palgrave Macmillan, 2006.

127. Timothy E. Gregory, *A History of Byzantium*, Blackwell Publishing Ltd, 2005.

128. Walter Emil Kaegi, *Army, Society and Religion in Byzantium*, London: Variorum Reprints, 1982.

129. Walter Ullmann, *Medieval Political thought.* New York: Penguin Book, 1979.

130. Warren Treadgold, *A History of the Byzantine State and Society*, California: Stanford University Press, 1997.

131. Warren Treadgold, *A Concise History of Byzantium*, New York: PALGRSVE,

2001.

132. Warren Treadgold, *Byzantium and its Army, 284—1081*, Stanford: Stanford University Press, 1995.

133. William Rosen, *Justinian's Flea: Plague, Empire, and The Birth of Europe*, New York: Penguin Group, 2007.

134. W. Goffart, *Barbarians and Romans AD 418 – 584*, New Jersey: Princeton University Press, 1980.

135. William G. Sinnigen, Arthur E. R. Boak, *A History of Rome to A. D. 565*, New York: Macmillan Publishing Co. , Inc, 1977.

136. William G. Sinnigen, Charles Alexander, *Ancient History from Prehistoric Times to the Death of Justinian*, New York: Macmillan, 1981.

137. William Gordon Holmes, *The Age of Justinian and Theodora: A History of the Sixth Century AD* (*Vol.* 1), London: George Bell And Sons, 1905.

四 英文论文

1. Alan Walmsley, "Economic Developments and the Nature of Settlement in the Towns and Countryside of Syria-Palestine, ca. 565 – 800", *Dumbarton Oaks Papers*, Vol. 61, 2007.

2. A. J. McMichael, "Environmental and Social Influences on Emerging Infectious Diseases: Past, Present and Future", Philosophical Transactions, *Biological Sciences*, Vol. 359, 2004.

3. Anna Fokaefs, Gerassimos A. Papadopoulos, "Tsunami hazard in the Eastern Mediterranean: Strong Earthquakes and Tsunamis in Cyprus and the Levantine Sea", *Nat Hazards*, Vol. 40, 2007.

4. Antti Arjava, "The Mystery Cloud of 536CE in the Mediterranean Sources", *Dumbarton Oaks Papers*, Vol. 59, 2005.

5. Averil M. Cameron, "The 'Scepticism' of Procopius", *Historia: Zeitschrift Für Alte Geschichte*, Vol. 15, No. 4, 1966.

6. B. S. Gowen, "Some Aspects of Pestilences and Other Epidemics", *The American Journal of Psychology*, Vol. 18, No. 1, 1907.

7. Bo Gräslund & Neil Price, "Twilight of the gods? The 'dust veil event' of AD 536 in critical perspective", *Antiquity*, 2012.

8. Christine A. Smith, "Plague in the Ancient World: a study from Thucydides to Justinian", *The Student Historical Journal*, Loyola University, New Orleans, Vol. 28, 1996 – 1997. (http://www.loyno.edu/~history/journal/1996 – 7/1996 – 7. htm)

9. Clayton O. Jarrett et al, "Flea-borne Transmission Model to Evaluate Vaccine Efficacy against Naturally Acquired Bubonic plague", *Infection and Immunity*, Vol. 72, No. 4, 2004.

10. Clive Foss, "Syria in Transition, A. D. 550 – 750: An Archaeological Approach", *Dumbarton Oaks Papers*, Vol. 51, 1997.

11. Clive Foss, "The Lycian Coast in the Byzantine Age", *Dumbarton Oaks Papers*, Vol. 48, 1994.

12. Clive Oppendeimer, "Climatic, Environment and Human Consequences of the Largest Known Historic Eruption: Tambora Volcano (indonesia) 1815", *Progress in Physical Geography*, Vol. 27, 2003.

13. Cuthbert Christy, "Bubonic Plague In Central East Africa", *The British Medical Journal*, Vol. 2, No. 2237, 1903.

14. Daniel Sperber, "Drought, Famine and Pestilence in Amoraic Palestine", *Journal of the Economic and Social History of the Orient*, Vol. 17, No. 3, 1974.

15. Dave G. Ferris, Jihong Cole-Dai, Angelica R. Reyes, and Drew M. Budner, "South Pole ice core record of explosive volcanic eruptions in the first and second millennia A. D. and evidence of a large eruption in the tropics around 535A. D. ", *Journal of Geophysical Research*, Vol. 116, D17308, 2011.

16. David Turner, "The Politics of Despair: The Plague of 746 – 747 and Iconoclasm in the Byzantine Empire", *The Annual of the British School at Athens*, Vol. 85, 1990.

17. Diana Delia, "The Population of Roman Alexandria", *Transactions of the American Philological Association* (1974 –), Vol. 118, 1988.

18. Doron Bar, "Population, settlement and economy in late Roman and Byzantine Palestine (70 – 641 AD)", *Bulletin of the School of Oriental and African Studies*, University of London, Vol. 67, No. 3, 2004.

19. Elana Gomel, "The Plague of Utopias: Pestilence and the Apocalyptic Body", *Twentieth Century Literature*, Vol. 46, No. 4, 2000.

20. George Ostrogorsky, "The Byzantine Empire in the world of the seventh century", *Dumbarton Oaks Papers*, Vol. 13, 1959.

21. Glanville Downey, "Earthquakes at Constantinople and Vicinity, A. D. 342 – 1454", *Speculum*, Vol. 30, No. 4, 1955.

22. G. Downey, "The Composition of Procopius, De Aedificiis", *Transactions and Proceedings of the American Philological Association*, Vol. 78, 1947.

23. Harry Turtledove, "The True Size of the Post-Justinianic Army", *BS/EB*, Vol. 10, No. 2, 1983.

24. J. A. S. Evans, "Justinian and the Historian Procopius", *Greece & Rome*, Vol. 17, No. 2, 1970.

25. Jie Fei, Jie Zhou, Yongjian Hou, "Circa A. D. 626 volcanic eruption, climatic cooling, and the collapse of the Eastern Turkic Empire", *Climatic Change*, 2007.

26. J. C. Russell, "Late Ancient and Medieval Population", *Transactions of the American Philosophical Society*, Vol. 48, No. 3, 1958.

27. Josiah C. Russell, "That Earlier plague", *Demography*, Vol. 5, No. 1, 1968.

28. J. F. Gilliam, "The Plague under Marcus Aurelius", *The American Journal of Philology*, Vol. 82, No. 3, 1961.

29. Jerry H. Bentley, "Hemispheric Integration, 500 – 1500", *Journal of World History*, Vol. 9, No. 2, 1998.

30. John Duffy, "Byzantine Medicine in the Sixth and Seventh Centuries: Aspects of Teaching and Practice", *Dumbarton Oaks Papers*, No. 38, 1984.

31. John L. Teall, "The Barbarians in Justinian's Armies", *Speculum*, Vol. 40, No. 2, 1965.

32. John L. Teall, "The Grain Supply of the Byzantine Empire, 330 – 1025",

Dumbarton Oaks Papers, Vol. 13, 1959.

33. J. R. Maddicott, "Plague in Seventh-Century England", *Past & Present*, No. 156, 1997.

34. Kenneth W. Russell, "The Earthquake Chronology of Palestine and Northwest Arabia from the 2nd Through the Mid-8th Century A. D. ", *Bulletin of the American Schools of Oriental Research*, No. 260, 1985.

35. Kenneth W. Russell, "The Earthquake of May 19, 363 A. D. ", *Bulletin of the American Schools of Oriental Research*, No. 238, 1980.

36. L. B. Larsen, B. M. Vinther and K. R. Briffa, "New ice core evidence for a volcanic cause of the A. D. 536 dust veil", *Geophysical Research Letters*, Vol. 35, 2008.

37. Magen Broshi, "The Population of Western Palestine in the Roman-Byzantine Period ", *Bulletin of the American Schools of Oriental Research*, No. 236, 1979.

38. Mark Whittow, "Ruling the Late Roman and Early Byzantine City: A Continuous History", *Past & Present*, No. 129, 1990.

39. Margaret M. Wheeler, "Nursing of Tropical Diseases: Plague", *The American Journal of Nursing*, Vol. 16, No. 6, 1916.

40. Martin R. Degg, "A Database of Historical Earthquake Activity in the Middle East ", *Transactions of the Institute of British Geographers*, Vol. 15, No. 3, 1990.

41. Matthew W. Salzer and Malcolm K. Hughes, "Volcanic Eruptions over the Last 5000 Years from High Elevation Tree-Ring Widths and Frost Rings", *Springer Science & Business Media*, 2010.

42. M. Baillie, "Dendrochronology Raises Questions about the Nature of the AD536 Dust-Veil Event", *The Holocene*, Vol. 4, 1994.

43. Michael McCormick, "Rats, Communication, and Plague: Toward an Ecological History", *Journal of Interdisciplinary History*, Vol. 34, No. 1, 2003.

44. Michael R. Rampino, Stephen Self, "Historic eruptions of Tambora (1815), Krakatau (1883), and Agung (1963), their stratospheric aerosols, and cli-

matic impact", *Quaternary Research*, Vol. 18, 1985.

45. Michael Decker, "Frontier Settlement and Economy in the Byzantine East", *Dumbarton Oaks Papers*, Vol. 61, 2007.

46. Michael G. Morony, "Economic Boundaries? Late Antiquity and Early Islam", *Journal of the Economic and Social History of the Orient*, Vol. 47, 2004.

47. Michael W. Dols, "Plague in Early Islamic History", *Journal of the American Oriental Society*, Vol. 94, 1974.

48. Mischa Meier, "Perceptions and Interpretations of Natural Disasters during the Transition from the East Roman to the Byzantine Empire", *The Medieval History Journal*, Vol. 4, No. 2, 2001.

49. Mohamed Reda Sbeinati, Ryad Darawcheh and Mikhail Mouty, "The Historical Earthquakes of Syria: an Analysis of Large and Moderate Earthquakes from 1365 B. C. to 1900 A. D. ", *Annals of Geophysics*, Vol. 48, No. 3, 2005.

50. p. Allen, "The 'Justinianic' plague", *Byzantion*, Vol. 49, 1979.

51. Paul Magdalino, "The Maritime Neighborhoods of Constantinople: Commercial and Residential Functions, Sixth to Twelfth Centuries", *Dumbarton Oaks Papers*, Vol. 54, 2000.

52. Pehr H. Enckell, "Ecological Instability of a Roman Iron Age Human Comnunity", *Oikos*, Vol. 33, No. 2, 1979.

53. Peregrine Horden, "The Earliest Hospitals in Byzantium, Western Europe, and Islam", *Journal of Interdisciplinary History*, Vol. 35, No. 3, 2005.

54. Peter Brown, "The Later Roman Empire", *The Economic History Review*, *New Series*, Vol. 20, No. 2, 1967.

55. Peter Charanis, "The transfer of Population as a Policy in the Byzantine Empire", *Comparative Studies in Society and History*, Vol. 3, No. 2, 1961.

56. Peter van Minnen, "Agriculture and the 'Taxes-and-Trade' Model in Roman Egypt", *Historia: Zeitschrift fur Alte Geschichte*, Bd. 133, 2000.

57. R. J. Littman, M. L. Littman, "Galen and the Antonine Plague", *The American Journal of Philology*, Vol. 94, No. 3, 1973.

58. R. F. Arragon, "History and the fall of Rome", *Pacific Historical Review*,

Vol. 1, No. 2, 1932.

59. Richard B. Stothers, "Volcanic dry fogs, climate cooling, and plague pandemics in Europe and the Middle East", *Climatic Change*, Vol. 42, No. 4, 1999.

60. Roger D. Scott, "Malalas, The Secret History and Justinian's Propaganda", *Dumbarton Oaks Papers*, Vol. 39, 1985.

61. Rosanne D'Arrigo, David Frank, Gordon Jacoby and Neil Pederson, "Spatial response to major volcanic events in or about AD536, 934 and 1258: frost rings and other dendrochronological evidence from Mongolia and northern Siberia: comment on R. B. Stothers, 'Volcanic dry fogs, climate cooling, and plague pandemics in Europe and the Middle East'", *Climatic Change*, Vol. 42, 1999.

62. Sidney Smith, "Events in Arabia in the 6th Century A. D. ", *Bulletin of the School of Oriental and African Studies*, University of London, Vol. 16, No. 3, 1954.

63. Stephen E. Nash, "Archaeological Tree-Ring Dating at the Millennium", *Journal of Archaeological Research*, Vol. 10, No. 3, 2002.

64. Suzanne A. G. Leroy, "Impact of earthquakes on agriculture during the Roman-Byzantine period from pollen records of the Dead Sea laminated sediment", *Quaternary Research*, Vol. 73, March, 2010.

65. Thomas E. Morgan, "Plague or Poetry? Thucydides on the Epidemic at Athens", *Transactions of the American Philological Association* (1974 –), Vol. 124, 1994.

66. Thomas M. Jones, "East African Influences upon the Early Byzantine Empire", *The Journal of Negro History*, Vol. 43, No. 1, 1958.

67. Timothy S. Miller, "Byzantine Hospitals", *Dumbarton Oaks Papers*, Vol. 38, Symposium on Byzantine Medicine, 1984.

68. Vivian Nutton, "From Galen to Alexander, Aspects of Medicine and Medical Practice in Late Antiquity", *Dumbarton Oaks Papers*, Vol. 38, Symposium on Byzantine Medicine, 1984.

69. William Cronon, "A Place for Stories: Nature, History, and Narrative", *Jour-

nal of American History，78，4，March，1992.

70. William F. Tucker，"Natural Disasters and the Peasantry in Mamlūk Egypt"，*Journal of the Economic and Social History of the Orient*，Vol. 24，1981.

71. William H. McNeill，Charles p. Kindleberger，"Control and Catastrophe in Human Affairs"，*Daedalus*，Vol. 118，No. 1，1989.

五　中文译著

1. ［英］爱德华·吉本：《罗马帝国衰亡史》，黄宜思、黄雨石译，商务印书馆 1997 年版。

2. ［美］奥尔森：《基督教神学思想史》，吴瑞诚，徐成德译，周学信校，北京大学出版社 2003 年版。

3. ［南］奥斯特洛格尔斯基：《拜占廷帝国》，陈志强译，青海人民出版社 2006 年版。

4. ［英］伯克富：《基督教教义史》，赵中辉译，宗教文化出版社 2000 年版。

5. ［美］布莱恩·蒂尔尼、西德尼·佩因特：《西欧中世纪史》，袁传伟译，北京大学出版社 2011 年版。

6. ［美］布鲁斯·雪莱：《基督教会史》，刘平译，北京大学出版社 2004 年版。

7. ［法兰克］都尔教会主教格雷戈里：《法兰克人史》，［英］O. M. 道尔顿英译，寿纪瑜、戚国淦译，商务印书馆 1981 年版。

8. ［法］菲迪南·罗特：《古代世界的终结》，王春侠、曹明玉译，李晓东审校，上海三联书店 2008 年版。

9. ［法］菲利普·阿利埃斯、乔治·杜比主编：《私人生活史 I（古代人的私生活——从古罗马到拜占庭)》，李群等译，三环出版社 2006 年版。

10. ［美］杰里·本特利、赫伯特·齐格勒、希瑟·斯特里兹：《简明新全球史》，魏凤莲译，北京大学出版社 2009 年版。

11. ［美］贾雷德·戴蒙德：《枪炮、病菌与钢铁：人类社会的命运》，谢廷光译，上海译文出版社 2008 年。

12. ［美］詹森·汤普森：《埃及史》，郭子林译，商务印书馆 2012 年版。

13. ［英］克莱夫·庞廷：《绿色世界史》，王毅、张学广译，上海人民出版社 2002 年版。

14. ［美］肯尼思·F. 基普尔主编：《剑桥世界人类疾病史》，张大庆主译，上海科技教育出版社 2007 年版。

15 ［英］罗伯特·玛格塔：《医学的历史》，李诚译，希望出版社 2003 年版。

16. ［法］罗贝尔·福西耶：《这些中世纪的人：中世纪的日常生活》，上海社会科学院出版社 2011 年版。

17. ［英］罗伊·波特：《剑桥插图医学史》（修订版），张大庆主译，山东画报出版社 2007 年版。

18. ［美］罗德尼·斯塔克：《基督教的兴起：一个社会学家对历史的再思》，黄剑波、高民贵译，上海古籍出版社 2005 年版。

19. ［苏］列夫臣柯：《拜占廷简史》，包溪译，三联书店 1959 年版。

20. ［美］M. 罗斯托夫采夫：《罗马帝国社会经济史》，马雍、厉以宁译，商务印书馆 1985 年版。

21. ［英］M. M. 波斯坦主编：《剑桥欧洲经济史（第一卷：中世纪的农业生活)》，郎立华、黄云涛、常茂华等译，经济科学出版社 2002 年版。

22. ［英］玛丽·坎宁安：《拜占廷的信仰》，李志雨译，北京大学出版社 2005 年版。

23. ［美］马文·佩里：《西方文明史》（上），胡万里译，商务印书馆 1993 年版。

24. ［英］米歇尔·霍斯金主编：《剑桥插图天文学史》，江晓原、关增建、钮卫星译，山东画报出版社 2003 年版。

25. ［英］佩里·安德森：《从古代到封建主义的过渡》，郭方、刘健译，上海人民出版社 2001 年版。

26. ［英］塞缪尔·E. 芬纳：《统治史》（卷二：中世纪的帝国统治和代议制的兴起），华东师范大学出版社 2014 年版。

27. ［美］唐纳德·霍普金斯：《天花之国：瘟疫的文化史》，沈跃明、蒋广宁译，上海人民出版社 2005 年版。

28. ［美］J. 唐纳德·休斯：《什么是环境史》，梅雪芹译，北京大学出版社 2008 年版。

29. ［美］汤普逊：《中世纪经济社会史（300—1300 年）》，耿淡如译，商务印书馆 1997 年版。

30. ［日］田家康：《气候文明史：改变世界的 8 万年气候变迁》，范春飚译，东方出版社 2012 年版。

31. ［美］威利斯顿·沃尔克：《基督教会史》，孙善玲、段琦、朱代强译，中国社会科学出版社 1991 年版。

32. ［美］威廉·H. 麦克尼尔：《瘟疫与人》，余新忠、毕会成译，中国环境科学出版社 2010 年。

33. ［美］威尔·杜兰：《世界文明史》，幼狮文化公司译，东方出版社 1999 年版。

34. ［美］沃伦·特里戈尔德：《拜占廷简史》，崔艳红译，上海人民出版社 2008 年版。

35. ［美］詹姆斯·汉森：《环境风暴——气候灾变与人类的机会》，张邱宝慧、罗海智、杨妍译，人民邮电出版社 2011 年版。

36. ［美］小阿瑟·戈尔德施密特、罗伦斯·戴维森：《中东史》，哈全安、刘志华译，东方出版中心 2010 年版。

37. ［美］西里尔·曼戈：《拜占廷建筑》，张本慎等译，中国建筑工业出版社 1999 年版。

38. ［古罗马］尤特罗庇乌斯：《罗马国史大纲》，谢品巍译，上海人民出版社 2011 年版。

39. ［英］约翰·瓦歇尔：《罗马帝国》，袁波、薄海昆译，青海人民出版社 2010 年版。

40. ［美］朱迪斯·M. 本内特、C. 沃伦·霍利斯特：《欧洲中世纪史》，杨宁、李韵译，上海社会科学院出版社 2007 年版。

41. ［东罗马］佐西莫斯：《罗马新史》，谢品巍译，上海人民出版社 2013 年版。

42. ［美］詹姆斯·奥唐奈：《新罗马帝国衰亡史》，夏洞奇、康凯、宋可即译，中信出版社 2013 年版。

六　中文专著

1. 陈志强：《巴尔干古代史》，中华书局 2007 年版。

2. 陈志强：《拜占廷学研究》，人民出版社 2001 年版。

3. 陈志强：《拜占庭帝国通史》，上海社会科学院出版社 2013 年版。

4. 崔艳红：《普罗柯比的世界：六世纪的拜占庭帝国》，北京大学出版社 2013 年版。

5. 陈遵妫：《中国天文学史》（第一册），上海人民出版社 1980 年版。

6. 陈遵妫：《中国天文学史》（第二册），上海人民出版社 1982 年版。

7. 范明生：《晚期希腊哲学和基督教神学：东西方文化的汇合》，上海人民出版社 1993 年版。

8. 田明：《罗马—拜占廷时代的埃及基督教史研究》，天津人民出版社 2009 年版。

9. 王晓朝：《罗马帝国文化转型论》，社会科学文献出版社 2002 年版。

10. 王晓朝主编：《信仰与理性：古代基督教教父思想家评传》，东方出版社 2001 年版。

11. 王旭东、孟庆龙：《世界瘟疫史（疾病流行、应对措施及其对人类社会的影响)》，中国社会科学出版社 2005 年版。

12. 王亚平：《基督教的神秘主义》，东方出版社 2001 年版。

13. 王亚平：《修道院的变迁》，东方出版社 1998 年版。

14. 徐家玲：《拜占庭文明》，人民出版社 2006 年版。

15. 徐浩：《农民经济的历史变迁——中英乡村社会区域发展比较》，社会科学文献出版社 2002 年版。

16. 叶民：《最后的古典：阿米安努斯和他笔下的晚期罗马帝国》，天津人民出版社 2004 年版。

17. 袁祖亮主编，张美莉、刘继宪、焦培民著：《中国灾害通史·魏晋南北朝卷》，郑州大学出版社 2009 年版。

18. 杨真：《基督教史纲》，生活·读书·新知三联书店 1979 年版。

19. 于可主编：《世界三大宗教及其流派》，湖南人民出版社 2005 年版。

七　中文论文

1. 陈志强：《古代晚期研究：早期拜占庭研究的超越》，《世界历史》2014年第4期。

2. 陈志强：《拜占廷皇帝继承制特点研究》，《中国社会科学》1999年第1期。

3. 陈志强：《地中海世界首次鼠疫研究》，《历史研究》2008年第1期。

4. 陈志强：《"查士丁尼瘟疫"影响初探》，《世界历史》2008年第2期。

5. 陈志强、武鹏：《现代拜占廷史学家的失忆现象——以"查士丁尼瘟疫"研究为例》，《历史研究》2010年第3期。

6. 崔艳红：《查士丁尼大瘟疫述论》，《史学集刊》2003年第3期。

7. 董晓佳、刘榕榕：《反日耳曼人情绪与早期拜占廷帝国政治危机》，《历史研究》2014年第2期。

8. 董晓佳、刘榕榕：《试析苏克拉底斯及其〈教会史〉》，《世界历史》2013年第4期。

9. 董晓佳：《浅析拜占廷帝国早期阶段皇位继承制度的发展》，《世界历史》2011年第2期。

10. 董晓佳：《浅析晚期罗马帝国经济重心转移的原因及其影响》，《商丘师范学院学报》2011年第5期。

11. 侯树栋：《断裂，还是连续：中世纪早期文明与罗马文明之关系研究的新动向》，《史学月刊》2011年第1期。

12. 姬庆红：《古罗马帝国中后期的瘟疫与基督教的兴起》，《北京理工大学学报》（社会科学版）2012年第6期。

13. 康凯：《"476年西罗马帝国灭亡"观念的形成》，《世界历史》2014年第4期。

14. 雷海宗：《基督教的宗派及其性质》，《历史教学》1957年第1期。

15. 刘家和：《基督教的起源及其早期历史的演变》，《历史教学》1959年第12期。

16. 李隆国：《从"罗马帝国衰亡"到"罗马世界转型"——晚期罗马史研究范式的转变》，《世界历史》2012年第3期。

17. 刘林海：《"永恒的罗马"：观念的变化与调整》，《河北学刊》2010 年第
    4 期。

18. 刘林海：《史学界关于西罗马帝国衰亡问题研究的述评》，《史学史研究》
    2010 年第 4 期。

19. 李长林、杜平：《生态环境的恶化与西罗马帝国的衰亡》，《湖南师范大
    学》（社会科学学报）2004 年第 1 期。

20. 刘榕榕、董晓佳：《浅议"查士丁尼瘟疫"复发的特征及其影响》，《世
    界历史》2012 年第 2 期。

21. 刘榕榕、董晓佳：《试论"查士丁尼瘟疫"对拜占廷帝国人口的影响》，
    《广西师范大学学报》（哲学社会科学版）2013 年第 2 期。

22. 刘榕榕：《6 世纪东地中海地区的地震与政府救助刍议》，《史林》2014
    年第 3 期。

23. 刘榕榕、董晓佳：《古代晚期地中海地区"尘幕事件"述论——兼论南
    北朝时期建康"雨黄尘"事件》，《安徽史学》2016 年第 2 期。

24. 刘榕榕、董晓佳：《查士丁尼与贝利撒留：拜占廷帝国皇权与军权关系
    的一个范例》，《世界历史》2016 年第 6 期。

25. 吕晓健、邵志刚、赫平等：《东亚大陆、西亚大陆和东地中海地区地震
    活动性异同的初步综述》，《地震》2011 年第 3 期。

26. 王亚平：《论基督教从罗马帝国至中世纪的延续》，《东北师大学报》
    （哲学社会科学版）1992 年第 6 期。

27. 王延庆：《瘟疫与西罗马帝国的衰亡》，《齐鲁学刊》2005 年第 6 期。

28. 王晓朝：《论罗马帝国文化的转型》，《浙江社会科学》1998 年第 5 期。

29. 武鹏：《拜占庭史料中公元 6 世纪安条克的地震灾害述论》，《世界历史》
    2009 年第 6 期。

30. 薛艳、朱元清、刘双庆等：《地震海啸的激发与传播》，《中国地震》
    2010 年第 3 期。

31. 徐家玲：《论早期拜占庭的宗教争论问题》，《史学集刊》2000 年第
    3 期。

32. 晏绍祥：《古典历史的基础：从国之大事到普通百姓的生活》，《历史研
    究》2012 年第 2 期。

33. 郑玮：《7—9 世纪拜占廷帝国乡村和小农勃兴的原因分析》，《历史教学》2004 年第 6 期。

34. 张日元：《四至九世纪拜占廷帝国的教俗关系》，《西南大学学报》（社会科学版）2014 年第 6 期。

八　网络资源

1. http：//en. wikipedia. org.

2. http：//www. byzantium. ac. uk/frameset_ byzlinks. htm.

3. http：//www. ccel. org.

图　　表

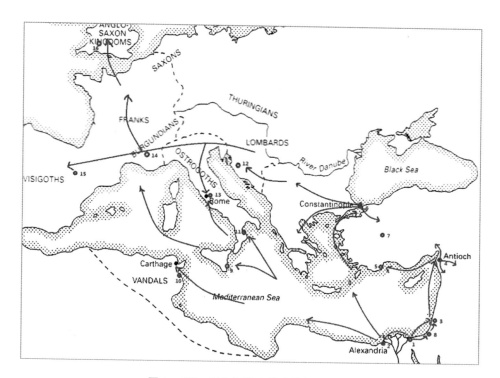

图 1　541—544 年鼠疫首次传播路线图

（此底图来源于：Averil Cameron, *The Mediterranean World in Late Antiquity AD 395—600*, London and New York：Routledge, 2003, p. 35. 图上标注鼠疫首次爆发的传播路线、地点等标线、标注均为笔者根据史家记载所作，1—16 号数字所代表的地点及鼠疫爆发时间如下。）

1. Pelusium（培琉喜阿姆），541 年；2. Alexandria（亚历山大里亚），541 年；3. Jerusalem（耶路撒冷），542 年；4. Antioch（安条克），542 年；5. Myra（米拉），542 年；6. Constantinople（君士坦丁堡），542 年；7. Sykeon（斯科隆），542 年；8. Gaza（加沙），541 年；9. Sicily（西西里），542 年冬；10. Tunisia（突尼斯），543 年；11. Italy（意大利），543 年；12. Illyricum（伊利里库姆），543 年；13. Rome（罗马），543 年；14. Gaul（高卢），543 年；15. Spain（西班牙），543 年；16. Britain（不列颠），544 年。

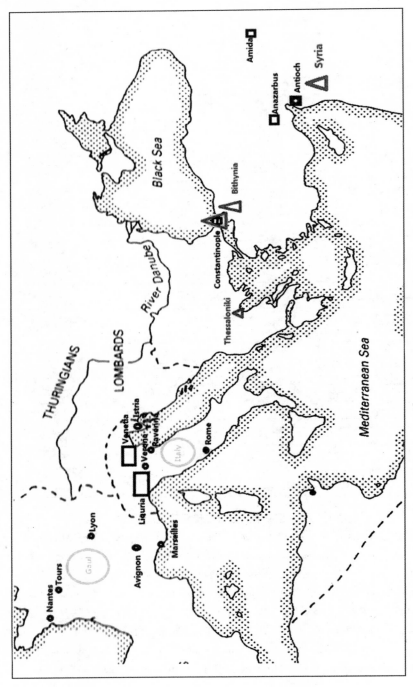

图2 6世纪后期鼠疫四次复发影响城市及地区

（此图系笔者根据阿伽塞阿斯、埃瓦格里乌斯、副主祭保罗、图尔的格雷戈里等史家记载所作。其中，方框标识部分代表鼠疫于558年第一次复发影响地区；椭圆标识部分代表鼠疫于571年第二次复发影响地区及城市；三角形标识部分代表鼠疫于588年第三次复发影响地区及城市；圆点部分代表鼠疫于588年第三次复发影响了鼠疫第一、三，四次复发影响。鼠疫于597年第四次复发影响地区。其中，君士坦丁堡受到了鼠疫第一、二，四次复发的影响；安条克受到了鼠疫第一、三，四次复发影响。）

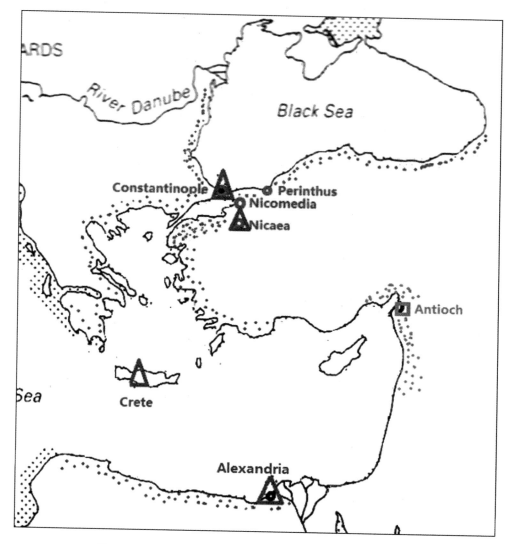

图3 340—341年、358年、365年强烈地震影响城市及地区

（其中，方框及圆点代表340—341年地震影响范围；圆圈及小圆点代表358年地震影响城市及范围；三角形及圆点代表365年地震影响范围。君士坦丁堡和尼西亚两座城市均在这两次强震中受到严重影响。）

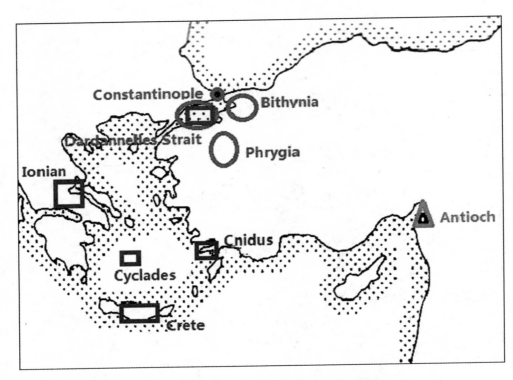

图 4　447 年、457 年、467 年强震的影响范围

（其中，圆圈表示 447 年地震的影响城市及地区；三角形表示 457 年地震影响城市；方框表示 467 年地震影响城市及地区。）

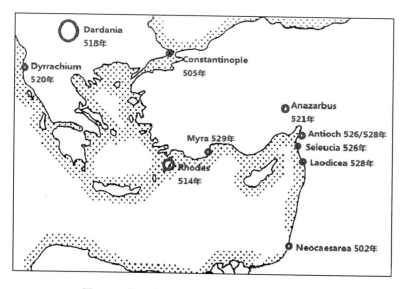

图 5　6 世纪前 30 年地震发生时间和影响地区

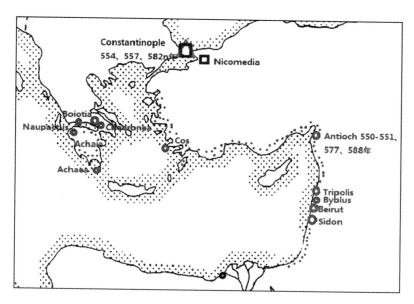

图 6　550—551 年、554 年、557 年、577 年、582 年、588 年强震影响城市及地区
（圆圈及圆点标注的是 550—551 年地震的影响范围；方框表示的是 554 年地震的影响城市；三角形标注的是 557 年地震影响城市。此外，577 年、588 年安条克再度发生强震，582 年君士坦丁堡发生地震。其中，550—551 年地震影响范围最为广泛。）

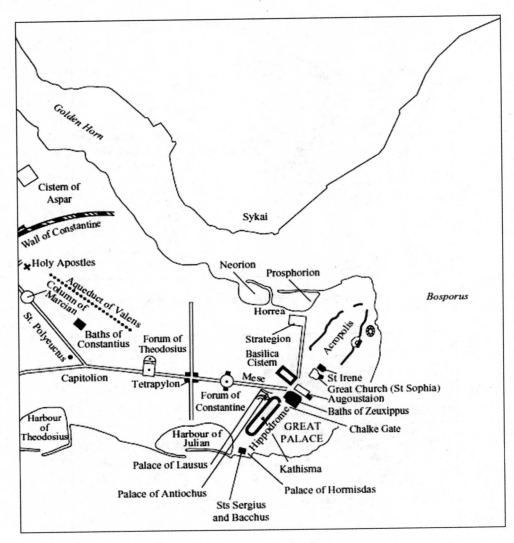

图 7　查士丁尼一世统治下的君士坦丁堡

（图 7 来源于：Michael Maas, *The Cambridge Companion to the Age of Justinian*, New York：Cambridge U-niversity Press，2006，p. 63. ）

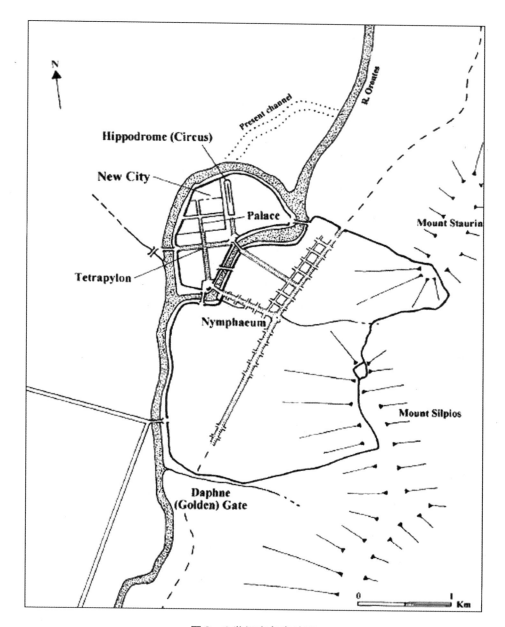

图8　6世纪安条克地图

（图8来源于：Evagrius Scholasticus, *The Ecclesiastical History of Evagrius Scholasticus*, translated by Michael Whitby, Liverpool：Liverpool University Press, 2000, p. 359.）

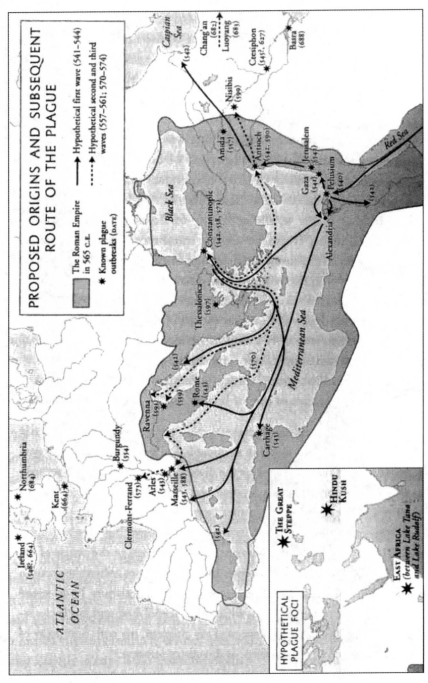

图9 鼠疫的发源地及传播路径

（图9来源于：William Rosen, *Justinian's Flea: Plague, Empire, and the Birth of Europe*, New York: Penguin Group, 2007, p.220.）

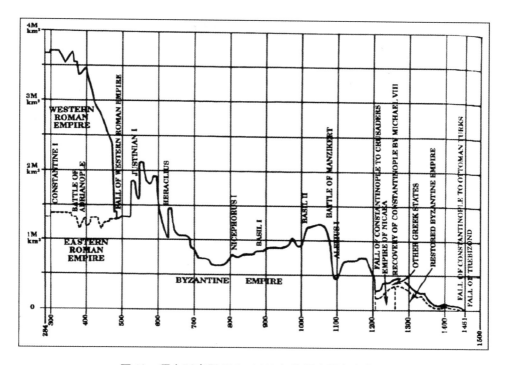

图 10　拜占廷帝国 284—1461 年的领土面积变化图

（图 10 来源于：Warren Treadgold, *A History of the Byzantine State and Society*, California：Stanford University Press，1997，p. 8. ）

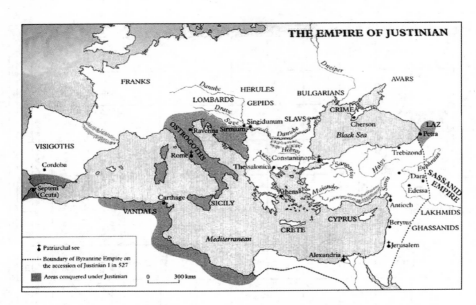

图 11　查士丁尼一世统治下的拜占廷帝国疆域图

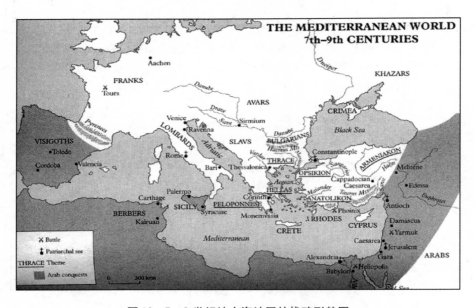

图 12　7—9 世纪地中海地区的战略形势图

（图 11、12 来源于：Michael Angold, *Byzantium：The Bridge From Antiquity to the Middle Ages*, London：Weidenfeld & Nicolson, 2001, p. xv；p. xvi. ）

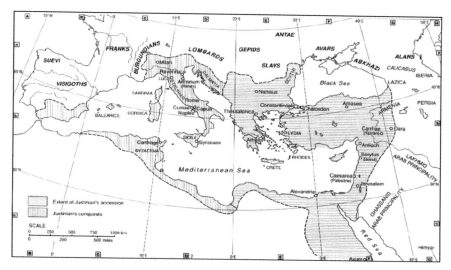

图 13　565 年拜占廷地图

（图 13 来源于：Peter Sarris, *Economy and Society in the Age of Justinian*, New York：Cambridge University Press，2006，p. x.）

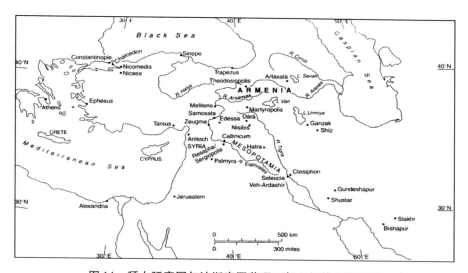

图 14　拜占廷帝国与波斯帝国萨珊王朝之间的边境地带

（图 14 来源于：Beate Dignas, Engelbert Winter, *Rome and Persia in Late Antiquity*：*Neighbours and Rivals*，New York：Cambridge University Press，2007，p. 243.）

后　记

　　这部专著是我于 2017 年 1 月以"优秀"等级结项的国家社科基金项目"古代晚期地中海地区自然灾害研究"（13XSS004）的最终成果，感谢全国哲学社会科学规划办公室为研究顺利进行所提供的经费支持。追根溯源，这部专著的基础是我约 17 万字的博士学位论文"查士丁尼时代自然灾害研究"（南开大学，2012 年）。从 2009 年步入南开大学攻读历史学博士学位到专著的即将出版，这部作品的完成前后历经八年多的时间。

　　感谢我的导师南开大学陈志强教授。进入南开大学攻读博士学位是我学术生涯真正的开始，陈老师在我读博的 3 年时间中，对学术上尚未入门的我进行了细致指导，从最初论文题目的选定、论文框架的确定，到论文的最终完成，无一不是老师悉心指导的结果。毕业后，虽然相隔千里，但是老师对我的指点与帮助一直未曾中断。在这部专著刚刚完成之际，老师便对书稿内容给予了宝贵意见，之后又为专著的顺利出版提供了很大帮助。八年多来，老师的严谨治学之风和高尚品格对我产生了极大影响。走上工作岗位后，之所以能够在完成繁重的教学任务之余，继续对这一重要问题进行探究，完全得益于从南开毕业之际怀揣的老师所教导的严谨治学之风以及沉甸甸的研究所需的基础性资料。

　　除了陈老师之外，南开大学杨巨平老师、马世力老师、王以欣老师、北京大学朱孝远老师、中国人民大学徐浩老师、天津师范大学王亚平老师、中国青年政治学院刘明翰老师、中国社会科学院世界历史研究所徐建新老师、刘健老师、胡玉娟老师、首都师范大学晏绍祥老师、南京师范大学祝宏俊老师等学界前辈曾怀着无私之心对本文的写作以及在不同场合对作者进行过指导与提点。与此同时，得到了《历史研究》编辑部的舒建军老师、《世界历史》编辑部的国洪更老师、《安徽史学》编辑部的汪谦干老师、《史林》编辑部的赵婧老师等国内知名史学刊物的专业人士的帮助。诸位学界前辈和业内人士的提点与鼓励是我继续在这个广西几乎无人问津的"既古且洋"的研究领域里进行知识探求的极大动力，在此一并谢过。

感谢中国社会科学出版社的副总编郭沂纹和编辑安芳，郭副总编对本研究的认可让我的第一部专著能够在国内知名出版社出版，安编辑的严谨是专著顺利出版的重要保障。感谢广西师范大学历史文化与旅游学院为书籍出版提供了部分经费。

最后，向我的父母和爱人表示谢意。作为"85后"独生女，父母在幼年时期给予了我无微不至的照料，赴外地求学前，我从未有一天离开过父母。在我成年之后，父母一如既往地用自己的辛勤工作为我免去后顾之忧，无条件地支持我继续深造的选择。父母往往在我偶尔的烦躁、难过之际开导我，也会在我偶尔骄傲之际点醒我。通过彼此间的交流，并未受过高等教育的父母对我所从事的拜占廷、古代晚期、世界中世纪史等相关领域也有了些许了解。幸运的是，我不仅有理解支持我学业与工作的父母，也遇到了志同道合的另一半。我的爱人董晓佳既是温柔体贴的伴侣，也是成熟儒雅的学友。我们在2009年相识于美丽的南开园，一年多有关学业的探讨逐渐累积酝酿成感情，之后经历了两年有余的异地恋，最终于2013年年初排除万难团聚于一地。佳佳是除陈老师之外对我学术生涯产生最大影响的人，热爱读书写作的他总能够给我很多的灵感与建议，这部专著的顺利完成以及相关阶段性成果的发表均渗透着佳佳的心血。相识已八年的我们因为学术的交流与探讨，感情变得更加坚固且醇厚。

诚然，在对这一主题进行探究的八年多时间中，我曾数次因遇到困境而沮丧万分。但是，每每想起老师在接受"希腊最高文学艺术奖"勋章时谈到的那句"自己的事业刚刚才开始"，就倍受鼓舞。老师已经在拜占廷史这个专业领域里取得了极高的成就，刚刚入行的自己没有任何理由在这个深爱的学术领域里停滞不前。这部专著是以古代晚期地中海地区的自然灾害作为研究对象，希望能够对国内的早期拜占廷史、古代晚期、晚期罗马史等相关领域贡献绵薄之力。由于笔者水平有限，书中若有错误和不当之处，敬请学界同仁和读者提出宝贵意见和建议。

2017年9月10日于桂林王城